Werner Oswald

Deutsche Autos 1920–1945

Werner Oswald

Deutsche Autos 1920–1945

Alle deutschen Personenwagen der damaligen Zeit

Motorbuch Verlag Stuttgart

Redaktion und Umbruch: Werner Oswald
Umschlagzeichnung: Carlo Demand
Einband- und Umschlagkonzeption: Siegfried Horn

Fotos und Bilder: Archiv Oswald (800), Archiv Benter (21), Archiv Jokisch (13), Deutsches Museum (7) Archiv Dr. Pampel (6), Fotos Dr. Simsa (5), Fotos Zhorzel (5), Archiv Eckermann (3), Heimatmuseum Oberndorf (3), Automuseum Bad Oeynhausen (3), Archiv Bartels (2), Archiv Manger (2), Archiv Graf Metternich (2), Archiv Schnieber (2), Fotos Wölfer (2), Bundesarchiv (1), Archiv Kox (1), Privatfotos (20)

ISBN 3-87943-519-7

9. Auflage 1990

Ein Unternehmen der Paul-Pietsch-Verlage GmbH & Co.

Satz und Druck: Schwabenverlag AG, 7302 Ostfildern 1.
Bindung: Verlagsbuchbinderei Karl Dieringer, 7016 Gerlingen.
Printed in Germany.

Inhalt

Die großen deutschen Personenwagen-Marken

Die Entwicklung des deutschen Automobilbaus zwischen den beiden Weltkriegen verlief turbulent und dramatisch. Ursachen hierfür waren vordergründig die Inflation anfangs der zwanziger und die Wirtschaftskrise anfangs der dreißiger Jahre. Indes war es meistens nur Wildwuchs, der in der Scheinkonjunktur nach dem ersten Weltkrieg wucherte und spätestens in der Krisenzeit verdorrte. Solche Blüten blieben Randerscheinungen, zahlenmäßig freilich inflationär wie das damalige Geld und von ebenso geringem Wert. Interessante Ideen gab es schon dabei, doch ohne realen Hintergrund vermochten sie nichts zu bewegen.

Auch die Konkurrenz aus Amerika, die der deutschen Automobilindustrie eine Zeitlang das Fürchten lehrte, hätte sich niemals so eindrucksvoll durchgesetzt, wenn sie nicht tatsächlich weit überlegen gewesen wäre. Man wollte es zu jener Zeit nur nicht wahrhaben, daß es hierzulande Fortschritt und neue Impulse fast nur bei den Außenseitern des deutschen Automobilbaus gab, kaum aber bei der etablierten Industrie, die, von Ausnahmen abgesehen, träge in der überkommenen Maschinenbautechnik verharrte. Solid und robust wie Dampfmaschinen waren unsere industriell gefertigten Automobile, doch fehlte ihnen halt der Pfiff, das Temperament, die Eleganz. Die Amerikaner hingegen fuhren längst massenproduzierte Autos für Jedermann, billig im Preis, wirtschaftlich im Betrieb, zuverlässig, dauerhaft, bequem, gefällig in der äußeren Form und leicht zu handhaben. Auch sie hatten ihre Schwächen, doch alles in allem waren sie dem damaligen Grobzeug der deutschen Automobilindustrie klar überlegen. Da half kein Appell an den nationalen Stolz, kein Ruf nach hohen Zöllen, und schon gar nicht half die unglückselige Hubraumsteuer, die uns bis auf den heutigen Tag erhalten blieb. Gerade diese Hubraumsteuer, die nur in der Vorstellung verbohrter Ideologen als soziale Errungenschaft gilt, gereichte dem deutschen Automobilbau und den deutschen Autofahrern bisher nur zum Nachteil. Dies zu begreifen wird freilich dem sogenannten kleinen Mann auf der Straße immer sehr schwerfallen.

Die zeitweilige Vorherrschaft der Amerikanerwagen und die Wirtschaftskrise bewirkten immerhin, daß sich die deutsche Automobilindustrie gezwungen sah, ihre Produkte radikal zu modernisieren. Die Käufer stellten hohe Ansprüche, denn sie wußten jetzt, was machbar war. Als nach der Krise der Wiederaufschwung einsetzte, hatte die deutsche Automobilindustrie auf einmal mit die besten und interessantesten Automobile der Welt anzubieten! Kaum ein Drittel der Firmen, die es 10 Jahre vorher gegeben hatte, war noch da. Aber jede einzelne von ihnen hatte nun ein Programm vorzuweisen, das auch im internationalen Vergleich hervorragend abschnitt. Damals erlangte die deutsche Automobilindustrie jenen Weltruf, den sie bis heute zu bewahren verstand.

Adler

Die Adlerwerke vorm. Heinrich Kleyer AG. (Frankfurt am Main) gehörten schon vor dem ersten Weltkrieg zu den maßgebenden Automobilfabriken. Von den 55000 Personenwagen, die 1914 im Deutschen Reich liefen, war jeder fünfte ein Adler. Nach der Inflation setzte dank des hervorragenden 9/30 PS-Modells ein neuer Aufschwung ein. So blieb auch in den zwanziger und dreißiger Jahren Adler stets die dritt- oder viertgrößte deutsche Automarke. – Die Gründung der Firma geht auf das Jahr 1880 zurück, ihre Umwandlung in eine Aktiengesellschaft erfolgte 1896. Firmengründer Heinrich Kleyer (1853–1932), 1905 zum Kommerzienrat und 1911 zum Dr. Ing. h. c. ernannt, war seitdem Generaldirektor und später bis zu seinem Tod Aufsichtsratvorsitzender. Über 40 Jahre lang, nämlich bis 1932, war Dr. Ing. E. h. Otto Göckeritz Mitarbeiter und Technisches Vorstandsmitglied. Schon 1906 hatte er das erste Adler Kleinauto herausgebracht. Unter den späteren Automobilkonstrukteuren der Adlerwerke

Personenwagen-Produktion bei Adler

Baujahr	Zylinderzahl	Typ	Stückzahl
1913 – 1922	4	9/24 PS	2400
1921	4	KL 6/18 PS	100
1922	4	KL 6/22 PS	500
1923	4	6/24 PS (6 U)	500
1923	4	9/30 PS	1000
1925	4	6/25 PS (6 G)	6500
1925	4	10/45 PS (10 U)	300
1925	6	10/45 PS (10 V)	750
1926	6	18/80 PS (18 U)	100
1927	6	10/50 PS (10 V)	150
1927	6	18/90 PS (18 V)	20
1927 – 1930	6	10/45 Standard 6 (10 N)	6533
1928 – 1933	6	12/50 Standard 6 A (12 N)	10181
1928 – 1934	6	12/50 Standard 6 S (12 NS)	4135
1932 – 1933	6	12/50 Kübelwagen (12 N-RW)	199
1934 – 1939	6	12/50 Kübelwagen (12 N-3 G)	1898
1928 – 1934	8	15/80 Standard 8 (15 N)	1720
1929 – 1931	4	8/35 Favorit (8 J)	11507
1931 – 1932	4	8/35 Favorit (2 S)	2018
1932 – 1933	4	8/35 Favorit (2 A)	434
1933 – 1934	4	8/40 Favorit (2 U)	274
1933 – 1934	6	12/50 Standard 6 (3 U)	400
1934 – 1940	6	12/60 Diplomat (3 G, 3 GS)	3205
1936 – 1939	6	12/60 Kübelwagen (3 Gd)	4297
1932 – 1936	4	Primus (1,5 A, 1,7 A)	6713
1937 – 1938	4	Primus (1,7 E)	990
1932 – 1936	4	Trumpf (1,5 AV, 1,7 AV)	18600
1936 – 1938	4	Trumpf (1,7 EV)	7003
1938 – 1940	4	2 Liter (2 EV)	7470
1934 – 1935	4	Trumpf Junior (1 G)	24013
1936 – 1941	4	Trumpf Junior (1 E)	78827
1937 – 1940	6	2,5 Liter (Typ 10)	5295

erlangten Hans Gustav Röhr (1931–1935) und Karl Jenschke (1936–1945) herausragende Bedeutung. – Seit der 1929 erfolgten Sanierung der Adlerwerke durch die Danat-Bank (Direktor Jakob Goldschmidt) bewährte sich Ernst Hagemeier als tatkräftiger Generaldirektor, doch war er es auch, der, 1948 aus der Internierung zurückgekehrt, durch eine Serie schwerwiegender Fehlentscheidungen die Adlerwerke ruinierte. Er verhinderte die bereits vorbereitete Wiederaufnahme des Automobilbaus, der einst 90 % des Umsatzes der Firma eingebracht hatte, er beendete den lukrativen Fahrradbau, brachte den Motorroller viel zu spät auf den Markt und begann schließlich eine höchst verlustreiche Fabrikation von Werkzeugmaschinen. 1955 mußte Hagemeier aus dem Vorstand ausscheiden, 1957 wurden die Adlerwerke von der Grundig-Gruppe übernommen, welche die nunmehrige Büromaschinenfabrik samt den Nürnberger Triumph-Werken 1969 an den amerikanischen Litton-Konzern verkaufte. – Insgesamt sind 212624 Adler Automobile hergestellt worden. 6000 Mitarbeiter waren 1926 in den Adlerwerken beschäftigt, 1930 war ihre Zahl auf 3000 abgesunken, und vor Kriegsausbruch waren es wieder knapp 7000.

Adler 18/60 PS 1923

Adler 12/40 PS Sport-Phaeton 1923–1924 (Karosserie Papler)

	Adler 9/24 PS 1921 – 1922 Adler 9/30 PS 1923 – 1924	Adler 12/34 PS 1921 – 1922 Adler 12/40 PS 1923 – 1924	Adler 18/60 PS 1921 – 1924
Motor			
Zylinderzahl	4 (Reihe)	4 (Reihe)	4 (Reihe)
Bohrung x Hub	79 x 118 mm	86 x 135 mm	100 x 150 mm
Hubraum	2298 ccm	3115 ccm	4700 ccm
Leistung	24 PS bei 2000 U/min bzw. 30 PS bei 2400 U/min	34 PS bei 1800 U/min bzw. 40 PS bei 1900 U/min	60 PS bei 1800 U/min
Verdichtung			
Vergaser	Zenith	Pallas	Pallas
Ventile	Seitlich stehend Seitliche Nockenwelle Antrieb durch Rollenkette	Seitlich stehend Seitliche Nockenwelle Antrieb durch Stirnräder	Seitlich stehend Seitliche Nockenwelle Antrieb durch Stirnräder
Kurbelwellenlager	3	4	4
Kühlung	Pumpe	Pumpe	Pumpe
Schmierung	Druckumlauf	Druckumlauf	Druckumlauf
Batterie	12 Volt	12 Volt	12 Volt
Kraftübertragung	Antrieb auf Hinterräder	Antrieb auf Hinterräder	Antrieb auf Hinterräder
Kupplung	Metallkonuskupplung	Lederkonuskupplung	Lederkonuskupplung
Schaltung	Schalthebel außen rechts	Schalthebel innen rechts	Schalthebel innen rechts
Getriebe	4 Gang	4 Gang	4 Gang
Übersetzungen	I. 4,92 II. 2,58 III. 1,605 IV. 1,00	I. 4,19 II. 2,47 III. 1,60 IV. 1,00	I. 4,19 II. 2,47 III. 1,60 IV. 1,00
Antriebs-Übersetzung	4,14 oder 4,46	3,92	3,35
Fahrwerk	Preßstahl-Rahmen	Preßstahl-Rahmen	Preßstahl-Rahmen
Vorderradaufhängung	starr, Halbfedern	starr, Halbfedern	starr, Halbfedern
Hinterradaufhängung	starr, Halbfedern	starr, Halbfedern	starr, Halbfedern
Lenkung	Spindel, rechts	Spindel, rechts	Spindel, rechts
Fußbremse	Mechanisch Antriebswelle, Außenbacken	Mechanisch Antriebswelle, Außenbacken	Mechanisch Antriebswelle, Außenbacken
Handbremse	Mechanisch, Hinterräder	Mechanisch, Hinterräder	Mechanisch, Hinterräder
Allgemeine Daten			
Radstand	3010 mm	3400 mm	3400 mm
Spur vorn/hinten	1350 mm	1400 mm	1400 mm
Gesamtmaße	Zweisitzer: 4350 x 1600 x 1750 Limousine: 4200 x 1640 x 2170	4650 x 1710 x 2250 mm	4650 x 1710 x 2250 mm
Räder	Drahtspeichen	Drahtspeichen	Drahtspeichen
Reifen	820 x 120 mm	880 x 125 mm	935 x 135 mm
Fahrgestellgewicht	820 bzw. 925 kg	1200 kg	1275 kg
Wagengewicht	Zweisitzer 1120 kg Limousine 1420 kg	Limousine 1850 kg	Tourenwagen 1825 kg
Zuläss. Gesamtgewicht	Zweisitzer 1320 kg Limousine 1720 kg	2400 kg	2575 kg
Höchstgeschwindigkeit	H'achse 4,14: 75 km/h H'achse 4,46: 65 km/h	85 km/h	100 km/h
Verbraucht/100 km	12 Liter	18 Liter Benzol	21 Liter Benzol
Kraftstofftank	im Heck	im Heck	im Heck
Preise			

Adler 6/22 PS 1922 – 1923	Adler 6/25 PS 1925 – 1928	Adler 10/50 PS 1925 – 1927	Adler 18/80 PS 1925 – 1927
4 (Reihe)	4 (Reihe)	6 (Reihe)	6 (Reihe)
67 x 110 mm	67 x 110 mm	67 x 122 mm (74 x 100 mm?)	80 x 156 mm (88 x 129 mm?)
1550 ccm	1550 ccm	2580 ccm	4704 ccm
22 PS bei 2400 U/min	25 PS bei 2500 U/min	50 PS bei 2800 U/min	80 PS bei 2800 U/min
	1 : 5,3	1 : 5,3	1 : 5,3
Solex	Pallas M 26	Pallas IV	Pallas V
Seitlich stehend	Seitlich stehend	Seitlich stehend	Seitlich stehend
Seitliche Nockenwelle	Seitliche Nockenwelle	Seitliche Nockenwelle	Seitliche Nockenwelle
	Antrieb durch Stirnräder	Antrieb durch Stirnräder	Antrieb durch Stirnräder
	3	4	4
Thermosyphon	Thermosyphon	Pumpe	Pumpe
Druckumlauf	Druckumlauf	Druckumlauf	Druckumlauf
12 Volt	12 Volt	12 Volt	12 Volt
Antrieb auf Hinterräder	Antrieb auf Hinterräder	Antrieb auf Hinterräder	Antrieb auf Hinterräder
Metallkonuskupplung	Einscheibentrockenkupplung	Einscheibentrockenkupplung	Einscheibentrockenkupplung
	Schalthebel Wagenmitte	Schalthebel Wagenmitte	Schalthebel Wagenmitte
3 Gang	4 Gang	4 Gang	4 Gang
	I. 4,11	I. 4,00	I. 4,01
	II. 2,594	II. 2,49	II. 2,42
	III. 1,688	III. 1,585	III. 1,68
	IV. 1,00	IV. 1,00	IV. 1,00
4,60	5,30	4,58 oder 4,90	4,27 oder 4,63
Preßstahl-Rahmen	Preßstahl-Rahmen	Preßstahl-Rahmen	Preßstahl-Rahmen
starr, Halbfedern	starr, Halbfedern	starr, Halbfedern	starr, Halbfedern
starr, Halbfedern	starr, Halbfedern	starr, Underslung-Halbfedern	starr, Underslung-Halbfedern
Spindel, rechts	Schnecke, rechts	Spindel, rechts	Spindel, rechts
Mechanisch	Mechanisch	Mechanisch	Mechanisch
Antriebswelle, Außenbacken	4 Räder, Innenbacken	4 Räder, Innenbacken	4 Räder, Innenbacken
Mechanisch, Hinterräder	Mechanisch, 4 Räder	Mechanisch, 4 Räder	Mechanisch, 4 Räder
2650 mm	2800 mm	3350 mm	3650 mm
1300 mm	1200 mm	1350 mm	1400 mm
	3800 x 1500 x 1790 mm	Länge 4650, Höhe 1930 mm	Länge 4900, Höhe 2000 mm
Drahtspeichen	Scheiben	Drahtspeichen	Drahtspeichen
760 x 100 mm	775 x 145 mm Niederdruck	820 x 120 oder 32 x 6,20	895 x 135 oder 33 x 6,75
760 kg	800 kg	1100 kg	1400 kg
	Tourenwagen 1050 kg	Tourenwagen 1600 kg	Tourenwagen 1950 kg
	Limousine 1140 kg	Limousine 1750 kg	Limousine 2070 kg
	Tourenwagen 1350 kg	Tourenwagen 2400 kg	Tourenwagen 2750 kg
	Limousine 1540 kg	Limousine 2550 kg	Limousine 2870 kg
75 km/h	80 km/h	90 km/h	100 km/h
10 Liter	10 Liter	14 Liter	20 Liter
im Heck	40 Liter (im Motorraum)	95 Liter (im Heck)	125 Liter (im Heck)
	Zweisitzer offen RM 5900,– Viersitzer offen RM 5950,– Limousine 4 Türen RM 6700,–	Sechssitzer offen RM 12 500,–	Sechssitzer offen RM 15 500,– Pullman-Limousine RM 17 500,–

Adler 10/50 PS Sechszylinder Tourenwagen 1925. Dieser hervorragend erhaltene Wagen steht im Auto- und Motorrad-Museum Bad Oeynhausen.

Adler 6/25 PS 1925–1928. Dieser Typ wurde hauptsächlich als Tourenwagen (Bild) viel gefahren. Die Karosserie war meistens flaschengrün oder dunkelblau lackiert. Verdeck, Rahmen, Kotflügel und Räder blieben stets schwarz.

Adler 6/25 PS als Zweisitzer-Cabriolet. Karosserie Papler.

Adler Standard 6 Tourenwagen 10/45 PS 1927–1930. Hier ein Dienstwagen der Preußischen Schutzpolizei Sigmaringen. Der Adler Favorit Tourenwagen 1929–1930 sah äußerlich gleich aus.

Adler Standard 6 als Zweisitzer-Cabriolet. Karosserie Karmann.

15/70 PS Adler Standard 8 Tourenwagen 1928–1929. Am Steuer: Firmengründer Kommerzienrat Dr.-Ing. E. h. Heinrich Kleyer.

Adler Favorit (1929–1933)
Adler Standard 6 (1927–1934)
Adler Standard 8 (1928–1933)

Ein Markstein in der Geschichte des Werks und wichtigstes Ereignis der Berliner Automobil-Ausstellung im Oktober 1926 war die Vorstellung des Adler Standard 6. Von Professor Dr. Ing. Gabriel Becker (Technische Hochschule Berlin-Charlottenburg) stammte der Entwurf dieses Wagens, der jedoch im wesentlichen bloß eine Kopie des amerikanischen Chrysler darstellte. Freilich hatte gerade diese Tatsache zur Folge, daß der Adler Standard 6 als erster deutscher Großserienwagen mit den damals hier sehr mächtigen Amerikanern konkurrieren konnte. Zu den bemerkenswerten Errungenschaften des neuen Wagens gehörten hydraulische Vierradbremsen, abnehmbarer Zylinderkopf, Zentralschmierung, Kugelschaltung, Linkslenkung, Batteriezündung und vor allem auch die Ganzstahlkarosserie. Ungewöhnlich viel Leichtmetall, großenteils Elektronguß, wurde verwendet für Kurbelgehäuse, Kardangehäuse, Scheibenräder und Kolben. Allerdings hatte Professor Becker vom Chrysler nicht nur moderne Technik, sondern auch sämtliche Fehler getreulich übernommen, so das üble Lenkungsflattern und unerträglichen Motorenverschleiß, wobei der Gelehrte die merkwürdige Auffassung vertrat, daß eine Lebensdauer von 17000 Kilometer für solch exklusives Automobil völlig ausreichend sei. Doch die vorzüglich eingespielte Technikermannschaft des Werks schaffte es, rasch und gründlich die Mängel und Kinderkrankheiten zu beseitigen. Dann aber bewährte sich das neue Modell hervorragend und wurde zum beliebtesten Mittelklassewagen der letzten zwanziger Jahre, übrigens auch vielerorts zum meistgefahrenen Taxi.

Der Adler Standard 6 (Typ 10 N) ging 1927 in Serie. Bereits Mitte 1928 erschienen der Standard 6 A (Typ 12 N) und der Standard 6 S (Typ 12 NS) mit 3 statt 2,5 Liter-Motor. Ebenfalls 1928 kam der luxuriöse große Standard 8 (Typ 15 N) mit 4 Liter Achtzylinder-Motor. Andererseits folgte im Frühjahr 1929 der ebenfalls bald sehr beliebt gewordene Adler Favorit (Typ 8 J) mit 2 Liter Vierzylinder-Motor, wobei die ganze Modellreihe schon damals sehr schön nach dem Baukastensystem gegliedert war. Die Ganzstahl-Karosserien für die Limousinen und offenen Tourenwagen lieferte Ambi-Budd, die Cabriolets in Gemischtbauweise stammten von Karmann und anderen Firmen.

Durch seine persönliche Freundschaft mit der Familie Kleyer kam es dazu, daß der berühmte Architekt Professor Walter Gropius, Leiter des Bauhauses Dessau, für die großen Adler-Wagen völlig neue Karosserien entwerfen konnte, die erstmalig auf dem Pariser Salon im Oktober 1930 und wenige Monate später auch in Berlin gezeigt wurden. Angestrebt war eine Zweckform ohne Zierart, die möglichst lange zeitlos bleiben sollte. Die Gropius-Automobile erreichten weltweites Aufsehen und dementsprechende, noch bis heute nachwirkende Publizität, doch fanden sie kaum ernsthafte Kaufinteressenten. Diese bevorzugten weiterhin die damals üblichen Karosserien. So unterblieb eine Serienfertigung der Gropius-Aufbauten, die bei Ambi-Budd hätte stattfinden sollen. Es wurden, soweit bekannt, nur 3 Limousinen bei Neuß und 3 Cabriolets bei Karmann gebaut. Eine der 3 Limousinen, die nur 4 statt 6 Fenster hatte, wurde auf ein Fahrgestellt des Standard 6 A gesetzt, die anderen 5 Wagen waren Standard 8. So blieben die Automobilentwürfe von Gropius zwar historisch interessant, aber nicht richtungweisend. Übrigens hat der Architekt Le Corbusier einen ähnlichen Versuch bei der französischen Marke Voisin unternommen, der genauso erfolglos blieb.

Adler Standard 6 S 10/45 PS Pullman-Limousine 1927. Karosserie Ambi-Budd. Besitzer: Walter Mann (Ingolstadt).

←

Adler Standard 8 Sport-Reise-Cabriolet 1929. Karosserie Karmann.

Adler Standard 8 Allwetter-Limousine 1929. Das Verdeck ließ sich mittels Handkurbel während der Fahrt auf- und niederlegen. Dieser Wagen war ein Vorläufer der bald so beliebt gewordenen Cabrio-Limousinen. Noch nicht gut gelöst war bei diesem Wagen die Stellung des Gestänges bei offenem Dach. Karosserie Karmann.

	Adler Favorit 8/35 PS 1929 – 1933	Adler Standard 6 10/45 PS 1927 – 1930	Adler Standard 6 10/45 PS 1927 – 1928
Motor			
Zylinderzahl	4 (Reihe)	6 (Reihe)	
Bohrung x Hub	75 x 110 mm	70 x 110 mm	
Hubraum	1943 (Steuer 1930) ccm	2540 (Steuer 2522) ccm	
Leistung	35 PS bei 3000 U/min	45 PS bei 3000 U/min	
Drehmoment			
Verdichtung	1:5,3	1:5	
Vergaser	1 Flachstromvergaser Pallas Ab 1931: Solex 30 FV	1 Flachstromvergaser Pallas SAD 3	
Ventile	Seitlich stehend Seitliche Nockenwelle Antrieb durch Zahnkette	Seitlich stehend Seitliche Nockenwelle Antrieb durch Zahnkette	
Kurbelwellenlager	3	7	
Kühlung	Pumpe, 15 Liter Wasser	Pumpe, 16 Liter Wasser	
Schmierung	Druckumlauf, 5,5 Liter Öl	Druckumlauf, 7 Liter Öl	
Batterie	6 V 85 Ah	6 V 115 Ah	
Lichtmaschine	90 W	90 W	
Kraftübertragung	Antrieb auf Hinterräder	Antrieb auf Hinterräder	
Kupplung	Einscheibentrockenkupplung	Einscheibentrockenkupplung	
Schaltung	Schalthebel Wagenmitte	Schalthebel Wagenmitte	
Getriebe	3 Gang	3 Gang	
Übersetzungen	I. 4,12 II. 1,79 III. 1,00	I. 3,16 II. 1,80 III. 1,00	
Antriebs-Übersetzung	5,90 oder 5,70	5,30	5,90
Fahrwerk	U-Profil-Preßstahl-Rahmen	U-Profil-Preßstahl-Rahmen	
Vorderradaufhängung	starr, Halbfedern	starr, Halbfedern	
Hinterradaufhängung	starr, Halbfedern	starr, Halbfedern	
Lenkung	Schnecke (1:13), links	Schnecke, links	
Fußbremse	Hydraulisch, 4 Räder Bremsfläche 1350 cm²	Hydraulisch, 4 Räder	
Handbremse	Mechanisch, Getriebe	Mechanisch, Getriebe	
Schmierung	Zentral	Zentral	
Allgemeine Daten			
Radstand	2840 mm	2840 mm	3140 mm
Spur vorn/hinten	1350 mm	1350 mm	1350 mm
Gesamtmaße	4270 x 1650 x 1800 mm	4270 x 1650 x 1825 mm	4500 x 1650 x 1825 mm
Wendekreis-∅			
Räder	Scheiben	Scheiben	Scheiben
Felgen	Geradseittiefbett	Geradseittiefbett 4,50 x 20	Geradseittiefbett 4,50 x 20
Reifen	5,25 – 18 Niederdruck	5,25 – 20 Niederdruck	6,00 – 20 Niederdruck
Fahrgestellgewicht	900 kg	950 kg	1000 kg
Wagengewicht	Tourenwagen 1260 kg Limousine 1340 kg	Tourenwagen 1190 kg Limousine 1290 kg	Tourenwagen 1280 kg Limousine 1390 kg
Zuläss. Gesamtgewicht	+ 400 kg	+ 400 kg	+ 550 kg
Höchstgeschwindigkeit	80 km/h	90 km/h	85 km/h
Verbrauch/100 km	13 Liter Benzol	15 Liter Benzol	16 Liter Benzol
Kraftstofftank	50 Liter (im Heck)	50 Liter (im Heck)	50 Liter (im Heck)
Preise	1930 / 1931	1927/28	
Tourenwagen 4 Türen	RM 5350,– / –	RM 6900,–	
Limousine 4 Türen	RM 5575,– / RM 4800,–	RM 7700,–	
Cabriolet 2/2 Sitze		RM 8575,–	
Cabriolet 4 Sitze	RM 5950,–		
Tourenwagen 6 Sitze			
Pullman-Limousine			

Adler Standard 6 A 12/50 PS 1928 – 1933	Adler Standard 6 S 12/50 PS 1928 – 1934	Adler Standard 8 15/70 PS 1928 – 1930	Adler Standard 8 15/80 PS 1931 – 1933
6 (Reihe)		8 (Reihe)	
75 x 110 mm		75 x 110 mm	
2916 (Steuer 2895) ccm		3887 (Steuer 3861) ccm	
50 PS bei 3000 U/min		70 PS bei 3200 U/min	80 PS bei 3200 U/min
15 mkg bei 1000 U/min			
1 : 5,3		1 : 5	1 : 5,3
1 Flachstromvergaser Pallas SAD 3 oder Stromberg U 1		1 Flachstromvergaser Pallas 4	1 Flachstromvergaser Stromberg UU 2
Seitlich stehend		Seitlich stehend	
Seitliche Nockenwelle		Seitliche Nockenwelle	
Antrieb durch Zahnkette		Antrieb durch Zahnkette	
7		9	
Pumpe, 16 Liter Wasser		Pumpe, 22 Liter Wasser	
Druckumlauf, 7 Liter Öl		Druckumlauf, 9 Liter Öl	
6 V 115 Ah		6 V 140 Ah	
90 W			
Antrieb auf Hinterräder		Antrieb auf Hinterräder	
Einscheibentrockenkupplung		Einscheibentrockenkupplung	
Schalthebel Wagenmitte		Schalthebel Wagenmitte	
3 Gang		3 Gang	4 Gang Aphon
I. 3,16		I. 3,16	I. 4,10
II. 1,80		II. 1,80	II. 2,21
III. 1,00		III. 1,00	III. 1,49
			IV. 1,00
5,30 oder 4,90	5,90	4,92	3,93
U-Profil-Preßstahl-Rahmen		U-Profil-Preßstahl-Rahmen	
starr, Halbfedern		starr, Halbfedern	
starr, Halbfedern		starr, Halbfedern	
Schnecke, links		Schnecke, links	
Hydraulisch, 4 Räder		Hydraulisch, 4 Räder	
Mechanisch, Getriebe		Mechanisch, Getriebe	
Zentral		Zentral	
2840 mm	3140 mm	3325 mm	
1350 mm	1350 mm	1440 mm	
4270 x 1650 x 1825 mm	4570 x 1650 x 1825 mm	4750 x 1770 x 1880 mm	
		12,8 Meter	
Scheiben	Scheiben	Scheiben	
Geradseittiefbett 4,50 x 20	Geradseittiefbett 4,50 x 20	Geradseittiefbrett 4,50 x 20	
5,25 – 20 Niederdruck	6,00 – 20 Niederdruck	6,00 – 20 Niederdruck	
950 kg	1000 kg	1150 kg	1300 kg
Tourenwagen 1200 kg	Tourenwagen 1300 kg	Tourenwagen 1520 kg	Gropius-Limousine 1800 kg
Lim., Cabriolet 1300 kg	Limousine 1430 kg	Limousine 1650 kg	
+ 400 kg	+ 550 kg	+ 550 kg	+ 600 kg
90 km/h	85 km/h	100 km/h	105 km/h
16 Liter Benzol	17 Liter Benzol	19 Liter Benzol	20 Liter Benzol
50 Liter (im Heck)	50 Liter (im Heck)	70 Liter (im Heck)	70 Liter (im Heck)
1931 1932	1929 – 1931 1932	1928 – 1929	1931 – 1933
RM 6500,– RM 6250,–	RM 8700,– RM 8700,– RM 7950,–	RM 10800,– RM 11500,–	RM 9750,–

Adler Favorit Limousine 1930. Karosserie Ambi-Budd. Besitzer: A. Cristensson, Malmö (Schweden).

Adler Favorit Limousine 1930/31. Das ist ein Zwischentyp, der bereits die neuere Karosserie und Motorhaube, aber noch die stärker abgekanteten Kotflügel mit Profilsicken besitzt. 100 Exemplare dieses Musters lieferten die Karosseriewerke Weinsberg.

Adler Standard 6 Modell 1931. Besonders schön erhaltener Wagen mit Originallackierung (Aufbau sandfarben, Unterbau schwarz). Karosserie Ambi-Budd. Besitzer: Eckart Frhr. von Lerchenfeld (Immenstadt).

Adler Favorit Modell 1932. Karosserie Ambi-Budd.

Adler Standard 8 Viersitzer-Cabriolet 1931. Karosserie Karmann.

Adler Standard 8 Limousine 1931. Karosserie Neuss, Entwurf Professor Gropius.

Adler Trumpf (1932–1936)
Adler Primus (1932–1936)

Im März 1932 stellte sich das Zwillingspaar Adler Trumpf und Adler Primus vor. Während der Adler Primus, konstruiert von Dr. Ing. e. h. Otto Göckeritz, gewissermaßen in Hochform die herkömmliche Standardbauweise mit Hinterradantrieb und Starrachsen verkörperte, zeichnete sich der Adler Trumpf, konstruiert von Hans Gustav Röhr und seinem Oberingenieur Dauben, durch den für damalige Begriffe noch ungewöhnlichen Frontantrieb sowie Einzelaufhängung aller Räder aus. Allerdings besaß nur der Adler Primus hydraulische, der Trumpf hingegen merkwürdigerweise noch Seilzugbremsen. Motoren und Karosserien beider Wagen stimmten überein. Beim Trumpf hatte man den Motor-Getriebe-Block sozusagen verkehrt herum eingebaut, woraus eine um 150 mm größere Gesamtlänge resultierte, die wiederum seiner äußeren Erscheinung zum Vorteil gereichte. Beide Modelle wurden so günstig aufgenommen, daß sie bald höhere Verkaufszahlen erreichten als die Konkurrenzmodelle von Opel, Wanderer und Mercedes. Der Primus ging ab Frühjahr, der Trumpf ab Spätsommer 1932 in Serie. Von da an entschied sich die überwiegende Mehrheit der Käufer für die fortschrittlichere Bauart, obschon auch der Primus weiterhin noch gute Verkaufsergebnisse brachte.

Zunächst waren beide Typen nur als Zweitüren-Limousine und als Zweifenster-Cabriolet lieferbar. Auf dem Pariser Salon 1932 zeigte Ambi-Budd den Adler Trumpf als sehr gefällige Jupiter-Limousine, die dann in zwei- und viertüriger Ausführung ab dem Modelljahr 1934 übernommen wurde. Alle Modelle 1935 erhielten Kotflügelschürzen und das Vierfenster-Cabriolet ein sogenanntes Stromlinienheck.

Der Adler Primus 1932 besaß als äußeres Zeichen seiner Standardbauart noch einen Flachkühler mit Chromrahmen. Doch schon ab 1933 erhielt er eine ähnliche Kühlerverkleidung wie der Trumpf. 1935 wurde für den Primus nur die zweitürige Jupiter-Limousine übernommen, während als Viertüren-Limousine eine pfostenlose Vierfenster- und eine normale Sechsfenster-Ausführung bei gleichem Preis zur Wahl stand. Laut damaliger Preisliste gab es den Primus auch als Pullmann-Limousine, vermutlich mit längerem Radstand, doch ist dem Verfasser unbekannt, ob ein solcher Wagen tatsächlich jemals ausgeliefert wurde.

Spektakuläre Erfolge erzielte der Adler Trumpf bei den damals ungemein populären Langstreckenwettbewerben, so vor allem bei der 2000 Kilometer-Fahrt und bei der Internationalen Alpenfahrt 1933. Dies führte dazu, daß von 1933 bis 1935 ein sehr eleganter Zweisitzer mit beträchtlich höherer Motorleistung als Adler Trumpf Sport, auch Super Trumpf genannt, in kleiner Serie aufgelegt wurde. Diesen Typ gab es auch als zweisitziges Sport-Cabriolet, hier jedoch nur mit normalem Motor.

Adler Primus (Typ 1,5 A) und Trumpf (Typ 1,5 AV) mit 1,5 Liter-Motor wurden bis 1934, Primus (Typ 1,7 A) und Trumpf (Typ 1,7 AV) mit 1,7 Liter-Motor wurden bis Mai 1936 gebaut.

Adler Primus 1,5 Liter 1932 – 1934	**Adler Primus 1,7 Liter 1933 – 1936**
4 (Reihe)	4 (Reihe)
71 x 95 mm	74,25 x 95 mm
1504 (Steuer 1494) ccm	1645 (Steuer 1623) ccm
32 PS bzw. (ab 1934) 33 PS bei 3500 U/min	38 PS bei 3800 U/min
1 : 5,3 bzw. (ab 1934) 5,5	1 : 5,3 bzw. (ab 1934) 5,5
1 Steigstromvergaser Solex 26 BFLV 1933 auch: Bosch 26 ∅	1 Steigstromvergaser Solex 30 BFLV
Seitlich stehend	
Seitliche Nockenwelle, Antrieb durch Duplex-Rollenkette	
3	
Thermosyphon, 11 Liter Wasser	
Druckumlauf, 4,5 Liter Öl	
6 V 85 Ah	
90 W	
Antrieb auf Hinterräder	
Einscheibentrockenkupplung	
Schalthebel Wagenmitte	
4 Gang	
Ohne	
I. 4,09	
II. 2,39	
III. 1,42	
IV. 1,00	
5,22	4,78
Tiefbett-Kastenrahmen	
starr, Halbfedern	
starr, Halbfedern	
Schnecke, links	
Hydraulisch, 4 Räder	
Mechanisch, Getriebe	
Zentral	
2700 mm	2700 mm
1250 mm	1250 mm
4000 x 1500 x 1600 mm	4000 x 1500 x 1600 mm
11,8 Meter	11,8 Meter
Scheiben	Scheiben
Tiefbett	Tiefbett
4,75 oder 5,00–17	4,75 oder 5,00–17
730 kg	730 kg
990 kg	990 kg
+ 350 kg	+ 360 kg
90 km/h	95 km/h
10 Liter	11 Liter
32 Liter (im Motorraum)	32 Liter (im Motorraum)

	1932/33	1934	1933	1934/35	1936
RM	3600,–	3600,–	3850,–	3850,–	3850,–
RM	–	–	–	4500,–	–
RM	4300,–	4300,–	4500,–	4500,–	–
RM	–	4600,–	–	4800,–	–

<table>
<tr><th></th><th>Adler Trumpf 1,5 Liter
1932 – 1934</th><th>Adler Trumpf 1,7 Liter
1933 – 1936</th><th>Adler Trumpf Sport
1933 – 1935</th></tr>
<tr><td>Motor</td><td></td><td></td><td></td></tr>
<tr><td>Zylinderzahl</td><td>4 (Reihe)</td><td>4 (Reihe)</td><td>4 (Reihe)</td></tr>
<tr><td>Bohrung x Hub</td><td>71 x 95 mm</td><td>74,25 x 95 mm</td><td>74,25 x 95 mm</td></tr>
<tr><td>Hubraum</td><td>1504 (Steuer 1494) ccm</td><td>1645 (Steuer 1623) ccm</td><td>1645 (Steuer 1623) ccm</td></tr>
<tr><td>Leistung</td><td>32 PS bzw. (ab 1934)
33 PS bei 3500 U/min</td><td>38 PS bei 3800 U/min</td><td>47 PS bei 3800 U/min</td></tr>
<tr><td>Verdichtung</td><td>1:5,3 bzw. (ab 1934) 5,5</td><td>1:5,3 bzw. (ab 1934) 5,5</td><td>1:7,0</td></tr>
<tr><td>Vergaser</td><td>1 Steigstromvergaser
Solex 26 BFLV
1933 auch: Bosch 26 ∅</td><td>1 Steigstromvergaser
Solex 30 BFLV</td><td>1 Steigstromvergaser
Solex</td></tr>
<tr><td>Ventile</td><td colspan="3">Seitlich stehend
Seitliche Nockenwelle, Antrieb durch Duplex-Rollenkette</td></tr>
<tr><td>Kurbelwellenlager</td><td colspan="3">3</td></tr>
<tr><td>Kühlung</td><td colspan="3">Thermosyphon, 11 Liter Wasser</td></tr>
<tr><td>Schmierung</td><td colspan="3">Druckumlauf, 4,5 Liter Öl</td></tr>
<tr><td>Batterie</td><td colspan="3">6 V 85 Ah</td></tr>
<tr><td>Lichtmaschine</td><td colspan="3">90 W</td></tr>
<tr><td>Kraftübertragung</td><td colspan="3">Antrieb auf Vorderräder
Motor-Getriebe-Block hinter Vorderachse</td></tr>
<tr><td>Kupplung</td><td colspan="3">Einscheibentrockenkupplung</td></tr>
<tr><td>Schaltung</td><td colspan="3">Schalthebel unter Lenkrad</td></tr>
<tr><td>Getriebe</td><td colspan="3">4 Gang</td></tr>
<tr><td>Synchronisierung</td><td colspan="3">Ohne</td></tr>
<tr><td>Übersetzungen</td><td colspan="3">I. 4,08
II. 2,14
III. 1,46
IV. 1,00</td></tr>
<tr><td>Antriebs-Übersetzung</td><td>5,17</td><td>4,83</td><td>4,67</td></tr>
<tr><td>Fahrwerk</td><td colspan="3">Kasten-Plattform-Rahmen</td></tr>
<tr><td>Vorderradaufhängung</td><td colspan="3">achslos, 2 Querfedern</td></tr>
<tr><td>Hinterradaufhängung</td><td colspan="3">Längs-Schwingarme, Viertel-Auslegerfedern</td></tr>
<tr><td>Lenkung</td><td colspan="3">Zahnstange, links</td></tr>
<tr><td>Fußbremse</td><td colspan="3">Mechanisch (Seilzug), 4 Räder</td></tr>
<tr><td>Handbremse</td><td colspan="3">Mechanisch (Seilzug), 4 Räder</td></tr>
<tr><td>Schmierung</td><td colspan="3">Nippel</td></tr>
<tr><td>Allgemeine Daten</td><td></td><td></td><td></td></tr>
<tr><td>Radstand</td><td>2825 mm</td><td>2825 mm</td><td>2825 mm</td></tr>
<tr><td>Spur vorn/hinten</td><td>1250 mm</td><td>1250 mm</td><td>1250 mm</td></tr>
<tr><td>Gesamtmaße</td><td>4150 x 1600 x 1580 mm</td><td>4150 x 1600 x 1580 mm</td><td>4150 x 1600 x 1550 mm</td></tr>
<tr><td>Wendekreis-∅</td><td>11,6 Meter</td><td>11,6 Meter</td><td>11,6 Meter</td></tr>
<tr><td>Räder</td><td>Scheiben</td><td>Scheiben</td><td>Scheiben</td></tr>
<tr><td>Felgen</td><td>Tiefbett</td><td>Tiefbett</td><td>Tiefbett</td></tr>
<tr><td>Reifen</td><td>4,75 – 17 Niederdruck</td><td>4,75 – 17 Niederdruck</td><td>4,75 – 17 SS Niederdruck</td></tr>
<tr><td>Fahrgestellgewicht</td><td>730 kg</td><td>730 kg</td><td>730 kg</td></tr>
<tr><td>Wagengewicht</td><td>950 kg</td><td>950 kg</td><td>950 kg</td></tr>
<tr><td>Zuläss. Gesamtgewicht</td><td>+ 350 kg</td><td>+ 350 kg</td><td></td></tr>
<tr><td>Höchstgeschwindigkeit</td><td>95 km/h</td><td>100 km/h</td><td>115 km/h</td></tr>
<tr><td>Beschleunigung 0–100 km/h</td><td></td><td></td><td>33 sec</td></tr>
<tr><td>Verbrauch/100 km</td><td>10 Liter</td><td>11 Liter</td><td>15 Liter</td></tr>
<tr><td>Kraftstofftank</td><td>32 Liter (im Motorraum)</td><td>32 Liter (im Motorraum)</td><td>35 bzw. (ab 1935)
45 Liter (im Motorraum)</td></tr>
<tr><td>Preise</td><td>1932/33 | 1934</td><td>1933 | 1934/35</td><td>1934/35</td></tr>
<tr><td>Limousine 2 Türen</td><td>3750,– | Jupiter 3600,–</td><td>4000,– | Jupiter 3850,–</td><td></td></tr>
<tr><td>Limousine 4 Türen</td><td>– | Jupiter 3950,–</td><td>– | Jupiter 4200,–</td><td></td></tr>
<tr><td>Cabriolet 2 Fenster</td><td>4500,– | 4350,–</td><td>4750,– | 4600,–</td><td></td></tr>
<tr><td>Cabriolet 4 Fenster</td><td>– | 4800,–</td><td>– | 5050,–</td><td></td></tr>
<tr><td>Sport-Zweisitzer offen</td><td></td><td></td><td>RM 5740,–</td></tr>
</table>

Adler Primus Limousine Modell 1932 (Flachkühler). Karosserie Ambi-Budd.

Adler Primus Cabriolet Modell 1932 (Flachkühler). Karosserie Karmann.

Adler Primus Limousine Modell 1933/34. Gleiche Kühlerverkleidung wie Trumpf, jedoch Vorderwagen etwa 150 mm kürzer. Karosserie Ambi-Budd.

Adler Primus Viertüren-Sechsfenster-Limousine Modell 1934/35. Karosserie vermutlich Ambi-Budd.

Adler Trumpf Limousine Modell 1932/33. Karosserie Ambi-Budd.

Adler Trumpf Zweitüren-Limousine »Jupiter« Modell 1934. Karosserie Ambi-Budd.

Adler Trumpf Viertüren-Limousine »Jupiter« Modell 1935/36 (mit Kotflügelschürzen). Karosserie Ambi-Budd.

Adler Trumpf Sport-Zweisitzer Modell 1935. Die Herkunft der Karosserie ist dem Verfasser unbekannt. Der abgebildete Wagen existiert heute noch in der DDR.

Adler Favorit (1933–1934)
Adler Standard 6 (1933–1934)
Adler Achtzylinder (1933–1934)

Zur Berliner Automobil-Ausstellung im Februar 1933 erschienen der Adler Favorit (Typ 2 U) und der Adler Standard 6 (Typ 3 U) als völlig neue Wagen, die mit den Vorgängern im wesentlichen nur die in der Leistung etwas angehobenen Motoren gemeinsam hatten. Neu waren vor allem das ZF-Aphon Vierganggetriebe, der Tiefbett-Kastenrahmen, Einzelaufhängung und -lenkung der Vorderräder, direkt auf die Hinterräder wirkende Handbremse sowie die ansprechend gestalteten Ganzstahl-Karosserien von Ambi-Budd. Während der Favorit dieser Ausführung nur noch wenig Zuspruch fand und deshalb mit dem Ende des Modelljahres 1934 aufgegeben wurde, nahm das Publikum den neuen Standard 6 gut auf. Er wurde ab März 1934 als Adler Diplomat weitergeführt.

Den Adler Standard 8 zeigte man auf der Berliner Ausstellung 1933 noch einmal und wiederum erfolglos mit den von Gropius entworfenen Aufbauten. Daraufhin bot das Werk bei unverändertem Fahrgestell und Motor eine neue, dem Zeitgeschmack angepaßte Modellreihe als Adler Achtzylinder an, die aber auch nur schwer verkäuflich war und deshalb ebenfalls das Modelljahr 1934 nicht überlebte.

Adler Favorit 1933 bzw. Adler Standard 6 1933 Karosserie Ambi-Budd

Adler Achtzylinder Tourenwagen 1934

	Adler Favorit (2 U) 1933 – 1934	Adler Standard 6 (3 U) 1933 – 1934	Adler Achtzylinder 1933 – 1934
Motor			
Zylinderzahl	4 (Reihe)	6 (Reihe)	8 (Reihe)
Bohrung x Hub	75 x 110 mm	75 x 110 mm	75 x 110 mm
Hubraum	1943 ccm	2916 ccm	3887 ccm
Leistung	40 PS bei 3300 U/min	60 PS bei 3300 U/min	80 PS bei 3200 U/min
Verdichtung	1 : 5,3	1 : 5,3	1 : 5,3
Vergaser	1 Fallstromvergaser Solex 35 JF	1 Fallstromvergaser Solex 35 JF	1 Doppelvergaser Stromberg U 2
Ventile	Seitlich stehend Seitliche Nockenwelle Antrieb durch Zahnkette	Seitlich stehend Seitliche Nockenwelle Antrieb durch Zahnkette	Seitlich stehend Seitliche Nockenwelle Antrieb durch Zahnkette
Kurbelwellenlager	3	7	9
Kühlung	Pumpe, 15 Liter Wasser	Pumpe, 16 Liter Wasser	Pumpe, 22 Liter Wasser
Schmierung	Druckumlauf, 5,5 Liter Öl	Druckumlauf, 7 Liter Öl	Druckumlauf, 9 Liter Öl
Batterie	6 V 85 Ah	6 V 115 Ah	6 V 140 Ah
Lichtmaschine	90 W	90 W	90 W
Kraftübertragung	Antrieb auf Hinterräder	Antrieb auf Hinterräder	Antrieb auf Hinterräder
Kupplung	Einscheibentrockenkupplung	Einscheibentrockenkupplung	Einscheibentrockenkupplung
Schaltung	Schalthebel Wagenmitte	Schalthebel Wagenmitte	Schalthebel Wagenmitte
Getriebe	4 Gang ZF-Aphon mit abschaltbarem Freilauf	4 Gang ZF-Aphon mit abschaltbarem Freilauf	4 Gang ZF-Aphon mit abschaltbarem Freilauf
Synchronisierung	II – IV	II – IV	II – IV
Übersetzungen	I. 4,00 II. 2,50 III. 1,53 IV. 1,00	I. 4,10 il. 2,60 III. 1,48 IV. 1,00	I. 4,10 II. 2,21 III. 1,49 IV. 1,00
Antriebs-Übersetzung	5,30	4,60 oder 4,80	3,93
Fahrwerk	Tiefbett-Kastenrahmen	Tiefbett-Kastenrahmen	U-Profil-Preßstahl-Rahmen
Vorderradaufhängung	achslos, 2 Querfedern	achslos, 2 Querfedern	starr, Halbfedern
Hinterradaufhängung	starr, Halbfedern	starr, Halbfedern	starr, Halbfedern
Lenkung	Spindel links	Spindel, links	Schnecke, links
Fußbremse	Hydraulisch, 4 Räder	Hydraulisch, 4 Räder	Hydraulisch, 4 Räder
Handbremse	Mechanisch, Hinterräder	Mechanisch, Hinterräder	Mechanisch, Getriebe
Schmierung	Zentral	Zentral	Zentral
Allgemeine Daten			
Radstand	3200 mm	3200 mm	3325 mm Pullman: 3475 mm
Spur vorn/hinten	1420 mm	1420 mm	1440 mm
Gesamtmaße	4750 x 1740 x 1650 mm	4750 x 1740 x 1650 mm	4750 x 1770 x 1880 mm Pullman: 4900 x 1860 x 1800 mm
Wendekreis-∅	12 Meter	12 Meter	12,8 Meter
Räder	Scheiben	Scheiben	Scheiben
Felgen	Tiefbett 3,62 F x 18	Tiefbett 3,62 F x 18	Tiefbett 4,50 x 20
Reifen	6,50–18 Typ Aero	6,50–18 Typ Aero	6,00–20 Niederdruck
Fahrgestellgewicht	1010 kg	1040 kg	1300 kg
Wagengewicht	1360 kg	1390 kg	1800 kg
Zuläss. Gesamtgewicht	+ 400 kg	+ 400 kg	+ 600 kg
Höchstgeschwindigkeit	90 km/h	100 km/h	105 km/h
Verbrauch/100 km	13 Liter Benzol	16 Liter Benzol	20 Liter Benzol
Kraftstofftank	70 Liter (im Heck)	70 Liter (im Heck)	70 Liter (im Heck)
Preise:			
Limousine 4 Türen	RM 5250,–	RM 6250,–	–
Cabriolet 2 Fenster	RM 6250,–	RM 7250,–	–
Limousine 6 Sitze	–	–	RM 8500,–
Tourenwagen 6 Sitze	–	–	RM 12500,–
Cabriolet 4 Fenster	–	–	RM 14000,–
Pullman-Limousine	–	–	RM 15750,–
Pullman-Cabriolet	–	–	RM 17750,–

Adler Trumpf Junior (1934–1941)

Nach dem Adler Trumpf 1,5 und 1,7 Liter konstruierten Direktor Röhr und Oberingenieur Dauben einen im Entwurf ähnlichen Einliter-Kleinwagen. Der Adler Trumpf Junior (Typ 1 G) erschien Anfang 1934, und zwar zunächst als Cabrio-Limousine mit kunstlederbezogener Leichtbaukarosserie, also insofern dem damaligen DKW ähnlich. Die Adler-Käufer erwiesen sich jedoch als anspruchvolleres Publikum, weshalb schon bald der Übergang zur blechverkleideten Karosserie erfolgte. Außerdem brachte Ambi-Budd eine kleine Ganzstahl-Limousine der Jupiter-Reihe heraus.

Anfang 1936 gewann der Adler Trumpf Junior (Typ 1 E) seine endgültige Gestalt. Alle Karosserien zeigten nun eine einheitliche, zeitgemäß moderne Linienführung mit sogenanntem Stromlinienheck. Cabrio-Limousine und Limousine von Ambi-Budd. Viersitzer-Cabriolets zum Teil von Ambi-Budd, zum Teil von Karmann, wobei sich die letzteren durch eine elegantere Linie auszeichneten. Die Zweisitzer-Cabriolets, sehr nett, aber teuer, kamen von Wendler und anderen Firmen.

Von 1935 bis 1937 gab es den Adler Trumpf Junior als offenen Sport-Zweisitzer, wahlweise mit Normal- oder mit Sportmotor. Er sah rasant aus, attraktiv allein schon wegen der mitgelenkten Vorderkotflügel. Wer die Karosserie fertigte, ist dem Verfasser unbekannt.

Im August 1939 meldete das Werk die Fertigstellung des 100000sten Trumpf Junior. Er wurde noch bis 1941 weitergebaut. Selbst nach dem Krieg war er noch jahrelang häufig zu sehen. DKWs und Adler Trumpf Junior hatten ungleich zahlreicher als andere Autos überlebt, weil die Wehrmacht Kleinwagen mit Frontantrieb verschmähte.

Nach dem Krieg ließ Direktor Hermann Friedrich den Adler Trumpf Junior von Oberingenieur Alfred Privat weiterentwickeln. Vor allem verlegte dieser das Getriebe vor die Vorderachse, was 150 mm Raumgewinn und eine bessere Belastung der Antriebsachse brachte. Je ein Prototyp mit Karmann- und mit Wendler-Karosserie wurden auf der Hannover-Messe 1948 ausgestellt. Als bereits die Möglichkeit der Serienfertigung bestand, denn die Werkzeuge und Vorrichtungen für den Motoren- und Getriebebau waren noch vorhanden und die Beschaffung des Rahmens vom MAN-Werk Gustavsburg sowie der Karosserien war gesichert, ließ Generaldirektor Hagemeier nach seiner Rückkehr aus der Lagerhaft die Vorbereitungen zur Wiederaufnahme des Automobilbaus einstellen und die Probefahrzeuge verschrotten.

Preise	1934	1935	1936	1937	1938/39
Cabrio-Limousine 2 Türen (mit Kunstlederbezug)	RM 2650,–	RM 2700,–	–	–	–
Cabrio-Limousine 2 Türen (mit Stahlblechverkleidung)	–	RM 2875,–	–	–	–
Cabrio-Limousine 2 Türen (Ganzstahl-Karosserie)	–	–	RM 2950,–	RM 2700,–	RM 2700,–
Limousine 2 Türen	RM 2750,–	RM 2950,–	RM 2950,–	RM 2950,–	RM 2950,–
Limousine 6 Fenster	–	–	–	–	RM 3400,–
Cabrio-Limousine 6 Fenster	–	–	–	–	RM 3400,–
Cabriolet 4 Sitze 2 Fenster	–	RM 3500,–	RM 3500,–	RM 3500,–	RM 3500,–
Cabriolet 2 Sitze	–	RM 3950,–	RM 4000,–	RM 4000,–	RM 4125,–
Sportwagen 2 Sitze (mit 25 PS Normalmotor)	–	RM 3750,–	RM 3750,–	RM 3750,–	–
Sportwagen 2 Sitze (mit 28 PS Sportmotor)	–	RM 4150,–	RM 4150,–	RM 4150,–	–
Fahrgestell					RM 2000,–

	Adler Trumpf Junior (1 G) 1934 – 1935	Adler Trumpf Junior (1 E) 1936 – 1941	Adler Trumpf Junior Sport 1935 – 1937
Motor			
Zylinderzahl	4 (Reihe)	4 (Reihe)	4 (Reihe)
Bohrung x Hub	65 x 75 mm	65 x 75 mm	65 x 76 mm
Hubraum	995 (Steuer 988) ccm	995 (Steuer 988) ccm	995 (Steuer 988) ccm
Leistung	25 PS bei 4000 U/min	25 PS bei 4000 U/min	28 PS bei 4300 U/min
Verdichtung	1:5,6	1:6	1:7
Vergaser	1 Steigstromvergaser Solex 26 BFRV	1 Steigstromvergaser Solex 26 BFRV	1 Steigstromvergaser Solex
Ventile		Seitlich stehend Seitliche Nockenwelle, Antrieb durch Duplex-Rollenkette	
Kurbelwellenlager		3	
Kühlung		Thermosyphon, 9 Liter Wasser	
Schmierung		Druckumlauf, 3,5 Liter Öl	
Batterie		Batterie 6 V 75 Ah (im Motorraum)	
Lichtmaschine		90 W	
Kraftübertragung		Antrieb auf Vorderräder Motor-Getriebe-Block hinter Vorderachse	
Kupplung		Einscheibentrockenkupplung	
Schaltung		Schalthebel unter Lenkrad	
Getriebe		4 Gang	
Synchronisierung		Ohne	
Übersetzungen		I. 4,03, II. 2,31, III. 1,59, IV. 1,00	
Antriebs-Übersetzung	5,43	5,43	4,80
Fahrwerk		Kasten-Plattform-Rahmen	
Vorderradaufhängung		achslos, 2 Querfedern	
Hinterradaufhängung		Geschobene Längs-Schwingarme, 2 Federstäbe quer	
Lenkung		Zahnstange links	
Fußbremse	Mechanisch (Seilzug), 4 Räder Trommel-∅ 200 mm	Mechanisch (Seilzug), 4 Räder Trommel-∅ 230 mm	Mechanisch (Seilzug), 4 Räder Trommel-∅ 230 mm
Handbremse	Mechanisch (Seilzug), 4 Räder	Mechanisch (Seilzug), 4 Räder	Mechanisch (Seilzug), 4 Räder
Schmierung	Nippel	Nippel	Nippel
Allgemeine Daten			
Radstand	2630 mm	2630 mm	2630 mm
Spur vorn/hinten	1210 mm	1210	1210 mm
Gesamtmaße	3860 x 1450 x 1460 mm	4250 x 1470 x 1520 mm	4250 x 1520 x 1360 mm Höhe 1030 mm ohne Verdeck
Wendekreis-∅	11,7 Meter	11,7 Meter	11,7 Meter
Räder	Scheiben	Scheiben bzw. (ab 1938) Lochscheiben	Scheiben
Felgen	Tiefbett 2,75 D x 17	Tiefbett 2,75 D x 17 bzw. (ab 1938), 3,25 D x 16	Tiefbett 2,75 D x 17
Reifen	4,50 – 17	4,50 – 17. Ab 1938: 5,00 – 16	4,50 – 17
Fahrgestellgewicht	570 kg	600 kg	570 kg
Wagengewicht	Limousine 780 kg	Limousine 820 kg	Sportwagen 750 kg
Zuläss. Gesamtgewicht	+ 350 kg	+ 320 kg	
Höchstgeschwindigkeit	90 km/h	90 km/h	110 km/h
Verbrauch/100 km	9 Liter	9 Liter	9,5 Liter
Kraftstofftank	26 Liter (im Motorraum)	26 Liter (im Motorraum)	26 Liter (im Motorraum)

Adler Trumpf Junior Cabrio-Limousine Modell 1934 mit kunstlederbezogener Holzkarosserie.

Adler Trumpf Junior Cabrio-Limousine Modell 1935 mit Blechverkleidung bis Fensterhöhe.

Adler Trumpf Junior Jupiter-Limousine Modell 1935. Ganzstahl-Karosserie Ambi-Budd. Besitzer des abgebildeten Wagens: Erwin Arnold (München).

Adler Trumpf Junior Sport-Zweisitzer 1935–1937. Die Herkunft der Karosserie ist dem Verfasser unbekannt.

Adler Trumpf Junior Limousine Modell 1936–1941. Ganzstahl-Karosserie Ambi-Budd.

Adler Trumpf Junior Cabriolet ab 1936. Karosserie Karmann.

Adler Trumpf Junior Cabriolet ab 1936. Karosserie Ambi-Budd. Besitzer: Claus Bieberstein (Königswertha/DDR).

Adler Trumpf Junior Zweisitzer-Cabriolet ab 1936. Karosserie Karmann.

Adler Trumpf Junior Prototyp 1948
Karosserie Karmann

Adler Trumpf Junior Prototyp 1948
Karosserie Wendler

Adler Trumpf (1936–1938)
Adler Primus (1937–1938)
Adler 2 Liter (1938–1940)

Der Adler Trumpf (Typ 1,7 EV) folgte im Mai 1936 dem erfolgreichen Vorgänger. Mit gleichem Motor war er deutlich länger und größer geworden, außerdem erhielt er die vorgewölbte Kühlerverkleidung. Werkseitig angeboten wurden eine Sechsfenster-Limousine von Ambi-Budd und zwei Cabriolets von Karmann, wobei die Linie der letzteren viel ansprechender ausfiel als die der Limousine.

Weil der nun größere Wagen bei gleicher PS-Leistung zu lahm geworden war, brachte Adler im Februar 1938 den 2 Liter (Typ 2 EV) heraus. Die drei bisherigen Karosserien blieben, doch kam alternativ eine den Cabriolets ähnliche Sechsfenster-Limousine von Karmann hinzu. Ab Modelljahr 1939 verschwand die Limousine von Ambi-Budd, und an die Stelle des Zweisitzer-Cabriolets von Karmann trat ein ähnliches Modell der Frankfurter Karosseriefirma Dörr & Schreck. Die Produktion des Adler 2 Liter lief bis 1940, blieb aber seit Kriegsbeginn fast ausschließlich dem Export vorbehalten.

Auch innerhalb dieser letzten Vorkriegsgeneration gab es noch einmal einen Adler Primus (Typ 1,7 E), gebaut von Anfang 1937 bis März 1938, nur als Zweitüren-Limousine (Ambi-Budd) mit vorgewölbter Kühlerverkleidung lieferbar. (Karmann hatte für den letzten Adler Primus eine komplette Karosserie-Reihe angeboten, die jedoch nicht in Serie ging.) Die Entwicklung einer Zweiliter-Version des Adler Primus hätte sich wohl angesichts der nur noch geringen Stückzahlen nicht mehr gelohnt.

Adler Primus
1937–1938
Karosserie
Ambi-Budd

	Adler Primus (1,7 E) 1937 – 1938	Adler Trumpf (1,7 EV) 1936 – 1938	Adler 2 Liter 1938 –1940
Motor			
Zylinderzahl	4 (Reihe)	4 (Reihe)	4 (Reihe)
Bohrung x Hub	74,25 x 95 mm	74,25 x 95 mm	80 x 95 mm
Hubraum	1645 (Steuer 1623) ccm	1645 (Steuer 1623) ccm	1910 ccm
Leistung	38 PS bei 3800 U/min	38 PS bei 3800 U/min	45 PS bei 3900 U/min
Verdichtung	Für Benzin: 1:5,8	Für Benzin: 1:5,8	Für Benzin: 1:5,8
		Für Gemisch 1:6,25	Für Gemisch: 1:6,25
Vergaser	1 Steigstromvergaser	1 Steigstromvergaser	1 Steigstromvergaser
	Solex 30 BFLV	Solex 30 BFLV	Solex 30 BFLV
Ventile	Seitlich stehend	Seitlich stehend	Seitlich stehend
	Seitliche Nockenwelle	Seitliche Nockenwelle	Seitliche Nockenwelle
	Antrieb Duplex-Rollenkette	Antrieb Duplex-Rollenkette	Antrieb Duplex-Rollenkette
Kurbelwellenlager	3	3	3
Kühlung	Thermosyphon, 11 l Wasser	Thermosyphon, 11 l Wasser	Thermosyphon 11 l Wasser
Schmierung	Druckumlauf, 4,5 l Öl	Druckumlauf 4,5 l Öl	Druckumlauf, 6 l Öl
Batterie	6 V 75 Ah	6 V 75 Ah	6 V 75 Ah
Lichtmaschine	90 W	90 W	90 W
Kraftübertragung	Antrieb auf Hinterräder	Antrieb auf Vorderräder	Antrieb auf Vorderräder
		Motor-Getriebe-Block	Motor-Getriebe-Block
		hinter Vorderachse	hinter Vorderachse
Kupplung	Einscheibentrockenkupplung	Einscheibentrockenkupplung	Einscheibentrockenkupplung
Schaltung	Schalthebel Wagenmitte	Schalthebel unter Lenkrad	Schalthebel unter Lenkrad
Getriebe	4 Gang	4 Gang	4 Gang
Synchronisierung	Ohne	Ohne	Ohne
Übersetzungen	I. 4,09	I. 4,14	I. 3,76
	II. 2,39	II. 2,25	II. 2,25
	III. 1,42	III. 1,47	III. 1,47
	IV. 1,00	IV. 1,00	IV. 1,00
Antriebs-Übersetzung	4,77	4,87	4,38
Fahrwerk	Tiefbett-Kastenrahmen	Kasten-Plattform-Rahmen	Kasten-Plattform-Rahmen
Vorderradaufhängung	starr, Halbfedern	achslos, 2 Querfedern	achslos, 2 Querfedern
Hinterradaufhängung	starr, Halbfedern	Längs-Schwingarme	Längs-Schwingarme
		Viertel-Auslegerfedern	Viertel-Auslegerfedern
Lenkung	Schnecke, links	Zahnstange, links	Zahnstange, links
Fußbremse	Hydraulisch, 4 Räder	Mechanisch (Seilzug), 4 Räder	Mechanisch (Seilzug), 4 Räder
		Trommel-∅ 230 mm	trommel-∅ 230 mm
Handbremse	Mechanisch, Getriebe	Mechanisch (Seilzug), 4 Räder	Mechanisch (Seilzug), 4 Räder
Schmierung	Zentral	Nippel	Nippel
Allgemeine Daten			
Radstand	2700 mm	2920 mm	2920 mm
Spur vorn/hinten	1250 mm	1300 mm	1300 mm
Gesamtmaße	4225 x 1560 x 1600 mm	4540 x 1600 x 1580 mm	4540 x 1600 x 1580 mm
Wendekreis-∅	12 Meter	12,3 Meter	12,3 Meter
Räder	Scheiben	Scheiben	Scheiben oder Lochscheiben
Felgen	Tiefbett 3,00 D x 17	Tiefbett 3,00 D x 17	Tiefbett 3,50 Dx16
Reifen	5,00–17	5,00–17	5,50–16
Fahrgestellgewicht	760 kg	780 kg	780 kg
Wagengewicht	Limousine 1030 kg	Limousine 1100 kg	Limousine 1100 kg
		Cabriolet 1140 kg	Cabriolet 1140 kg
Zuläss. Gesamtgewicht	+ 350 kg	+ 320 kg	+ 320 kg
Höchstgeschwindigkeit	100 km/h	102 km/h	110 km/h
Verbrauch/100 km	11 Liter	12 Liter	13 Liter
Kraftstofftank	42 Liter (im Motorraum)	38 Liter (im Motorraum)	38 Liter (im Motorraum)

Preise	1937	1936	1937	1938/39
Limousine 2 Türen	RM 3600,–	–	–	–
Limousine 6 Fenster	–	RM 4400,–	RM 4100,–	RM 4350,–
Cabriolet 4 Fenster	–	RM 5250,–	RM 4800,–	RM 4950,–
Cabriolet 2/3 Sitze	–	RM 5750,–	RM 5750,–	RM 6000,–

Adler Trumpf 1,7 Liter Limousine 1936/37 oder (jedoch mit Lochscheibenrädern) Adler 2 Liter Limousine 1938. Karosserie Ambi-Budd.

Adler Trumpf 1,7 Liter Cabriolet 1936/37 oder (jedoch mit Lochscheibenrädern) Adler 2 Liter Cabriolet 1938/39. Karosserie Karmann.

Adler 2 Liter Limousine 1938–1940. Karosserie Karmann.

Adler 2 Liter Zweisitzer-Cabriolet 1939. Karosserie Dörr & Schreck.

Adler Diplomat (1934–1938)

Im März 1934 löste der Adler Diplomat (Typ 3 G) den Adler Standard 6 (Typ 3 U) ab. Karosserien blieben gleich, besaßen jedoch (übrigens schon beim Standard 6 ab Herbst 1933) Kotflügelschürzen. Modifizierter Motor mit 4 statt 7 Kurbelwellenlagern. Die Umbenennung des Typs war notwendig geworden, weil angesichts der rasch fortschreitenden Automobiltechnik das Wort Standard (wie Standard-Bauart) inzwischen schon fast nach Rückständigkeit klang. Weil der Adler Diplomat auch den nicht mehr gebauten Achtzylinder zu ersetzen hatte, kam die Pullmann-Limousine mit längerem Radstand (Typ 3 GS) hinzu.

Für das Modelljahr 1935 erhielt der Adler Diplomat neue Karosserien mit vorgewölbter Kühlerverkleidung und tropfenförmigen Kotflügeln. Im Gegensatz zum elegant gezeichneten Autenrieth-Cabriolet sah jedoch die Einheits-Limousine von Ambi-Budd für einen Wagen dieses Formats wenig ansprechend aus. Bei der Endausführung des Adler Diplomat der Jahre 1936 bis 1938 stammten sowohl die Limousine als auch das Cabriolet, beide im gleichen Stil sehr ansprechend gestaltet, von Karmann.

1939 wurde der Adler Diplomat nicht mehr angeboten. Bei den 1939 und 1940 gebauten Wagen dieses Typs dürfte es sich entweder noch um Wehrmacht-Kübelwagen oder um Exportlieferungen gehandelt haben.

Adler Diplomat Limousine 1934. Unterscheidet sich vom Vorgängertyp Adler Standard 6 nur durch die Kotflügelschürzen. Karosserie Ambi-Budd.

Adler Diplomat Pullman-Limousine 1934. Karosserie vermutlich Ambi-Budd.

Adler Diplomat
Limousine
Modell 1935
Karosserie
Ambi-Budd

Adler Diplomat
Cabriolet
1936–1938
Karosserie
Karmann

Adler Diplomat
Pullman-Limousine
1935–1938
Karosserie
Karmann

Adler 2,5 Liter (1937–1940)

Der Adler 2,5 Liter (Typ 10), vorgestellt Anfang 1937, galt in der deutschen Automobilwelt als die Sensation des Jahres, wobei sich freilich ein weiteres Mal die Erfahrung bestätigte, daß die meistbestaunten und meistdiskutierten Autos kaum jemals auch zu den meistgekauften werden. Den sowohl in der Technik als auch in der Form aufsehenerregenden Wagen hatte Direktor Karl Jenschke konstruiert. Er war 1936 von Steyr gekommen, wo er den Steyr 50 entworfen und entwickelt hatte, der unverkennbar ähnliche Wesenszüge trug wie der Adler 2,5 Liter. Jenschke leitete mit Oberingenieur Karl Schindler bis Kriegsende das Konstruktionsbüro für Automobile der Adlerwerke. Auffallendstes Merkmal des neuen 2,5 Liter war die gut gemeinte, wenn auch unrealistische und infolge der unnötig hochgezogenen Gürtellinie wenig übersichtliche Stromform, die den Wagen im Volksmund zum »Autobahn-Adler« wer-

<table>
<tr><th></th><th colspan="2">Adler Diplomat
1934 – 1935</th><th colspan="2">Adler Diplomat
1935 – 1938</th></tr>
<tr><td>Motor</td><td colspan="4"></td></tr>
<tr><td>Zylinderzahl</td><td colspan="4">6 (Reihe)</td></tr>
<tr><td>Bohrung x Hub</td><td colspan="4">75 x 110 mm</td></tr>
<tr><td>Hubraum</td><td colspan="4">2916 ccm</td></tr>
<tr><td>Leistung</td><td colspan="2">60 PS bei 3000 U/min</td><td colspan="2">60 PS bei 3000 U/min
Ab 1937: 65 PS bei 3800 U/min</td></tr>
<tr><td>Verdichtung</td><td colspan="2">1 : 5,5</td><td colspan="2">1 : 5,5
Ab 1937: 1 : 6,25 (Leichtmetall-Zylinderkopf</td></tr>
<tr><td>Vergaser</td><td colspan="4">1 Fallstromvergaser Solex 35 JF</td></tr>
<tr><td>Ventile</td><td colspan="4">Seitlich stehend
Seitliche Nockenwelle, Antrieb durch Zahnkette</td></tr>
<tr><td>Kurbelwellenlager</td><td colspan="4">4</td></tr>
<tr><td>Kühlung</td><td colspan="4">Pumpe, 18 Liter Wasser</td></tr>
<tr><td>Schmierung</td><td colspan="4">Druckumlauf, 7 Liter Öl</td></tr>
<tr><td>Batterie</td><td colspan="2">6 V 115 Ah (unter Fahrersitz</td><td colspan="2">6 V 87,5 Ah (unter Fahrersitz)</td></tr>
<tr><td>Lichtmaschine</td><td colspan="2">90 W</td><td colspan="2">90 W</td></tr>
<tr><td>Kraftübertragung</td><td colspan="4">Antrieb auf Hinterräder</td></tr>
<tr><td>Kupplung</td><td colspan="4">Einscheibentrockenkupplung</td></tr>
<tr><td>Schaltung</td><td colspan="4">Schalthebel Wagenmitte</td></tr>
<tr><td>Getriebe</td><td colspan="4">4 Gang ZF-Aphon mit abschaltbarem Freilauf</td></tr>
<tr><td>Synchronisierung</td><td colspan="4">II – IV</td></tr>
<tr><td>Übersetzungen</td><td colspan="4">I. 4,10, II. 2,63, III. 1,48, IV. 1,00</td></tr>
<tr><td>Antriebs-Übersetzung</td><td>4,91</td><td>4,91</td><td>4,63
Ab 1937: 4,46</td><td>4,91
Ab 1937: 4,70</td></tr>
<tr><td>Fahrwerk</td><td colspan="4">Tiefbett-Kastenrahmen</td></tr>
<tr><td>Vorderradaufhängung</td><td colspan="4">achslos, 2 Querfedern</td></tr>
<tr><td>Hinterradaufhängung</td><td colspan="4">starr, Halbfedern</td></tr>
<tr><td>Lenkung</td><td colspan="4">Schnecke ZF-Roß, links</td></tr>
<tr><td>Fußbremse</td><td colspan="4">Hydraulisch, 4 Räder, Trommel-∅ 300 mm</td></tr>
<tr><td>Handbremse</td><td colspan="4">Mechanisch, Hinterräder</td></tr>
<tr><td>Schmierung</td><td colspan="4">Zentral</td></tr>
<tr><td>Allgemeine Daten</td><td>Viersitzer</td><td>Sechssitzer</td><td>Viersitzer</td><td>Sechssitzer</td></tr>
<tr><td>Radstand</td><td>3200 mm</td><td>3350 mm</td><td>3200 mm</td><td>3350 mm</td></tr>
<tr><td>Spur vorn/hinten</td><td>1420 mm</td><td>1420 mm</td><td>1420 mm</td><td>1420 mm</td></tr>
<tr><td>Gesamtmaße</td><td>4750 x 1740 x 1650 mm</td><td>4900 x 1740 x 1650 mm</td><td>4900 x 1740 x 1650 mm</td><td>5050 x 1740 x 1650 mm</td></tr>
<tr><td>Wendekreis-∅</td><td>12 Meter</td><td>12,4 Meter</td><td>12 Meter</td><td>12,4 Meter</td></tr>
<tr><td>Räder</td><td colspan="2">Scheiben</td><td colspan="2">Scheiben</td></tr>
<tr><td>Felgen</td><td colspan="2">Tiefbett 3,25 E x 18</td><td colspan="2">Bis 1937: Tiefbett 3,25 E x 18
Ab 1938: Tiefbett 4,00 F x 17</td></tr>
<tr><td>Reifen</td><td colspan="2">5,50 – 18 Überballon</td><td colspan="2">1935/36: 5,50 – 18 Überballon
1937: 6,00 - 18 extra
Ab 1938: 6,59 – 17 extra</td></tr>
<tr><td>Fahrgestellgewicht</td><td>1130 kg</td><td>1150 kg</td><td>1130 kg</td><td>1150 kg</td></tr>
<tr><td>Wagengewicht</td><td>1480 kg</td><td>1500 kg</td><td>1665 kg</td><td>1710 kg</td></tr>
<tr><td>Zuläss. Gesamtgewicht</td><td>1800 kg</td><td>1970 kg</td><td>2210 kg</td><td>2430 kg</td></tr>
<tr><td>Höchstgeschwindigkeit</td><td>105 km/h</td><td>100 km/h</td><td>105 km/h</td><td>100 km/h</td></tr>
<tr><td>Verbrauch/100 km</td><td>17 Liter</td><td>18 Liter</td><td>17 Liter</td><td>18 Liter</td></tr>
<tr><td>Kraftstofftank</td><td>70 Liter (im Heck)</td><td>70 Liter (im Heck)</td><td>70 Liter (im Heck)</td><td>70 Liter (im Heck)</td></tr>
<tr><td>Preise</td><td>Limousine 4 Türen 4 Fenster
Cabriolet 4 Sitze 2 Fenster
Cabriolet 4 Sitze 4 Fenster
Pullmann-Limousine 6 Sitze</td><td>RM 6750,–
RM 7500,–
RM 7750,–
RM 8500,–</td><td>Limousine 4 Türen 6 Fenster
Cabriolet 4 Sitze 4 Fenster
Pullmann-Limousine 6 Sitze</td><td>RM 7500,–
RM 8000,–
RM 8500,–</td></tr>
</table>

den ließ. Die wohl wesentlichste Eigenschaft der ideenreichen Konstruktion war es, daß sie sowohl »viel« Stromlinie als auch für damalige Begriffe eine Menge Platz im Innenraum bot, zwei Dinge, die bis dahin für unvereinbar galten. Jenschke hatte (wie einst schon Rumpler) erkannt, daß es wenig nützt, eine stromlinienförmig gestaltete Karosserie auf ein konventionelles Fahrgestell zu setzen, sondern daß auch das letztere der Form und dem Zweck des Aufbaus entsprechen müsse. Deshalb wurden beim Adler 2,5 Liter die Längsträger des Rahmens nicht unter dem Wagenboden durch-, sondern um ihn herumgeführt, und die pfeilförmige Vorderradaufhängung ermöglichte es, den Motor weit nach vorn zu schieben. An weiteren Besonderheiten seien die Längsabstützungen der Pendelachse, die Registeranordnung der Vergaser und die unübliche Getriebeschaltung erwähnt. Die Fülle technischer Neuheiten brachte allerdings auch mancherlei Probleme und Leiden mit sich, aber sie zeugten auch vom Wagemut des Werks und seines Chefkonstrukteurs. – Karosserie der Limousine von Ambi-Budd, der beiden Cabriolets von Karmann. Die hinreißend elegant aussehende, aber auch unbequem niedrige und arg teuere Sport-Limousine (Karosserie Buhne) existierte nur in wenigen Exemplaren.

Adler 2,5 Liter Limousine 1937–1940 Karosserie Ambi-Budd

Adler 2,5 Liter Cabriolet 1937–1939 Karosserie Karmann

Adler 2,5 Liter Sport-Limousine 1938–1939 Karosserie Buhne

	Adler 2,5 Liter 1937 – 1940	Adler 2,5 Liter Sport 1938 – 1939
Motor		
Zylinderzahl	6 (Reihe)	6 (Reihe)
Bohrung x Hub	71 x 105 mm	71 x 105 mm
Hubraum	2494 ccm	2494 ccm
Leistung	58 PS bei 3800 U/min	80 PS bei 4200 U/min
Verdichtung	1:6,25	1:7,25
Vergaser	Je 1 Flachstromvergaser Solex 30 BFRH und BFLH in Registeranordnung	3 Flachstromvergaser Solex in Registeranordnung
Ventile	Seitlich stehend Seitliche Nockenwelle Antrieb durch Stirnräder	Seitlich stehend Seitliche Nockenwelle Antrieb durch Stirnräder
Kurbelwellenlager	4	4
Kühlung	Pumpe, 12,5 Liter Wasser	Pumpe, 12,5 Liter Wasser
Schmierung	Druckumlauf, 7,5 Liter Öl	Druckumlauf, 7,5 Liter Öl
Batterie	12 V 45 oder 50 Ah (im Motorraum)	12 V 45 oder 50 Ah (im Motorraum)
Lichtmaschine	130 oder 150 W	130 oder 150 W
Kraftübertragung	Antrieb auf Hinterräder Ausgleichgetriebe fest am Rahmen aufgehängt	Antrieb auf Hinterräder Ausgleichgetriebe fest am Rahmen aufgehängt
Kupplung	1937: Mehrscheibenkupplung im Ölbad Ab 1938: Einscheibentrockenkupplung	Einscheibentrockenkupplung
Schaltung	Schalthebel am Armaturenbrett	Schalthebel am Armaturenbrett
Getriebe	4 Gang	4 Gang
Synchronisierung	II – IV	II – IV
Übersetzungen	I. 4,15 II. 2,66 III. 1,52 IV. 1,00	I. 4,14 II. 2,26 III. 1,40 IV. 1,00
Antriebs-Übersetzung	3,727 oder (für Gebirge) 3,90	3,54 oder 3,727 oder 3,90
Fahrwerk	Kasten-Plattform-Rahmen	Kasten-Plattform-Rahmen
Vorderradaufhängung	Schräglenker, 1 V-Querfeder (bestehend aus 2 Viertelfedern)	Schräglenker, 1 V-Querfeder (bestehend aus 2 Viertelfedern)
Hinterradaufhängung	Pendel-Schwingachse, 1 Querfeder Geschobene Längs-Schwingarme	Pendel-Schwingachse, 1 Querfeder Geschobene Längs-Schwingarme
Lenkung	Schnecke, ZF-Roß, links	Schnecke, ZF-Roß, links
Fußbremse	Hydraulisch, 4 Räder, Trommel-∅ 300 mm	Hydraulisch, 4 Räder, Trommel-∅ 300 mm
Handbremse	Mechanisch, Hinterräder	Mechanisch, Hinterräder
Schmierung	Zentral	Zentral
Allgemeine Daten		
Radstand	2800 mm	2800 mm
Spur vorn/hinten	1400 mm	1400 mm
Gesamtmaße	4635 x 1740 x 1650 mm	4680 x 1740 x 1500 mm
Wendekreis-∅	12 Meter	12 Meter
Räder	Lochscheiben	Lochscheiben
Felgen	Tiefbett 4,00 E x 16	Tiefbett 4,00 E x 16
Reifen	6,00–16 Niederdruck	6,00–16 Niederdruck
Fahrgestellgewicht	900 kg	900 kg
Wagengewicht	Limousine 1310 kg Cabriolet 1400 kg	Sport-Limousine 1250 kg
Zuläss. Gesamtgewicht	+ 470 kg	
Höchstgeschwindigkeit	125 km/h	150 km/h
Beschleunigung 0–100 km/h	34 sec	
Verbrauch/100 km	13,5 Liter	15 Liter
Kraftstofftank	58 Liter (im Heck)	58 Liter (im Heck)
Preise	Schiebedach-Limousine 4 Türen RM 5750,– Cabriolet 4 Sitze RM 5950,– Cabriolet 2 Sitze RM 6100,–	Sport-Limousine 2 Sitze RM 8750,–

AGA (1919–1928)

Die 1915 in Berlin-Lichtenberg gegründete Autogen-Gas-Akkumulator-AG. befaßte sich im Krieg mit der Massenherstellung von Maschinengewehrteilen, begann 1919 mit dem Automobilbau, nannte sich ab Mai 1920 Aktiengesellschaft für Automobilbau (A. G. A) und gehörte ab 1922 zum Konzern des Großindustriellen Hugo Stinnes, in dem sich bereits die Herstellerwerke des Rabag-Bugatti und des Dinos befanden. – Vorbild des AGA-Wagens war der 1914 entwickelte, aber nie in Serie gegangene 6 PS FN aus Belgien. Der AGA war frei von konstruktiven Ambitionen, wurde aber trotzdem infolge seiner Wirtschaftlichkeit und Robustheit zu einem beachtlichen Markterfolg. – Im Oktober 1919 begann die Lieferung des AGA 6/16 PS, eines offenen Viersitzers mit »eingebautem Verdeck« (wobei der Stoff so schön stockig wurde!), außenliegendem Schalt- und Bremshebel sowie »hypermoderner Linienführung«, dokumentiert durch spitzen Kühler und eckige Kotflügel. Nur 1½ Jahre später entstand daraus der 6/20er AGA, immer noch mit den eckigen Kotflügeln, aber auch als Limousine und Zweisitzer lieferbar. Ab Herbst 1923 wurde der Spitzkühler abgeflacht und mit den Kotflügeln die ganze Form gefälliger abgerundet. So erlebte der AGA seine beste Zeit. Nach dem Tod von Hugo Stinnes geriet das Werk Ende 1924 in Zahlungsschwierigkeiten und Ende 1925 in Konkurs. Eine Aga-Kraftwagen-Verwertungs-GmbH. produzierte in geringem Umfang weiter. Die 1927 gegründete Aga Fahrzeugwerke GmbH. modernisierte den 6/20 PS und wollte außerdem einen 850 ccm-Kleinwagen (Lizenz Singer) und einen 10/45 PS-Sechszylinder bauen, wozu es jedoch nicht mehr kam. Denn auch die neue Firma machte 1929 Pleite. – Insgesamt dürften mindestens 15000 AGA-Wagen gebaut worden sein. In Berlin, Breslau und anderen Großstädten zählten sie damals zu den meistgefahrenen Taxifahrzeugen. Ansonsten wurden sie besonders von Geschäftsleuten viel gekauft. Der AGA war trotz tückischer Fahreigenschaften und miserabler Bremsen immerhin so etwas wie ein Volkswagen.

AGA 6/16 PS
Viersitzer offen
1921
Karosserie Lindner

AGA 6/20 PS
Limousine
1925
Karosserie Lindner

	AGA 6/16 PS Typ A 1919 – 1921	AGA 6/20 PS Typ C 1921 – 1927	AGA 6/24 PS Typ C 1927 – 1928
Motor			
Zylinderzahl	4 (Reihe)	4 (Reihe)	4 (Reihe)
Bohrung x Hub	64 x 110 mm	64 x 110 mm	64 x 110 mm
Hubraum	1418 ccm	1418 ccm	1418 ccm
Leistung	16 PS	20 PS bei 2200 U/min	24 PS bei 2800 U/min
Verdichtung		1:4,8	
Vergaser	1 Vergaser AGA-Pax	1 Flachstromvergaser Solex 26 l. W.	1 Flachstromvergaser Solex
Ventile	Seitlich stehend Seitliche Nockenwelle Antrieb durch Stirnräder	Seitlich stehend Seitliche Nockenwelle Antrieb durch Stirnräder	Seitlich stehend Seitliche Nockenwelle Antrieb durch Stirnräder
Kurbelwellenlager	3	3	3
Kühlung	Thermosyphon	Thermosyphon	Thermosyphon
Schmierung	Druckumlauf	Druckumlauf	Druckumlauf
Zündung	Magnetzünder	Magnetzünder	Magnetzünder
Batterie	12 V (unter Wagenboden)	12 V (unter Wagenboden)	12 V (unter Wagenboden)
Kraftübertragung	Antrieb auf Hinterräder	Antrieb auf Hinterräder	Antrieb auf Hinterrräder
Kupplung	Lederkonuskupplung	Lederkonuskupplung bzw. (ab Herbst 1923) Konuskupplung mit Ferodo-Asbest-Belag	Konuskupplung mit Ferodo-Asbest-Belag
Schaltung	Schalthebel außen rechts	Schalthebel außen rechts bzw. (ab Herbst 1923) Schalthebel Wagenmitte	Schalthebel Wagenmitte
Getriebe	3 Gang	3 Gang	3 Gang
Übersetzungen		I. 3,70, II. 1,74, III. 1,00	I. 3,70, II. 1,74, III. 1,00
Antriebs-Übersetzung		5,27	5,70
Fahrwerk	U-Profil-Preßstahl-Rahmen	U-Profil-Preßstahl-Rahmen	U-Profil-Preßstahl-Rahmen
Vorderradaufhängung	starr, Halbfedern	starr, Halbfedern	starr, Halbfedern
Hinterradaufhängung	starr, Halbfedern	starr, Halbfedern	starr, Halbfedern
Lenkung	Schnecke, rechts	Schnecke rechts	Schnecke, rechts
Fußbremse	Mechanisch, Kardanwelle	Mechanisch, Kardanwelle Ab 1927: Seilzug, 4 Räder	Seilzug, 4 Räder
Handbremse	Seilzug, Hinterräder	Seilzug, Hinterräder	Seilzug, Hinterräder
Schmierung	Nippel	Nippel	Nippel
Allgemeine Daten			
Radstand	2550 mm	2550 mm	2780 mm
Spur vorn/hinten	1150/1150 mm	1150/1150 mm	1150/1150 mm
Gesamtmaße		3630 x 1435 x 1850 mm	
Räder	Draht- oder Holzspeichen	Stahlblech- oder Drahtspeichen	Stahlblechspeichen
Reifen	760 x 90	760 x 100 bzw. (ab 1925) 775 x 145 Niederdruck	730 x 130 Niederdruck
Wendekreis	10 Meter	10 Meter	
Fahrgestellgewicht	600 kg	650 kg	
Wagengewicht		Viersitzer offen 990 kg Limousine 1100 kg	
Zuläss. Belastung		500 kg	
Höchstgeschwindigkeit	65 km/h	75 km/h	80 km/h
Verbrauch/100 km	9,5 Liter	10 Liter	10,5 Liter
Kraftstofftank	40 Liter (im Heck)	40 Liter (im Heck)	40 Liter (im Heck)

Preise		AGA 6/16 PS	AGA 6/20 PS **1925**	**1926**	**1927**	AGA 6/24 PS **1927**	**1928**
Viersitzer offen	RM		7000,–	6000,–	5250,–	5150,–	
Limousine	RM		9500,–	8500,–	6755,–	6200,–	4550,–

Apollo (bis 1927)

Die Apollo-Werke AG. in Apolda (Thüringen) waren 1911 aus der Firma A. Ruppe & Sohn hervorgegangen. Diese hatte bereits seit 1857 bestanden und es durch den Bau landwirtschaftlicher Maschinen sowie seit 1904 als Motorwagenfabrik (»Piccolo«) zu einer gewissen Bedeutung gebracht. Chefkonstrukteur der Apollo-Werke war von 1910 bis 1924 Direktor Carl Slevogt aus Graz, zuvor bei der Automobilfabrik Puch und dann bei Laurin & Klement (heute Skoda) tätig. 1919 nahm Apollo die Produktion von zwei Vorkriegsmodellen wieder auf, eines eher konservativen Wagens mittlerer Größe von zunächst 10/30, dann 10/40 PS

	Apollo 4/14 PS **1921 – 1925**	**Apollo 10/40 PS** **1921 – 1925**
Hersteller des Motors	Apollo	Apollo
Zylinderzahl	4 (Reihe)	4 (Reihe)
Bohrung x Hub	60 x 92 mm	82 x 123 mm
Hubraum	960 ccm	2597 ccm
Leistung	14 PS bei 2200 U/min	40 PS bei 2400 U/min
Ventile	Hängend (OHV)	Seitlich stehend (SV)
Getriebe	3 Gang	4 Gang
Schaltung	Schalthebel innen rechts	Schalthebel innen rechts
Antriebs-Übersetzung	3,92	4,23
Vorderradaufhängung	1 Querfeder, Luftpuffer-Teleskophülsen	starr, Halbfedern
Hinterradaufhängung	starr, Ausleger-Viertelfedern	starr, Ausleger-Viertelfedern
Fußbremse	Mechanisch, Kardanwelle	Mechanisch, Kardanwelle
Handbremse	Seilzug, Hinterräder	Seilzug, Hinterräder
Radstand	2040 mm	3220 mm
Spur vorn/hinten	1100 mm	1300 mm
Gesamtmaße	2920 x 1290 x 1340 mm	4500 x 1580 x 1550 mm
Reifen	26" x 3"	820 x 120 mm
Wagengewicht	Zweisitzer offen 510 kg	Tourenwagen 1450 kg
Höchstgeschwindigkeit	80 km/h	85 km/h

	Apollo 5/25 PS **1925 – 1926**	**Apollo 6/24 PS** **1926 – 1927**
Hersteller des Motors	Apollo	Steudel
Zylinderzahl	4 (Reihe)	4 (Reihe)
Bohrung x Hub	65 x 92 mm	71 x 98 mm
Hubraum	1221 ccm	1551 ccm
Leistung	25 PS bei 3000 U/min	24 PS bei 2500 U/min
Ventile	Hängend (OHV)	Seitlich stehend (SV)
Getriebe	3 Gang	3 Gang
Schaltung	Schalthebel Wagenmitte	Schalthebel Wagenmitte
Antriebs-Übersetzung		4,47
Vorderradaufhängung	1 Querfeder, Luftpuffer-Teleskophülsen	starr, Halbfedern
Hinterradaufhängung	starr, Ausleger-Viertelfedern	starr, Ausleger-Viertelfedern
Fußbremse	Seilzug, Hinterräder	Seilzug, Hinterräder oder 4 Räder
Handbremse	Seilzug, Hinterräder	Seilzug, Hinterräder
Radstand	2600 mm	2600 mm
Spur vorn/hinten	1200/1160 mm	1200/1160 mm
Gesamtmaße		3800 x 1500 mm
Reifen	715 x 115	730 x 130
Wagengewicht	Tourenwagen 850 kg	Tourenwagen 850 kg
Höchstgeschwindigkeit	80 km/h	80 km/h
Preis	Tourenwagen RM 6700,–	

Apollo 4/14 PS
1923

Leistung, und eines sehr kompakten, sportlichen 4/14 PS Zweisitzers. Dieser besaß einen Vierzylinder-OHV-Motor mit recht ungewöhnlicher Ventilsteuerung und statt der starren Vorderachse eine Querfeder mit Luftpuffern, wobei man aber deren Bedeutung damals nicht etwa in der Einzelradfederung und -lenkung sah, sondern in der dadurch erreichten Dreipunkt-Aufhängung des Wagenkörpers. Gebaut wurde das größere Auto in Apolda, das kleine in der 1921 dazugekauften Fabrik in Markranstädt bei Leipzig, der ehemaligen Markranstädter Automobilfabrik (MAF), von einem der Ruppe-Söhne 1907 gegründet. Die Apollo-Wagen waren gut, aber zu teuer. Ein neu entwickelter 12/50 PS V8-Motor wurde deshalb gar nicht erst in die Produktion genommen. So gingen nach der Scheinblüte der Inflationszeit die Verkaufszahlen zurück, der 10/40 PS-Wagen wurde aufgegeben, das Werk Markranstädt stillgelegt und der Kleinwagen nun in Apolda gebaut. Aus ihm machte man einen Viersitzer, der aber erst recht zu teuer war, weshalb man schließlich den aufwendigen Motor durch ein billigeres Fremderzeugnis ersetzte, wodurch der Apollo jedoch nun seine Identität verlor. 1927 stellte das 400 Mann-Werk die Automobilproduktion ein, arbeitete dann als NSU-Vertretung für Thüringen, bis 1932 der Konkurs angemeldet werden mußte.

Audi

1909 verläßt August Horch die von ihm in Zwickau gegründete Automobilfabrik und eröffnet in deren Nachbarschaft unverzüglich die Audi-Werke. Diese bringen 1911 mit dem 14/35 PS Typ C einen ebenso sportlichen wie robusten Tourenwagen heraus, mit dem drei Jahre hintereinander die drei ersten Plätze der Österreichischen Alpenfahrt belegt werden. Diese und andere Sporterfolge verhelfen der Marke Audi zu hohem Ansehen. Nach dem ersten Weltkrieg, der die Automobilproduktion bei Audi unterbricht, werden zunächst die früheren Typen weitergebaut. 1920 wechselt August Horch vom Vorstand in den Aufsichtsrat der Audi-Werke, kümmert sich aber von nun an nur mehr wenig um die Firma. Diese präsentiert zur Berliner Automobil-Ausstellung im September 1921 den technisch sehr fortschrittlichen 14/50 PS Typ K, der im Hinblick auf seinen Aluminiumblock mit eingepreßten Laufbüchsen, die Kugelschaltung und die Vierradbremsen als einer der modernsten Wagen seiner Zeit gilt. Genau zwei Jahre später erscheint der 18/70 PS Sechszylinder-Typ M, von der Presse als Glanz- und Paradestück der Berliner Ausstellung bezeichnet. Obenliegende Nockenwelle, achtfach gelagerte Kurbelwelle, Zwangsschmierung mit Ölkühler, thermostatisch geregelter Wasserumlauf, hydraulische Vierradbremsen, Eindruckzentralschmierung des Fahrgestells sind aufsehenerregende Neuerungen. Stolz verkündet eine Pressemitteilung: »Die Audi-Werke zählen zu jenen deutschen Automobilfabriken, welche die Preisfrage hinter die konstruktive Aufgabe zurückstellen.« Mit diesem anspruchsvollen Grundsatz befindet man sich freilich längst auf dem Holzweg. Der fabelhaft konstruierte, sorgfältig ausgestattete, leistungsfähige und schnelle, solide und dauerhafte Typ M ist halt viel zu teuer geraten. 1927 schwebt über dem 1000 Mann-Unternehmen der Pleitegeier. Rasch versucht man, mit dem Typ R die Situation zu retten. Der sieht äußerlich dem Typ M zum Verwechseln ähnlich, ist aber mit seinem seitengesteuerten Achtzylindermotor, dem Dreiganggetriebe und der einfacheren Grundausstattung wesentlich billiger als sein Vorgänger. Doch er findet bei weitem nicht den erhofften Anklang. 1928 übernimmt J. S. Rasmussen die schwer angeschlagenen Audi-Werke. Bereits ein Jahr vorher hatte er aus einer amerikanischen Konkursmasse die Produktionseinrichtungen für den Rickenbacker-Motor aufgekauft und in das Werk Scharfenstein der Zschopauer Motorenwerke verlegt. Er wollte mit diesen Sechs- und Achtzylinder-»Rasmussen-Motoren« andere deutsche Automobilfabriken beliefern, findet aber keine Abnehmer. So bringt Rasmussen nun wenigstens zwei neue Audi-Typen mit seinen Einbaumotoren heraus, den Typ T (»Dresden«) und den Typ SS (»Zwickau«). Der erstere ist zu teuer, der letztere verkauft sich leidlich gut. Um die Fabrik besser auszulasten, läßt Rasmussen bei Audi in den sonst völlig unveränderten DKW 4 = 8 Peugeot-Motoren einbauen, um auch solche Käufer bedienen zu können, die kein Zweitaktauto haben wollen. Doch der Typ P wird auch kein Geschäft. Inzwischen hat Rasmussen die Audi-Werke beauftragt, den kleinen Frontantriebwagen DKW FA 600 zu entwickeln und zu bauen. Damit wird endlich wieder eine gesunde Produktionsbasis gewonnen. 1931/32 geht Audi mit in der Auto Union AG auf, in der Rasmussen jedoch rasch an Einfluß verliert. Audi baut weiterhin die kleinen DKW Frontantriebswagen, bringt aber nun dazu einen eigenen größeren Typ gleicher Bauart auf den Markt, wozu der Antriebsblock und teilweise auch die Karosserien von Wanderer übernommen werden. Die wachsende DKW-Produktion beansprucht allerdings bald die gesamte Ka-

14/35 PS Audi Typ C
1921

22/55 PS Audi Typ E
1921 ·
Karosserie Deissner (Köthen)

pazität des Werks, so daß der Audi Front bei Horch gebaut bzw. montiert werden muß. Seine Stückzahlen sind sowieso nicht übermäßig groß, denn der Audi Front ist und bleibt ein Auto für Liebhaber und Individualisten. Im April 1938 wird die Herstellung des Audi Front beendet und im November 1938 läuft der 3,2 Liter Audi Typ 920 an, dessen Sechszylinder-Motor vom

Produktion

Audi Typ K	1922 – 1925	max. ca. 750
Audi Typ M	1924 – 1927	max. ca. 300
Audi Typ R (Imperator)	1928 – 1932	max. ca. 150
Audi Typ T (Dresden)	1931 – 1932	max. ca. 100
Audi Typ SS (Zwickau)	1929 – 1932	max. ca. 400
Audi Typ P (5/30 PS)	1931 – 1932	max. ca. 400
Audi Front Typ UW	1933 – 1934	ca. 2000
Audi Front Typ UW 225	1935 – 1938	ca. 2600
Audi 3,2 Liter Typ 920	1938 – 1940	ca. 1200

Horch Reihen-Achtzylinder abgeleitet ist. Dieser technisch und formal sehr geglückte Wagen sollte ursprünglich als kleiner Horch auf den Markt kommen. Nun erschien er als Audi, dazu bestimmt, die Lücke zwischen Wanderer und Horch auszufüllen. Den großen Erfolg, der dem Audi 3,2 Liter wohl sicher gewesen wäre, hat der Kriegsausbruch vereitelt.

14/50 PS Audi Typ K
Coupé-Cabriolet 1923
Karosserie Gläser

18/70 PS Audi Typ M
Pullman-Limousine 1924

19/100 PS Audi Typ R
Pullman-Cabriolet
Modell 1929

Audi Dresden
15/75 PS Typ T
Limousine
Modell 1931

Audi Zwickau
20/100 PS Typ SS
Cabriolet 4 Türen
Modell 1931
Karosserie Seegers

5/30 PS Audi Typ P
Limousine 2 Türen
1931–1932

	8/22 PS Audi Typ G 1914 – 1923	14/35 PS Audi Typ C 1911 – 1921	22/55 PS Audi Typ E 1913 – 1921
Zylinderzahl	4	4	4
Bohrung x Hub	75 x 118 mm	90 x 140 mm	110 x 150 mm
Hubraum	2084 ccm	3560 ccm	5699 ccm
Leistung	22 PS bei 1900 U/min	35 PS bei 1800 U/min	55 PS bei 1750 U/min
Getriebe	4 Gang	4 Gang	4 Gang
Schaltung	außen rechts	außen rechts	außen rechts
Fußbremse	Mechanisch, Kardanwelle	Mechanisch, Kardanwelle	Mechanisch, Kardanwelle
Radstand	2995 mm	3300 mm	3465 mm
Spur vorn/hinten	1250 mm	1400 mm	1400 mm
Wagengewicht	Sport-Zweisitzer 1250 kg	Tourenwagen 1700 kg	Limousine 2050 kg
Höchstgeschwindigkeit	65 km/h	85 km/h	90 km/h

	14/50 PS Audi Typ K 1922 – 1925	18/70 PS Audi Typ M 1924 – 1927	19/100 PS Audi Typ R 1928 – 1929 Audi Imperator Typ R 1930 – 1932
Zylinderzahl	4	6	8
Bohrung x Hub	90 x 140 mm	90 x 122 mm	80 x 122 mm
Hubraum	3560 ccm	4655 ccm	4872 ccm
Ventile	Hängend Seitliche Nockenwelle	Hängend Obenliegende Nockenwelle	Seitlich stehend Seitliche Nockenwelle
Leistung	50 PS bei 2200 U/min	70 PS bei 3000 U/min	100 PS bei 3300 U/min
Getriebe	4 Gang	4 Gang	3 Gang
Schaltung	Mitte	Mitte	Mitte
Fußbremse	Mechanisch, Hinterräder	Hydraulisch, 4 Räder	Mechanisch, 4 Räder
Radstand	3530 mm	3750 mm	3620 mm
Spur vorn/hinten	1450 mm	1450 mm	1450 mm
Wagengewicht	Fahrgestell 1400 kg	Pullman-Limousine 2500 kg	Pullmann-Limousine 2300 kg
Höchstgeschwindigkeit	95 km/h	120 km/h	120 km/h
Preis		Pullmann-Limousine RM 22300,–	Pullmann-Limousine RM 16575,–

	Audi Dresden 15/75 PS Typ T 1931 – 1932	Audi Zwickau 20/100 PS Typ SS 1929 – 1932	5/30 PS Audi Typ P 1931 – 1932
Motor	vorm. Rickenbacker	vorm. Rickenbacker	Peugeot
Zylinderzahl	6	8	4
Bohrung x Hub	82,55 x 120,65 mm	82,55 x 120,65 mm	63 x 90 mm
Hubraum	3838 ccm	5130 ccm	1122 ccm
Ventile	Seitlich stehend	Seitlich stehend	Seitlich stehend
Leistung	75 PS bei 3200 U/min	100 PS bei 3000 U/min	30 PS bei 3200 U/min
Getriebe	4 Gang	4 Gang	3 Gang
Schaltung	Mitte	Mitte	Mitte
Fußbremse	Hydraulisch, 4 Räder	Hydraulisch, 4 Räder	Hydraulisch, 4 Räder
Radstand	3100 mm	3500 mm	2700 mm
Spur vorn/hinten	1440/1480 mm	1440/1480 mm	1120/1170 mm
Gesamtmaße	4480 x 1780 x 1760 mm	4965 x 1780 x 1870 mm	3680 x 1400 x 1650 mm
Wagengewicht	Limousine 1800 kg	Pullmann-Limousine 2100 kg	Limousine 750 kg
Höchstgeschwindigkeit	100 km/h	110 km/h	80 km/h
Preis	Limousine 4 Türen RM 9350,–	Pullmann-Limousine RM 12950,–	Limousine 2 Türen RM 3385,–

Audi Front 2 Liter
Sport-Limousine 4 Türen
Modell 1933
Karosserie Ambi-Budd

Audi Front 2 Liter
Sport-Cabriolet 2 Fenster
Modell 1933
Karosserie Gläser

Audi Front 225
Limousine 6 Fenster
Modell 1935
Karosserie Ambi-Budd

Audi Front 225
Cabriolet 4 Fenster
Modell 1935
Karosserie Gläser

	Audi Front 2 Liter Typ UW 1933 – 1934	Audi Front 225 Typ UW 225 1935 – 1938	Audi 3,2 Liter Typ 920 1938 – 1940
Motor	Wanderer	Wanderer	Horch
Zylinderzahl	6 (Reihe)	6 (Reihe)	6 (Reihe)
Bohrung x Hub	70 x 85 mm	71 x 95 mm	87 x 92 mm
Hubraum	1950 ccm	2257 ccm	3281 ccm
Leistung	40 PS bei 3500 U/min	50 PS bei 3300 U/min bzw. (ab 1937) 55 PS bei 3800 U/min	75 PS bei 3000 U/min
Drehmoment			21 mkg
Verdichtung	1:6	1:6,1 bzw. (ab 1937) 6,4	1:6
Vergaser	1 Flachstromvergaser Solex 30 BFRV	1 Fallstromvergaser Solex 30 JFF	1 Steigstrom-Registervergaser Solex 35 MMOVS
Ventile	Hängend Seitliche Nockenwelle Antrieb durch Stirnräder	Hängend Seitliche Nockenwelle Antrieb durch Stirnräder	Hängend Obenliegende Nockenwelle Antrieb durch Königswelle
Kurbelwellenlager	7	7	8
Kühlung	Pumpe, 14 Liter Wasser	Pumpe, 14 Liter Wasser	Pumpe, 18 Liter Wasser
Schmierung	Druckumlauf, 8 Liter Öl	Druckumlauf, 8 Liter Öl	Druckumlauf, 8 Liter Öl
Batterie	12 V 45 Ah (im Motorraum)	12 V 45 Ah (im Motorraum)	12 V 62,5 Ah
Kraftübertragung	Frontantrieb. Motor-Getriebe-Block hinter Vorderachse		Antrieb auf Hinterräder
Kupplung	Halbnasse Doppelscheibenkupplung		Einscheibentrockenkupplung
Schaltung	Schaltstock an Armaturentafel		Schalthebel Wagenmitte
Getriebe	4 Gang		4 Gang
Synchronisierung	Ohne		III – IV
Übersetzungen	I. 4,50 II. 2,40 III. 1,49 IV. 1,00		I. 3,89 II. 2,165 III. 149 IV. 1,00
Antriebs-Übersetzung	5,25		3,80
Fahrwerk	Zentralkastenrahmen		Kastenrahmen
Vorderradaufhängung	Querlenker oben 1 Querfeder unten		Querlenker oben 1 Querfeder unten
Hinterradaufhängung	Schwingarme, 1 Querfeder		starr, »Schwebeachse« 1 Querfeder oben
Lenkung	ZF-Roß Schnecke		ZF-Roß Schnecke
Fußbremse	Mechanisch, 4 Räder		Hydraulisch, 4 Räder
Handbremse	Mechanisch, Hinterräder		Mechanisch, Hinterräder
Schmierung	Zentral		Zentral
Allgemeine Daten			
Radstand	3050 bzw. 3100 mm	3100 mm	3100 mm
Spur vorn/hinten	1350/1350 mm	1350/1400 mm	1435/1465 mm
Gesamtmaße	4375 (4500) x 1650 x 1575 mm	4500 x 1650 x 1575 mm	4900 x 1720 x 1620 mm
Räder	Scheiben	Scheiben	Scheiben
Reifen	5,25 – 17	5,25 – 17	6,00 – 16
Wendekreis	12,5 Meter	12,5 Meter	11,5 Meter
Wagengewicht	Limousine 1275 kg Cabriolet 1300 kg	Limousine 1325 kg Cabriolet 1350 kg	Limousine 1640 kg Cabriolet 1665 kg
Zuläss. Belastung	450 kg	450 kg	365 kg
Höchstgeschwindigkeit	100 km/h	105 km/h	130 km/h
Beschleunigung 0 – 100 km/h			30 sec
Verbrauch/100 km	13 Liter	14 Liter	16 Liter
Kraftstofftank	48 Liter (im Motorraum)	50 Liter (im Heck)	70 Liter (im Heck)
Preise	Sport-Limousine 4 Türen (Radst. 3050 mm) RM 5750,– Limousine 6 Fenster (Radst. 3100 mm) RM 5900,– Sport-Cabriolet 2 Fenster (Radst. 3050 mm) RM 6675,– Cabriolet 4 Fenster (Radst. 3100 mm) RM 6875,–	Sport-Limousine 4 Türen (nur 1935) RM 5750,– Limousine 6 Fenster (1935 – 1938) RM 5900,– Sport-Cabriolet 2 Fenster (1935 – 1937) RM 6675,– Cabriolet 4 Fenster (1935 – 1938) RM 6875,– Spezial-Roadster (nur 1935) Spezial-Cabriolet 2/3 Sitze (nur 1937) RM 8500,–	Limousine 6 Fenster RM 7600,– Cabriolet 4 Fenster RM 8750,–

Audi Front 225
Spezial-Cabriolet 2/3 Sitze
1937
Karosserie Gläser

Audi Front 225
Spezial-Roadster
1935 Hersteller der Karosserie
ist dem Verfasser nicht bekannt

Audi 3,2 Liter Typ 920
Limousine 4 Türen
1938–1940
Karosserie Horch

Audi 3,2 Liter Typ 920
Cabriolet 4 Fenster
1938–1940
Karosserie Gläser

Benz (bis 1927)

Carl Benz (1844–1929) machte sich 1872 in Mannheim selbständig. Er konstruierte für seine kleine Firma einen Zweitaktmotor, mit dem er nach vielen entbehrungsreichen Jahren recht gut ins Geschäft kam. Doch Meinungsverschiedenheiten mit seinem Teilhaber veranlaßten ihn, mit zwei anderen Gesellschaftern 1883 die Firma Benz & Co. Rheinische Gasmotorenfabrik in Mannheim zu gründen, die allein dem Bau von Gasmotoren dienen sollte. Dieses Unternehmen gedieh ebenfalls sehr befriedigend. Carl Benz durfte sich auch mit der Entwicklung eines Motorwagens beschäftigen, obgleich die hierfür verwendeten Gelder »für verloren angesehen werden sollen«. 1885 entstand der erste Motorwagen, ein Dreirad-Velociped, das bereits zahlreiche, noch heute im Automobilbau übliche Merkmale aufwies. Die erste öffentliche Ausfahrt mit seinem Patent Motorwagen unternahm Carl Benz am 3. Juli 1886. Nun baute er ein wesentlich verbessertes Modell in zwei Exemplaren, die schon recht gut liefen, aber in Deutschland absolut unverkäuflich waren. Da verpflichtete sich der Franzose Emile Roger, bis auf weiteres die gesamte Produktion zwecks Weiterverkaufs in Frankreich zu übernehmen. Nun konnte Carl Benz den neuen Industriezweig, der bald schöne Gewinne einbrachte, intensiver betreiben und weiter ausbauen. 1890 wurde die Firma in eine Aktiengesellschaft umgewandelt. Im Jahr 1900 wurden 603 Fahrzeuge hergestellt, womit Benz & Co. die mit Abstand führende Automobilfabrik der Welt war. Von nun an freilich ging der Verkauf rapid zurück, denn im Vergleich zu den enormen Weiterentwicklungen bei Daimler und bei französischen Marken standen die Benz-Wagen unversehens völlig veraltet da. Carl Benz weigerte sich, Fahrzeuge mit wesentlich mehr Leistung und für höhere Geschwindigkeiten zu bauen. Er hielt dies nämlich für eine ungute Fehlentwicklung. Seine Teilhaber holten den Ingenieur Marius Barbarou aus Frankreich, um eine neue Typenreihe zu konstruieren. Carl Benz mußte 1903 aus der Firma ausscheiden, gehörte dann aber bis zu seinem Tode ihrem Aufsichtsrat an. Er zog sich nach Ladenburg zurück und gründete dort für seine Söhne eine neue Automobilfabrik, die Firma Benz Söhne. Zwar gedieh diese nicht sonderlich gut, doch immerhin wurde Carl Benz das bei Erfindern seltene Glück zuteil, sein Lebenswerk zur höchsten Blüte heranreifen zu sehen. Anläßlich seines 70. Geburtstages ernannte ihn die Polytechnische Schule in Karlsruhe zum Ehrendoktor.

Durch die neuen Wagen, die zunächst der Franzose Barbarou und ab 1908 Chefkonstrukteur Hans Nibel geschaffen hat, kamen die Automobile der Firma Benz erneut zu hohem Ansehen. Der Weltkrieg unterbrach zwar die technische Weiterentwicklung und der erste neue Typ, der danach herauskam, ein 6/18 PS Sportwagen mit Königswellenmotor, erwies sich als zu anfällig. Von nun an bescheidete sich die Firma Benz mit dem Bau erzkonservativer, aber

27/70 PS Benz als offener Reisewagen mit Gepäckanhänger. Karosserie Papler (Köln). Geliefert 1923 an den rheinischen Großindustriellen Werner J. Schaurte (Neuss).

6/18 PS Benz Sportwagen 1921

10/30 PS Benz Limousine 1923

grundsolider Qualitätsautomobile. Der Verkauf in den zwanziger Jahren lief gut und das Werk Mannheim – die Firma besaß mittlerweile auch noch eine Lastwagenfabrik in Gaggenau – zählte mit einer Jahresproduktion von etwa 2500 Personenwagen zu den bedeutendsten Automobilherstellern.

Daß dennoch ein unaufhaltsam scheinender Niedergang einsetzte, lag daran, daß 1922 der Börsenspekulant Jacob Schapiro zunächst über 40 % und später sogar bis zu 60 % des Aktienkapitals an sich gebracht hatte. (Er erreichte, nebenbei bemerkt, daß 30 % aller Benz Personenwagen mit Aufbauten seiner Karosseriefabrik Schebera versehen werden mußten und daß ihm die Benz Generalvertretung für Berlin und Brandenburg vorbehalten blieb.) Der Finanzvorstand bei Benz & Co. zu jener Zeit hieß Wilhelm Kissel, und ihm war Schapiros Spekulantentum zuwider. Zunächst beobachtete er genau, wie Schapiro vorging, um seinen Konzern zu erweitern. Zur Finanzierung seiner riesigen Wechselgeschäfte zog dieser die bereits unter seinem Einfluß stehenden Gesellschaften zu gegenseitiger Finanzierung heran. Im Zusammenwirken mit Dr. Emil Georg von Stauss, dem Vorstandssprecher der Deutschen Bank, setzte nun Kissel in einem günstigen Augenblick den gesamten Kredit der Firma Benz ein, um Schapiro-Wechsel aufzukaufen. Dann wurde deren Prolongierung verweigert, wodurch Schapiro gezwungen war, den größten Teil seines Aktienbesitzes an die Deutsche Bank abzugeben, die andererseits bereits bei der Daimler-Motoren-Gesellschaft in Stuttgart-Untertürkheim maßgeblichen Einfluß ausübte. Kissel erreichte nun, daß eine Interessen- und Verkaufsgemeinschaft zwischen den Firmen Daimler und Benz hergestellt wurde, bis mit Wirkung vom 1. Juli 1926 deren Fusion zur Daimler-Benz AG. erfolgte. Dr.-Ing. e. h. Wilhelm Kissel wurde und blieb Generaldirektor des neuen Konzerns bis zu seinem Tod im Jahre 1942. Die Produktion der mit der Firma Benz übernommenen Personenwagen wurde im Laufe des Jahres 1927 beendet.

16/50 PS Benz mit Original-Werkskarosserie. Ausgeliefert im Mai 1926, ist dieser hier einer der letzten Benz-Wagen, die vor der Fusion der Marke mit Daimler hergestellt wurden. Dieser ausgezeichnet erhaltene, nur leider nicht gut fotografierte Wagen befindet sich im Besitz von Herrn Eduard Bollmeyer, Händler der Daimler-Benz AG. in Bünde (Westfalen).

	6/18 PS Benz 1918 – 1921	8/20 PS Benz 1912 – 1921	
Zylinderzahl	4	4	
Bohrung x Hub	68 x 108 mm	72 x 120 mm	
Hubraum	1570 ccm	2080 ccm	
Leistung	18 PS bei 2000 U/min	20 PS bei 1800 U/min	
Ventile	Obenliegende Nockenwelle Antrieb durch Königswelle	Seitlich stehend	
Getriebe	4 Gang	4 Gang	
Schaltung	Außen rechts	Außen rechts	
Fußbremse	Mechanisch, Kardanwelle	Mechanisch, Kardanwelle	
Radstand	2545 mm	2850 mm	
Spur	1280 mm	1350 mm	
Wagengewicht	Zweisitzer 820 kg		
Höchstgeschwindigkeit	85 km/h	70 km/h	

	14/30 PS Benz 1909 – 1921	18/45 PS Benz 1912 – 1921	27/70 PS Benz 1918 – 1923
Zylinderzahl	4	4	6
Bohrung x Hub	90 x 140 mm	100 x 150 mm	100 x 150 mm
Hubraum	3560 ccm	4700 ccm	7050 ccm
Leistung	30 PS bei 1600 U/min	45 PS bei 1600 U/min	70 PS bei 1550 U/min
Ventile	Seitlich stehend	Seitlich stehend	Seitlich stehend
Getriebe	4 Gang	4 Gang	4 Gang
Schaltung	Außen rechts	Außen rechts	Außen rechts
Fußbremse	Mechanisch, Kardanwelle	Mechanisch, Kardanwelle	Mechanisch, Kardanwelle
Radstand	3150 mm	3390 mm	3650 mm
Spur	1400 mm		1440 mm
Gesamtmaße			5110 x 1760 x 2050 mm
Wagengewicht	Tourenwagen 1550 kg		Limousine 2100 kg
Höchstgeschwindigkeit	75 km/h		100 km/h

	10/30 PS Benz 1912 – 1926 10/35 PS Mercedes Benz 1926 – 1927	11/40 PS Benz 1923 – 1925	16/50 PS Benz 1921 – 1926 16/50 PS Mercedes-Benz 1926 – 1927
Zylinderzahl	4	6	6
Bohrung x Hub	80 x 130 mm	72 x 117 mm	80 x 138 mm
Hubraum	2610 ccm	2860 ccm	4160 ccm
Leistung	30 PS bei 1800 U/min	40 PS bei 1800 U/min	50 PS bei 1950 U/min
Ventile	Seitlich stehend	Seitlich stehend	Seitlich stehend
Getriebe	4 Gang	4 Gang	4 Gang
Schaltung	Außen rechts bzw. (ab 1923) Mitte	Mitte	Außen rechts bzw. (ab 1923) Mitte
Fußbremse	Mechanisch, Kardanwelle bzw. (ab 1925) 4 Räder	Mechanisch, Kardanwelle	Mechanisch, Kardanwelle bzw. (ab 1925) 4 Räder
Radstand	3125 mm	3274 mm	3480 mm
Spur	1350 mm	1350 mm	1450 mm
Gesamtmaße	4500 x 1700 x 1900 mm		4850 x 1800 x 1830 mm
Räder	Stahl- oder Drahtspeichen	Holz- oder Drahtspeichen	Holz- oder Drahtspeichen
Reifen	820 x 120 oder 32 x 6,20	820 x 120	880 x 135 x 33 x 6,75
Wagengewicht	Tourenwagen 1500 kg Limousine 1630 kg	Tourenwagen 1550 kg Limousine 1680 kg	Tourenwagen 1750 kg Limousine 1850 kg
Höchstgeschwindigkeit	80 km/h	80 km/h	90 km/h
Preis	Tourenwagen RM 16500,–	Tourenwagen RM 18000,–	Tourenwagen RM 19500,–

BMW (ab 1929)

Die Bayerischen Motoren Werke AG. (München), 1916 aus den Rapp-Motorenwerken und den Bayerischen Flugzeugwerken hervorgegangen, gewannen als Flugmotoren- und ab 1923 auch als Motorradfabrik rasch an Ansehen. Den Aufstieg verdankte die Firma ihrem Gründer und Generaldirektor Franz Joseph Popp, ihrem Technischen Leiter Direktor Max Friz sowie dem österreichischen Finanzier Komm.-Rat Camillo Castiglioni. Da Popp auch den Automobilbau aufnehmen wollte, erwog man bei BMW zunächst die Übernahme und Weiterentwicklung eines recht unkonventionellen Prototyps der Schwäbischen Hüttenwerke (SHW). Dieses riskante Vorhaben wurde jedoch aufgegeben, nachdem BMW per 1. Oktober 1928 die zwar hoch verschuldeten, aber gut eingerichteten Dixi-Werke übernahm. Nun konnte viel rascher und erfolgversprechender mit dem Bau eigener Automobile begonnen werden. Im Oktober 1929 verläßt Castiglioni den BMW-Aufsichtsrat. Sein Aktienpaket übernimmt ein Bankenkonsortium unter Führung der Deutschen Bank und Danat-Bank, das auch die Daimler-Benz AG. beeinflußt. Deren Generaldirektor Dr. Wilhelm Kissel wird 1932 in den Aufsichtsrat der Bayerischen Motoren Werke gewählt. Sowohl bei Daimler-Benz als auch bei BMW führt Dr. h. c. Emil Georg von Stauss (Deutsche Bank, Berlin) den Vorsitz im Aufsichtsrat. Per 1. März 1932 löste BMW vorzeitig den Lizenzvertrag mit Austin und brachte das 4/20 PS-Modell heraus, dessen Karosserien im Werk Sindelfingen der Daimler-Benz AG. gefertigt wurden. Doch dieses Modell wie vorher schon die unglückliche Modifikation des 3/15 PS-Wagens zeigten, daß Max Friz, befähigter Flugmotoren- und Motorradkonstrukteur, kein Gespür für die Automobiltechnik besaß. 1933 erschien der kleine 1,2 Liter 30 PS Sechszylinder, ohne Friz in Eisenach entwickelt. Im Sommer 1933, als die Produktion des BMW 303 bereits lief, kam Fritz Fiedler (bisher bei Horch) als Chefkonstrukteur für den Automobilbau zu BMW. Er prägte fortan bis 1964 Form und Technik der BMW-Automobile. Bald freilich machten sie den wichtigsten Personenwagenmodellen der Daimler-Benz AG. Konkurrenz, weshalb die Zusammenarbeit beider Firmen nur eine kurze Episode blieb. 1941 stellte BMW den Automobilbau ein. Außer Wehrmacht-Motorrädern produzierte man im Krieg hauptsächlich wieder Flugmotoren, zumal 1939 die Brandenburgischen Motorenwerke (Bramo) dazugekauft worden waren. Generaldirektor Popp, der 1941 aus dem Unternehmen ausschied, starb 68 Jahre alt 1954 in Stuttgart. Das Werk Eisenach wurde nach Kriegsende enteignet. Erst 1952 konnte BMW den Automobilbau, nunmehr in München, wieder aufnehmen.

	3/15 PS	3/20 PS	303	309	315	319	329
1929	5350						
1930	6792						
1931	3326						
1932	480	2406					
1933		4453	1386				
1934		356	914	3658	3390	4	
1935				1880	3705	3139	
1936				462	2390	3265	621
1937					280	238	558
Gesamtzahl	**15948**	**7215**	**2300**	**6000**	**9765**	**6646**	**1179**

	320	321	326	327	327/328	328	335
1936	7		2098			3	1
1937	1518		4939	14		171	
1938	2660	55	4705	746	132	164	3
1939		3073	3313	370	427	126	301
1940		490	776	140	10		85
1941		79	118	36			20
Gesamtzahl	**4185**	**3697**	**15949**	**1306**	**569**	**464**	**410**

	BMW 3/15 PS Typ DA 2: 1929 – 1931 Typ DA 4: 1931 – 1932	BMW Wartburg Typ DA 3 1930 – 1931	BMW 3/20 PS AM 1 und AM 3: 1932 – 1933 Typ AM 4: 1933 – 1934
Motor			
Zylinderzahl	4 (Reihe)	4 (Reihe)	4 (Reihe)
Bohrung x Hub	56 x 76 mm	56 x 76 mm	56 x 80 mm
Hubraum	748,5 (Steuer 743) ccm	748,5 (Steuer 743) ccm	782 ccm
Leistung	15 PS bei 3000 U/min	18 PS bei 3500 U/min	20 PS bei 3500 U/min
Verdichtung	1:5,6	1:7	1:5,6
Vergaser	1 Flachstromvergaser Solex	1 Flachstromvergaser Solex	1 Flachstromvergaser Solex
Ventile	Seitlich stehend Seitliche Nockenwelle Antrieb durch Gußeisen-Stirnräder	Seitlich stehend Seitliche Nockenwelle Antrieb durch Gußeisen-Stirnräder	Hängend Stoßstangen und Kipphebel Seitliche Nockenwelle Antrieb durch Duplex-Kette
Kurbelwellenlager	2	2	2
Kühlung	Thermosyphon, 5 Liter Wasser	Thermosyphon, 5 Liter Wasser	Pumpe, 7,5 Liter Öl
Schmierung	Druckumlauf, 2,5 Liter Öl	Druckumlauf, 2,5 Liter Öl	Druckumlauf, 2,5 Liter Öl
Batterie	6 V 45 Ah (unter Vordersitz rechts)	6 V 45 Ah (unter Vordersitz rechts)	6 V 45 Ah
Lichtmaschine	60 W	60 W	60 W
Kraftübertragung	Antrieb auf Hinterräder	Antrieb auf Hinterräder	Antrieb auf Hinterräder
Kupplung	Einscheibentrockenkupplung	Einscheibentrockenkupplung	Einscheibentrockenkupplung
Schaltung	Schalthebel Wagenmitte	Schalthebel Wagenmitte	Schalthebel Wagenmitte
Getriebe	3 Gang	3 Gang	1932/33: 1933/34 3 Gang 4 Gang
Synchronisierung	Ohne	Ohne	Ohne Ohne
Übersetzungen	I. 3,25 II. 1,82 III. 1,00	I. 3,25 II. 1,82 III. 1,00	I. 4,00 I. 4,30 II. 1,82 II. 2,64 III. 1,00 III. 1,62 IV. 1,00
Antriebs-Übersetzung	5,35	5,35	5,90 5,85
Fahrwerk	U-Profil-Rahmen	U-Profil-Rahmen	Zentralkasten-Niederrahmen
Vorderradaufhängung	starr, 1 Querfeder Typ DA 4: achslos, 1 Querfeder	starr, 1 Querfeder (gekröpfte Vorderachse)	achslos, 1 Querfeder
Hinterradaufhängung	starr, Ausleger-Viertelfedern	starr, Ausleger-Viertelfedern	Pendelachse, 1 Querfeder
Lenkung	Schnecke	Schnecke	Schnecke
Fußbremse	Seilzug auf 4 Räder	Seilzug auf 4 Räder	Seilzug auf 4 Räder
Handbremse	Seilzug auf Vorderräder	Seilzug auf Vorderräder	Seilzug auf Hinterräder
Schmierung	Nippel	Nippel	Nippel
Allgemeine Daten			
Radstand	1905 mm	1905 mm	2150 mm
Spur vorn/hinten	1000/1030 mm	1000/1030 mm	1100/1100 mm
Gesamtmaße	3000 x 1275 x 1625 mm	3100 x 1150 x 1300 mm	3200 x 1420 x 1550 mm
Räder	Drahtspeichen Limousine: Scheibenblenden	Drahtspeichen	Scheiben
Felgen	Halbflachfelgen	Halbflachfelgen	Tiefbett 2,75 D x 17
Reifen	27 x 4" Ballon Typ DA 4: 4,00 – 18	26 x 3,50" Ballon oder 4,00 – 18	4,50 – 17
Wendekreis			10 Meter
Fahrgestellgewicht	300 kg	300 kg	475 kg
Wagengewicht	Zwei- und Dreisitzer offen: 470 bzw. (DA 4) 485 kg Limousine und Cabriolet: 535 bzw. (DA 4) 550 kg	Sportwagen 410 kg	Limousine 650 kg
Zuläss. Gesamtgewicht	800 kg		940 kg
Höchstgeschwindigkeit	75 km/h	85 km/h	80 km/h
Verbrauch/100 km	6 Liter	6,5 Liter	7,5 Liter
Kraftstofftank	20 Liter (im Motorraum)	20 Liter (im Motorraum)	25 Liter (im Motorraum)
Preise			
Roadster	2 Sitze RM 2200,–	2 Sitze RM 3000,–	2/2 Sitze RM 2650,–
Tourenwagen	3/4 Sitze RM 2200,–	–	4 Sitze RM 2650,–
Limousine	3/4 Sitze RM 2500,–	–	4 Sitze RM 2650,–
Coupé	2 Sitze RM 2600,–	–	–
Cabriolet	2 Sitze RM 2650,–	–	–
Cabriolet 2 Fenster	3/4 Sitze RM 2700,–	–	4 Sitze RM 3260,–
Fahrgestell			RM 2050,–

BMW 3/15 PS (1929–1932)

Dem Dixi 3/15 PS (Typ DA 1) folgte im Juli 1929 der BMW 3/15 PS (Typ DA 2). Werbespruch: Innen größer als außen! Er unterschied sich vom Vormodell nicht nur durch das Markenzeichen, sondern auch durch Vierradbremsen sowie durch eine neue Karosserie für die Limousine, welche von Ambi-Budd hergestellt wurde und im Aussehen dem französischen Rosengart (ebenfalls ein Lizenzmodell des Austin Seven) glich. Die übrigen Karosserien wurden weiterhin im Werk Eisenach gefertigt, und zwar die beiden offenen Modelle in Leichtbauweise mit Kunstlederbezug.

Ab 15. Februar 1931 erhielt der BMW 3/15 PS als Typ DA 4 eine vordere »Schwingachse«, deren primitive Konstruktion die Fahreigenschaften jedoch beträchtlich verschlechterte statt verbesserte. Die Karosserielinien wurden modernisiert. Die Limousine wurde unter Wegfall des kleinen Gepäckkoffers am Heck innen um 20 cm verlängert, so daß jetzt 4 Erwachsene Platz (wenn auch kaum den nötigen Raum) fanden.

Zusätzlich gab es 1930/31 den BMW Wartburg (Typ DA 3) mit sehr nett aussehender Zweisitzer-Bootsheck-Karosserie aus Leichtmetall, höherer Motorleistung und gekröpfter Vorderachse. Die dubiose »Schwingachse«, bei allen anderen 1931er-Modellen eingeführt, blieb ihm, der noch eine Zeitlang weitergebaut wurde, erspart. Der kleine Sportwagen war bei vielen Rennen seiner Klasse erfolgreich.

Geliefert wurden bis Frühjahr 1932 insgesamt 25356 Dixi und BMW 3/15 PS, die sich wie folgt aufgliedern:

BMW 3/15 PS
Limousine 1929–1931

BMW 3/15 PS
Cabriolet 4 Sitze 1929–1931

BMW Wartburg
Sportwagen 2 Sitze
1930–1931
Die Herkunft der Karosserie ist dem Verfasser unbekannt

	Dixi (Austin)	Dixi DA 1		BMW DA 2	BMW Wartburg DA 3	BMW DA 4
	1927	1927	1928 – 1929	1929 – 1931	1930 – 1931	1931 – 1932
Zweisitzer offen	5	–	1727	1387	150	475
Tourenwagen	80	42	4873	1834	–	175
Limousine	5	–	1879	6720	–	2575
Coupé	–	–	674	–	–	210
Cabriolet 2 Sitze	–	–	–	300	–	–
Cabriolet 4 Sitze	–	–	–	1374	–	–
Lieferwagen	10	–	19	435	–	–
Fahrgestell	–	–	136	268	–	45

BMW 3/20 PS (1932–1934)

Ende März 1932 erschien der BMW 3/20 PS Typ AM 1 (= 1. Auto München) als erster Wagen eigener Konstruktion. Motor nunmehr mit hängenden Ventilen. Vom DA 4 wurde leider die hausgemachte Vorderschwingachse übernommen. Neu waren der Zentralkastenrahmen, die hintere Pendelachse und die vom Werk Sindelfingen der Daimler-Benz AG. gefertigten Karosserien. Der BMW 3/20 PS sah ansprechend aus, war solid verarbeitet und wesentlich geräumiger als sein Vorgänger, aber zu schwer für den Motor und abenteuerlich in den Fahr-, Lenk- und Bremseigenschaften.

BMW 3/15 PS
Limousine 1931–1932
Karosserie Ambi-Budd.

BMW 3/15 PS
Zweisitzer offen 1929–1932

BMW 3/15 PS
Viersitzer offen 1929–1932

BMW 3/20 PS 1932–1934
Limousine (Karosserie Sindelfingen)

BMW 3/20 PS 1932–1934
Tourenwagen (Karosserie Sindelfingen)

BMW 3/20 PS 1932–1934
Roadster (Karosserie Sindelfingen)

BMW 3/20 PS 1932–1934
Cabriolet (Karosserie Sindelfingen)

BMW 303, 309, 315, 319, 329 (1933–1937)

BMW 303: Beginn einer neuen Modellreihe. Ordentliches Fahrgestell, in Eisenach konstruiert. 1,2 Liter Sechszylinder Zweivergasermotor (abgeleitet vom 3/20 PS Vierzylinder) in einem verhältnismäßig kleinen Wagen ergab ein temperamentvolles Gefährt. Vorgestellt bei der Berliner Automobil-Ausstellung im Februar 1933. Erste Prototypen (mit Sindelfinger Karosserien) optisch noch nicht zufriedenstellend. Serie ab Mitte 1933 mit Karosserien von Ambi-Budd. Eigentliche Einführung des neuen Modells bei der damals ungemein populären und reklameträchtigen 2000 Kilometer-Fahrt durch Deutschland. Der BMW 303 wurde 1934 bis zum Erscheinen des BMW 315 gebaut, doch sahen beide Modelle des Jahrgangs 1934 äußerlich völlig gleich aus.

BMW 309: Typ 3 mit 0,9 Liter-Motor. Nachfolger des BMW 3/20 PS mit etwas höherer Motorleistung. Fahrgestell und Karosserie wie die neuen kleinen Sechszylinder.

BMW 315: Typ 3 mit 1,5 Liter-Motor. Nachfolger des BMW 303, von dem er sich nur durch den größeren Hubraum unterschied. BMW 315/1 mit Dreivergasermotor, höherer Verdichtung als bildhübscher offener Sportzweisitzer. Später gab es dazu auch ein abnehmbares Coupédach. Gebaut wurden insgesamt 9765 Wagen mit 1,5 Liter-Motor, nämlich 4881 Limousinen, 1378 Cabrio-Limousinen, 2281 Viersitzer-Cabriolets, 242 Sportwagen und 983 übrige Modelle.

BMW 319: Typ 3 mit 1,9 Liter-Motor. Ursprünglich wurde der 1,9 Liter-Motor lediglich für den Sportwagen (2 Liter-Klasse) geplant und entwickelt. Aber er erschien dann geradezu zwangsläufig, wenn auch mit gezügelter Leistung, in allen anderen Modellen der laufenden Baureihe. Gebaut wurden vom BMW 319 insgesamt 6646 Wagen, davon 100 Sportwagen vom Typ 319/1.

Als Sonderausführung des BMW 319 gab es ab April 1936 den BMW 329: Motor und Fahrgestell vom 319, Kühlergesicht wie beim neuen 326, dazu eine zwar geräumigere, aber plump geratene Heckpartie. Immerhin 1179 Stück dieses Übergangsmodells wurden gebaut.

BMW 303
6 Zylinder, 1,2 Liter
Limousine 1933
Karosserie Ambi-Budd

BMW 309
4 Zylinder, 0,9 Liter
Limousine 1934–1936
Karosserie Ambi-Budd

BMW 303
6 Zylinder, 1,2 Liter
BMW 315
6 Zylinder, 1,5 Liter
Cabrio-Limousine 1934
Karosserie Ambi-Budd

BMW 315
6 Zylinder, 1,5 Liter
Cabriolet 1934

BMW 315
6 Zylinder, 1,5 Liter
Tourenwagen 1934

BMW 319
6 Zylinder, 1,9 Liter
Cabrio-Limousine 1935–1936

BMW 319
6 Zylinder, 1,9 Liter
Sport-Cabriolet 1935–1936

BMW 315/1
6 Zylinder, 1,5 Liter
Sportwagen 1934–1936

BMW 319/1
6 Zylinder, 1,9 Liter
Sportwagen 1934–1936

BMW 329
6 Zylinder, 1,9 Liter
Cabriolet 1936–1937

BMW 329
Sport-Cabriolet 1936–1937
Karosserie Wendler

	BMW 309 1934 – 1936	BMW 303 1933 – 1934	BMW 315 1934 – 1937
Motor			
Zylinderzahl	4 (Reihe)	6 (Reihe)	6 (Reihe)
Bohrung x Hub	58 x 80 mm	56 x 80 mm	58 x 94 mm
Hubraum	845 ccm	1173 ccm	1490 ccm
Leistung	22 PS bei 4000 U/min	30 PS bei 4000 U/min	34 PS bei 4000 U/min
Verdichtung	1:5,6	1:5,6	1:5,6
Vergaser	1 Flachstromvergaser Solex 26 BFLV	2 Flachstromvergaser Solex 26 BFLV	2 Flachstromvergaser Solex 26 BFLV
Ventile	Hängend Stoßstangen und Kipphebel Seitliche Nockenwelle Antrieb durch Duplex-Kette	Hängend Stoßstangen und Kipphebel Seitliche Nockenwelle Antrieb durch Duplex-Kette	Hängend Stoßstangen und Kipphebel Seitliche Nockenwelle Antrieb durch Duplex-Kette
Kurbelwellenlager	2	4	4
Kühlung	Pumpe, 6 Liter Wasser	Pumpe, 7,5 Liter Wasser	Pumpe, 7,5 Liter Wasser
Schmierung	Druckumlauf, 2,5 Liter Öl	Druckumlauf, 4 Liter Öl	Druckumlauf, 4 Liter Öl
Batterie	6 V 45 Ah	6 V 75 Ah	6 V 75 Ah
Lichtmaschine	60 W	60 W	90 W
Kraftübertragung	Antrieb auf Hinterräder	Antrieb auf Hinterräder	Antrieb auf Hinterräder
Kupplung	Einscheibentrockenkupplung	Einscheibentrockenkupplung	Einscheibentrockenkupplung
Schaltung	Schalthebel Wagenmitte	Schalthebel Wagenmitte	Schalthebel Wagenmitte
Getriebe	4 Gang	4 Gang	4 Gang (Hurth)
Synchronisierung	III – IV	III – IV	III – IV
Übersetzungen	I. 4,42 II. 2,54 III. 1,65 IV. 1,00	I. 4,42 II. 2,54 III. 1,65 IV. 1,00	I. 4,08 II. 2,35 III. 1,52 IV. 1,00
Antriebs-Übersetzung	5,85	5,15 (7:36)	5,15 (7:36)
Fahrwerk	Rohrrahmen, Kastenquerträger	Rohrrahmen, Kastenquerträger	Rohrrahmen, Kastenquerträger
Vorderradaufhängung	Querlenker unten 1 Querfeder oben	Querlenker unten 1 Querfeder oben	Querlenker unten 1 Querfeder oben
Hinterradaufhängung	starr, Halbfedern	starr, Halbfedern	starr, Halbfedern
Lenkung	Zahnstange	Zahnstange	Zahnstange
Fußbremse	Mechanisch Innenbacken, 4 Räder	Mechanisch Innenbacken, 4 Räder	Mechanisch Innenbacken, 4 Räder
Handbremse	Seilzug auf Hinterräder	Seilzug auf Hinterräder	Seilzug auf Hinterräder
Schmierung	WV-Eindruck-Zentral	WV-Eindruck-Zentral	WV-Eindruck-Zentral
Allgemeine Daten			
Radstand	2400 mm	2400 mm	2400 mm
Spur vorn/hinten	1153/1220 mm	1153/1220 mm	1153/1220 mm
Gesamtmaße	3750 x 1440 x 1550 mm	3900 x 1440 x 1550 mm	3900 x 1440 x 1550 mm
Räder	Scheiben	Scheiben	Scheiben
Felgen	Tiefbett 3,25 D x 16	Tiefbett 3,25 D x 16	Tiefbett 3,25 D x 16
Reifen	5,25 – 16	5,25 – 16	5,25 – 16
Wendekreis	10 Meter	10 Meter	10 Meter
Fahrgestellgewicht	500 kg	550 kg	550 kg
Wagengewicht	750 kg	820 kg	830 kg
Zuläss. Gesamtgewicht	1200 kg	1270 kg	1270 kg
Höchstgeschwindigkeit	80 km/h	90 km/h	100 km/h
Verbrauch/100 km	8,5 Liter	10 Liter	10,5 Liter
Kraftstofftank	35 Liter (im Motorraum)	35 Liter (im Motorraum)	35 Liter (im Motorraum)
Preise			
Limousine 2 Türen	RM 3200,–	RM 3600,–	RM 3750,–
Cabrio-Limousine 2 Türen	RM 3400,–	–	RM 3950,–
Tourenwagen 4 Sitze	RM 3700,–	–	RM 4100,–
Cabriolet 2 Türen 4 Fenster	RM 4000,–	RM 4400,–	RM 4400,–
Sport-Cabriolet 2 Sitze	RM 4200,–	RM 4600,–	RM 4750,–
Sportwagen 2 Sitze	–	–	–

BMW 315/1 Sport 1934 – 1936	BMW 319/1 Sport 1934 – 1936	BMW 319 1935 – 1937	BMW 329 1936 – 1937
6 (Reihe)	6 (Reihe)	6 (Reihe)	
58 x 94 mm	65 x 96 mm	65 x 96 mm	
1490 ccm	1911 ccm	1911 ccm	
40 PS bei 4300 U/min	55 PS bei 4000 U/min	45 PS bei 3750 U/min	
1:6,8	1:6,8	1:5,6	
3 Flachstromvergaser	3 Flachstromvergaser	2 Flachstromvergaser	
Solex 26 BFRV	Solex 30 BFRH	Solex 26 BFLV	
Hängend	Hängend	Hängend	
Stoßstangen und Kipphebel	Stoßstangen und Kipphebel	Stoßstangen und Kipphebel	
Seitliche Nockenwelle	Seitliche Nockenwelle	Seitliche Nockenwelle	
Antrieb durch Duplex-Kette	Antrieb durch Duplex-Kette	Antrieb durch Duplex-Kette	
4	4	4	
Pumpe, 7,5 Liter	Pumpe, 7,5 Liter	Pumpe, 7,5 Liter	
Druckumlauf, 4 Liter Öl	Druckumlauf, 4 Liter Öl	Druckumlauf, 4 Liter Öl	
6 V 75 Ah	6 V 75 Ah	6 V 75 Ah	
90 W	90 W	90 W	
Antrieb auf Hinterräder	Antrieb auf Hinterräder	Antrieb auf Hinterräder	
Einscheibentrockenkupplung	Einscheibentrockenkupplung	Einscheibentrockenkupplung	
Schalthebel Wagenmitte	Schalthebel Wagenmitte	Schalthebel Wagenmitte	
4 Gang (Hurth)	4 Gang (Hurth)	4 Gang (Hurth)	
III – IV	III – IV	III – IV	
I. 4,08	I. 3,63	I. 3,63	
II. 2,35	II. 2,07	II. 2,07	
III. 1,52	III. 1,38	III. 1,51	
IV. 1,00	IV. 1,00	IV. 1,00	
4,50 oder 5,15	4,50 oder 5,15	4,38	
Rohrrahmen, Kastenquerträger	Rohrrahmen, Kastenquerträger	Rohrrahmen, Kastenquerträger	
Querlenker unten	Querlenker unten	Querlenker unten	
1 Querfeder oben	1 Querfeder oben	1 Querfeder oben	
starr, Halbfedern	starr, Halbfedern	starr, Halbfedern	
Zahnstange	Zahnstange	Zahnstange	
Mechanisch	Mechanisch	Mechanisch	
Innenbacken, 4 Räder	Innenbacken, 4 Räder	Innenbacken, 4 Räder	
Seilzug auf Hinterräder	Seilzug auf Hinterräder	Seilzug auf Hinterräder	
WV-Eindruck-Zentral	WV-Eindruck-Zentral	WV-Eindruck-Zentral	
2400 mm	2400 mm	2400 mm	2400 mm
1153/1220 mm	1153/1220 mm	1153/1220 mm	1153/1220 mm
3800 x 1440 x 1350 mm	3800 x 1440 x 1350 mm	3900 x 1440 x 1550 mm	4000 x 1440 x 1550 mm
Scheiben	Scheiben	Scheiben	Scheiben
Tiefbett 3,25 D x 16	Tiefbett 3,25 D x 16	Tiefbett 3,25 D x 16	Tiefbett 3,25 D x 16
5,25 – 16	5,25 – 16	5,25 – 16	5,25 – 16
10 Meter	10 Meter	10 Meter	10 Meter
550 kg	550 kg	550 kg	550 kg
750 kg	780 kg	850 kg	880 kg
1100 kg	1140 kg	1300 kg	1300 kg
120 km/h	130 km/h	115 km/h	110 km/h
11,5 Liter	12 Liter	11 Liter	11,5 Liter
50 Liter (im Motorraum)	50 Liter (im Motorraum)	40 Liter (im Motorraum)	40 Liter (im Motorraum)
–	–	RM 4150,–	–
–	–	RM 4350,–	–
–	–	RM 4500,–	–
–	–	RM 4800,–	RM 4950,–
–	–	RM 5150,–	RM 5800,–
RM 5200,–	RM 5800,–	–	–

	BMW 320 1937 – 1938	BMW 321 1939 – 1941	BMW 326 1936 – 1941
Motor			
Zylinderzahl	6 (Reihe)		6 (Reihe)
Bohrung x Hub	66 x 96 mm		66 x 96 mm
Hubraum	1971 ccm		1971 ccm
Leistung	45 PS bei 3750 U/min		50 PS bei 3750 U/min
Verdichtung	1 : 6		1 : 6
Vergaser	1 Flachstromvergaser Solex 30 BFLVS		2 Flachstromvergaser Solex 26 BFLV
Ventile	Hängend Stoßstangen und Kipphebel Seitliche Nockenwelle Antrieb durch Duplex-Kette		Hängend Stoßstangen und Kipphebel Seitliche Nockenwelle Antrieb durch Duplex-Kette
Kurbelwellenlager	4		4
Kühlung	Pumpe, 7,5 Liter Wasser		Pumpe, 7,5 Liter Wasser
Schmierung	Druckumlauf, 4 Liter Öl		Druckumlauf, 4 Liter Öl
Batterie	6 V 75 Ah (unter Rücksitz links)		6 V 75 Ah (unter Rücksitz links)
Lichtmaschine	90 oder 130 W		90 oder 130 W
Kraftübertragung	Antrieb auf Hinterräder		Antrieb auf Hinterräder
Kupplung	Einscheibentrockenkupplung		Einscheibentrockenkupplung
Schaltung	Schalthebel Wagenmitte		Schalthebel Wagenmitte
Getriebe	4 Gang (Hurth)		4 Gang (Hurth)
Synchronisierung	III–IV		III – IV Freilauf im I. + II. Gang (nicht sperrbar)
Übersetzungen	I. 3,66 II. 2,22 III. 1,51 IV. 1,00		I. 3,85 II. 2,38 III. 1,54 IV. 1,00
Antriebs-Übersetzung	4,33 bzw. (ab 1938) 4,55		4,875
Fahrwerk	Tiefbett-Kastenrahmen		Tiefbett-Kastenrahmen
Vorderradaufhängung	Querlenker unten 1 Querfeder oben	Querlenker oben 1 Querfeder unten	Querlenker oben 1 Querfeder unten
Hinterradaufhängung	starr, Halbfedern		starr, 2 Längs-Federstäbe
Lenkung	Zahnstange		Zahnstange
Fußbremse	Hydraulisch Innenbacken, 4 Räder		Hydraulisch Innenbacken, 4 Räder
Handbremse	Seilzug auf Hinterräder		Seilzug auf Hinterräder
Schmierung	WV-Eindruck-Zentral		WV-Eindruck-Zentral
Allgemeine Daten			
Radstand	2750 mm	2750 mm	2870 mm
Spur vorn/hinten	1160/1300 mm	1300/1300 mm	1300/1400 mm
Gesamtmaße	4500 x 1540 x 1500 mm	4500 x 1670 x 1500 mm	4600 x 1600 x 1500 mm
Räder	Fünfloch-Lochscheiben	Fünfloch-Lochscheiben	Fünfloch-Lochscheiben
Felgen	3,25 D x 16	3,50 D x 16	1936: 3,25 E x 17 Ab 1937: 3,50 D x 16
Reifen	5,25 – 16	5,50 – 16	1936: 5,25 – 17 Ab 1937: 5,50 – 16
Wendekreis	13 Meter	11 Meter	12 Meter
Fahrgestellgewicht	750 kg		800 kg
Wagengewicht	Limousine 1000 kg		Limousine 1125 kg
Zuläss. Gesamtgewicht	1600 kg		1700 kg
Höchstgeschwindigkeit	110 km/h		115 km/h
Beschleunigung 0–100 km/h	35 sec		35 sec
Verbrauch/100 km	11 Liter		12,5 Liter
Kraftstofftank	50 Liter (im Heck)		65 Liter (im Heck)

BMW 327 1937 – 1941	BMW 327/28 1938 – 1940	BMW 328 1937 – 1939	BMW 335 1939 – 1941
6 (Reihe)	6 (Reihe)		6 (Reihe)
66 x 96 mm	66 x 96 mm		82 x 110 mm
1971 ccm	1971 ccm		3485 ccm
55 PS bei 4500 U/min	80 PS bei 5000 U/min		90 PS bei 3500 U/min
1:6,3	1:7,5		1:5,8
2 Flachstromvergaser Solex 26 BFLV	3 Fallstromvergaser Solex 30 JF		1 Flachstrom-Doppelregister-vergaser Solex 35 VMNOVS
Hängend	V-förmig hängend		Hängend
Stoßstangen und Kipphebel	Stoßstangen und Kipphebel		Stoßstangen und Kipphebel
Seitliche Nockenwelle	Seitliche Nockenwelle		Seitliche Nockenwelle
Antrieb durch Duplex-Kette	Antrieb durch Duplex-Kette		Antrieb und Stirnräder
4	4		4
Pumpe, 7,5 Liter Wasser	Pumpe, 7,5 Liter Wasser. Ölkühler		Pumpe, 14 Liter Wasser
Druckumlauf, 4 Liter Öl	Druckumlauf, 4 Liter Öl		Druckumlauf, 7 Liter Öl
6 V 75 Ah	6 V 75 Ah		12 V 62,5 Ah
(im Motorraum)	(im Motorraum)		(im Motorraum)
90 oder 130 W	90 oder 130 W		150 W
Antrieb auf Hinterräder	Antrieb auf Hinterräder	Antrieb auf Hinterräder	Antrieb auf Hinterräder
Einscheibentrockenkupplung	Einscheibentrockenkupplung	Einscheibentrockenkupplung	Einscheibentrockenkupplung
Schalthebel Wagenmitte	Schalthebel Wagenmitte	Schalthebel Wagenmitte	Schalthebel Wagenmitte
4 Gang (Hurth) 4 Gang (ZF)	4 Gang (ZF)	4 Gang (Hurth) 4 Gang (ZF)	4 Gang (ZF)
III – IV I – IV	I – IV	III – IV III – IV	I – IV
Freilauf im I. + II.			
I. 3,85 I. 3,75	I. 3,75	I. 3,63 I. 3,07	I. 3,89
II. 2,38 II. 2,28	II. 2,28	II. 2,07 II. 1,82	II. 2,165
III. 1,54 III. 1,48	III. 1,48	III. 1,50 III. 1,25	III. 1,355
IV. 1,00 IV. 1,00	IV. 1,00	IV. 1,00 IV. 1,00	IV. 1,00
3,90	3,90	3,88 3,70	3,90
Tiefbett-Kastenrahmen		Rohrrahmen, Kastenquerträger	Tiefbett-Kastenrahmen
Querlenker oben		Querlenker unten	Querlenker oben
1 Querfeder unten		1 Querfeder oben	1 Querfeder unten
starr, Halbfedern		starr, Halbfedern	starr, 2 Längs-Federstäbe
Zahnstange		Zahnstange	Zahnstange
Hydraulisch		Hydraulisch	Hydraulisch
Innenbacken, 4 Räder		Innenbacken, 4 Räder	Innenbacken, 4 Räder
Seilzug auf Hinterräder		Seilzug auf Hinterräder	Seilzug auf Hinterräder
WV-Eindruck-Zentral		WV-Eindruck-Zentral	WV-Eindruck-Zentral
2750 mm		2400 mm	2984 mm
1300/1300 mm		1153/1220 mm	1306/1404 mm
4500 x 1600 x 1420 mm		3900 x 1550 x 1400 mm	4840 x 1700 x 1665 mm
Fünfloch-Lochscheiben		Fünfloch-Lochscheiben	Fünfloch-Lochscheiben
		Auf Wunsch: Zentralverschluß	
3,50 D x 16		3,25 oder 3,50 D x 16	4,00 E x 16
5,50 – 16		5,25 oder 5,50 – 16	6,00 – 16 extra
11 Meter		10 Meter	12,5 Meter
750 kg	750 kg	500 kg	1020 kg
1100 kg	1100 kg	830 kg	Limousine 1300 kg
1600 kg	1450 kg	1220 kg	1750 kg
125 km/h	140 km/h	150 km/h	145 km/h
12 Liter	14,5 Liter	14,5 Liter	16 Liter
50 Liter (im Heck)	50 Liter (im Heck)	50 Liter (im Heck)	65 Liter (im Heck)
		Auf Wunsch: 100 Liter	

BMW 320 und 321 (1937–1941)

Als Nachfolger der BMW 319 und 329 erschien im Juli 1937 der BMW 320 mit 1971 statt 1922 ccm-Motor, wobei allerdings die ersten 640 BMW 320 noch mit 1911 ccm-Motor ausgeliefert wurden. Kleiner, leichter und billiger, aber im Stil ähnlich wie der bereits gut eingeführte BMW 326. Ab Januar 1939 folgt der BMW 321 mit hinten statt vorn angeschlagenen Türen (bitte, das ist keine Verwechslung!) und Vorderachse des BMW 326. Aufbau der Limousine von Ambi-Budd, das Cabriolet stammte von verschiedenen Firmen.

Preise:	BMW 320	BMW 321
Limousine 2 Türen	RM 4500,–	RM 4800,–
Cabriolet 2 Türen 4 Fenster	RM 5250,–	RM 5650,–

BMW 326 (1936–1941)

Vorstellung Februar 1936, Serie ab Mitte 1936. Komfort und Repräsentation waren bei diesem erfolgreichsten BMW der Vorkriegszeit mehr betont als Leistung und Sportlichkeit. Die Limousinen-Karosserie lieferte Ambi-Budd, die Cabriolets stammten von Autenrieth und anderen Firmen. Preise:

Fahrgestell	RM 4450.–
Limousine 4 Türen 6 Fenster	RM 5500.–
Cabriolet 2 Türen 4 Fenster	RM 6650.–
Cabriolet 4 Türen 4 Fenster	RM 7300,–

BMW 328 (1937–1939)

Erste Vorstellung beim Eifelrennen 1936: Ernst Henne siegte in der Zweiliter-Sportwagenklasse. Käuflich wurde der BMW 328 ab Februar 1937, und er wurde auf Anhieb der erfolg-

BMW 328 →
Sportwagen 1937–1939

BMW 320
Limousine 1937–1938
(Türen vorn angeschlagen!)

BMW 321
Cabriolet 1939–1941
(Türen hinten angeschlagen!)

reichste und beliebteste Sportwagen seiner Zeit. Gebaut wurden 464 Wagen, von denen heute noch etwa ein Drittel vorhanden sein dürfte, die zu den begehrtesten Oldtimern zählen. Die meisten Wagen wurden, wie vom Werk angeboten, als offene Zweisitzer mit leichtem Segeltuchverdeck geliefert. In Einzelanfertigung gab es jedoch auch wunderschöne Zweisitzer-Cabriolets von Gläser, Drauz und Wendler. Preise:

Fahrgestell	RM 5900,–
Sportwagen 2 Sitze	RM 7400,–

BMW 327, 327/28 (1937–1941)

Sensationellen Beifall erhielt der bildschöne BMW 327, vorgestellt im November 1937. (Die ersten Wagen besaßen übrigens ein Hurth-Schnellganggetriebe mit Hinterachse 4,55.) Ab April 1938 war der Wagen wahlweise auch mit dem 80 PS-Motor des BMW 328 lieferbar. Preise:

327 (55 PS) Cabriolet 2 Sitze	(ab Nov. 1937)	RM 7500,–
327 (55 PS) Coupé 2/2 Sitze	(ab Okt. 1938)	RM 7450,–
327/28 (80 PS) Cabriolet 2 Sitze	(ab April 1938)	RM 8130,–
327/28 (80 PS) Coupé 2/2 Sitze	(ab Okt. 1938)	RM 8100,–

BMW 335 (1939–1941)

Größter und luxuriösester Vorkriegs-BMW, vorgestellt im Herbst 1938. Karosserien des BMW 326, jedoch längerer Vorbau. Infolge des Kriegs wurden nur 410 Wagen dieses Typs hergestellt, nämlich 233 Limousinen, 118 Zweitüren-Cabriolets, 40 Viertüren-Cabriolets und 19 Fahrgestelle. Preise:

Fahrgestell	RM 6700,–
Limousine 4 Türen 6 Fenster	RM 7850,–
Cabriolet 2 Türen 4 Fenster	RM 9050,–
Cabriolet 4 Türen 4 Fenster	RM 9700,–

BMW 326
Limousine 1936–1941
Karosserie Ambi-Budd

BMW 326
Cabriolet 2 Türen
1936–1941

BMW 326
Cabriolet 4 Türen
1936–1941
Karosserie Autenrieth

BMW 326
Sport-Cabriolet 2 Sitze
1936–1939
Karosserie Gläser

BMW 327 bzw. 327/28
Sport-Coupé
1938–1939

BMW 327 bzw. 327/28
Sport-Cabriolet
1937–1939

BMW 335 Cabriolet 4 Türen 1939–1940, Karosserie Autenrieth. Diesen wohl schönsten noch erhaltenen BMW 335 besitzt Adolf de Crousaz (Wüselen).

BMW 335 Limousine 4 Türen 1939–1941, hier bei der Wehrmacht als Dienstwagen eines Generals.

Brennabor (bis 1933)

Kommerzienrat Carl Reichstein (1847–1931), der das Korbmacherhandwerk erlernt hatte, gründete 1871 in Brandenburg an der Havel einen kleinen Betrieb zur Herstellung von Korbkinderwagen. Mit 15 Mann begann er in gemieteten Räumen. Drei Jahre später, als die Belegschaft rasch auf 300 angewachsen war, hatte es Carl Reichstein schon zu einer eigenen Fabrik gebracht, den Brennabor-Werken. 1875 kamen täglich bereits 100 Kinderwagen zum Versand. Etwa 10 Jahre später wurde außerdem die Fahrrad- und 1902 die Motorrad-Herstellung aufgenommen. Schließlich brachte die Fabrik ein automobilähnliches Dreirad-Fahrzeug heraus, die Brennaborette, die von 1908 bis 1911 zum Programm gehörte. Sein erstes richtiges Automobil mit vier Rädern, einen kleinen 6/8 PS-Wagen, ließ Carl Reichstein im Jahr 1908 entstehen. Diesem Modell, das sich gut verkaufen ließ, folgten bald weitere. Die Automobilabteilung des Werks übernahm nun Carl Reichstein jr., der sich auf Vierzylinder-Wagen verlegte und damit beachtliche Verkaufserfolge erzielte. Senior Reichstein zog sich 1917 von den Geschäften zurück und übergab die Brennabor-Werke seinen Söhnen Walter, Carl, Ernst und Eduard.

Während des ersten Weltkriegs stellte Brennabor keine Automobile her, doch schon 1919 wurde der Typ P propagiert, dessen Produktion allerdings erst etwa 1921 voll anlief. Brennabor strebte damals als erste deutsche Automobilfabrik nach einer rationellen Großserienproduktion. Von Zulieferanten hatte man sich weitgehend freigemacht. Alle gängigen Karosserien erzeugte das Werk in eigener Regie, ebenso viel mehr als anderweitig üblich auch Bauteile wie Kupplungen, Getriebe und sogar Batterien. Schließlich trachtete man schon nach einem moderneren Verkaufssystem. Die Firmen Brennabor, NAG und Hansa-Lloyd, damals alle drei sehr bedeutend, schlossen sich in der GDA (Gemeinschaft Deutscher Automobilfabriken) zusammen, die bis 1928 bestand. Sie blieb insofern ein Mißerfolg, als sie nicht die Bildung eines festgefügten Konzerns bewirkte.

In den ersten Nachkriegs- und Inflationsjahren baute Brennabor den 8/24 PS Typ P, ein recht beliebtes Mittelklasseauto, von dem man 1923 stolz verkündete, daß allmonatlich über 100 Wagen allein in den Besitz deutscher Käufer gelangten. 1922 erschien mit dem 6/20 PS Typ S ein kleineres Auto. Es entsprach dem zeitgerechten Wunsch nach einem leichten, soliden und dennoch nicht unsportlichen Gebrauchswagen. Seine Konstruktion und auch die Produktion waren für damalige Begriffe recht fortschrittlich. Eduard Reichstein, der Erbauer des Typs S sowie der Nachfolgetypen R und Z hatte acht Jahre lang, über den ersten Weltkrieg hinweg, bei General Motors in Detroit den amerikanischen Automobilbau studiert. Die rationelle Fertigung, die sich bei Brennabor auf nunmehr zwei Typen konzentrierte, ermöglichte relativ große Stückzahlen und außergewöhlich niedrige Verkaufspreise. Damals wurden die Brennabor-Werke zeitweise zur größten Automobilfabrik und zu einem der größten Privatunternehmungen Deutschlands. 1924 beschäftigte die Firma 6000 Arbeiter.

In diesem Jahr 1924 allerdings stellte Opel in Rüsselsheim die Automobilfabrikation auf das laufende Band um. Das tat Brennabor einige Zeit später ebenfalls und brachte es vorübergehend auf eine Tagesproduktion von bis zu 100 Wagen, doch konnte der Vorsprung, den Opel inzwischen erreicht hatte, nicht mehr eingeholt werden. So blieb Brennabor zwar noch ein paar Jahre lang die zweitgrößte deutsche Automobilfabrik, geriet aber im Verlauf der 1929 einsetzenden Wirtschaftskrise so hoffnungslos ins Hintertreffen, daß 1932 die Automobilproduktion acht Monate lang unterbrochen und Ende 1933 endgültig aufgegeben werden mußte.

Der rapide Niedergang war freilich keineswegs nur durch äußere Umstände, sondern schon auch durch das Produkt selbst bestimmt. Viel zu viel hatte man sich mit großen Autos beschäftigt, während ein Kleinwagen im Programm völlig fehlte. Das war der Kardinalfehler. Immerhin verkauften sich die Typen R, Z und Ideal noch einigermaßen zufriedenstellend, aber den großen 2,5 und 3 Liter A-Typen war wenig Erfolg beschieden, weil sie mit den damals weit überlegenen Amerikanerwagen weder in der Form noch in der Leistung konkurrieren konnten. Mit dem Juwel 6 Extra war es dann zwar gelungen, ein hochelegant aussehendes Automobil auf die Räder zu stellen, doch um es einigermaßen billig anbieten zu können, hatte man den Unterbau derart primitiv ausgeführt, daß der sowieso schon angeschlagene Ruf der Marke vollends ruiniert wurde. Erst recht blieb der noch größere Juwel 8, obwohl er ebenfalls durch seine gefällige Form bestach und als der billigste Achtzylinder auf dem deutschen Markt galt, nahezu unverkäuflich.

Produktion

Brennabor Typ P und PW	1919 – 1927	schätzungsweise ca. 10 000
Brennabor Typ S	1922 – 1925	schätzungsweise ca. 3 000
Brennabor Typ R	1925 – 1928	schätzungsweise ca. 20 000
Brennabor A-Typen	1927 – 1930	schätzungsweise ca. 10 000
Brennabor Typ Z	1928 – 1929	schätzungsweise ca. 10 000
Brennabor Ideal (Extra)	1929 – 1933	schätzungsweise ca. 10 000
Brennabor Juwel 6 (Extra)	1929 – 1932	schätzungsweise ca. 3 000
Brennabor Juwel 8	1930 – 1932	schätzungsweise ca. 100
Brennabor 1 Liter Typ C	1931 – 1932	schätzungsweise ca. 1 000
Brennabor 1 Liter Typ D	1933	schätzungsweise ca. 1 000
Brennabor Typen E und F	1933	schätzungsweise ca. 200

Von zwei ganz neuen Typen erhofften sich die Brüder Reichstein eine Wende. Auf dem Pariser Herbstsalon 1931 stand eine flott gezeichnete Sport-Limousine mit Frontantrieb (nach Voran-Patenten), mit achslos aufgehängten Rädern (vorn und hinten je 1 Querfeder) und mit »umgedrehtem« Juwel 6-Motor. Doch für die weitere Entwicklung und vor allem für die Produktion dieses viel beachteten Wagens fehlte schon das Geld. Als zweite Neuheit wurde beim gleichen Pariser Salon ein 4/20 PS Kleinwagen präsentiert. Dieser ging zwar in Serie, konnte aber trotz billigen Preises wegen seiner allzu bescheidenen Technik und Aufmachung auch nicht auf dem Markt bestehen.

1932 wurde der Automobilbau acht Monate lang unterbrochen. Nach einem Vergleichsverfahren verwandelte sich das Familienunternehmen in eine Aktiengesellschaft. Diese nahm im Spätherbst 1932 den Automobilbau wieder auf. Zur Berliner Automobil-Ausstellung im Februar 1933 brachte sie den Einliter-Wagen als Typ D mit mancherlei notwendigen Verbesserungen heraus, doch fand Brennabor damit nun trotz der inzwischen eingetretenen Konjunkturbelebung keine Resonanz mehr. Ende 1933 wurde der Automobilbau endgültig stillgelegt. Nur die Fabrikation von Kinderwagen, Fahrrädern und später auch von Motorfahrrädern lief bis etwa 1940 weiter. Schließlich arbeitete Brennabor als Rüstungsbetrieb, der in der Endphase des zweiten Weltkriegs weitgehend der Zerstörung anheimfiel.

Brennabor 8/24 PS Typ P 6 Tourenwagen 1921. Besitzer: C. Biberstein, Königswartha (DDR).

Brennabor 8/32 PS Typ P Limousine 1926

Brennabor 6/25 PS Typ R 4 Phaeton 1926
Besitzer: Jürgen Schildhauer, Wittenberg (DDR)

Brennabor 6/25 PS Typ R 8 Limousine 1926

Motor
Zylinderzahl
Bohrung x Hub
Hubraum
Leistung
Verdichtung
Vergaser

Ventile

Kurbelwellenlager
Kühlung
Schmierung
Zündung
Batterie
Lichtmaschine
Anlasser

Kraftübertragung
Kupplung
Schaltung
Getriebe
Übersetzungen

Antriebs-Übersetzung

Fahrwerk
Vorderradaufhängung
Hinterradaufhängung
Lenkung
Fußbremse
Handbremse
Schmierung

Allgemeine Daten
Radstand
Spur vorn/hinten
Gesamtmaße
Räder
Reifen

Fahrgestellgewicht
Wagengewicht

Zuläss. Belastung
Höchstgeschwindigkeit
Verbrauch/100 km
Kraftstofftank

Preise

Brennabor 8/24 PS **Typ P** **1919 – 1925**	**Brennabor 8/32 PS** **Typ PW** **1926 – 1927**	**Brennabor 6/20 PS** **Typ S** **1922 – 1925**	**Brennabor 6/25 PS** **Typ R** **1925 – 1928**
4 (Reihe)	4 (Reihe)	4 (Reihe)	4 (Reihe)
80 x 104 mm	80 x 104 mm	70 x 102 mm	70 x 102 mm
2091 ccm	2091 ccm	1569 ccm	1569 ccm
24 PS bei 2400 U/min	27 PS bei 2600 U/min	20 PS bei 2200 U/min	25 PS bei 2800 U/min
	1:4,50		1:5,25
1 Zenith	1 Steigstromvergaser	1 Pallas oder 1 Solex	1 Steigstromvergaser
	Solex DH 30		Solex DH 26
Seitlich stehend	Seitlich stehend	Hängend	Einlaß stehend
Seitliche Nockenwelle	Seitliche Nockenwelle	Seitliche Nockenwelle	Auslaß hängend
Antrieb durch Stirnräder	Antrieb durch Stirnräder	Antrieb durch Stirnräder	Seitliche Nockenwelle
			Antrieb durch Stirnräder
3	3	2	2
Thermosyphon (Wasser)	Thermosyphon (Wasser)	Pumpe (Wasser)	Thermosyphon (Wasser)
Druckumlauf	Druckumlauf	Druckumlauf, 7 Liter Öl	Druckumlauf
Magnetzünder	Magnetzünder	Magnetzünder	Batteriezündung
12 V	12 V	6 V	6 V
			75 oder 100 W
			0,7 PS
Antrieb auf Hinterräder	Antrieb auf Hinterräder	Antrieb auf Hinterräder	Antrieb auf Hinterräder
Asbest-Konuskupplung	Asbest-Konuskupplung	Einscheibentrockenkupplung	Einscheibentrockenkupplung
Schalthebel außen rechts	Schalthebel Wagenmitte	Schalthebel Wagenmitte	Schalthebel Wagenmitte
4 Gang	4 Gang	3 Gang	3 Gang
	I. 4,40		I. 3,15
	II. 2,75		II. 1,96
	III. 1,76		III. 1,00
	IV. 1,00		
	5,00		4,55 oder 4,85
U-Profil-Preßstahl-Rahmen	U-Profil-Preßstahl-Rahmen	U-Profil-Preßstahl-Rahmen	Preßstahl-Rahmen
starr, Halbfedern	starr, Halbfedern	starr, Halbfedern	starr, Halbfedern
starr, Halbfedern	starr, Halbfedern	starr, Ausleger-Halbfedern	starr, Ausleger-Halbfedern
Schnecke, rechts	Schnecke, rechts	Schraubenspindel, links	Schraubenspindel, links
Mechanisch, Kardanwelle	Mechanisch, Kardanwelle	Mechanisch, Hinterräder	Mechanisch, Hinterräder
Mechanisch, Hinterräder	Mechanisch, Hinterräder	Mechanisch, Hinterräder	Mechanisch, 4 Räder
Nippel	Nippel	Nippel	Nippel
3165 mm	3165 mm	2610 mm	2710 mm
1350mm	1350 mm	1280 mm	1280 mm
4400 x 1650 x 2000 mm	4600 x 1650 x 2000 mm	3900 x 1470 x 1900 mm	4120 x 1560 x 1840 mm
Holzspeichen	Holzspeichen	Holzspeichen	Scheiben
820 x 120 Hochdruck	820 x 120 Hochdruck bzw.		730 x 130 oder 28 x 4,95
	(1927) 30 x 5,77 Niederdr.		oder 27 x 4,40 Niederdruck
	1000 kg		800 kg
Viersitzer offen 1400 kg	Viersitzer offen 1450 kg	Viersitzer offen 950 kg	Viersitzer offen 1050 kg
	Limousine 1550 kg		Limousine 1170 kg
	750 kg		450 kg
65 km/h	75 km/h	70 km/h	70 km/h
12 Liter	12 Liter	10,5 Liter	10,5 Liter
65 Liter (am Heck)	65 Liter (am Heck)	40 Liter (im Motorraum)	40 Liter (im Motorraum)
1924/25 P 6: Sechssitzer offen RM 7950,– P 11: Sport-Viersitzer offen RM 7950,–	**1926/27** P 6: Sechssitzer offen RM 5950,– P 15: Limousine 4 Türen RM 6750,–	**1924/25** Viersitzer offen RM 5800,–	**1926/27** **1927/28** R 4: Phaeton 3 Türen RM 4950,– RM 4450,– Roadster 2 (2) Sitze RM 4650,– R 8: Limousine 2 Türen RM 5600,– RM 4850,– Droschken-Landaulet RM 5600,–

Brennabor Typ ASK 6 Zylinder 3 Liter 12/55 PS
Cabriolet-Limousine (»Der Wagen mit dem offenen Himmel«) 1928

Brennabor Typ ASK 6 Zylinder 3 Liter 12/55 PS
Limousine 4 Türen 1928

Brennabor Typ AFL 46 (6 Zylinder, 3 Liter, 12/55 PS)
Pullman-Limousine 1929

Motor
Zylinderzahl
Bohrung x Hub
Hubraum
Leistung
Drehmoment
Verdichtung
Vergaser
Ventile

Kurbelwellenlager
Kühlung
Schmierung
Zündung
Batterie
Lichtmaschine
Anlasser

Kraftübertragung
Kupplung
Schaltung
Getriebe

Antriebs-Übersetzung

Fahrwerk
Vorderradaufhängung
Hinterradaufhängung
Lenkung
Fußbremse
Handbremse
Schmierung

Allgemeine Daten
Radstand
Spur vorn/hinten
Gesamtmaße
Räder
Reifen

Fahrgestellgewicht
Wagengewicht
Zuläss. Belastung

Höchstgeschwindigkeit
Verbrauch/100 km
Kraftstofftank

Preise

Brennabor 10/45 PS Typ AK 1928 – 1929	Brennabor 10/45 PS Typ AL 1927 – 1929	Brennabor 12/55 PS Typ ASK (1928 – 1929) Typ AFK (1929)	Brennabor 12/55 PS Typ ASL (1928 – 1929) Typ AFL (1929 – 1930)
6 (Reihe)		6 (Reihe)	
70 x 111 mm		77 x 111 mm	
2547 ccm		3080 ccm	
45 PS bei 3300 U/min		55 PS bei 3200 U/min	
13 mkg bei 1400 U/min		15 mkg bei 1400 U/min	
1 : 5,1		1 : 5,1	
1 Flachstromvergaser Solex MOHR 30/34			
Seitlich stehend			
Seitliche Nockenwelle, Antrieb durch Stirnräder			
3			
Pumpe (Wasser)			
Druckumlauf, 6 Liter Öl			
Batterie			
6 V 105 bis 125 Ah			
90 W			
0,8 PS			
Antrieb auf Hinterräder			
Einscheibentrockenkupplung			
Schalthebel Wagenmitte			
4 Gang. Übersetzungen: I. 4,40, II. 2,75, III. 176, IV. 1,00 Typ AFK und AFL: 3 Gang. Übersetzungen: 1, 3,17, II. 1,78, III. 1,00			
5,10			
U-Profil-Preßstahl-Rahmen			
starr, Halbfedern			
starr, Halbfedern			
Schnecke, links			
Mechanisch, 4 Räder			
Mechanisch, Kardanwelle			
Nippel			
3000 mm	3290 mm	3000 mm	3290 mm
1420/1420 mm	1420/1420 mm	1420/1420 mm	1420/1420 mm
4200 x 1720 x 1860 mm	4500 x 1720 x 1860 mm	4200 x 1720 x 1860 mm	4500 x 1720 x 1860 mm
Scheiben	Holzspeichen	Scheiben	Holzspeichen
30 x 5,25 Niederdr.	30 x 5,77 Niederdr.	30 x 5,25 Niederdr. AFK: 5,00 – 18	30 x 5,77 Niederdr. AFL: 6,00–20 extra
1000 kg	1050 kg	1000 kg	1050 kg
1550 kg	1650 kg	1550 kg	1650 kg
400 kg	525 kg	400 kg	525 kg AFL: 700 kg
85 km/h	80 km/h	90 km/h	85 km/h
12 Liter	14 Liter	14 Liter	16 Liter
70 Liter (im Heck)	70 Liter (im Heck)	70 Liter (im Heck)	70 Liter (im Heck)
Limousine 4 Türen RM 6250,– Lim.-Cabriolet 4 Tür. RM 6550,– Cabriolet 2 (2) Sitze RM 6550,–	Pullmann-Limousine RM 7700,–	**ASK** Limousine 4 Türen RM 6850,– Lim.-Cabriolet 4 Tür. RM 7150,– Cabriolet 2 (2) Sitze RM 7150,– **AFK** Lim.-Cabriolet 4 Tür. RM 6850,–	**ASL** Pullmann-Limousine RM 8600,– **AFL** Pullmann-Limousine RM 8250,–

	Brennabor 6/25 PS Typ Z 1928 – 1929	Brennabor Ideal 7/30 PS Typ N 1929 – 1930	Brennabor Ideal Extra 7/30 PS Typ N extra 1931 – 1933
Motor			
Zylinderzahl	4 (Reihe)	4 (Reihe)	
Bohrung x Hub	70 x 102 mm	74 x 96 mm	
Hubraum	1569 ccm	1640 ccm	
Leistung	25 PS bei 3000 U/min	30 PS bei 3200 U/min	
Drehmoment	8,5 mkg bei 800 U/min		
Verdichtung	1:5,25	1:5,25	
Vergaser	1 Flachstromvergaser Solex MHR 26	1 Steigstromvergaser Solex 26 FV	1 Flachstromvergaser Solex 26 FH
Ventile	Einlaß stehend Auslaß stehend Seitliche Nockenwelle Antrieb durch Stirnräder	Seitlich stehend Seitliche Nockenwelle Antrieb durch Stirnräder	
Kurbelwellenlager	2	3	
Kühlung	Pumpe (Wasser)	Pumpe, 12 Liter Wasser	
Schmierung	Druckumlauf	Druckumlauf, 7 Liter Öl	
Zündung	Batterie	Batterie	
Batterie	6 V 105 bis 125 Ah	6 V 90 Ah	
Lichtmaschine	100 W	90 W	
Anlasser	1 PS	0 8 PS	
Kraftübertragung	Antrieb auf Hinterräder	Antrieb auf Hinterräder	
Kupplung	Einscheibentrockenkupplung	Einscheibentrockenkupplung	
Schaltung	Schalthebel Wagenmitte	Schalthebel Wagenmitte	
Getriebe	3 Gang	3 Gang	
Synchronisierung	Ohne	Ohne	
Übersetzungen	I. 3,15 II. 1,97 III. 1,00	I. 3,15 II. 1,97 III. 1,00	
Antriebs-Übersetzung	5,12	5,71	5,57 (7:39)
Fahrwerk		U-Profil-Preßstahl-Rahmen	
Vorderradaufhängung		starr, Halbfedern	
Hinterradaufhängung		starr, Underslung-Halbfedern	
Lenkung	Schraubenspindel, links		Schnecke, links
Fußbremse		Mechanisch, 4 Räder	
Handbremse		Mechanisch, Hinterräder	
Schmierung		Nippel	
Allgemeine Daten			
Radstand	2600 mm		2650 mm
Spur vorn/hinten	1280/1280 mm		1340/1340 mm
Gesamtmaße	3850 x 1570 x 1750		3960 x 1630 x 1750 mm
Räder	Scheiben	Scheiben	Scheiben
Reifen	27 x 4,75 Niederdruck	4,75–18 Niederdruck	4,75–18 Niederdruck
Fahrgestellgewicht	800 kg	800 kg	800 kg
Wagengewicht	1150 kg	1200 kg	1250 kg
Zuläss. Belastung	350 kg	350 kg	350 kg
Höchstgeschwindigkeit	70 km/h	75 km/h	75 km/h
Verbrauch/100 km	10,5 Liter	10,5 Liter	10,5 Liter
Kraftstofftank	35 Liter (im Motorraum)	35 Liter (im Motorraum)	45 Liter (im Motorraum)

Preise	Typ Z	Ideal	Ideal Extra **1931/32**	Ideal Extra **1932/33**
Limousine 2 Türen	RM 4250,–	RM 4250,–	RM 3590,–	–
Limousine 4 Türen	RM 4250,–	RM 4250,–	RM 3980,–	RM 3880,–
Lim.-Cabriolet 4 Türen	RM4950,–	RM 4950,–	RM 4200,–	RM 4050,–
Cabriolet 2 (2) Sitze	RM 4875,–	RM 4875,–	RM 4125,–	–
Limousine 6 Sitze	–	–	RM 4980,–	–

Limousine 6 Sitze: Radstand 2850 mm und Ausführung wie Juwel 6

Brennabor Juwel 6 (Extra) 10/45 PS Typ B (extra) 1929 – 1932	Brennabor Juwel 8 3,5 Liter 14/60 PS 1930 – 1932	Brennabor 2 Liter 8/38 PS Typ E 1933	Brennabor 2,5 Liter 10/45 PS Typ F 1933
6 (Reihe) 74 x 96 mm 2460 ccm 45 PS bei 3200 U/min	8 (Reihe) 74 x 100 mm 3417 ccm 60 PS bei 3200 U/min	6 (Reihe) 66 x 96 mm 1957 ccm 38 PS bei 3200 U/min	6 (Reihe) 74 x 96 mm 2460 ccm 45 PS bei 3200 U/min
1:5,2 1 Steigstromvergaser Solex MOV 30	1:5,4 1 Steigstromvergaser Pallas SA III u	1:5,8 1 Solex	1:5,8 1 Solex
Seitlich stehend Seitliche Nockenwelle Antrieb durch Stirnräder	Seitlich stehend Seitliche Nockenwelle Antrieb durch Stirnräder	Seitlich stehend Seitliche Nockenwelle Antrieb durch Stirnräder	
4 Pumpe, 16 Liter Wasser Druckumlauf, 10 Liter Öl Batterie 6 V 90 Ah 90 W 0,8 PS	5 Pumpe, 20 Liter Wasser Druckumlauf, 13 Liter Öl Batterie 2 x 6 V 90 W 90 W 1,2 PS	4 Pumpe, 16 Liter Wasser Druckumlauf, 10 Liter Öl Batterie 6 V 90 Ah 90 W 0,8 PS	
Antrieb auf Hinterräder Einscheibentrockenkupplung Schalthebel Wagenmitte 3 Gang Ohne I. 3,15 II. 1,97 III. 1,00 5,12. Juwel Extra 5,57	Antrieb auf Hinterräder Einscheibentrockenkupplung Schalthebel Wagenmitte 3 Gang Ohne I. 3,15 II. 1,97 III. 1,00 4,33 (9:39)	Antrieb auf Hinterräder Einscheibentrockenkupplung Schalthebel Wagenmitte 4 Gang (auf Wunsch mit Freilauf) Ohne I. 4,00 II. 2,52 III. 1,57 IV. 1,00 5,571	
U-Profil-Preßstahl-Rahmen starr, Halbfedern starr, Underslung-Halbfedern Schnecke/Segment, links Mechanisch, 4 Räder Mechanisch, Hinterräder Nippel			
2850 mm 1340/1340 mm 4050 (4150) x 1630 x 1750 mm Scheiben 5,00 (5,25)–18 930 kg Limousine 1320 kg 500 kg	3050 mm 1340/1340 mm 4300 x 1630 x 1800 mm Scheiben 5,50–18 Niederdruck 1050 kg Pullman-Limousine 1500 kg 500 kg	3050 mm 1420/1420 mm 4450 x 1730 x 1700 mm Scheiben 5,25–17 Aero 930 kg Limousine 1380 kg 500 kg	
85 km/h 13 Liter 45 Liter (im Motorraum)	100 km/h 15 Liter 60 Liter (im Motorraum)	80 km/h 12 Liter 50 Liter (im Heck)	90 km/h 13 Liter 50 Liter (im Heck)
1929 **1931** – – RM 5350,– RM 4980,– RM 5650,– RM 5280,– RM 5550,– – – RM 6250,–	– – RM 6480,– – RM 7750,–	– RM 4600,– – – –	– RM 4800,– – – –
6 Zyl. 3 Liter 55 PS- Motor auf Wunsch + RM 1500,– + RM 700,–			

Bild oben:
Brennabor Typ Z
4 Zyl., 1,6 Liter, 6/25 PS
Cabriolet 2 (2) Sitze
1928/29

Bild Mitte:
Brennabor Typ Z
4 Zyl., 1,6 Liter, 6/25 PS
Cabriolet-Limousine
1928/29

Bild unten:
Brennabor Juwel 6
6 Zyl., 2,5 Liter, 10/45 PS
Cabriolet-Limousine
1929

Bild oben:
Brennabor Juwel 6
6 Zyl., 2,5 Liter, 10/45 PS
Cabriolet-Limousine
1931

Bild Mitte:
Brennabor Juwel 8
8 Zyl., 3,5 Liter, 14/60 PS
Limousine 1931

Bild unten:
Brennabor Juwel 8
8 Zyl., 3,5 Liter, 14/60 PS
Sport-Cabriolet 1931
Karosserie Buhne

Brennabor Juwel 6 Front
6 Zyl., 2,5 Liter, 10/45 PS
Frontantrieb, Prototyp 1931

Brennabor Typ C 1931/32
4 Zyl., 1 Liter, 4/20 PS
Oben links: Roadster 2 (2) Sitze
Oben rechts: Limousine 2 Türen
Links: Cabriolet 2 (2) Sitze

Brennabor Typ F 1933
6 Zyl., 2,5 Liter, 10/45 PS
Cabriolet 2 Fenster
Karosserie Ambi-Budd

<table>
<tr><th></th><th>Brennabor 1 Liter
Typ C
1931 – 1932</th><th>Brennabor 1 Liter
Typ D
1933</th></tr>
<tr><td>Motor</td><td colspan="2"></td></tr>
<tr><td>Zylinderzahl</td><td colspan="2">4 (Reihe)</td></tr>
<tr><td>Bohrung x Hub</td><td colspan="2">62 x 83 mm</td></tr>
<tr><td>Hubraum</td><td colspan="2">995 ccm</td></tr>
<tr><td>Leistung</td><td>20 PS bei 2800 U/min</td><td>22 PS bei 3000 U/min</td></tr>
<tr><td>Verdichtung</td><td>1 : 5,2</td><td>1 : 5,3</td></tr>
<tr><td>Vergaser</td><td colspan="2">1 Steigstromvergaser Solex FV 26</td></tr>
<tr><td>Ventile</td><td colspan="2">Seitlich stehend
Seitliche Nockenwelle, Antrieb durch Stirnräder</td></tr>
<tr><td>Kurbelwellenlager</td><td colspan="2">2</td></tr>
<tr><td>Kühlung</td><td colspan="2">Thermosyphon (Wasser)</td></tr>
<tr><td>Schmierung</td><td colspan="2">Tauchschmierung, 4 Liter Öl</td></tr>
<tr><td>Batterie</td><td colspan="2">6 V 45 Ah</td></tr>
<tr><td>Lichtmaschine</td><td colspan="2">60 W</td></tr>
<tr><td>Anlasser</td><td colspan="2">0,4 PS</td></tr>
<tr><td>Kraftübertragung</td><td colspan="2">Antrieb auf Hinterräder</td></tr>
<tr><td>Kupplung</td><td colspan="2">Einscheibentrockenkupplung</td></tr>
<tr><td>Schaltung</td><td colspan="2">Schalthebel Wagenmitte</td></tr>
<tr><td>Getriebe</td><td colspan="2">3 Gang</td></tr>
<tr><td>Synchronisierung</td><td colspan="2">Ohne</td></tr>
<tr><td>Übersetzungen</td><td colspan="2">I. 3,55
II. 1,825
III. 1,00</td></tr>
<tr><td>Antriebs-Übersetzung</td><td colspan="2">5,375</td></tr>
<tr><td>Fahrwerk</td><td colspan="2">U-Profil-Preßstahl-Rahmen</td></tr>
<tr><td>Vorderradaufhängung</td><td colspan="2">starr, 1 Querfeder</td></tr>
<tr><td>Hinterradaufhängung</td><td colspan="2">starr, Halbfedern</td></tr>
<tr><td>Lenkung</td><td colspan="2">Schnecke/Segment, links</td></tr>
<tr><td>Fußbremse</td><td colspan="2">Mechanisch (Gestänge), 4 Räder</td></tr>
<tr><td>Handbremse</td><td colspan="2">Mechanisch, Hinterräder</td></tr>
<tr><td>Schmierung</td><td colspan="2">Daueröler</td></tr>
<tr><td>Allgemeine Daten</td><td></td><td></td></tr>
<tr><td>Radstand</td><td>2300 mm</td><td>2420 mm</td></tr>
<tr><td>Spur vorn/hinten</td><td>1250 mm</td><td>1300 mm</td></tr>
<tr><td>Gesamtmaße</td><td>3300 x 1480 x 1675 mm</td><td>3600 x 1580 x 1610 mm</td></tr>
<tr><td>Räder</td><td>Scheiben</td><td>Scheiben</td></tr>
<tr><td>Reifen</td><td>4,00 oder 4,50–18</td><td>4,50–17</td></tr>
<tr><td>Wendekreis</td><td>10 Meter</td><td></td></tr>
<tr><td>Fahrgestellgewicht</td><td>475 kg</td><td>500 kg</td></tr>
<tr><td>Wagengewicht</td><td>Zweisitzer 600, Limousine 700 kg</td><td>Limousine 725, Cabriolet 735 kg</td></tr>
<tr><td>Zuläss. Belastung</td><td>Limousine 300 kg</td><td>Limousine 325 kg</td></tr>
<tr><td>Höchstgeschwindigkeit</td><td>75 km/h</td><td>75 km/h</td></tr>
<tr><td>Verbrauch/100 km</td><td>8 Liter</td><td>8 Liter</td></tr>
<tr><td>Kraftstofftank</td><td>23 Liter (im Motorraum)</td><td>23 Liter (im Motorraum)</td></tr>
<tr><td>Preise</td><td></td><td></td></tr>
<tr><td>Roadster 2 Sitze</td><td>RM 1985,–</td><td>–</td></tr>
<tr><td>Roadster 2 (2) Sitze</td><td>RM 2250,–</td><td>RM 2285,–</td></tr>
<tr><td>Cabriolet 2 (2) Sitze</td><td>RM 2485,–</td><td>–</td></tr>
<tr><td>Limousine 2 Türen</td><td>RM 2485,–</td><td>RM 2585,–</td></tr>
<tr><td>Cabriolet 2 Fenster</td><td>RM 2685,–</td><td>RM 2885,–</td></tr>
</table>

Dixi (bis 1929)

Direktor Heinrich Ehrhardt, Chef des nach Krupp zweitgrößten Rüstungskonzerns im deutschen Kaiserreich, gründete 1896 die Fahrzeugfabrik Eisenach AG. Zweck des Unternehmens war die Großherstellung von bespannten Militärfahrzeugen und Fahrrädern, doch schon 1899 nahm es als dritte deutsche Firma (nach Benz in Mannheim und Daimler in Cannstatt) den Serienbau von Motorwagen (»Wartburg Kutschierwagen«) auf. 1903 schied die Firma aus dem Ehrhardt-Konzern aus. 1904 erschien der erste »Dixi«, und von nun an wurde ein umfangreiches Personen- und Lastwagenprogramm entwickelt. Nach dem ersten Weltkrieg konnte die Herstellung von Automobilen und Fahrrädern wieder aufgenommen werden. 1919 führte die Fahrzeugfabrik Eisenach jenes Markenzeichen ein, das in Verbindung mit dem Namen Dixi den laufenden Centaur mit fliegender Mähne zeigte. 1921 wurde das Eisenacher Werk von der Gothaer Waggonfabrik übernommen, die ihrerseits samt Dixi bald unter die Kontrolle des Börsenspekulanten Jacob Schapiro geriet, der auch bei NSU, Cyklon, Schebera, Hansa und Benz maßgeblichen Einfluß hatte. Per 1. Oktober 1928 stößt Schapiro die überschuldeten Dixi-Werke (etwa 1200 Beschäftigte) an BMW ab.

Dixi 6/24 PS Typ G 2
Tourenwagen 1923–1928

Dixi 6/24 PS Typ G 2
Droschke 1923–1928

Dixi 6/18 und 6/24 PS (1921–1928)

Bis 1922/23 wurden die aus der Zeit vor dem ersten Weltkrieg stammenden 5/14 PS, 8/24 PS, 13/39 PS und 20/55 PS Dixi-Wagen weitergebaut. Neu erschien dann 1921 der 6/18 PS Dixi Typ G 1, aus dem 1923 der 6/24 PS Dixi Typ G 2 entstand. Dieser Wagen, der sportlichen Charakter besaß und dennoch sehr zuverlässig war, fand trotz seines relativ hohen Preises recht guten Anklang. Für den Einsatz bei Wettbewerben gab es auch Ausführungen mit 30 bis 36 PS (Typ G 5) in ganz geringer Zahl.

Durch Zufügung von zwei Zylindern an den G 1-Motor entstand der Sechszylinder P 1 mit 2341 ccm Hubraum. Weiter entwickelte man einen Sechssitzer mit 3,5 Liter 13/60 PS Sechszylindermotor. 4 Versuchswagen dieses Typs wurden gebaut, von denen einer auf der Berliner Automobil-Ausstellung 1926 zwar viel Beachtung, aber nur wenige Kaufinteressenten fand. Ein noch größerer 23/70 PS 5,8 Liter Prototyp von 1924 gelangte nicht zur Produktionsreife.

	Dixi 6/18 PS **Typ G 1** **1921 – 1923**	**Dixi 6/24 PS** **Typ G 2** **1923 – 1928**
Motor		
Zylinderzahl	4 (Reihe)	4 (Reihe)
Bohrung x Hub	70 x 102 mm	70 x 102 mm
Hubraum	1568 ccm	1568 ccm
Leistung	18 PS bei 2000 U/min	24 PS bei 2200 U/min
Verdichtung		1:5,2
Vergaser	1 Spritzvergaser Dixi	1 Flachstromvergaser Zenith
Ventile	Seitlich stehend Seitliche Nockenwelle Antrieb durch Kette	Seitlich stehend Seitliche Nockenwelle Antrieb durch Kette
Kurbelwellenlager	3	3
Kühlung	Thermosyphon	Thermosyphon
Schmierung	Druckumlauf	Druckumlauf
Batterie	12 Volt	12 Volt
Kraftübertragung	Antrieb auf Hinterräder	Antrieb auf Hinterräder
Kupplung	Konuskupplung	Konuskupplung
Schaltung	Schalthebel außen rechts	Schalthebel innen rechts
Getriebe	4 Gang	4 Gang
Übersetzungen	I. 4,37 II. 2,64 III. 1,59 IV. 1,00	I. 4,305 II. 2,706 III. 1,631 IV. 1,00 Auf Wunsch: Halbautomatisches Planetengetriebe (Puls) Vorwählschaltung auf Lenkrad I. 3,55, II. 2,16, III. 1,00
Antriebs-Übersetzung	4,50	4,50
Fahrwerk	Preßstahl-Rahmen	Preßstahl-Rahmen
Vorderradaufhängung	starr, Halbfedern	starr, Halbfedern
Hinterradaufhängung	starr, Ausleger-Halbfedern	starr, Ausleger-Halbfedern
Lenkung	Spindel, rechts	Spindel, rechts
Fußbremse	Mechanisch, Antriebswelle, Außenbacken	Bis 1925: Mechanisch, Antriebswelle, Außenbacken Ab 1925: Mechanisch, 4 Räder, Innenbacken
Handbremse	Mechanisch, Hinterräder	Mechanisch, Hinterräder
Allgemeine Daten		
Radstand	2840 mm	2840 mm
Spur vorn/hinten	1150/1150 mm	Bis 1925: 1150/1150 mm Ab 1925: 1240/1226 mm
Gesamtmaße		4200 x 1500 x 1780 mm
Räder	Drahtspeichen	Drahtspeichen
Reifen	710 x 100 mm	Bis 1925: 760 x 100 mm Ab 1925: 30 x 5,25 Niederdruck
Fahrgestellgewicht	630 kg	860 kg
Wagengewicht	Phaeton 900 kg	Phaeton 1150 kg Limousine 1280 kg
Zuläss.Gesamtgewicht	Phaeton 1380 kg	Phaeton 1450 kg Limousine 1580 kg
Höchstgeschwindigkeit	65 km/h	75 km/h
Verbrauch/100 km	9 Liter	10 Liter
Kraftstofftank	? Liter (im Motorraum)	45 Liter (im Heck)
Preise		
Phaeton 3 Türen		RM 6800,–
Limousine 3 Türen		RM 7800,–

Dixi Typ P 2
6 Zyl., 3,5 Liter, 13/60 PS
Prototyp 1926

Dixi 9/40 PS (1927–1929)

Um einen modernen Nachfolger für den 6/24 PS anbieten zu können, übernahm Dixi von den inzwischen ebenfalls der Gothaer Waggonfabrik gehörenden Cyklon-Automobilwerken deren 9/40 PS-Wagen in das eigene Verkaufsprogramm. Der von Direktor Dr. Eisner konstruierte Typ machte in Form und Technik einen ansprechenden Eindruck, auch war er der billigste Sechszylinder auf dem deutschen Markt, fand aber dennoch nur mäßigen Absatz. Limousine und Tourenwagen besaßen die gleichen Ambi-Budd-Karosserien wie der Adler Standard 6. Außerdem gab es den Cyklon bzw. Dixi 9/40 PS als Roadster und als Karmann-Cabriolet.

Cyklon 9/40 PS
und Dixi 9/40 PS
Limousine 1927–1929
Karosserie Ambi-Budd

Dixi 3/15 PS (1927–1929)

Mitte der zwanziger Jahre entwickelte man bei Dixi nicht nur drei große Wagen, die nichts wurden, sondern auch einen kleinen. 1925/26 entstand der dreisitzige 3/12 PS Typ H 1 (»Diana«) mit 763 ccm-Motor, der sich aber schließlich wegen seiner Kompliziertheit nicht für die Massenfertigung eignete. Das Werk geriet in Zeitnot, weil ein Bankkredit für die bereits eingeleitete Produktionsumstellung auf größere Stückzahlen bald abgedeckt werden mußte. Deshalb befaßte man sich nicht länger mit der Eigenkonstruktion eines Kleinwagens, sondern erwarb kurzerhand die Lizenz des englischen Austin Seven, der bereits seit 1922 gebaut wurde, sich bestens bewährt hatte und zu den populärsten Autos seiner Zeit gehörte. Die Fahrzeugfabrik Eisenach ließ Anfang 1927 aus England mit der Eisenbahn 100 Original-Austin kommen, die ab April mit geringen Änderungen, aber noch mit Rechtslenkung als Dixi angeboten wurden. Die Eisenacher Produktion des Dixi 3/15 PS Typ DA 1 begann im Dezember 1927, der offizielle Verkauf am 1. Januar 1928. Die Karosserien wurden originalgetreu im Werk Eisenach hergestellt. BMW ließ nach Übernahme der Dixi-Werke den 3/15 PS Dixi Typ DA 1 noch etwa ein halbes Jahr lang weiterlaufen, ehe im Juli 1929 der BMW Typ DA 2 herauskam. Insgesamt wurden 9307 Wagen des Typs DA 1 hergestellt, kaum weniger, als von allen früheren Dixi-Modellen zusammen.

	Cyklon 9/40 PS Dixi 9/40 PS 1927 – 1929	Dixi 3/15 PS Typ DA 1 1927 – 1929
Motor		
Zylinderzahl	6 (Reihe)	4 (Reihe)
Bohrung x Hub	70 x 102 mm	56 x 76 mm
Hubraum	2350 (Steuer 2339) ccm	748,5 (Steuer 743) ccm
Leistung	40 PS bei 3200 U/min	15 PS bei 3000 U/min
Verdichtung	1:5	1:5,6
Vergaser	1 Flachstromvergaser Zenith 26 K	1 Flachstromvergaser Zenith 22 K oder Solex
Ventile	Seitlich stehend Seitliche Nockenwelle Antrieb durch Novotext-Stirnräder	Seitlich stehend Seitliche Nockenwelle Antrieb durch Gußeisen-Stirnräder
Kurbelwellenlager	3	2
Kühlung	Thermosyphon	Thermosyphon, 5 Liter Wasser
Schmierung	Kombinierte Druck- und Tauchschmierung 8 Liter ÖL	Druckumlauf 2,5 Liter Öl
Batterie	6 V 125 Ah (unter Bodenbrett hinten links)	6 V 45 Ah (unter Vordersitz rechts)
Lichtmaschine		60 W
Kraftübertragung	Antrieb auf Hinterräder	Antrieb auf Hinterräder
Kupplung	Einscheibentrockenkupplung	Einscheibentrockenkupplung
Schaltung	Schalthebel Wagenmitte	Schalthebel Wagenmitte
Getriebe	3 Gang	3 Gang
Synchronisierung	Ohne	Ohne
Übersetzungen	I. 3,55 II. 1,87 III. 1,00	I.3,25 II. 1,82 III. 1,00
Antriebs-Übersetzung	5,50	4,90
Fahrwerk	U-Profil-Preßstahl-Rahmen	U-Profil-Rahmen
Vorderradaufhängung	starr, Halbfedern	starr, 1 Querfeder
Hinterradaufhängung	starr, Underslung-Halbfedern	starr, Ausleger-Viertelfedern
Lenkung	Schnecke, links	Schnecke, links
Fußbremse	Mechanisch (Gestänge), 4 Räder Trommel-∅ 350 mm, 40 mm breit	Mechanisch (Seilzug), Hinterräder
Handbremse	Mechanisch (Gestänge), Hinterräder	Mechanisch (Seilzug), Vorderräder
Allgemeine Daten		
Radstand	2950 mm	1905 mm
Spur vorn/hinten	1376/1376 mm	1000/1030 mm
Gesamtmaße	4350 x 1650 x 1780 mm	2800 x 1170 x 1625 mm
Räder	Scheiben	Drahtspeichen
Felgen	Wulst	Geradseit-Tiefbett
Reifen	Anfangs 30 x 5,77" Ballon, dann 775 x 145 Niederdruck	26 x 3,50" Niederdruck
Fahrgestellgewicht	900 kg	280 kg
Wagengewicht	Tourenwagen 1200 kg Limousine 1300 kg	Tourenwagen 440 kg
Zuläss. Gesamtgewicht	Tourenwagen 1650 kg Limousine 1750 kg	Tourenwagen 700 kg
Höchstgeschwindigkeit	90 km/h	75 km/h
Verbrauch/100 km	15 Liter	6 Liter
Kraftstofftank	50 Liter (im Heck)	20 Liter (im Motorraum)
Preise	Tourenwagen 4 Türen RM 5450,– Limousine 4 Türen RM 5750,– Roadster 2/2 Sitze RM 5975,– Cabriolet 4 Sitze 2 Fenster RM 7350,–	Roadster 2 Sitze RM 2750,– Tourenwagen 3/4 Sitze RM 2800,– Coupé 2 Sitze RM 3150,– Limousine 3/4 Sitze RM 3200,–

Dixi 3/15 PS
Tourer 3/4 Sitze
1927–1929

Dixi 3/15 PS
Zweisitzer offen
1927–1929

Dixi 3/15 PS
Limousine 3/4 Sitze
1927–1929

Dixi 3/15 PS
Coupé 2 Sitze
1927–1929

DKW (ab 1928)

Der aus Dänemark stammende Ingenieur und spätere Dr.-Ing. h. c. Jörgen Skafte Rasmussen (1878–1964) gründete 1906 im Erzgebirgestädtchen Zschopau eine Armaturenfabrik, die während des ersten Weltkriegs mit der Massenproduktion von Zündern beschäftigt war. 1919/20 gab der Motorenkonstrukteur Hugo Ruppe (Sohn des Autofabrikanten Berthold Ruppe in Apolda) ein kurzes Gastspiel in Zschopau. Er gab Rasmussen die Anregung zur Serienproduktion eines winzigen Zweitaktmotors für Spiel- und Lehrzwecke. Dieses Motörchen sollte zum Stammvater aller späteren DKW Zweitakter werden. Schon 1920 war daraus ein Fahrradhilfsmotor entstanden, der 1922 zur Fabrikation der DKW Motorräder führte. 6 Jahre später waren die Zschopauer Motorenwerke J. S. Rasmussen AG. zur größten Motorradfabrik der Welt gediehen, was sie bis zum zweiten Weltkrieg blieben.

Schon lange dachte Rasmussen aber auch daran, ein volkstümliches Automobil mit seinem DKW Zweitaktmotor herauszubringen. Um diesem Ziel näher zu kommen, kaufte er 1924 die in Konkurs geratene SB-Automobil-GmbH. in Berlin-Spandau. Dort hatte zurvor Dr. Rudolf Slaby Kleinstfahrzeuge mit rahmenlosen selbsttragenden Sperrholzkarosserien gebaut. Rasmussen übernahm den kleinen Betrieb und machte ihn, mit Dr. Slaby als Direktor, zur Berliner Filiale seiner Zschopauer Motorenwerke. Hergestellt wurden dort 1926/27 die DEW Elektro-Droschken und DEW Elektro-Lieferwagen, beide wiederum mit rahmenloser Holzkarosserie. 1927 pachtete Rasmussen die benachbarte Fabrik der früheren Deutschen Werke, in der einst der D-Wagen hergestellt und dann ein paar Monate lang der amerikanische Durant montiert worden war. Im nunmehrigen Werk Berlin-Spandau der Zschopauer Motorenwerke begann 1928 die Serienfertigung des DKW-Wagens. Seine besonderen Merkmale: Rasmussens Zweitaktmotor und Slabys rahmenlose Holzkarosserie. Bis 1940 wurden in Spandau die »großen« DKW-Wagen gebaut, alle übrigens stets mit Hinterradantrieb, wobei beachtliche Stückzahlen zustande kamen, obwohl diese Autos zu keiner Zeit jemals wirklich zufriedenstellend liefen.

Der durchschlagende Erfolg von DKW als Automarke begann erst im Jahre 1931 mit dem kleinen Zweizylinder-Frontantriebwagen, der eine völlig neue Typenreihe einleitete. Mit den großen DKWs aus Spandau hatte dieser lediglich das Markenzeichen und die Bauweise der überwiegend verwendeten Holzkarosserien gemeinsam. Die Frontantriebwagen ließ Rasmussen bei Audi in Zwickau entwickeln und bauen, wobei aus Zschopau die Motoren und aus Berlin-Spandau per Bahn die Holzkarosserien kamen.

Inzwischen nämlich besaß oder kontrollierte Rasmussen etwa ein Dutzend Unternehmungen, so auch die Audi-Werke AG., deren Aktienmehrheit er 1929 erworben hatte. Überhaupt brachte dieses Jahr für Rasmussen den wirtschaftlichen Höhepunkt. Er beschäftigte damals etwa 15000 Arbeiter. Doch mit der Übernahme der Audi-Werke hatte sich Rasmussen übernommen: er wurde »bankreif«. Zudem blieb natürlich auch er nicht von der weltweiten Wirtschaftskrise verschont, der Verkauf von Autos und Motorrädern ging rapid zurück. 1930 war auf Geheiß der Sächsischen Staatsbank Dr. Richard Bruhn (1886–1964) in den Vorstand berufen worden. Mit Energie, aber auch mit rücksichtsloser Härte reorganisierte und sanierte er das Zschopauer Unternehmen. Doch neue Schwierigkeiten tauchten auf, als den Horch-Werken in Zwickau der Konkurs drohte. Die Sächsische Staatsbank kündigte ihre Engagements mit Rasmussens Konzern, bot ihm jedoch die Liquidierung der Horch-Werke an, um eine Serie von Zusammenbrüchen zu verhindern. So kam es im Sommer 1932 zur Gründung der Auto Union AG., die aus den Zschopauer Motorenwerken (also DKW) als aufnehmender Firma, den Audi-Werken, den Horch-Werken und der Automobil-Abteilung der Wanderer-Werke bestand. Damit waren die wichtigsten Autofabriken Sachsens zu einem leistungsfähigen Konzern zusammengefaßt, der in den folgenden Jahren, vor allem auch durch die Gunst der äußeren Umstände, nach Opel den zweitgrößten Marktanteil errang. Rasmussen freilich wurde 1934 aus dem Vorstand der Auto Union ausgebootet, was in der Geschichte des Konzerns leider als ein recht ungutes Ereignis verzeichnet werden muß. Immerhin waren einige

Betriebe, die bei der Gründung der Auto Union aus dem DKW-Komplex ausgegliedert worden waren, wie Framo und die Kühlschrankfabrik, in Rasmussens Besitz geblieben. Auch diese verlor er nach dem zweiten Weltkrieg durch die entschädigungslosen Enteignungen in der damaligen Sowjetzone. So verließ Rasmussen erst 1948 seine deutsche Wahlheimat und kehrte nach Dänemark zurück.

1935 kaufte die Auto Union von der NAG die stillgelegten Presto-Werke in Chemnitz, um 1936 die Hauptverwaltung von Zschopau nach dorthin zu verlegen. An der Spitze der Auto Union AG. standen bis Kriegsende Dr. rer. pol. Dr.-Ing. e. h. Richard Bruhn, Dr.-Ing. h. c. Carl Hahn, seit 1922 engster Mitarbeiter Rasmussens, und William Werner, früher Chefkonstrukteur der Horch-Werke und 1941 von der TH Dresden zum Dr.-Ing. ehrenhalber ernannt. Für die Technische Gesamtentwicklung trug seit 1936 Direktor Oskar Siebler die Verantwortung, wobei er vor allem den DKW F 9 konzipierte. 1932 zählte die Auto Union 5000 Mitarbeiter, 1939 waren es über 25000. Die Jahresproduktion belief sich dabei zuletzt auf 50000 Automobile und über 40000 Motorräder.

Ungefähre Produktionszahlen der DKW Wagen

P 600	1928 – 1929	ca. 2000
4 = 8	1929 – 1932	ca. 3000
Sonderklasse	1932 – 1934	ca. 7000
Schwebeklasse	1934 – 1937	ca. 6000
Sonderklasse	1937 – 1940	ca. 8000
		ca. 26000
FA 600	1931 – 1932	ca. 4000
F 2	1932 – 1935	ca. 17000
F 4	1934 – 1935	ca. 7000
F 5	1935 – 1937	ca. 60000
F 7	1937 – 1938	ca. 80000
F 8	1939 – 1942	ca. 50000
		ca. 218000

DKW Typ P 15 PS (1928–1929)
DKW Sportwagen Typ PS 600 (1930–1931)

Das erste DKW-Auto, entwickelt von Dr. Slaby und gebaut im Werk Berlin-Spandau, wurde am 7. Mai 1928 fertiggestellt. Der Wagen besaß einen 600 ccm Zweizylinder-Zweitaktmotor, Hinterradantrieb und eine selbsttragende Sperrholzkarosserie mit Kunstlederbezug. Die meisten Fachleute beurteilten ihn von Anfang an recht kritisch, denn der DKW war, gemessen am primitiven Aufbau und der einfachen Ausstattung, relativ teuer, er verbrauchte viel kostspieliges Zweitaktgemisch, der Motor lief laut und unkultiviert, der Verschleiß an Zündkerzen war enorm, und eine lange Lebensdauer traute man dem Auto auch nicht zu. Mit Recht, wie sich bald herausstellte. Dennoch fand der DKW-Wagen erstaunlich viele Käufer, die in der Mehrzahl wohl vom Motorrad kamen und deshalb mit den Besonderheiten und Unarten des Zweitaktmotors vertraut waren. Den DKW Typ P 15 PS gab es zunächst als Zweisitzer-Roadster oder -Cabriolet, jeweils mit seitlichen Einsteckscheiben und herausklappbarer Sitzbank im Heck. Ab etwa Mai 1929 kamen das Drei- und das Viersitzer-Cabriolet hinzu, beide mit festem Türrahmen und Kurbelfenstern.

Ergänzt und gekrönt wurde das Anlaufprogramm durch den Zweisitzer-Sportwagen mit etwas höherer Motorleistung. Unter der langen Haube nahm sich das kleine Motörchen fast lächerlich aus, aber das Auto machte infolge seiner geschickten Formgebung mit rennwagenmäßigem Spitzheck einen unerhört rasanten Eindruck.

DKW 4 = 8 (1929–1932)
DKW Sonderklasse (1932–1934)
DKW Schwebeklasse (1934–1937)
DKW Sonderklasse (1937–1940)

Weil der erste DKW motorisch nicht befriedigte, entwickelte man einen V4 Zylinder-Ladepumpenmotor, der mit Druckladung und Schleuderschmierung arbeitete. Zwar geriet damit der Motorlauf etwas weniger lärmhaft, dafür aber ging die Einfachheit des Zweitaktmotors verloren, und unverändert hoch blieben sowohl der Benzin- als auch der Kerzenverbrauch. Überdies kam der Motor leicht zum Kochen, und wenn er im Winter sehr kalt wurde, bedurfte es erheblicher Vorkehrungen, damit er wieder lief. Als erstes Modell der Vierzylinder-Reihe wurde auf der Berliner Automobil-Ausstellung im November 1928 der DKW Typ P 25 PS vorgestellt, dann aber nur in wenigen Exemplaren gebaut. In regelrechter Serie folgte erst 1930 der Typ V 800 mit verringertem Hubraum, woraus aber nicht die erhoffte Verbrauchsminderung, sondern bloß ein recht lahmes Temperament resultierte. Man kehrte folglich beim Typ V 1000 wieder zu 1 Liter Hubraum zurück.

Als Zwischentyp lief von März bis Oktober 1932 die erste DKW Sonderklasse (Typ 432), die sich vom Typ V 1000 hauptsächlich durch eine recht gefällige Karosserie unterschied. Im Oktober 1932 erschien die DKW Sonderklasse 1001, technisch und karosseriemäßig im Vergleich zum Typ 432 kaum geändert, aber mit Kotflügelschürzen und fast 10 cm längerem Vorderwagen. Eine technische Notwendigkeit für diese Schönheitsoperation war nicht erkennbar, doch der Wagen gewann dadurch ungemein elegante Proportionen – solange er einigermaßen neu war. Schon die rahmenlosen Sperrholzkarossen der Vorgängermodelle hingen recht bald durch. Bei der Sonderklasse 1001 war der Bogen im wahrsten Sinn des Wortes überspannt: Früher oder später brachen alle in der Mitte durch oder auseinander, was besonders schlimm war, wenn es anläßlich eines Unfalls passierte.

Im Februar 1934 erschien die DKW Schwebeklasse, welche nicht nur hinten, sondern auch vorn die sogenannte Schwebeachse aufwies, vor allem aber eine monströse »Stromlinien«-Karosserie. Die Schwebeklasse besaß zunächst den Motor des Vormodells, bekam dann ab Januar 1935 zwei Vergaser und ab Juli 1935 mehr Hubraum. Die Schwebeklasse, in Produktion bis April 1937, war in der Karosseriestruktur stabiler als das Vormodell, verfiel aber immer noch viel früher als andere Autos.

Endausführung der großen DKW-Modelle aus dem Werk Berlin-Spandau war die im Februar 1937 herausgebrachte und bis 1940 produzierte Sonderklasse. Sie stimmte im Unterbau und in der Karosserie weitgehend mit dem Wanderer W 24 überein, besaß also ein richtiges Fahrgestell und eine Stahlblechkarosserie. Wichtigstes DKW-typisches Merkmal blieb der Vierzylinder-Ladepumpen-Zweitaktmotor, der all die Jahre her keinen nennenswerten Fortschritt gemacht hatte. Durch ihre solidere Machart und dank des Umstandes, daß die Wehrmacht alle Zweitakter verschmähte, liefen ziemlich viele Sonderklassen auch noch in der Nachkriegszeit. Freilich zogen die allerwenigsten davon noch eine Zweitakt-Gasfahne hinter sich her, denn mit Opel Olympia- oder anderen Motoren waren sie viel sparsamer und angenehmer zu betreiben.

Die letzte DKW Sonderklasse wäre auch ohne Krieg der letzte Vierzylinder-DKW geblieben. Man hatte den ewigen Verdruß mit diesen Autos satt. Der DKW F 9 mit Frontantrieb, Dreizylinder-Zweitaktmotor und Kunststoffkarosserie, der 1940 herauskommen sollte, war nicht nur als Nachfolger für die kleinen, sondern auch für die großen DKWs gedacht. Bei der Auto Union ging man davon aus, daß die Reichs- und Meisterklassen mit dem kommenden Volkswagen kaum mehr würden konkurrieren können. Wenn aber der Nachfolgetyp F 9 so viel mehr Leistung mitbekam, daß er selbst dem Vierzylinder überlegen war, dann hatte letzterer sowieso die Daseinsberechtigung verloren.

	DKW Typ P 15 PS 1928 – 1929	**DKW Sportwagen Typ PS 600-Sport 1930 – 1931**
Motor	Zweitakt	Zweitakt
Zylinderzahl	2 (Reihe)	2 (Reihe)
Bohrung x Hub	74 x 68 mm	74 x 68 mm
Hubraum	584 ccm	584 ccm
Leistung	15 PS bei 3500 U/min	18 PS bei 4000 U/min
Drehmoment		
Verdichtung	1 : 5,5	1 : 5,7
Vergaser	1 Zweistufenvergaser Meco M 2 N	1 Doppelhebelvergaser Amal-Spezial
Ventile	Ohne	Ohne
Kurbelwellenlager	3	3 (Kurbelwelle verstärkt)
Kühlung	Thermosyphon	Thermosyphon
Schmierung	Zweitakt-Gemisch 1 : 25	Zweitakt-Gemisch 1 : 25
Zündung	Batterie	Batterie
Batterie	6 V 45 Ah	6 V 60 Ah
Lichtmaschine	60 W	60 W
Anlasser	0,5 PS	0,5 PS
Kraftübertragung	Antrieb auf Hinterräder	Antrieb auf Hinterräder
Kupplung	1928: Mehrscheibenkupplung in Öl 1929: Einscheibentrockenkupplung	Einscheibentrockenkupplung
Schaltung	Schalthebel Wagenmitte	Schalthebel Wagenmitte
Getriebe	3 Gang Prometheus	3 Gang Prometheus
Synchronisierung	Ohne	Ohne
Übersetzungen	I. 3,06 II. 1,75 III. 1,00	I. 3,35 II. 1,47 III. 1,00
Antriebs-Übersetzung	5,50	5,70
Fahrwerk	Selbsttragende Sperrholzkarosserie mit Kunstlederbezug	
Vorderradaufhängung	starr, 1 Querfeder	
Hinterradaufhängung	starr, 1 Querfeder	
Lenkung	Schnecke, links	
Fußbremse	Mechanisch, 4 Räder	
Handbremse	Mechanisch, linkes Vorder- und rechtes Hinterrad	
Schmierung	Nippel	
Allgemeine Daten		
Radstand	2590 mm	2400 mm
Spur vorn/hinten	1100/1100 mm	1100/1100 mm
Gesamtmaße	Zweisitzer 3600 x 1350 x 1600 mm Drei- und Viersitzer 3600 x 1350 x 1700 mm	3700 x 1330 x 1200 mm
Räder	Scheiben	Drahtspeichen
Reifen	3,50 oder 4,00–26	4,00–27
Wendekreis		
Wagengewicht	Roadster 530 kg Cabriolet 3 oder 4 Sitze 600 kg	530 kg
Zuläss. Belastung	250 bis 300 kg	300 kg
Höchstgeschwindigkeit	80 km/h	100 km/h
Verbrauch	10 Liter Gemisch	10 Liter Gemisch
Kraftstofftank	20 Liter (im Motorraum) Ab Mai 1929: 30 Liter (im Motorraum)	30 Liter (im Motorraum)
Preise	Roadster 2 (2) Sitze (ab Mai 1928) RM 2300,– Cabriolet 2 (2) Sitze (ab Mai 1928) RM 2500,– Cabriolet 3 Sitze (ab Mai 1929) RM 2800,– Cabriolet 4 Sitze (ab Mai 1929) RM 3200,–	Sport-Zweisitzer offen RM 2500,–

DKW 4 = 8 Typ P 25 PS 1929	DKW 4 = 8 Typ V 800 1930 – 1931	DKW 4 = 8 Typ V 1000 1931 – 1932	DKW Sonderklasse Typ 432 1932
Zweitakt			
4 Arbeits- und 2 Ladepumpen-Zylinder (90°-V-Form)			
68 x 68 mm	60 x 68 mm	68 x 68,5 mm	68 x 68,5 mm
980 ccm	782 ccm	990 ccm	990 ccm
25 PS bei 3200 U/min	20 PS bei 3500 U/min	25 PS bei 3200 U/min	25 PS bei 3200 U/min
6,5 mkg bei 2200 U/min			
1:4,8	1:5,5	1:5,2	1:5,9
1 Flachstromvergaser	1 Flachstromvergaser	1 Flachstromvergaser	1 Flachstromvergaser
Zenith	Solex FH 26	Solex FH 26	Solex FHR 26
Ohne	Ohne	Ohne	Ohne
2	2	2	2
Thermosyphon, 11 Liter Wasser	Thermosyphon, 11 Liter Wasser	Thermosyphon, 11 Liter Wasser	Thermosyphon, 11 Liter Wasser
Schleuderschmierung	Schleuderschmierung	Schleuderschmierung	Schleuderschmierung
3,5 Liter Öl	3,5 Liter Öl	3,5 Liter Öl	3,5 Liter Öl
Batterie	Batterie	Batterie	Batterie
6 V 80 Ah	6 V 45 Ah	6 V 75 Ah	6 V 75 Ah
	(auf Trittbrett links)	(auf Trittbrett links)	(auf Trittbrett links)
90 W	90 W	90 W	90 W
0,5 PS	0,5 PS	0,5 PS	0,5 PS
Antrieb auf Hinterräder	Antrieb auf Hinterräder	Antrieb auf Hinterräder	Antrieb auf Hinterräder
Einscheibentrockenkupplung	Einscheibentrockenkupplung	Einscheibentrockenkupplung	Einscheibentrockenkupplung
Schalthebel Wagenmitte	Schalthebel Wagenmitte	Schalthebel Wagenmitte	Schalthebel Wagenmitte
3 Gang Prometheus	3 Gang Prometheus	3 Gang Prometheus	4 Gang Prometheus
Ohne	Ohne	Ohne	Ohne
I. 3,06	I. 3,60	I. 3,50	I. 3,68
II. 1,75	II. 2,20	II. 1,72	II. 1,80
III. 1,00	III. 1,00	III. 1,00	III. 1,00
			IV. 0,79
5,25	5,70	5,90	5,90
Selbsttragende Sperrholzkarosserie mit Kunstlederbezug			
starr, 1 Querfeder			
starr, 1 Querfeder			
Schnecke, links			
Mechanisch, 4 Räder	Mechanisch, 4 Räder	Hydraulisch, 4 Räder	Hydraulisch, 4 Räder
Mechanisch, linkes Vorder- und rechtes Hinterrad	Mechanisch, Kardanwelle	Mechanisch, Kardanwelle	Mechanisch, Kardanwelle
Nippel	Nippel	Nippel	Nippel
2800 mm	2700 mm	2700 mm	2760 mm
1100/1200 mm	1110/1120 mm	1120/1170 mm	1120 1170 mm
3600 x 1450 x 1620 mm	3680 x 1380 x 1620 mm	3680 x 1380 x 1620 mm	4000 x 1400 x 1650 mm
Scheiben	Scheiben	Scheiben	Scheiben
4,40–26	4,40–26	4,50–18	4,50–18
			12 Meter
780 kg	750 kg	780 kg	800 kg
350 kg	350 kg	350 kg	350 kg
90 km/h	85 km/h	90 km/h	95 km/h
10 Liter	10 Liter	10 Liter	11 Liter
30 Liter (im Motorraum)	30 Liter (im Motorraum)	30 Liter (im Motorraum)	30 Liter (im Motorraum)
Limousine 2 Türen RM 3200,–	Cabrio-Limousine 2 Türen RM 3300,– Cabriolet 2 (2) Sitze RM 3300,–	Cabrio-Limousine 2 Türen RM 3300,– Cabriolet 2 (2) Sitze RM 3300,– Limousine 2 Türen RM 3300,–	Cabrio-Limousine 2 Türen RM 3500,–

DKW Typ P 15 PS
Roadster
1928/29

DKW Typ P 15 PS
Cabriolet 2 Sitze
1928/29

DKW Typ P 15 PS
Cabriolet 3 oder 4 Sitze
1929

DKW Sportwagen
Typ PS 600-Sport
1930/31

DKW 4 = 8
Typ P 25 PS
Limousine 1929/30

DKW 4 = 8
Typ V 800 und V 1000
Cabrio-Limousine 1930–1932
(Besitzer:
Verkehrsmuseum Dresden)

DKW Sonderklasse
Typ 432
Cabrio-Limousine 1932

DKW Sonderklasse 1001
Cabrio-Limousine
1932–1934

DKW Schwebeklasse Limousine 1934–1937

DKW Schwebeklasse Cabrio-Limousine 1934–1937

DKW Sonderklasse Limousine 1937–1940

Motor
Zylinderzahl
Bohrung x Hub
Hubraum
Leistung

Verdichtung
Vergaser

Ventile
Kurbelwellenlager
Kühlung
Schmierung
Zündung
Batterie
Lichtmaschine
Anlasser

Kraftübertragung
Kupplung
Schaltung
Getriebe

Synchronisierung
Übersetzungen

Antriebs-Übersetzung

Fahrwerk

Vorderradaufhängung

Hinterradaufhängung
Lenkung
Fußbremse

Handbremse
Schmierung

Allgemeine Daten
Radstand
Spur vorn/hinten
Gesamtmaße
Räder
Reifen

Wagengewicht
Zuläss. Belastung
Höchstgeschwindigkeit
Verbrauch/100 km
Kraftstofftank

Preise

DKW Sonderklasse 1001 1932 – 1934	DKW Schwebeklasse 1934 – 1935	DKW Schwebeklasse 1935 – 1937	DKW Sonderklasse 1937 – 1940
Zweitakt			
4 Arbeits- und 2 Ladepumpen-Zylinder (90°-V-Form)			
68 x 68,5 mm	68 x 68,5 mm	70 x 68,5 mm	
990 ccm	990 ccm	1054 ccm	
26 PS bei 3500 U/min	26 PS bei 3500 U/min Januar bis Juli 1935: 30 PS bei 3500 U/min	32 PS bei 3800 U/min	
1:5,8	1:5,8	1:6,0	
1 Flachstromvergaser Solex FH 26 S	1 Flachstromvergaser Solex FH 26 S bzw. (Januar bis Juli 1935) 2 Flachstromvergaser Solex 26 BFH	2 Flachstromvergaser Solex 26 BFH	
Ohne		Ohne	
2		2	
Thermosyphon, 12 Liter Wasser		Thermosyphon, 12 Liter Wasser	
Schleuderschmierung, 3,5 Liter Öl		Schleuderschmierung, 4,5 Liter Öl	
Batterie		Batterie	
6 V 75 Ah (im Motorraum)		6 V 75 Ah (im Motorraum)	
90 W		90 W	
0,4 PS		0,4 PS	
Antrieb auf Hinterräder			Antrieb auf Hinterräder
Einscheibentrockenkupplung			Einscheibentrockenkupplung
Schalthebel Wagenmitte			Schalthebel Wagenmitte
4 Gang Prometheus			4 Gang Hurth
mit abschaltbarem Freilauf			mit abschaltbarem Freilauf
Ohne			Ohne
I. 4,52			I. 4,08
II. 2,40			II. 2,38
III. 1,38			III. 1,47
IV. 1,00			IV. 1,00
4,90			4,88
Selbsttragende Sperrholzkarosserie mit Kunstlederbezug			Eng beisammenliegende Kastenlängsträger Holz-Stahl-Karosserie
starr, 1 Querfeder	starr, 1 Querfeder hochliegend (»Schwebeachse«)		Querlenker oben 1 Querfeder unten
starr, 1 Querfeder hochliegend (»Schwebeachse«)			
Schnecke, links			
Hydraulisch, 4 Räder Trommel-∅ 250 mm	Hydraulisch, 4 Räder Trommel-∅ 250 mm		Hydraulisch, 4 Räder Trommel-∅ 225 mm
Mechanisch, Karadanwelle			
Nippel			
2850 mm	2850 mm		2600 mm
1250/1250 mm	1300/1250 mm		1300/1320 mm
4150 x 1500 x 1560 mm	4300 x 1590 x 1560 mm		4150 x 1600 x 1510 mm
Scheiben oder Drahtspeichen	Scheiben oder Drahtspeichen		Scheiben
5,00–17	5,00–17		5,00–17 bzw. (ab 1938) 5,25–16
980 kg	1000 kg		975 kg
400 kg	400 kg		400 kg
90 km/h	90 km/h	95 km/h	95 km/h
12 Liter	12,5 Liter	13 Liter	13 Liter
35 Liter (im Motorraum)	35 Liter (im Motorraum)	35 Liter (im Motorraum)	40 Liter (im Heck)
1933 **1934** Cabrio-Limousine 2 Türen RM 3100,– RM 3000,– Limousine 4 Türen RM 3400,– RM 3000,– Phaeton – RM 3000,–	Cabrio-Limousine 2 Türen RM 3350,– Limousine 2 Türen RM 3350,–	Cabrio-Limousine 2 Türen RM 3000,– Limousine 2 Türen RM 3000,–	Limousine 2 Türen RM 3100,– Cabrio-Limousine 2 Türen RM 3200,–

DKW Front
Typ FA 600 (F 1)
Roadster 1931/32

DKW Front
Typ FA 600 (F 1)
Cabrio 1931/32

DKW Front (1931–1932)
DKW Reichsklasse (1933–1940)
DKW Meisterklasse (1932–1942)

Im Oktober 1930 beauftragte Rasmussen das Konstruktionsbüro seiner Audi-Werke, schnellstens einen Kleinwagen mit 500 ccm DKW-Motorradmotor, Vorderradantrieb und Querfeder-Radaufhängungen zu entwickeln. Innerhalb von 6 Wochen sollten nicht nur die Konstruktion, sondern auch bereits drei Versuchswagen fertig sein! Dieses Zeitlimit wurde erstaunlicherweise auf den Tag genau eingehalten. Eine vergleichbare Leistung wäre unter heutigen Verhältnissen völlig unvorstellbar.

Die Versuchswagen liefen überraschend gut, weshalb Rasmussen sofort den Serienbau vorbereiten ließ und das kleine Auto auf der Berliner Automobil-Ausstellung im Februar 1931 der Öffentlichkeit vorstellte. Dort erregte es ungeheures Aufsehen. Publikum und Fachwelt waren begeistert vom netten Aussehen des Wagens, von seiner modernen Technik und vom niedrigen Preis. Als offener Zweisitzer sollte der DKW Front mit 500 ccm-Motor nur 1685 RM kosten. Von diesem Typ FA 500 wurde allerdings kein einziges Exemplar verkauft, denn in die Serie ging nur der Typ FA 600 mit dem größeren Motor. In Inseraten und Prospekten wurde der DKW Front freilich auch im Sommer 1932 noch wahlweise mit 500 oder 600 ccm angeboten, um mit dem niedrigen Grundpreis zu werben.

Vorgesehen hatte man für den kleinen Roadster (2 Sitze + 1 Notsitz) eine Stahlblechkarosserie der Firma Schneider & Korb (Bernsbach), doch wurden davon nur 165 Stück abgenommen. Man ging auch hier zur kunstlederbespannten Holzkarosserie aus dem DKW-Werk Berlin-Spandau über, denn sie war billiger, leichter und geräuschdämpfender. Außerdem waren hier günstigere Voraussetzungen als bei den Vierzylindern gegeben, denn der DKW

Front besaß ja ein richtiges Rahmenfahrgestell. Dieses gab es übrigens schon Ende 1931 auch in längerer Ausführung für Viersitzer-Cabrios aus Spandau und Ganzstahl-Limousinen von Ambi-Budd. Letztere gerieten jedoch zu schwer, weshalb es da bei einer Serie von nur 200 Stück blieb. Als Vorläufer des späteren Typs Meisterklasse liefen einige DKW Front bereits versuchsweise als Typ FA 700 mit 700 ccm-Motoren.

Im April 1932 kam zum DKW Front die DKW Meisterklasse 601, noch mit gleichem Motor, aber wiederum verlängertem Radstand und sehr elegant gestalteter Karosserie. Für das Modelljahr 1933 erfolgte der Übergang zum Dreikanal-Zweitakter mit Umkehrspülung, was übrigens während der zehnjährigen Laufzeit dieser Modellreihe in bezug auf den Zweitaktmotor zum einzigen Mal eine nennenswerte Weiterentwicklung brachte. Ab Sommer 1933 gab es nebeneinander die 600 ccm Reichsklasse und die 700 ccm Meisterklasse. Diese Gliederung wurde bis zum Krieg beibehalten, wobei sich die Stückzahlen beider Typen stets in etwa die Waage hielten.

1934 kam der Typ F 4, den es ausschließlich als Meisterklasse mit einer neuen, wiederum sehr geschickt geformten Karosserie gab. Die Reichsklasse lief weiter unverändert als Typ F 2. Beim Typ F 5 erhielten alle Reichs- und Meisterklassen ab 1935 mit dem Zentralkastenrahmen endlich ein stabiles Rückgrat, und die hintere Querfeder-Aufhängung wurde durch die sogenannte Schwebeachse ersetzt.

Eine vom Publikum sehr beifällig aufgenommene Bereicherung des Programms brachten 1936 das Luxus-Cabriolet mit zwei und 1937 mit vier Sitzen. Die Anlaufserie lieferte die Firma Hornig (Meerane). Die Masse der F 5, F 7 und F 8 Cabriolets stammten von der Karosseriefabrik Baur (Stuttgart), die von 1936 bis 1940 etwa 15000 Stück lieferte, und von den Horch-Werken, die schätzungsweise eine Stückzahl in ähnlicher Größenordnung beigetragen haben dürften. Die F 7 und F 8 Cabriolets beider Firmen unterscheiden sich in gewissen Einzelheiten, woraus der Kenner die jeweilige Herkunft ohne weiteres zu bestimmen vermag. Eine weitere Attraktion des Typ F 5 bot der DKW Front Luxus Sport, ein bestechend aussehender Roadster mit Stahlblechkarosserie. Diese fertigte wiederum Hornig (Meerane). Die Auflage des offenen Zweisitzers war gewiß nicht sehr groß, doch die Zahl von 150, die zuweilen genannt wird, dürfte bei weitem zu niedrig liegen. Tatsächlich werden schätzungsweise wohl etwa 1000 Stück geliefert worden sein.

Beim Typ F 7, der 1937 erschien, erhielten Reichs- und Meisterklasse die gleiche Karosserie, so daß sich beide äußerlich nur noch in der Ausstattung unterschieden. Der F 8 von 1939 hingegen besaß einen breiten Rahmen und eine andere Vorderradaufhängung. Diese Fahrgestelländerungen gehörten bereits zur Vorbereitung auf den Typ F 9, der 1940 mit Dreizylindermotor und Kunststoffkarosserie vorgestellt werden sollte. Dessen west- und ostdeutsche Ausgaben, wie sie mit jahrelanger Verspätung nach dem Krieg erschienen, versah man schließlich doch wieder mit einer üblichen Ganzstahlkarosserie.

DKW Meisterklasse 601
DKW Meisterklasse 701
Typ F 2
Cabrio-Limousine
1932–1934

<table>
<tr><th></th><th colspan="2">DKW Front
Typ FA 600
1931 – 1932</th><th>DKW Meisterklasse 601
Typ F 2
1832 – 1933</th></tr>
<tr><td>Motor</td><td colspan="3">Zweitakt
(Zweikanalsystem mit Nasenkolben)</td></tr>
<tr><td>Zylinderzahl</td><td colspan="3">2 (Reihe)</td></tr>
<tr><td>Bohrung x Hub</td><td colspan="3">74 x 68 mm</td></tr>
<tr><td>Hubraum</td><td colspan="3">584 ccm</td></tr>
<tr><td>Leistung</td><td colspan="3">15 PS bei 3500 U/min</td></tr>
<tr><td>Drehmoment</td><td colspan="3"></td></tr>
<tr><td>Verdichtung</td><td colspan="3">5,5 : 1</td></tr>
<tr><td>Vergaser</td><td colspan="3">1 Flachstromvergaser Solex FH 26</td></tr>
<tr><td>Ventile</td><td colspan="3">Ohne</td></tr>
<tr><td>Kurbelwellenlager</td><td colspan="3">5</td></tr>
<tr><td>Kühlung</td><td colspan="3">Thermosyphon, 6 Liter Wasser</td></tr>
<tr><td>Schmierung</td><td colspan="3">Zweitakt-Gemisch 1 : 25</td></tr>
<tr><td>Batterie</td><td colspan="3">6 V 45 Ah (im Motorraum)</td></tr>
<tr><td>Lichtmaschine</td><td colspan="3">Dynastart 90 W</td></tr>
<tr><td>Kraftübertragung</td><td colspan="3">Frontantrieb
Motor-Getriebe-Block quer hinter Vorderachse</td></tr>
<tr><td>Kupplung</td><td colspan="3">Mehrscheibenkupplung in Öl</td></tr>
<tr><td>Schaltung</td><td colspan="3">Krückstockschaltung an Armaturentafel</td></tr>
<tr><td>Getriebe</td><td colspan="3">3 Gang</td></tr>
<tr><td>Synchronisierung</td><td colspan="3">Ohne</td></tr>
<tr><td>Übersetzungen</td><td colspan="3">I. 3,17
II. 1,69
III. 1,00</td></tr>
<tr><td>Übersetzung Motor/Getriebe</td><td colspan="3">2 : 1 (Doppelkette in Öl)</td></tr>
<tr><td>Antriebs-Übersetzung</td><td>3,05</td><td>3,05</td><td>3,26</td></tr>
<tr><td>Fahrwerk</td><td>Hilfsrahmen
(eng beisammenliegende
U-Profil-Längsträger)
Roadster 2 Sitze:
Sperrholzkarosserie mit
Kunstlederbezug
Roadster 2–3 Sitze:
Holz-Stahl-Karosserie</td><td>Hilfsrahmen
(eng beisammenliegende
U-Profil-Längsträger)
Cabrio 2 und 4 Sitze:
Sperrholzkarosserie mit
Kunstlederbezug
Limousine:
Ganzstahlkarosserie</td><td>Hilfsrahmen
(eng beisammenliegende
U-Profil-Längsträger)
Sperrholzkarosserie mit
Kunstlederbezug</td></tr>
<tr><td>Vorderradaufhängung</td><td>achslos, 2 Querfedern</td><td>achslos, 2 Querfedern</td><td>achslos, 2 Querfedern</td></tr>
<tr><td>Hinterradaufhängung</td><td>achslos, 2 Querfedern</td><td>achslos, 2 Querfedern</td><td>achslos, 2 Querfedern</td></tr>
<tr><td>Lenkung</td><td>Schnecke</td><td>Schnecke</td><td>Schnecke</td></tr>
<tr><td>Fußbremse</td><td>Mechanisch, 4 Räder
Trommel-∅ 180 mm</td><td>Mechanisch, 4 Räder
Trommel-∅ 180 mm</td><td>Mechanisch, 4 Räder
Trommel-∅ 210 mm</td></tr>
<tr><td>Handbremse</td><td>Mechanisch, Hinterräder</td><td>Mechanisch, Hinterräder</td><td>Mechanisch, Hinterräder</td></tr>
<tr><td>Schmierung</td><td>Daueröler</td><td>Daueröler</td><td>Nippel</td></tr>
<tr><td>Allgemeine Daten</td><td></td><td></td><td></td></tr>
<tr><td>Radstand</td><td>2100 mm</td><td>2400 mm</td><td>2610 mm</td></tr>
<tr><td>Spur vorn/hinten</td><td>1100/1100 mm</td><td>1100/1100 mm</td><td>1100/1100 mm</td></tr>
<tr><td>Gesamtmaße</td><td>3100 x 1300 x 1250 mm</td><td>3400 x 1300 x 1370 bzw.
(Viersitzer) 1480 mm</td><td>3895 x 1480 x 1500 mm</td></tr>
<tr><td>Räder</td><td>Scheiben</td><td>Scheiben</td><td>Scheiben</td></tr>
<tr><td>Reifen</td><td>3,50–19</td><td>4,00–19</td><td>4,00–19</td></tr>
<tr><td>Wendekreis</td><td></td><td></td><td>12 Meter</td></tr>
<tr><td>Wagengewicht</td><td>450 kg</td><td>Cabrio 2 (2) Sitze 500 kg
Cabrio-Limousine 580 kg
Limousine 500 kg</td><td>690 kg</td></tr>
<tr><td>Zuläss. Belastung</td><td>250 kg</td><td>300 bis 350 kg</td><td>320 kg</td></tr>
<tr><td>Höchstgeschwindigkeit</td><td>75 km/h</td><td>75 km/h</td><td>75 km/h</td></tr>
<tr><td>Verbrauch/100 km</td><td>8 Liter Gemisch</td><td>8 Liter Gemisch</td><td>8 Liter Gemisch</td></tr>
<tr><td>Kraftstofftank</td><td>25 Liter (im Motorraum)</td><td>25 Liter (im Motorraum)</td><td>28 Liter (im Motorraum)</td></tr>
<tr><td>Preise</td><td>Roadster 2 Sitze (1931/32)
RM 1750,–
Roadster 2–3 Sitze (1931/32)
RM 1825,–</td><td>Cabrio 2 (2) Sitze (1931/32)
RM 1985,–
Cabrio-Limousine (1932)
RM 2100,–
Limousine 2 Türen (1932)
RM 2400,–</td><td>Cabrio-Limousine 2 Türen
RM 2495,–
Cabrio 2 (2) Sitze (1933)
RM 2495,–</td></tr>
</table>

DKW Reichsklasse Typ F 2 1933 – 1935	**DKW Meisterklasse 701 DKW Front Zweisitzer Typ F 2 1933 – 1934 (1935)**	**DKW Meisterklasse Typ F 4 1934 – 1935**	**DKW Front Zweisitzer Typ F 5 K – 600 1936**	**DKW Reichsklasse Typ F 5 – 600 1935 – 1936**
Zweitakt (Dreikanalsystem mit Umkehrspülung und Flachkolben)				
2 (Reihe)	2 (Reihe)			2 (Reihe)
74 x 68 mm	76 x 76 mm			74 x 68 mm
584 ccm	692 ccm			584 ccm
18 PS bei 3500 U/min	20 PS bei 3500 U/min			18 PS bei 3500 U/min
	5,8 mkg bei 2300 U/min			
5,7 : 1	5,7 : 1			5,9 : 1
1 Flachstromvergaser Solex 26 BFL				
Ohne				
3 x 2				
Thermosyphon, 8 Liter Wasser				
Zweitakt-Gemisch 1 : 25				
6 V 45 Ah (im Motorraum)	6 V 60 Ah (im Motorraum)			6 V 45 Ah (im Motorraum)
Dynastart 90 W	Dynastart 90 W			Dynastart 90 W
Frontantrieb				
Motor-Getriebe-Block quer hinter Vorderachse				
Mehrscheibenkupplung in Öl				
Krückstockschaltung an Armaturentafel				
3 Gang	3 Gang mit sperrbarem Freilauf		3 Gang	
Ohne	Ohne		Ohne	
I. 3,17	I. 3,17		I. 3,17	
II. 1,69	II. 1,69		II. 1,69	
III. 1,00	III. 1,00		III. 1,00	
2 : 1 (Doppelkette in Öl)	2 : 1 (Doppelkette in Öl)		2 : 1 (Doppelkette in Öl)	
3,26	3,05		3,26	
Hilfsrahmen (eng beisammenliegende U-Profil-Längsträger) Sperrholzkarosserie mit Kunstlederbezug			Zentralkastenrahmen Sperrholzkarosserie mit Kunstlederbezug	
achslos, 2 Querfedern			achslos, 2 Querfedern	
achslos, 2 Querfedern			starr, 1 Querfeder hochliegend (»Schwebeachse«)	
Schnecke			Schnecke	
Mechanisch, 4 Räder			Mechanisch, 4 Räder	
Trommel-∅ 210 mm			Trommel-∅ 210 mm	
Mechanisch, Hinterräder			Mechanisch, Hinterräder	
Nippel	Zentral	Zentral	Nippel	Nippel
2610 mm	2610 mm	2610 mm	2400 mm	2610 mm
1100/1100 mm	1110/1220 mm	1110/1220 mm	1110/1220 mm	1110/1220 mm
3895 x 1480 x 500 mm	3985 x 1480 x 1500 bzw. 3750 x 1450 x 1465 mm	3985 x 1465 x 1500 mm	3450 x 1450 x 1440 mm	3750 x 1430 x 1480
Scheiben	Scheiben oder Drahtspeichen		Scheiben	Scheiben
4,00–19	4,00–19 oder 4,50–17	4,50–17	400–19	4,00–19
12 Meter	12 Meter	12 Meter		12 Meter
690 kg	750 kg	750 kg	650 kg	700 kg
	Zweisitzer 700 kg			
350 kg	350 kg	350 kg		350 kg
80 km/h	85 (90) km/h	85 km/h	80 km/h	80 km/h
7 Liter Gemisch	7 Liter Gemisch	7 Liter Gemisch	7 Liter Gemisch	7 Liter Gemisch
28 Liter (Motorraum)	28 Liter (Motorraum)	28 Liter (Motorraum)	28 Liter (Motorraum)	28 Liter (Motorraum)
Limousine 2 Türen	Cabrio-Limousine	Limousine 2 Türen	Cabrio 2 Sitze	Limousine 2 Türen
RM 1865,–	RM 2495,–	RM 2500,–	RM 1750,–	RM 1795,–
Cabrio-Limousine	Cabrio 2 (2) Sitze	Cabrio-Limousine		Cabrio-Limousine
RM 1990,–	RM 2250,–	RM 2600,–		RM 1880,–

DKW Front Zweisitzer
Typ F 2
Cabrio 2 (2) Sitze
1933–1935

DKW Meisterklasse
Typ F 4
Cabrio-Limousine
1934–1935

DKW Reichsklasse
Typ F 5 – 600
Cabrio-Limousine
1935–1936

DKW Meisterklasse
Typ F 5 – 700
Cabric-Limousine
1935–1936

	DKW Meisterklasse Typ F 5 – 700 1935 – 1936	DKW Front Luxus Cabriolet Typ F 5 – 700 1936 – 1937	DKW Front Luxus Sport Typ F 5 K – 700 1936 – 1937
Motor	Zweitakt (Dreikanalsystem mit Umkehrspülung und Flachkolben)		
Zylinderzahl	2 (Reihe)		
Bohrung x Hub	76 x 76 mm		
Hubraum	692 ccm		
Leistung	20 PS bei 3500 U/min		
Drehmoment	5,8 mkg bei 2300 U/min		
Verdichtung	5,9 : 1		
Vergaser	1 Flachstromvergaser Solex 30 BFLH/44		
Ventile	Ohne		
Kurbelwellenlager	3 x 2		
Kühlung	Thermosyphon, 8 Liter Wasser		
Schmierung	Zweitakt-Gemisch 1 : 25		
Batterie	6 V 60 Ah (im Motorraum)		
Lichtmaschine	Dynastart 90 W		
Kraftübertragung	Frontantrieb Motor-Getriebe-Block quer hinter Vorderachse		
Kupplung	Mehrscheibenkupplung in Öl		
Schaltung	Krückstockschaltung an Armaturentafel		
Getriebe	3 Gang mit sperrbarem Freilauf		
Synchronisierung	Ohne		
Übersetzungen	I. 3,17 II. 1,69 III. 1,00		
Übersetzung Motor/Getriebe	2 : 1 (Doppelkette in Öl)		
Antriebs-Übersetzung	3,05		
Fahrwerk	Zentralkastenrahmen Sperrholzkarosserie mit Kunstlederbezug	Zentralkastenrahmen Holz-Stahl-Karosserie	Zentralkastenrahmen Holz-Stahl-Karosserie
Vorderradaufhängung	achslos, 2 Querfedern		
Hinterradaufhängung	starr, 1 Querfeder hochliegend (»Schwebeachse«)		
Lenkung	Schnecke		
Fußbremse	Mechanisch, 4 Räder Trommel-∅ 210 mm		
Handbremse	Mechanisch, Hinterräder		
Schmierung	Nippel		
Allgemeine Daten			
Radstand	2610 mm	2610 mm	2500 mm
Spur vorn/hinten	1110/1220 mm	1110/1220 mm	1110/1220 mm
Gesamtmaße	3985 x 1465 x 1500 mm	3995 x 1480 x 1440 mm	3745 x 1440 x 1410 mm (Höhe mit Verdeck)
Räder	Scheiben oder Drahtspeichen	Drahtspeichen	Drahtspeichen
Reifen	4,50–17	4,50–17	4,50–17
Wendekreis	12 Meter	12 Meter	
Wagengewicht	770 kg	Cabriolet 2 Sitze 790 kg Cabriolet 4 Sitze 820 kg	700 kg
Zuläss. Belastung	330 kg		
Höchstgeschwindigkeit	85 km/h	85 km/h	90 km/h
Verbrauch/100 km	7 Liter Gemisch	7 Liter Gemisch	7 Liter Gemisch
Kraftstofftank	32 Liter (im Motorraum)	28 Liter (im Motorraum)	50 Liter (im Motorraum)
Preise	Limousine 2 Türen RM 2350,– Cabrio-Limousine 2 Türen RM 2450,–	Cabriolet 2 Sitze 1936/37: RM 3350,– Cabriolet 4 Sitze 1937: RM 3500,–	Zweisitzer offen 1936 – 1937: RM 3000,–

DKW Front Luxus Sport
Typ F 5 K – 700
Zweisitzer offen
1936–1937

DKW Front Luxus Cabriolet
Typ F 5 – 700
Cabriolet 2 Sitze
1936–1937
(Besitzer:
Ingo Harmann, München)

DKW Reichsklasse
Typ F 7 – 600
Limousine
1937–1938

DKW Meisterklasse
Typ F 7 – 700
Cabric-Limousine
1937–1938

	DKW Reichsklasse Typ F 7 – 600 1937 – 1938	DKW Meisterklasse Typ F 7 – 700 1937 – 1938	DKW Front Luxus Cabriolet Typ F 7 – 700 1938
Motor	Zweitakt (Dreikanalsystem mit Umkehrspülung und Flachkolben)		
Zylinderzahl	2 (Reihe)		
Bohrung x Hub	74 x 68 mm	76 x 76 mm	76 x 76 mm
Hubraum	584 ccm	692 ccm	692 ccm
Leistung	18 PS bei 3500 U/min	20 PS bei 3500 U/min	20 PS bei 3500 U/min
Drehmoment		5,8 mkg bei 2300 U/min	5,8 mkg bei 2300 U/min
Verdichtung	5,9 : 1	5,9 : 1	5,9 : 1
Vergaser	1 Flachstromvergaser Solex 30 BFLH/55	1 Flachstromvergaser Solex 30 BFLH/44	1 Flachstromvergaser Solex 30 BFLH/44
Ventile	Ohne	Ohne	Ohne
Kurbelwellenlager	3 x 2	3 x 2	3 x 2
Kühlung	Thermosyphon, 8 Liter Wasser	Thermosyphon, 8 Liter Wasser	Thermosyphon, 8 Liter Wasser
Schmierung	Zweitakt-Gemisch 1 : 25	Zweitakt-Gemisch 1 : 25	Zweitakt-Gemisch 1 : 25
Batterie	6 V 45 Ah (im Motorraum)	6 V 60 Ah (im Motorraum)	6 V 60 Ah (im Motorraum)
Lichtmaschine	Dynastart 150 W	Dynastart 150 W	Dynastart 150 W
Kraftübertragung	Frontantrieb Motor-Getriebe-Block quer hinter Vorderachse		
Kupplung	Mehrscheibenkupplung in Öl		
Schaltung	Krückstockschaltung an Armaturentafel		
Getriebe	3 Gang	3 Gang mit sperrbarem Freilauf	3 Gang mit sperrbarem Freilauf
Synchronisierung	Ohne	Ohne	Ohne
Übersetzungen	I. 3,17 II. 1,69 III. 1,00	I. 3,17 II. 1,69 III. 1,00	I. 3,17 II. 1,69 III. 1,00
Übersetzung Motor/Getriebe	2 : 1 (Doppelkette in Öl)	2 : 1 (Doppelkette in Öl)	2 : 1 (Doppelkette in Öl)
Antriebs-Übersetzung	3,26	3,05	3,05
Fahrwerk	Zentralkastenrahmen Sperrholzkarosserie mit Kunstlederbezug	Zentralkastenrahmen Sperrholzkarosserie mit Kunstlederbezug	Zentralkastenrahmen Holz-Stahl-Karosserie
Vorderradaufhängung	achslos, 2 Querfedern		
Hinterradaufhängung	starr, 1 Querfeder hochliegend (»Schwebeachse«)		
Lenkung	Schnecke		
Fußbremse	Mechanisch, 4 Räder Trommel-∅ 210 mm		
Handbremse	Mechanisch, Hinterräder		
Schmierung	Nippel		
Allgemeine Daten			
Radstand	2610 mm	2610 mm	2610 mm
Spur vorn/hinten	1150/1250 mm	1150/1250 mm	1150 x 1250 mm
Gesamtmaße	3895 (3985) x 1480 x 1500 mm Cabrio 2 (2) Sitze: 3895 (3985) x 1480 x 1440 mm	3985 x 1480 x 1500 mm Cabrio 2 (2) Sitze: 3985 x 1480 x 1440 mm	3995 x 1480 x 1440 mm
Räder	Scheiben	Scheiben oder Drahtspeichen	Drahtspeichen
Reifen	4,00–19	4,50–17	4,50–17
Wendekreis	12 Meter	12 Meter	12 Meter
Wagengewicht	700 kg	750 kg	Cabriolet 2 Sitze 790 kg Cabriolet 4 Sitze 820 kg
Zuläss. Belastung	320 kg	350 kg	
Höchstgeschwindigkeit	80 km/h	85 km/h	85 km/h
Verbrauch/100 km	7 Liter Gemisch	7 Liter Gemisch	7 Liter Gemisch
Kraftstofftank	32 Liter (im Motorraum)	32 Liter (im Motorraum)	32 Liter (im Motorraum)
Preise	Cabrio 2 Sitze RM 1650,– Limousine 2 Türen RM 1795,–, Spezial RM 1895,– Cabrio Limousine 2 Türen RM 1880,–, Spezial RM 1980,–	Cabrio 2 (2) Sitze RM 2175,– Limousine 2 Türen RM 2350,– Cabrio-Limousine 2 Türen RM 2450,–	Cabriolet 2 Sitze RM 3350,– Cabriolet 4 Sitze RM 3500,–

Oben links:
DKW Meisterklasse
Typ F 8 – 700
Cabrio 2 (2) Sitze
1939

Oben rechts:
DKW Front Luxus
Typ F 8 – 700
Cabriolet 2 Sitze
1939

DKW Meisterklasse
Typ F 8 – 700
Limousine 4 Türen
1939
(nur für Export)

AUTO UNION
DKW

DKW Front Luxus
Typ F 8 – 700
Cabriolet 4 Sitze
(Karosserie Horch)
1939

	DKW Reichsklasse Typ F 8 – 600 1939 – 1940	DKW Meisterklasse Typ F 8 – 700 1939 – 1942	DKW Front Luxus Cabriolet Typ F 8 – 700 1939 – 1940
Motor	Zweitakt (Dreikanalsystem mit Umkehrspülung und Flachkolben)		
Zylinderzahl	2 (Reihe)		
Bohrung x Hub	74 x 68,5 mm	76 x 76 mm	76 x 76 mm
Hubraum	589 ccm	692 ccm	692 ccm
Leistung	18 PS bei 3500 U/min	20 PS bei 3500 U/min	20 PS bei 3500U/min
Drehmoment		5,8 mkg bei 2300 U/min	5,8 mkg bei 2300 U/min
Verdichtung	5,9:1	5,9:1	5,9:1
Vergaser	Flachstromvergaser Solex 30 BFLH	1 Flachstromvergaser Solex 30 BFLH	1 Flachstromvergaser Solex 30 BFLH
Ventile	Ohne	Ohne	Ohne
Kurbelwellenlager	3 x 2	3 x 2	3 x 2
Kühlung	Thermosyphon, 8 Liter Wasser	Thermosyphon, 8 Liter Wasser	Thermosyphon, 8 Liter Wasser
Schmierung	Zweitakt-Gemisch 1:25	Zweitakt-Gemisch 1:25	Zweitakt-Gemisch 1:25
Batterie	6 V 45 Ah (im Motorraum)	6 V 60 Ah (im Motorraum)	6 V 60 Ah (im Motorraum)
Lichtmaschine	Dynastart 150 W	Dynastart 150 W	Dynastart 150 W
Kraftübertragung	Frontantrieb Motor-Getriebe-Block quer hinter Vorderachse		
Kupplung	Mehrscheibenkupplung in Öl		
Schaltung	Krückstockschaltung an Armaturentafel		
Getriebe	3 Gang	3 Gang mit sperrbarem Freilauf	3 Gang mit sperrbarem Freilauf
Synchronisierung	Ohne	Ohne	Ohne
Übersetzungen	I. 3,43 II. 1,69 III. 1,00	I. 3,43 II. 1,69 III. 1,00	I. 3,43 II. 1,69 III. 1,00
Übersetzung Motor/Getriebe	2:1 (Doppelkette in Öl)	2:1 (Doppelkette in Öl)	2:1 (Doppelkette in Öl)
Antriebs-Übersetzung	3,26	3,05	3,05
Fahrwerk	Kastenprofil-Rahmen Sperrholzkarosserie mit Kunstlederbezug	Kastenprofil-Rahmen Sperrholzkarosserie mit Kunstlederbezug	Kastenprofil-Rahmen Holz-Stahl-Karosserie
Vorderradaufhängung	achslos, 1 Querfeder oben, Querlenker unten		
Hinterradaufhängung	starr, 1 Querfeder hochliegend (»Schwebeachse«)		
Lenkung	Zahnstange		
Fußbremse	Mechanisch, 4 Räder Trommel-∅ 200 mm		
Handbremse	Mechanisch, Hinterräder		
Schmierung	Nippel		
Allgemeine Daten			
Radstand	2600 mm	2600 mm	2600 mm
Spur vorn/hinten	1190/1250 mm	1190/1250 mm	1190/1250 mm
Gesamtmaße	3900 x 1490 x 1480 mm	3990 x 1490 x 1480 mm	4000 x 1490 x 1480 mm
Räder	Scheiben	Scheiben oder Drahtspeichen	Drahtspeichen
Reifen	4,00–19	5,00–16	5,00–16
Wendekreis	12 Meter	12 Meter	12 Meter
Wagengewicht	700 kg Cabrio 2 (2) Sitze 680 kg	750 kg Cabrio 2 (2) Sitze 710 kg	Cabriolet 2 Sitze 790 kg Cabriolet 4 Sitze 830 kg
Zuläss. Belastung	340 kg	370 kg	
Höchstgeschwindigkeit	80 km/h	85 km/h	85 km/h
Verbrauch/100 km	7 Liter Gemisch	7 Liter Gemisch	7 Liter Gemisch
Kraftstofftank	32 Liter (im Motorraum)	32 Liter (im Motorraum)	32 Liter (im Motorraum)
Preise	Cabrio 2 Sitze RM 1650,– Limousine 2 Türen RM 1795,–, Spezial RM 1895,– Cabrio-Limousine 2 Türen RM 1880,–, Spezial RM 1980,–	Cabrio 2 (2) Sitze RM 2175,– Limousine 2 Türen RM 2350,– Cabrio-Limousine 2 Türen RM 2450,–	Cabriolet 2 Sitze RM 3350,– Cabriolet 4 Sitze RM 3500,–

Dürkopp (bis 1927)

Nikolaus Dürkopp (1842–1918) eröffnete 1867 in Bielefeld eine Werkstatt für die Reparatur und Herstellung von Nähmaschinen. Bereits 1876 war aus dem Handwerksbetrieb eine Fabrik geworden, die Firma Dürkopp & Co. mit 250 Arbeitern. 1883 wurde die Produktion von Fahrrädern hinzugenommen. 1889 wurde das Privatunternehmen in eine Aktiengesellschaft umgewandelt. 1897 begann auch der Automobilbau, dem Nikolaus Dürkopp fortan seine besondere Aufmerksamkeit widmete. Es kam ihm dabei nicht so sehr auf außergewöhnliche Fahrleistungen an. Er wollte vielmehr möglichst solide und dauerhafte Qualitätsautomobile für den Alltagsgebrauch herausbringen. So gewannen die Dürkopp-Wagen einen guten Markenruf, brachten es aber nur zu kleinen Serien. Lediglich der Typ P 8 erlangte auch stückzahlmäßig eine gewisse Bedeutung. Seine Konstruktion hatte Ing. Nikolaus Henzel besorgt. Zusammen mit Ing. Kurt C. Volkhart schuf er auch den Zweiliter-Sportwagen, der von 1925 bis 1927 in Einzelanfertigung gebaut wurde und sowohl wegen seiner Leistung als auch wegen seiner rasanten Form in hohem Ansehen stand. Der Automobilbau von Dürkopp war nach dem ersten Weltkrieg in das Zweigwerk Berlin-Reinickendorf verlegt worden, in welchem früher der Oryx-Wagen hergestellt worden war. Zeitweise beschäftigten die Dürkopp-Werke bis zu 1500 ihrer etwa 6000 Leute im Automobilbau. Er blieb freilich stets ein Verlustgeschäft, das aus den Gewinnen der Nähmaschinen- und Fahrradfabrikation am Leben erhalten wurde. Das konnte aber kein Dauerzustand sein, und so haben die Dürkopp-Werke 1927 den Personenwagen- und 1929 den Lastwagenbau aufgegeben. Heute gehört die Fabrik in Bielefeld, die Industrie-Nähmaschinen und Förderanlagen fertigt, zum Schweinfurter Kugelfischer-Konzern.

Dürkopp 8/24 PS
Typ P 8
Tourenwagen 4 Sitze
1919–1924

Dürkopp 8/24 PS
Typ P 8
Limousine 2 Sitze
1919–1924

	Dürkopp 6/24 PS Typ EK 6 1913 – 1920	Dürkopp 8/24 PS Typ P 8 1919 – 1924	Dürkopp 8/32 PS Typ P 8 A 1924 – 1927
Zylinderzahl	4 (Reihe)	4 (Reihe)	4 (Reihe)
Bohrung x Hub	70,7 x 100 mm	81,5 x 100 mm	81,5 x 100 mm
Hubraum	1540 ccm	2090 ccm	2090 ccm
Leistung	24 PS	24 PS bei 2000 U/min	32 PS bei 2700 U/min
Ventile	Seitlich stehend	Seitlich stehend	Seitlich stehend
Getriebe	4 Gang	4 Gang	4 Gang
Schaltung	Außen rechts	Außen oder innen rechts	Mitte
Lenkung	Rechts	Rechts	Rechts
Fußbremse	Mechanisch, Kardanwelle	Mechanisch, Kardanwelle	Mechanisch, 4 Räder
Radstand	2850 mm	2840 mm	2988 mm
Spur	1250 mm	1250 mm	1250 mm
Gesamtmaße		4000 x 1400 x 1800 mm	4250 x 1600 x 1800 mm
Reifen	760 x 100 Hochdruck	765 x 105 Hochdruck	775 x 145 Niederdruck
Wagengewicht		1000 bis 1200 kg	Tourenwagen 1300 kg
Höchstgeschwindigkeit	70 km/h	70 km/h	75 km/h
Verbrauch/100 km		10 Liter	11 Liter

	Dürkopp Sportwagen Typ P 8 B 1925 – 1927	Dürkopp 8/40 PS Typ P 8 C 1926	Dürkopp 10/30 PS Typ P 10 1914 – 1922
Zylinderzahl	4 (Reihe)	4 (Reihe)	4 (Reihe)
Bohrung x Hub	79,7 x 100 mm	74,5 x 120 mm	91 x 100 mm
Hubraum	1995 ccm	2100 ccm	2600 ccm
Leistung	60 PS bei 4000 U/min	40 PS bei 3000 U/min	30 PS bei 2000 U/min
Ventile	OHC (Königswelle)	Seitlich schräg stehend	Seitlich stehend
Getriebe	4 Gang	4 Gang	4 Gang
Schaltung	Mitte	Mitte	Innen rechts
Lenkung	Rechts	Links	Rechts
Fußbremse	Mechanisch, 4 Räder	Mechanisch, 4 Räder	Mechanisch, Kardanwelle
Radstand	2600 mm	3300 mm	3285 mm
Spur	1384/1396 mm	1360 mm	1350 mm
Gesamtmaße			4480 x 1650 x 2000 mm
Reifen	765 x 105 Hochdruck	32 x 6,20 Niederdruck	820 x 120 Hochdruck
Wagengewicht		Tourenwagen 1400 kg	Tourenwagen 1400 kg
Höchstgeschwindigkeit	140 km/h	75 km/h	75 km/h
Verbrauch/100 km		11 Liter	15 Liter

	Dürkopp 12/45 PS Typ P 12 1923 – 1926	Dürkopp 16/45 PS Typ P 16 1917 – 1922	Dürkopp 24/70 PS Typ P 24 1919 – 1922
Zylinderzahl	6 (Reihe)	4 (Reihe)	6 (Reihe)
Bohrung x Hub	81,5 x 100 mm	101 x 130 mm	101 x 130 mm
Hubraum	3130 mm	4164 ccm	6246 ccm
Leistung	45 PS bei 2500 U/min	45 PS bei 2000 U/min	70 PS bei 2000 U/min
Ventile	Seitlich stehend	Seitlich stehend	Seitlich stehend
Getriebe	4 Gang	4 Gang	4 Gang
Schaltung	Mitte	Innen rechts	Innen rechts
Lenkung	Rechts	Rechts	Rechts
Fußbremse	Mechanisch, Kardanwelle	Mechanisch, Kardanwelle	Mechanisch, Kardanwelle
Radstand	3420 mm	3482 mm	3715 mm
Spur	1350 mm	1400 mm	1400 mm
Gesamtmaße		4700 x 1700 x 2200 mm	5000 x 1700 x 2250 mm
Reifen	895 x 135 Hochdruck	880 x 125 Hochdruck	935 x 135 Hochdruck
Wagengewicht	1800 bis 2000 kg	1500 bis 1800 kg	1900 bis 2100 kg
Höchstgeschwindigkeit	80 km/h	80 km/h	100 km/h
Verbrauch/100 km	15 Liter	20 Liter	25 Liter

Dürkopp 10/30 PS
Typ P 10
Landaulet
1914–1922

Dürkopp 16/45 PS
Typ P 16
Tourenwagen 6 Sitze
1917–1922

Dürkopp 24/70 PS
Typ P 24
Limousine 6 Sitze
1919–1922

Dürkopp Sportwagen
Typ P 8 B
2 Liter, 60 PS
1925–1927

Dux (bis 1927)

Die Dux-Automobil-Werke-AG. in Leipzig-Wahren waren 1908 aus der Automobilabteilung der Polyphon-Musikwerke hervorgegangen, die vordem das Polymobil herstellten, einen Lizenz-Nachbau des amerikanischen Oldsmobile Einzylinderwagens. Die Dux-Werke unterstanden zeit ihres Bestehens dem Oberingenieur und späteren Dr.-Ing. e. h. Gustav Schürmann (1872–1962), der auch für die Konstruktion der dort gebauten Personen- und Lastwagen sorgte. Nach dem ersten Weltkrieg beschränkte sich Dux auf zwei Personenwagen-Typen, beide etwa gleich groß und recht repräsentativ. Vor allem der neuere Sechszylinder war ein sehr schöner, von liebevoller Sorgfalt geprägter Entwurf. Doch trotz ihrer allgemein anerkannten Qualität ließen sich die stattlichen Autos nur schleppend verkaufen. Der Vierzylinder war technisch veraltet, der Sechszylinder entschieden zu teuer. Sie verschwanden, als 1927 die Presto-Werke den Betrieb übernahmen. Diese wiederum gingen bereits ein Jahr später in den Besitz der NAG über, und die einstige Fabrikationsstätte der Dux-Wagen wurde schließlich zum Zweigwerk Leipzig von Büssing-NAG, wo weiterhin unter Leitung von Direktor Schürmann, die kleineren Lastwagen dieser Marke entstanden.

Dux 17/60 PS
Typ R
Pullman-Limousine
1922

	Dux 17/50 PS Typ S 1917 – 1926	**Dux 17/60 PS Typ R 1923 – 1927**
Zylinderzahl	4 (Reihe)	6 (Reihe)
Bohrung x Hub	100 x 140 mm	82 x 140 mm
Hubraum	4396 ccm	4433 ccm
Leistung	50 PS bei 1800 U/min	60 PS bei 1800 U/min
Ventile	Seitlich stehend	Seitlich schräg stehend
Kupplung	Lederkonuskupplung	Einscheibentrockenkupplung
Getriebe	4 Gang	4 Gang
Schaltung	Rechts innen	Rechts innen
Fußbremse	Mechanisch, Kardanwelle	1. Pedal: Mechanisch, 4 Räder 2. Pedal: Mechanisch, Kardanwelle
Radstand	3500 mm	3555 mm
Spur	1420/1400 mm	1420/1400 mm
Wagengewicht	Tourenwagen 1720 kg	Tourenwagen 1850 kg
Höchstgeschwindigkeit	100 km/h	110 km/h
Preis	RM 13 200,–	RM 22 000,–

Elite (bis 1929)

Aus der kleinen Firma Lüders KG., die Bootsmotoren und auch ein paar Kleinwagen herstellte, wurde im Februar 1914 die Elite-Motoren-Werke AG. und 1916 die Elite-Werke AG. in Brand-Erbisdorf (Sachsen). 80 % des Kapitals gehörten Kommerzienrat Georg Günther, bis dahin Vorstandsmitglied der von ihm gegründeten Presto-Werke in Chemnitz und nun bis 1928 Vorstandvorsitzer der Elite-Werke AG., sowie J. S. Rasmussen, der damit zum ersten Mal als Autoindustrieller in Erscheinung trat. Elite baute außer Nutzfahrzeugen stets Qualitätswagen der oberen Mittelklasse, die sich zwar bis 1925 einigermaßen gut verkauften, aber

	Elite E 10 10/38 PS 1913 – 1923	**Elite E 12 12/40 PS 1919 – 1923**	**Elite E 12 12/40 PS 1924 – 1926**
Zylinderzahl	4 (Reihe)	4 (Reihe)	4 (Reihe)
Bohrung x Hub	77,15 x 140 mm	84,4 x 140 mm	84,4 x 140 mm
Hubraum	2617 ccm	3130 ccm	3130 ccm
Leistung	38 PS bei 2000 U/min	40 PS bei 2000 U/min	40 PS bei 2000 U/min
Ventile	Seitlich stehend	Seitlich stehend	Seitlich stehend
Getriebe	4 Gang	4 Gang	4 Gang
Schaltung	Außen rechts	Außen rechts	Innen rechts
Lenkung	Rechts	Rechts	Rechts
Fußbremse	Mechanisch, Kardanwelle	Mechanisch, Kardanwelle	Mechanisch, 4 Räder
Radstand	3175 mm	3175 mm	3415 mm
Spur	1400 mm	1400 mm	1400 mm
Gesamtmaße	4480 x 1850 x 1850 mm	4480 x 1850 x 1850 mm	
Reifen	820 x 120 mm	820 x 120 mm	880 x 120 mm
Wagengewicht	Tourenwagen 1750 kg	Tourenwagen 1750 kg	Tourenwagen 2000 kg
Höchstgeschwindigkeit	75 km/h	80 km/h	75 km/h
Verbrauch/100 km	12 Liter	14 Liter	15 Liter

	Elite S 18 Sportwagen 18/96 PS 1925 – 1926	**Elite S 18 Sportwagen 18/90 PS 1927**	**Elite S 10 10/50 PS 1926**
Zylinderzahl	6 (Reihe) / 2 Vergaser	6 (Reihe) / 2 Vergaser	6 (Reihe)
Bohrung x Hub	84,4 x 140 mm	84,4 x 140 mm	72 x 107 mm
Hubraum	4708 ccm	4708 ccm	2613 ccm
Leistung	96 PS bei 2800 U/min	90 PS bei 2800 U/min	50 PS bei 2250 U/min
Ventile	Hängend (OHV)	Seitlich stehend	Seitlich stehend
Getriebe	4 Gang	4 Gang	3 Gang
Schaltung	Innen rechts	Innen rechts	Mitte
Lenkung	Rechts	Rechts	Rechts
Fußbremse	Mechanisch, 4 Räder	Mechanisch, 4 Räder	Mechanisch, 4 Räder
Radstand	3400 mm	3400 mm	3010 mm
Spur	1400 mm	1400 mm	1420 mm
Gesamtmaße			
Reifen	895 x 135 mm	895 x 135 mm	32 x 6,20 Niederdruck
Wagengewicht	1900 kg	1900 kg	Tourenwagen 1900 kg
Höchstgeschwindigkeit	130 km/h	120 km/h	85 km/h
Verbrauch/100 km	20 Liter	20 Liter	16 Liter

niemals nennenswerten Gewinn einbrachten. Bei Kriegsende arbeiteten 1300 Leute im Werk Brand-Erbisdorf, 1925 waren es 3500, von da an sank die Zahl bis 1929 auf 450 Beschäftigte. Insgesamt produzierte Elite etwa 3000 Personen- und schätzungsweise 1000 Lastwagen. Daß der Marke ein dauerhafter Erfolg versagt blieb, lag hauptsächlich an der verfehlten Typenpolitik, deren Unsicherheit aus der Vielzahl von Typen gleicher Größenordnung hervorgeht. Den Niedergang der Firma hielt auch die Gebr. Opel GmbH (Rüsselsheim) nicht auf, welche 1928 die Aktienmehrheit erwarb und im Werk Brand-Erbisdorf zeitweise das damalige Opel-Motorrad bauen ließ. Schon 1929 zogen sich die Gebrüder Opel unter Hinnahme erheblicher Verluste von der Elite AG. wieder zurück, was das Ende des Unternehmens bedeutete. Das Werk lag jahrelang still, bis es 1935 von J. S. Rasmussen übernommen wurde, der dort Teilefertigungen für die Auto Union aufnahm.

Elite E 15 15/50 PS 1919 – 1925	**Elite E 18 (18/65 PS) Elite E 20 Elite E 24 1919–1921**	**Elite S 18 18/55 PS 1921 – 1923**	**Elite S 18 18/70 PS 1923 – 1927**
4 (Reihe)	4 (Reihe)	6 (Reihe)	6 (Reihe)
90 x 150 mm	100 x 150, 105/110 x 160 mm	84,4 x 140 mm	84,4 x 140 mm
3800 ccm	4710, 5340 und 6020 ccm	4708 ccm	4708 ccm
30 PS bei 1900 U/min		55 PS bei 1950 U/min	70 PS bei 2500 U/min
Seitlich stehend	Seitlich stehend	Seitlich stehend	Seitlich stehend
4 Gang	4 Gang	4 Gang	4 Gang
Außen rechts	Außen rechts	Außen rechts	Innen rechts
Rechts	Rechts	Rechts	Rechts
Mechanisch, Kardanwelle	Mechanisch, Kardanwelle	Mechanisch, Kardanwelle	Mechanisch, 4 Räder
3300 mm		3550 mm	3700 mm
1400 mm		1400 mm	1400 mm
4600 x 1850 x 1850 mm		4850 x 1800 x 1850 mm	4950 x 1800 x 2000 mm
880 x 125 mm		880 x 135 mm	895 x 135 oder 34 x 7,30
Tourenwagen 1850 kg		Tourenwagen 1850 kg	Pullmann-Limousine 2500 kg
90 km/h		100 km/h	100 km/h
16 Liter		18 Liter	18 Liter

Elite S 12 12/55 PS 1926	**Elite S 12 12/50 PS 1927 – 1928**	**Elite S 14 14/60 PS 1928**	**Elite S14 14/60 PS 1929**
6 (Reihe)	6 (Reihe)	6 (Reihe)	6 (Reihe)
77 x 112,4 mm	75 x 118 mm	81 x 118 mm	79,4 x 125 mm
3130 ccm	3128 ccm	3650 ccm	3690 ccm
55 PS bei 2250 U/min	50 PS bei 2250 U/min	60 PS bei 2000 U/min	60 PS bei 2000 U/min
Seitlich stehend	Seitlich stehend	Seitlich stehend	Seitlich stehend
4 Gang	4 Gang	4 Gang	4 Gang
Mitte	Mitte	Mitte	Mitte
Rechts	Rechts	Links	Links
Mechanisch, 4 Räder	Mechanisch, 4 Räder	Mechanisch, 4 Räder	Mechanisch, 4 Räder
3300 mm	3450 mm	3520 mm	3520 mm
1420 mm	1450 mm		
	4680 x 1800 x 2000 mm	5260 x 1800 x 1920 mm	5260 x 1800 x 1920 mm
32 x 6,20 Niederdruck	32 x 6,20 Niederdruck	6,00–20	6,00–20
Tourenwagen 1900 kg	Tourenwagen 1900 kg	Pullmann-Limousine 2500 kg	Pullman-Limousine 2500 kg
95 km/h	95 km/h	80 km/h	80 km/h
17 Liter	17 Liter	18 Liter	18 Liter

ELITEWERKE AKTIENGESELLSCHAFT · BRAND-ERBISDORF ·

Elite 12/40 PS
Typ E 12
Limousine 1924

Elite 10/50 PS
Typ S 10
Limousine 1926

Elite 14/60 PS
Typ S 14
Limousine 1929

Faun (1921–1928)

Die Faun-Werke in Nürnberg, damals wie heute wohlbekannt als Hersteller von Lastwagen, Kommunal- und Sonderfahrzeugen, produzierten in den zwanziger Jahren auch Personenwagen. Schon die Fahrzeugfabrik Ansbach, aus welcher die Faun-Werke hervorgegangen sind, fertigte von 1910 bis 1914 ein kleines Auto namens »Kauz«, das nun die Grundlage für die Entwicklung des Faun Personenwagens abgab. Der Faun 6/22 PS Typ K 1 erschien auf der Berliner Automobil-Ausstellung im September 1921, wurde aber, wenn überhaupt, nur in geringer Stückzahl geliefert. Mit dem Faun 6/24 PS Typ K 2 begann 1924 die Serienproduktion, nachdem hierfür durch den Erwerb der Nürnberger Karosseriefabrik Estelmann & Co. eine wesentliche Voraussetzung geschaffen war. Der Faun 6/24 PS erwies sich als sehr brauchbares Alltagsautomobil sportlichen Charakters und führte sich dementsprechend gut ein. Der Typ K 3 hingegen, der 1926 herauskam, fand weniger Anklang als sein Vorgänger, weshalb die Faun-Werke im Jahr 1928 auf dessen weitere Produktion verzichteten. Etwa 1500 Faun Personenwagen dürften insgesamt hergestellt worden sein.

Faun 6/24 PS
Typ K 2
1924–1926

	Faun 6/24 PS Typ K 2 1924 – 1926	**Faun 6/30 PS Typ K 3 1926 – 1928**
Zylinderzahl	4 (Reihe)	4 (Reihe)
Bohrung x Hub	64 x 110 mm	67 x 110 mm
Hubraum	1405 (Steuer 1387) ccm	1550 ccm
Leistung	24 PS bei 2500 U/min	30 PS bei 2700 U/min
Ventile	OHC (Königswelle)	OHC (Königswelle)
Getriebe	3 Gang	3 Gang
Schaltung	Mitte	Mitte
Lenkung	Rechts oder links	Links
Fußbremse	Mechanisch, Hinterräder bzw. (1925 auf Wunsch, 1926 in Serie) 4 Räder	Mechanisch, 4 Räder
Radstand	2850 mm	2850 mm
Spur	1350 mm	1350 mm
Gesamtmaße	2860 x 1520 x 1800 mm	3700 x 1620 x 1780 mm
Reifen	765 x 105 Hochdruck oder 775 x 145 Niederdruck	730 x 130 Niederdruck
Wagengewicht	Tourenwagen 1100 kg	Tourenwagen 1150 kg Limousine 1250 kg
Höchstgeschwindigkeit	80 km/h	82 km/h
Verbrauch/100 km	8 Liter	8,5 Liter
Preis	Tourenwagen RM 7600,–	Zweisitzer RM 6400,– Tourenwagen RM 6500,– Limousine RM 7300,–

Ford (ab 1933)

Vorgeschichte der Kölner Ford-Werke siehe Seite 411. Produktionsbeginn Mai 1931. Nachdem rein deutsche Fertigung erreicht ist, tragen ab August 1933 alle Vierzylinder-Modelle und ab Mitte 1935 auch der V8 das Markenzeichen »Ford – Deutsches Erzeugnis«. Belegschaft wuchs von anfangs 1000 bis 1938 auf etwa 2500 Beschäftigte. Kapazität der Kölner Ford-Werke damaligen Umfangs nunmehr voll ausgenützt, weshalb bei Ambi-Budd in Berlin-Johannisthal ein Montagebetrieb eingerichtet wurde, der ab 2. Januar 1939 arbeitete. Fertiggestellt wurden dort alle Ford V8-Modelle, auch der schwere Einheits-Pkw für die Wehrmacht. 1942 lief die Personenwagen-Produktion der deutschen Ford-Werke aus, während Lastwagen bis zum Kriegsende gebaut wurden.

Ford – Deutsches Erzeugnis
Personenwagen-Produktion in Deutschland

	Köln (Modell Y)	Eifel (Modell C)	Taunus	Rheinland (40/4)	V8–48	V8–52	V8–92	s. E. Pkw	
1933	2453			2					**2455**
1934	4909			2959					**7868**
1935	2688	1483		2200	2187				**8558**
1936	1071	8521		414	3074				**13080**
1937		18431			3608				**22039**
1938		21682	1		2762	63			**24508**
1939		11163	4008		2936	30	17	64	**18218**
1940		215	2942		224		381	1072	**4834**
1941			108		10		44	765	**927**
1942			41						**41**
	11121	**61495**	**7100**	**5575**	**14801**	**93**	**442**	**1961**	**102528**

Ford Köln (1933–1936)

Im August 1932 stellten die englischen Ford-Werke den bei ihnen konstruierten und entwikkelten Einliter-Kleinwagen vor. Die deutschen Ford-Werke brachten das Modell Y, auch Modell 19 genannt, mit der offiziellen Bezeichnung »Ford Köln« erstmalig zur Berliner Automobil-Ausstellung im Februar 1933. Neben der aus England übernommenen Limousine zeigten sie zwei Cabriolets mit deutschen Karosserien, die sich durch größere Breite und gute Ausstattung auszeichneten, aber auch etwas plump aussahen und ziemlich teuer waren. Der kleine Ford wurde vom deutschen Publikum eher mit Zurückhaltung aufgenommen, weil er angesichts der damaligen Begeisterung für so aktuelle Errungenschaften wie Schwingachsen, Frontantrieb und Tiefrahmen doch zu konservativ erschien. Die Kölner Ford-Werke bauten den Wagen anfangs noch mit Hilfe englischer Zulieferungen, ab August 1933 aber als »Deutsches Erzeugnis«. Ab Modell 1934 Kotflügelschürzen und Wegfall des Trittbretts. 1934/35 wurde eine besonders billige Cabrio-Limousine mit kunstlederbezogener Holzkarosserie als »Wagen für Jedermann« angeboten. Die Produktion des Ford Köln lief bis etwa Mitte 1936. Immerhin sah man Wagen dieses Modells gelegentlich noch bis Anfang der fünfziger Jahre im normalen Straßenverkehr.

Ford Rheinland (1934–1936)

Der Ford Rheinland (Modell 40/4, auch Modell B-112) war für den deutschen Markt der Nachfolger des Ford Modell B (siehe Seite 411). Motor und Fahrgestell wurden ohne wesentliche Änderung vom amerikanischen Original übernommen, aber mit deutschen Aufbauten eigener Form versehen. Der Ford Rheinland mit seiner für hiesige Begriffe inzwischen recht altväterlichen Technik galt als robustes Arbeitspferd, bevorzugt hauptsächlich von Handwerkern und Geschäftsleuten, kaum geschätzt hingegen von ambitionierten Autoliebhabern.

	Ford Köln (4/21 PS, Modell Y) 1933 – 1936	Ford Rheinland (13/50 PS, Modell 40/4) 1934 – 1936
Motor		
Zylinderzahl	4 (Reihe)	4 (Reihe)
Bohrung x Hub	56,6 x 92,5 mm	98,4 x 108 mm
Hubraum	921 ccm	3285 (Steuer 3236) ccm
Leistung	21 PS bei 3500 U/min	50 PS bei 2800 U/min
Drehmoment		17,8 mkg bei 1500 U /min
Verdichtung	1 : 6,2	1 : 4,6
Vergaser	1 Fallstromvergaser Solex	1 Flachstromvergaser Solex
Ventile	Seitlich stehend Seitliche Nockenwelle Antrieb durch Novotext-Stirnräder	Seitlich stehend Seitliche Nockenwelle Antrieb durch Novotext-Stirnräder
Kurbelwellenlager	3	3
Kühlung	Thermosyphon, 7 Liter Wasser	Pumpe, 13 Liter Wasser
Schmierung	Druckumlauf, 2,5 Liter ÖL	Druckumlauf, 5 Liter Öl
Batterie	6 V 80 Ah (im Motorraum)	6 V 80 Ah
Kraftübertragung	Antrieb auf Hinterräder	Antrieb auf Hinterräder
Kupplung	Einscheibentrockenkupplung	Einscheibentrockenkupplung
Schaltung	Schalthebel Wagenmitte	Schalthebel Wagenmitte
Getriebe	3 Gang	3 Gang
Synchronisierung	II – III	II – III
Übersetzungen	I. 3,40 II. 1,96 III. 1,00	I. 2,82 II. 1,604 III. 1,00
Antriebs-Übersetzung	5,50 oder 5,11	4,11
Fahrwerk	U-Profil-Preßstahl-Rahmen	U-Profil-Preßstahl-Rahmen
Vorderradaufhängung	starr, 1 Querfeder Dreieckscheibe mit Schubkugel	starr, 1 Querfeder Dreieckstrebe mit Schubkugel
Hinterradaufhängung	starr, 1 Querfeder hinter der Achse	starr, 1 Querfeder hinter der Achse
Lenkung	Schnecke, links	Schnecke (15 : 1), links
Fußbremse	Mechanisch (Gestänge), 4 Räder Bremsfläche 839 cm²	Mechanisch (Gestänge), 4 Räder Bremsfläche 1132 cm²
Handbremse	Mechanisch (Gestänge), Hinterräder	Mechanisch (Gestänge), Hinterräder
Schmierung	Nippel	Nippel
Allgemeine Daten		
Radstand	2286 mm	2845 mm
Spur vorn/hinten	1143/1143 mm	1422/1422 mm
Gesamtmaße	3630 x 1370 x 1630 mm	4470 x 1740 x 1750 mm
Räder	Drahtspeichen	Drahtspeichen
Reifen	4,50–17	5,50–17
Wendekreis	10 Meter	12,2 Meter
Fahrgestellgewicht	540 kg	840 kg
Wagengewicht	700 bis 750 kg	1300 kg
Zuläss. Gesamtgewicht	1000 kg	1715 kg
Höchstgeschwindigkeit	85 bis 90 km/h	105 km/h
Verbrauch/100 km	7,5 Liter	14 Liter
Kraftstofftank	30 Liter (im Heck)	50 Liter (im Heck)

Preise	**1934**	**1935**	**1936**	**1934**	**1935**	**1936**
Cabrio-Limousine	RM 1990,–	RM 1850,–	–	–	–	–
Standard-Cabrio-Limousine	RM 2350,–	RM 2210,–	RM 2150,–	–	–	–
Limousine 2 Türen	RM 2350,–	RM 2210,–	RM 2250,–	RM 4290,–	RM 3900,–	RM 4050,–
Limousine 4 Türen	–	–	–	RM 4950,–	RM 4650,–	–
Cabriolet 2 Fenster	RM 3090,–	RM 2950,–	RM 2950,–	RM 5450,–	RM 5450,–	–
Cabriolet 4 Fenster		–	–	RM 5975,–	RM 5875,–	–
Fahrgestell			RM 1760,–			RM 2950,–

Ford Köln 1933. Die Limousine entsprach zunächst genau dem in den englischen Ford-Werken entwickelten Modell.

Ford Köln
Cabriolet 2 Fenster
Karosserie Deutsch
1933

Ford Köln 1934–1936: Andere Stoßstange, Kotflügelschürzen, kein Trittbrett.

»Der Wagen für Jedermann«. Ford Köln Cabrio-Limousine 1934/35 mit kunstlederbezogener Holzkarosserie.

Ford Rheinland
Limousine 2 Türen
Karosserie Ambi-Budd
1934–1936

Ford Rheinland
Cabriolet 4 Fenster
Karosserie Drauz
1934–1935

Ford Eifel (1935–1939)

Als Nachfolger des Ford Köln kam Anfang Juli 1935 der Ford Eifel (Modell C oder Modell 20) auf den Markt, wiederum ein von den englischen Ford-Werken übernommenes Modell. Der Wagen fand gute Aufnahme, vor allem nachdem er ab 1937 in seiner äußeren Gestalt dem deutschen Geschmack sehr gut angepaßt wurde. Die Cabrio-Limousine litt allerdings zeitweise an einem viel zu plump geratenen Heck. Die Karosserie der Limousine lieferte Ambi-Budd, während die Cabrio-Limousine von Drauz, das sehr schicke Cabriolet zunächst von Gläser und dann von Deutsch sowie der nette Roadster zunächst von Stoewer und dann ebenfalls von Deutsch stammten. (Die Herstellung der Roadster-Karosserie bei Stoewer hatte sich ergeben, als damals Ford die Übernahme der Stoewer-Werke in Erwägung zog.)

Ford Taunus (1939–1941)

Der Ford Taunus (Modell G 73 A) war die erste Eigenentwicklung der Kölner Ford-Werke. Produktionsbeginn 30. April, Vorstellung im Juni 1939, also nur wenige Monate vor Kriegsbeginn, weshalb er erst 10 Jahre später richtig zum Zuge kam. Für den Taunus wurden Motor und Getriebe unverändert vom Eifel übernommen, während Fahrgestell und Karosserie wesentlich moderner gestaltet waren.

Ford Eifel
Limousine 2 Türen
Karosserie Ambi-Budd
1935–1937

Ford Eifel
Cabrio-Limousine
Karosserie Drauz
1936–1937

Ford Eifel
Cabriolet 2 Sitze
Karosserie Gläser
1936–1937

Ford Eifel
Limousine 2 Türen
Karosserie Ambi-Budd
1937–1939

	Ford Eifel (5/34 PS) 1935 – 1937	Ford Eifel (5/34 PS) 1937 – 1939	Ford Taunus (5/34 PS) 1939 – 1941
Motor			
Zylinderzahl	4 (Reihe)		
Bohrung x Hub	63,5 x 92,5 mm		
Hubraum	1172 (Steuer 1157) ccm		
Leistung	34 PS bei 4250 U/min		
Drehmoment	7,25 mkg bei 2300 U/min		
Verdichtung	1:6,6		
Vergaser	1 Fallstromvergaser Solex 26 FJ		
Ventile	Seitlich stehend Seitliche Nockenwelle, Antrieb durch Novotext-Stirnräder		
Kurbelwellenlager	3		
Kühlung	Thermosyphon, 7 Liter Wasser		
Schmierung	Druckumlauf, 2,5 Liter Öl		
Batterie	6 V80 Ah (im Motorraum)		
Lichtmaschine	90 W		
Anlasser	0,6 PS		
Kraftübertragung	Antrieb auf Hinterräder		
Kupplung	Einscheibentrockenkupplung		
Schaltung	Schalthebel Wagenmitte		
Getriebe	3 Gang		
Synchronisierung	II–III		
Übersetzungen	I. 3,071, II. 1,765, III. 1,00		
Antriebs-Übersetzung	5,50		
Fahrwerk	U-Profil-Preßstrahl-Rahmen		Plattform-Rahmen
Vorderradaufhängung	Starrachse 1 Querfeder vor der Achse Dreieckstrebe mit Schubkugel		Starrachse 1 Querfeder vor der Achse Dreieckstrebe mit Schubkugel
Hinterradaufhängung	Starrachse 1 Querfeder hinter der Achse		Starrachse 1 Querfeder hinter der Achse
Lenkung	Schnecke (10:1), links		Schnecke (13,28:1), links
Fußbremse	Mechanisch (Gestänge), 4 Räder Trommel-∅ 254 mm Bremsfläche 839 cm²		Hydraulisch, 4 Räder Trommel-∅ 230 mm Bremsfläche 680 cm²
Handbremse	Mechanisch, Hinterräder		Mechanisch, Hinterräder
Schmierung	Nippel		Nippel
Allgemeine Daten			
Radstand	2286 mm		2388 mm
Spur vorn/hinten	1143/1143 mm		1160/1182 mm
Gesamtmaße	Limousine und Cabrio-Limousine 4000 x 1450 x 1600 mm Cabriolet 4000 x 1420 x 1420 mm Roadster 3850 x 1430 x 1465 mm		4115 x 1480 x 1600 mm
Räder	Drahtspeichen	Lochscheiben	Scheiben
Reifen	4,50–17	5,00–16	5,00–16
Wendekreis	10 Meter	10 Meter	10,2 Meter
Fahrgestellgewicht	570 kg	570 kg	
Wagengewicht	Limousine und Cabrio-Limousine 820 kg Cabriolet 835 kg, Roadster 725 kg		830 kg
Zuläss. Gesamtgewicht	1150 kg		1180 kg
Höchstgeschwindigkeit	100 km/h		104 km/h
Verbrauch/100 km	8,5 Liter		9 Liter
Kraftstofftank	30 Liter (im Heck)		35 Liter (im Heck)

Preise	1935	1936	1937	1938/39	1939/40
Limousine 2 Türen	RM 2890,–	RM 2800,–	RM 2500,–	RM 2590,–	RM 2870,–
Cabrio-Limousine 2 Türen	–	RM 2550,–	RM 2500,–	RM 2590,–	–
Roadster 2 Sitze	–	RM 2850,–	RM 2850,–	RM 2850,–	–
Cabriolet 2 Sitze	–	RM 3800,–	RM 3800,–	RM 3800,–	–
Fahrgestell	RM 1985,–	RM 1985,–	RM 1985,–	RM 1985,–	–

Ford Eifel -
Cabrio-Limousine
Karosserie Drauz
Modell 1937

Oben links:
Ford Eifel
Roadster 2 Sitze
Modell 1937

Oben rechts:
Ford Eifel
Roadster 2 Sitze
Modell 1938/39

Ford Eifel
Cabriolet 2 Sitze
Karosserie Deutsch
Modell 1938/39

Ford Taunus
Limousine 2 Türen
1939–1941

Ford V8 (1935–1941)

Zum Modelljahr 1935 erschien der Ford V8 (Modell V8-48) in völlig neuer Gestalt, ab Mitte 1935 mit dem Markenschild »Ford – Deutsches Erzeugnis«. Der für seine Größe bemerkenswert preisgünstige Wagen und gleichzeitig billigste Achtzylinder auf dem deutschen Markt verkaufte sich ausgezeichnet, und zwar vor allem ab dem Modelljahr 1937, als seine äußere Gestalt dem deutschen Geschmack in sehr geschickter Weise angepaßt worden war. Ab 1938 gab es zusätzlich und ab 1939 ausschließlich den Ford V8 Spezial mit Fließheck und abgedeckten Hinterrädern. Die Karosserie der Limousinen stellte Ambi-Budd her, das Zweisitzer- und das Zweitüren-Cabriolet lieferten Drauz oder Deutsch, das Viertüren-Cabriolet Gläser. Auf dem von der Firma Clerck verlängerten Fahrgestell bot Hebmüller Pullman-Limousinen und -Cabriolets an, und ab 1938 gab es auch eine werkseigene Pullmann-Limousine mit langem Radstand.

Nach Kriegsausbruch wurde der Ford V8 in kleiner Serie weitergebaut, wobei er wahlweise als Modell V8-92 A mit dem von England übernommenen 2,2 Liter-Motor zur Verfügung stand, der in dem großen Wagen freilich nur den zeitbedingt geringeren Ansprüchen zu genügen vermochte. (Der englische Ford V8-22 und der französische Matford Alsace, in die er normalerweise gehörte, waren kleiner und leichter.)

Insgesamt jedenfalls hat sich der Ford V8 als Personenwagen ganz hervorragend bewährt, weshalb man bedauern mag, daß diese Modellreihe von den deutschen Ford-Werken nach 1945 nicht weitergeführt wurde.

Ford V8
Limousine 4 Türen
Karosserie Ambi-Budd
1935–1936

Ford V8
Cabriolet 4 Fenster
Karosserie Drauz
1935–1936

Ford V8
Limousine 4 Türen
Karosserie Ambi-Budd
1937–1938

Ford V8 Spezial
Limousine 4 Türen
Karosserie Ambi-Budd
1938–1939

Ford V8
Cabriolet 4 Fenster
Karosserie Deutsch
1937–1939

	Ford V8 14/90 PS, Modell V8–48 1935 – 1936	Ford V8 14/90 PS, Modell V8–48 1937 – 1940	Ford V8 60 PS, Modell V8–92 A 1939 – 1941
Motor			
Zylinderzahl	V8 (90°-V-Form)		V8 (90°-V-Form)
Bohrung x Hub	77,8 x 95,3 mm		66 x 81,3 mm
Hubraum	3620 (Steuer 3560) ccm		2225 ccm
Leistung	90 PS bei 3800 U/min		60 PS bei 3500 U/min
Drehmoment	21 mkg bei 2250 U/min		13 mkg bei 2500 U/min
Verdichtung	1:6,3		1:6,6
Vergaser	1 Doppel-Fallstromvergaser Solex 30 LFFK		1 Doppel-Fallstromvergaser Solex
Ventile	Seitlich stehend Zentrale Nockenwelle Antrieb Novotext-Stirnräder		Seitlich stehend Zentrale Nockenwelle Antrieb Novotext-Stirnräder
Kurbelwellenlager	3		3
Kühlung	2 Pumpen, 21 Liter Wasser		2 Pumpen, 20 Liter Wasser
Schmierung	Druckumlauf, 4 Liter Öl		Druckumlauf, 3,8 Liter Öl
Batterie	6 V 90 Ah (unter Fahrersitz)		6 V 90 Ah (unter Fahrersitz)
Lichtmaschine	150 W		150 W
Kraftübertragung	Antrieb auf Hinterräder		
Kupplung	Einscheibentrockenkupplung		
Schaltung	Schalthebel Wagenmitte		
Getriebe	3 Gang		
Synchronisierung	II – III		
Übersetzungen	I. 2,82, II. 1,604, III. 1,00		
Antriebs-Übersetzung	4,11 oder auf Wunsch 3,78		
Fahrwerk	U-Profil-Preßstahl-Rahmen		
Vorderradaufhängung	starr, 1 Querfeder vor der Achse, Dreieckstrebe mit Schubkugel		
Hinterradaufhängung	starr, 1 Querfeder hinter der Achse		
Lenkung	Schnecke (18,2:1) links		
Fußbremse	Mechanisch (Gestänge), 4 Räder Trommel-∅ 305 mm, Bremsfläche 1200 cm²		
Handbremse	Mechanisch (Gestänge), Hinterräder		
Schmierung	Nippel		
Allgemeine Daten			
Radstand	2845 mm	2845 mm	2845 mm
Spur vorn/hinten	1422/1422 mm	1422/1422 mm	1422/1422 mm
Gesamtmaße	4720 x 1780 x 1780 mm	4800 x 1800 x 1650 mm	4800 x 1800 x 1650 mm
Räder	Drahtspeichen	Lochscheiben	Lochscheiben
Reifen	6,00–16	6,00–16	6,00–16
Wendekreis	12,2 Meter	12,2 Meter	12,2 Meter
Fahrgestellgewicht	910 kg	910 kg	910 kg
Wagengewicht	Limousine 1380 kg Cabriolet 2 Sitze 1330 kg Cabriolet 4 Sitze 1600 kg	Limousine 1380 kg Cabriolet 2 Sitze 1330 kg Cabriolet 4 Sitze 1600 kg	Limousine 1350 kg
Zuläss. Gesamtgewicht	Limousine 1820 kg	Limousine 1820 kg	
Höchstgeschwindigkeit	135 km/h	135 km/h	120 km/h
Verbrauch/100 km	17 Liter	17 Liter	15 Liter
Kraftstofftank	50 Liter (im Heck)	50 bzw. (ab 1938) 70 Liter (im Heck)	70 Liter (im Heck)

Preise	**1935/36**	**1937**	**1938**	**1939**	**1939/40**
Limousine 2 Türen	RM 5085,–	5085,–	4885,–	–	5185,–
Limousine 4 Türen	RM 5685,–	5685,–	5485,–	–	5785,–
Spezial Limousine 2 Türen	–	–	5285,–	5285,–	–
Spezial Limousine 4 Türen	–	–	5885,–	5885.–	–
Cabriolet 2 Fenster	RM 5990,–	–	–	–	–
Cabriolet 4 Fenster	RM 6690,–	6690,–	6960,–	6960,–	–
Cabriolet 2/2 Sitze	RM 6475,–	6475,–	6475,–	6475,–	–
Cabriolet 4 Türen	–	–	7700,–	7700,–	–
Kombi 2 Türen	–	–	4950,–	4950,–	–
Pullman-Limousine 6 Sitze	–	–	6800,–	6800,–	–
(Radstand 3150 mm)	RM 3800,–				
Fahrgestell		3800,–	3845,–	3845,–	

Framo (1933–1935)

1923 gründete J. S. Rasmussen die Metallwerke Frankenberg/Sachsen. Sie stellten Motorradzubehör für DKW, aber auch für andere Marken her. 1927 begann das Werk mit der Produktion von Dreirad-Lieferwagen, die sich zu einem guten Geschäft entwickelten. 1933 verlegte Rasmussen die nunmehrigen Framo-Werke GmbH., die inzwischen 700 Mann beschäftigten, nach Hainichen/Sachsen. Im gleichen Jahr brachte Framo zum ersten Mal auch einen winzigen Personenwagen auf den Markt, den Framo Stromer, eine Zweisitzer-Stromlinien-Limousine mit Sonnendach, 3 Rädern, Frontantrieb und DKW-Motor. Vorgesehen war das wahlweise Angebot mit 200 ccm-Einzylinder-, 400 ccm-Zweizylinder- und wassergekühltem 600 ccm-Zweizylinder-Motor. Geliefert wurde jedoch nur die steuer- und führerscheinfreie 200 ccm-Ausgabe. Lediglich bei der 2000 Kilometer-Fahrt beteiligten sich erfolgreich zwei Framo Stromer 600 mit vier Rädern. Der kleine, sehr niedlich aussehende Framo Stromer 200 wurde zwar allgemein beifällig betrachtet, aber nur wenig gekauft. Höchstens 350 Stück zählte das magere Ergebnis.

Konstruktiv war der Framo Stromer für ein kleines Billigauto sowieso zu aufwendig, weshalb Rasmussen zur Automobil-Ausstellung 1934 den Framo Piccolo 300 brachte, der zwar auf vier Rädern lief, aber viel primitiver gebaut war und auch entsprechend bescheiden aussah. Der wirtschaftliche Aufschwung, der damals vehement eingesetzt hatte, ließ solchen Spar-Autos keine Chance. Da half es auch wenig, daß man dem Publikumswunsch folgend die glatte Vorderseite bald durch eine nutzlose Kühlerattrappe kaschierte und daß man 1935 aus dem Zweifenster-Cabrio eine richtige Cabrio-Limousine machte. Erst im zweiten Jahr gab es auch den 200 ccm- neben dem 300 ccm-Motor, vermutlich, um den Verkauf der restlichen Framo Stromer nicht zu blockieren. Nachdem sich nun auch der Framo Piccolo nur sehr zäh verkaufen ließ (etwa 720 Stück in 2 Jahren), beschränkte sich das Werk wieder auf den Bau kleiner Nutzfahrzeuge.

Framo Stromer 200
Zweisitzer-Limousine mit Sonnendach
1933

Unten links:
Framo Piccolo 300
Modell 1934

Unten rechts:
Framo Piccolo 200 oder 300
Modell 1935

	Framo Stromer Typ FP 200 1933	Framo Piccolo Typ VH 200 1935	Framo Piccolo Typ VH 300 1934 – 1935
Motor	DKW Zweitaktmotor (Dreikanalsystem mit Umkehrspülung und Flachkolben)		
Zylinderzahl	1		
Bohrung x Hub	60 x 68,5 mm	60 x 68,5 mm	74 x 68,5 mm
Hubraum	192 ccm	192 ccm	297 ccm
Leistung	6 PS bei 3500 U/min	6 PS bei 3500 U/min	8 PS bei 3500 U/min
Verdichtung	5,8 : 1	5,8 : 1	5,8 : 1
Vergaser	1 Framo	1 Framo	1 Framo
Ventile	Ohne	Ohne	Ohne
Kurbelwellenlager	2 x 2	2 x 2	2 x 2
Kühlung	Gebläse (Luft)	Gebläse (Luft)	Gebläse (Luft)
Schmierung	Zweitakt-Gemisch 1 : 25	Zweitakt-Gemisch 1 : 25	Zweitakt-Gemisch 1 : 25
Batterie	6 V 45 Ah	6 V 45 Ah	6 V 45 Ah
Lichtmaschine	Dynastart	Dynastart	Dynastart
Kraftübertragung	Frontantrieb Motor-Getriebe-Block quer hinter Vorderachse	Heckmotor Motor-Getriebe-Block vor Hinterachse Antrieb durch Kette Kein Differential	
Kupplung	Mehrscheibenkupplung in Öl	Mehrscheibenkupplung in Öl	
Schaltung	Krückstockschaltung an Armaturentafel	Schalthebel Wagenmitte	
Getriebe	4 Gang	3 Gang	
Synchronisierung	Ohne	Ohne	
Übersetzungen	III. 1,00		
Antriebs-Übersetzung			
Fahrwerk	Zentralrohrrahmen Sperrholzkarosserie mit Kunstlederbezug	Zentralrohrrahmen Sperrholzkarosserie mit Kunstlederbezug	
Vorderradaufhänung	achslos, Führungsrohr mit Gummibandfedern und Luftstoßdämpfer	achslos, 2 Querfedern	
Hinterradaufhängung	1 Rad, Führungsrohr mit Gummibandfedern und Luftstoßdämpfer	Schwingrahmen Ausleger-Viertelfedern	
Lenkung	Zahnstange	Zahnstange	
Fußbremse	Mechanisch, 3 Räder	Mechanisch, 4 Räder	
Handbremse	Mechanisch, 1 Hinterrad	Mechanisch, Hinterräder	
Schmierung	Nippel	Nippel	
Allgemeine Daten			
Radstand	2168 mm	2260 mm	
Spur vorn/hinten	1250/--- mm	1100/1100 mm	
Gesamtmaße	3100 x 1400 x 1270 mm	Länge 3000 mm, Höhe 1400 mm	
Räder	Lochscheiben	Scheiben	
Reifen	26 x 3,50	25 x 3,00 oder 3,00–19	
Wendekreis			
Wagengewicht	320 kg	350 kg	375 kg
Zuläss. Belastung			
Höchstgeschwindigkeit	60 km/h	57 km/h	62 km/h
Verbrauch/100 km	6 Liter Gemisch	6 Liter Gemisch	6 Liter Gemisch
Kraftstofftank	10 Liter (im Motorraum)	13 oder 19 Liter (im Motorraum)	
Preise	Zweisitzer-Limousine mit Sonnendach RM 1380,– Zweisitzer-Cabrio RM 1460,–	Modell 1935: Cabrio-Limousine RM 1295,–	Modell 1934: Zweisitzer-Cabrio mit 2 Kindersitzen RM 1340,– Modell 1935: Cabrio-Limousine RM 1330,–

Grade (1921–1927)

Hans Grade (1879–1946), einer der ersten deutschen Flieger und Konstrukteur des ersten brauchbaren deutschen Motorflugzeugs, betätigte sich nach dem ersten Weltkrieg eine Zeitlang mit dem Bau eines besonders originellen Kleinwagens. Auf der Berliner Automobil-Ausstellung 1921 führte er sein neues Fahrzeug vor. Bei dessen Konstruktion hatte Grade vor allem größtmögliche Einfachheit angestrebt: Schon er dachte wohl mehr an ein Motorrad mit Karosserie als an ein Automobil. Der Grade Kleinwagen war ein Zweisitzer mit rahmenlosem, bootsförmigem Aufbau, frühe Ausführung einer selbsttragenden Ganzstahlkarosserie. Eingebaut war zunächst ein Einzylinder-Zweitaktmotor (97 x 120 mm) mit 12 PS Leistung. Aber schon 1922, als die Produktion größere Stückzahlen erreichte, ersetzte diesen ein Zweizylin-

	Grade Kleinwagen 4/16 PS 1922 – 1927
Motor	Dreikanal-Zweitaktmotor mit Nasenkolben
Zylinderzahl	2 (Reihe)
Bohrung x Hub	70 x 105 mm
Hubraum	808 ccm
Leistung	16 PS bei 1800 U/min
Verdichtung	1:4,8
Vergaser	Grade
Ventile	Bis 1924: Automatische Ansaug-Plattenventile Ab 1924: Ohne Ventile
Kurbelwellenlager	3
Kühlung	Gebläse (Luft)
Schmierung	Kombinierte Tauch- und Druckumlaufschmierung
Zündung	Magnetzünder
Batterie	6 V (unter Fahrersitz)
Kraftübertragung	Motor vorn, Reibradgetriebe hinten Antrieb über ungekapselte Rollenkette auf Hinterrad rechts Ohne Differential
Kupplung	Ohne
Schaltung	Schalthebel innen links
Getriebe	Reibradgetriebe, 4 Gänge
Übersetzungen	I. 4,00, II. 2,00, III. 1,34, IV. 1,00
Antriebs-Übersetzung	1:3,00
Fahrwerk	Ohne Rahmen Bootsförmige Blechkarosserie mit Stahlblech-Wanne als Unterteil und damit verschraubtem Aufbau
Vorderradaufhängung	starr, Ausleger-Viertelfedern
Hinterradaufhängung	starr, Ausleger-Viertelfedern
Lenkung	Lenkung (links) über Ketten und Drahtseile
Fußbremse	Mechanisch, Hinterräder
Handbremse	Mechanisch, Getriebe
Schmierung	Staufferbüchsen
Allgemeine Daten	
Radstand	2900 mm
Spur vorn/hinten	1000/1000 mm
Gesamtmaße	3670 x 1250 x 1700 mm
Räder	Scheiben
Reifen	710 x 90 Hochdruck
Wagengewicht	400 kg
Höchstgeschwindigkeit	75 km/h
Verbrauch/100 km	8 Liter
Kraftstofftank	30 Liter (im Motorraum)
Preis	Zweisitzer offen (1924) RM 3000,–

Der Grade Kleinwagen in seiner ersten Ausführung mit seitlich liegendem Schnellverdeck, das beim Publikum wenig Anklang fand. Ab 1924 erhielt der Grade deshalb ein wie üblich von hinten nach vorn zu klappendes Dach.

der-Zweitaktmotor, der eine wie der andere übrigens von Grade selbst konstruiert und gebaut. Als Zweizylinder sollte das Fahrzeug zu den wenigen einigermaßen erfolgreichen Außenseiter-Kleinwagen-Konstruktionen jener Zeit werden. 1924 konnten sich die Grade Automobilwerke AG., Bork in der Altmark, rühmen, den meistgebauten deutschen Kleinwagen anzubieten. Als freilich der Opel 4 PS und der Hanomag 2/10 PS den Markt zu beherrschen begannen, hatte der Grade Kleinwagen keine Chance mehr. Man stellte ihm zwar 1927 ein 5/16 PS Viersitzer-Modell und einen Vierzylinder-Typ F 4 zur Seite, doch Ende desselben Jahres kam die wohl unvermeidliche Pleite. Der Grade Kleinwagen ging als eines jener Modelle in die Automobilgeschichte ein, welche die Bewunderung und den Beifall der Fachwelt, aber nicht die Gunst einer breiten Käuferschaft zu erringen vermochten. Angeblich seien etwa 2000 Grade Kleinwagen gebaut worden, doch kommt dem Verfasser diese Zahl sehr hoch vor, zumal in der Bundesrepublik und in der DDR insgesamt nur drei Exemplare erhalten blieben.

Hanomag (ab 1925)

Die Hannoversche Maschinenbau AG. (Hanomag) wurde 1835 als Eisengießerei und Maschinenfabrik Georg Egestorff gegründet. Den allgemeinen Maschinenbau ergänzten im Laufe der Zeit die Herstellung von Lokomotiven, Dampfkesseln, Motoren, Rad- und Kettenschleppern. 1925 kam der Automobilbau hinzu. Im Jahr 1926 wurden etwa 5000 Angestellte und Arbeiter beschäftigt.

Der Automobilbau bei Hanomag entwickelte sich rasch zu einem einträglichen Geschäft, dem selbst die Krise der dreißiger Jahre wenig Abbruch tat, weil Hanomag damals ohnehin nur kleine Wagen baute. Allerdings konnte der Automobilbau nicht die Verluste anderer Geschäftszweige ausgleichen, vor allem nicht den rapiden Niedergang des Lokomotivbaus, der schließlich 1931 an Henschel verkauft wurde. Dennoch mußte Hanomag am Ende des gleichen Jahres die Zahlungen einstellen. Im Zuge des folgenden Vergleichs wurde die Kraftfahrzeugproduktion ausgegliedert und ab August 1932 als Hanomag Automobil- und Schlepperbau-GmbH. an die Großhandelsfirma Lerch & Co. verpachtet. Sinn der Sache war es, mit dem Pachtzins die laufenden Verpflichtungen der anderen Geschäftszweige von Hanomag abzudecken. Deren Belegschaft war zeitweise bis auf 1260 zurückgegangen. Die konjunkturelle Erholung erlaubte im Juni 1934 die Sanierung der Hanomag und die Rückführung des Automobilbaus in eigene Regie, weshalb dessen Verpachtung per Jahresende 1934 aufgekündigt wurde. Von nun an schien alles gut zu laufen, bis der Krieg die Einschränkung und schließlich Einstellung des Automobilbaus erzwang. Der Versuch von 1951, die Produktion von Hanomag Personenwagen erneut wieder aufzunehmen, schlug fehl.

Es war der damalige Generaldirektor Dr. Gustav ter Meer, der bei Hanomag den Automobilbau einführte, indem er 1924 unmittelbar nach der Umstellung auf Goldwährung für 10000 Mark (in Worten: zehntausend) die beiden Ingenieure Fidelis Böhler und Carl Pollich samt den zwei von ihnen gebauten Versuchswagen einkaufte und deren Konstruktion als Hanomag 2/10 PS in großer Serie herausbrachte. Ter Meer sorgte für eine Fertigung am laufenden Band nach amerikanischem Vorbild, welche eine Tagesproduktion von bis zu 80 Wagen erlaubte. Nachdem Böhler schon 1926 wieder ausschied, wurde Oberingenieur Carl Pollich

Personenwagen-Produktion bei Hanomag

Hanomag 2/10 PS	1925 – 1928	15775
Hanomag 3/16 und 4/20 PS	1929 – 1931	9300
Hanomag 3/17 und 4/23 PS	1931 – 1932	6950
Hanomag 3/18 und 4/23 PS	1932 – 1934	6000
Hanomag Garant	1934 – 1935	3660
Hanomag Garant	1935 – 1936	1437
Hanomag Garant	1936 – 1938	6850
Hanomag Kurier	1934 – 1938	10414
Hanomag 6/32 PS	1933 – 1934	1251
Hanomag Rekord	1934 – 1938	18114
Hanomag Rekord Diesel	1937 – 1940	1074
Hanomag Sturm	1934 – 1939	4885
Hanomag 1,3 Liter	1938 – 1941	9187
		94897

Chefkonstrukteur des Automobilbaus bei Hanomag, und blieb es bis 1963. Alle Hanomag Personenwagen nach dem 2/10 PS und auch die Lastwagen der fünfziger und sechziger Jahre trugen unverkennbar die Handschrift von Carl Pollich. Es waren bestbewährte Typen darunter, wie vor allem der 4/23 PS und der Hanomag Rekord, aber auch Sorgenkinder wie die ersten Limousinen und grandiose Fehlschläge wie ein Heckmotorwagen von 1932 und der Hanomag Partner des Jahres 1951. Wiederum beendete, wie einst bei Brennabor und bei NAG, die Entwicklung eines Fronttriebautomobils die Geschichte einer bedeutenden deutschen Personenwagenmarke.

Hanomag 2/10 PS (1925–1928)

Fidelis Böhler, 1887 geborener Schwabe, beschäftigte sich bereits vor dem ersten Weltkrieg bei NSU mit dem Gedanken der Volksmotorisierung. 1923 gründete er in Berlin die Kleinmotorwagen-AG. und baute ein leichtes Zweisitzer-Fahrzeug mit wassergekühltem Einzylinder-Heckmotor. Um möglichst viel Innenraum zu gewinnen, ließ er die damals üblichen Trittbretter weg und zog den Aufbau seitlich so weit über die Räder, daß runde Aussparungen in der Karosserie auch die Kotflügel entbehrlich machten. Nur ein Scheinwerfer saß vorn in der Mitte, organisch in die Karosserie einbezogen. Die Vorderräder waren einzeln aufgehängt und gelenkt, die differentiallose Hinterachse stützte sich auf Doppel-Schraubenfedern. Es war insgesamt ein ungemein fortschrittliches Konzept, das seiner Zeit, wie man heute weiß, viel zu weit vorauseilte. – Im Juli 1924, also sofort nach dem Ende der Inflation, übernahm Hanomag die Konstruktion samt zwei bereits vorhandenen Versuchsfahrzeugen. Böhler und sein Mitarbeiter Carl Pollich, 1897 ebenfalls im Schwäbischen geboren, traten am 1. August 1924 zur Hanomag über. Bereits im Oktober 1924 begann die Werbung für das kleine Fahrzeug, im Dezember 1924 stand ein Musterexemplar auf der Berliner Automobil-Ausstellung, gar nicht übermäßig beachtet übrigens, denn das Kommen und Verschwinden unorthodoxer Kleinautos erlebte man damals alltäglich, und die Hanomag war nur eine von vielen Firmen, die nun auch in diese Branche einzudringen versuchten. Doch schon im März 1925 war eine Vorserie von 10 Wagen fertig und noch im Laufe des gleichen Jahres begann die Fließbandproduktion. Der Hanomag 2/10 PS brachte es rasch zu ungeheurer, noch heute nachwirken-

Hanomag 2/10 PS
1925 – 1928

Motor	
Zylinderzahl	1 (stehend)
Bohrung x Hub	80 x 100 mm
Hubraum	502 (Steuer 499) ccm
Leistung	10 PS bei 2500 U/min
Verdichtung	1:6
Vergaser	1 Steigstromvergaser Pallas SAO
Ventile	Hängend
	Seitliche Nockenwelle
	Antrieb durch Stirnräder
Kurbelwellenlager	2
Kühlung	Thermosyphon (Wasser)
	Kühler und Ventilator hinter dem Motor
Schmierung	Druckumlauf
Zündung	Magnetzünder
Batterie	6 V (vorn im Wagen)
Anlasser	Handhebel zwischen den Sitzen
Kraftübertragung	Hecktriebblock
	Motor-Getriebe-Block quer vor der Hinterachse
	Antrieb über Rollenkette im Kettenkasten-Ölbad
	auf ungeteilte und differentiallose Hinterachse
Kupplung	Einscheibentrockenkupplung
Schaltung	Innen rechts
Getriebe	3 Gang
Übersetzungen	I. 7,70, II. 4,80, III. 3,00
Antriebs-Übersetzung	1:2
Fahrwerk	U-Profil-Preßstahl-Rahmen
	mit durchgehender Bodenplattform
	Aufbau dreiteilig
	Ganzstahl-Vorder- und Hinterteil,
	Mittelteil in Holz-Stahl-Gemischtbauweise
Vorderradaufhängung	achslos, 2 Querfedern übereinander
Hinterradaufhängung	starr, Längsschwingen, konzentrische Doppel-Schraubenfedern
Lenkung	Schnecke, rechts
Fußbremse	Mechanisch, Innenbacken, Hinterräder
Handbremse	Mechanisch, Außenband, Hinterräder
Schmierung	Nippel
Allgemeine Daten	
Radstand	1920 mm
Spur vorn/hinten	1040/910 mm
Gesamtmaße	2780 x 1180 x 1600 mm
Räder	Holzspeichen mit Stahlfelge
Reifen	27 x 3 1/2 Niederdruck
Wendekreis	
Fahrgestellgewicht	280 kg
Wagengewicht	offen 370 kg, geschlossen 430 kg
Zuläss. Belastung	200 kg
Höchstgeschwindigkeit	60 km/h
Verbrauch/100 km	5 Liter
Kraftstofftank	Hinten im Motorraum

Preise

	1925	1926	1927/28
Zweisitzer offen, mit Klappverdeck	RM 2650,–	RM 2175,–	RM 1975,–
Zweisitzer mit abnehmbarem Dachaufsatz	RM 3050,–	RM 2500,–	RM 2500,–
Zweisitzer-Limousine	RM 3200,–	RM 2575,–	RM 2450,–
Sport-Zweisitzer (ohne Türen)	–	–	RM 2400,–

Hanomag 2/10 PS Zweisitzer
Ausführung 1925/26

Hanomag 2/10 PS Sport-Zweisitzer
Ausführung 1927/28

Hanomag 2/10 PS Zweisitzer-Limousine
Ausführung 1926 bis 1928

Hanomag 2/10 PS Klein-Kraftdroschke
Ausführung 1926 bis 1928

der Popularität, die Leute nannten ihn liebevoll Mäxchen, Kommißbrot oder auch rollenden Kohlenkasten. Eine Zeitlang wurden auch entsprechend gute Verkaufsergebnisse erzielt, indessen blieb der Kundenkreis begrenzt, welcher die sensationelle Fortschrittlichkeit dieses Fahrzeuges richtig einzuschätzen wußte. Die Käufer entschieden sich schließlich doch überwiegend leichter für die Anschaffung eines Opel 4 PS oder eines Dixi 3/15 PS, die wie »richtige« Autos aussahen. Daß der Hanomag als höflichstes Auto der Welt sich immerfort nickend verbeugte, daß sein Einzylindermotor ein lauter Schüttler und daß es im Wagen erbärmlich fußkalt war, daß er von einer unverständigen Umwelt weithin nicht ganz ernst genommen wurde, das alles bereitete seiner erfolgversprechenden Laufbahn ein allzu frühes Ende. Böhler verließ 1926 die Hanomag, weil man dort die Entwicklung eines kleinen Autos konventioneller Machart zu betreiben begann. Immerhin sind 15775 Hanomag 2/10 PS gebaut worden, außerdem etwa 1400 Exemplare des ebenfalls überraschend zukunftweisenden 2/10 PS Kleinlastwagens. Ab 1931 durften die kleinen Hanomags in Deutschland nicht mehr mit dem Mittelscheinwerfer fahren, denn es mußten von da an zwei Scheinwerfer angebracht sein. Vermerkt sei schließlich, daß 1955 im Bundesgebiet immer noch 162 Hanomag Kommißbrote zugelassen waren, weit übertroffen allerdings durch die Zahl von 798 Stück des Dixi und BMW 3/15 PS.

Hanomag 3/16 und 4/20 PS (1929–1931)

Im November 1928 stellte Hanomag ein kreuzbraves Kleinauto herkömmlichen Stils vor, das nicht mehr das geringste mit seinem eigenwilligen Vorgänger gemeinsam hatte. Der neue Hanomag 3/16 PS entsprach in technischer Hinsicht völlig dem üblichen Standard, sah aber recht gefällig aus. Es gab zunächst nur als Einheitsmodell ein Zweisitzer-Cabriolet mit festen Seitenwänden und einem herausklappbaren Sitz im Heck. Die erste Serie dieses Autos war

	Hanomag 3/16 PS Typ P–Serie I 1929 – 1930	Hanomag 3/16 PS Typ 53 1930 – 1931	Hanomag 4/20 PS Typ 63 1930 – 1931
Motor			
Zylinderzahl	4 (Reihe)	4 (Reihe)	4 (Reihe)
Bohrung x Hub	55 x 79 mm	56,7 x 79 mm	63 x 88 mm
Hubraum	751 (Steuer 745) ccm	797 (Steuer 788) ccm	1097 (Steuer 1089) ccm
Leistung	16 PS bei 3500 U/min	16 PS bei 3500 U/min	20 PS bei 3000 U/min
Verdichtung	1:5,2	1:5,2	1:5,2
Vergaser		1 Steigstromvergaser Solex	
Ventile		Seitlich stehend Seitliche Nockenwelle Antrieb durch Stirnräder	
Kurbelwellenlager		2	
Kühlung		Thermosyphon, 8 Liter Wasser	
Schmierung		Druckumlauf, 3,5 Liter Öl	
Zündung		Batterie	
Batterie		6 V 45 Ah	
Lichtmaschine		60 W	
Anlasser		0,4 PS	
Kraftübertragung	Antrieb auf Hinterräder (ohne Differential)	Antrieb auf Hinterräder	Antrieb auf Hinterräder
Kupplung		Einscheibentrockenkupplung	
Schaltung		Schalthebel Wagenmitte	
Getriebe		3 Gang	
Übersetzungen		I. 3,88 II. 1,81 III. 1,00	
Antriebs-Übersetzung		5,90	
Fahrwerk		U-Profil-Preßstahl-Rahmen	
Vorderradaufhängung		starr, Halbfedern	
Hinterradaufhängung		starr, Ausleger-Viertelfedern	
Lenkung		Schneckenrad, links	
Fußbremse		Mechanisch (Seilzug), 4 Räder	
Handbremse		Mechanisch (Seilzug), Hinterräder	
Schmierung		Zentral	
Allgemeine Daten			
Radstand		2300 mm	
Spur vorn/hinten		1000/1000 mm	
Gesamtmaße		Zweisitzer-Cabriolet 3320 x 1260 x 1560 mm Limousine 3320 x 1280 x 1605 mm	
Räder		Scheiben	
Reifen		27 x 4,00" Niederdruck	
Fahrgestellgewicht		420 kg	
Wagengewicht		Cabriolet und Limousine 625 kg	
Zuläss. Belastung		1929: 250 kg. 1930: 270 kg	
Höchstgeschwindigkeit	75 km/h	75 km/h	80 km/h
Verbrauch/100 km	7 Liter	7 Liter	7,5 Liter
Kraftstofftank	20 Liter (im Motorraum)	20 Liter (im Motorraum)	20 Liter (im Motorraum)
Preise	Cabriolet 2 (+ 1 1/2) Sitze RM 2800,– Limousine 3 1/2 Sitze RM 2800,–	Cabriolet 2 (+ 1 1/2) Sitze RM 2800,– Limousine 3 1/2 Sitze RM 2800,– Cabriolet-Limousine RM 2800,–	Limousine 3 1/2 Sitze RM 2800,– Cabriolet-Limousine RM 2800,–

Hanomag 3/16 PS Cabriolet
1929–1931

Hanomag 3/16 und 4/20 PS Limousine
1930–1931

hellbeige lackiert und besaß dazu ein knallrotes Verdeck. Die Serienproduktion hatte Anfang 1929 begonnen. Ab Januar 1930 gab es den Hanomag 3/16 PS auch als Limousine mit, wie es hieß, $3^1/_2$ Sitzplätzen. Mitte 1930 wurde der 750 ccm- durch einen 800 ccm-Motor (mit Leichtmetallkolben) ersetzt. Außerdem erhielt das kleine Auto jetzt doch noch ein Differential, und es wurde nun auch als Cabriolet-Limousine angeboten. Wiederum einige Monate später waren Limousine und Cabriolet-Limousine wahlweise mit 4/20 PS, 1,1 Liter-Motor lieferbar.

Hanomag
800 ccm
900 ccm
1100 ccm
Cabrio-Limousine
1931

Hanomag 3/17 PS, 3/18 PS, 4/23 PS (1931–1934)
Hanomag Garant (1934–1938)
Hanomag Kurier (1934–1938)

Auf der Berliner Automobil-Ausstellung im Februar 1931 stand der Hanomag als echter Viersitzer mit längerem Radstand, breiterer Spur, hydraulischen Bremsen und recht hübscher Karosserie. Er wurde mit dem 4/23 PS 1,1 Liter-Motor mit nur unwesentlichen Änderungen bis Mitte 1935 gebaut und gut verkauft, während der gleiche Wagen mit dem alten 800 ccm-Motor nur ein Jahr lang im Programm blieb. Bereits im Laufe von 1931 wurde die Limousine durch eine Ganzstahlausführung von Ambi-Budd ersetzt, zunächst ohne Kofferraum, aber mit Kofferbrücke. Ab 1932 erhielt die Ganzstahl-Limousine einen (von innen zugänglichen) Kofferraum sowie ein schräges Kühlergitter, während es die Cabrio-Limousine nicht mehr gab. Ende 1932 wurde nochmals ein billigeres Modell gestartet, der Typ 900, der sich aber auch wieder viel weniger gut verkaufte als der 4/23 PS und deshalb schließlich, wenigstens

Hanomag 4/23 PS
Typ N 63
Limousine (mit Kofferbrücke)
1931–1932
Karosserie Ambi-Budd

Hanomag 4/23 PS
Typ 11
1932–1934
bzw.
Hanomag Garant
1934–1935
Limousine (mit Koffer)
Karosserie Ambi-Budd

Hanomag 4/23 PS
Typ 11
Cabriolet 2 Fenster
1932–1933
(Karosserie-Hersteller
dem Verfasser unbekannt)

teilweise, ebenfalls mit dem 4/23 PS-Motor ausgeliefert wurde. Den 4/23 PS gab es im Modelljahr 1933 serienmäßig auch als Cabriolet (Hersteller dem Verfasser unbekannt). Ab 1934 trug der 4/23 PS den Namen »Garant«. Ab Mitte 1935 wurde die Ganzstahl-Limousine durch eine in Holz-Stahl-Gemischtbauweise gefertigte Cabrio-Limousine von Karmann mit längerem Radstand und einzelgefederten Vorderrädern ersetzt. Ab Mitte 1936 besaß diese Cabrio-Limousine und eine neu hinzugekommene entsprechende Limousine (ebenfalls Karmann) ein Stromlinienheck. Angesichts der inzwischen vorhandenen moderneren Modellreihen war der ab 1934 angebotene Garant zum billigsten Wagen im Verkaufsprogramm von Hanomag geworden.

Mit gleichem Motor und Getriebe, von vornherein mit einzelgefederten Vorderrädern, aber mit gößerer und moderner gestalteter Ganzstahlkarosserie (Ambi-Budd »Jupiter«) wurde von 1934 bis 1938 der Hanomag Kurier gebaut, der sich aber nur mittelmäßig gut verkaufte. Einzige Modifikation dieses Modells waren ab 1937 das Stromlinienheck, die Lochscheibenräder und die 16"- statt 17"-Reifen.

Hanomag 3/17 PS Typ N 53 1931 – 1932	Hanomag 3/18 PS Typ 900 1932 – 1934	Hanomag 4/23PS Typ N 63 1931 – 1932	Hanomag 4/23 PS Typ 11 1932 – 1934 Hanomag Garant Typ 11/4 1934 – 1935
4 (Reihe)	4 (Reihe)	4 (Reihe)	
56,7 x 79 mm	57 x 88 mm	63 x 88 mm	
797 (Steuer 788) ccm	898 (Steuer 892) ccm	1097 (Steuer 1089) ccm	
17 PS bei 3500 U/min	18 PS bei 3200 U/min	23 PS bei 3500 U/min	
1:5,45	1:6,2	1:5,45	
1 Steigstromvergaser	1 Steigstromvergaser	1 Steigstromvergaser	
Solex 26 FV	Solex 26 FVS	Solex 26 FVS	
Seitlich stehend	Seitlich stehend	Seitlich stehend	
Seitliche Nockenwelle	Seitliche Nockenwelle	Seitliche Nockenwelle	
Antrieb durch Stirnräder	Antrieb durch Stirnräder	Antrieb durch Stirnräder	
2	2	2	
Thermosyphon, 8 Liter Wasser	Thermosyphon, 9 Liter Wasser	Thermosyphon, 9 Liter Wasser	
Druckumlauf, 3,5 Liter Öl	Druckumlauf, 4 Liter Öl	Druckumlauf, 4 Liter Öl	
Batterie	Batterie	Batterie	
6 V 45 oder 60 Ah	6 V 60 oder 80 Ah	6 V 60 oder 80 Ah	
60 W	75 W	75 W	
0,4 PS	0,4 PS	0,4 PS	
Antrieb auf Hinterräder	Antrieb auf Hinterräder	Antrieb auf Hinterräder	Antrieb auf Hinterräder
Einscheibentrockenkupplung	Einscheibentrockenkupplung	Einscheibentrockenkupplung	Einscheibentrockenkupplung
Schalthebel Wagenmitte	Schalthebel Wagenmitte	Schalthebel Wagenmitte	Schalthebel Wagenmitte
3 Gang	3 Gang	3 Gang	3 Gang — Garant: auch 4 Gang
I. 3,88	I. 3,88	I. 3,88	I. 3,88 — I. 4,55
II. 1,81	II. 1,81	II. 1,81	II. 1,81 — II. 2,33
III. 1,00	III. 1,00	III. 1,00	III. 1,00 — III. 1,48
			IV. 1,00
5,90	5,90	5,90	5,90 — 5,90
U-Profil-Preßstahl-Rahmen	U-Profil-Preßstahl-Rahmen	U-Profil-Preßstahl-Rahmen	U-Profil-Preßstahl-Rahmen
z. T.: Limousine Ganzstahl		z. T.: Limousine Ganzstahl	Limousine Ganzstahl

starr, Halbfedern

starr, Halbfedern
Schneckenrad, links
Hydraulisch, 4 Räder
Mechanisch, Hinterräder
Zentral

2450 mm	2450 mm	2450 mm	2450 mm
1200/1200 mm	1200/1200 mm	1200/1200 mm	1200/1200 mm
3610 x 1440 x 1625 mm	3610 x 1440 x 1625 mm	3610 x 1440 x 1625 mm	3610 x 1440 x 1625 mm
Scheiben	Scheiben	Scheiben	Scheiben
4,00–18	4,50–17	4,00–18	4,50–17
9 Meter	9 Meter	9 Meter	9 Meter
435 kg	510 kg	435 kg	530 kg
740 kg	780 kg	740 kg	830 kg
300 kg	300 kg	300 kg	400 kg
75 km/h	80 km/h	82 km/h	82 km/h
7,5 Liter	8 Liter	8 Liter	8 Liter
20 Liter (im Motorraum)	20 Liter (im Motorraum)	20 Liter (im Motorraum)	25 Liter (im Motorraum)
Limousine 2 Türen	Limousine 2 Türen	Limousine 2 Türen	Limousine 2 Türen
RM 2850,–	RM 2400,–	RM 2975,–	1932 – 1934: RM 2800,–
Cabrio-Limousine 2 Türen	Cabrio-Limousine 2 Türen	Cabrio-Limousine 2 Türen	1934: RM 2675,–
RM 2900,–	RM 2500,–	RM 3025,–	1935: RM 2375,–
			Cabriolet 2 Fenster
			1933: RM 3300,–

<table>
<tr><th></th><th>Hanomag Garant
Typ 11/35 1935 – 1936</th><th>Hanomag Garant
Typ 11/36 1936 – 1938</th><th>Hanomag Kurier
Typ 11 K 1934 – 1938</th></tr>
<tr><td>Motor</td><td colspan="3"></td></tr>
<tr><td>Zylinderzahl</td><td colspan="3">4 (Reihe)</td></tr>
<tr><td>Bohrung x Hub</td><td colspan="3">63 x 88 mm</td></tr>
<tr><td>Hubraum</td><td colspan="3">1097 (Steuer 1089) ccm</td></tr>
<tr><td>Leistung</td><td colspan="3">23 PS bei 3500 U/min</td></tr>
<tr><td>Verdichtung</td><td colspan="3">1:5,45 bis 1:6,8</td></tr>
<tr><td>Vergaser</td><td colspan="3">1 Steigstromvergaser
Solex 26 BFVL</td></tr>
<tr><td>Ventile</td><td colspan="3">Seitlich stehend
Seitliche Nockenwelle
Antrieb durch Stirnräder</td></tr>
<tr><td>Kurbelwellenlager</td><td colspan="3">3</td></tr>
<tr><td>Kühlung</td><td colspan="3">Thermosyphon, 9 Liter Wasser</td></tr>
<tr><td>Schmierung</td><td colspan="3">Druckumlauf, 4 Liter Öl</td></tr>
<tr><td>Zündung</td><td colspan="3">Batterie</td></tr>
<tr><td>Batterie</td><td colspan="3">6 V 66 oder 77 Ah</td></tr>
<tr><td>Lichtmaschine</td><td colspan="3">75 W</td></tr>
<tr><td>Anlasser</td><td colspan="3">0,4 PS</td></tr>
<tr><td>Kraftübertragung</td><td colspan="3">Antrieb auf Hinterräder</td></tr>
<tr><td>Kupplung</td><td colspan="3">Einscheibentrockenkupplung</td></tr>
<tr><td>Schaltung</td><td colspan="3">Schalthebel Wagenmitte</td></tr>
<tr><td>Getriebe</td><td colspan="3">4 Gang</td></tr>
<tr><td>Übersetzungen</td><td colspan="3">I. 4,55
II. 2,33
III. 1,48
IV. 1,00</td></tr>
<tr><td>Antriebs-Übersetzung</td><td colspan="3">5,90</td></tr>
<tr><td>Fahrwerk</td><td colspan="2">U-Profil-Preßstahl-Rahmen</td><td>Kastenprofil-Niederrahmen
Limousine Ganzstahl</td></tr>
<tr><td>Vorderradaufhängung</td><td colspan="3">Querlenker oben
1 Querfeder unten</td></tr>
<tr><td>Hinterradaufhängung</td><td colspan="3">starr, Halbfedern</td></tr>
<tr><td>Lenkung</td><td colspan="3">Schneckenrad, links</td></tr>
<tr><td>Fußbremse</td><td colspan="3">Hydraulisch, 4 Räder</td></tr>
<tr><td>Handbremse</td><td colspan="3">Mechanisch, Hinterräder</td></tr>
<tr><td>Schmierung</td><td colspan="3">Zentral</td></tr>
<tr><td>Allgemeine Daten</td><td></td><td></td><td></td></tr>
<tr><td>Radstand</td><td>2472,5 mm</td><td>2472,5 mm</td><td>2725 mm</td></tr>
<tr><td>Spur vorn/hinten</td><td>1250/1250 mm</td><td>1250/1250 mm</td><td>1250/1250 mm</td></tr>
<tr><td>Gesamtmaße</td><td>4040 x 1490 x 1615 mm</td><td>4040 x 1490 x 1615 mm</td><td>4100 x 1520 x 1610 mm</td></tr>
<tr><td>Räder</td><td>Scheiben</td><td>Scheiben</td><td>Scheiben. Ab 1937: Lochsch.</td></tr>
<tr><td>Reifen</td><td>4,50–17</td><td>4,50 oder 4,75–17</td><td>4,50–17. Ab 1937: 5,25–16</td></tr>
<tr><td>Wendekreis</td><td>9,5 Meter</td><td>9,5 Meter</td><td>10 Meter</td></tr>
<tr><td>Fahrgestellgewicht</td><td>550 kg</td><td>550 kg</td><td>700 kg</td></tr>
<tr><td>Wagengewicht</td><td>950 kg</td><td>950 kg</td><td>1000 kg</td></tr>
<tr><td>Zuläss. Belastung</td><td>400 kg</td><td>400 kg</td><td>400 kg. Ab 1937: 450 kg</td></tr>
<tr><td>Höchstgeschwindigkeit</td><td>82 km/h</td><td>82 km/h</td><td>82 km/h</td></tr>
<tr><td>Verbrauch/100 km</td><td>9 Liter</td><td>9 Liter</td><td>9 Liter</td></tr>
<tr><td>Kraftstofftank</td><td>25 Liter (im Motorraum)</td><td>25 Liter (im Motorraum)</td><td>34 Liter (im Motorraum)</td></tr>
<tr><td>Preise</td><td>Cabrio-Limousine 2 Türen
RM 2600,–</td><td>Limousine 2 Türen
RM 2550,–
Cabrio-Limousine 2 Türen
RM 2350,–</td><td>Limousine 2 Türen
RM 2975,–</td></tr>
</table>

Oben links:
Hanomag 3/18 PS (Typ 900) 1933
Karosserie Karmann

Oben rechts:
Hanomag Garant 1935–1936
Karosserie Karmann

Links:
Hanomag Garant 1936–1938
Karosserie Karmann

Unten links:
Hanomag Kurier 1934–1936
Karosserie Ambi-Budd

Unten rechts:
Hanomag Kurier 1937–1938
Karosserie Ambi-Budd

Hanomag 6/32 PS (1933–1934)
Hanomag Rekord (1934–1938)
Hanomag Rekord Diesel (1937–1940)

Die Hanomag, welche bis dahin nur Kleinwagen gebaut hatte, begann im Herbst 1933 ohne viel Aufhebens auch mit dem Verkauf eines 1,5 Liter Mittelklasseautomobils. Daß es so lautlos herausgebracht wurde, hatte freilich seinen Grund: Der Hanomag 6/32 PS war nur ein Vorläufer- oder Zwischentyp. Außer dem 1,5 Liter-Hängeventil-Motor war bemerkenswert, daß Hanomag zum ersten Mal auch eine Viertüren-Limousine anbot und dies sogar, was später nie mehr geschah, in einer Ausführung ohne Mittelpfosten.

Im Februar 1934 erschien dann der neue Wagen in seiner endgültigen Gestalt, der Hanomag Rekord mit jenem 1,5 Liter-Motor, achslos aufgehängten Vorderrädern und moderner, geräumiger Ganzstahlkarosserie in der Jupiter-Form von Ambi-Budd. Dieser Wagen blieb bis 1938 das wichtigste Modell im Verkaufsprogramm von Hanomag. Geändert wurde er während dieser Zeit nur einmal, als er ab 1937 ein Stromlinienheck, Lochscheibenräder und ein paar PS mehr erhielt. Man schätzte die Robustheit und Solidität dieses Automobils, doch war es auch arg behäbig und lahm.

Die große Sensation der Berliner Automobil-Ausstellung im Februar 1936 war bekanntlich der Personenwagen-Diesel. Indes soll nicht vergessen sein, daß dort außer dem Mercedes-Benz Typ 260 D auch der Hanomag Rekord Diesel vorgestellt wurde, und er konnte sich damals sogar rühmen, den kleinsten Dieselmotor der Welt zu besitzen. Im Gegensaz freilich zum Daimler'schen Diesel, dessen Produktion bereits anlief, war der von Hanomag noch nicht serienreif. (Der in Berlin gezeigte Prototyp hatte 74 mm Bohrung, 95 mm Hub, 1640 ccm Hubraum, 32 PS Leistung, und den Antrieb der Nockenwelle besorgte eine Triplex-Kette.) Erst 1937 wurden die ersten Motoren der endgültigen Ausführung gefertigt und 1938 begann die reguläre Serie, welche dann bis 1940 lief. Allein schon durch seinen relativ niedrigen Preis hätte der Hanomag Diesel, zumal im Sog des Erfolges von Mercedes, beste Aussichten auf dem Markt gehabt, was leider die Kriegsereignisse zunichte machten. – Auf dem Pariser Salon 1936 war übrigens ein Hanomag Sturm mit entsprechendem Sechszylinder-Dieselmotor (2860 ccm, 50 PS) ausgestellt gewesen, der dann aber nie in Serie ging.

Oben rechts: Hanomag 6/32 PS Limousine 4 Türen 1933–1934

Mitte links: Hanomag Rekord 1934–1936 Limousine 2 Türen (Karosserie Ambi-Budd)

Mitte rechts: Hanomag Rekord 1937–1938 Limousine 4 Türen (Karosserie Ambi-Budd)

Unten links: Hanomag Rekord 1937–1938 bzw. Hanomag Rekord Diesel 1937–1940 Limousine 2 Türen (Karosserie Ambi-Budd)

Unten rechts: Hanomag Rekord 1937–1938 Cabriolet 2 Fenster (Karosserie Ambi-Budd)

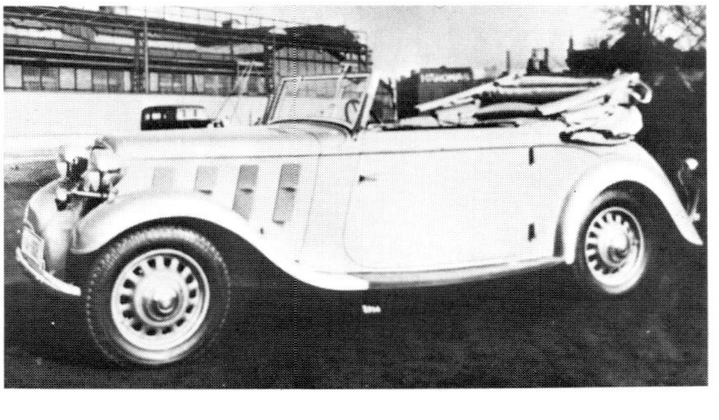

	Hanomag 6/32 PS Typ 15 1933 – 1934	Hanomag Rekord Typ 15 K 1934 – 1936	Hanomag Rekord Typ 15 K 1937 – 1938
Motor			
Zylinderzahl	4 (Reihe)	4 (Reihe)	4 (Reihe)
Bohrung x Hub	71 x 95 mm	71 x 95 mm	71 x 95 mm
Hubraum	1504 (Steuer 1494) ccm	1504 (Steuer 1494) ccm	1504 (Steuer 1494) ccm
Leistung	32 PS bei 3000 U/min	32 PS bei 3000 U/min	35 PS bei 3500 U/min
Verdichtung	1 : 5,5	1 : 5,6	1 : 5,6 oder 6,2 (Gemisch)
Vergaser	1 Steigstromvergaser Solex 30 BFVL	1 Steigstromvergaser Solex 30 BFVL	1 Steigstromvergaser Solex 30 BFVL
Ventile	Hängend Seitliche Nockenwelle Antrieb Duplex-Rollenkette	Hängend Seitliche Nockenwelle Antrieb Duplex-Rollenkette	Hängend Seitliche Nockenwelle Antrieb Duplex-Rollenkette
Kurbelwellenlager	3	3	3
Kühlung	Thermosyphon, 11 Liter Wasser	Pumpe, 11 Liter Wasser	Pumpe, 11 Liter Wasser
Schmierung	Druckumlauf, 4 Liter Öl	Druckumlauf, 4 Liter Öl	Druckumlauf, 4 Liter Öl
Zündung	Batterie	Batterie	Batterie
Batterie	6 V 75 Ah	6 V 75 Ah (im Motorraum)	6 V 75 Ah (im Motorraum)
Lichtmaschine	90 W	90 W	90 W
Anlasser	0,6 PS	0,6 PS	0,6 PS
Kraftübertragung	Antrieb auf Hinterräder	Antrieb auf Hinterräder	Antrieb auf Hinterräder
Kupplung	Einscheibentrockenkupplung	Einscheibentrockenkupplung	Einscheibentrockenkupplung
Schaltung	Schalthebel Wagenmitte	Schalthebel Wagenmitte	Schalthebel Wagenmitte
Getriebe	4 Gang	4 Gang	4 Gang
Synchronisierung	III – IV	III – IV	III – IV
Übersetzungen	I. 4,38 II. 2,50 III. 1,64 IV. 1,00	I. 4,38 II. 2,50 III. 1,64 IV. 1,00	I. 4,38 II. 2,50 III. 1,64 IV. 1,00
Antriebs-Übersetzung	4,55	4,55, auch 5,10	4,55
Fahrwerk	U-Profil-Preßstahl-Rahmen mit Kreuztraverse Limousine Ganzstahl	Kastenprofil-Niederrahmen Limousine Ganzstahl	Kastenprofil-Niederrahmen Limousine Ganzstahl
Vorderradaufhängung	starr, Halbfedern	Querlenker oben 1 Querfeder unten	Querlenker oben 1 Querfeder unten
Hinterradaufhängung	starr, Halbfedern	starr, Halbfedern	starr, Halbfedern
Lenkung	Schneckenrad, links	Schneckenrad, links	Schneckenrad, links
Fußbremse	Hydraulisch, 4 Räder	Hydraulisch, 4 Räder	Hydraulisch, 4 Räder
Handbremse	Mechanisch, Hinterräder	Mechanisch, Hinterräder	Mechanisch, Hinterräder
Schmierung	Zentral	Zentral	Zentral
Allgemeine Daten			
Radstand	2610 mm	2825 mm	2825 mm
Spur vorn/hinten	1210/1250 mm	1250/1250 mm	1250/1250 mm
Gesamtmaße	3300 x 1490 x 1625 mm	4250 x 1520 x 1610 mm	4250 x 1520 x 1610 mm
Räder	Scheiben	Scheiben	Lochscheiben
Reifen	4,75 – 17	4,75 – 17	1937: 4,75 oder 5,25 – 17 1938: 5,50 – 16
Wendekreis	11 Meter	11,5 Meter	11,5 Meter
Fahrgestellgewicht		750 kg	750 kg
Wagengewicht	1040 kg	Limousine 1050 kg Cabriolet 1090 kg	Limousine 1050 kg Cabriolet 1090 kg
Zuläss. Belastung		400 kg	400 kg
Höchstgeschwindigkeit	98 km/h	98 km/h	98 km/h
Verbrauch/100 km	11 Liter	11,5 Liter	11,5 Liter
Kraftstofftank	32 Liter (im Motorraum)	32 Liter (im Motorraum)	32 Liter (im Motorraum) 1938: 54 Liter (im Heck)
Preise			
Fahrgestell		RM 2735,–	RM 2735,–
Limousine 2 Türen	RM 3300,–	RM 3475,–	RM 3475,–
Limousine 4 Türen	RM 3500,– (pfostenlos)	RM 3875,– (6 Fenster)	RM 3875,– (6 Fenster)
Cabriolet 2 Fenster	RM 4035,–	RM 4350,–	RM 4350,–
Cabriolet 4 Fenster	–	RM 4800,–	RM 4800,–
Cabriolet 2 (2) Sitze	RM 4135,–	RM 4750,–	–
Sportwagen 2 (2) Sitze	–	RM 4500,– (nur 1934)	–
Kübelsitzwagen	–	RM 4200,– (ab 1936)	RM 4200,–

Hanomag Rekord Diesel Typ D 19 A 1937 – 1938 Hanomag Diesel Typ 19 K 1939–1940	**Hanomag Sturm Typ 22 K 1934 – 1936**	**Hanomag Sturm Typ 23 K 1936 – 1939**	**Hanomag Sturm Typ 23 Kl 1936 – 1939**
Vorkammer-Dieselmotor			
4 (Reihe)		6 (Reihe)	
80 x 95 mm		71 x 95 mm	
1910 (Steuer 1897) ccm		2252 (Steuer 2238) ccm	
35 PS bei 3500 U/min		50 PS bzw. (ab 1937) 55 PS bei 3500 U/min	
1:20		1:5,7 oder 6,2 (Gemisch)	
Bosch Einspritzpumpe		1 Steigstromvergaser	
		Solex 35 BFVL	
Hängend		Hängend	
Seitliche Nockenwelle		Seitliche Nockenwelle	
Antrieb durch Stirnräder		Antrieb Duplex-Rollenkette	
5		4	
Pumpe, 12 Liter Wasser		Pumpe, 12 Liter Wasser	
Druckumlauf, 4,5 Liter Öl		Druckumlauf, 5 Liter Öl	
Selbstzündung		Batterie	
12 V 100 Ah		6 V 75 Ah (im Motorraum)	
130 W		90 W	
1,8 PS		0,8 PS	
Antrieb auf Hinterräder		Antrieb auf Hinterräder	
Einscheibentrockenkupplung		Einscheibentrockenkupplung	
Schalthebel Wagenmitte		Schalthebel Wagenmitte	
4 Gang		4 Gang	
III – IV		III – IV	
I. 4,38		I. 3,97	
II. 2,50		II. 2,26	
III. 1,64		III. 1,51	
IV. 1,00		IV. 1,00	
4,55	4,12	4,33	4,33
Kastenprofil-Niederrahmen	Kastenprofil-Niederrahmen	Kastenprofil-Niederrahmen	Kastenprofil-Niederrahmen
Limousine Ganzstahl	Limousine Ganzstahl		Limousine Ganzstahl
Querlenker oben		2 Querfedern	
1 Querfeder unten			
starr, Halbfedern		starr, Halbfedern	
Schneckenrad, links		Schneckenrad, links	
Hydraulisch, 4 Räder		Hydraulisch, 4 Räder	
Mechanisch, Hinterräder		Mechanisch, Hinterräder	
Zentral		Zentral	
2825 mm	3050 mm	3050 mm	3150 mm
1250/1250 mm	1350/1350 mm	1350/1350 mm	1350/1350 mm
4250 x 1520 x 1610 mm	4450 x 1620 x 1620 mm	4700 x 1620 x 1620 mm	4580 x 1620 x 1630 mm
Lochscheiben	Scheiben	Lochscheiben	Scheiben. Ab 1937: Lochsch.
1937: 4,75 oder 5,25 – 17	5,00 – 17	5,25 oder 5,50 – 18	5,25 oder 5,50 – 18
Ab 1938: 5,50 – 16			
11,5 Meter	12 Meter	12 Meter	12,5 Meter
950 kg	850 kg	900 kg	950 kg
Limousine 1250 kg	Limousine 1250 kg	Cabriolet 1350 kg	Limousine 1400 kg
Cabriolet 1290 kg	Cabriolet 1320 kg		
350 kg	450 kg	450 kg	450 kg
90 km/h	110 km/h	110 km/h. 55 PS: 114 km/h	110 km/h. 55 PS: 114 km/h
8,5 Liter Diesel	14 Liter	14,5 Liter	14,5 Liter
54 Liter (im Heck)	54 Liter (im Heck)	54 Liter (im Heck)	54 Liter (im Heck)
RM 3735,–		RM 3650,–	RM 3650,–
RM 4475,–	RM 4350,–	–	–
RM 4875,– (6 Fenster)	RM 4875,– (6 Fenster)	–	RM 4950,– (6 Fenster)
RM 5350,–	RM 5100,–	RM 5300,– (nur 1936/37)	–
–	RM 5800,–	RM 6500,– bzw. RM 7250,–	–
–	–		
–	RM 5200,–	RM 5200,– (nur 1936/37)	–
–	–	–	–

Hanomag Sturm
Limousine 2 Türen
Karosserie Ambi-Budd
1934–1936

Hanomag Sturm (1934–1939)

Der größte Wagen, den Hanomag je baute, war der Hanomag Sturm mit Sechszylinder 2,25 Liter-Motor. Er besaß die gleichen Zylindermaße wie der 1,5 Liter-Vierzylinder des Hanomag Rekord. Diese großen Autos verkauften sich verhältnismäßig gut. Die Karosserien der Limousinen (die gleichen übrigens, die auch Adler verwendete) stammten von Ambi-Budd. Außerdem gab es eine ganze Kollektion von Cabriolets, die hauptsächlich von Hebmüller, von Gläser und ebenfalls von Ambi-Budd kamen. Für die Cabriolets wurde das Fahrgestell mit dem kürzeren Radstand verwendet. Lediglich 1939 baute Gläser 50 Stück seines bildschönen Sport-Cabriolets auf dem längeren Fahrgestell.

Hanomag Sturm
Limousine 6 Fenster
Karosserie Ambi-Budd
1936–1939

Hanomag Sturm
Cabriolet 2 Fenster
Karosserie Ambi-Budd
1936–1937

Hanomag Sturm
Sport-Zweisitzer
Karosserie Hebmüller
1936–1937

Hanomag Sturm
Cabriolet 4 Fenster
Karosserie Gläser
1936

Hanomag Sturm
Cabriolet 4 Fenster
Karosserie Hebmüller
1938–1939

Hanomag Sturm
Cabriolet 4 Fenster
Karosserie Gläser
1938–1939

Hanomag 1,3 Liter
Limousine 2 Türen
1938–1941

Hanomag 1,3 Liter (1938–1941)

Im Januar 1939 stellte Hanomag einen völlig neuen 1,3 Liter-Wagen vor, mit dessen Entwurf im Frühjahr 1935 und mit dessen Produktion in den letzten Monaten des Jahres 1938 begonnen worden war. Besonderheiten: Selbsttragende Ganzstahlkarosserie in Stromform mit durchlaufender Dachrippe sowie Schwingmetall-Gummifederung der Vorderräder. Die äußere Gestalt des Wagens entsprach der damaligen Mode, aber elegant und wohlproportioniert konnte man sie gewiß nicht nennen. Die Karosse bot zwar verhältnismäßig viel Platz und vor allem reichliche Sitzhöhe, aber leider eine viel zu wenig gute Sicht. Der Motor zeigte den damals noch seltenen Vorzug der Autobahnfestigkeit, doch ansonsten nur mäßiges Temperament. Wie jeder Hanomag, so war auch dieser grundsolid gebaut, aber auch entsprechend schwer und teuer. Der Verkauf des Hanomag 1,3 Liter ließ sich gut an, zumal die Produktion bereits lief, als der Wagen vorgestellt wurde. Aber schon wenige Monate später kam der Krieg und damit die Einschränkung und schließlich das Ende der Produktion auch dieses Wagens.

Hanomag Partner (Prototyp 1951)

Hanomag hatte sich nach 1945 weit mehr als früher auf den Bau von Lastwagen verlegt und war damit auf dem Markt gut angekommen. Dennoch bestand keineswegs die Absicht, der Herstellung von Personenwagen nun für immer zu entsagen. Auf einem großen Stand der Frankfurter Automobil-Ausstellung 1951 präsentierte Hanomag etwa ein halbes Dutzend Exemplare eines vollständig neuen Automobils, des Hanomag Partner. Er war ein rundlich-pummeliges Coupé mit drei Sitzen nebeneinander und zwei Kinder-Klappsitzen dahinter. Zum Antrieb diente ein Dreizylinder-Zweitaktmotor, konstruiert von Müller-Andernach, und die beim 1,3 Liter bestens bewährte, aber auch ziemlich teuere Gummifederung war hier nicht nur vorn, sondern auch für die Hinterräder vorgesehen. Aber die Ausstellung machte deutlich, daß das Publikum an den Besonderheiten des Hanomag-Partner wenig Gefallen fand. So verzichtete man auf seine Serienproduktion und alle etwa 20 Wagen, die vorhanden waren, wurden verschrottet. Nicht ein einziger blieb erhalten. Es sollte ein für allemal keine Hanomag Personenwagen mehr geben.

Hanomag Partner
Prototyp 1951

	Hanomag 1,3 Liter Typ 13 1938 – 1941	Hanomag Partner Prototyp 1951
Motor		Zweitaktmotor mit Umkehrspülung und Flachkolben
Zylinderzahl	4 (Reihe)	3 (Reihe)
Bohrung x Hub	71 x 82 mm	65 x 70 mm
Hubraum	1298 ccm (effektiv)	697 ccm (effektiv)
Leistung	32 PS bei 3600 U/min	28 PS bei 4000 U/min
Verdichtung	1:6	1:73
Vergaser	1 Flachstromvergaser Solex 30 BFRH	1 Solex
Ventile	Hängend Seitliche Nockenwelle Antrieb durch Stirnräder	Ohne
Kurbelwellenlager	3	4
Kühlung	Pumpe, 9 Liter Wasser	Thermosyphon (Wasser)
Scchmierung	Druckumlauf, 4 Liter Öl	Zweitakt-Gemisch
Batterie	12 V 50 Ah (im Motorraum)	12 V
Lichtmaschine	90 W	
Anlasser	0,8 PS	
Kraftübertragung	Antrieb auf Hinterräder	Fronttriebblock Motor vor, Getriebe hinter der Vorderachse
Kupplung	Einscheibentrockenkupplung	Einscheibentrockenkupplung
Schaltung	Schalthebel Wagenmitte	Schalthebel unter Lenkrad
Getriebe	4 Gang	3 Gang
Synchronisierung	Ohne	I – III
Übersetzungen	I. 4,55 II. 2,33 III. 1,48 IV. 1,00	
Antriebs-Übersetzung	4,57. Auf Wunsch Bergachse 5,17	
Fahrwerk	Selbsttragende Ganzstahlkarosserie mit glatter Wagenunterseite	Selbsttragende Ganzstahlkarosserie
Vorderradaufhängung	Doppel-Querlenker Schwingmetall-Gummidrehfederkörper	Doppel-Querlenker Schwingmetall-Gummidrehfederkörper
Hinterradaufhängung	starr, Halbfedern	Längslenker Schwingmetall-Gummidrehfederkörper
Lenkung	Schnecke ZF-Roß	
Fußbremse	Hydraulisch, 4 Räder	Hydraulisch, 4 Räder
Handbremse	Mechanisch, Hinterräder	Mechanisch, Hinterräder
Schmierung	Zentral	
Allgemeine Daten		
Radstand	2500 mm	2165 mm
Spur vorn/hinten	1300/1300 mm	1350/1300 mm
Gesamtmaße	4230 x 1600 x 1680 mm	4000 x 1700 x 1480 mm
Räder	Scheiben	Scheiben
Reifen	5,25–16	5,60–13
Wendekreis	10 Meter	10 Meter
Wagengewicht	970 kg	730 kg
Zuläss. Gesamtgewicht	1400 kg	1080 kg
Höchstgeschwindigkeit	115 km/h	100 km/h
Verbrauch/100 km	9,5 Liter	7 Liter
Kraftstofftank	42 Liter (im Heck)	34 Liter
Preis	Limousine 2 Türen RM 3175,–	

Hansa-Lloyd (bis 1930)
Hansa (1921–1938)
Goliath (1931–1934)
Borgward (ab 1939)

Im oldenburgischen Städtchen Varel haben sich schon um die Jahrhundertwende der spätere Geheimrat Dr. Robert Allmers sowie der ihm befreundete Ingenieur und spätere Geheimrat Dr.-Ing.h.c. August Sporkhorst dem Automobilbau verschrieben. Stückweise fertigten sie zunächst kleine Zweisitzerwagen mit französischen Motoren an. Ende 1905 entsteht die Hansa Automobilgesellschaft, die bald auch größere Vierzylinder-Modelle herausbringt. 1914 erfolgte die Umwandlung in die Hansa Automobilwerke AG., die ihren Sitz nach Bremen verlegt, um hier durch Fusion mit der finanzschwachen Namag die Produktion auf eine breitere Basis zu stellen.

Die Norddeutsche Automobil- und Motoren-Aktiengesellschaft, kurz Namag genannt, war eine 1906 gegründete und schon 1909 zum ersten Mal sanierte Tochterfirma des Norddeuschen Lloyd. Fast nur mit Verlust baute sie in ihrem Werk Bremen-Hastedt Elektro- und Benzin-Automobile, die als Markenzeichen den Namen Lloyd trugen. Beschäftigt wurden etwa 300 Arbeiter.

Aus dem Zusammenschluß der Namag mit den Hansa Automobilwerken ging 1914 die Hansa Lloyd Werke AG. hervor, die während des ersten Weltkrieges zu den wichtigsten Lastwagen-Lieferanten des deutschen Heeres zählte. Bis zu 5000 Mann arbeiteten damals bei Hansa-Lloyd.

1921 wurde das Werk in Varel wieder als selbständiger Betrieb abgezweigt und von August Sporkhorst mit etwa 2000 Beschäftigten unter der früheren Bezeichnung Hansa Automobilwerke AG. weitergeführt. Man baute dort ausschließlich Personenwagen. Die Hansa-Lloyd-Werke in Bremen widmeten sich mit 1000 Beschäftigten unter Leitung von Geheimrat Allmers hauptsächlich der Herstellung von Nutzfahrzeugen, bauten daneben aber auch einen großen Personenwagen. Da die Entwicklung beider Automobilfirmen (Hauptaktionär der Hansa-Automobilwerke war bis 1926 Jacob Schapiro!) wenig glückhaft verlief, schlossen sie sich 1929 erneut zusammen, was aber den finanziellen Zusammenbruch nicht mehr aufhielt. Die Banken versagten weitere Kredite und fanden schließlich auch einen Käufer für das marode Unternehmen, nämlich die Goliath-Werke Borgward & Co.GmbH.

1919 war der damals 29jährige Ingenieur Borgward als Teilhaber in die kleine Firma »Bremer Reifenindustrie« eingetreten. 1920 stellte er den Betrieb auf die Herstellung von Autokühlern und Kotflügeln um, die er an die Hansa-Lloyd-Werke lieferte. Sein Unternehmen nannte er nun »Bremer Kühlerfabrik Borgward & Co.«. Die Zeitumstände oder vielleicht auch purer Zufall verhalfen Carl. F. W. Borgward zur Produktion kompletter Fahrzeuge. Es bestand in der Wirtschaft und auch bei der Reichspost dringender Bedarf nach einem kleinen, billigen Transportmittel. Borgward erkannte dies und brachte 1924 den dreirädrigen »Blitzkarren« zum Preis von 950 Mark heraus. Dessen Verkauf übertraf bei weitem die Erwartungen und erlaubte bald eine stattliche Produktion. Das gab Mut zu weiteren Entwicklungen, die 1926 zum Goliath-Lieferwagen führten. Auch dieser wurde glänzend verkauft, was 1928 die Gründung der »Goliath-Werke Borgward & Co. GmbH.« veranlaßte, die sich in Bremen-Hastedt, genau den Hansa-Lloyd-Werken gegenüber, niederließ. Während sich die Goliath-Lieferwagen immer stärker durchsetzten, gerieten die Hansa-Lloyd-Werke mehr und mehr in Schulden, bis schließlich ihre Aktien zum Verkauf standen, die Borgward 1929 kurz entschlossen erwarb.

Die Goliath-Werke verschmolz Borgward Ende 1931 mit den ehemaligen Hansa-Lloyd-Werken. Die neue Firma trug den umständlichen Namen »Hansa-Lloyd- und Goliath-Werke Borgward & Tecklenborg«. Der Bau großer Personenwagen wurde eingestellt, während sich die Goliath-Lieferwagen und die 1 1/2 Tonner Hansa-Lloyd-Lastwagen gut verkauften. Einen Wiederbeginn der Personenwagenproduktion bedeutete der dreirädrige Goliath Pionier, dem die Vierrad-Kleinwagen Hansa 400 und 500 sowie schließlich die erfolgreichen Typen Hansa 1100 und 1700 folgten. Da die Fabrikanlagen in Hastedt für die wachsende Produktion nicht mehr genügten, wurde im Herbst 1938 das völlig neu erbaute Werk Bremen-Sebaldsbrück in Betrieb genommen. Mit dessen Einweihung erhielt das jetzt über 5000 Mann zählende Unternehmen, inzwischen Borgwards alleiniges Eigentum, die Firmenbezeichnung »Carl F. W. Borgward Automobil- und Motoren-Werke GmbH.«.

Im Krieg wurden hauptsächlich Militärfahrzeuge hergestellt, bis die Zerstörung von 1944 einen Schlußstrich unter das Lebenswerk Borgwards zu setzen schien. Doch nach raschem Wiederaufbau konnte erneut eine erfolgreiche Automobilproduktion aufgezogen werden. Dennoch geriet Borgward infolge der nunmehr zu knapp gewordenen Kapitalausstattung im Herbst 1960 in Zahlungsschwierigkeiten, die bald den endgültigen Zusammenbruch des Privatkonzerns herbeiführten. Carl F. W. Borgward, zeitlebens mehr Konstrukteur als Geschäftsmann gewesen, ist 73 Jahre alt im Juli 1963 gestorben.

Produktion

Hansa Typ A 6 und A 8	1927 – 1931	max. ca. 1 000
Hansa Konsul	1931 – 1932	max. ca. 600
Hansa Matador	1930 – 1931	max. ca. 100
Goliath Pionier	1931 – 1934	max. ca. 4 000
Hansa 400 und 500	1933 – 1934	max. ca. 500
Hansa 1100	1934 – 1939	max. ca. 20 000
Hansa 1700	1934 – 1939	max. ca. 6 000
Hansa 2000	1938 – 1939	max. ca. 2 000
Borgward 2300	1939 – 1942	max. ca. 1 000
Hansa 3500	1937 – 1939	max. ca. 200

Hansa-Lloyd 18/60 PS »Treff-Aß« Tourenwagen 1923

Hansa-Lloyd 18/60 PS »Treff-Aß« Limousine 1923

Hansa-Lloyd »Treff-Aß« (1920–1925)

Haupttätigkeit der Hansa-Lloyd-Werke in den zwanziger Jahren war die Herstellung von Benzin- und Elektro-Lastwagen. Daneben wurde in geringer Zahl ein schwerer Personenwagen gebaut. Das war zunächst der »Treff-Aß«, ein großer Vierzylinder, angeboten als Sport-Phaeton (Karosserie Seegers, Leipzig), als offener oder geschlossener Siebensitzer (Karosserie Rembrandt, Bremen) oder als Limousine mit abnehmbarem Oberteil (Karosserie Gläser, Dresden).

Hansa-Lloyd »Trumpf-Aß« (1926–1930)

Hansa-Lloyd zeigte im Herbst 1923 einen Prototyp des Achtzylinders »Trumpf-Aß« mit zunächst 16/80 PS OHC-Königswellenmotor, Alu-Block, Vierradbremse, Linkslenkung und Mittelschaltung. Er wurde als erster deutscher Achtzylinder gepriesen, ging aber noch nicht in Produktion und fehlte auch auf der Berliner Automobil-Ausstellung im Dezember 1924. Erst 1926 begann die Herstellung des sehr imposanten Wagens, dem nunmehr zweiten deutschen Achtzylinder nach Horch. Die Stückzahl blieb gering. Nach der Übernahme von Hansa-Lloyd durch Borgward wurden 1931 die noch unverkauften Wagen als Hansa »Imperator« feilgeboten.

Hansa-Lloyd 20/100 PS Achtzylinder »Trumpf-Aß« Tourenwagen (Karosserie Karmann) 1928

<table>
<tr><th></th><th>Hansa-Lloyd »Treff-Aß«
18/60 PS Typ H
1920 – 1922</th><th>Hansa-Lloyd »Treff-Aß«
18/60 PS Typ H
1923 – 1925</th><th>Hansa-Lloyd »Trumpf-Aß«
18/100 PS Achtzylinder
1926 – 1927</th></tr>
<tr><td>Zylinderzahl</td><td>4 (Reihe)</td><td>4 (Reihe)</td><td>8 (Reihe)</td></tr>
<tr><td>Bohrung x Hub</td><td>100 x 130 mm</td><td>105 x 130 mm</td><td>80 x 115 mm</td></tr>
<tr><td>Hubraum</td><td>4100 ccm</td><td>4500 ccm</td><td>4640 ccm</td></tr>
<tr><td>Leistung</td><td>54 PS bei 2200 U/min</td><td>65 PS bei 2400 U/min</td><td>100 PS bei 3000 U/min</td></tr>
<tr><td>Ventile</td><td colspan="2">Seitlich stehend</td><td>Hängend
Obenliegende Nockenwelle
Antrieb durch Königswelle</td></tr>
<tr><td>Getriebe</td><td colspan="2">4 Gang</td><td>3 Gang</td></tr>
<tr><td>Schaltung</td><td colspan="2">Schalthebel Wagenmitte</td><td>Schalthebel Wagenmitte</td></tr>
<tr><td>Antriebs-Übersetzung</td><td colspan="2">Offene Wagen 4,20. Geschlossene Wagen 4,68</td><td>4,72</td></tr>
<tr><td>Vorderradaufhängung</td><td colspan="2">starr, Halbfedern</td><td>starr, Halbfedern</td></tr>
<tr><td>Hinterradaufhängung</td><td colspan="2">starr, Halbfedern (Underslung)</td><td>starr, Halbfedern (Underslung)</td></tr>
<tr><td>Fußbremse</td><td colspan="2">Mechanisch, Kardanwelle</td><td>Mechanisch, 4 Räder</td></tr>
<tr><td>Handbremse</td><td colspan="2">Mechanisch, Hinterräder</td><td>Mechanisch, Hinterräder</td></tr>
<tr><td>Radstand</td><td>3700 mm</td><td>3800 mm</td><td>3550 mm</td></tr>
<tr><td>Spur vorn/hinten</td><td>1400 mm</td><td>1415</td><td>1450 mm</td></tr>
<tr><td>Gesamtmaße</td><td>5200 x 1700 x 1600 mm</td><td></td><td></td></tr>
<tr><td>Reifen</td><td>935 x 135 Hochdruck</td><td>935 x 135 Hochdruck</td><td>895 x 135 Hochdruck oder
34 x 7,3 Niederdruck</td></tr>
<tr><td>Wagengewicht</td><td>Limousine 1700 kg</td><td>Limousine 1700 kg</td><td>Pullman-Limousine 2200 kg</td></tr>
<tr><td>Höchstgeschwindigkeit</td><td>92 km/h</td><td>100 km/h</td><td>110 km/h</td></tr>
</table>

<table>
<tr><th></th><th>Hansa-Lloyd »Trumpf-Aß«
20/100 PS Achtzylinder
1927 – 1928</th><th>Hansa-Lloyd »Trumpf-Aß«
20/100 PS Achtzylinder
1928 – 1929</th><th>Hansa-Lloyd »Trumpf-Aß«
20/100 PS Achtzylinder
1929 – 1930</th></tr>
<tr><td>Zylinderzahl</td><td colspan="3">8 (Reihe)</td></tr>
<tr><td>Bohrung x Hub</td><td colspan="3">85 x 115 mm</td></tr>
<tr><td>Hubraum</td><td colspan="3">5220 ccm</td></tr>
<tr><td>Leistung</td><td colspan="3">100 PS bei 3000 U/min</td></tr>
<tr><td>Ventile</td><td colspan="3">Hängend, obenliegende Nockenwelle, Antrieb durch Königswelle</td></tr>
<tr><td>Getriebe</td><td>3 Gang</td><td>3 Gang</td><td>3 Gang + Maybach-Schnellgang</td></tr>
<tr><td>Schaltung</td><td>Schalthebel Wagenmitte</td><td>Schalthebel Wagenmitte</td><td>Schalthebel Wagenmitte</td></tr>
<tr><td>Antriebs-Übersetzung</td><td>4,72</td><td>4,72</td><td>4,72</td></tr>
<tr><td>Vorderradaufhängung</td><td colspan="3">starr, Halbfedern</td></tr>
<tr><td>Hinterradaufhängung</td><td colspan="3">starr, Halbfedern (Underslung)</td></tr>
<tr><td>Fußbremse</td><td colspan="3">Hydraulisch, 4 Räder</td></tr>
<tr><td>Handbremse</td><td colspan="3">Mechanisch, Hinterräder</td></tr>
<tr><td>Radstand</td><td>3550 mm</td><td>3640 mm</td><td>3750 mm</td></tr>
<tr><td>Spur vorn/hinten</td><td>1450/1450 mm</td><td>1492/1496 mm</td><td>1492/1496 mm</td></tr>
<tr><td>Gesamtmaße</td><td></td><td>4950 x 1900 x 1600 mm</td><td>5750 x 1900 x 1600 mm</td></tr>
<tr><td>Reifen</td><td>895 x 135 Hochdruck oder
34 x 7,3 NIederdruck</td><td>33 x 6,75 Niederdruck</td><td>33 x 6,75 Niederdruck</td></tr>
<tr><td>Wagengewicht</td><td colspan="3">Pullman-Limousine 2500 kg</td></tr>
<tr><td>Höchstgeschwindigkeit</td><td colspan="3">120 km/h</td></tr>
</table>

Preise

Fahrgestell	RM 17 500,–
Tourenwagen 7 Sitze	RM 22 500,–
Pullman-Limousine	RM 35 500,–
Cabriolet 7 Sitze	RM 27 500,–

8/26 PS Hansa Typ P
Tourenwagen
1921–1924

8/36 Hansa Typ P
Tourenwagen mit
abnehmbarem Limousinendach
(Karosserie Wendler)
1924–1928

Hansa Typ P (1921–1928)

Nachdem sich die Hansa Automobilwerke (Varel) 1921 wieder von Hansa-Lloyd (Bremen) getrennt hatten, bauten sie bis Ende 1922 den aus der Zeit vor dem ersten Weltkrieg stammenden 10/32 PS-Wagen und dann bis 1928 den Typ P mit 8 Steuer-PS. Dieser bot konstruktiv keine Besonderheiten, galt aber als solid und dauerhaft.

Hansa Typ A 6 und Typ A 8 (1927–1931)

Ende 1927 präsentierten die Hansa Automobilwerke überraschend die neuen Typen A 6 und A 8. Eigenfabrikat war dabei lediglich das Fahrgestell, das mit amerikanischen Continental-Motoren und einer Serie ansprechender Karosserien von Karmann konfektioniert wurde. Dies ermöglichte relativ günstige Preise, brachte dem Werk aber dennoch nicht die erhoffte Geschäftsbelebung.

16/70 PS Hansa Achtzylinder Typ A 8 Viertüren-Cabriolet 1927–1930

	8/26 PS Hansa Typ P 1921 – 1924	8/36 PS Hansa Typ P 1924 – 1928	13/60 PS Hansa Typ A 6 mit Continental (USA)-Motor 1927–1928
Zylinderzahl	4 (Reihe)	4 (Reihe)	6 (Reihe)
Bohrung x Hub	77,8 x 110 mm	77,8 x 110 mm	82,55 x 101,6 mm
Hubraum	2090 ccm	2090 ccm	3262 ccm
Leistung	30 PS bei 2700 U/min	36 PS bei 3000 U/min	60 PS bei 3000 U/min
Ventile	Seitlich stehend	Seitlich stehend	Seitlich stehend
Getriebe	4 Gang	4 Gang	4 Gang
Schaltung	Schalthebel Wagenmitte	Schalthebel Wagenmitte	Schalthebel Wagenmitte
Antriebs-Übersetzung		5,27	
Vorderradaufhängung	starr, Halbfedern	starr, Halbfedern	starr, Halbfedern
Hinterradaufhängung	starr, Halbfedern, 1 Querfeder	starr, Halbfedern, 1 Querfeder	starr, Halbfedern
Fußbremse	Mechanisch, Kardanwelle	Mechanisch, 4 Räder	Hydraulisch, 4 Räder
Handbremse	Mechanisch, Hinterräder	Mechanisch, Hinterräder	Mechanisch, Hinterräder
Radstand	2980 mm	3180 mm	3340 mm
Spur vorn/hinten	1275 mm	1265 mm	1420
Gesamtmaße	4000 x 1450 x 2000 mm	4500 x 1500 x 2000 mm	4530 x 1700 x 1900 mm
Reifen	765 x 105 Hochdruck	765 x 120 Hochdruck oder 30 x 5,77 Niederdruck	32 x 6,00 Niederdruck
Wagengewicht		Offen 1450 kg Limousine 1600 kg	Pullmann-Limousine 1700 kg
Höchstgeschwindigkeit	75 bis 80 km/h	85 bis 90 km/h	100 km/h
Preise			
Limousine 4 Türen			RM 11 800,–
Cabriolet 2 Türen			RM 13 600,–

	16/70 PS Hansa Typ A 8 mit Continental (USA)-Motor 1927 – 1930	13/65 PS Hansa Typ A 6 mit Continental (USA)-Motor 1928 – 1930	17/85 PS Hansa Typ A 8 mit Continental (USA)-Motor 1928 – 1931
Zylinderzahl	8 (Reihe)	6 (Reihe)	8 (Reihe)
Bohrung x Hub	72,8 x 120 mm	85,5 x 102 mm	76 x 120 mm
Hubraum	3996 ccm	3489 ccm	4324 ccm
Leistung	70 PS bei 3000 U/min	65 PS bei 3000 U/min	85 PS bei 3200 U/min
Ventile	Seitlich stehend	Seitlich stehend	Seitlich stehend
Getriebe	4 Gang	4 Gang	4 Gang
Schaltung	Schalthebel Wagenmitte	Schalthebel Wagenmitte	Schalthebel Wagenmitte
Antriebs-Übersetzung		verschieden	verschieden
Vorderradaufhängung	starr, Halbfedern	starr, Halbfedern	starr, Halbfedern
Hinterradaufhängung	starr, Halbfedern	starr, Halbfedern	starr, Halbfedern
Fußbremse	Hydraulisch, 4 Räder	Hydraulisch, 4 Räder	Hydraulisch, 4 Räder
Handbremse	Mechanisch, Hinterräder	Mechanisch, Hinterräder	Mechanisch, Hinterräder
Radstand	3450 mm	3340 mm	3450 mm
Spur vorn/hinten	1420 mm	1420 mm	1420 mm
Gesamtmaße	4640 x 1700 x 1900 mm	4530 x 1700 x 1900 mm	4640 x 1700 x 1900 mm
Reifen	32 x 6,00 Niederdruck	32 x 6,20 Niederdruck	32 x 6,20 Niederdruck
Wagengewicht	Pullman-Limousine 1800 kg	Pullman-Limousine 1750 kg	Pullman-Limousine 1850 kg
Höchstgeschwindigkeit	110 km/h	105 km/h	120 km/h
Preise			
Tourenwagen 7 Sitze		RM 10 750,–	RM 13 300,–
Limousine 7 Sitze	RM 14 800,–	RM 11 950,–	RM 14 800,–
Cabriolet 2 Türen		RM 13 750,–	
Cabriolet 2/3 Sitze	RM 16 000,–		
Cabriolet 4 Türen	RM 16 600,–		RM 16 600,–

Hansa Konsul, Matador, Luxus, Senator (1930–1933)

Um die Personenwagen-Produktion der Hansa-Lloyd-Werke in Gang zu halten, was mit den alten Typen nicht möglich war, brachte Borgward eine Serie neuer Mittelklassewagen auf den Markt, die aber nur wenig Erfolg hatten und möglicherweise den Anstoß zur Entwicklung einer von Grund auf neuen Typenreihe gaben.

Hansa Matador
Limousine 4 Türen
1930–1931

Hansa Konsul
Limousine 4 Türen
1931–1932

Hansa Konsul
Cabriolet 2 Sitze
1931–1932

Hansa-Konsul
Cabriolet 2 Fenster
1931–1932

	8/40 PS Hansa »Konsul« 1931 – 1932	10/50 PS Hansa »Konsul« 1931	13/50 PS Hansa »Konsul« 1931 – 1932
Motor	Hansa-Lloyd	Continental (USA)	Hansa-Lloyd
Zylinderzahl	4 (Reihe)	6 (Reihe)	4 (Reihe)
Bohrung x Hub	75,9 x 118 mm	69,5 x 114 mm	94 x 118 mm
Hubraum	2098 ccm	2577 ccm	3252 ccm
Leistung	40 PS bei 3000 U/min	50 PS bei 3600 U/min	50 PS beid 3000 U/min
Ventile	Seitlich stehend	Seitlich stehend	Seitlich stehend
Getriebe	3 Gang ZF	4 Gang ZF-Aphon	3 Gang ZF
Schaltung	Schalthebel Wagenmitte	Schalthebel Wagenmitte	Schalthebel Wagenmitte
Antriebs-Übersetzung	5,10	5,22	3,90
Vorderradaufhängung	starr, Halbfedern	starr, Halbfedern	starr, Halbfedern
Hinterradaufhängung	starr, Halbfedern	starr, Halbfedern	starr, Halbfedern
Fußbremse	Hydraulisch, 4 Räder	Hydraulisch, 4 Räder	Hydraulisch, 4 Räder
Handbremse	Mechanisch, Kardanwelle	Mechanisch, Kardanwelle	Mechanisch, Kardanwelle
Radstand	2950 mm	3150 mm	3150 mm
Spur vorn/hinten	1380 mm	1380 mm	1380 mm
Gesamtmaße			
Reifen	5,25–18 Ballon	5,25–18 Ballon	5,25–18 Ballon
Wagengewicht	Limousine 1290 kg	Limousine 1300 kg	Limousine 1300 kg
Höchstgeschwindigkeit	80 km/h	90 km/h	90 km/h
Preise			
Limousine 4 Türen	RM 4440,–	RM 4980,–	RM 4440,–
Cabriolet 2 Fenster	RM 5440,–	RM 5980,–	RM 5440,–
Cabriolet 2/2 Sitze	RM 5440,–	RM 5980,–	RM 5440,–

	10/50 PS Hansa »Matador« 1930 – 1931	10/50 PS Hansa »Luxus« 1931	13/65 PS Hansa »Senator« 1932 – 1933
Motor	Continental (USA)	Continental (USA)	Hansa-Lloyd
Zylinderzahl	6 (Reihe)	6 (Reihe)	6 (Reihe)
Bohrung x Hub	69,5 x 114 mm	69,5 x 114 mm	
Hubraum	2577 ccm	2577 ccm	3300 ccm
Leistung	50 PS bei 3600 U/min	50 PS bei 3500 U/min	65 PS
Ventile	Seitlich stehend	Seitlich stehend	Seitlich stehend
Getriebe	4 Gang ZF-Aphon	4 Gang ZF-Aphon	4 Gang ZF-Aphon
Schaltung	Schalthebel Wagenmitte	Schalthebel Wagenmitte	Schalthebel Wagenmitte
Antriebs-Übersetzung	5,22	5,22	
Vorderradaufhängung	starr, Halbfedern	starr, Halbfedern	starr, Halbfedern
Hinterradaufhängung	Pendelachse, 1 Querfeder	starr, Halbfedern	starr, Halbfedern
Fußbremse	Hydraulisch, 4 Räder	Hydraulisch, 4 Räder	Hydraulisch, 4 Räder
Handbremse	Mechanisch, Kardanwelle	Mechanisch, Kardanwelle	Mechanisch, Kardanwelle
Radstand	3150 mm	3275 mm	3275 mm
Spur vorn/hinten	1420/1460 mm	1420/1420 mm	1420/1420 mm
Gesamtmaße			
Reifen	5,50–18 Superballon	5,50–18 Superballon	5,50–18 Superballon
Wagengewicht	Limousine 1450 kg	Limousine 1450 kg	Limousine 1450 kg
Höchstgeschwindigkeit	90 km/h	90 km/h	100 km/h
Preise			
Limousine 4 Türen	RM 6200,–		RM 6980,–
Cabriolet 2 Fenster	RM 7200,–		RM 8280,–

Goliath Pionier (1931–1934)

Die Depression der Krisenjahre auf der einen, der durchschlagende Erfolg seiner Goliath Dreirad-Lieferwagen auf der anderen Seite veranlaßten Borgward, nun entsprechend einen kleinen Dreirad-Personenwagen zur Berliner Automobil-Ausstellung 1931 herauszubringen, den steuer- und führerscheinfreien Goliath Pionier mit 200 ccm Heckmotor. Ähnliche Vorhaben realisierten damals mehrere Firmen, doch der Goliath Pionier war sowohl in der Form als auch technisch am besten von allen gelungen und hatte demzufolge auch weitaus den meisten Erfolg. Die Holzkarosserie des Zweisitzers war mit genarbtem Kunstleder bezogen. Sie sah und sieht bei den wenigen heute noch existierenden Exemplaren sehr gefällig aus. Für das letzte Modelljahr 1934 hatte der geschlossene Zweisitzer noch ein Stromlinienheck erhalten, doch wurden davon nur mehr ein paar hundert der insgesamt etwa 4000 Stück gebaut, denn da war die Nachfrage bereits verebbt, weil sich die Wirtschaft wieder im Aufschwung befand und die Kraftfahrzeugsteuer inzwischen weggefallen war.

Goliath Pionier 1931–1933

Hansa 400 und 500 (1933–1934)

Auch die Goliath Vierrad-Lieferwagen hatten sich gut eingeführt, und aus ihnen entwickelte Borgward nun ebenfalls einen kleinen Personenwagen, den ab September 1933 gebauten Hansa mit zunächst 400, dann 500 ccm-Heckmotor. Konzept und Form dieses Modells gefielen, doch sein Zweitaktmotor hatte für diesen Zweck zu wenig Leistung, zu wenig Laufkultur und einen viel zu hohen Verbrauch. Die Hansa 400 und 500, ebenfalls mit kunstlederbespannter Holzkarosserie, blieben Raritäten ohne Seltenheitswert.

Hansa 1100 und 1700 (1934–1939)

Zur Berliner Automobil-Ausstellung im März 1934 brachte Borgward die völlig neuen Zwillinge Hansa 1100 und 1700 heraus, die sowohl wegen ihrer ebenso fortschrittlichen wie überzeugenden Technik als auch wegen ihrer ausgesprochen schönen Linienführung viel Aufsehen erregten. Zur Herstellung ihrer Ganzstahlkarosserien hatte das Werk eine eigene Karosseriefertigung eingerichtet. Im Juli 1934 begann die Lieferung des Hansa 1100, dem bald der Hansa 1700 folgte. Beide Wagen waren relativ teuer, fanden aber dennoch guten Absatz und erwiesen sich als sehr solid und zuverlässig. Für den Hansa 1700 Sportwagen, der 1937 dazukam, wurde alternativ zum Serienmotor ein Zweivergaser-Sportmotor (Verdichtung 1:7, Leistung 46 PS bei 4000 U/min, Spitze angeblich 125 km/h) entwickelt, aber, wenn überhaupt, nur in wenigen Exemplaren geliefert. Die Produktion des Hansa 1100 lief bis 1940, war aber seit Kriegsbeginn nur mehr unbedeutend. Der Hansa 1700 wurde auf dem deutschen Markt bis Ende 1937 verkauft, in geringer Zahl aber, wohl für den Export, noch bis 1939 weitergebaut.

	Goliath Pionier 1931 – 1934		Hansa 400 1933 – 1934	Hansa 500 1934
Motor	Golitath E 200 P	Goliath E 250 P	Goliath Z 400	Goliath Z 500
Zylinderzahl	1 (Zweitakt)	1 (Zweitakt)	2 (Zweitakt)	2 (Zweitakt)
Bohrung x Hub	61 x 68 mm	68 x 68 mm	61 x 68 mm	68 x 68 mm
Hubraum	198 ccm	247 ccm	396 ccm	494 ccm
Leistung	5,5 PS b. 3200 U/min	6,7 PS b. 3200 U/min	12 PS b. 3600 U/min	14 PS b. 3600 U/min
Verdichtung	1:5,2	1:5,2	1:5,6	1:5,6
Vergaser	1 Zenith		1 Flachstromvergaser Solex	
Ventile	Ohne		Ohne	
Kurbelwellenlager	2		3	
Kühlung	Luft-Gebläse		Luft-Gebläse	
Schmierung	Zweitakt-Gemisch		Zweitakt-Gemisch	
Batterie	6 V 45 Ah		6 V 60 Ah	
Anlasser	Dynastart		Dynastart	
Kraftübertragung	Hecktriebblock		Hecktriebblock	
Kupplung	Einscheibentrockenkupplung		Einscheibentrockenkupplung	
Schaltung	Schalthebel Wagenmitte		Schalthebel Wagenmitte	
Getriebe	3 Gang		3 Gang	
Synchronisierung	Ohne		Ohne	
Übersetzungen	I.3,06 II. 1,75 III. 1,00		I. 3,06 II. 1,75 III. 1,00	
Antriebs-Übersetzung	8,57		7,16	
Fahrwerk	U-Profil-Preßstahl-Rahmenträger		Zentralkastenrahmen gegabelt	
Vorderradaufhängung	1 Rad, Schwinghebel, Auslegerfeder		2 Querfedern	
Hinterradaufhängung	je 2 Viertelfedern quer		je 2 Viertelfedern quer	
Lenkung	Schnecke		Zahnstange	
Fußbremse	Mechanisch, Hinterräder		Mechanisch, 4 Räder	
Handbremse	Mechanisch, Vorderrad		Mechanisch, 4 Räder	
Schmierung	Nippel		Nippel	
Allgemeine Daten				
Radstand	1900 mm		2400 mm	
Spur vorn/hinten	vorn 1 Rad, hinten 1280 mm		1150/1150 mm	
Gesamtmaße	3100 x 1500 x 1400 mm		3750 x 1360 x 1500 mm	
Räder	Scheiben		Scheiben	
Reifen	3,50 oder 4,00–19 Superballon		3,50 oder 4,00–19 Superballon	
Wendekreis-∅			12 Meter	
Wagengewicht	350 kg		620 kg	
Zuläss. Gesamtgewicht	500 kg		840 kg	
Höchstgeschwindigkeit	50 km/h		65 km/h	70 km/h
Verbrauch/100 km	5 Liter Gemisch		8 Liter Gemisch	8,5 Liter Gemisch
Kraftstofftank	8 Liter (vorn im Wagen)		20 Liter (vorn im Wagen)	
Preise				
Limousine 2 Sitze	RM 1460,–	RM 1510,–	–	–
Zweisitzer offen	RM 1360,–	RM 1410,–	–	–
Limousine 2 Türen	–	–	RM 1650,–	RM 1680,–
Cabrio-Limousine 2 Türen	–	–	–	RM 1720,–

Goliath

Hansa 1100
Limousine 2 Türen
1934–1937

Hansa 1100
Cabriolet 2 Fenster
1934–1937

Hansa 1700
Sportwagen 2 Sitze
Karosserie Hebmüller
1936–1937

Hansa 1700
Sport-Cabriolet 2 Sitze
1935–1937

	Hansa 1100 1934 – 1939	Hansa 1700 1934 – 1939
Motor	Hansa H 1100	Hansa H 1700
Zylinderzahl	4 (Reihe)	6 (Reihe)
Bohrung x Hub	65 x 82 mm	65 x 82 mm
Hubraum	1088 ccm	1634 ccm
Leistung	27,5 PS bei 3600 U/min	40 PS bei 3800 U/min
Verdichtung	1:5,8	1:5,8
Vergaser	1 Flachstromvergaser Solex 26 BFLH	1 Flachstromvergaser Solex 30 BFLH
Ventile	Hängend Seitliche Nockenwelle Antrieb durch Stirnräder	Hängend Seitliche Nockenwelle Antrieb durch Stirnräder
Kurbelwellenlager	3	4
Kühlung	Pumpe, 8,2 Liter Wasser	Pumpe, 9,5 Liter Wasser
Schmierung	Druckumlauf, 4 Liter Öl	Druckumlauf, 6 Liter Öl
Batterie	6 V 60 Ah	6 V 70 Ah
Lichtmaschine	90 W	90 W
Anlasser	0,6 PS	0,6 PS
Kraftübertragung	Antrieb auf Hinterräder	Antrieb auf Hinterräder
Kupplung	Einscheibentrockenkupplung	Einscheibentrockenkupplung
Schaltung	Schalthebel Wagenmitte	Schalthebel Wagenmitte
Getriebe	4 Gang	4 Gang
Synchronisierung	Ohne	Ohne
Übersetzungen	I. 3,79 II. 2,37 III. 1,54 IV. 1,00	I. 3,79 II. 2,37 III. 1,54 IV. 1,00
Antriebs-Übersetzung	5,28	4,62 oder auch 5,28
Fahrwerk	Zentralkastenrahmen, vorn gegabelt	Zentralkastenrahmen, vorn gegabelt
Vorderradaufhängung	2 Querfedern	2 Querfedern
Hinterradaufhängung	Pendel-Schwingachse, 1 Querfeder oben	Pendel-Schwingachse, 1 Querfeder oben
Lenkung	Schraube	Schraube
Fußbremse	Hydraulisch, 4 Räder, Trommel-∅ 240 mm	Hydraulisch, 4 Räder, Trommel-∅ 240 mm
Handbremse	Mechanisch, Hinterräder	Mechanisch, Hinterräder
Schmierung	Nippel	Nippel
Allgemeine Daten		
Radstand	2700 mm	2870, Sport-Modelle 2700 mm
Spur vorn/hinten	1280/1320 mm	1280/1320 mm
Gesamtmaße	4100 x 1525 x 1470 mm	4270 (Sport-Modelle 4100) x 1525 x 1470 mm
Räder	Scheiben oder Lochscheiben	Scheiben oder Lochscheiben Sport-Modelle auf Wunsch Drahtspeichen
Felgen	2,75 D x 17 bzw. (ab 1937) 3,25 D x 16	2,75 D x 17 bzw. (ab 1936) 3,00 D x 17 bzw. (ab 1937) 3,25 D x 16
Reifen	4,50–17 bzw. (ab 1937) 5,00 oder 5,25–16	4,50–17 bzw. (ab 1936) 4,75–17 bzw. (ab 1937) 5,00 oder 5,25–16
Wendekreis	13 Meter	14 Meter, Sport-Modelle 13 Meter
Fahrgestellgewicht	520 kg	560 kg, Sport-Modelle 535 kg
Wagengewicht	Limousine und Cabriolet 1020 kg	Limousine und Cabriolet 1080 kg Sport-Cabriolet 1050 kg
Zuläss. Gesamtgewicht	Limousine 1340, Cabriolet 1325 kg	Limousine und Cabriolet 1430 kg Sport-Cabriolet 1360 kg
Höchstgeschwindigkeit	90 km/h	100 km/h, Sport-Modelle 103 km/h
Verbrauch/100 km	9,5 Liter	11,5 Liter
Kraftstofftank	38 Liter (im Motorraum)	38 Liter (im Motorraum)

Preise	Hansa 1100 1934	Hansa 1100 1935	Hansa 1100 1936/37	Hansa 1700 1934	Hansa 1700 1935	Hansa 1700 1936/37
Limousine 2 Türen	RM 2750,–	RM 2850,–	RM 2950,–	RM 3250,–	RM 3350,–	RM 3450,–
Cabrio-Limousine 2 Türen	RM 2850,–	RM 2850,–	RM 2950,–	RM 3350,–	RM3350,–	RM 3450,–
Cabriolet 4 Sitze	RM 3150,–	RM 3250,–	RM 3350,–	RM 3650,–	RM 3750,–	RM 3850,–
Sport-Cabriolet 2 Sitze	–	–	RM 3950,–	–	RM 4200,–	RM 4450,–
Sportwagen 2 Sitze	–	–	–	–	–	RM 4980,–

Bild oben:
Hansa 2000 (1938)
Borgward 2000 (1939)
Cabrio-Limousine 4 Türen

Bild links:
Borgward 2300
Cabriolet 4 Fenster
1939

Hansa 2000 (1938) Borgward 2000 und 2300 (1939–1942)

Im Februar 1937 wird der wiederum sehr ansprechende Hansa 2000 mit Sechszylinder-Motor vorgestellt. Seine Produktion beginnt etwa ein Jahr später. 1939 wird die Marke Hansa durch den Namen Borgward ersetzt. Anfang Oktorber 1939 tritt der Borgward 2300 an die Stelle des Zweiliter-Modells. Der Borgward 2300 ist der einzige Personenwagen-Typ, welcher nach dem Schell-Plan im Bauprogramm der Borgward-Werke verbleiben soll. Die Produktion ging 1942 zu Ende.

Hansa 3500 (1937–1939)

Auf der Berliner Automobil-Ausstellung 1936 stand der Hansa »Privat«, Prototyp des von 1937 bis 1939 in kleiner Auflage gebauten Hansa 3500. Während aber der Prototyp eine neue Vorderradaufhängung mit Doppel-Querlenkern und schräg angeordneter Doppel-Schraubenfeder besaß, kehrte Borgward beim Produktionsmodell doch wieder zur damals bewährten Doppel-Querfeder zurück. Der Namen des Prototyps verrät dem Kenner, daß Borgward den großen 3,5 Liter-Wagen ursprünglich nur für sich selbst, also für seinen »privaten« Gebrauch entwickelte. 15 Jahre später verhielt sich's mit dem Borgward Hansa 2400 ähnlich.

Hansa 3500
Limousine 4 Türen
1937–1939

	Hansa 2000 1938 Borgward 2000 1939	Borgward 2300 1939 – 1942	Hansa 3500 1937 – 1939
Motor	Hansa 6 M 2 P	Borgward 6 M 2,3 P	Hansa H 3500
Zylinderzahl	6 (Reihe)	6 (Reihe)	6 (Reihe)
Bohrung x Hub	70 x 85 mm	72 x 92 mm	82 x 110 mm
Hubraum	1962 ccm	2247 ccm	3485 ccm
Leistung	48 PS bei 3800 U/min	55 PS bei 3800 U/min	90 PS bei 3600 U/min
Verdichtung	1:6	1:6	1:6
Vergaser	2 Flachstromvergaser Solex 30 BFRH	2 Flachstromvergaser Solex 30 BFRH	1 Doppel-Fallstromvergaser Solex 40 JFF bzw. (ab 1938) 2 Flachstromvergaser Solex 35 BFH
Ventile	Hängend Seitliche Nockenwelle Antrieb durch Stirnräder	Hängend Seitliche Nockenwelle Antrieb durch Stirnräder	Hängend Seitliche Nockenwelle Antrieb durch Stirnräder
Kurbelwellenlager	4	4	4
Kühlung	Pumpe, 10 Liter Wasser	Pumpe, 10 Liter Wasser	Pumpe, 16 Liter Wasser
Schmierung	Druckumlauf, 8 Liter Öl	Druckumlauf, 6,5 Liter Öl	Druckumlauf, 9 Liter Öl
Batterie	6 V 75 Ah (im Motorraum)	6 V 90 Ah (im Motorraum)	6 V 75 Ah (im Motorraum)
Lichtmaschine	90 W	90 W	90 W
Anlasser	0,8 PS	0,8 PS	1,2 PS
Kraftübertragung	Antrieb auf Hinterräder	Antrieb auf Hinterräder	Antrieb auf Hinterräder
Kupplung	Einscheibentrockenkupplung	Einscheibentrockenkupplung	Einscheibentrockenkupplung
Schaltung	Schalthebel Wagenmitte	Schalthebel Wagenmitte	Schalthebel Wagenmitte
Getriebe	4 Gang	4 Gang	4 Gang ZF
Synchronisierung	II – IV	II – IV	II – IV
Übersetzungen	I. 3,48 II. 2,22 III. 1,48 IV. 1,00	I. 3,48 II. 2,22 III. 1,48 IV. 1,00	I. 3,66 II. 2,08 III. 1,48 IV. 1,00
Antriebs-Übersetzung	4,11	4,11	3,80
Fahrwerk	Zentralkastenrahmen, vorn und hinten gegabelt		
Vorderradaufhängung	2 Querfedern		
Hinterradaufhängung	Pendel-Schwingachse, 1 Querfeder oben		
Lenkung	Schraube		
Fußbremse	Hydraulisch, 4 Räder		
Handbremse	Mechanisch, Hinterräder		
Schmierung	Zentral		
Allgemeine Daten			
Radstand	2880 mm	2880 mm	3115 mm
Spur vorn/hinten	1300/1340 mm	1300/1340 mm	1400/1440 mm
Gesamtmaße	4500 x 1600 x 1540 mm	4500 x 1600 x 1540 mm	4800 x 1720 x 1570 mm
Räder	Scheiben oder Lochscheiben	Lochscheiben	Lochscheiben
Felgen	3,25 oder 3,50 D x 16	3,50 D x 16	4,00 E x 16
Reifen	5,50 – 16	5,50 – 16	6,00 – 16
Wendekreis	12 Meter	12 Meter	12,8 Meter
Fahrgestellgewicht	700 kg	700 kg	1000 kg
Wagengewicht	1260 kg	1260 kg	1640 kg
Zuläss. Gesamtgewicht	1600 kg	1600 kg	2065 kg
Höchstgeschwindigkeit	115 km/h	120 km/h	125 km/h
Beschleunigung 0 – 100 km/h	32 sec	32 sec	
Verbrauch/100 km	12,5 Liter	12,5 Liter	17 Liter
Kraftstofftank	47 Liter (im Heck)	47 Liter (im Heck)	70 Liter (im Heck)
Preise			
Limousine 4 Türen	RM 4250,–	RM 4350,–	RM 5950,–
Cabrio-Limousine 4 Türen	RM 4350,–	RM 4450,–	RM 5950,–
Cabriolet 2 Türen	RM 5150,–	RM 5250,–	

Horch

August Horch (1868–1951) zählt zu den ältesten Pionieren des Automobilbaus. Der Sohn eines Schmiedemeisters in Winningen an der Mosel schaffte es, obwohl er nur die Volksschule besucht und anschließend das väterliche Handwerk erlernt hatte, Ingenieur zu werden. 1895 bis 1899 finden wir August Horch als Betriebsleiter bei Carl Benz. Ende 1899 gründete er in Köln einen eigenen Betrieb. Die ersten Horch-Wagen, die 1900 fertiggestellt wurden, fanden viel Beachtung. Beeindruckt von der modernen Bauweise französischer Automobile hatte Horch, was bis dahin noch keine deutsche Firma gemacht hatte, den Motor nach vorn verlegt und das Fahrgestell von der Karosserie getrennt. 1902 übersiedelte Horch mit seiner zum Industriebetrieb gewachsenen Firma nach Reichenbach im Vogtland und schließlich 1904 nach Zwickau, wobei die Motorwagen-Werke A. Horch & Cie. in eine Aktiengesellschaft umgewandelt wurden. Die inzwischen entwickelten Vierzylinder-Modelle bewährten und verkauften sich gut. 1906 siegte ein Horch-Wagen in der Herkomer-Fahrt, dem wichtigsten motorsportlichen Ereignis jener Zeit, womit der Weltruf der jungen Marke begründet wurde. August Horch selbst freilich geriet angesichts der hohen Kosten seiner konstruktiven und sportlichen Betätigung in Konflikte mit dem Aufsichtsrat der Firma, bis er sie im Sommer 1909 verließ. Wenige Wochen später eröffnete Horch, wiederum in Zwickau, die Audi-Automobilwerke, welche sich ebenfalls durch die Qualität ihrer Erzeugnisse sowie durch Sporterfolge einen guten Namen machten. Aber 1920 gab Horch auch bei Audi die Geschäftsführung ab, um sich fortan bei Ministerien und Verbänden in Berlin zu betätigen. 1922 wurde er Ehrendoktor der Technischen Hochschule in Braunschweig. Später gewann er als Aufsichtsratmitglied der Auto Union AG. wieder Verbindung zu seinen beiden früheren Fabriken.

Nachdem August Horch die Firma seines Namens verlassen hatte, zehrte diese noch jahrelang von den Konstruktionen ihres Gründers, bis 1920 die Horch-Werke AG. von der Argus-Motoren-Gesellschaft (Berlin-Reinickendorf) übernommen wurde. Deren Hauptgesellschafter und Geschäftsführer Dr. Moritz Straus lenkte nun bis 1932 als Aufsichtsratvorsitzender die Geschicke der Marke Horch. Er ließ in Berlin ein gemeinsames Konstruktionsbüro für Argus und Horch einrichten, wo Oberingenieur Arnold Zoller einen neuen Wagen entwarf, der 1922 als Horch 10/35 PS auf den Markt kam. Von 1923 bis 1929 leitet Baurat Paul Daimler (1869–1945) das Konstruktionsbüro beider Firmen. 1925 stellten die Horch-Werke auf Bandfertigung um, so daß nun 1500 Arbeiter eine Tagesleistung von 8 bis 10 Wagen erbringen. 1929 stellen 2500 Arbeiter 14 bis 16 Wagen täglich her. 1931 freilich sinkt die Belegschaft wieder auf 1500 Beschäftigte ab. 1930 war die Konstruktionsabteilung für Automobile nach Zwickau zurückverlegt worden. Nachdem Argus mit dem Flugmotorenbau jetzt wieder genug zu tun hatte, während das Automobilgeschäft infolge der Wirtschaftskrise beträchtliche Verluste einbrachte, überließ Dr. Moritz Straus die Horch-Werke der Auto Union AG. In diesem neuen Konzern wurden 1931/32 die vier sächsischen Automobilfabriken Audi, DKW, Horch und Wanderer zusammengeschlossen. Als Generaldirektor amtierte bis 1945 Dr. Richard Bruhn (1886–1964), der 1930 von der Sächsischen Staatsbank als Finanzvorstand bei DKW eingesetzt worden war. Zum Technischen Vorstand der Auto Union AG. berief man zunächst J. S. Rasmussen, dem 1935 der seitherige Horch-Direktor und spätere Dr.-Ing. e. h. William Werner folgte. 1945 bedeutete das Ende der Marke Horch. Die Auto Union AG. wurde entschädigungslos enteignet. Die einstigen Fabrikationsstätten von Horch und von Audi bilden heute den VEB (»Volkseigenen« Betrieb) Sachsenring-Automobilwerke, die den Zweitakt-Kleinwagen Trabant herstellen.

Horch-Wagen galten stets als nobel und vornehm. Sie waren zwar schwer und behäbig, jedoch wurde ihre Qualität geschätzt, ihre solide Bauweise, ihre Zuverlässigkeit und Ausdauer, und dies alles zu einem nicht übertrieben hohen Preis. Über 30000 Horch Achtzylinder wurden gebaut, wovon die Hälfte auf die kleineren V8-Typen entfiel. Den Krieg haben schätzungsweise 1000 Horch-Wagen überlebt, nämlich etwa 700 in Westdeutschland und vielleicht 300 in der damaligen Sowjetzone und im Ausland. Die Masse des einst vorhanden gewesenen Bestandes war bei den Wehrmachtstäben verschlissen worden. Die Horchs, die

Produktion

Horch 10/50 PS	1924 – 1927	2330
Horch 8	1926 – 1931	max. ca. 8000
Horch 8	1931 – 1934	max. ca. 4000
Horch 12	1931 – 1934	ca. 80
Horch 830, 830 B, 830 BK	1933 – 1936	ca. 3500
Horch 830 BL	1935 – 1940	ca. 6200
Horch 830 R (Wehrmacht-Kübelwagen)	1934 – 1938	ca. 4200
Horch 930 V	1937 – 1940	ca. 2000
Horch 930 V Roadster	1938 – 1939	ca. 30
Horch 850, 851, 951, 951 A	1935 – 1940	ca. 1200
Horch 850-Sport, 853, 853 A	1935 – 1940	ca. 1000
Horch 855 Roadster	1938 – 1939	ca. 10

übrigblieben, wurden in den Jahren nach 1945 von prominenten Leuten und anderen, die sich für solche hielten, so lange gefahren und dann achtlos beiseite gestellt, bis es wieder neue Autos gab. Heute existieren in betriebsfähigem Zustand auf der ganzen Welt – sehr viele davon in Amerika – wohl noch an die 200 Automobile, welche den Namen Horch tragen. Sammler klassischer Personenwagen zahlen dafür, sofern es sich nicht gerade um eine der leichter erhältlichen 830 BL Pullman-Limousinen handelt, mehr als den einstigen Neupreis.

10/35 PS Horch Tourenwagen Baujahr 1923
Karosserie: Voll & Ruhrbeck (Berlin)
Besitzer: Bengt Stange, Täby (Schweden)

Horch 10/35 PS
Stadt-Coupé 1923/24

Horch 10/35 und 10/50 PS (1922–1927)

Von 1919 an führten die Horch-Werke ihr weitgespanntes Vorkriegsprogramm weiter, nicht weniger als 8 Personenwagentypen vom kleinen 6/18 PS (1,6 Liter Hubraum) bis zum monströsen 33/80 PS (8,5 Liter Hubraum), dazu noch etliche Liefer- und Lastwagen. Dieses Riesenaufgebot überalterter Automobile bestand bis 1922.

Im April 1921 übernahmen die Horch-Werke die Konstruktion eines völlig neuen 10/35 PS-Wagens, den der Schweizer Oberingenieur Arnold Zoller bei der Argus-Motoren-Gesellschaft entworfen hatte. Dieser ab 1922 gebaute Einheitstyp zeichnete sich zwar durch fortschrittliche Merkmale aus, doch fehlte ihm die notwendige Reife und Zuverlässigkeit. Den Motor gab es übrigens in drei Versionen, nämlich in der serienmäßigen Machart als Seitenventil-Vierzylinder, ferner mit den gleichen Abmessungen als Vierzylinder- und als Sechszylinder-Königswellenmotor. Von den beiden letzteren Ausführungen wurden jedoch nur wenige Exemplare angefertigt.

Nun unterzog Baurat Paul Daimler den 10/35 PS einer radikalen Kur, wobei er sich hinsichtlich des Motors auf den Königswellen-Vierzylinder stützte. Der Horch 10/50 PS, der im Herbst 1924 erschien, besaß normale Hinterfedern statt der vertrackten Konstruktion des Vormodells, die nichts einbrachte. Außerdem kennzeichneten ihn Linkslenkung, Mittelschaltung und – als ersten deutschen Wagen – Vierradbremsen. Der Horch 10/50 PS gewann einen guten Ruf. Werkseitig wurden ausschließlich Sechssitzer-Karosserien aus eigener Fertigung angeboten.

Horch 10/50 PS
Tourenwagen 6 Sitze
1924–1927

	Horch 10/35 PS Typ 10 M 20 1922 – 1924	Horch 10/50 PS Typ 10 M 25 1924 – 1926
Motor		
Zylinderzahl	4 (Reihe)	4 (Reihe)
Bohrung x Hub	80×130 mm	80×130 mm
Hubraum	2612 ccm	2612 ccm
Leistung	35 PS bei 2000 U/min	50 PS bei 2800 U/min
Verdichtung		1:5,4
Vergaser	1 Pallas	1 Flachstromvergaser Zenith 36
Ventile	Seitlich stehend Seitliche Nockenwelle Antrieb durch Stirnräder	Hängend Obenliegende Nockenwelle Antrieb durch Königswelle mit Kegelrädern
Kurbelwellenlager	3	3
Kühlung	Pumpe (Wasser)	Pumpe (Wasser)
Schmierung	Druckumlauf	Druckumlauf
Zündung	Magnetzünder	Magnetzünder
Batterie	12 V	12 V (unter Fahrersitz)
Kraftübertragung	Antrieb auf Hinterräder	Antrieb auf Hinterräder
Kupplung	Mehrscheibenkupplung im Ölbad	Mehrscheibenkupplung im Ölbad
Schaltung	Schalthebel innen rechts	Schalthebel innen rechts bzw. (1926) Wagenmitte
Getriebe	4 Gang	4 Gang
Übersetzungen	I. 4,50 II. 2.75 III. 1,70 IV. 1,00	I. 4,25 II. 2,58 III. 1,62 IV. 1,00
Antriebs-Übersetzung	4,67	4,78
Fahrwerk	U-Profil-Preßstahl-Rahmen	U-Profil-Preßstahl-Rahmen
Vorderradaufhängung	starr, Halbfedern	starr, Halbfedern
Hinterradaufhängung	1922: starr, beiderseits je zwei gegenein-andergestellte Viertelfedern Ab 1923: starr, Halbfedern (über Achse)	starr, Underslung-Halbfedern
Lenkung	Schnecke, rechts	Schnecke, rechts bzw. (ab 1926) links
Fußbremse	Mechanisch, Hinterräder	Mechanisch, 4 Räder
Handbremse	Mechanisch, Hinterräder	Mechanisch, Hinterräder
Schmierung	Nippel	Nippel
Allgemeine Daten		
Radstand	3220 mm	3300 mm
Spur vorn/hinten	1380 mm	1420 mm
Gesamtmaße	4550 x 1600 x 2250 mm	4500 x 1730 x 2000 mm
Räder	Stahlspeichen	Stahl- oder Drahtspeichen
Reifen	820 x 120 mm	820 x 135 mm oder 33 x 6,20 Niederdruck
Fahrgestellgewicht	1050 kg	1250 kg
Wagengewicht	Tourenwagen 1300 kg	Tourenwagen 1870 kg Pullman-Limousine 2100 kg Cabriolet 2150 kg
Zuläss. Belastung	600 kg	450 kg
Höchstgeschwindigkeit	80 km/h	95 km/h
Verbrauch/100 km	15 Liter	15 Liter
Kraftstofftank	im Heck	im Heck
Preise		Tourenwagen 6 Sitze RM 12875,– Limousine 6 Sitze mit abnehmbarem Dach RM 15250,– Pullman-Limousine 6 Sitze RM 15750,– Coupé-Cabriolet 6 Sitze RM 16750,–

Horch 8 (1926–1930)

Mit der Modernisierung und dem damit erreichten Verkaufserfolg des Horch 10/50 PS gewann Baurat Paul Daimler jene paar Jahre Zeit, die er brauchte, um ein Klasse-Automobil nach seinen Vorstellungen zu bauen. Das wurde der Horch »8«, Deutschlands erster serienmäßiger Achtzylinder, der im Oktober 1926 als Sensation der Berliner Automobil-Ausstellung vorgestellt wurde. Er besaß einen glattflächig gestalteten Reihen-Achtzylinder-Motor mit zwei durch Königswelle angetriebenen Nockenwellen im Kopf. Das Fahrgestell war, von der Bosch-Dewandre-Saugluftbremse abgesehen, ohne technische Besonderheit, aber äußerst sorgfältig gebaut. Auch die eckige Flachdach-Limousine und die anderen Karosserien entsprachen dem damaligen Stil, boten aber verarbeitungs- und ausstattungsmäßig beste Qualität. Der ganz große Erfolg des Horch »8« stellte sich mit dem Typ 350 ein, der im Mai 1928 mit größerem Motor und vor allem mit einer Serie neuer, von Professor Hadank gestalteter Karosserien erschien. Diese zeichneten sich durch eine ungemein elegante, aber dennoch gediegene und harmonische Linienführung aus, die den Horch »8« zum schönsten deutschen Serienwagen seiner Zeit machten und gleichzeitig zum ersten deutschen, der sowohl im Preis und in der Leistung als auch in seiner äußeren Erscheinung zum Buick und anderen großen Amerikanerwagen endlich eine gleichwertige Alternative bot. Übrigens hatte Professor Hadank auch die berühmte Kühlerfigur des Typs 350, den geflügelten Pfeil, entworfen.

Horch 8
12/60 PS Typ 303
Limousine 4 Türen
1926–1927
(Besitzer: Deutsches Museum München)

Horch 8
16/80 PS Typ 350
Pullman-Limousine
1928

Horch 8
16/80 PS Typ 350
Sport-Cabriolet
1927–1928

Horch 8
16/80 PS Typ 350
Pullman-Cabriolet
1927–1928

Horch 8
16/80 PS Typ 375
Pullman-Limousine
1929–1930

HORCH

	Horch 8 12/60 PS Typ 303 1926 – 1927	Horch 8 12/60 PS Typ 304 1927	Horch 8 13/65 PS Typ 305 1927 – 1928	Horch 8 13/65 PS Typ 306 1927 – 1928
Motor				
Zylinderzahl	8 (Reihe)		8 (Reihe)	
Bohrung x Hub	65 x 118 mm		67,5 x 118 mm	
Hubraum	3132 (Steuer 3110) ccm		3378 (Steuer 3355) ccm	
Leistung	60 PS bei 3200 U/min		65 PS bei 3200 U/min	
Verdichtung	5,4 : 1		5,4 : 1	
Vergaser	1 Flachstromvergaser Solex 40 MOV		1 Flachstromvergaser Solex 40 MOV	
Ventile	Hängend 2 obenliegende Nockenwellen Antrieb durch Königswelle mit Kegelrädern		Hängend 2 obenliegende Nockenwellen Antrieb durch Königswelle mit Kegelrädern	
Kurbelwellenlager	5		5	
Kühlung	Pumpe, 27 Liter Wasser		Pumpe, 30 Liter Wasser	
Schmierung	Druckumlauf, 14 Liter Öl		Druckumlauf, 14 Liter Öl	
Zündung	Batteriezündung		Batteriezündung	
Batterie	12 V 60 Ah		12 V 60 Ah	
Lichtmaschine	100 W		100 W	
Anlasser	1,2 PS		1,2 PS	
Kraftübertragung	Antrieb auf Hinterräder		Antrieb auf Hinterräder	
Kupplung	Mehrscheibentrockenkupplung		Mehrscheibentrockenkupplung	
Schaltung	Schalthebel Wagenmitte		Schalthebel Wagenmitte	
Getriebe	4 Gang Horch		4 Gang Horch	
Synchronisierung	Ohne		Ohne	
Übersetzungen	I. 4,12 II. 2,56 III. 1,62 IV. 1,00		I. 4,12 II. 2,56 III. 1,62 IV. 1,00	
Antriebs-Übersetzung	5,55, auf Wunsch 5,00		5,11 auf Wunsch 5,55	
Fahrwerk	U-Profil-Preßstahl-Rahmen		U-Profil-Preßstahl-Rahmen	
Vorderradaufhängung	starr, Halbfedern		starr, Halbfedern	
Hinterradaufhängung	starr, Underslung-Halbfedern		starr, Underslung-Halbfedern	
Lenkung	Schraube links		Schraube links	
Fußbremse	Mechanisch mit Saugluftunterstützung (Bosch-Dewandre), 4 Räder Trommel-∅ 401 mm		Mechanisch mit Saugluftunterstützung (Bosch-Dewandre), 4 Räder Trommel-∅ 401 mm	
Handbremse	Mechanisch, Hinterräder		Mechanisch, Hinterräder	
Schmierung	Nippel		Nippel	
Allgemeine Daten				
Radstand	3450 mm	3160 mm	3450 mm	3160 mm
Spur vorn/hinten	1425/1414 mm	1425/1414 mm	1425/1414 mm	1425/1414 mm
Gesamtmaße	4700 x 1765 x 1900 mm	4400 x 1765 x 1900 mm	4700 x 1765 x 1900 mm	4400 x 1765 x 1900 mm
Räder	Stahlspeichen	Stahlspeichen	Stahlspeichen	Stahlspeichen
Reifen	32 x 6,50/20	32 x 6,50/20	32 x 6,50/20	32 x 6,50/20
Wendekreis	14,5 Meter	13,5 Meter	14,5 Meter	13,5 Meter
Fahrgestellgewicht	1400 kg	1350 kg	1400 kg	1350 kg
Wagengewicht	Tourenwagen 1890 kg Pullman-Limousine 1950 kg	Cabriolet 1800 kg	Tourenwagen 1890 kg Pullman-Limousine 1950 kg	Cabriolet 1800 kg
Zuläss. Belastung	650 kg	650 kg	650 kg	650 kg
Höchstgeschwindigkeit	100 km/h	100 km/h	100 km/h	100 km/h
Verbrauch/100 km	17 Liter	17 Liter	17 Liter	17 Liter
Kraftstofftank	100 Liter (im Heck)	100 Liter (im Heck)	100 Liter (im Heck)	100 Liter (im Heck)
Preise				
Fahrgestell	RM 10400,–	RM 10400,–	RM 10400,–	RM 10400,–
Tourenwagen 6 Sitze	RM 11900,–	–	RM 11900,–	–
Pullman-Limousine	RM 12900,–	–	RM 12900,–	–
Pullman-Cabriolet	RM 17000,–	–	RM 17000,–	–
Weymann-Limousine 4 Sitze	–	–	–	RM 11900,–
Roadster-Cabriolet 2 Sitze	–	RM 11900,–	–	RM 11900,–
Cabriolet 4 Sitze 2 Fenster	–	RM 15900,–	–	RM 15900,–
Cabriolet 4 Sitze 4 Türen	–	–	–	–

Horch 8 16/80 PS Typ 350 1928 – 1930		Horch 8 16/80 PS Typ 375 1929 – 1930	Horch 8 16/80 PS Typ 400 1930 – 1931	Horch 8 16/80 PS Typ 405 1930 – 1931
8 (Reihe)				
73 x 118 mm				
3950 (Steuer 3924) ccm				
80 PS bei 3200 U/min				
5,4 : 1				
1 Flachstromvergaser Solex 40 MOV bzw. (Typ 375 und 405) 1 Doppel-Steigstromvergaser Solex 35 MMOV				
Hängend				
2 obenliegende Nockenwellen				
Antrieb durch Königswelle mit Kegelrädern				
5				
Pumpe, 27 Liter Wasser				
Druckumlauf, 14 Liter Öl				
Batteriezündung				
12 V 75 Ah bzw. (Typ 350) 12 V 60 Ah				
100 W bzw. (Typ 400 und 405) 90 W				
1,2 PS				
Antrieb auf Hinterräder				
Mehrscheibentrockenkupplung bzw. (Typ 400) Einscheibentrockenkupplung				
Schalthebel Wagenmitte				
4 Gang Horch			3 Gang Horch	4 Gang Horch
Ohne			Ohne	Ohne
I. 4,12			I: 3,11	I. 4,12
II. 2,56			II. 1,70	II. 2,56
III. 1,62			III. 1,00	III. 1,62
IV. 1,00				IV. 1,00
5,11, auf Wunsch 5,33 oder 5,55			4,90	4,90
U-Profil-Preßstahl-Rahmen			U-Profil-Preßstahl-Niederrahmen	
starr, Halbfedern			starr, Halbfedern	
starr, Underslung-Halbfedern			starr, Underslung-Halbfedern	
Schraube bzw. (Typ 375) Schnecke ZF-Gemmer			Schnecke ZF-Roß	
Mechanisch mit Saugluftunterstützung			Mechanisch, 4 Räder	
(Bosch-Dewandre), 4 Räder			Trommel-∅ 401mm	
Trommel-∅ 401 mm				
Mechanisch, Hinterräder			Mechanisch, Hinterräder	
Zentral			Zentral	
3160 mm	3450 mm	3450 mm	3160 mm	3450 mm
1425/1414 mm	1425/1414 mm	1462/1490 mm	1434/1477 mm	1434/1477 mm
4720 x 1765 x 1900 mm	5000 x 1765 x 1900 mm	5250 x 1800 x 1820 mm	4720 x 1750 x 1760 mm	5010 x 1750 x 1760 mm
verschieden	verschieden	verschieden	Scheiben	Scheiben
32 x 6,50/20	32 x 6,50/20	32 x 6,50/20	6,00–19	6,50–19
13,5 Meter	14,5 Meter	14,5 Meter	13,5 Meter	14,5 Meter
1350 kg	1400 kg	1500 kg	1350 kg	1400 kg
Cabriolet	Pullman-Limousine	Pullman-Limousine	Cabriolet	Pullman-Limousine
1920 kg	2100 kg	2200 kg	1760 kg	2000 kg
			Limousine	
			1850 kg	
620 kg	650 kg	600 kg	620 kg	650 kg
100 km/h	100 km/h	100 km/h	100 km/h	100 km/h
19 Liter	19 Liter	19 Liter	19 Liter	19 Liter
90 Liter (im Heck)	90 Liter (im Heck)	90 Liter (im Heck)	75 Liter (im Heck)	75 Liter (im Heck)
–		RM 14250,–	Limousine 4 Sitze	Pullman-Limousine
–	RM 12800,–	RM 14750,–	RM 8750,–	RM 10800,–
–	RM 13800,–	RM 19250,–	Cabriolet 2 Fenster	
–		–	RM 9840,–	
–	–	–		
RM 14800,–	–	RM 15750,–		
–	–	RM 17750,–		

Horch 8 (1930–1935)

Paul Daimlers Nachfolger Fritz Fiedler, der 1929 von Stoewer kam und 1932 zu BMW ging, machte den Achtzylinder kurzhubiger, verdoppelte die Zahl der Kurbelwellenlager von 5 auf 10, begnügte sich aber dafür mit nur einer Nockenwelle, zumal der seitherige Ventiltrieb unnötig teuer und überdies anfällig war. Damals erfolgte auch – ganz allgemein im Automobilbau – der Übergang auf Fahrgestelle mit Nieder- oder Tiefrahmen. Und schließlich zwang die wirtschaftliche Depression zu einer noch preisgünstigeren Ausführung des Horch »8«. Im Mai 1930 begann die 400er-Modellreihe, gekennzeichnet durch den Niederrahmen. Die Typen 400 und 405 behielten noch den Zweinockenwellenmotor, der erst ab 1931 durch den Fiedlerschen Achtzylinder ersetzt werden konnte. Diesen gab es in drei Versionen mit 4, 4,5 und 5 Liter Hubraum, wozu vorübergehend, der Notzeit angepaßt eine auf 3 Liter reduzierte Ausgabe kam. Mit diesem Sparmodell wurde der Horch »8« zwar nicht billiger beim Kauf, aber etwas weniger kostspielig inbezug auf Steuer und Verbrauch. Insgesamt gab es in den Jahren von 1930 bis 1935 eine Menge verschiedener Horch-Modelle, indes blieb solche Vielfalt durchaus rationell, denn es handelte sich dabei lediglich um Kombinationen weniger, untereinander nah verwandter Motoren mit einem einheitlichen, nur durch dreierlei Radstände abgewandelten Fahrgestell sowie einer Serie durchgehend verwendeter Karosserien von be-

Horch 8 Typ 400 (4 Liter) Sport-Cabriolet 1931

Horch 8 Typ 470 (4,5 Liter) Sport-Cabriolet 1931–1932

merkenswert eleganter Machart, wobei die Limousinen im eigenen Werk, die Cabriolets bei Gläser (Dresden), Deutsch (Köln) und anderen Firmen hergestellt wurden. Schon vom Typ 375 an war übrigens der geflügelte Pfeil, den manche Leute für zu aggressiv und gefährlich gehalten hatten, durch eine geflügelte Weltkugel ersetzt worden.

Horch 12 (1931–1934)

Fast gespenstisch mutet es einen an, daß Horch zum Pariser Salon 1931 einen Zwölfzylinder-Typ herausbrachte, ein Monstrum, welches kaum recht zu den krisenhaften Zeitläufen paßte. Man war dabei offenbar von dem Ehrgeiz beseelt, dem Großen Mercedes Typ 770 und dem Maybach Zeppelin Zwölfzylinder ein im technischen Aufwand ebenbürtiges Fahrzeug der Spitzenklasse zu einem beträchtlich niedrigen Preis entgegenzustellen. Aber der Horch »12« bereitete weder seinen Schöpfern noch seinen Besitzern viel Freude, weshalb er es auch nur auf insgesamt 81 Stück brachte, deren letztes im Februar 1935 das Werk verließ. Wie rar die Zwölfer glücklicherweise geblieben waren, fiel damals kaum auf, weil die äußerlich gleichen Modelle als Typ 500 B und 780 B mit dem 5 Liter Achtzylinder-Motor weit zahlreicher auf die Straße kamen. Für Leute mit geringerer Sachkunde waren dies lauter Zwölfzylinder-Horch.

Horch 8 Typ 500 (5 Liter) Pullman-Cabriolet 1930–1932

Horch 8 Typ 400 (4 Liter) Limousine 4 Sitze 1931–1933

Horch 8 Typ 780 (5 Liter) Viertüren-Cabriolet 1932–1934

Horch 8 Typ 750 (4,5 Liter) Cabriolet 1932–1934

Horch 8 Typ 750 B (4,5 Liter) Tourenwagen 6 Sitze 1934–1935

Horch 8 Typ 750 (4,5 Liter) Pullman-Cabriolet 1932–1934

Horch 8 Typ 750 B (4,5 Liter) Pullman-Limousine 1934–1935

Horch 8 Typ 750 B (4,5 Liter) Pullman-Cabriolet 1934–1935

Horch 8 Typ 500 B (5 Liter) Pullman-Limousine 1932–1934. In äußerlich nahezu gleicher Ausführung: Horch 12 Typ 600 (6 Liter) Pullman-Limousine 1932–1933.

Horch 8 Typ 780 (5 Liter) Viertüren-Cabriolet 1932–1934. In äußerlich nahezu gleicher Ausführung: Horch 12 Typ 670 (6 Liter) Viertüren-Cabriolet 1932–1934.

Horch 8 Typ 500 B (5 Liter) Pullman-Cabriolet 1932–1934. In äußerlich nahezu gleicher Ausführung: Horch 12 Typ 600 (6 Liter) Pullman-Cabriolet 1932–1933.

Horch Typ 780 bzw. 780 B (5 Liter) Cabriolet 1932–1935. Gleiche Karosserie mit dreigeteilter Frontscheibe wie Zwölfzylinder-Cabriolet, jedoch andere Vorderkotflügel und Trittbretter, seitlich angebrachte Reserveräder.

Horch 12 Typ 670 (6 Liter) Cabriolet 1931–1934. (Zweiteilige Kotflügel-Garnitur, kleinerer Trittbrettbelag, Reserveräder am Heck)

Horch 12 Typ 600 (6 Liter) Viertüren-Cabriolet. Sonderkarosserie von Gläser (Dresden) auf dem längeren Zwölfzylinder-Fahrgestell für den Genfer Salon 1932.

Horch 8 3 Liter Typ 430 1931 – 1932	Horch 8 4 Liter Typ 410 1931 – 1933	Horch 8 4 Liter Typ 440 1931 – 1932	Horch 8 4 Liter Typ 710 1932 – 1933	
8 (Reihe)	8 (Reihe)			
71 x 95 mm / 72,5 x 95 mm	82 x 95 mm			
3009 (Steuer 2988) ccm / 3137 (Steuer 3115) ccm	4014 (Steuer 3985) ccm			
65 PS bei 3400 U/min	80 PS bei 3400 U/min			
5,2 : 1	5,2 : 1			
1 Doppel-Steigstromvergaser Solex 35 MMOV	Typ 410 und 440: 1 Doppel-Steigstromvergaser Solex 35 MMOV Typ 710: 1 Doppel-Fallstromvergaser Solex 32 JFFP			
Hängend	Hängend			
1 obenliegende Nockenwelle	1 obenliegende Nockenwelle			
Antrieb durch Königswelle und Kegelräder	Antrieb durch Königswelle und Kegelräder			
10	10			
Pumpe, 24 Liter Wasser	Pumpe, 24 Liter Wasser			
Druckumlauf, 10 Liter Öl	Druckumlauf, 10 Liter Öl			
12 V 75 Ah	12 V 75 Ah			
130 W	130 W			
1,4 PS	1,4 PS			
Antrieb auf Hinterräder	Antrieb auf Hinterräder			
Ein- oder Mehrscheibentrockenkupplung	Einscheibentrockenkupplung			
Schalthebel Wagenmitte	Schalthebel Wagenmitte			
3 Gang Horch	3 Gang Horch	4 Gang Horch	4 Gang ZF-Aphon	
Ohne	Ohne	II – III	II – IV	
I. 3,11	I. 3,11	I. 4,12	I. 4,12	I. 2,78
II. 1,70	II. 1,70	II. 2,56	II. 2,48	II. 1,66
III. 1,00	III. 1,00	III. 1,62	III. 1,49	III. 1,00
		IV. 1,00	IV. 1,00	IV. 0,67
5,45	4,50, auf Wunsch 4,90	4,90	4,90	5,45
U-Profil-Preßstahl-Niederrahmen	U-Profil-Preßstahl-Niederrahmen			
starr, Halbfedern	starr, Halbfedern			
starr, Underslung-Halbfedern	starr, Underslung-Halbfedern			
Schnecke ZF-Roß	Schnecke ZF-Roß			
Mechanisch, 4 Räder, Trommel-∅ 356 mm	Mechanisch, 4 Räder, Trommel-∅ 356 mm			
Mechanisch, Hinterräder	Mechanisch, Hinterräder			
Zentral	Zentral			
3160 mm	3160 mm	3450 mm	3450 mm	
1434/1477 mm	1434/1477 mm	1434/1477 mm	1434/1477	
4720 x 1750 x 1760 mm	4720 x 1750 x 1760 mm	5000 x 1750 x 1760 mm	5100 x 1820 x 1650mm	
Scheiben	Scheiben	Scheiben	Scheiben oder Drahtspeichen	
6,00–18	6,00 oder 6,50–19	6,00–20	6,50–18 oder 19	
13,5 Meter	13,5 Meter	14,5 Meter	14,5 Meter	
1280 kg	1280 kg	1340 kg	1340 kg	
1850 kg	1850 kg	1920 kg	2000 kg	
530 kg	530 kg	650 kg	560 kg	
100 km/h	105 km/h	100 km/h	110 km/h	
18 Liter	19 Liter	19 Liter	19 Liter	
80 Liter (im Heck)	80 Liter (im Heck)	80 Liter (im Heck)	100 Liter (im Heck)	
Limousine 4 Sitze RM 8975,– Cabriolet 2 Fenster RM 9840,–	Limousine 4 Sitze RM 8975,– Cabriolet 2 Fenster RM 9840,– Cabriolet 4 Türen RM 11750,–	Pullman-Limousine RM 10950,–	Cabriolet 2 Fenster RM 12500,– Cabriolet 4 Türen RM 14500,–	

	Horch 8 4,5 Liter Typ 420 1931 – 1932	Horch 8 4,5 Liter Typ 450 1931 – 1932	Horch 8 4,5 Liter Typ 470 1931 – 1932	Horch 8 Typ 720 (1932 – 1933) Typ 750 (1932 – 1933) Typ 750 B (1934 – 1935)
Motor				
Zylinderzahl	8 (Reihe)			
Bohrung x Hub	87 x 95 mm			
Hubraum	4517 (Steuer 4486) ccm			
Leistung	90 PS bei 3400 U/min			
Verdichtung	5,2 : 1			
Vergaser	Typen 420, 450 und 470: 1 Doppel-Steigstromvergaser Solex 35 MMOV Typen 720, 750 und 750 B: 1 Doppel-Fallstromvergaser Solex 32 JFFP			
Ventile	Hängend 1 obenliegende Nockenwelle Antrieb durch Königswelle und Kegelräder			
Kurbelwellenlager	10			
Kühlung	Pumpe, 24 Liter Wasser			
Schmierung	Druckumlauf, 10 Liter Öl			
Batterie	12 V 75 Ah			
Lichtmaschine	130 W			
Anlasser	1,4 PS			
Kraftübertragung	Antrieb auf Hinterräder			
Kupplung	Einscheibentrockenkupplung			
Schaltung	Schalthebel Wagenmitte			
Getriebe	3 Gang Horch	4 Gang Horch	4 Gang ZF-Aphon	4 Gang ZF-Aphon
Synchronisierung	Ohne	II – III	II – IV	II – IV
Übersetzungen	I. 3,11 II. 1,70 III. 1,00	I. 4,12 II. 2,56 III. 1,62 IV. 1,00	I. 4,12 / I. 2,78 II. 2,48 / II. 1,66 III. 1,49 / III. 1,00 IV. 1,00 / IV. 0,67	I. 4,12 / I. 2,78 II. 2,48 / II. 1,66 III. 1,49 / III. 1,00 IV. 1,00 / IV. 0,67
Antriebs-Übersetzung	4,60	4,90, auf Wunsch 5,45	4,9, a. W. 4,6 / 5,45	4,90 / 5,45
Fahrwerk	U-Profil-Preßstahl-Niederrahmen			
Vorderradaufhängung	starr, Halbfedern			
Hinterradaufhängung	starr, Underslung-Halbfedern			
Lenkung	Schnecke, ZF-Roß			
Fußbremse	Mechanisch bzw. (Typ 750 B) hydraulisch, 4 Räder, Trommel-∅ 356 mm			
Handbremse	Mechanisch, Hinterräder			
Schmierung	Zentral			
Allgemeine Daten				
Radstand	3160 mm	3450 mm	3450 mm	3450 mm
Spur vorn/hinten	1434/1477 mm	1434/1477 mm	1434/1477 mm	1434/1477 mm
Gesamtmaße	4720 x 1750 x 1760 mm	5000 x 1750 x 1760 mm	5000 x 1750 x 1650 mm	5100 x 1820 x 1720 mm
Räder	Scheiben	Scheiben	Scheiben oder Drahtspeichen	Scheiben oder Drahtspeichen
Reifen	6,00 oder 6,50–19	6,50–19	6,50–19	6,50–19 oder 7,00–17
Wendekreis	13,5 Meter	14,5 Meter	14,5 Meter	14,5 Meter
Fahrgestellgewicht	1280 kg	1340 kg	1340 kg	1380 kg
Wagengewicht	1850 kg	1920 kg	2000 kg	2100 kg
Zuläss.Belastung	530 kg	650 kg	560 kg	600 kg
Höchstgeschwindigkeit	115 km/h	115 km/h	115 km/h	120 km/h
Verbrauch/100 km	20 Liter	20 Liter	20 Liter	20 Liter
Kraftstofftank	80 Liter (im Heck)	80 Liter (im Heck)	80 Liter (im Heck)	100 Liter (im Heck)
Preise	Limousine 4 Sitze RM 9975,– Cabriolet 2 Fenster RM 10840,– Cabriolet 4 Türen RM 12750,–	Pullman-Limousine RM 12500,– Cabriolet 4 Türen RM 13750,– Pullman-Cabriolet RM 14500,–	Cabriolet 2 Fenster RM 13800,–	**720** Cabriolet 2 Fenster RM 13500,– Cabriolet 4 Türen RM 15500,– **750 B** Tourenwagen 6 Sitze RM 11100,– Pullman-Limousine RM 13500,– Pullman-Cabriolet RM 16500,–

Horch 8 5 Liter Typ 480 1931 – 1932	Horch 8 5 Liter Typ 500 und 500 A 1930 – 1932	Horch 8 Typ 780 (1932 – 1934) Typ 780 B (1934 – 1935)	Horch 8 5 Liter Typ 500 B 1932 – 1934

8 (Reihe)
87 x 104 mm
4944 (Steuer 4911) ccm
100 PS bei 3400 U/min
5,2:1
1 Doppel-Steigstromvergaser Solex 35 MMOV | 1 Doppel-Fallstromvergaser Solex 32 JFFP
Hängend
1 obenliegende Nockenwelle
Antrieb durch Königswelle und Kegelräder
10
Pumpe, 28 Liter Wasser
Druckumlauf, 10 Liter Öl
12 V 75 Ah
130 W
1,4 PS

Antrieb auf Hinterräder
Einscheibentrockenkupplung
Schalthebel Wagenmitte
4 Gang ZF-Aphon
II – IV
Ohne Schnellgang: I. 4,12, II. 2,48, III. 1,49, IV. 1,00
Mit Schnellgang: I. 2,78, II. 1,48, III. 1,00, IV. 0,67
Ohne Schnellgang: 4,90, 4,80 oder 4,60
Mit Schnellgang: 5,45, 5,35 oder 5,10

U-Profil-Preßstahl-Niederrahmen
starr, Halbfedern
starr, Underslung-Halbfedern
Schnecke ZF-Gemmer oder ZF-Roß

Mechanisch, 4 Räder Trommel-∅ 356 mm	Mechanisch mit Saugluft- unterstützung, 4 Räder Trommel-∅ 401 mm	Hydraulisch mit Saugluft- unterstützung, 4 Räder Trommel-∅ 401 mm	Hydraulisch mit Saugluft- unterstützung, 4 Räder Trommel-∅ 401 mm
Mechanisch, Hinterräder	Mechanisch, Hinterräder	Mechanisch, Hinterräder	Mechanisch, Hinterräder
Zentral	Zentral	Zentral	Zentral
3450 mm	3450 mm	3450 mm	3750 mm
1434/1477 mm	1434/1477 mm	1470/1500 mm	1470/1500 mm
5000 x 1750 x 1650 mm	5150 x 1800 x 1760 mm	5100 x 1820 x 1650 mm	5550 x 1820 x 1720 mm
Scheiben oder Drahtspeichen	Scheiben oder Drahtspeichen	Drahtspeichen	Scheiben oder Drahtspeichen
6,50–19	6,50–20	7,00–17	7,00–17
14,5 Meter	14,5 Meter	14,5 Meter	16,5 Meter
1380 kg	1650 kg	1500 kg	1700 kg
Cabriolet 1950 kg	Limousine 2250 kg	Cabriolet 2100 kg	Limousine 2250 kg
660 kg	750 kg	650 kg	700 kg
120 km/h	120 km/h	125 km/h	120 km/h
22 Liter	23 Liter	23 Liter	24 Liter
80 Liter (im Heck)	100 Liter (im Heck)	100 Liter (im Heck)	100 Liter (im Heck)
Cabriolet 4 Türen RM 16800,–	Pullman-Limousine RM 14800,– Pullman-Cabriolet RM 18750,–	Cabriolet 2 Fenster RM 16500,– Cabriolet 4 Türen RM 19000,–	Pullman-Limousine RM 16500,– Tourenwagen 6 Sitze RM 16500,– Pullman-Cabriolet RM 19500,–

<table>
<tr><th></th><th>Horch 12
6 Liter Typ 670
1931 – 1934</th><th>Horch 12
6 Liter Typ 600
1932 – 1933</th></tr>
<tr><td>Motor</td><td colspan="2"></td></tr>
<tr><td>Zylinderzahl</td><td colspan="2">V 12 (75°-V-Form)</td></tr>
<tr><td>Bohrung x Hub</td><td colspan="2">80 x 100 mm</td></tr>
<tr><td>Hubraum</td><td colspan="2">6021 (Steuer 5990) ccm</td></tr>
<tr><td>Leistung</td><td colspan="2">120 PS bei 3200 U/min</td></tr>
<tr><td>Verdichtung</td><td colspan="2">5,2 : 1</td></tr>
<tr><td>Vergaser</td><td colspan="2">1 Doppel-Fallstromvergaser Solex 32 JFFP oder Stromberg D-3</td></tr>
<tr><td>Ventile</td><td colspan="2">Stehend
Zentrale Nockenwelle
Antrieb durch Dreifach-Rollenkette</td></tr>
<tr><td>Kurbelwellenlager</td><td colspan="2">7</td></tr>
<tr><td>Kühlung</td><td colspan="2">Pumpe, 34 Liter Wasser</td></tr>
<tr><td>Schmierung</td><td colspan="2">Druckumlauf, 12 Liter Öl</td></tr>
<tr><td>Batterie</td><td colspan="2">12 V 75 Ah</td></tr>
<tr><td>Lichtmaschine</td><td colspan="2">130 W</td></tr>
<tr><td>Anlasser</td><td colspan="2">1,4 PS</td></tr>
<tr><td>Kraftübertragung</td><td colspan="2">Antrieb auf Hinterräder</td></tr>
<tr><td>Kupplung</td><td colspan="2">Einscheibentrockenkupplung</td></tr>
<tr><td>Schaltung</td><td colspan="2">Schalthebel Wagenmitte</td></tr>
<tr><td>Getriebe</td><td colspan="2">4 Gang ZF-Aphon</td></tr>
<tr><td>Synchronisierung</td><td colspan="2">II – IV</td></tr>
<tr><td></td><td colspan="2">Mit Schnellgang: I. 2,78, II. 1,48, III. 1,00 IV. 0,67</td></tr>
<tr><td>Antriebs-Übersetzung</td><td>5,35</td><td>5,10</td></tr>
<tr><td>Fahrwerk</td><td colspan="2">U-Profil-Preßstahl-Niederrahmen</td></tr>
<tr><td>Vorderradaufhängung</td><td colspan="2">starr, Halbfedern</td></tr>
<tr><td>Hinterradaufhängung</td><td colspan="2">starr, Underslung-Halbfedern</td></tr>
<tr><td>Lenkung</td><td colspan="2">Schnecke ZF-Gemmer oder ZF-Roß</td></tr>
<tr><td>Fußbremse</td><td colspan="2">Hydraulisch mit Saugluft-
unterstützung, 4 Räder
Trommel-∅ 401 mm</td></tr>
<tr><td>Handbremse</td><td colspan="2">Mechanisch, Hinterräder</td></tr>
<tr><td>Schmierung</td><td colspan="2">Zentral</td></tr>
<tr><td>Allgemeine Daten</td><td></td><td></td></tr>
<tr><td>Radstand</td><td>3450 mm</td><td>3750 mm</td></tr>
<tr><td>Spur vorn/hinten</td><td>1470/1500 mm</td><td>1470/1500 mm</td></tr>
<tr><td>Gesamtmaße</td><td>5400 x 1820 x 1650 mm</td><td>5550 x 1820 x 1720 mm</td></tr>
<tr><td>Räder</td><td>Drahtspeichen</td><td>Scheiben oder Drahtspeichen</td></tr>
<tr><td>Reifen</td><td>7,00–17</td><td>7,00 oder 7,50–17</td></tr>
<tr><td>Wendekreis</td><td>14,5 Meter</td><td>16,5 Meter</td></tr>
<tr><td>Fahrgestellgewicht</td><td>1700 kg</td><td>1900 kg</td></tr>
<tr><td>Wagengewicht</td><td>Cabriolet 2300 kg</td><td>Limousine 2500 kg</td></tr>
<tr><td>Zuläss. Belastung</td><td>650 kg</td><td>700 km</td></tr>
<tr><td>Höchstgeschwindigkeit</td><td>140 km/h</td><td>130 km/h</td></tr>
<tr><td>Verbrauch/100 km</td><td>26 Liter</td><td>28 Liter</td></tr>
<tr><td>Kraftstofftank</td><td>100 Liter (im Heck)</td><td>100 Liter (im Heck)</td></tr>
<tr><td>Preise</td><td>Cabriolet 2 Fenster
RM 23 500,–
Cabriolet 4 Türen
RM 24 500,–</td><td>Pullman-Limousine
RM 24 500,–
Pullman-Cabriolet
RM 26 000,–</td></tr>
</table>

Horch 830, 830 B, 930 V (1933–1940)

Da es keine Dauerlösung sein konnte, in den ziemlich schweren Horch »8« den auf 3 Liter reduzierten Reihenmotor einzubauen, wie es Anfang der dreißiger Jahre eine Zeitlang geschah, entwickelte man einen »kleinen« Horch. So wurde Anfang 1933 der Horch Typ 830 vorgestellt, ein Wagen mit wesentlich bescheideneren Abmessungen und einem völlig neuen 3 Liter V8-Motor. Er wurde vom Publikum günstig aufgenommen, und die Folgetypen, deren Hubraum bald auf 3,25 dann 3,5 und schließlich ab September 1933 auf 3,8 Liter wuchs, gewannen zahlenmäßig im Laufe der Jahre viel größere Bedeutung als die mächtigen 5 Liter-Wagen. Auch der kleine Horch, anfangs noch ein Starrachser, erhielt bald einzeln aufge-

Horch 830 Cabriolet 1933
Karosserie Gläser
Besitzer:
Auto-Museum Hillers, Tremsbüttel

Horch 830 (3 Liter)
Pullman-Limousine
1933–1934

Horch 830 (3 Liter) 1934
Horch 830 B (3,25 Liter) 1935
Horch 830 BK (3,5 Liter) 1936
Limousine 4 Türen

Horch 830 (3 Liter) 1934
Horch 830 B (3,25 Liter) 1935
Horch 830 BK (3,5 Liter) 1936
Cabriolet 4 Fenster

hängte Vorderräder und ab 1935 eine ziemlich teuere Doppelgelenkachse. Ein Qualitätsbeweis für den Horch Typ 830 war die Tatsache, daß er als offener Gelände-Kübelwagen bei der Wehrmacht in hohem Ansehen stand, wobei er allerdings für diesen Zweck ausschließlich mit starren Vorder- und Hinterachsen geliefert wurde. Letzte und eleganteste Ausführung dieser Modellreihe war der Typ 930 V, der Anfang 1937 erschien. Daneben wurde der längere Typ 830 BL weitergebaut. Er sollte 1940 durch einen 930 L abgelöst werden. Ebenfalls für eine spätere Serie vorgesehen war der auf der Berliner Automobil-Austellung im Februar 1939 gezeigte Prototyp einer Stromlinien-Limousine 930 S, deren Karosserieform ganz offensichtlich aus der gleichen Küche stammte wie die des späteren DKW F 9, der ja schon 1940 hätte in Serie gehen sollen.

Horch 830 BL (3,5 oder 3,8 Liter)
Pullman-Limousine
1935–1940

Horch 830 BL (3,5 und 3,8 Liter)
Pullman-Cabriolet
1935–1940

Horch 830 BL (3,5 und 3,8 Liter)
Tourenwagen 6 Sitze
1936–1938

Horch 830 BL (3,5 und 3,8 Liter)
Cabriolet 4 Türen
1935–1940

Horch 830 **1933 – 1934**		**Horch 830 B** **1935**	**Horch 830 Bk** **1936**		**Horch 830 BL** **1935 – 1936**	
V8 (66°-V-Form)		V8 (66°-V-Form)	V8 (66°-V-Form)			
75 x 85 mm		78 x 85 mm	78 x 92 mm			
3004 (Steuer 2984) ccm		3250 (Steuer 3227) ccm	3517 (Steuer 3492) ccm			
70 PS bei 3400 U/min		70 PS bei 3200 U/min	75 PS bei 3600 U/min			
5,6:1		5,8:1	6,0:1			
1 Doppel-Fallstromvergaser Solex 32 JFFP						
Stehend						
Zentrale Nockenwelle						
Antrieb durch Dreifach-Rollenkette						
3						
Pumpe, 21 Liter Wasser						
Druckumlauf, 7 Liter Öl						
12 V 60 Ah						
90 W						
1,4 PS						
Antrieb auf Hinterräder						
Einscheibentrockenkupplung						
Schalthebel Wagenmitte						
4 Gang ZF-Aphon						
II – IV						
I. 3,46		I. 3,46	I. 3,46	I. 4,10	I. 3,46	I. 4,85
II. 1,88		II. 1,88	II. 1,65	II. 2,83	II. 1,65	II. 2,33
III. 1,00		III. 1,00	III. 1,00	III. 1,48	III. 1,00	III. 1,41
IV. 0,71		IV. 0,71	IV. 0,71	IV. 1,00	IV. 0,71	IV. 1,00
5,45, auf Wunsch 5,87		5,45 auf Wunsch 5,87	5,45	3,75	5,87	3,75
Kastenrahmen	Kastenrahmen	Kastenrahmen	Kastenrahmen		Kastenrahmen	
starr	Querlenker oben	Querlenker oben	Querlenker oben		Querlenker oben	
Halbfedern	1 Querfeder unten	1 Querfeder unten	1 Querfeder unten		1 Querfeder unten	
starr	starr	starr	starr		Doppelgelenkachse	
Underslung-Halbfedern	Unterslung-Halbfedern	Underslung-Halbfedern	Underslung-Halbfedern		Underslung-Halbfedern	
Schnecke ZF-Roß	Schnecke ZF-Roß	Schnecke ZF-Roß	Schnecke ZF-Roß		Schnecke ZF-Roß	
Mechanisch, 4 Räder	Mechanisch, 4 Räder	Hydraulisch, 4 Räder	Hydraulisch, 4 Räder		Hydraulisch, 4 Räder	
Trommel-∅ 356 mm	Trommel-∅ 356 mm	Trommel-∅ 356 mm	Trommel-∅ 356 mm		Trommel-∅ 350 mm	
Mech., Hinterräder	Mech., Hinterräder	Mech., Hinterräder	Mech., Hinterräder		Mech., Hinterräder	
Zentral	Zentral	Zentral	Zentral		Zentral	
3200 mm	3200 mm	3200 mm	3200 mm		3350 mm	
1440/1470 mm	1440/1470 mm	1440/1470 mm	1440/1470 mm		1440/1500 mm	
4750 x 1780 x 1600 mm	4750 x 1780 x 1650 mm	4750 x 1780 x 1600 mm	4750 x 1680 x 1600 mm		5050 x 1780 x 1650 mm	
Scheiben	Scheiben	Scheiben	Scheiben		Scheiben	
5,50 – 18	6,00 – 18	6,00 – 18	6,00 – 18		6,50 – 17	
12 Meter	12 Meter	12 Meter	12 Meter		13,5 Meter	
1200 kg	1200 kg	1200 kg	1200 kg		1300 kg	
1650 kg	1730 kg	1650 kg	1840 kg		1950 kg	
550 kg	550 kg	550 kg	550 kg		550 kg	
115 km/h	110 km/h	115 km/h	120 km/h		115 km/h	
17 Liter	18 Liter	17 Liter	17 Liter		18 Liter	
65 Liter (im Heck)	65 Liter (im Heck)	65 Liter (im Heck)	65 Liter (im Heck)		75 Liter (im Heck)	
Limousine 4 Sitze	Pullman-Limousine	Limousine 4 Sitze	Limousine 4 Sitze		Pullman-Limousine	
RM 7500,–	RM 8900.–	RM 7750,–	RM 7750,–		RM 9750,–	
mit Stromlinienheck	Tourenwagen 6 Sitze	Cabriolet 4 Fenster	Cabriolet 4 Fenster		Cabriolet 4 Türen	
RM 8250,–	RM 8950,–	RM 9300,–	RM 9300,–		RM 10300,–	
Cabriolet 4 Fenster					Pullman-Cabriolet	
RM 8900,–					RM 12750,–	
mit Stromlinienheck						
RM 9300,–						

	Horch 930 V 1937 – 1938	Horch 830 BL 1937 – 1938	Horch 930 V 1938 – 1940	Horch 830 BL 1938 – 1940
Motor				
Zylinderzahl	V8 (66°-V-Form)		V8 (66°-V-Form)	
Bohrung x Hub	78 x 92 mm		78 x 100 mm	
Hubraum	3517 (Steuer 3492) ccm		3823 (Steuer 3796) ccm	
Leistung	82 PS bei 3500 U/min		92 PS bei 3600 U/min	
Verdichtung	6,3:1		6,1:1	
Vergaser	2 Flachstromvergaser Solex 30 BFHC 1			
Ventile	Stehend Zentrale Nockenwelle Antrieb durch Dreifach-Rollenkette			
Kurbelwellenlager	3			
Kühlung	Pumpe, 21 Liter Waser			
Druckumlauf	Druckumlauf, 7 Liter Öl			
Batterie	12 V 66 Ah		12 V 62,5 Ah	
Lichtmaschine	130 W		130 W	
Anlasser	1,4 PS		1,8 PS	
Kraftübertragung	Antrieb auf Hinterachse			
Kupplung	Einscheibentrockenkupplung			
Schaltung	Schalthebel Wagenmitte		2 Schalthebel Wagenmitte	
Getriebe	4 Gang ZF-Aphon		4 Gang ZF AK 4 S mit Ferngang	
Synchronisierung	II – IV		I – IV	
Übersetzungen	I. 4,85 II. 2,33 III. 1,41 IV. 1,00	I. 3,46 / I. 4,85 II. 1,65 / II. 2,33 III. 1,00 / III. 1,41 IV. 0,71 / IV. 1,00	I. 3,89 II. 2,165 III. 1,49 IV. 1,00 Ferngang 0,714	I. 3,89 II. 2,165 III. 1,49 IV. 1,00 Ferngang 0,714
Antriebs-Übersetzung	3,90	5,87 / 3,75	4,10	4,10
Fahrwerk	Kastenrahmen			
Vorderradaufhängung	Querlenker oben 1 Querfeder unten			
Hinterradaufhängung	Doppelgelenkachse Unterslung-Halbfedern			
Lenkung	Schnecke ZF-Roß			
Fußbremse	Hydraulisch, 4 Räder Trommel-∅ 350 mm			
Handbremse	Mechanisch, Hinterräder			
Schmierung	Zentral			
Allgemeine Daten				
Radstand	3100 mm	3350 mm	3100 mm	3350 mm
Spur vorn/hinten	1440/1470 mm	1440/1500 mm	1440/1470 mm	1440/1500 mm
Gesamtmaße	4920 x 1790 x 1625 mm	5050 x 1780 x 1650 mm	4920 x 1790 x 1625 mm	5050 x 1780 x 1650 mm
Räder	Scheiben	Scheiben	Scheiben	Scheiben
Reifen	6,50 – 17	6,50 oder 7,00 – 17	6,50 – 17	6,50 oder 7,00 – 17
Wendekreis	11,5 Meter	13,5 Meter	11,5 Meter	13,5 Meter
Fahrgestellgewicht	1300 kg	1400 kg	1350 kg	1450 kg
Wagengewicht	1900 kg	2030 kg	1960 kg	2100 kg
Zuläss. Belastung	450 kg	500 kg	450 kg	500 kg
Höchstgeschwindigkeit	125 km/h	120 km/h	130 km/h	125 km/h
Verbrauch/100 km	19 Liter	20 Liter	19 Liter	20 Liter
Kraftstofftank	70 Liter (im Heck)	75 Liter (im Heck)	70 Liter (im Heck)	75 Liter (im Heck)
Preise	Limousine 4 Sitze RM 8500,– Cabriolet 4 Fenster RM 9700,– Roadster-Cabriolet RM 13750,–	Pullman-Limousine RM 9900,– Cabriolet 4 Türen RM 10700,– Tourenwagen 6 Sitze RM 10750,– Pullman-Cabriolet RM 12900,–	Limousine 4 Sitze RM 8850,– Cabriolet 4 Fenster RM 10100,– Roadster-Cabriolet RM 14000,–	Pullman-Limousine RM 10150,– Cabriolet 4 Türen RM 11050,– Tourenwagen 6 Sitze RM 11000,– Pullman-Cabriolet RM14000,–

Horch 930 V (3,8 Liter)
Limousine 4 Türen
1937–1940

Horch 930 V (3,8 Liter)
Cabriolet 4 Fenster
1937–1940

Horch 930 V (3,8 Liter)
Roadster-Cabriolet
1938–1939
(Besitzer:
Dr. G. Pampel, Ludwigsburg)

Horch 930 V (3,8 Liter)
Tourenwagen 4 Türen
1939–1940
Besitzer:
Tony Oliver, Brentford (England)

Horch 5 Liter (1935–1940)

Von 1935 an, als die Hubraumsteuer weggefallen war, beschränkte sich Horch bei den großen Reihen-Achtzylindern auf den 5 Liter-Motor, zunächst mit 100, dann mit 120 PS ausgewiesen. Berühmteste und meistbewunderte Ausführungen waren das Sport-Cabriolet (Typ 850-Sport, 853 und 853 A) sowie der nur in wenigen Exemplaren gebaute Roadster (Typ 855). Zum faszinierenden Aussehen dieser Wagen und auch zum beträchtlichen Aufwand an Motor- und Fahrgestelltechnik standen das mäßige Temperament und die bei höherer Geschwindigkeit besorgniserregende Straßenlage in einem erstaunlichen Mißverhältnis. Das Cabriolet und der Roadster eigneten sich am besten als Boulevard- oder Promenaden-Automobile, was einem Großteil ihrer Besitzer genügt haben mag. Immerhin wurden sie damals von den Stars des Films und des Sports sehr bevorzugt, wie sich übrigens auch die Horch 5 Liter Pullmann-Sechssitzer als Direktions- und Repräsentationswagen in der Wirtschaft, aber ebenso bei hohen Wehrmacht-Offizieren und im diplomatischen Dienst auffallend großen Zuspruchs erfreuten. Ein Horch 5 Liter wurde oft gerade von jenen prominenten, einflußreichen oder wohlhabenden Leuten gern gefahren, die aus irgendeinem Grund keinen Mercedes-Stern auf dem Kühler haben durften oder wollten.

Horch 5 Liter Typ 851 Pullman-Limousine in Sonderausführung 1935–1937

Horch 5 Liter Typ 951 A Pullman-Cabriolet (Karosserie Gläser) 1938–1940

<table>
<tr><th>Horch 850-Sport
1935 – 1936</th><th>Horch 853
1937</th><th>Horch 853 A
1938 – 1939</th><th colspan="2">Horch 855
1938 – 1939</th></tr>
<tr><td>8 (Reihe)</td><td colspan="4">8 (Reihe)</td></tr>
<tr><td>87 x 104 mm</td><td colspan="4">87 x 104 mm</td></tr>
<tr><td>4944 (Steuer 4911) ccm</td><td colspan="4">4944 (Steuer 4911) ccm</td></tr>
<tr><td>100 PS bei 3400 U/min</td><td colspan="4">120 PS bei 3600 U/min</td></tr>
<tr><td>5,8 : 1</td><td colspan="4">6,1 : 1</td></tr>
<tr><td colspan="5">1 Doppel-Fallstromvergaser Solex 35 JFF</td></tr>
<tr><td colspan="5">Hängend</td></tr>
<tr><td colspan="5">1 obenliegende Nockenwelle</td></tr>
<tr><td colspan="5">Antrieb durch Königswelle und Kegelräder</td></tr>
<tr><td colspan="5">10</td></tr>
<tr><td colspan="5">Pumpe, 24 Liter Wasser</td></tr>
<tr><td colspan="5">Druckumlauf, 10 Liter Öl</td></tr>
<tr><td colspan="2">12 V 75 Ah</td><td colspan="3">12 V 75 Ah</td></tr>
<tr><td colspan="2">130 W</td><td colspan="3">200 W</td></tr>
<tr><td colspan="2">1,4 PS</td><td colspan="3">1,4 PS</td></tr>
<tr><td colspan="2"></td><td colspan="3"></td></tr>
<tr><td colspan="2">Antrieb auf Hinterräder</td><td colspan="3">Antrieb auf Hinterräder</td></tr>
<tr><td colspan="2">Einscheibentrockenkupplung</td><td colspan="3">Einscheibentrockenkupplung</td></tr>
<tr><td colspan="2">Schalthebel Wagenmitte</td><td colspan="3">2 Schalthebel Wagenmitte</td></tr>
<tr><td colspan="2">4 Gang ZF-Aphon</td><td colspan="3">4 Gang ZF AK 4 S mit Ferngang</td></tr>
<tr><td colspan="2">II – IV</td><td colspan="3">I – IV</td></tr>
<tr><td colspan="2">I. 4,10, II. 2,20, III. 1,48, IV. 1,00</td><td colspan="3">I. 3,77, II. 2,10, III. 1,36, IV. 1,00</td></tr>
<tr><td colspan="2">oder mit Schnellgang</td><td colspan="3">Ferngang 0,714</td></tr>
<tr><td colspan="2">I. 2,74, II. 1,49, III. 1,00, IV. 0,67</td><td colspan="3"></td></tr>
<tr><td colspan="2">Ohne Schnellgang: 3,60 oder 3,90</td><td colspan="3">3,90 oder 4,17</td></tr>
<tr><td colspan="2">Mit Schnellgang: 4,90</td><td colspan="3"></td></tr>
<tr><td colspan="5">Kastenrahmen</td></tr>
<tr><td colspan="5">2 Querfedern</td></tr>
<tr><td colspan="5">Doppelgelenkachse, Underslung-Halbfedern</td></tr>
<tr><td colspan="5">Schnecke ZF-Roß</td></tr>
<tr><td colspan="5">Hydraulisch mit Saugluftunterstützung</td></tr>
<tr><td colspan="5">4 Räder, Trommel-∅ 400 mm</td></tr>
<tr><td colspan="5">Mechanisch, Hinterräder</td></tr>
<tr><td colspan="5">Zentral</td></tr>
<tr><td></td><td>3450 mm</td><td></td><td>3300 mm</td><td>3450 mm</td></tr>
<tr><td></td><td>1510/1516 mm</td><td></td><td>1510/1516 mm</td><td>1510/1516 mm</td></tr>
<tr><td></td><td>5350 x 1830 x 1580 mm</td><td></td><td>5230 x 1810 x 1560 mm</td><td>5350 x 1810 x 1560 mm</td></tr>
<tr><td></td><td>Drahtspeichen</td><td></td><td>Drahtspeichen</td><td>Drahtspeichen</td></tr>
<tr><td></td><td>7,00–17</td><td></td><td>6,50–17</td><td>7,00–17</td></tr>
<tr><td></td><td>14,5 Meter</td><td></td><td>13,5 Meter</td><td>14,5 Meter</td></tr>
<tr><td></td><td>1900 kg</td><td></td><td></td><td>1900 kg</td></tr>
<tr><td></td><td>2600 kg</td><td></td><td>2400 kg</td><td>2450 kg</td></tr>
<tr><td></td><td>350 kg</td><td></td><td>350 kg</td><td>350 kg</td></tr>
<tr><td>130 km/h</td><td>135 km/h</td><td>135 km/h</td><td>140 km/h</td><td>140 km/h</td></tr>
<tr><td>22 Liter</td><td>22 Liter</td><td>22 Liter</td><td>22 Liter</td><td>22 Liter</td></tr>
<tr><td>95 Liter (im Heck)</td><td>95 Liter (im Heck)</td><td>95 Liter (im Heck)</td><td>95 Liter (im Heck)</td><td>95 Liter (im Heck)</td></tr>
<tr><td></td><td></td><td></td><td></td><td></td></tr>
<tr><td>Sport-Cabriolet</td><td>Sport-Cabriolet</td><td>Sport-Cabriolet</td><td>Sport-Roadster</td><td>Sport-Roadster</td></tr>
<tr><td>RM 13 900,–</td><td>RM 14 900,–</td><td>RM 15 250,–</td><td>RM 22 000,–</td><td>RM 22 000,–</td></tr>
</table>

<table>
<tr><th></th><th>Horch 850
1935 – 1937</th><th>Horch 851
1937 – 1938</th><th>Horch 951
1937</th><th>Horch 951 A
1938 – 1940</th></tr>
<tr><td>Motor</td><td></td><td colspan="3"></td></tr>
<tr><td>Zylinderzahl</td><td>8 (Reihe)</td><td colspan="3">8 (Reihe)</td></tr>
<tr><td>Bohrung x Hub</td><td>87 x 104 mm</td><td colspan="3">87 x 104 mm</td></tr>
<tr><td>Hubraum</td><td>4944 (Steuer 4911) ccm</td><td colspan="3">4944 (Steuer 4911) ccm</td></tr>
<tr><td>Leistung</td><td>100 PS bei 3400 U/min</td><td colspan="3">120 PS bei 3600 U/min</td></tr>
<tr><td>Verdichtung</td><td>5,8 : 1</td><td colspan="3">6,1 : 1</td></tr>
<tr><td>Vergaser</td><td colspan="4">1 Doppel-Fallstromvergaser Solex 35 JFF</td></tr>
<tr><td>Ventile</td><td colspan="4">Hängend
1 obenliegende Nockenwelle
Antrieb durch Königswelle und Kegelräder</td></tr>
<tr><td>Kurbelwellenlager</td><td colspan="4">10</td></tr>
<tr><td>Kühlung</td><td colspan="4">Pumpe, 24 Liter Wasser</td></tr>
<tr><td>Schmierung</td><td colspan="4">Druckumlauf, 10 Liter Öl</td></tr>
<tr><td>Batterie</td><td colspan="4">12 V 75 Ah</td></tr>
<tr><td>Lichtmaschine</td><td colspan="4">130 W bzw. (Typ 951 A) 200 W</td></tr>
<tr><td>Anlasser</td><td colspan="4">1,4 PS</td></tr>
<tr><td>Kraftübertragung</td><td colspan="4">Antrieb auf Hinterräder</td></tr>
<tr><td>Kupplung</td><td colspan="4">Einscheibentrockenkupplung</td></tr>
<tr><td>Schaltung</td><td colspan="3">Schalthebel Mitte</td><td>2 Schalthebel Mitte</td></tr>
<tr><td>Getriebe</td><td colspan="3">4 Gang ZF-Aphon</td><td>4 Gang ZF mit Ferngang</td></tr>
<tr><td>Synchronisierung</td><td colspan="3">II – IV</td><td>I – IV</td></tr>
<tr><td>Übersetzungen</td><td colspan="3">I. 4,10, II. 2,20, III. 1,48, IV. 1,00
oder mit Schnellgang
I. 2,74, II. 1,49, III. 1,00, IV. 0,67</td><td>3,77, 2,10, 1,36, 1,00
Ferngang 0,714</td></tr>
<tr><td>Antriebs-Übersetzung</td><td colspan="3">Ohne Schnellgang: 3,60 oder 3,90
Mit Schnellgang: 5,30 oder 4,90</td><td>3,90 oder 4,17</td></tr>
<tr><td>Fahrwerk</td><td colspan="2">Kastenrahmen</td><td colspan="2">Kastenrahmen</td></tr>
<tr><td>Vorderradaufhängung</td><td colspan="2">2 Querfedern</td><td colspan="2">2 Querfedern</td></tr>
<tr><td>Hinterradaufhängung</td><td colspan="2">starr, Underslung-Halbfedern</td><td colspan="2">Doppelgelenkachse, Underslung-Halbfedern</td></tr>
<tr><td>Lenkung</td><td colspan="2">Schnecke ZF-Roß</td><td colspan="2">Schnecke ZF-Roß</td></tr>
<tr><td>Fußbremse</td><td colspan="2">Hydraulisch mit Saugluftunterstützung
4 Räder, Trommel-∅ 400 mm</td><td colspan="2">Hydraulisch mit Saugluftunterstützung
4 Räder, Trommel-∅ 400 mm</td></tr>
<tr><td>Handbremse</td><td colspan="2">Mechanisch, Hinterräder</td><td colspan="2">Mechanisch, Hinterräder</td></tr>
<tr><td>Schmierung</td><td colspan="2">Zentral</td><td colspan="2">Zentral</td></tr>
<tr><td>Allgemeine Daten</td><td colspan="2"></td><td colspan="2"></td></tr>
<tr><td>Radstand</td><td colspan="2">3750 mm</td><td colspan="2">3750 mm</td></tr>
<tr><td>Spur vorn/hinten</td><td colspan="2">1470/1500 mm</td><td colspan="2">1510/1516 mm</td></tr>
<tr><td>Gesamtmaße</td><td colspan="2">5550 x 1820 x 1770 mm</td><td colspan="2">5640 x 1840 x 1740 mm</td></tr>
<tr><td>Räder</td><td colspan="2">Scheiben</td><td colspan="2">Lochscheiben oder Drahtspeichen</td></tr>
<tr><td>Reifen</td><td colspan="2">7,00 oder 7,50–17</td><td colspan="2">7,50–17</td></tr>
<tr><td>Wendekreis</td><td colspan="2">16,5 Meter</td><td colspan="2">16,5 Meter</td></tr>
<tr><td>Fahrgestellgewicht</td><td colspan="2">1800 kg</td><td colspan="2">1900 kg</td></tr>
<tr><td>Wagengewicht</td><td colspan="2">2650 kg</td><td colspan="2">2810 kg</td></tr>
<tr><td>Zuläss. Belastung</td><td colspan="2">500 kg</td><td colspan="2">450 kg</td></tr>
<tr><td>Höchstgeschwindigkeit</td><td colspan="2">125 km/h</td><td colspan="2">130 km/h</td></tr>
<tr><td>Verbrauch/100 km</td><td colspan="2">22 Liter</td><td colspan="2">23 Liter</td></tr>
<tr><td>Kraftstofftank</td><td colspan="2">95 Liter (im Heck)</td><td colspan="2">95 Liter (im Heck)</td></tr>
<tr><td>Preise</td><td>Pullman-Limousine
RM 14 900,–
Sonderausführung
RM 17 500,–
Pullman-Cabriolet
RM 17 500,–
Sonderausführung
RM 20 500,–</td><td>Pullman-Limousine
RM 13 950,–
Pullman-Cabriolet
RM 16 650,–</td><td>Pullman-Limousine
RM 17 500,–
Pullman-Cabriolet
RM 20 500,–</td><td>Pullman-Limousine
RM 17 850,–
Pullman-Cabriolet
RM 20 850,–
Cabriolet 4 Türen
RM 20 850,–
Sechssitzer offen
RM 23 550,–</td></tr>
</table>

Horch 850-Sport (100 PS) Cabriolet 1935–1936

Horch 853 und 853 A (120 PS) Cabriolet 1937–1939

Horch 855 (120 PS) Roadster 1938–1939
Karosserie Erdmann & Rossi

Horch 5 Liter Typ 853 Stromlinien-Coupé 1937, Privatwagen von Bernd Rosemeyer. Sonderkarosserie Erdmann & Rossi.

Horch 5 Liter Typ 853 Sport-Cabriolet 1937. Sonderkarosserie Erdmann & Rossi.

Horch 5 Liter Typ 853 Sedan-Cabriolet 4 Türen 1937. Sonderkarosserie Erdmann & Rossi.

Horch 5 Liter Typ 951 Limousine 4 Türen 1937 Sonderkarosserie Erdmann & Rossi.

Horch 5 Liter Typ 951 Coupé de Ville 1937, geliefert an Schuler Pressenfabrik (Göppingen). Sonderkarosserie Wendler.

Ley (bis 1928)

Rudolf Ley gründete 1856 eine Maschinenfabrik in Arnstadt/Thüringen, welche 1905 mit dem Kleinwagen »Loreley« den Automobilbau aufnahm. Bis zum ersten Weltkrieg entstanden unter diesem recht populär gewordenen Markenzeichen mehrere Vier- und Sechszylindertypen. Auch während des Kriegs lief bei Ley der Automobilbau weiter. Nach 1918 begnügte man sich zunächst mit der Herstellung einiger modernisierter Vorkriegstypen, die aber jetzt nur mehr »Ley« hießen. Die Inflation zehrte jedoch erheblich an der Sustanz des verhältnismäßig kleinen Familienbetriebs (etwa 750 Angestellte und Arbeiter), so daß Ende 1925 Geschäftsaufsicht beantragt werden mußte. Weder ein Aktienschnitt im Jahre 1926 noch zwei neue Sechszylinder-Modelle für 1928 (der kleinere Typ N 8 übrigens mit gleicher Ganzstahlkarosserie von Ambi-Budd wie Adler Standard 6 und der NSU Sechszylinder) bewirkten keine Erholung mehr. 1928 wurde die Produktion der Personenwagen, ein paar Jahre später auch die der Nutzfahrzeuge eingestellt.

Produktion

Ley T 6	1920 – 1925	höchstens ca. 1000
Ley U 12	1921 – 1927	höchstens ca. 1000
Ley M 8	1924 – 1927	höchstens ca. 200
Ley N 8	1928	höchstens ca. 40
Ley V 12	1928	höchstens ca. 10

Ley 6/16 PS Typ T 6
Dreisitzer offen
1920–1922

Ley 12/45 PS Typ U 12 C
Limousine 4 Türen
1924–1927

	Ley 6/16 PS Typ T 6 1920 – 1922	Ley 6/20 PS Typ T 6 E 1922 – 1925	
Zylinderzahl	4 (Reihe)	4 (Reihe)	
Bohrung x Hub	70 x 100 mm	70 x 100 mm	
Hubraum	1540 ccm	1540 ccm	
Leistung	16 PS bei 2000 U/min	20 PS bei 2200 U/min	
Ventile	Seitlich stehend	Seitlich stehend	
Getriebe	4 Gang	4 Gang	
Schaltung	Innen rechts	Mitte	
Fußbremse	Mechanisch, Kardanwelle	Mechanisch, Kardanwelle	
Handbremse	Mechanisch, Hinterräder	Mechanisch, Hinterräder	
Radstand	2670 mm	2670 mm	
Spur	1100 mm	1100 mm	
Wagengewicht	Tourenwagen 1000 kg	Tourenwagen 1000 kg	
Höchstgeschwindigkeit	65 km/h	70 km/h	

	Ley 12/32 PS Typ U 12 1921 – 1923	Ley 12/36 PS Typ U 12 B 1923 – 1924	Ley 12/45 PS Typ U 12 C 1924 – 1927
Zylinderzahl	4 (Reihe)	4 (Reihe)	4 (Reihe)
Bohrung x Hub	87 x 130 mm	87 x 130 mm	87 x 130 mm
Hubraum	3091 ccm	3091 ccm	3091 ccm
Leistung	32 PS bei 2000 U/min	36 PS bei 2000 U/min	45 PS bei 2200 U/min
Ventile	Seitlich stehend	Seitlich stehend	Seitlich stehend
Getriebe	4 Gang	4 Gang	4 Gang
Schaltung	Innen rechts	Innen rechts	Innen rechts
Fußbremse	Mechanisch, Kardanwelle	Mechanisch, 4 Räder	Mechanisch, 4 Räder
Handbremse	Mechanisch, Hinterräder	Mechanisch, Hinterräder	Mechanisch, Hinterräder
Radstand	3175 mm	3175 mm	3175 mm
Spur	1300 mm	1300 mm	1350 mm
Wagengewicht	Tourenwagen 1520 kg	Tourenwagen 1520 kg	Tourenwagen 1520 kg Limousine 1620 kg
Höchstgeschwindigkeit	80 km/h	85 km/h	90 km/h

	Ley 8/36 PS Typ M 8 1924 – 1927	Ley 8/38 PS Typ N 8 1928	Ley 12/50 PS Typ V 12 1928
Zylinderzahl	4 (Reihe)	6 (Reihe)	6 (Reihe)
Bohrung x Hub	80 x 100 mm	65 x 100 mm	75 x 120 mm
Hubraum	2010 ccm	1991 ccm	3180 ccm
Leistung	36 PS bei 2400 U/min	38 PS bei 3000 U/min	50 PS bei 2800 U/min
Ventile	Seitlich stehend	Seitlich stehend	Seitlich stehend
Getriebe	4 Gang	3 Gang	3 Gang
Schaltung	Innen rechts	Mitte	Mitte
Fußbremse	Mechanisch, 4 Räder	Mechanisch, 4 Räder	Mechanisch, 4 Räder
Handbremse	Mechanisch, Hinterräder	Mechanisch, 4 Räder	Mechanisch, Hinterräder
Lenkung	Rechts	Links	Links
Radstand	2959 mm	2870 mm	3200 mm
Spur	1300 mm	1350 mm	1450 mm
Wagengewicht	Tourenwagen 1300 kg	Limousine 1260 kg	Tourenwagen 1350 kg
Höchstgeschwindigkeit	80 km/h	80 km/h	90 km/h
Preise	Tourenwagen RM 8000.– Limousine RM 9400.–		

Mannesmann (1923–1929)

Zum Konzern der Industriellenfamilie Mannesmann gehörten auch zwei Automobilfabriken, nämlich die Lastwagenfabrik Mannesmann-Mulag in Aachen sowie die Mannesmann Motoren-Werke mbH., später Mannesmann Automobilwerk KG. in Remscheid. Das Werk in Rem-

**Mannesmann 5/20 PS
Sport-Zweisitzer
1923–1927**

**Mannesmann 5/20 PS
Limousine 2 Türen
1923–1927**

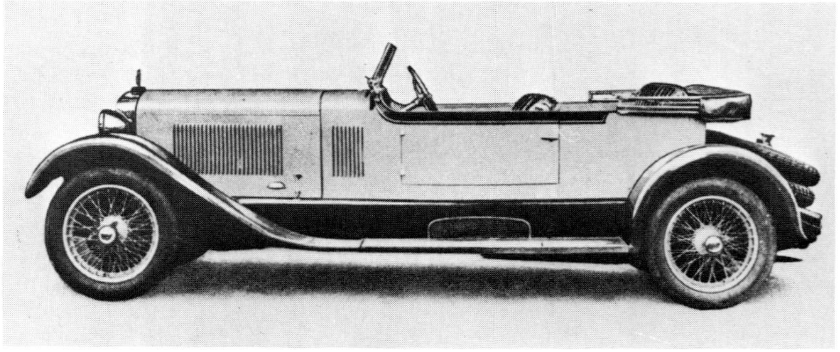

**Mannesmann 8 Zylinder
11/70 PS Modell 70 Sport
Sport-Phaeton 4 Sitze
1929**

**Mannesmann 8 Zylinder
10/55 PS Modell 60
Limousine 4 Türen
1928–1929**

scheid, 1919 gegründet, baute ab 1923 kleine Vierzylinder- und ab Ende 1927 große Achtzylinder-Personenwagen. Die Produktion blieb jedoch gering. Von den Vierzylindern mögen schätzungsweise an die 2000, von den Achtzylindern an die 200 Wagen hergestellt worden sein. Die Aufbauten für die Achtzylinder lieferte hauptsächlich Karmann. Die Mannesmann-Mulag AG. wurde 1929 von Büssing übernommen. Das Mannesmann Automobilwerk in Remscheid stellte im August 1929 die Zahlungen ein. Eine Auffanggesellschaft baute bis 1930 aus vorhandenen Teilen noch einige Wagen zusammen.

	Mannesmann 4/16 PS Typ W I 1923 – 1924	**Mannesmann 5/20 PS Typ W II 1923 – 1927**	**Mannesmann 5/25 PS Typ M 1927 – 1928**
Motor	Mannesmann	Mannesmann	Mannesmann
Zylinderzahl	4 (Reihe)	4 (Reihe)	4 (Reihe)
Bohrung x Hub		67,2 x 92 mm	67,2 x 92 mm
Hubraum		1305 ccm	1305 ccm
Leistung	16 PS	20 PS bei 3000 U/min	25 PS bei 3000 U/min
Ventile	Seitlich stehend	Seitlich stehend	Seitlich stehend
Getriebe	3 Gang	3 Gang	3 Gang
Schaltung	Mitte	Mitte	Mitte
Lenkung	Rechts	Rechts	Rechts
Fußbremse	Mechanisch, Hinterräder	Mechanisch, Hinterräder	Mechanisch, 4 Räder
Radstand		2560 mm	2560 mm
Spur		1200 mm	1200 mm
Gesamtmaße		3600 x 1450 x 1700 mm	3600 x 1450 x 1750 mm
Räder	Drahtspeichen	Drahtspeichen	Draht- oder Stahlspeichen
Reifen		710 x 90 Hochdruck	710 x 90 Hochdruck oder 730 x 130 Niederdruck
Wagengewicht		Tourenwagen 860 kg	Limousine 950 kg
Höchstgeschwindigkeit		75 km/h	80 km/h
Preise			Tourenwagen RM 4700,– Limousine RM 5900,–

	Mannesmann 8 Zylinder Typ 8 M (Modell 60) 1928 – 1929	**Mannesmann 8 Zylinder Typ 8 Ma (Modell 70 Sport) 1929**	**Mannesmann 8 Zylinder Typ 8 Mb (Modell 100) 1929**
Motor	Mannesmann	Mannesmann	Rasmussen (Rickenbacker)
Zylinderzahl	8 (Reihe)	8 (Reihe)	8 (Reihe)
Bohrung x Hub	63 x 94 mm	64 x 94 mm	82 x 122 mm
Hubraum	2343 ccm	2418 ccm	5210 ccm
Leistung	55 PS bei 3400 U/min	70 PS bei 3900 U/min	100 PS bei 3000 U/min
Ventile	Hängend (OHV)	Hängend (OHV)	Seitlich stehend
Getriebe	3 Gang	3 Gang + Schnellgang	3 Gang + Schnellgang
Schaltung	Mitte	Mitte	Mitte
Lenkung	Links	Links	Links
Fußbremse	Mechanisch mit Saugluft-Servohilfe, 4 Räder	Mechanisch mit Saugluft-Servohilfe, 4 Räder	Mechanisch mit Saugluft-Servohilfe, 4 Räder
Radstand	3350 mm	3350 mm	3500 mm
Spur	1420 mm	1420 mm	1420 mm
Gesamtmaße	4500 x 1740 x 1850 mm	4500 x 1740 x 1850 mm	4500 x 1780 x 1850 mm
Räder	Stahlspeichen	Stahl- oder Drahtspeichen	Stahlspeichen
Reifen	30 x 5,77 Niederdruck	30 x 5,25 Niederdruck	32 x 6,00 Niederdruck
Wagengewicht	Limousine 1500 kg	Sport-Phaeton 1300 kg	Pullman-Limousine 1750 kg
Höchstgeschwindigkeit	100 km/h	120 km/h	110 km/h
Preise	Limousine 4 Türen RM 10950,–	Sport-Phaeton RM 12500,–	Pullman-Limousine RM 14900,–

Mauser (1923–1927)

Die Mauser-Werke AG., eine 1873 gegründete und zu weltweiter Geltung gelangte Waffenfabrik in Oberndorf am Neckar, baute nach dem ersten Weltkrieg eine Zeitlang auch Kraftfahrzeuge. Durch seine geradezu abenteuerliche Originalität zeichnete sich dabei das Mauser Einspur-Auto aus, das anläßlich der Berliner Automobil-Ausstellung 1921 erstmalig vorgeführt wurde. Die Serienproduktion des Tandem-Zweisitzers begann im Laufe des Jahres 1923, dauerte aber nicht sehr lang, weil bei weitem nicht jedermann ohne weiteres befähigt war, das Einspur-Auto sicher genug zu fahren. Nur bis 1925 lief wohl die reguläre Produktion, einige weitere Fahrzeuge mögen bis 1927 gebaut worden sein, als eine Firma Winkler in Oberndorf das Einspur-Auto übernahm und bis 1929 noch einige weitere Exemplare herstellte. – Die Mauser-Werke lieferten aber auch einen normalen 1,6 Liter-Kleinwagen, der jedoch ebenfalls im Jahre 1927 aufgegeben wurde. – Vom Einspur-Auto und vom 1,6 Liter-Wagen wurden allenfalls je höchstens 1000 Stück fertiggestellt. Von den über 2000 Leuten, die damals bei Mauser arbeiteten, war sicherlich nur der kleinere Teil im Kraftfahrzeugbau beschäftigt.

Ein Mauser Einspur-Auto kann man in fast jedem größeren Automobil-Museum besichtigen. Diese kuriosen Fahrzeuge blieben verhältnismäßig häufig erhalten, weil sie nicht viel gefahren wurden und sich auch nicht für andere Zwecke umfunktionieren ließen. Das oben abgebildete Einspur-Auto steht im Heimatmuseum Oberndorf am Neckar.

Mauser 6/24 PS Typ M 6
Kleinkraftdroschke 1925/26

Mauser 6/24 PS Typ M 7
Tourenwagen 1926/27

<table>
<tr><th></th><th>Mauser Einspur-Auto
2/6 PS
1923 – 1925</th><th>Mauser 6/24 PS
Typ M 6
1923 – 1926</th><th>Mauser 6/24 PS
Typ M 7
1926 – 1927</th></tr>
<tr><td>Motor</td><td></td><td colspan="2"></td></tr>
<tr><td>Zylinderzahl</td><td>1</td><td colspan="2">4 (Reihe)</td></tr>
<tr><td>Bohrung x Hub</td><td>84 oder 85 x 90 mm</td><td colspan="2">68 x 108 mm</td></tr>
<tr><td>Hubraum</td><td>498 oder 510 ccm</td><td colspan="2">1568 ccm</td></tr>
<tr><td>Leistung</td><td>6 PS</td><td colspan="2">24 PS bei 2400 U/min</td></tr>
<tr><td>Verdichtung</td><td></td><td colspan="2">1:6,15</td></tr>
<tr><td>Vergaser</td><td>1 Pallas SP 1</td><td colspan="2">1 Steigstromvergaser Pallas SA 1</td></tr>
<tr><td>Ventile</td><td>Seitlich stehend</td><td colspan="2">Hängend
Seitliche Nockenwelle
Antrieb durch Stirnräder</td></tr>
<tr><td>Kurbelwellenlager</td><td>2</td><td colspan="2">3</td></tr>
<tr><td>Kühlung</td><td>Thermosyphon (Wasser)</td><td colspan="2">Thermosyphon (Wasser)</td></tr>
<tr><td>Schmierung</td><td>Druckumlauf</td><td colspan="2">Druckumlauf</td></tr>
<tr><td>Zündung</td><td>Magnetzünder</td><td colspan="2">Magnetzünder</td></tr>
<tr><td>Batterie</td><td></td><td colspan="2">12 V</td></tr>
<tr><td>Lichtmaschine</td><td></td><td colspan="2">80 W</td></tr>
<tr><td>Anlasser</td><td>Kickstarter</td><td colspan="2">0,6 PS</td></tr>
<tr><td>Kraftübertragung</td><td>Motor unter Rücksitz
Antrieb über Kette
auf Hinterrad</td><td colspan="2">Antrieb auf Hinterräder</td></tr>
<tr><td>Kupplung</td><td>Lamellenkupplung</td><td colspan="2">Einscheibentrockenkupplung</td></tr>
<tr><td>Schaltung</td><td>Schalthebel innen rechts</td><td colspan="2">Schaltung Wagenmitte</td></tr>
<tr><td>Getriebe</td><td>3 Gang</td><td colspan="2">3 Gang</td></tr>
<tr><td>Übersetzungen</td><td>I. 2,34
II. 1,53
III. 1,00</td><td colspan="2">I. 3,70
II. 1,70
III. 1,00</td></tr>
<tr><td>Antriebs-Übersetzung</td><td>5,50 oder 6,75</td><td colspan="2">4,20</td></tr>
<tr><td>Fahrwerk</td><td>Preßstahl-Rahmen</td><td colspan="2">U-Profil-Preßstahl-Rahmen</td></tr>
<tr><td>Vorderradaufhängung</td><td>Gabel
1 Schraubenfeder</td><td colspan="2">starr, 1 Querfeder</td></tr>
<tr><td>Hinterradaufhängung</td><td>Gabel
1 Schraubenfeder</td><td colspan="2">starr, Ausleger-Halbfeder</td></tr>
<tr><td>Lenkung</td><td>Motorradlenkung</td><td colspan="2">Schnecke, links</td></tr>
<tr><td>Fußbremse</td><td>Mechanisch, Hinterrad</td><td>Mechanisch, Kardanwelle</td><td>Mechanisch, 4 Räder</td></tr>
<tr><td>Handbremse</td><td>Mechanisch, Hinterrad</td><td>Mechanisch, Hinterräder</td><td>Mechanisch, Kardanwelle</td></tr>
<tr><td>Schmierung</td><td></td><td></td><td>Staufferbüchsen</td></tr>
<tr><td>Allgemeine Daten</td><td></td><td></td><td></td></tr>
<tr><td>Radstand</td><td>2230 mm</td><td>2650 mm</td><td>2800 mm</td></tr>
<tr><td>Spur vorn/hinten</td><td>Einspur</td><td>1200 mm</td><td>1300 mm</td></tr>
<tr><td>Gesamtmaße</td><td>3000 x 1200 x 1100 mm
(Höhe ohne Verdeck)</td><td></td><td>3775 x 1560 x 1700 mm</td></tr>
<tr><td>Räder</td><td>Laufräder: Drahtspeichen
Stützräder: Scheiben</td><td>Drahtspeichen</td><td>Draht- oder Stahlspeichen</td></tr>
<tr><td>Reifen</td><td>Laufräder: 710 x 90
Stützräder: Wig 15"</td><td>730 x 130 Niederdruck</td><td>730 x 130 Niederdruck</td></tr>
<tr><td>Wendekreis</td><td>Min. 2 Meter</td><td></td><td></td></tr>
<tr><td>Fahrgestellgewicht</td><td></td><td>580 kg</td><td>630 kg</td></tr>
<tr><td>Wagengewicht</td><td>300 kg</td><td>Tourenwagen 900 kg
Limousine 1050 kg</td><td>Tourenwagen 950 kg
Limousine 1100 kg</td></tr>
<tr><td>Zuläss. Belastung</td><td>200 kg</td><td>4 Personen</td><td>4 Personen</td></tr>
<tr><td>Höchstgeschwindigkeit</td><td>60 km/h</td><td>80 km/h</td><td>80 km/h</td></tr>
<tr><td>Verbrauch/100 km</td><td>4 Liter</td><td>9 Liter</td><td>9,5 Liter</td></tr>
<tr><td>Kraftstofftank</td><td>Hinten über Motor</td><td>im Motorraum</td><td>im Motorraum</td></tr>
</table>

Maybach (ab 1922)

Für den legendären Klang des Namens Maybach sorgten in den zwanziger und dreißiger Jahren die Motoren der Zeppelin-Luftschiffe und vor allem die mächtigen Repräsentations-Automobile, die dieses Markenzeichen trugen. Die Maybach-Motorenbau GmbH. in Friedrichshafen am Bodensee geht auf das Jahr 1909 zurück, als Graf Zeppelin eine Fabrik für Luftschiffmotoren gründete und mit deren technischer Leitung Karl Maybach betraute, der eine entsprechende Konstruktion soeben ausgearbeitet hatte. Karl Maybach (1879–1960) war der Sohn von Wilhelm Maybach und seit 1924 wie dieser Ehrendoktor der Technischen Hochschule Stuttgart. Für die überragende Bedeutung Karl Maybachs als Motorenkonstrukteur mag sprechen, daß er während des Weltkriegs 1914/18 den ersten Höhenflugmotor und 1923 den ersten schnellaufenden Dieselmotor für größere Leistungen entwickelte. Der Zwang, nach dem ersten Weltkrieg auf zunächst nicht absehbare Zeit den Flugmotorenbau aufzugeben, veranlaßte Karl Maybach, die Herstellung von Luxusautomobilen aufzunehmen.

Produktion

Maybach W 3	1922 – 1928	max. 700 Wagen
Maybach W 5	1927 – 1929	max. 310 Wagen
Maybach W 6	1931 – 1935	max. 100 Wagen
Maybach DSH	1934 – 1937	max. 50 Wagen
Maybach 12	1929 – 1930	max. 125 Wagen
Maybach Zeppelin	1930 – 1937	max. 190 Wagen
Maybach Zeppelin	1938 – 1940	max. 25 Wagen
Maybach SW 35	1935 – 1936	ca. 50 Wagen
Maybach SW 38	1936 – 1939	ca. 520 Wagen
Maybach SW 42	1939 – 1941	ca. 45 Wagen

Bedeutung der Typenzeichen

W 3	Wagen Typ 3
SG	Schnellgang
DSG	Doppelschnellgang
DS 7	Doppel-Sechs 7 Liter
DS 8	Doppel-Sechs 8 Liter
DSH (auch: DSh)	Doppel-Sechs-halb
SW 38	Schwingachs-Wagen 3,8 Liter

Nach 1945 wurde bei Maybach noch jahrelang erwogen, auch wieder Automobile zu bauen. Leider ist es dazu nicht mehr gekommen. Der Maybach Motorenbau in Friedrichshafen ist seit 1960 mit Daimler-Benz verbunden und gehört heute zur gemeinsam mit der MAN betriebenen MTU (Motoren- und Turbinen-Union GmbH.) mit Werken in Friedrichshafen und München.

Maybach 22/70 PS Typ W 3 (1922–1928)
Maybach 27/120 PS Typ W 5 (1926–1929)

Karl Maybach konstruierte und baute einen 22/70 PS Sechszylinder-Einbaumotor, der für Boote und als Antrieb für schwere Reiseautomobile anderer Marken gedacht war. So wurden etwa 150 Wagen der damals angesehenen holländischen Firma Spyker mit Maybach-Motoren ausgerüstet. Da diese sich dort hervorragend bewährten, aber weitere Abnehmer nicht zu finden waren, lag es nahe, selbst komplette Automobile mit diesem Motor zu liefern.

Als erster Maybach erschien der Typ W 3, der zum wichtigsten Schaustück der Berliner Automobil-Ausstellung 1921 wurde und ab 1922 zur Lieferung kam. Wie es sich für einen Luxuswagen der höchsten Preisklasse gehört, zeichneten ihn außergewöhnliche Qualität in Material und Verarbeitung aus. Er besaß mechanische Vierradbremsen mit Bremsausgleich und andere für jene Zeit sehr fortschrittliche Merkmale. Vor allem war er ein »Wagen ohne Schaltung«. Im Hinblick auf den elastischen 5,7 Liter-Motor hatte man auf das übliche Getriebe verzichtet. In Bewegung gesetzt wurde der Wagen mit seinem überdimensionierten Elektro-Anlasser, woraufhin man bloß durch Niedertreten des Gashebels auf den normalen Motorantrieb überging. Nur für steile Berge und für Rückwärtsfahrt war ein zweistufiges Planetengetriebe vorhanden.

Aber ganz glücklich scheint man mit dem Maybach ohne Schaltung doch nicht gewesen zu sein. Ab Herbst 1926 gab es wahlweise für das gleiche Fahrgestell einen 27/120 PS 7 Liter Sechszylinder-Motor mit horizontalen, also liegend angeordneten Ventilen und senkrecht stehenden Schwinghebeln. Wiederum war dies ein Bootsmotor, bei dem man das Wendegetriebe durch ein Planetengetriebe ersetzt hatte. Der Typ hieß W 5. Im Frühjahr 1928 erhielt er als Typ W 5 SG ein zusätzliches Schnellganggetriebe mit Klauenschaltung, die von Hand, aber ebenfalls ohne Kupplung zu betätigen war. Effektiv hatte der Fahrer nun doch wieder 4 Vorwärtsgänge zur Verfügung.

Solange die Firma Maybach Automobile baute, beschränkte sie sich auf die Herstellung des Fahrgestells mit Motor, während der Aufbau vom Werk oder vom jeweiligen Käufer bei einer der damals sehr zahlreichen Karosseriefabriken bestellt wurde. Die Karosserien der großen Maybach W 3 und W 5 stammten hauptsächlich von Auer und von Neuss, aber auch von Papler, Kellner, Reutter, Gläser, wohl auch bereits von Spohn sowie Einzelausführungen von vielen anderen Firmen. Bemerkenswert, aber vermutlich zu teuer waren die Leichtmetallkarosserien, welche die Luftschiffbau Zeppelin GmbH. anbot.

22/70 PS Maybach Typ W 3 als Phaeton-Limousine mit abnehmbarem Limousinen-Dachaufsatz. Aufbau der Waggonfabrik Gebr. Gastell. Baujahr 1924/25.

22/70 PS Maybach Typ W 3 als Sport-Phaeton. Aufbau des Karosseriewerks Reutter. Baujahr 1924.

22/70 PS Maybach Typ W3 Landaulet. Aufbau Alexis Kellner. Baujahr etwa 1925.

27/120 PS Maybach Typ W 5 SG Limousine 1929.

27/120 PS Maybach Typ W 5 SG Landaulet 1929. Sonderanfertigung für Kaiser Haile Selassie von Äthiopien. Eine Besonderheit ist vor allem die hinter dem Wagen erhöht angebrachte Sitzbank für zwei Leibwächter.

	Maybach 22/70 PS Typ W 3 1922 – 1928	Maybach 27/120 PS Typ W 5 1926 – 1928	Maybach 27/120 PS Typ W 5 SG 1928 – 1929
Motor			
Zylinderzahl	6 (Reihe)	6 (Reihe)	
Bohrung x Hub	95 x 135 mm	94 x 168 mm	
Hubraum	5740 ccm	6995 ccm	
Leistung	70 PS bei 2200 U/min	120 PS bei 2800 U/min	
Drehmoment		42,5 mkg	
Verdichtung	1 : 4,8	1 : 5,1	1 : 5,7
Vergaser	1 Doppelvergaser Maybach	1 Doppelvergaser Maybach	
Ventile	Seitlich stehend Seitliche Nockenwelle Antrieb durch Stirnräder	Gegenüber liegend 2 seitliche Nockenwellen Antrieb durch Stirnräder	
Kurbelwellenlager	4	4	
Kühlung	Pumpe (Wasser)	Pumpe (Wasser)	
Schmierung	Druckumlauf, 15 Liter Öl	Druckumlauf, 15 Liter Öl	
Zündung	Doppelzündung (Magnet- und Batteriezündung) 2 Zündkerzen je Zylinder	Doppelzündung (Magnet- und Batteriezündung) (2 Zündkerzen je Zylinder)	
Batterie	2 x 12 V 120 Ah (unter Fußboden)	2 x 12 V 140 Ah (unter Fußboden)	
Lichtmaschine		225 W	
Anlasser	3 PS	3 PS	
Kraftübertragung	Antrieb auf Hinterräder	Antrieb auf Hinterräder	Antrieb auf Hinterräder
Kupplung	Je 1 trockene Reibkupplung für Berg, direkten und Rückwärtsgang	Je 1 trockene Reibkupplung für Berg-, direkten und Rückwärtsgang	Je 1 trockene Reibkupplung für Berg-, direkten und Rückwärtsgang
Schaltung	Kein Kupplungspedal Mit Gasfußhebel	Kein Kupplungspedal Mit Gasfußhebel	Kein Kupplungspedal Mit Gasfußhebel Schnellgang: Schalthebel rechts neben Fahrersitz
Getriebe	2 Gang-Planetengetriebe	2 Gang-Planetengetriebe	2 Gang-Planetengetriebe + Maybach-Schnellgang
Übersetzungen	I. 2,44 II. 1,00	I. 2,44 II. 1,00	I. 2,44 II. 1,00 Schnellgang 0,63
Antriebs-Übersetzung	4,46	4,46	4,46
Fahrwerk	U-Profil-Preßstahl-Rahmen	U-Profil-Preßstahl-Rahmen	
Vorderradaufhängung	starr, Halbfedern	starr, Halbfedern	
Hinterradaufhängung	starr, Underslung-Halbfedern	starr, Underslung-Halbfedern	
Lenkung	Schraubenspindel, rechts	Schraubenspindel, rechts	
Fußbremse	Mechanisch (Seilzug), 4 Räder	Hydraulisch/Mechanisch (Seilzug), 4 Räder	
Handbremse	Mechanisch (Seilzug), 4 Räder	Mechanisch (Seilzug), 4 Räder	
Schmierung	Staufferbüchsen	Nippel	
Allgemeine Daten			
Radstand	3660 mm	3660 mm	3660 mm
Spur vorn/hinten	1480/1480 mm	1480/1480 mm	1480/1480 mm
Gesamtmaße	5000 x 1760 x 1950 mm	5000 x 1760 x 1950 mm	5000 x 1760 x 1950 mm
Räder	Scheiben	Scheiben	Scheiben
Reifen	895 x 135 oder 150 1927: 33 x 5 Hochdruck 1928: 33 x 6,75 Niederdruck	33 x 6,75 Niederdruck	33 x 6,75 Niederdruck
Fahrgestellgewicht	1650 kg	1750 kg	1750 kg
Wagengewicht	Offen 2200 bis 2300 kg Geschlossen 2400 bis 2600 kg	Offen 2300 bis 2400 kg Geschlossen 2500 bis 2700 kg	Offen 2300 bis 2400 kg Geschlossen 2500 bis 2700 kg
Zuläss. Belastung	ca. 600 kg	ca. 600 kg	ca. 600 kg
Höchstgeschwindigkeit	105 km/h	115 km/h	130 km/h
Verbrauch/100 km	21 Liter	22 Liter	22 Liter
Kraftstofftank	120 Liter (im Heck)	120 Liter (im Heck)	120 Liter (im Heck)
Preise			
Fahrgestell	RM 22 600,–	RM 24 700,–	
Pullman-Limousine	RM 31 500,–	RM 33 600,–	
Pullman-Cabriolet	RM 33 400,–	RM 35 500,–	
Sport-Cabriolet	RM 33 400,–	RM 35 500,–	
Cabriolet 4 Türen	RM 33 400,–	RM 35 500,–	

Maybach 12 (1929–1930)
Maybach Zeppelin (1930–1940)

Durch das ungemein populäre Luftschiff LZ 127 »Graf Zeppelin« waren die Maybach Zwölfzylinder-Motoren zu einem Begriff geworden. So lag es nahe, eine entsprechende Konstruktion auch für den großen Wagen zu schaffen. 1929 erschien der Maybach 12. Er besaß den ersten V12-Motor in einem Automobil. Sein Trockengewicht betrug nur 510 kg. Das Kurbelgehäuse war nämlich ein Leichtmetall-Gußblock mit trockenen Gußeisen-Laufbüchsen, ebenso bestanden die Zylinderkopfhauben, die Ölwanne und die Kolben aus Leichtmetall. Der für damalige Begriffe kurzhubige Motor hatte eine maximale Kolbengeschwindigkeit von nur 10 m/sec. Statt des bisherigen Planetengetriebes wurde jedoch ein reguläres Dreiganggetriebe mit Mittelschalthebel sowie zusätzlich wieder der halbautomatische Schnellgang eingebaut.

Doch der ursprüngliche Maybach 12 blieb ein Übergangsmodell, dem bereits ein Jahr später der weltberühmt gewordene Typ »Zeppelin« folgte. Drei wichtige Errungenschaften brachte er mit, nämlich wesentlich eleganter gezeichnete Karosserien, die Saugluft-Servobetätigung der mechanischen Bremsen nach dem System Bosch-Dewandre sowie ein Fünfganggetriebe (»Doppelschnellgang«) mit unterdruckbetätigter Vorwählschaltung. Mit zwei kleinen Hebeln auf der Lenkradnabe wurde der nächste Gang vorgewählt, aber erst bei Bedarf, und zwar ohne Betätigung des Kupplungspedals, durch Gaswegnehmen eingeschaltet. Dieses Doppelschnellganggetriebe (Maybach DSG) mit nur drei schrägverzahnten, ständig im Ein-

Maybach 12 Pullman-Cabriolet (Karosserie Papler) 1929/30.

Maybach Zeppelin Pullman-Limousine (Karosserie Spohn) 1932/33.

griff befindlichen Radpaaren war nach der Bauart und Schaltweise des bisher verwendeten zweistufigen Schnellganggetriebes entwickelt worden.

Der erste Maybach Zwölfzylinder-Motor leistete 150 PS bei 7 Liter Inhalt. Ihm folgte wahlweise und später ausschließlich der 8 Liter mit 200 PS Leistung. Weil 1938 ein neuer Großer Mercedes Typ 770 erschien, wurde auch der Maybach Zeppelin 8 Liter modernisiert. Vor allem erhielt er ein 7 Gang-Getriebe, natürlich wieder mit der Vorwählschaltung auf dem Lenkrad. Gebaut wurden davon aber nur noch wenige Wagen, nämlich etwa 1 Stück pro Monat.

Maybach W 6 (1931–1935)
Maybach DSH (1934–1937)

An sich war der Zwölfzylinder-Zeppelin dazu gedacht, die seitherigen Maybach-Modelle zu ersetzen. Doch die schwierigen wirtschaftlichen Verhältnisse jener Zeit ließen es ratsam erscheinen, ab Herbst 1931 die ansonsten völlig gleichen Wagen zu einem beträchtlich niedrigeren Preis auch wieder mit Sechszylinder-Motor zu liefern. Zunächst griff man auf den bereits im W 5 verwendeten 120 PS 7 Liter-Motor zurück, und später wurde ein neuer, modern konstruierter 130 PS 5,2 Liter-Motor mit hängenden Ventilen angeboten. In ihrem Prestigewert standen diese Maybachs keineswegs hinter dem Zeppelin zurück, zumal sie nur besonders interessierte Leute an der Schriftleiste vor dem Kühler zu unterscheiden wußten. Doch die Mehrheit unter den wenigen, die sich überhaupt einen großen Maybach leisten wollten und konnten, bevorzugten dennoch den Zwölfzylinder.

Maybach Zeppelin Sport-Cabriolet (Karosserie Spohn) 1931/32.

Maybach Typ W 6 DSG Pullman-Limousine 1934/35.

	Maybach 12 Typ DS 1929 – 1930	Maybach Zeppelin 7 Liter Typ DS 7 1930 – 1934	
Motor			
Zylinderzahl		V 12 (60°-V-Form)	
Bohrung x Hub		86 x 100 mm	
Hubraum		6962 (Steuer 6922) ccm	
Leistung		150 PS bei 2800 U/min	
Verdichtung		1:5,67	
Vergaser		2 Doppel-Steigstromvergaser Solex 35 MOV	
Ventile		Hängend Zentrale Nockenwelle Antrieb durch Novotext-Stirnrad	
Kurbelwellenlager		8 Auswechselbare Laufbüchsen	
Kühlung		Pumpe, 43 Liter Wasser	
Schmierung		Druckumlauf 12 Liter Öl	
Zündung		Batterie	
Batterie		2 x 12 V 105 Ah	
Lichtmaschine		12 V 130 W	
Anlasser	12 V 2 PS	12 V 2,5 PS	
Kraftübertragung		Antrieb auf Hinterräder	
Kupplung		Einscheibentrockenkupplung	
Schaltung		Schalthebel Wagenmitte Schnellgang-Hebel auf Lenkrad	
Getriebe		3 Gang + Maybach-Schnellgang	
Übersetzungen		I. 4,45 II. 2,97 III. 1,58 Schnellgang 1,00	
Antriebs-Übersetzung		3,21 oder 3,58	
Fahrwerk		U-Profil-Preßstahl-Rahmen	
Vorderradaufhängung		starr, Halbfedern	
Hinterradaufhängung		starr, Underslung-Halbfedern	
Lenkung		Schraubenspindel links oder rechts	
Fußbremse	Mechanisch (Seilzug), 4 Räder	Mechanisch (Seilzug), 4 Räder mit Saugluftunterstützung (Bosch-Dewandre)	
Handbremse	Mechanisch (Seilzug), 4 Räder	Mechanisch (Seilzug), 4 Räder	
Schmierung	Nippel	Nippel	
Allgemeine Daten			
Radstand	3660 mm	3660 mm	3735 mm
Spur vorn/hinten	1490/1490 mm	1520/1520 mm	1520/1520 mm
Gesamtmaße	5100 x 1820 x 1800 mm	5370 x 1845 x 1800 mm	5500 x 1845 x 1800 mm
Räder	Scheiben	Scheiben- oder Drahtspeichen	Scheiben oder Drahtspeichen
Reifen	32 x 6,75 oder 17 x 50	7,00 – 20 oder 17 x 50	7,00–20 oder 17 x 50 bzw. für besonders schwere Wagen 7,50 – 20 oder 19 x 50
Wendekreis			14 Meter
Fahrgestellgewicht	1890 kg	1940 kg	2110 kg
Wagengewicht	Pullman Limousine 2800 kg	max. 2800 kg	max. 2800 kg
Zuläss. Gesamtgewicht			3790 kg
Höchstgeschwindigkeit	145 km/h	145 km/h	145 km/h
Verbrauch/100 km	27 Liter	27 Liter	27 Liter
Kraftstofftank	135 Liter (im Heck)	135 Liter (im Heck)	135 Liter (im Heck)
Preise			Fahrgestell RM 23000,– Pullman-Limousine RM 30000,– Transformations-Cabriolet RM 32000,–

Maybach Zeppelin 8 Liter Typ DS 8 1930 – 1934	Maybach Zeppelin 8 Liter Typ DS 8 1930 – 1937	Maybach Zeppelin 8 Liter Typ DS 8 1938 – 1940

V 12 (60°-V-Form)
92 x 100 mm
7978 (Steuer 7922) ccm
200 PS bei 3200 U/min
1:6,3
2 Doppel-Steigstromvergaser Solex 35 MMOVS
Hängend
Zentrale Nockenwelle
Antrieb durch Novotext-Stirnrad
8
Auswechselbare Laufbüchsen
Pumpe, 43 Liter Wasser
Druckumlauf, 12 Liter Öl
Batterie
2 x 12 V 105 Ah
12 V 130 W
12 V 2,5 PS

Antrieb auf Hinterräder
Zweischeibentrockenkupplung
Schalthebel Wagenmitte (für Fahrtrichtung) und
Vorwählhebel auf Lenkrad (für Gänge)

1930 – 1934 / 1930 – 1937	1938 – 1940
5 Gang Maybach DSG	7 Gang Maybach SRG
I. 4,50	I. 4,42 V. 1,30
II. 3,00	II. 3,39 VI. 1,00
III. 2,00	III. 2,61 VII. 0,77
IV. 1,50	IV. 1,69
V. 1,00	
3,21 oder 3,58	3,21 oder 3,58

U-Profil-Preßstahl-Rahmen
starr, Halbfedern
starr, Underslung-Halbfedern
Schraubenspindel, links oder rechts
Mechanisch (Seilzug), 4 Räder
mit Saugluftunterstützung (Bosch-Dewandre)
Mechanisch (Seilzug), 4 Räder
Nippel

1930 – 1934	1930 – 1937	1938 – 1940
3660 mm	3735 mm	3735 mm
1520/1520 mm	1520/1520 mm	1520/1520 mm
5370 x 1845 x 1800 mm	5500 x 1845 x 1800 mm	5500 x 1845 x 1800 mm
Scheiben oder Drahtspeichen	Scheiben oder Drahtspeichen	Scheiben
7,00 oder 7,50–20 extra	7,00 oder 7,50–20 extra	210 – 20
	14 Meter	14 Meter
1940 kg	2110 kg	2110 kg
max. 2800 kg	max. 2800 kg	max. 3000 kg
	3790 kg	3790 kg
160 km/h	160 km/h	160 km/h
28 Liter	28 Liter	28 Liter
135 Liter (im Heck)	135 Liter (im Heck)	135 Liter (im Heck)
	Fahrgestell RM 29 500,– bzw. 1936/37 RM 27 000,–	Fahrgestell RM 27 000,–
	Pullman-Limousine RM 36 500,– bzw. 1936/37 RM 34 000,–	Pullman-Limousine RM 34 000,–
	Transformations-Cabriolet RM 38 500,– bzw. 1936/37 RM 36 000,–	Transformations-Cabriolet RM 36 000,–

Maybach Zeppelin 8 Liter
Sport-Cabriolet (Karosserie Spohn) 1938

Maybach Zeppelin 8 Liter
Limousine 1938

Maybach Zeppelin 8 Liter
Spezial-Sport-Cabriolet 1938

Motor
Zylinderzahl
Bohrung x Hub
Hubraum
Leistung
Verdichtung
Vergaser

Ventile

Kurbelwellenlager

Kühlung
Schmierung
Zündung
Batterie
Lichtmaschine
Anlasser

Kraftübertragung
Kupplung
Schaltung

Getriebe
Übersetzungen

Antriebs-Übersetzung

Fahrwerk
Vorderradaufhängung
Hinterradaufhängung
Lenkung
Fußbremse

Handbremse
Schmierung

Allgemeine Daten
Radstand
Spur vorn/hinten
Gesamtmaße
Räder
Reifen
Wendekreis
Fahrgestellgewicht
Wagengewicht
Zuläss. Gesamtgewicht
Höchstgeschwindigkeit
Verbrauch/100 km
Kraftstofftank

Preise
Fahrgestell
Pullman-Limousine

<table>
<tr><th colspan="2">Maybach Typ W 6
1931 – 1934</th><th>Maybach Typ W 6 DSG
1934 – 1935</th><th>Maybach Typ DSH
1934 – 1937</th></tr>
<tr><td colspan="3">6 (Reihe)
94 x 168 mm
6995 ccm
120 PS bei 2800 U/min
1 : 5,7
1 Doppel-Steigstromvergaser
Maybach
Gegenüber liegend
2 seitliche Nockenwellen
Antrieb durch Stirnräder
4

Pumpe, 26 Liter Wasser
Druckumlauf, 15 Liter Öl
Batterie
2 x 12 V 105 Ah
12 V 130 W
12 V 2,5 PS</td><td>6 (Reihe
100 x 110 mm
5184 ccm
130 PS bei 3200 U/min
1 : 6,3
2 Doppel-Steigstromvergaser
Solex 40 MMOVS
Hängend
Seitliche Nockenwelle
Antrieb durch Stirnräder
8
Auswechselbare Laufbüchsen
Pumpe, 26 Liter Wasser
Druckumlauf, 12 Liter Öl
Batterie
2 x 12 V 105 Ah
12 V 130 W
12 V 2,5 PS</td></tr>
<tr><td colspan="2">Antrieb auf Hinterräder
Zweischeibentrockenkupplung
Schalthebel Wagenmitte
Schnellgang-Hebel auf Lenkrad
3 Gang + Maybach-Schnellgang
I. 4,45
II. 2,97
III. 1,58
Schnellgang 1,00</td><td colspan="2">Antrieb auf Hinterräder
Zweischeibentrockenkupplung
Schalthebel Wagenmitte (für Fahrtrichtung) und
Vorwählhebel auf Lenkrad (für Gänge)
5 Gang Maybach DSG
I. 4,50
II. 3,00
III. 2,00
IV. 1,50
V. 1,00</td></tr>
<tr><td>3,21</td><td>3,21</td><td>3,21</td><td>3,58</td></tr>
<tr><td colspan="4">U-Profil-Preßstahl-Rahmen
starr, Halbfedern
starr, Underslung-Halbfedern
Schraubenspindel, links oder rechts
Mechanisch (Seilzug), 4 Räder
mit Saugluftunterstützung (Bosch-Dewandre)
Mechanisch (Seilzug), 4 Räder
Nippel</td></tr>
<tr><td>3660 mm
1520/1520 mm
5370 x 1845 x 1800 mm
Scheiben oder Drahtspeichen
7,00 oder 7,50 – 20 extra

1835 kg
max. 2800 kg

130 km/h
22 Liter
135 Liter (im Heck)</td><td>3735 mm
1520/1520 mm
5500 x 1845 x 1800 mm
Scheiben oder Drahtspeichen
7,00 oder 7,50–20 extra
14 Meter
1880 kg
max. 2800 kg
3450 kg
130 km/h
22 Liter
135 Liter (im Heck)</td><td>3735 mm
1520/1520 mm
5500 x 1845 x 1800 mm
Scheiben oder Drahtspeichen
7,00 oder 7,50–20 extra
14 Meter
1880 kg
max. 2800 kg
3450 kg
130 km/h
22 Liter
135 Liter (im Heck)</td><td>3735 mm
1520/1520 mm
5500 x 1845 x 1800 mm
Scheiben oder Drahtspeichen
7,00 oder 7,50–20 extra
14 Meter
2000 kg
max. 2900 kg
3680 kg
135 km/h
20 Liter
135 Liter (im Heck)</td></tr>
<tr><td></td><td>RM 15 000,–
RM 22 000,–</td><td>RM 16 800,–
RM 23 800,–</td><td>1934/35 RM 19 500,– RM 26 500,–
1936/37 RM 17 300,– RM 24 300,–</td></tr>
</table>

Maybach SW 35, SW 38, SW 42 (1935–1941)

Die Zeit der gigantischen Luxus-Automobile, zu denen die großen Maybachs gehörten, war vorbei. Andererseits wuchs unter den relativ günstigen Wirtschaftsbedingungen der späteren dreißiger Jahre die Nachfrage nach leistungsfähigen, qualitativ hochwertigen Wagen der 31/2 bis 4 Liter-Klasse. An Autos dieser Größenordnung gab es damals in Deutschland den Ford V8 (5000 RM!), den Opel Admiral (6500 RM), einen Audi, einen Stoewer, einen Adler, zuletzt noch einen BMW, sowie den 3,8 Liter Horch V8 und den 3,4 Liter Mercedes, die beiden letzteren ab etwa 9000 RM. Dazu kam dann seit 1935 der, wie er oft genannt wurde, »kleine« Maybach. Er war allerdings weder klein noch billig (Preis rund 20 000 RM), er war wiederum ein Wagen für sehr hohe Ansprüche, aber doch handlicher, praktischer und insgesamt zeitgemäßer als der überaus exclusive Typ Zeppelin. Aus dem SW 35 wurde bald der SW 38 und kurz vor Kriegsausbruch der SW 42, indem man den Motor zunächst von 3,5 auf 3,8 und dann auf 4,2 Liter vergrößerte. Das geschah aber keineswegs, wie vielleicht jemand vermuten könnte, der die damaligen Verhältnisse nicht kennt, um mehr Leistung zu gewinnen, sondern vielmehr, um die vorhandenen 140 PS zu gewährleisten, obwohl sich die Benzinqualität vor dem Krieg mehr und mehr verschlechterte.

Die Karosserien für die Maybach SW-Typen lieferte weit überwiegend und in der Form teils sehr gut, zum Teil aber auch gar nicht gut gelungen die Firma Spohn. Aber auch andere Firmen kamen zum Zuge, so vor allem Gläser sowie Erdmann & Rossi.

Maybach SW 35 Limousine (Karosserie Spohn) auf der Berliner Automobil-Ausstellung 1935.

Maybach SW 38 Cabriolet 4 Türen (Karosserie Gläser) 1936–1939.

Maybach SW 38 Sport-Cabriolet 2 (2) Sitze (Karosserie Spohn) 1937–1939.

Maybach SW 38 Pullman-Limousine (Karosserie Spohn) 1936 bis 1939. Besitzer: Fritz Züchner, Seesen/Harz.

Maybach SW 42 Transformations-Cabriolet (Karosserie Spohn) 1939–1941. Besitzer: Auto-Museum Schloß Langenburg.

	Maybach SW 35 1935		Maybach SW 35 1935 – 1936	
Motor	Maybach HL 35			
Zylinderzahl	6 (Reihe)			
Bohrung x Hub	90 x 90 mm			
Hubraum	3435 ccm			
Leistung	140 PS bei 4500 U/min			
Verdichtung	1:7,1			
Vergaser	2 Steigstrom-Doppelvergaser Solex 35 MMOVS			
Ventile	Schräg hängend			
	Nockenwelle oben im Zylinderkopf			
	Antrieb durch Stirnräder			
Kurbelwellenlager	8			
	Auswechselbare Laufbüchsen			
Kühlung	Pumpe, 14 Liter Wasser			
Schmierung	Druckumlauf, 10 Liter Öl			
Zündung	Batterie			
Batterie	12 V 62,5 Ah			
Lichtmaschine	130 W			
Anlasser	1,4 PS			
Kraftübertragung	Antrieb auf Hinterräder		Antrieb auf Hinterräder	
	Getriebe mit Hinterachse verblockt		Getriebe mit Motor verblockt	
Kupplung	Einscheibentrockenkupplung		Zweischeibentrockenkupplung	
Schaltung	Schalthebel Wagenmitte (für Fahrtrichtung)		Schalthebel Wagenmitte (für Fahrtrichtung)	
	Vorwählhebel auf Lenkrad (für Gänge)		Vorwählhebel auf Lenkrad (für Gänge)	
Getriebe	5 Gang Maybach DSG		5 Gang Maybach DSG	
Übersetzungen	I. 6,2		I. 6,2	
	II. 2,54		II. 2,54	
	III. 1,72		III. 1,72	
	IV. 1,00		IV. 1,00	
	V. 0,68		V. 0,68	
Antriebs-Übersetzung	4,60		4,60	
Fahrwerk	Tiefbett-Kastenrahmen			
Vorderradaufhängung	Doppel-Querlenker			
	1 Querfeder, Schraubenfedern			
Hinterradaufhängung	Pendelachse			
	1 Querfeder oben, Schraubenfedern			
Lenkung	Schnecke ZF-Roß, links oder rechts			
Fußbremse	Mechanisch mit Saugluft-Bremshilfe, 4 Räder			
Handbremse	Mechanisch, 4 Räder			
Schmierung	Zentral			
Allgemeine Daten				
Radstand	3080 mm	3480 mm	3380 mm	3680 mm
Spur vorn/hinten	1440/1480 mm	1440/1480 mm	1440/1480 mm	1440/1480 mm
Gesamtmaße	4500 x 1850 x 1650	4900 x 1850 x 1650	4600 x 1850 x 1650	5000 x 1850 x 1650
Räder	Scheiben oder Drahtspeichen	Scheiben oder Drahtspeichen	Scheiben, Draht- oder Stahlspeichen	Scheiben, Draht- oder Stahlspeichen
Reifen	6,50–17 extra	6,50–17 extra	6,50–17 extra	6,50–17 extra
Wendekreis	11,5 Meter	12,6 Meter	12,2 Meter	13,3 Meter
Fahrgestellgewicht	1250 kg	1300 kg	1280 kg	1330 kg
Wagengewicht	1800 kg	1900 kg	1850 kg	1950 kg
Zuläss. Gesamtgewicht			2850 kg	2850 kg
Höchstgeschwindigkeit	140 km/h	140 km/h	140 km/h	140 km/h
Verbrauch/100 km	19 Liter	19 Liter	19 Liter	19 Liter
Kraftstofftank	80 Liter (im Heck)	80 Liter (im Heck)	85 Liter (im Heck)	85 Liter (im Heck)
Preise				
Fahrgestell	RM 16200,–	RM 16200,–	RM 13800,–	RM 13800,–
Limousine 4 Türen				
Pullman-Limousine				RM 20400,–
Tourenwagen 6 Sitze				
Cabriolet 4 Türen				
Sport-Cabriolet 2 Sitze				
Sport-Cabriolet 4 Sitze				
Transformations-Cabriolet				

Maybach SW 38 **1936 – 1939**	**Maybach SW 42** **1939 – 1941**
Maybach HL 38	Maybach HL 42
6 (Reihe)	6 (Reihe)
90 x 100 mm	90 x 110 mm
3817 (Steuer 3791) ccm	4197 (Steuer 4170) ccm
140 PS bei 4500 U/min	140 PS bei 4000 U/min
1:7,2	1:6,2

2 Steigstrom-Doppelvergaser Solex 35 MMOVS
Schräg hängend
Nockenwelle oben im Zylinderkopf
Antrieb durch Stirnräder
8
Auswechselbare Laufbüchsen
Pumpe, 14 Liter Wasser
Druckumlauf, 10 Liter Öl
Batterie
12 V 62,5 Ah
130 W
1,4 PS

Antrieb auf Hinterräder
Getriebe mit Motor verblockt
Zweischeibentrockenkupplung
Schalthebel Wagenmitte (für Fahrtrichtung)
Vorwählhebel auf Lenkrad (für Gänge)
5 Gang Maybach DSG 35
I. 5,72
II. 3,26
III. 2,26
IV. 1,44
V. 1,00
3,60

Tiefbett-Kastenrahmen
Doppel-Querlenker
1 Querfeder, Schraubenfedern
Pendelachse
1 Querfeder oben, Schraubenfedern
Schnecke ZF-Roß, links oder rechts
Mechanisch mit Saugluft-Bremshilfe, 4 Räder
Mechanisch, 4 Räder
Zentral

3380 mm	3680 mm	3380 mm	3680 mm
1440/1480 mm	1440/1480 mm	1440/1480 mm	1440/1480 mm
4600 x 1850 x 1650 mm	5090 x 1850 x 1650 mm	4600 x 1850 x 1650 mm	5090 x 1850 x 1650 mm
Stahlspeichen	Stahlspeichen	Stahlspeichen	Stahlspeichen
6,50 oder 7,00–17 extra	6,50 oder 7,00-17 extra	7,00 oder 7,50–17 extra	7,00 oder 7,50–17 extra
12,8 Meter	13,9 Meter	12,8 Meter	13,9 Meter
1350 kg	1400 kg	1350 kg	1400 kg
2000 bis 2300 kg	2100 bis 2400 kg	2000 bis 2300 kg	2100 bis 2400 kg
2700 kg	2700 kg	2700 kg	2700 kg
140 km/h	140 km/h	140 km/h	140 km/h
20 Liter	20 Liter	20 Liter	20 Liter
85 Liter (im Heck)	85 Liter (im Heck)	85 Liter (im Heck)	85 Liter (im Heck)

1936/37	**1938/39**	**1936/37**	**1938/39**		
RM 13800,–	RM 13800,–	RM 13800,–	RM 13800,–	RM 13800,–	RM 13800,–
RM 18100,–	RM 17600,–	–	–	RM 17600,–	–
–	–	RM 20400,–	RM 18300,–	–	RM 18300,–
–	–	–	RM 18100,–	–	RM 18100,–
RM 18400,–	RM 18900,–	–	RM 19250,–	RM 18900,–	RM 19250,–
RM 21185,–	RM 21250,–	–	–	RM 21250,–	–
–	–	–	RM 21250,–	–	RM 21250,–
–	–	RM 23700,–	RM 21600,–	–	RM 21600,–

Mercedes (bis 1926)
Mercedes-Benz (ab 1926)

Gottlieb Daimler (1834–1900) und Karl Benz (1844–1929) haben, ohne sich gegenseitig zu kennen oder von den Vorhaben des anderen zu wissen, 1886 jeder sein erstes Automobil gebaut. Daimler in Cannstatt bei Stuttgart setzte – unter entscheidender Mitwirkung von Wilhelm Maybach – seinen schnellaufenden Verbrennungsmotor mit Glührohrzündung in einen normalen Kutschwagen ein, während Karl Benz in Mannheim unter Verwendung eines in seiner bereits bestehenden Motorenfabrik gebauten Einzylinders mit Hochspannungszündung ein völlig neuartiges Dreiradfahrzeug entwickelte. Vor allem Benz, aber auch Daimler gelangten verhältnismäßig rasch zur serienweisen Fabrikation ihrer Motorwagen, wobei sich allerdings Benz ebenfalls bald mit motorisierten Kutschen zufrieden gab, weil dies zunächst technisch einfacher war und weil sich solche Fahrzeuge in der Anfangszeit der Motorisierung leichter verkaufen ließen. Erst nach der Jahrhundertwende gewann das Automobil nach dem Vorbild des von Wilhelm Maybach für die Firma Daimler konstruierten Mercedes-Wagens seine in der Grundform noch heutige gültige Gestalt. In der Folgezeit haben sich die beiden ältesten Automobilfabriken der Welt, die Daimler-Motoren-Gesellschaft mit Werken in Untertürkheim, Sindelfingen und Berlin-Marienfelde sowie die Firma Benz & Cie. mit Werken in Mannheim und Gaggenau, glänzend entwickelt. Sie genossen beide einen ausgezeichneten Markenruf, und sie wurden, allein schon ihrer Tradition wegen, in der gesamten Automobilwelt als führend respektiert.

Die Jahre nach dem Ersten Weltkrieg freilich stellten beide Unternehmen vor schwierige Probleme. Baurat Paul Daimler (1869–1945), Sohn des Firmengründers und von 1907 bis 1922 Chefkonstrukteur der Daimler-Motoren-Gesellschaft, hatte zwar mit den ersten Kompressor-Automobilen viel zum Weltruhm seiner Firma beigetragen, ihr damit aber noch keineswegs zu einem einträglichen Verkaufsprogramm verholfen. Benz andererseits geriet

Das Bild aus dem Museum der Daimler-Benz AG. zeigt rechts den von Gottlieb Daimler und Wilhelm Maybach gebauten Motorwagen aus dem Jahre 1886. Es war eine völlig normale Kutsche mit nachträglich eingebautem Motor. Links steht ein Nachbau des ebenfalls 1886 fertiggestellten Patent-Motorwagens von Karl Benz. Das Original dieses Fahrzeugs befindet sich im Deutschen Museum (München).

durch die Spekulationen des Großaktionärs Schapiro zunehmend in existenzbedrohende Verstrickungen. 1926 schlossen sich beide Firmen zur Daimler-Benz AG. zusammen, und zwar gerade zur rechten Zeit, denn es erscheint durchaus zweifelhaft, ob sie getrennt die schwierigen Jahre der Wirtschaftskrise hätten durchstehen können. Unter dem Namen »Mercedes-Benz« wurde von nun an ein reich gegliedertes Personen- und Lastwagenprogramm angeboten, welches den Firmenverband bald zur umsatzmäßig zweitgrößten Automobilfabrik Deutschlands (nach Opel) werden ließ.

Die Fusion, deren Vorgeschichte auf Seite 50 dieses Buches steht, hatte Wilhelm Kissel (1885–1942) zustande gebracht. Der gebürtige Pfälzer kam 1904 zu Benz, wo er sich rasch emporarbeitete. Schon 23jährig wurde er Abteilungsleiter, 1924 wurde er in den Vorstand berufen, wo er energisch den Zusammenschluß mit Daimler vorbereitete, und seit der Fusion im Jahre 1926 bis zu seinem Tod war Kissel Generaldirektor des Konzerns. 1935 ernannte ihn die Technische Hochschule Darmstadt zum Dr.-Ing. e. h. Neben Carl Benz, Gottlieb Daimler und Wilhelm Maybach zählt Wilhelm Kissel als vierter zu den denkwürdigen Gründerpersönlichkeiten der Daimler-Benz AG., was merkwürdigerweise in der offiziellen Historie des Unternehmens bislang kaum gebührend zum Ausdruck kommt.

Zum Zeitpunkt des Zusammenschlusses beschäftigte der neue Konzern etwa 14000 Mitarbeiter. Ihre Zahl sank bis 1932 auf 8850 ab, hatte sich aber bis Ende 1933 bereits wieder verdoppelt und lag 1935 bei 25000. Das Aktienkapital betrug nach der Fusion 36,36 Mill. RM, wovon Jacob Schapiro 18,3 Mill. (bis 1929), Camillo Castiglioni 3,4 Mill. RM (ebenfalls bis 1929) und die Deutsche Bank 10 Mill. RM hielten. Bis 1939 hatte sich der Anteil der Deutschen Bank auf etwa 40 % erhöht. Deren Vorstandsprecher Dr. Emil von Stauß, der Wilhelm Kissels Fusionsbestrebungen entscheidend unterstützt hatte, war Aufsichtsratvorsitzer der Daimler-Benz AG. bis zu seinem Tod im Jahr 1943. Kritisch für den Konzern gestalteten sich die Jahre 1931 und 1932, die einen Verlust von 13,4 Mill. RM gebracht hatten. Danach aber ging es rapid aufwärts. 1936 beispielsweise wurde aus 300 Mill. RM Umsatz ein Reingewinn von 6 Mill. RM erwirtschaftet. Von da an war und blieb das Unternehmen so gesund, daß selbst die schweren Zerstörungen des zweiten Weltkriegs seine Existenz nicht mehr in Frage stellen konnten.

Nicht nur, daß mit dem 35 PS Daimler-Wagen von 1901 die Markenbezeichnung »Mercedes« eingeführt wurde, macht ihn besonders interessant, sondern vor allem, daß ihm zum ersten Mal eine Form gegeben wurde (Anordnung des Motors und Gestaltung des Aufbaus), wie sie auch heute noch dem üblichen Begriff eines Automobils entspricht.

Personenwagen-Produktion von 1926 bis 1943 (1. Teil)

Typ	Werksbezeichnung Wagen-typ	Werksbezeichnung Motor-typ	1926	1927	1928	1929	1930
10/35 PS (Benz)			xxx }	592			
16/50 PS (Benz)			xxx }				
400 (15/70/100 PS)			210	305	234	5	
630 (24/100/140 PS)			12	44	299	22	
K (24/110/160 PS			20	74	78	88	5
5/25 PS	W 01	M 01	8		28		
8/38 PS			1425	4788	3922	369	
Stuttgart 200	W 02	M 02				1631	2966
Stuttgart 260	W 11	M 11			16	3640	1487
Stuttgart 260 lang	W 11 L	M 11					
Stuttgart 260 Kübelwagen	W 11 IV	M 11					
300	W 03	M 03	205	812			
300 und 320	W 04	M 04		1281	1204	202	
350	W 05	M 09				468	267
G 1 (Gelände-Kfz)	W 103	M 03	5	1	1		
G 3 (Gelände-Kfz)	WG 09 I	M 09 I			89		
G 3a (Gelände-Kfz)	WG 09 II	M 09 II				1634	370
Mannheim 350	W 10	M 10				17	48
Mannheim 370	W 10	M 10 II				68	555
Mannheim 370 K	WK 10	M 10 II					30
Mannheim 370 S	WS 10	MS 10					12
S (26/120/180 PS)			20	8			
S (26/170/225 PS)	W 06	M 06			18	115	5
SS (27/140/200 PS)				3	1		
SS (27/160/200 PS)					12	14	5
SS (27/170/225 PS)	W 06	M 06			4	60	32
SS (27/180/250 PS)	WS 06	M 06 S				3	1
SSK (27/170/225 PS)	W 06 III	M 06			3	18	4
SSK (27/180/250 PS)	WS 06	MS 06			1	6	2
SSKL (27/240/300 PS)	W 06 RS	M 06 RS				2	1
Nürburg 460	W 08	M 08			347	1652	666
Nürburg 500	W 08	M 08 II					
770 (30/150/200 PS)	W 07 (K)	M 07 (K)					4
770 (30/145/230 PS)	W 150 II	M 150 II					
170	W 15	M 15					
200	W 21	M 21					
200 lang	W 21	M 21					
290	W 18	M 18					
290 lang	W 18 II	M 18 II					
290 Kübelsitz I	W 18 III	M 18					
290 Kübelsitz II	W 135	M 18 II					
Mannheim 380 S	W 10	M 19					
Mannheim 380 S	W 19	M 19 II					
380	W 22	M 22					

1931	1932	1933	1934	1935	1936	1937	1938	1939	1940	1941	1942	1943	Gesamt- zahl
													754
													377
	2												267
													36
													10 504
1235	528	92											6452
1085	357	119	53										6757
		50											50
			525	982									1507
													1018
													2687
													727
													7
													89
													2004
													65
253	187	181	39	6									1279
122	84	7											243
117	64	2											195
													28
													138
													4
													31
4	4	2	8	1									115
													4
4	2		1										32
		1											10
2	5	1	1										12
152	32	44											2893
110	116	141	183	139	87	54	50	51					931
42	9	4	11	11	10	13	13						117
							13	44	1	1	10	19	88
173	4438	3130	2508	3020	497								13 775
	2	2788	2364	3033	1091								9281
			941	3801	1599								6341
		1320	1340	613	293								3566
			915	1583	1222	209							3929
			28	62									90
					519	110							629
	38	56											94
	18	2											20
		93	61										154

Personenwagen-Produktion 1926 bis 1943 (2. Teil)

Typ	Werksbezeichnung Wagen-typ	Motor-typ	1926	1927	1928	1929	1930
120 H (Versuch)	W 17	M 17					
130 H	W 23	M 23					
150 H	W 130	M 30					
170 H	W 28	M 28 II					
Volkswagen V 60							
120 FX (Versuch)	W 185	M 185					
130 V (Versuch)	W 144	M 144					
150 V	W 130 II	M 30					
150 BX (Versuch)	W 164	M 164					
170 VX (Versuch)	W 158	M 158					
190 VB (Versuch)	W 145	M 145					
240	W 132	M 132					
260 V (Versuch)	W 146	M 146					
260 (Versuch)	W 159	M 159					
400 V (Versuch)	W 147	M 147					
400 VM (Versuch)	W 160	M 160					
400 VMS (Versuch)	W 151	M 161					
600 V (Versuch)	W 148	M 148					
600 K (Versuch)	W 157	M 157					
170 V	W 136	M 136					
170 VG (4 x 4)	W 133 III	M 28 II					
170 VL	W 139	M 136 MIL					
170 VK Kübelsitzer	W 136 K	M 136					
G 5 (Gelände-Kfz)	W 152	M 149 II					
200 V (Sportwagen)	W 149 II	M 149 II					
230	W 143	M 143					
230 SV Roadster	W 153	M 143 S					
230	W 153	M 153					
230 Sport	W 153	M 153 S					
260 D	W 138	OM 138					
175 DX (Versuch)	W 141	OM 141					
190 D (Versuch)	W 141 I	OM 141 I					
290 D (Versuch)	W 166	OM 166					
290 D (Versuch)	W 168	OM 168					
320	W 142	M 142 I					
320 Kübelsitzer	W 142 III	M 142 I					
340	W 142 IV	M 142 II					
340 Kübelsitzer	W 142 V	M 142 II					
500	W 24	M 24					
G 4 (Gelände-Kfz)	W 31	M 24					
G 4 (Gelände-Kfz)	W 131	M 124					
500 K	W 29	M 24 I					
540 K	W 24	M 24 II					
540 K	W 29	M 24 II					
540 K kurz	W 129	W 24 II					
580 K	W 129 II	M 124					
			7 908	6 257	10 014	6 460	

1931	1932	1933	1934	1935	1936	1937	1938	1939	1940	1941	1942	1943	Gesamt-zahl
12													12
			2 206	1781	311								4298
			5	13	7								25
					2 010	50	250	189					2507
						30							30
								3					3
					12	6							18
			8	20	8								36
								6					6
							2	2	4	4	7		19
					4								4
			16	6									22
					12	4							16
									8	10			18
							6						6
							4	4					8
								2					2
										8	4		12
										4	8		12
				12	15 674	18 864	17 575	16 305	3650	1710	1174		74 964
				62									62
					42								42
							413	1737	7560	6588	2777		19 075
						3	79	115	181				378
							27	4					31
					3465	7110	6389	2723	636	22			20 336
							33						33
							40	2600	1188	295	53	34	4210
								19					19
				13	55	336	725	620	218				1967
				4									4
				6									6
								18					18
												4	4
						1073	1779	1384	68	18	4		4326
							202	631	931				1764
						14	34	44	400	242	151		885
							30	12					42
			48	30									78
			6	4	1	4	12	30					57
			3	4		2	2	2					13
			105	190	59								354
				3									3
					97	145	95	69					406
					4	12	14	8					38
								10	2				12
3 311	**5886**	**8033**	**11 375**	**15 399**	**27 059**	**28 039**	**27 737**	**26 632**	**14 747**	**8902**	**4188**	**57**	

Mercedes 16/45 PS (1910–1924)

Paul Daimler arbeitete zunächst eng mit Wilhelm Maybach zusammen, der den begabten jungen Konstrukteur sehr schätzte. Von 1902 bis 1905 übernahm Paul Daimler die Leitung der Österreichischen Daimler-Motoren-Gesellschaft in Wiener-Neustadt, wo er sich hauptsächlich mit der Entwicklung von Lastwagen beschäftigte und den ersten brauchbaren Vierrad-Antrieb schuf. 1905 wurde Paul Daimler in den Vorstand des Stammwerks in Stuttgart-Untertürkheim berufen, wo er 1907 nach dem Ausscheiden Wilhelm Maybachs mit der Leitung des Konstruktionsbüros und der Technischen Direktion betraut wurde. Paul Daimler strebte danach, Automobile von möglichst hoher Qualität und Leistung zu schaffen, die er bis in die Einzelheiten mit größter Sorgfalt gestaltete. In solchem Streben nach Perfektion erwarb er 1910 die Patente des Amerikaners Knight und brachte unverzüglich drei Mercedes-Modelle mit Knight-Schiebermotoren heraus. Deren wichtigster Vorzug war ihr für damalige Begriffe außergewöhnlich ruhiger Motorlauf. Außerdem gaben sie bei niedriger Drehzahl mehr Leistung ab als gleich große Ventilmotoren. Auf der anderen Seite verlangten sie eine höchst feinfühlige Bedienung. Zudem war der Bauaufwand teuer, und sie eigneten sich nur für Drehzahlen bis zu etwa 1600 U/min, was einer Höchstgeschwindigkeit von ungefähr 80 km/h entsprach. Von den drei Mercedes-Knight-Modellen wurde nur der 16/45 PS, ein stattlicher Vierliter-Chauffeurwagen, nach dem ersten Weltkrieg weitergebaut. Zwar bewunderten ihn die Leute wegen seiner Kultiviertheit, doch allein schon seine Leistungsgrenzen beendeten die Brauchbarkeit dieser Motorbauart.

Mercedes 28/95 PS (1913–1924)

Nach dem ersten Weltkrieg übernahmen die Daimler-Werke nur zwei Vorkriegsmodelle zum Weiterbau: den 16/45 PS Mercedes-Knight und den schweren 28/95 PS Tourenwagen mit 7,25 Liter Sechszylindermotor. Er war das erste in der ruhmreichen Reihe der ganz schweren Mercedes-Automobile, und der Wagen sieht heute noch imponierend und überzeugend aus. Um ihn zu fahren aber brauchte man viel Kraft und großes Können. So mühelos wie die heutigen großen Autos von Mercedes fuhr man ihn nicht. Da besteht ein Unterschied wie zwischen zwei Welten.

Mercedes 28/95 PS Tourenwagen 1924

	Mercedes 16/45 PS 1910 – 1924	Mercedes 28/95 PS 1913 – 1924
Motor		
Zylinderzahl	4 (Reihe)	6 (Reihe)
Bohrung x Hub	100 x 130 mm	105 x 140 mm
Hubraum	4055 ccm	7250 ccm
Leistung	45 PS bei 1300 U/min	95 PS bei 1800 U/min
Verdichtung	5 : 1	
Vergaser	1 Pallas bzw. (ab 1922) 1 Mercedes	1 Pallas bzw. (ab 1922) 2 Mercedes
Ventile	Ventillos Knight Hülsenschieber	Hängend Obenliegende Nockenwelle Antrieb durch Königswelle und Kegelräder
Kurbelwellenlager	6	
Kühlung	Pumpe (Wasser)	Pumpe (Wasser)
Schmierung	Druckumlauf	Druckumlauf
Zündung	Magnetzünder	Magnetzünder
Batterie	12 V	12 V
Kraftübertragung	Antrieb auf Hinterräder	Antrieb auf Hinterräder
Kupplung	Leder-Doppelkonuskupplung	Leder- Doppelkonuskupplung
Schaltung	Außen oder innen rechts	Außen oder innen rechts
Getriebe	4 Gang	4 Gang
Übersetzungen	I. 4,26 II. 2,23 III. 1,43 IV. 1,00	IV. 1,00
Antriebs-Übersetzung	3,00	3,80
Fahrwerk	U-Profil-Preßstahl-Rahmen	U-Profil-Preßstahl-Rahmen
Vorderradaufhängung	starr, Halbfedern	starr, Halbfedern
Hinterradaufhängung	starr, Halbfedern	starr, Halbfedern
Lenkung	Schraubenspindel	Schraubenspindel
Fußbremse	Mechanisch, Kardanwelle	Mechanisch, Kardanwelle bzw. (ab 1923) 4 Räder
Handbremse	Mechanisch, Hinterräder	Mechanisch, Hinterräder
Schmierung		Automatische Kreislauf-Preß-Schmierung
Allgemeine Daten		
Radstand	3240 mm	3370 mm
Spur vorn/hinten	1350 mm	1350 mm
Gesamtmaße		
Räder	Holz- oder Drahtspeichen	Holz- oder Drahtspeichen
Reifen	880 x 135	935 x 135
Fahrgestellgewicht	1200 kg	1260 kg
Wagengewicht		1800 kg
Höchstgeschwindigkeit	80 km/h	120 km/h
Verbrauch/100 km		26 Liter
Kraftstofftank	im Heck	im Heck
Preis		Tourenwagen RM 24 000,–

Mercedes 6/25/40 PS (1923–1925)
Mercedes 10/40/65 PS (1923–1924)

Im Flugmotorenbau des ersten Weltkriegs wurde die Aufladung gebräuchlich, um den mit zunehmender Flughöhe eintretenden Leistungsverlust auszugleichen. Paul Daimler begann im Herbst 1918 am 28/95 PS Mercedes, den Kompressor auch im Automobilbau zu verwenden. Als erste Neukonstruktion nach dem Krieg stellte er 1921 den 6/25/40 und den 10/40/65 PS Mercedes vor, zwei mittelgroße Wagen mit 1,6 und 2,6 Liter-Motoren, die dann aber erst 1923 in Serie gingen und nur kurze Zeit gebaut wurden, woraus man wohl schließen kann, daß sie sich entweder nicht bewährten oder daß sie viel zu teuer waren. Die Überladung des Motors mittels Kompressor brachte zwar die erhoffte kurzfristige Leistungssteigerung von 50 %, lohnte sich aber wohl nur bei Rennmotoren oder in ausgesprochenen Luxuswagen. Immerhin konnte Paul Daimler den Ruhm für sich in Anspruch nehmen, die Kompressor-Ära bei Mercedes eingeleitet zu haben, welche dem Ruf der Marke erneut weltweite Geltung verschaffte.

Links:
Mercedes 6/25/40 PS
Limousine 1923

Mitte links:
Mercedes 6/25/40 PS
Sportwagen 1923

Mitte rechts:
Mercedes 10/40/65 PS
Sportwagen 1923

Unten:
Mercedes 10/40/65 PS
Pullman-Limousine 1923

	Mercedes 6/25/40 PS 1923 – 1925	Mercedes 10/40/65 PS 1923 – 1924
Motor		
Zylinderzahl	4 (Reihe)	4 (Reihe)
Bohrung x Hub	68 x 108 mm	80 x 130 mm
Hubraum	1568 ccm	2614 ccm
Leistung	25 PS bei 2800 U/min bzw. (mit Kompressor) 40 PS bei 3200 U/min	40 PS bei 2400 U/min bzw. (mit Kompressor) 65 PS bei 2800 U/min
Verdichtung		
Kompressor	Roots-Gebläse, 2 Drehflügel Antrieb durch Kurbelwelle über Kegelräder Einschaltung durch Gaspedal über Mehrscheiben-Spezialkupplung	Roots-Gebläse, 2 Drehflügel Antrieb durch Kurbelwelle über Kegelräder Einschaltung durch Gaspedal über Mehrscheiben-Spezialkupplung
Vergaser	1 Mercedes Drosselvergaser mit Ringschwimmer	1 Mercedes Drosselvergaser mit Ringschwimmer
Ventile	V-förmig hängend 2 obenliegende Nockenwellen Antrieb durch Königswelle und Kegelräder	V-förmig hängend 2 obenliegende Nockenwellen Antrieb durch Königswelle und Kegelräder
Kurbelwellenlager	3	
Kühlung	Wasser (Pumpe)	Wasser (Pumpe)
Schmierung	Druckumlauf	Druckumlauf
Zündung	Magnetzünder	Magnetzünder
Batterie	12 V	12 V
Kraftübertragung	Antrieb auf Hinterräder	Antrieb auf Hinterräder
Kupplung	Leder-Konuskupplung	Leder-Doppelkonuskupplung
Schaltung	Schalthebel innen rechts	Schalthebel innen rechts
Getriebe	4 Gang	4 Gang
Übersetzungen		I. 4,125 II. 2,45 III. 1,50 IV. 1,00
Antriebs-Übersetzung		4,00
Fahrwerk	U-Profil-Preßstahl-Rahmen	U-Profil-Preßstahl-Rahmen
Vorderradaufhängung	starr, Halbfedern	starr, Halbfedern
Hinterradaufhängung	starr, Ausleger-Halbfedern	starr, Ausleger-Halbfedern Sport-Ausführung: starr, Halbfedern
Lenkung	Schraubenspindel	Schraubenspindel
Fußbremse	Mechanisch, Kardanwelle	Mechanisch, Kardanwelle Sport-Ausführung: Mechanisch, 4 Räder
Handbremse	Mechanisch, Hinterräder	Mechanisch, Hinterräder
Schmierung		Automatisch Kreislauf-Preß-Schmierung
Allgemeine Daten		
Radstand	2790 mm	
Spur vorn/hinten	1150 mm	3050 mm
Gesamtmaße	Tourenwagen 4050 x 1550 x 1550 mm	1300 mm
Räder	Drahtspeichen	
Reifen	765 x 105	Holz- oder Drahtspeichen
Fahrgestellgewicht	800 kg	820 x 120 oder 820 x 135
Wagengewicht	Tourenwagen 1120 kg	1150 kg
Zuläss. Gesamtgewicht	Tourenwagen 1460 kg	
Höchstgeschwindigkeit	100 km/h	110 km/h
Verbrauch/100 km		
Kraftstofftank	50 Liter (im Heck)	90 Liter (im Heck) Sport-Ausführung: 45 Liter (im Heck)
Preis		Tourenwagen RM 19500,–

Mercedes bzw. Mercedes-Benz 15/70/100 PS Typ 400 (1924–1929)
Mercedes bzw. Mercedes-Benz 24/100/140 PS Typ 630 (1924–1929)
Mercedes-Benz 24/110/160 PS Modell K (1926–1929)

1922 verließ Paul Daimler im Zorn das von seinem Vater gegründete Unternehmen. Er hatte sich mit dem Aufsichtsrat zerstritten, der endlich ein gängiges Serienauto auf den Markt bringen wollte, während sich Paul Daimler lieber mit der Entwicklung eines neuen Achtzylinder-Wagens beschäftigte. Er ging, und zwar zu Horch, wo er dann tatsächlich den Achtzylinder baute, der bis zum zweiten Weltkrieg in der Oberklasse zum wichtigsten Konkurrenten von Mercedes-Benz werden sollte.

Als Nachfolger holte man Ferdinand Porsche (1875–1951) nach Stuttgart, der seit 1905 als Techn. Direktor von Austro-Daimler schon einmal Paul Daimlers Nachfolger war. Porsche ließ sich nun von der Idee des Kompressors, der man sich in Stuttgart verschrieben hatte, in höchstem Maße faszinieren. Auf Grund der bereits gemachten Erfahrungen sah er freilich auch ein, daß die Aufladung nur für Rennmotoren und große Luxuswagen sinnvoll erschien. So baute er wie sein Vorgänger siegreiche Rennwagen, brachte aber auch zwei sehr imposante Tourenwagen mit 4 und 6,3 Liter-Motor heraus, die bald als Spitzenmodelle der Weltproduktion Anerkennung fanden. Vom 6,3 Liter gab es einige Zeit später auch noch eine Ausgabe als Sportwagen Modell K.

Mercedes 15/70/100 PS Tourenwagen 1924

Mercedes 24/100/140 PS Pullman-Limousine 1924

	Mercedes 15/70/100 PS 1924 – 1926 Mercedes-Benz Typ 400 1926 – 1929	Mercedes 24/100/140 PS 1924 – 1926 Mercedes-Benz Typ 630 1926 – 1929	Mercedes-Benz Modell K 24/110/160 PS 1926 – 1929
Motor			
Zylinderzahl	6 (Reihe)	6 (Reihe)	6 (Reihe)
Bohrung x Hub	80 x 130 mm	94 x 150 mm	94 x 150 mm
Hubraum	3920 ccm	6240 ccm	6240 ccm
Leistung	70 PS bzw. (mit Kompressor) 100 PS bei 3100 U/min	100 PS bzw. (mit Kompressor) 140 PS bei 3100 U/min	110 PS bzw. (mit Kompressor) 160 PS bei 3100 U/min
Drehmoment			44 mkg bei 1400 U/min
Verdichtung	1:4,7	1:4,7	1:5,0
	Zuschaltbares Roots-Gebläse	Zuschaltbares Roots-Gebläse	Zuschaltbares Roots-Gebläse
Vergaser	1 Mercedes Drosselvergaser mit Ringschwimmer		
Ventile	Hängend, obenliegende Nockenwelle, Antrieb durch Königswelle und Kegelräder		
Kurbelwellenlager	4		
Kühlung	Pumpe (Wasser)		
Schmierung	Druckumlauf		
Zündung	Magnetzünder		
Batterie	12 V 60 oder 75 Ah		
Kraftübertragung	Antrieb auf Hinterräder		
Kupplung	Mehrscheibentrockenkupplung		
Schaltung	Schalthebel innen rechts oder Mitte		
Getriebe	4 Gang		
Übersetzungen	I. 3,82, II. 2,25, III. 1,44, IV. 1,00		
Antriebs-Übersetzung	4,88 oder 5,33	4,00 oder 4,36	3,28 (auch 3,00 oder 3,50)
Fahrwerk	U-Profil-Preßstahl-Rahmen		
Vorderradaufhängung	starr, Halbfedern		
Hinterradaufhängung	starr, Ausleger-Halbfedern bzw. (ab 1927) Underslung-Halbfedern		
Lenkung	Schraubenspindel, rechts oder links		
Fußbremse	Mechanisch, 4 Räder	Mechanisch mit Saugluftunterstützung (Bosch-Dewandre), 4 Räder	
Handbremse	Mechanisch, Hinterräder		
Schmierung	Automatische Kreislauf-Preß-Schmierung		
Allgemeine Daten			
Radstand	3630 mm	3750 mm	3400 mm
Spur vorn/hinten	1430/1430 mm	1430/1430 mm	1430/1430 mm
Gesamtmaße	4960 x 1780 x 1950 mm	5085 x 1780 x 1950 mm	4735 x 1760 x 1850 mm
Räder	Holz- oder Drahtspeichen	Holz- oder Drahtspeichen	Holz- oder Drachtspeichen
Reifen	895 x 135 mm oder 33 x 5 Hochdruck oder 33 x 6,75 Niederdruck	895 x 135 mm oder 33 x 5" Hochdruck oder 33 x 6,75 Niederdruck	33 x 5" Hochdruck oder 33 x 6,75 Niederdruck oder 34 x 7,3" SS Ballon
Wendekreis	12,5 Meter	12,7 Meter	12,5 Meter
Fahrgestellgewicht	1450 kg	1550 kg	1500 kg
Wagengewicht	Tourenwagen 2200 kg Limousine 2400 kg	Tourenwagen 2300 kg Limousine 2500 kg	Tourenwagen 2000 kg
Zuläss. Gesamtgewicht	Tourenwagen 3000 kg Limousine 3200 kg	Tourenwagen 3100 kg Limousine 3300 kg	Tourenwagen 2600 kg
Höchstgeschwindigkeit	H'Achse 4,88: 118 km/h H'Achse 5,33: 105 km/h	H'Achse 4,00: 124 km/h H'Achse 4,36: 120 km/h	H'Achse 3,28: 145 km/h
Verbrauch/100 km	24 Liter	25 Liter	25 Liter
Kraftstofftank	110 Liter (im Heck)	110 Liter (im Heck)	110 oder 140 Liter (im Heck)
Preise			
Tourenwagen 4 Sitze	RM 18800,–	RM 23800,–	RM 26000,–
Tourenwagen 6 Sitze	RM 19000,–	RM 24000,–	
Cabriolet 4 Sitze 4 Türen	RM 21500,– (ab 1925)	RM 26500,– (ab 1925)	
Pullman-Lomousine 6 Sitze	RM 22750,–	RM 27750,–	
Coupé-Limousine 6 Sitze	RM 23000,–	RM 28000,–	
Landaulet 6 Sitze	RM 23000,–	RM 28000,–	
		Ab 1929 Typ 630 auch mit K-Motor lieferbar: Preis + RM 2000,–	

Mercedes-Benz Typ 630
Cabriolet 4 Türen 1926

Mercedes-Benz Modell K
Touren-Sportwagen 1928

Mercedes-Benz Typ 400
Pullman-Limousine 1929

Mercedes-Benz Typ 630
mit K-Motor
Pullman-Cabriolet 1929
(Karosserie Neuss)
Sonderanfertigung für
Reichspräsident
von Hindenburg

Mercedes-Benz 8/38 PS
Limousine 4 Türen 1926–1929

Bild unten:
Mercedes-Benz 8/38 PS
Cabriolet B 1927–1928

Mercedes-Benz 8/38 PS (1926–1929)
Mercedes-Benz Typ Stuttgart 200 (1929–1933)
Mercedes-Benz Typ Stuttgart 260 (1929–1934)

Es bedurfte offenbar sehr eindringlicher Vorstellungen der Werksleitung, um Ferdinand Porsche zu bewegen, nicht nur Renn- und Luxuswagen, sondern endlich auch normale Gebrauchsautomobile zu konstruieren. Er nahm ein interessantes Programm in Angriff, bestehend aus einem 1,3 Liter-, einem 2 Liter- und einem 3 Liter-Wagen. Während der 1,3 Liter (Typ W 01) nicht in Serie ging, wurden die beiden größeren Modelle alsbald auf den Markt gebracht. Der 8/38 PS Zweiliter, der erste preisgünstige Mercedes der Mittelklasse, fand großen Anklang. Mit Seitenventilmotor und Dreiganggetriebe erregte er zwar in technischer Hinsicht kein Aufsehen, aber es bot Kaufanreiz genug, einen soliden Qualitätswagen mit angesehenem Markenzeichen zu einem erschwinglichen Preis erstehen zu können. Anfangsschwierigkeiten des Wagens sollen, wie berichtet wird, zum Streit mit Generaldirektor Kissel geführt und Porsche 1928 zum Verlassen der Daimler-Werke veranlaßt haben.

Porsches Nachfolge ergab sich von selbst, denn neben ihm stand seit der Fusion mit der Firma Benz deren langjähriger Chefkonstrukteur Hans Nibel (1880–1934). Er übernahm am 1. Januar 1929 die Alleinverantwortung für Konstruktion und Technik bei Daimler-Benz. Nibel modernisierte und kultivierte den 8/38 PS-Wagen, der nun Typ Stuttgart hieß und wahlweise einen 2,6 Liter-Motor erhielt. Diesen Typ, der jahrelang das Hauptgeschäft blieb, gab es schließlich in zahlreichen Varianten, so auch als Lieferwagen mit der Bezeichnung L 750 und L 1000.

Mercedes-Benz 8/38 PS Tourenwagen 4 Türen 1926–1929

Mercedes-Benz Typ Stuttgart 200 Limousine 4 Türen 1929–1933

Mercedes-Benz Typ Stuttgart 260 Luxus-Limousine 4 Türen 1929–1931

Mercedes-Benz Typ Stuttgart 200 Cabriolet C (Karosserie Reutter) 1929–1930

Motor
Zylinderzahl
Bohrung x Hub
Hubraum
Leistung
Drehmoment
Verdichtung
Vergaser

Ventile

Kurbelwellenlager
Kühlung
Schmierung
Batterie
Lichtmaschine
Anlasser

Kraftübertragung
Kupplung
Schaltung
Getriebe
Übersetzungen

Antriebs-Übersetzung

Fahrwerk
Vorderradaufhängung
Hinterradaufhängung
Lenkung
Fußbremse
Handbremse
Schmierung

Allgemeine Daten
Radstand
Spur vorn/hinten
Gesamtmaße
Räder
Reifen

Wendekreis
Fahrgestellgewicht
Wagengewicht
Zuläss.Gesamtgewicht
Höchstgeschwindigkeit
Verbrauch/100 km
Kraftstofftank

Preise

Mercedes-Benz 8/38 PS 1926 – 1929	Mercedes-Benz 8/38 PS Typ Stuttgart 200 (W 02) 1929 – 1933	Mercedes-Benz 10/50 PS Typ Stuttgart 260 (W 11) 1929 – 1934
Daimler-Benz M 6506	Daimler-Benz M 02	Daimler-Benz M 11
((Reihe)	6 (Reihe)	6 (Reihe)
65 x 100 mm	65 x 100 mm	74 x 100 mm
1988 ccm	1988 ccm	2581 (Steuer 2562) ccm
38 PS bei 3400 U/min	38 PS bei 3200 U/min	50 PS bei 3400 U/min
10,0 mkg bei 1400 U/min	10,6 mkg bei 1400 U/min	13,8 mkg bei 1200 U/min
1 : 5,0	1 : 6,2	1 : 5,0. Ab 1930: 1 : 5,6
1 Zenith 30 HKG Mod. TD	1 Solex 30 MOHLT bzw.	1 Solex 35 MOHLT bzw.
	(ab 1931) 1 Solex 30 BFLH	(ab 1931) 1 Solex 35 FHLS
Seitlich stehend	Seitlich stehend	Seitlich stehend
Seitliche Nockenwelle	Seitliche Nockenwelle	Seitliche Nockenwelle
Antrieb durch Stirnräder	Antrieb durch Stirnräder	Antrieb durch Stirnräder
7	7	7
Pumpe, 15 Liter Wasser	Pumpe, 15 Liter Wasser	Pumpe, 15 Liter Wasser
Druckumlauf, 8 Liter Öl	Druckumlauf, 8 Liter Öl	Druckumlauf, 8 Liter Öl
12 V 40 Ah	12 V 45 Ah	12 V 60 Ah
75 W	75 W	76 W
0,6 PS	0,6 PS	1,2 PS
Antrieb auf Hinterräder	Antrieb auf Hinterräder	Antrieb auf Hinterräder
Einscheibentrockenkupplung	Einscheibentrockenkupplung	Einscheibentrockenkupplung
Schalthebel Wagenmitte	Schalthebel Wagenmitte	Schalthebel Wagenmitte
3 Gang	3 Gang oder 4 Gang	3 Gang oder 4 Gang
I. 3,40	I. 3,40	I. 3,40
II. 2,00	II. 2,00	II. 1,78
III. 1,00	III.1,00	III. 1,00
	(IV. 0,76)	(IV. 0,76)
6,62 oder 6,00	6,62 oder 5,66 oder 6,10	5,30, auch 5,66 oder 4,63

U-Profil-Preßstahl-Rahmen
starr, Halbfedern
starr, Halbfedern
Schraubenspindel, links
Mechanisch, 4 Räder
Mechanisch, Hinterräder
Zentral

2810 mm	2810 mm	2810 mm	3080 mm
1420/1420 mm	1430/1430 mm	1430/1430 mm	1430/1430 mm
4060 x 1680 x 1800 mm	4075 (4395) x 1710 x 1800 mm	4230 x 1710 x 1800 mm	4650 x 1710 x 1800 mm
Stahlspeichen	Stahlspeichen	Stahlspeichen	Stahlspeichen
775 x 145 oder 30 x 5,77	5,25–20 oder	5,25–20	5,25–20
	5,25 x 30 Ballon		
12 Meter	12 Meter	12 Meter	12,8 Meter
850 kg	850 kg	900 kg	
1150 bis 1250 kg	1180 bis 1300 kg	1180 bis 1300 kg	1250 kg
1850 kg	1850 kg	1950 kg	2100 kg
75 km/h	80 km/h	90 km/h	90 km/h
14 Liter	14 Liter	17 Liter	17 Liter
45 Liter (im Motorraum)	45 Liter (im Motorraum)	45 Liter (im Motorraum)	45 Liter (im Motorraum)
Tourenwagen RM 7800,– Lim.2 Türen RM 8600,– Lim.4 Türen RM 8900,– Cabriolet A RM 9500,– Cabriolet C RM 9800,–	**1929** Tourenwagen RM 6800,– Lim. 4 Türen RM 6880,– **1931** Lim. 4 Türen RM 5980,– Cabriolet NC RM 7250,– **1932/33** Lim. 4 Türen RM 5000,– Cabriolet NC RM 5500,–	**Standard-Ausführung 1929** Roadster RM 7320,– Tourenwagen RM 7420,– Lim. 4 Türen RM 7880,– **Luxus-Ausführung 1929** Tourenwagen RM 7920,– Lim. 4 Türen RM 8650,– Cabriolet A RM 9250,– Cabriolet C RM 10320,– Cabriolet D RM 10600,– **1931** Lim. 4 Türen RM 7180,– Cabriolet C RM 8400,– **1932/33** Lim. 4 Türen RM 6000,– Cabriolet C RM 8000,–	Langes Fahrgestell für Sechssitzer-Sonderaufbauten

Mercedes-Benz Typ Stuttgart 260
Cabriolet D 1929–1930

Oben links:
Mercedes-Benz 8/38 PS
Droschken-Landaulet 1927–1929

Oben rechts:
Mercedes-Benz 2,6 Liter
Taxe mit Rollverdeck
auf 3/4 to-Fahrgestell
1930–1933

Mercedes-Benz Typ Stuttgart 260
Limousine 4 Türen 1932–1934

Mercedes-Benz Typ Stuttgart 260
Cabriolet C 1932–1934

Mercedes-Benz Typ 300, 320, 350 (1926–1930)
Mercedes-Benz Typ Mannheim 350, 370 (1929–1934)

Der von Porsche entwickelte Typ 300 verkaufte sich weniger gut, obgleich das Publikum wohl kaum bemerkte, daß der Motor schon bald einer anderen Ausführung weichen mußte, die ihrerseits wieder in ziemlich rascher Folge auf 3,2 und dann auf 3,5 Liter Hubraum gebracht wurde. Der Wagen war zu großformatig ausgefallen. Hans Nibel machte daraus den im Herbst 1929 vorgestellten Typ Mannheim, der nicht so riesig und unhandlich war, vor allem aber optisch viel eleganter aussah. Zum berühmtesten Modell dieser Typenreihe sollte der Mannheim 370 S werden, der hauptsächlich als Zweisitzer-Cabriolet, aber auch als Roadster geliefert wurde. Diese Autos waren keineswegs besonders schnell oder leistungsfähig, und das Einsteigen bei geschlossenem Verdeck erforderte akrobatische Gelenkigkeit, aber die Linienführung war so hinreißend schön, daß ihretwegen mancher gern zu anderweitigen Verzichten bereit war oder gewesen wäre. Im übrigen zeichneten sich aber auch die größeren Cabriolets des Typs Mannheim durch sehr elegante Formen aus.

Oben links:
Mercedes-Benz 12/55 PS Typ 300
Limousinen-Landaulet 4 Türen
Papler-Leichtkarosserie
System Weymann
1927–1928

Oben rechts:
Mercedes-Benz 12/55 PS Typ 320
Cabriolet 4 Türen
1929

Mercedes-Benz 12/55 PS Typ 300
Limousine 4 Türen
1926–1927

Mercedes-Benz 14/60 PS Typ 350
Limousine 4 Türen
1929–1930

Mercedes-Benz Typ Mannheim 350 Pullman-Limousine 1929–1930

Mercedes-Benz Typ Mannheim 350 Cabriolet D 1929–1930

Mercedes-Benz Typ Mannheim 370 K Cabriolet C 1931–1933

Motor
Zylinderzahl
Bohrung x Hub
Hubraum
Leistung
Drehmoment
Verdichtung
Vergaser

Ventile

Kurbelwellenlager
Kühlung
Schmierung
Zündung
Batterie
Lichtmaschine
Anlasser

Kraftübertragung
Kupplung
Schaltung
Getriebe
Übersetzungen

Antriebs-Übersetzung

Fahrwerk
Vorderradaufhängung
Hinterradaufhängung
Lenkung
Fußbremse
Handbremse
Schmierung

Allgemeine Daten
Radstand
Spur vorn/hinten
Gesamtmaße
Räder
Reifen
Wendekreis
Fahrgestellgewicht
Wagengewicht

Zuläss. Gesamtgewicht

Höchstgeschwindigkeit
Verbrauch/100 km
Kraftstofftank

Preise
Fahrgestell
Tourenwagen 4 Türen
Limousine 4 Türen

Mercedes-Benz 12/55 PS Typ 300 (W 03) 1926 – 1927	Mercedes-Benz 12/55 PS Typ 300 (W 04) 1927 – 1928	Mercedes-Benz 12/55 PS Typ 320 (W 04) 1928–1929	Mercedes-Benz 14/60 PS Typ 350 (W 05) 1929–1930
Daimler-Benz M 7456	Daimler-Benz M 03	Daimler-Benz M 04	Daimler-Benz M 09
6 (Reihe)	6 (Reihe)	6 (Reihe)	6 (Reihe)
74 x 115 mm	76 x 110 mm	76 x 115 mm	80 x 115 mm
2968 ccm	3030 ccm	3131 ccm	3444 ccm
55 PS bei 3500 U/min	55 PS bei 3200 U/min	55 PS bei 3200 U/min	60 PS bei 3200 U/min
16,3 mkg bei 1200 U/min	14,3 mkg bei 1280 U/min	16,5 mkg bei 1200 U/min	
1 : 5,0	1 : 5,1	1 : 5,0	1 : 5,0
1 Flachstromvergaser	1 Flachstromvergaser	1 Flachstromvergaser	1 Flachstromvergaser
Zenith HKG	Zenith 36 HK Mod. TD	Zenith 36 HK Mod. TS	Zenith
Seitlich stehend	Seitlich stehend	Seitlich stehend	Seitlich stehend
Seitliche Nockenwelle	Seitliche Nockenwelle	Seitliche Nockenwelle	Seitliche Nockenwelle
Antrieb durch Stirnräder	Antrieb durch Stirnräder	Antrieb durch Stirnräder	Antrieb durch Stirnräder
4	7	7	7
Pumpe, Wasser	Pumpe, Wasser	Pumpe, Wasser	Pumpe, Wasser
Druckumlauf, 8 Liter Öl	Druckumlauf, 8 Liter Öl	Druckumlauf, 8 Liter Öl	Druckumlauf, 8 Liter Öl
Magnetzünder	Magnetzünder	Batterie	Batterie
12 V 40 Ah (unter Boden)	12 V 40 Ah (unter Boden)	12 V 40 Ah (unter Boden)	12 V 60 Ah (unter Boden)
80 W	80 W	90 W	90 W
1,2 PS	1,2 PS	1,2 PS	1,2 PS

Antrieb auf Hinterräder
Mehrscheibentrockenkupplung
Schalthebel Wagenmitte
4 Gang

I. 3,85	I. 3,85	I. 3,85	I. 3,85
II. 2,29	II. 2,29	II. 2,29	II. 2,25
III. 1,58	III. 1,58	III. 1,58	III. 1,40
IV. 1,00	IV. 1,00	IV. 1,00	IV. 1,00
5,40	4,80	5,80 oder 5,40	5,40 oder 5,00 (Flachland)

U-Profil-Preßstahl-Rahmen
starr, Halbfedern
starr, Underslung-Halbfedern
Schraubenspindel, rechts oder links
Mechanisch, 4 Räder
Mechanisch, Hinterräder
Zentral

3430 mm
1420/1420 mm
4650 x 1760 x 1920 mm
Holz-, Stahl- oder Drahtspeichen
32 x 6,00 oder 32 x 6,20 Niederdruck
13,8 Meter
1250 kg
Tourenwagen 1800 kg
Pullman-Limousine 1980 kg
Tourenwagen 2550 kg
Pullman-Limousine 2750 kg

100 km/h	108 km/h	100 km/h	100 km/h
17 Liter	18 Liter	18 Liter	18 Liter
60 Liter (im Heck)	60 Liter (im Heck)	85 Liter (im Heck)	85 Liter (im Heck)
RM 9500,–	RM 9500,–	RM 10250,–	
RM 11800,–	RM 11800,–		
RM 13800,–	RM 13800,–		

Mercedes-Benz Typ Mannheim 370 S Sport-Cabriolet 1931–1933

Mercedes-Benz Typ Mannheim 370 S Sport-Roadster 1931–1933

Motor
Zylinderzahl
Bohrung x Hub
Hubraum
Leistung
Verdichtung
Vergaser

Ventile

Kurbelwellenlager
Kühlung
Schmierung
Batterie

Kraftübertragung
Kupplung
Schaltung
Getriebe
Übersetzungen

Antriebs-Übersetzung

Fahrwerk

Vorderradaufhängung
Hinterradaufhängung
Lenkung
Fußbremse

Handbremse
Schmierung

Allgemeine Daten
Radstand
Spur vorn/hinten
Gesamtmaße
Räder
Reifen
Wendekreis
Fahrgestellgewicht
Wagengewicht

Zuläss. Gesamtgewicht

Höchstgeschwindigkeit
Verbrauch/100 km
Kraftstofftank

Preise

Mercedes-Benz 14/60 PS Typ Mannheim 350 (W 10) 1929–1930	Mercedes-Benz 15/75 PS Typ Mannheim 370 (W 10) 1929 – 1934	Mercedes-Benz 15/75 PS Typ Mannheim 370 K (WK 10) 1930–1933	Mercedes-Benz 15/78 PS Typ Mannheim 370 S (WS 10) 1930–1933
Daimler-Benz M 10	Daimler-Benz M 10 II		Daimler-Benz MS 10
6 (Reihe)	6 (Reihe)		6 (Reihe)
80 x 115 mm	82,5 x 115 mm		82,5x115 mm
3444 ccm	3663 ccm		3663 ccm
60 PS bei 3200 U/min	75 PS bei 3200 U/min		78 PS bei 3400 U/min
1:5,2	1:5,0 bzw. (ab 1933) 5,5		1:5,5 bzw. (1933) 5,75
1 Flachstromvergaser	1 Flachstromvergaser		2 Flachstromvergaser
Zenith 39 HK Mod. TD	Zenith 39 HK Mod. TD oder Solex 40 MOHRT		Solex 35 MOHLT
Seitlich stehend	Seitlich stehend		Seitlich stehend
Seitliche Nockenwelle	Seitliche Nockenwelle		Seitliche Nockenwelle
Antrieb durch Stirnräder	Antrieb durch Stirnräder		Antrieb durch Stirnräder
7	7		7
Pumpe 18 Liter Wasser	Pumpe, 18 Liter Wasser		Pumpe, 18 Liter Wasser
Druckumlauf, 8 Liter Öl	Druckumlauf, 8 Liter Öl		Druckumlauf, 8 Liter Öl
12 V 60 Ah	12 V 60 Ah		12 V 60 Ah
Antrieb auf Hinterräder	Antrieb auf Hinterräder	Antrieb auf Hinterräder	Antrieb auf Hinterräder
Mehrscheibentrockenkupplung	Einscheibentrockenkupplung	Einscheibentrockenkupplung	Einscheibentrockenkupplung
Schalthebel Wagenmitte	Schalthebel Wagenmitte	Schalthebel Wagenmitte	Schalthebel Wagenmitte
3 Gang	3 Gang oder 4 Gang	4 Gang	4 Gang
I. 3,25	I. 3,23	I. 3,23	I. 3,23
II. 1,65	II. 1,52	II. 1,52	II. 1,52
III. 1,00	III. 1,00	III. 1,00	III. 1,00
	(IV. 0,76)	IV. 0,76	IV. 0,76
5,10	5,66, mit Schnellgang 5,10	5,30	4,90
U-Profil-Preßstahl-Rahmen	U-Profil-Preßstahl-Rahmen	U-Profil-Preßstahl-Rahmen	U-Profil-Preßstahl-Niederrahmen
starr, Halbfedern	starr, Halbfedern	starr, Halbfedern	starr, Halbfedern
starr, Underslung-Halbfedern	starr, Underslung-Halbfedern	starr, Underslung-Halbfedern	starr, Underslung-Halbfedern
Schraubenspindel	Schraubenspindel	Schraubenspindel	Schraubenspindel
Mechanisch, 4 Räder	Mechanisch mit Saugluftunterstützung (Bosch-Dewandre), 4 Räder	Mechanisch mit Saugluftunterstützung (Bosch-Dewandre), 4 Räder	Mechanisch mit Saugluftunterstützung (Bosch-Dewandre), 4 Räder
Mechanisch, Hinterräder	Mechanisch, Hinterräder	Mechanisch, Hinterräder	Mechanisch, Hinterräder
Zentral	Zentral	Zentral	Zentral
3200 mm	3200 mm	3025 mm	2850 mm
1420/1420 mm	1420/1420 mm	1420/1420 mm	1420/1420 mm
4900 x 1710 x 1780 mm	4900 x 1710 x 1780 mm	4650 x 1740 x 1780 mm	4480 x 1730 x 1480 mm
Stahl- oder Drahtspeichen	Stahl- oder Drahtspeichen	Drahtspeichen	Drahtspeichen
5,50 x 20	6,00–20 oder Aero 6,50–18	6,50–20	5,50–18
13 Meter	12,6 Meter	12,4 Meter	12 Meter
	1260 kg	1175 kg	1100 kg
Tourenwagen 1550 kg	Tourenwagen 1680 kg	Cabriolet C 1575 kg	Roadster 1500 kg
Limousine 1650 kg	Limousine 1760 kg		Cabriolet 1550 kg
Tourenwagen 2500 kg	Tourenwagen 2280 kg	Cabriolet C 2120 kg	Roadster 1900 kg
Limousine 2650 kg	Limousine 2360 kg		Cabriolet 1950 kg
100 km/h	100 km/h	105 km/h	115 km/h
20 Liter	18,5 Liter	18,5 Liter	18,5 Liter
85 Liter (im Heck)	70 Liter (im Heck)	70 Liter (im Heck)	70 Liter (im Heck)
1929	**1929**		
Tourenw. 4 Sitze RM 11000,–	Tourenw. 4 Sitze RM 11000,–		
Tourenw. 6 Sitze RM 11500,–	Tourenw. 6 Sitze RM 11500,–		
Pullm. Limousine RM 12900,–	Pullm. Limousine RM 12900,–		
Cabriolet D RM 15000,–	Cabriolet D RM 15000,–		
	1931 – 1933	**1931 – 1933**	**1931 – 1933**
	Pullm. Limousine RM 10800,–	Cabriolet C RM 13500,–	Sport-Roadster RM 10800,–
	Tourenw. 6 Sitze RM 12500.–		Sport-Cabriolet RM 11800,–
	Cabriolet D RM 13600,–		
	Schnellgang + RM 1200,–		

Mercedes-Benz Modell S, SS, SSK, SSKL (1926–1934)

Diese berühmte Typenreihe basierte auf dem Modell K und unterschied sich von diesem zunächst hauptsächlich durch den noch größeren Motor sowie vor allem durch die niedrige Bauart. Die mächtigen Kompressor-Boliden hatten Ferdinand Porsche offensichtlich besonders am Herzen gelegen, und so blieben sie das dem Publikum bekannteste Ergebnis seiner Tätigkeit bei Daimler-Benz. Nachfolger Nibel leitete vom SSK (Super-Sport kurz) den SSKL (Super-Sport kurz leicht) ab, der zum erfolgreichsten Rennsportwagen jener Jahre wurde. Insgesamt sind vom Modell S und seinen Abkömmlingen nur 374 Wagen gebaut worden, die dem Werk sicherlich keinen nennenswerten Geldgewinn brachten. Doch ihre Käufer waren oft genug prominente Leute rund um die Welt, was für den internationalen Ruf der Marke eine unschätzbare Wertsteigerung bedeutete.

Mercedes-Benz Modell S Tourenwagen 1926–1927

Mercedes-Benz Modell SS Sport-Viersitzer 1928–1929

Mercedes-Benz Modell SSK Sport-Zweisitzer 1928–1929

Mercedes-Benz
Modell S
Tourenwagen
1929–1930

Mercedes-Benz
Modell SS
Tourenwagen
1930–1931

Mercedes-Benz
Modell SS
Cabriolet C
1929–1930

Mercedes-Benz
Modell SSKL
Sport-Zweisitzer
1929–1932

Mercedes-Benz Modell S 26/120/180 PS 1926 – 1927	**Mercedes-Benz Modell S 26/170/225 PS 1928 – 1930**	**Mercedes-Benz Modell SS 27/160/200 PS 1928 – 1930**	**Mercedes-Benz-Modell SS 27/170/225 PS 1928 – 1934**
Daimler-Benz M 9856	Daimler Benz M 06	Daimler-Benz M 1156 S	Daimler-Benz M 06
6 (Reihe)	6 (Reihe)	6 (Reihe)	6 (Reihe)
98 x 130 mm	98 x 150 mm	100 x 150 mm	100 x 150 mm
6800 ccm	6800 ccm	7065 (Steuer 7020) ccm	7065 (Steuer 7020) ccm
120 PS bzw. (mit Kompressor) 180 PS bei 3000 U/min	170 PS bzw. (mit Kompressor) 225 PS bei 3200 U/min	160 PS bzw. (mit Kompressor) 200 PS bei 3300 U/min	170 PS bzw. (mit Kompressor) 225 PS bei 3300 U/min
44 mkg bei 1850 U/min	46,2 mkg bei 1900 U/min	45,9 mkg bei 1920 U/min	46,2 mkg bei 1900 U/min
1:4,7	1:6,2	1:5,2	1:6,2
Zuschaltbares Roots-Gebläse	Zuschaltbares Roots-Gebläse	Zuschaltbares Roots-Gebläse	Zuschaltbares Roots-Gebläse

1 Mercedes-Benz Dreidüsen-Flachstromvergaser mit Ringschwimmer
Hängend
Obenliegende Nockenwelle
Antrieb durch Königswelle und Kegelräder
4
Pumpe, 24 Liter Wasser
Druckumlauf, 8 Liter Öl

Magnetzünder	Doppelzündung (kombinierte Magnet- und Batteriezündung mit 2 Zündkerzen je Zylinder)	Doppelzündung (kombinierte Magnet- und Batteriezündung mit 2 Zündkerzen je Zylinder)	Doppelzündung (kombinierte Magnet- und Batteriezündung mit 2 Zündkerzen je Zylinder)
12 V 60 Ah	12 V 60 Ah	12 V 60 Ah	12 V 60 Ah
	130 W	130 W	130 W
1,2 PS	1,2 PS	1,2 PS	1,2 oder 1,5 PS
Antrieb auf Hinterräder	Antrieb auf Hinterräder	Antrieb auf Hinterräder	Antrieb auf Hinterräder
Mehrscheibentrockenkupplung	Mehrscheibentrockenkupplung	Mehrscheibentrockenkupplung	Mehrscheibentrockenkupplung
Schalthebel Wagenmitte	Schalthebel Wagenmitte	Schalthebel Wagenmitte	Schalthebel Wagenmitte
4 Gang	4 Gang	4 Gang	4 Gang
I. 3,15	I. 2,75	I. 2,75	I. 2,75
II. 1,81	II. 1,55	II. 1,55	II. 1,55
III. 1,21	III. 1,12	III. 1,12	III. 1,12
IV. 1,00	IV. 1,00	IV. 1,00	IV. 1,00
2,50 oder 2,76 oder 3,09	2,50 oder 2,76 oder 3,09	2,50 oder 2,76 oder 3,09	2,48 oder 2,55

U-Profil-Preßstahl-Niederrahmen
starr, Halbfedern
starr, Underslung-Halbfedern
Schraubenspindel, rechts oder links

Mechanisch mit Saugluftunterstützung (Bosch-Dewandre), 4 Räder	Mechanisch, Servohilfe 4 Räder	Mechanisch, Servohilfe 4 Räder	Mechanisch, Servohilfe 4 Räder
Mechanisch, Hinterräder	Mechanisch, Hinterräder	Mechanisch, Hinterräder	Mechanisch, Hinterräder
Nippel	Nippel	Nippel	Nippel
3400 mm	3400 mm	3400 mm	3400 mm
1420/1420 mm	1420/1420 mm	1420/1420 mm	1420/1420 mm
4700 – 5000 x 1700 x 1800 mm	4700 – 5000 x 1700 x 1750 mm	4700 – 5000 x 1700 x 1750 mm	4700 – 5000 x 1700 x 1750 mm
Drahtspeichen	Drahtspeichen	Drahtspeichen	Drahtspeichen
30 x 5,00 Hochdruck	6,50–20 Niederdruck	6,50–20 Niederdruck	6,50–20 Niederdruck
13,6 Meter	14,5 Meter	14,5 Meter	14,5 Meter
1550 kg	1600 kg	1600 kg	1650 kg
Tourenwagen 1900 kg	Tourenwagen 1950 kg	Tourenwagen 1950 kg	Tourenwagen 2000 kg
Cabriolet 2000 kg	Cabriolet 2050 kg	Cabriolet 2050 kg	Cabriolet 2100 kg
Tourenwagen 2500 kg	Tourenwagen 2500 kg	Tourenwagen 2500 kg	Tourenwagen 2500 kg
Cabriolet 2600 kg	Cabriolet 2600 kg	Cabriolet 2600 kg	Cabriolet 2600 kg
H'Achse 2,76: 178 km/h	H'Achse 2,48: 190 km/h	H'Achse 2,76: 185 km/h	H'Achse 2,48: 190 km/h
26 Liter	27 Liter	27 Liter	27 Liter
120 Liter (im Heck)	130 Liter (im Heck)	130 Liter (im Heck)	130 Liter (im Heck)

Sport-Viersitzer RM 30 000,–

Fahrgestell	RM 31 000,–
Sport-Viersitzer	RM 35 000,–
Cabriolet A	RM 42 000,–
Cabriolet C	RM 44 000,–

Mercedes-Benz Modell SSK 27/170/225 PS 1928 – 1932	Mercedes-Benz Modell SSK 27/180/250 PS 1929 – 1930	Mercedes-Benz Modell SSKL 27/240/300 PS 1929 – 1932	
			Motor
Daimler-Benz M 06	Daimler-Benz MS 06	Daimler-Benz M 06 RS	
6 (Reihe)	6 (Reihe)	6 (Reihe)	Zylinderzahl
100 x 150 mm	100 x 150 mm	100 x 150 mm	Bohrung x Hub
7065 (Steuer 7020) ccm	7065 (Steuer 7020) ccm	7065 (Steuer 7020) ccm	Hubraum
170 PS bzw. (mit Kompressor) 225 PS bei 3300 U/min	180 PS bzw. (mit Kompressor) 250 PS bei 3300 U/min	240 PS bzw. (mit Kompressor) 300 PS bei 3400 U/min	Leistung
46,7 mkg bei 1900 U/min	57,3 mkg bei 1900 U/min	70,2 mkg bei 2000 U/min	Drehmoment
1:6	1:6	1:7	Verdichtung
Zuschaltbares Roots-Gebläse	Zuschaltbares Roots-Gebläse	Zuschaltbares Roots-Gebläse	
1 Mercedes-Benz Dreidüsen-Flachstromvergaser mit Ringschwimmer			Vergaser
Hängend			Ventile
Obenliegende Nockenwelle Antrieb durch Königswelle und Kegelräder			
4			Kurbelwellenlager
Pumpe, 24 Liter Wasser			Kühlung
Druckumlauf, 8 Liter Öl			Schmierung
Doppelzündung (Kombinierte Batterie- und Magnetzündung mit 2 Zündkerzen je Zylinder)			Zündung
12 V 60 Ah			Batterie
130 W			Lichtmaschine
1,5 PS			Anlasser
			Kraftübertragung
Antrieb auf Hinterräder			
Vierscheibentrockenkupplung			Kupplung
Schalthebel Wagenmitte			Schaltung
4 Gang			Getriebe
I. 2,75 II. 1,55 III. 1,12 IV. 1,00		verschieden	Übersetzungen
2,76. Auf Wunsch auch 2,50 oder 3,09		verschieden	Antriebs-Übersetzung
			Fahrwerk
U-Profil-Preßstahl-Niederrahmen			
starr, Halbfedern			Vorderradaufhängung
starr, Underslung-Halbfedern			Hinterradaufhängung
Schraubenspindel, rechts oder links			Lenkung
Mechanisch, Servohilfe 4 Räder			Fußbremse
Mechanisch, Hinterräder			Handbremse
Nippel			Schmierung
			Allgemeine Daten
2950 mm	2950 mm	2950 mm	Radstand
1420/1420 mm	1420/1420 mm	1420/1420 mm	Spur vorn/hinten
4250 x 1700 x 1725 mm	4250 x 1700 x 1725 mm	4250 x 1700 x 1250 mm	Gesamtmaße
Drahtspeichen	Drahtspeichen	Drahtspeichen	Räder
6,50–20 Niederdruck	6,50–20 Niederdruck	30 x 5,00 Hochdruck	Reifen
12,8 Meter	12,8 Meter	12,8 Meter	Wendekreis
1570 kg	1570 kg		Fahrgestellgewicht
1700 kg	1700 kg	1500 kg	Wagengewicht
2000 kg	2000 kg	1750 kg	Zuläss. Gesamtgewicht
H'Achse 2,76: 188 km/h H'Achse 2,50: 192 km/h	H'Achse 2,76: 188 km/h H'Achse 2,50: 192 km/h	max. 235 km/h	Höchstgeschwindigkeit
27 Liter	27 Liter	27 bis 32 Liter	Verbrauch/100 km
130 Liter (im Heck)	130 Liter (im Heck)	130 Liter (im Heck)	Kraftstofftank
Fahrgestell RM 29 000,– Sport-Zweisitzer RM 33 000,–		Rennsport-Zweisitzer RM 40 000,–	**Preise**

Mercedes-Benz
Modell SS
Cabriolet C
(Karosserie Reutter)
1932

Mercedes-Benz
Modell SSK
Sport-Cabriolet
(Karosserie Papler)
1931

Mercedes-Benz
Modell SS
Tourenwagen
1931–1932

Mercedes-Benz
Modell SS
Sport-Cabriolet
1933

Mercedes-Benz Typ Nürburg 460, 500 (1928–1933)

Damals wollte die Daimler-Motoren-Gesellschaft den neuen Achtzylinder-Wagen nicht haben, den Paul Daimler zu entwickeln gedachte. Man ließ ihn ziehen, ohne freilich zu ahnen, daß dieser sein Vorhaben anderweitig realisieren und der vom Vater gegründeten Firma eine durchschlagende Konkurrenz bereiten würde. Denn dies geschah mit dem Horch 8, der auf Anhieb den Luxuswagen-Markt in Deutschland eroberte, zumal die nunmehrige Daimler-Benz AG. zunächst keine direkte Alternative zu bieten hatte. So mußte Ferdinand Porsche in größter Eile für eine solche Alternative sorgen. Er entwickelte den Typ Nürburg, der zwei Jahre nach dem Horch 8 erschien, sich auch gut verkaufte, aber der Zwickauer Marke bis zu deren Untergang nie mehr die zahlenmäßige Führung in der oberen Klasse streitig machen konnte.

Der Mercedes-Benz Typ Nürburg war, wie auch Porsches Dreiliter-Wagen, ziemlich monströs geraten. Ein Jahr später (Herbst 1929) erhielt er andere, nun sehr elegante Proportionen, so daß er in dieser Hinsicht dem inzwischen ebenfalls modernisierten Horch 8 nicht nachstand. Doch obwohl der Nürburg technisch, vor allem in bezug auf den Motor, viel weniger anspruchsvoll gestaltet war, lag sein Preis beträchtlich über dem des Horch 8. Und weil dieser ebenfalls ein sehr gutes, ansehnliches und erstklassig verarbeitetes Auto darstellte, entschied sich für ihn die Mehrheit der angesprochenen Käufer.

Dabei blieb es auch, seit der Nürburg ab 1931 wahlweise mit 5 Liter-Motor lieferbar wurde. In geringer Zahl baute man übrigens ab 1931 auch ein kurzes Fahrgestell Nürburg 460 K, das aber anscheinend nur für anderweitig bestellte Sonderaufbauten in Betracht kam, denn Sindelfinger Karosserien auf dem Fahrgestell 460 K sind nicht bekannt geworden. Hingegen gehörte 1932/33 auf dem normalen Fahrgestell ein Cabriolet C der Firma Gläser zum Verkaufsprogramm des Werks. Der Stil dieser an sich sehr schön gezeichneten Gläser-Karosse paßte aber interessanterweise viel besser zum Horch als zum Mercedes.

Mercedes-Benz 18/80 PS Typ Nürburg 460 Pullman-Limousine 1929–1931

Mercedes-Benz 18/80 PS Typ Nürburg 460
Tourenwagen 6 Sitze 1929–1933

Mercedes-Benz 18/80 PS Typ Nürburg 460
Pullman-Cabriolet (Karosserie Reutter) 1930

Mercedes-Benz 18/80 PS Typ Nürburg 460
Cabriolet C (Karosserie Gläser) 1932–1933

Motor
Zylinderzahl
Bohrung x Hub
Hubraum
Leistung
Drehmoment
Verdichtung
Vergaser

Ventile

Kurbelwellenlager
Kühlung
Schmierung
Zündung
Batterie
Lichtmaschine
Anlasser

Kraftübertragung
Kupplung
Schaltung
Getriebe
Synchronisierung
Übersetzungen

Antriebs-Übersetzung

Fahrwerk
Vorderradaufhängung
Hinterradaufhängung
Lenkung
Fußbremse
Handbremse
Schmierung

Allgemeine Daten
Radstand
Spur vorn/hinten
Gesamtmaße

Räder
Reifen
Wendekreis
Fahrgestellgewicht
Wagengewicht
Zuläss. Belastung
Höchstgeschwindigkeit
Verbrauch/100 km
Kraftstofftank

Preise
Fahrgestell
Tourenwagen 6 Sitze
Pullman-Limousine
Cabriolet D (4 Türen)
Cabriolet C (2 Fenster)
Cabriolet F (6 Fenster)

Mercedes Benz 18/80 PS Typ Nürburg 460 1928 – 1929	Mercedes-Benz 18/80 PS Typ Nürburg 460 1929 – 1933	Mercedes-Benz 18/80 PS Typ Nürburg 460 K 1931 – 1933	Mercedes-Benz 19/100 PS Typ Nürburg 500 1931 – 1932
Daimler-Benz M 08	Daimler-Benz M 08		Daimler-Benz M 08 II
8 Reihe	8 (Reihe)		8 (Reihe)
80 x 115 mm	80 x 115 mm		82,5 x 115 mm
4622 (Steuer 4592) ccm	4622 (Steuer 4592) ccm		4918 (Steuer 4884) ccm
80 PS bei 3400 U/min	80 PS bei 3400 U/min		100 PS bei 3100 U/min
24,2 mkg bei 1200 U/min	24,2 mkg bei 1200 U/min		25,8 mkg bei 1250 U/min
1:5	1:5 bzw. (ab 1932) 5,75		1:5 bzw. (ab 1932) 5,75
1 Zenith	1 Flachstromvergaser		1 Doppel-Flachstromvergaser
	Solex 40 MOHRT		Solex 35 MMOV
Seitlich stehend	Seitlich stehend		Seitlich stehend
Seitliche Nockenwelle	Seitliche Nockenwelle		Seitliche Nockenwelle
Antrieb durch Stirnräder	Antrieb durch Stirnräder		Antrieb durch Stirnräder
9	9		9
Pumpe, 26 Liter Wasser	Pumpe, 26 Liter Wasser		Pumpe, 26 Liter Wasser
Druckumlauf, 10 Liter Öl	Druckumlauf, 10 Liter Öl		Druckumlauf, 10 Liter Öl
Batterie	Batteriezündung oder auch Magnetzündung		Batterie
12 V 60 Ah	12 V 60 bzw. (ab 1932) 75 Ah		12 V 75 Ah
90 W	90 bzw. (ab 1932) 100 W		100 W
1,5 PS	1,5 PS		1,5 PS
Antrieb auf Hinterräder	Antrieb auf Hinterräder		Antrieb auf Hinterräder
Mehrscheibentrockenkupplung	Mehrscheibentrockenkupplung		Einscheibentrockenkupplung
Schalthebel Wagenmitte	Schalthebel Wagenmitte		Schalthebel Wagenmitte
4 Gang	4 Gang + (auf Wunsch) Schnellgang		4 Gang + Schnellgang
Ohne	Ohne		Ohne
I. 3,85	I. 3,85		I. 3,85
II. 2,30	II. 2,30 (auch 3,14)		II. 2,30
III. 1,58	III. 1,58		III. 1,58
IV. 1,00	IV. 1,00		IV. 1,00
	(V. 0,70)		V. 0,76
4,81 oder 5,00	5,30 oder 5,77		5,30
U-Profil-Preßstahl-Rahmen	U-Profil-Preßstahl-Niederrahmen		
starr, Halbfedern			
starr, Underslung-Halbfedern			
Schraubenspindel			
Mechanisch mit Saugluftunterstützung (Bosch-Dewandre), 4 Räder			
Mechanisch, Hinterräder			
Zentral			
3670 mm	3670 mm	3430 mm	3670 mm
1420/1420 mm	1485/1485 mm	1485/1485 mm	1485/1485 mm
4890 (mit Koffer 5200) x 1760 x 1900 mm	5380 x 1820 x 1820 mm	5140 x 1820 x 1820 mm	5380 x 1820 x 1820 mm
Holzspeichen	Holzspeichen	Holzspeichen	Holzspeichen
32 x 6,50 Ballon	6,50–20	6,50–20	6,50–20
14,8 Meter	14,8 Meter		14,8 Meter
1550 kg	1650 kg	1600 kg	1700 kg
Pullman-Limousine 2150 kg	Pullman-Limousine 2250 kg	Cabriolet 2050 kg	Pullman-Limousine 2300 kg
650 kg	650 kg	650 kg	650 kg
100 km/h	100 km/h	100 km/h	110 km/h
25 Liter	25 Liter	25 Liter	25 Liter
90 Liter (im Heck)	90 Liter (im Heck)	90 Liter (im Heck)	90 Liter (im Heck)
			RM 12 500,–
RM 14 000,–	RM 14 000,–		RM 16 000,–
RM 15 000,–	RM 15 000,–		RM 17 500,–
RM 17 500,–	RM 17 500,–		RM 20 000,–
	RM 21 000,– (Karosserie Gläser)		RM 20 500,–
			RM 21 800,–
	Schnellgang + RM 1400,–		

Mercedes-Benz Typ 770 »Großer Mercedes« (1930–1938)

Als größten, schwersten und teuersten Typ ihres umfangreichen Personenwagen-Programms präsentierte Daimler-Benz im Jahre 1930 den »Großen Mercedes« mit 7,7 Liter Reihen-Achtzylindermotor, je nach Wunsch ohne oder mit Kompressor lieferbar. Dieses Automobil der Spitzenklasse war hauptsächlich dazu bestimmt, mit dem damals aufsehenerregenden Maybach »Zeppelin« Zwölfzylinder in Konkurrenz zu treten, der sowohl dem Typ Nürburg als auch dem immer noch angebotenen Typ 630 allzu leicht den Rang als absoluter deutscher Spitzenwagen hätte abnehmen können. Die Fachwelt freilich beurteilte den »Großen Mercedes« zunächst zurückhaltend, denn es enttäuschte einerseits seine absolut konservative Standardbauart, während man andererseits die Gediegenheit und Sorgfalt der gesamten Konstruktion sehr wohl anerkannte. Jedenfalls wurde der Typ 770 bald von den Staatsoberhäuptern vieler Länder bevorzugt. Ansonsten konnten sich ein Auto solchen Kalibers damals nur ganz wenige sehr reiche Leute leisten. So lief der »Große Mercedes« zwar nur in wenigen Exemplaren, aber zum Weltruf der Marke hat er gewiß viel beigetragen.

Mercedes-Benz Typ 770 »Großer Mercedes« Cabriolet C 1930–1931

Mercedes-Benz Typ 770 »Großer Mercedes« Pullman-Limousine 1930–1933

Mercedes-Benz Typ 770 »Großer Mercedes« (W 07)
1930 – 1938

Motor	Daimler-Benz M 07	Daimler-Benz M 07 K
Zylinderzahl	8 (Reihe)	8 (Reihe)
Bohrung x Hub	95 x 135 mm	95 x 135 mm
Hubraum	7655 ccm	7655 ccm
Leistung	150 PS bei 2800 U/min	150 PS bzw. (mit Kompressor) 200 PS bei 2800 U/min
Drehmoment		
Verdichtung	1:4,7	1:4,7 Zuschaltbares Roots-Gebläse
Vergaser	1 Mercedes-Benz Dreidüsen-Spezialvergaser	
Ventile	Hängend Seitliche Nockenwelle Antrieb durch Stirnräder	
Kurbelwellenlager	9	
Kühlung	Pumpe, 32 Liter Wasser	
Schmierung	Druckumlauf, 9 Liter Öl	
Zündung	Doppelzündung (Kombinierte Batterie- und Magnetzündung mit 2 Zündkerzen je Zylinder)	
Batterie	12 V 75 Ah	
Lichtmaschine	225 W	
Anlasser	2,8 PS	
Kraftübertragung	Antrieb auf Hinterräder	
Kupplung	Zweischeibentrockenkupplung	
Schaltung	Schalthebel Wagenmitte Schnellgang-Schaltung durch Hebel am Lenkrad	
Getriebe	3 Gang + Schnellgang	
Synchronisierung	II – III und Schnellgang	
Übersetzungen	I. 2,73, II. 1,52, III. 1,00, Schnellgang 0,71 oder 0,76	
Antriebs-Übersetzung	4,50 oder 4,88	
Fahrwerk	U-Profil-Preßstahl-Rahmen mit Kreuzverstrebung	
Vorderradaufhängung	starr, Halbfedern	
Hinterradaufhängung	starr, Underslung-Halbfedern	
Lenkung	Schraubenspindel	
Fußbremse	Mechanisch mit Saugluftunterstützung (Bosch-Dewandre), 4 Räder	
Handbremse	Mechanisch, Hinterräder	
Schmierung	Zentral	
Allgemeine Daten		
Radstand	3750 mm	
Spur vorn/hinten	1500/1500 mm	
Gesamtmaße	5600 x 1840 x 1830 mm	
Räder	Holz- oder Drahtspeichen	
Reifen	7,00–20	
Wendekreis	14,1 Meter	
Fahrgestellgewicht	1950 kg	
Wagengewicht	2700 kg	
Zuläss. Gesamtgewicht	3500 kg	
Höchtgeschwindigkeit	150 km/h	160 km/h
Verbrauch/100 km	29 Liter	30 Liter
Kraftstofftank	120 Liter (im Heck)	120 Liter (im Heck)
Preise	Pullman-Limousine RM 38000,–	Pullman-Limousine RM 41000,– Tourenwagen 6 Sitze RM 42000,– Cabriolet C (2 Fenster) RM 44500,– Cabriolet B (4 Fenster) RM 47500,– Cabriolet D (4 Türen) RM 47500,– Cabriolet F (6 Sitze) RM 47500,–
	Fahrgestell RM 29500,–	Fahrgestell RM 32500,–

Mercedes-Benz Typ 770 »Großer Mercedes« Tourenwagen 6 Sitze 1930–1933

Mercedes-Benz Typ 770 »Großer Mercedes« Cabriolet D 1930–1931

Mercedes-Benz Typ 770 »Großer Mercedes« Cabriolet F 1930
(Wagen von Kaiser Wilhelm II. im holländischen Exil)

Mercedes-Benz Typ 770 »Großer Mercedes« Tourenwagen 6 Sitze 1937

Mercedes-Benz Typ 770 »Großer Mercedes« Cabriolet D 1937

Mercedes-Benz Typ 770 »Großer Mercedes« Pullman-Limousine 1937

Mercedes-Benz Typ 170 (1931–1936)

Auf dem Pariser Salon im Oktober 1931 stellte Daimler-Benz den Typ 170 vor, der als wichtigste Neuerscheinung des Modelljahres 1932 weltweite Bewunderung fand. Im übrigen war dieser Wagen die bedeutendste Schöpfung des Chefkonstrukteurs Hans Nibel, dessen besonderes Interesse schon geraume Zeit den Möglichkeiten der unabhängigen, also achslosen Radaufhängung galt. Und so waren denn auch vornehmlich die »Schwingachsen« des Typs 170 dessen markantestes Merkmal. Sie brachten von nun an allen Automobilen von Mercedes den Ruf ein, generell über ungewöhnlich hervorragende Fahreigenschaften zu verfügen. Der 170, damals wohlgemerkt mit Sechszylindermotor, wurde zu einem großen Verkaufserfolg, zumal er sehr preisgünstig zur Verfügung stand. Der auffallend humane Preis hing übrigens mit einer weiteren Vorliebe Nibels zusammen, der nämlich stets danach strebte, seine Autos möglichst kompakt zu bauen. Daß der Typ 170 ein ganz glänzender Wurf war, mag man auch daraus ersehen, daß es während der sechsjährigen Produktionsdauer keinerlei nennenswerte Änderungen am Motor und am Fahrgestell gegeben hat. Auch die Karosserien bedurften nur geringfügiger Retuschen, um ihr zeitgemäßes Aussehen zu wahren. Ab 1935 wurde der Flachkühler durch einen Kühler mit flacher Keilform ersetzt. Vor allem aber wurde 1935 eine Zweitüren-Limousine eingeführt, die im Stil dem 170 V glich, aber nicht auf den kürzeren Radstand des Sechszylindertyps paßte. Doch der 170-Sechszylinder verlor sowieso rasch an Bedeutung, als der 170 V auf den Markt kam. Um die Jahresmitte 1936 ging die Produktion des sehr soliden und seriösen, aber auch recht behäbigen 170-Sechszylinder zu Ende.

Mercedes-Benz
Typ 170
Limousine 4 Türen
1931–1934

Mercedes-Benz
Typ 170
Combinationswagen
1932–1934

Mercedes-Benz Typ 170 (W 15)
1931 – 1936

Motor	Daimler-Benz M 15
Zylinderzahl	6 (Reihe)
Bohrung x Hub	65 x 85 mm
Hubraum	1692 (Steuer 1680) ccm
Leistung	32 PS bei 3200 U/min
Verdichtung	1:5,75
Vergaser	1 Steigstromvergaser Solex 30 FVST
Ventile	Seitlich stehend Seitliche Nockenwelle, Antrieb durch Stirnräder
Kurbelwellenlager	4
Kühlung	Pumpe, 11 Liter Wasser
Schmierung	Druckumlauf, 5 Liter Öl
Batterie	6 V 75 Ah (unter Fahrersitz)
Lichtmaschine	60 W bzw. (ab 1933) 90 W
Anlasser	0,6 PS
Kraftübertragung	Antrieb auf Hinterräder
Kupplung	Einscheibentrockenkupplung
Schaltung	Schalthebel Wagenmitte
Getriebe	4 Gang (IV. = Schnellgang)
Synchronisierung	III – IV
Übersetzungen	I. 3,33, II. 1,71, III. 1,00, IV. 0,73
Antriebs-Übersetzung	6,11
Fahrwerk	U-Profil-Preßstahl-Niederrahmen
Vorderradaufhängung	1 Querlenker, 2 Querfedern
Hinterradaufhängung	Pendelachse, Doppel-Schraubenfedern
Lenkung	Schnecke
Fußbremse	Hydraulisch, 4 Räder
Handbremse	Mechanisch, Außenbandbremse vorn am Differentialgehäuse
Schmierung	Zentral
Allgemeine Daten	
Radstand	2600 mm
Spur vorn/hinten	1340/1340 mm
Gesamtmaße	3940 x 1630 x 1650 mm
Räder	Scheiben
Reifen	vorgestellt mit 4,75–18, Serie mit 5,25–17
Wendekreis	10 Meter
Fahrgestellgewicht	750 kg
Wagengewicht	1050 bis 1200 kg
Zuläss. Gesamtgewicht	1455 kg
Höchstgeschwindigkeit	90 km/h
Verbrauch/100 km	11 Liter
Kraftstofftank	33 Liter (im Motorraum)

Preise	**1932/33**	**1934**	**1935/36**
Limousine 2 Türen	–	–	RM 3950,–
Limousine 4 Türen (Koffer freistehend)	RM 4400,–	RM 4150,–	–
Limousine 4 Türen (Koffer angebaut)	–	RM 4400,–	RM 3950,–
Rolldach für Limousinen	+ RM 140,–	+ RM 140,–	+ RM 185,–
Cabriolet C (Koffer freistehend)	RM 5575,–	RM 4975,–	–
Cabriolet C (Koffer angebaut)	–	RM 5575,–	RM 4700,–
Tourenwagen 2 Türen	–	RM 5200,–	RM 4800,–
Tourenwagen »Sindelfingen« 2 Türen	–	RM 5400,–	RM 4950,–
Sport-Roadster 2 (2) Sitze	RM 5500,–	RM 5500,–	RM 5100,–
Sport-Cabriolet A 2/3 Sitze	–	RM 7000,–	RM 6500,–
Fahrgestell	RM 3800,–	RM 3800,–	RM 3600,–

Mercedes-Benz Typ 170
Cabriolet C 1931–1934

Mercedes-Benz Typ 170
Cabriolet C 1934

Mercedes-Benz Typ 170
Sport-Roadster 1932–1934

Mercedes-Benz Typ 170
Cabriolet A (Karosserie Reutter) 1932

Mercedes-Benz Typ 170
Limousine 4 Türen 1935–1936

Mercedes-Benz Typ 170
Limousine 2 Türen 1935–1936

Mercedes-Benz Typ 200 (1933–1936)

Der Typ 200 war in der ersten Ausführung mit dem Typ 170 näher verwandt als mit dem Typ Stuttgart, den er ablöste. Er besaß den gleichen, lediglich auf 2 Liter Inhalt aufgebohrten Motor wie der Typ 170. Fahrgestell und Karosserie stimmten weitgehend überein. Dieser Typ 200 war ein sehr liebenswerter Wagen, wirkte aber bei gleichem Preis kleiner als der Vorgänger-Typ Stuttgart, was mit der auch damals schon vorherrschenden Käufermentalität kaum in Einklang zu bringen war. Vor allem aber eignete sich der neue Typ 200 nicht als Taxi, weshalb es schon ab 1934 ein verlängertes Fahrgestell mit Sechssitzer-Aufbauten gab. Und wegen besagter Käufermentalität erschien 1935 auf dem langen Fahrgestell eine in der Form völlig neue Viersitzer-Limousine und entsprechende Viersitzer-Cabriolets, die sich bald größeren Zuspruchs erfreuten wie die Modelle auf dem kürzeren Fahrgestell. Natürlich dauerte es nicht lang, bis den Leuten für die großen Karosserien der Motor zu schwach erschien, weshalb Daimler zunächst wahlweise ab Juni 1936 zum 2,3 Liter-Motor überging.

**Mercedes-Benz Typ 200
Cabriolet C 1933–1934**

**Mercedes-Benz Typ 200
Sport-Roadster 1935–1936**

**Mercedes-Benz Typ 200
Limousine 4 Türen 1935–1936**

**Mercedes-Benz Typ 200
Tourenwagen 2 Türen 1935–1936**

**Mercedes-Benz Typ 200
Limousine 2 Türen 1935–1936**

**Mercedes-Benz Typ 200
Cabriolet C 1935–1936**

Mercedes-Benz Typ 200 lang
Pullman-Limousine 1934–1936

Mercedes-Benz Typ 200 lang
Landaulet 6 Sitze 1934–1936

Mercedes-Benz Typ 200 lang
Limousine 4 Türen 1935–1936

Mercedes-Benz Typ 200 lang
Cabriolet B 1935–1936

<table>
<tr><th></th><th>Mercedes-Benz Typ 200 (W 21)
1933 – 1936</th><th>Mercedes-Benz Typ 200 lang (W 21)
1934 – 1936</th></tr>
<tr><td>Motor</td><td colspan="2">Daimler-Benz M 21</td></tr>
<tr><td>Zylinderzahl</td><td colspan="2">6 (Reihe)</td></tr>
<tr><td>Bohrung x Hub</td><td colspan="2">70 x 85 mm</td></tr>
<tr><td>Hubraum</td><td colspan="2">1961 (Steuer 1949) ccm</td></tr>
<tr><td>Leistung</td><td colspan="2">40 PS bei 3200 U/min</td></tr>
<tr><td>Drehmoment</td><td colspan="2">11,4 mkg bei 1100 U/min</td></tr>
<tr><td>Verdichtung</td><td colspan="2">1:5,75</td></tr>
<tr><td>Vergaser</td><td colspan="2">1 Steigstromvergaser Solex 35 BFL</td></tr>
<tr><td>Ventile</td><td colspan="2">Seitlich stehend
Seitliche Nockenwelle, Antrieb durch Stirnräder</td></tr>
<tr><td>Kurbelwellenlager</td><td colspan="2">4</td></tr>
<tr><td>Kühlung</td><td colspan="2">Pumpe, 11 Liter Wasser</td></tr>
<tr><td>Schmierung</td><td colspan="2">Druckumlauf, 5 Liter Öl</td></tr>
<tr><td>Batterie</td><td colspan="2">6 V 75 Ah (unter Fahrersitz)</td></tr>
<tr><td>Lichtmaschine</td><td colspan="2">90 W</td></tr>
<tr><td>Anlasser</td><td colspan="2">0,6 PS</td></tr>
<tr><td>Kraftübertragung</td><td colspan="2">Antrieb auf Hinterräder</td></tr>
<tr><td>Kupplung</td><td colspan="2">Einscheibentrockenkupplung</td></tr>
<tr><td>Schaltung</td><td colspan="2">Schalthebel Wagenmitte</td></tr>
<tr><td>Getriebe</td><td colspan="2">4 Gang (IV. = Schnellgang)</td></tr>
<tr><td>Synchronisierung</td><td colspan="2">III – IV</td></tr>
<tr><td>Übersetzungen</td><td>I. 3,33
II. 1,71
III. 1,00
IV. 0,73
oder auch
I. 4,55
II. 2,15
III. 1,44
IV. 1,00</td><td>I. 3,33
II. 1,71
III. 1,00
IV. 0,73</td></tr>
<tr><td>Antriebs-Übersetzung</td><td>6,125 oder 6,11
(oder auch) 4,36 oder 4,55</td><td>6,38 oder 6,45</td></tr>
<tr><td>Fahrwerk</td><td colspan="2">U-Profil-Preßstahl-Niederrahmen</td></tr>
<tr><td>Vorderradaufhängung</td><td colspan="2">1 Querlenker, 2 Querfedern</td></tr>
<tr><td>Hinterradaufhängung</td><td colspan="2">Pendelachse, Doppel-Schraubenfedern</td></tr>
<tr><td>Lenkung</td><td colspan="2">Schnecke</td></tr>
<tr><td>Fußbremse</td><td colspan="2">Hydraulisch, 4 Räder</td></tr>
<tr><td>Handbremse</td><td colspan="2">Mechanisch, Außenbandbremse vorn am Differentialgehäuse</td></tr>
<tr><td>Schmierung</td><td colspan="2">Zentral</td></tr>
<tr><td>Allgemeine Daten</td><td></td><td></td></tr>
<tr><td>Radstand</td><td>2700 mm</td><td>3050 mm</td></tr>
<tr><td>Spur vorn/hinten</td><td>1340/1380 oder 1370/1390 mm</td><td>1340/1380 oder 1370/1390 mm</td></tr>
<tr><td>Gesamtmaße</td><td>4060 – 4150 x 1630 x 1580 mm</td><td>4390 (Pullman 4550) x 1630 x 1580 mm</td></tr>
<tr><td>Räder</td><td>Scheiben</td><td>Scheiben</td></tr>
<tr><td>Reifen</td><td>5,25 oder 5,50–17</td><td>5,25 oder 5,50–17</td></tr>
<tr><td>Wendekreis</td><td>10,4 Meter</td><td>11,8 Meter</td></tr>
<tr><td>Fahrgestellgewicht</td><td>850 kg</td><td>930 kg</td></tr>
<tr><td>Wagengewicht</td><td>1130 – 1300 kg</td><td>1425 kg</td></tr>
<tr><td>Zuläss. Gesamtgewicht</td><td>1560 – 1700 kg</td><td>1875 kg</td></tr>
<tr><td>Höchstgeschwindigkeit</td><td>98 km/h</td><td>95 km/h</td></tr>
<tr><td>Verbrauch/100 km</td><td>13 Liter</td><td>15 Liter</td></tr>
<tr><td>Kraftstofftank</td><td>33 bzw. (ab Wagen 401) 38 Liter (Motorraum)</td><td>38 Liter (im Motorraum)</td></tr>
<tr><td>Preise</td><td>Limousine 4 Türen RM 4950,–
Limousine 2 Türen (ab 1935) RM 5150,–
Tourenwagen 2 Türen RM 5800,–
Cabriolet C (1933/34) RM 6150,–
Cabriolet C (neue Form ab 1935) RM 6150,–
Sport-Roadster RM 6200,–
Tourenwagen »Sindelfingen« RM 6200,–
Cabriolet A 2/3 Sitze RM 7650,–</td><td>Pullman-Limousine RM 6550,–
Landaulet 6 Sitze RM 6900,–
Tourenwagen 6 Sitze RM 6950,–

Limousine 4 Türen 4 Fenster RM 5700,–
Cabriolet B RM 6990,–
Cabriolet D (ab 1936) RM 8200,–
Cabriolet A (ab 1935) RM 11500,–

Im 2. Halbjahr 1936 wahlweise auch mit 2,3 Liter-Motor lieferbar. Aufpreis RM 175,–</td></tr>
</table>

Mercedes-Benz Typ 290 (1933–1937)

Nach den Begriffen seiner Zeit war der Typ 290 ein Mittelklasse-Wagen für gehobene Ansprüche, prestigemäßig etwa dem heutigen Typ 280 (ohne S) vergleichbar. Mit dem kürzeren Normalfahrgestell wurde der Typ 290 von 1933 bis 1936 gebaut, mit dem langen Fahrgestell von 1934 bis 1937. Man machte hier die gleiche Erfahrung wie mit dem Typ 200: Zahlenmäßig erlangten die Modelle auf dem langen Fahrgestell bald die viel größere Bedeutung: Sie waren die 280 S jener Jahre! Die Karosserien des Typs 290 entsprachen im Stil den gleichzeitig gebauten 200ern, waren aber voluminöser.Bermerkenswert erscheint die große Auswahl und der hohe Anteil der verschiedenen Cabriolets. Diese Karosserieform fand in den 30er-Jahren ihre größte Verbreitung. Abgelöst wurde der Typ 290 im Jahr 1937 durch den Typ 320.

Mercedes-Benz Typ 290
Limousine 6 Fenster 1933–1936

Mercedes-Benz Typ 290
Cabriolet D 1933–1936

Mercedes-Benz Typ 290
Cabriolet B 1933–1936

Mercedes-Benz Typ 290
Roadster 1937

Mercedes-Benz Typ 290 lang Cabriolet D 1934–1937

Mercedes-Benz Typ 290 (W 18)
1933 – 1937

	1933 – 1934	1935 – 1937
Motor	**1933 – 1934:** Daimler-Benz M 18	**1935 – 1937:** Daimler-Benz M 18 II
Zylinderzahl	6 (Reihe)	6 (Reihe)
Bohrung x Hub	78 x 100 mm	78 x 100 mm
Hubraum	2867 (Steuer 2847) ccm	2867 (Steuer 2847) ccm
Leistung	60 PS bei 3200 U/min	68 PS bei 3200 U/min
Verdichtung	1 : 5,75 bis 1 : 6	1 : 6,6

Vergaser	1 Steigstromvergaser Solex 34 BFV
Ventile	Seitlich stehend Seitliche Nockenwelle, Antrieb durch Stirnräder
Kurbelwellenlager	7
Kühlung	Pumpe, 19 Liter Wasser
Schmierung	Druckumlauf, 8 Liter Öl
Batterie	12 V 45 oder 50 Ah
Lichtmaschine	90 W
Anlasser	1,4 PS
Kraftübertragung	Antrieb auf Hinterräder
Kupplung	Einscheibentrockenkupplung
Schaltung	Schalthebel Wagenmitte

	1933 – 1934	1935 – 1937
Getriebe	4 Gang (IV. = Schnellgang)	4 Gang
Synchronisierung	III – IV	III – IV
Übersetzungen	I. 3,60 II. 1,75 III. 1,00 IV. 0,75	I. 4,35 II. 2,27 III. 1,41 IV. 1,00
Antriebs-Übersetzungen	5,66 oder 5,77 Radstand 3300 mm: 6,12	Radstand 2880 mm: 5,77 Radstand 3300 mm: 6,12

Fahrwerk	Kasten-Preßstahl-Niederrahmen
Vorderradaufhängung	1 Querlenker, 1 Querfeder, Schraubenfedern
Hinterradaufhängung	Pendelachse, Doppel-Schraubenfedern
Lenkung	Schraubenspindel
Fußbremse	Hydraulisch, 4 Räder
Handbremse	Mechanisch, Hinterräder
Schmierung	Zentral

Allgemeine Daten	**Typ 290 (1933 – 1937)**	**Typ 290 lang (1934 – 1937)**
Radstand	2880 mm	3300 mm
Spur vorn/hinten	1440/1476 mm	1440/1476 mm
Gesamtmaße	4370 x 1730 x 1630 mm Cabriolet A: 4587 x 1730 x 1440 mm	4870 x 1730 x 1660 mm
Räder	Scheiben oder Drahtspeichen	Scheiben oder Drahtspeichen
Reifen	6,50–17	6,50–17
Wendekreis	11 Meter	12,4 Meter
Fahrgestellgewicht	1225 kg	1325 kg
Wagengewicht	1725 kg	1850 kg
Zuläss. Gesamtgewicht	2175 kg	2350 kg
Höchstgeschwindigkeit	108 km/h	103 km/h
Verbrauch/100 km	16 Liter	17 Liter
Kraftstofftank	56 Liter (im Heck)	56 Liter (im Heck)

Preise

Typ 290	
Limousine 4 Sitze 6 Fenster	RM 7950,–
Tourenwagen 4 Sitze 4 Türen	RM 9500,–
Cabriolet C (2 Fenster)	RM 9300,–
Cabriolet B (4 Fenster)	RM 9500,–
Cabriolet D (4 Türen)	RM 9700,–
Cabriolet A (ab 1936)	RM 11000,–

Typ 290 lang	
Limousine 4 Türen 4 Fenster	RM 9500,–
Pullman-Limousine 6 Sitze	RM 9900,–
Tourenwagen 6 Sitze	RM 9900,–
Cabriolet B (4 Fenster)	RM 11500,–
Cabriolet D (4 Türen)	RM 11900,–
Cabriolet F (6 Sitze)	RM 12800,–
Cabriolet A (ab 1936)	RM 13000,–
Roadster (ab 1936)	RM 13000,–

Mercedes-Benz
Typ Mannheim 380 S
Cabriolet A
1932–1933

Mercedes-Benz Typ Mannheim 380 S (1932–1933)
Mercedes-Benz Typ 380 (1933–1934)

Der Mercedes-Benz Mannheim 380 S (S = Sonderausführung) war ein Zwischentyp, der im offiziellen Verkaufsprogramm kaum in Erscheinung trat, sondern anscheinend mehr unter der Hand an spezielle Interessenten abgegeben wurde. Der Wagen basierte auf dem Sechszylinder Mannheim 370 S, besaß jedoch einen Achtzylinder-Motor, der vom Sechszylinder-Motor M 18 des Typs 290 abgeleitet war. Es gab vom 380 S wiederum zwei Ausführungen, die sich in der Motorleistung nur gering, umso mehr aber im Fahrgestell unterschieden. Der eine besaß noch Starrachsen und mechanische Bremsen, der andere war bereits ein Vollschwingachser mit hydraulischen Bremsen. Vom Starrachser wurden immerhin 94 Exemplare, vom Schwingachser dagegen nur 20 gebaut.

Auf der Berliner Automobil-Ausstellung im Februar 1933 gab dann Daimler den Typ 380 der allgemeinen Bewunderung preis. Er wurde auch gebührend bestaunt, erwies sich aber schließlich als ein eklatanter Mißerfolg. Den Typ 380 gab es, was ebenfalls nach außen hin kaum bekannt wurde, mit drei Motoren, nämlich dem M 22 ohne Kompressor, dem M 22 mit Kompressor und dem M 22 K mit Kompressor. Im Vergleich zum Zwischentyp Mannheim 380 S sind hängende statt stehende Ventile, serienmäßiges Schnellganggetriebe und Schraubenfeder- statt Querfeder-Aufhängung der Vorderräder zu verzeichnen. Der Typ 380 galt insofern als Schrittmacher, weil es bis dahin in Serie keinen Vollschwingachser dieser Größenordnung gegeben hat. Er gefiel aber auch wegen seiner aufregend schönen Karosserieformen. Andererseits erwiesen sich seine Fahreigenschaften gegenüber vergleichbaren Starrachswagen als so deutlich überlegen, daß sich die Kunden nunmehr mit den erreichbaren Fahrleistungen nicht mehr zufrieden geben wollten. Überdies durfte im Bereich der Höchstgeschwindigkeit nur kurze Zeit gefahren werden. So brachte es der Typ 380 nur auf 154 Exemplare, weil er schon bald durch den Typ 500 K ersetzt werden mußte. (Der Typ 380 hieß übrigens offiziell nie Typ 380 K.)

Mercedes-Benz
Typ 380
Cabriolet C
1933–1934

<table>
<tr><th></th><th>Mercedes-Benz 15/80 PS
Mannheim 380 S (W 10)
1932 – 1933</th><th>Mercedes-Benz 15/85 PS
Mannheim 380 S (W 19)
1932 – 1933</th><th>Mercedes-Benz Typ 380 (W 22)
15/90/120 und 15/90/140 PS
1933 – 1934</th></tr>
<tr><td>Motor</td><td>Daimler-Benz M 19</td><td>Daimler-Benz M 19 II</td><td>Daimler-Benz M 22 bzw. M 22 K</td></tr>
<tr><td>Zylinderzahl</td><td>8 (Reihe)</td><td>8 (Reihe)</td><td>8 (Reihe)</td></tr>
<tr><td>Bohrung x Hub</td><td>78 x 100 mm</td><td>78 x 100 mm</td><td>78 x 100 mm</td></tr>
<tr><td>Hubraum</td><td>3820 (Steuer 3796) ccm</td><td>3820 (Steuer 3796) ccm</td><td>3820 (Steuer 3796) ccm</td></tr>
<tr><td>Leistung</td><td>80 PS bei 3200 U/min</td><td>85 PS bei 3200 U/min</td><td>Motor M 22:
Ohne Kompressor 90 PS bei 3200 U/min
Mit Kompressor 120 PS bei 3400 U/min
Motor M 22 K:
Mit Kompressor 140 PS bei 3600 U/min</td></tr>
<tr><td>Verdichtung</td><td>1:5,6</td><td>1:6,0</td><td>M 22: Ohne Kompressor 6,0, mit 5,54
M 22 K: 5,54</td></tr>
<tr><td>Vergaser</td><td colspan="2">2 Solex 35 MMOVS</td><td>1 Mercedes-Benz Spezial-Doppelvergaser</td></tr>
<tr><td>Ventile</td><td colspan="2">Seitlich stehend
Seitliche Nockenwelle
Antrieb durch Stirnräder</td><td>Hängend
Seitliche Nockenwelle
Antrieb durch Stirnräder</td></tr>
<tr><td>Kurbelwellenlager</td><td colspan="2">9</td><td>5</td></tr>
<tr><td>Kühlung</td><td colspan="2">Pumpe, 20 Liter Wasser</td><td>Pumpe, 20 Liter Wasser</td></tr>
<tr><td>Schmierung</td><td colspan="2">Druckumlauf, 8 Liter Öl</td><td>Druckumlauf, 8 Liter Öl</td></tr>
<tr><td>Batterie</td><td colspan="2">6 V 75 Ah</td><td>6 V 60 Ah</td></tr>
<tr><td>Kraftübertragung</td><td colspan="2">Antrieb auf Hinterräder</td><td>Antrieb auf Hinterräder</td></tr>
<tr><td>Kupplung</td><td colspan="2">Einscheibentrockenkupplung</td><td>Einscheibentrockenkupplung</td></tr>
<tr><td>Schaltung</td><td colspan="2">Schalthebel Wagenmitte</td><td>Schalthebel Wagenmitte</td></tr>
<tr><td>Getriebe</td><td colspan="2">4 Gang + (auf Wunsch) Schnellgang</td><td>4 Gang (IV. = Schnellgang)</td></tr>
<tr><td>Synchronisierung</td><td colspan="2">Ohne</td><td>III – IV</td></tr>
<tr><td>Übersetzungen</td><td colspan="2">I. 3,85
II. 2,30
III. 1,58
IV. 1,00
Schnellgang 0,76</td><td>1933: 1934:
I. 2,86 I. 3,41
II. 1,80 II. 1,60
III. 1,00 III. 1,00
IV. 0,70 IV. 0,70</td></tr>
<tr><td>Antriebs-Übersetzung</td><td colspan="2">5,11</td><td>5,11</td></tr>
<tr><td>Fahrwerk</td><td>Kasten-Niederrahmen</td><td>Kasten-Niederrahmen</td><td>Kasten-Niederrahmen</td></tr>
<tr><td>Vorderradaufhängung</td><td>starr, Halbfeder</td><td>Querlenker oben
1 Querfeder unten</td><td>Doppel-Querlenker
Schraubenfedern</td></tr>
<tr><td>Hinterradaufhängung</td><td>starr</td><td>Pendel-Schwingachse
Doppel-Schraubenfedern</td><td>Pendel-Schwingachse
Doppel-Schraubenfedern</td></tr>
<tr><td>Lenkung</td><td>Schraubenspindel</td><td>Schraubenspindel</td><td>Schraubenspindel</td></tr>
<tr><td>Fußbremse</td><td>Mechanisch, 4 Räder</td><td>Hydraulisch, 4 Räder</td><td>Hydraulisch, 4 Räder</td></tr>
<tr><td>Schmierung</td><td>Zentral</td><td>Zentral</td><td>Zentral</td></tr>
<tr><td>Allgemeine Daten</td><td></td><td></td><td></td></tr>
<tr><td>Radstand</td><td colspan="2">3200 mm</td><td>3140 mm</td></tr>
<tr><td>Spur vorn/hinten</td><td>1420/1420 mm</td><td>1427/1427 mm</td><td>1435/1480 mm</td></tr>
<tr><td>Gesamtmaße</td><td colspan="2">4900 x 1740 x 1780 mm</td><td>4690 x 1730 x 1620 mm</td></tr>
<tr><td>Räder</td><td colspan="2">Drahtspeichen</td><td>Drahtspeichen</td></tr>
<tr><td>Reifen</td><td colspan="2">6,50–18</td><td>6,50–17</td></tr>
<tr><td>Wendekreis</td><td colspan="2">12,6 Meter</td><td>12,4 Meter</td></tr>
<tr><td>Fahrgestellgewicht</td><td></td><td></td><td>1280 kg</td></tr>
<tr><td>Wagengewicht</td><td>1730 kg</td><td>1750 kg</td><td>Cabriolet C 1920 kg</td></tr>
<tr><td>Zuläss. Gesamtgewicht</td><td>2130 kg</td><td>2150 kg</td><td>Cabriolet C 2420 kg</td></tr>
<tr><td>Höchstgeschwindigkeit</td><td colspan="2">120 km/h</td><td>130 km/h</td></tr>
<tr><td>Verbrauch/100 km</td><td colspan="2">20 Liter</td><td>21 Liter</td></tr>
<tr><td>Kraftstofftank</td><td colspan="2">90 Liter (im Heck)</td><td>90 Liter (im Heck)</td></tr>
<tr><td>Preise</td><td colspan="2">Cabriolet A 2 Sitze RM 16 500,–
Cabriolet C 2 Fenster RM 16 500,–
Cabriolet B 4 Fenster RM 16 500,–</td><td>Fahrgestell RM 13 000,–
Cabriolet A 2 Sitze RM 19 500,–
Cabriolet C 2 Fenster RM 19 500,–
Cabriolet B 4 Fenster RM 19 500,–
Limousine 4 Türen RM 19 500,–
Tourenwagen 2 Türen RM 19 500,–
Sport-Roadster 2 Sitze RM 19 500,–</td></tr>
</table>

Mercedes-Benz Typ 130 (1934–1936)

In den dreißiger Jahren wuchs die Überzeugung, daß das Auto der Zukunft durch die Heckmotor-Bauart geprägt sei. Das hing mit dem damaligen Glauben an die Stromlinie zusammen, in deren Heck viel Platz für den Motor blieb, der wiederum aus Kostengründen mit der Antriebsachse verblockt sein sollte. Zahlreiche Automobilfabriken von Rang beschäftigten sich mit einschlägigen Entwicklungen. Kleinstwagen mit Heckmotor gab es wegen des billigen Kettenantriebs sowieso schon auf dem Markt. Doch der Daimler-Benz AG. blieb es vorbehalten, das erste richtige Automobil mit Heckmotor in Serie herauszubringen. Es war der Typ 130 (damals hieß er noch nicht 130 H), gleichzeitig der erste und bisher einzige Mercedes-Benz in der kleinen Wagenklasse. Dieser Wagen wurde als großer Schlager gefeiert, denn nicht nur seine Technik, die in die Zukunft zu weisen schien, sondern auch die ansprechende Karosserieform fanden bei Fachwelt und Publikum großen Beifall. Doch der Schlager geriet zum Fehlschlag. Mit 65 % Last auf der Hinterachse erwies sich der Typ 130 als ganz gefährliche Heckschleuder, die man vernünftigerweise recht bald wieder aus dem Verkaufsprogramm verschwinden ließ. Die Entwicklung des Typs 130 hatte Chefkonstrukteur Hans Nibel im Jahre 1930 begonnen. Ein Serienwagen, der erste, entstand noch Ende 1933, und Anfang 1934 setzte die Auslieferung ein. Die Kotflügel des Typs 130 waren stets schwarz, der Aufbau des Modells 1934 war einfarbig, des Modells 1935/36 zweifarbig lackiert. Ende 1936 wurde der Typ 130 aufgegeben.

Mercedes-Benz Typ 130
Limousine 2 Türen
1935–1936

Mercedes-Benz Typ 130
Cabrio-Limousine 2 Türen
1935–1936

Mercedes-Benz Typ 150 (1935–1936)

Der Tradition des Hauses entsprechend, strebte Daimler auch nach sportlicher Bewährung der neuen Heckmotor-Bauart. 1934 wurden für die 2000 Kilometer-Fahrt, der damals in Deutschland populärsten Sportveranstaltung, 5 Sport-Limousinen mit 1,5 Liter-Heckmotor vorbereitet und erfolgreich eingesetzt. Der wichtigste Unterschied zum Typ 130 bestand freilich bemerkenswerterweise darin, daß man den Motor hier vor statt hinter der Hinterachse plazierte. Dieser »Mittelmotor«, wie man heute sagen würde, ergab naturgemäß erheblich bessere Kurveneigenschaften, ermöglichte aber andererseits nur die Unterbringung von

	Mercedes-Benz Typ 130 (W 23) 1934 – 1936	Mercedes-Benz Typ 150 (W 130) 1935 – 1936
Motor	Daimler-Benz M 23	Daimler-Benz M 30
Zylinderzahl	4 (Reihe)	4 (Reihe)
Bohrung x Hub	70 x 85 mm	72 x 92 mm
Hubraum	1308 (Steuer 1299) ccm	1498 ccm
Leistung	26 PS bei 3400 U/min	55 PS bei 4500 U/min
Verdichtung	1:6,5	1:7,1
Vergaser	1 Steigstromvergaser	1 Doppel-Steigstromvergaser
	Solex 26 BFRV oder 26 FVS	Solex 30 FFVS
Ventile	Seitlich stehend	Hängend
	Seitliche Nockenwelle	Seitliche Nockenwelle
	Antrieb durch Stirnräder	Antrieb durch Stirnräder
Kurbelwellenlager	3	3
Kühlung	Pumpe, 9,5 Liter Wasser	Gebläse + Wasserpumpe
Schmierung	Druckumlauf, 5 Liter Öl	Öl-Druckumlauf
Batterie	6 V 75 Ah (unter Rücksitz rechts)	12 V 45 Ah
Lichtmaschine	90 W	90 W
Anlasser	0,5 PS	0,6 PS
Kraftübertragung	Hecktriebblock	Heckbetriebblock
	Motor hinter, Getriebe vor der Hinterachse	Motor vor, Getriebe hinter der Hinterachse
Kupplung	Einscheibentrockenkupplung	Einscheibentrockenkupplung
Schaltung	Schalthebel Wagenmitte	Schalthebel Wagenmitte
Getriebe	4 Gang (IV. = Schnellgang)	4 Gang (IV. = Schnellgang)
Synchronisierung	III – IV	III – IV
Übersetzungen	I. 3,70	I. 3,40
	II. 1,75	II. 1,78
	III. 1,00	III. 1,13
	IV. 0,665 oder 0,645	IV. 0,75
Antriebs-Übersetzung	6,75	5,63
Fahrwerk	Zentralrohrrahmen	Zentralrohrrahmen
	Gabel im Heck	Gabel im Heck
Vorderradaufhängung	achslos, 2 Querfedern	achslos, 2 Querfedern
Hinterradaufhängung	Pendelachse, Schraubenfedern	Pendelachse, Schraubenfedern
Lenkung	Zahnstange	Zahnstange
Fußbremse	Hydraulisch, 4 Räder	Hydraulisch, 4 Räder
Handbremse	Mechanisch, Hinterräder	Mechanisch, Hinterräder
Schmierung	Zentral	Zentral
Allgemeine Daten		
Radstand	2500 mm	2600 mm
Spur vorn/hinten	1270/1270 mm	1300/1270 mm
Gesamtmaße	4050 x 1520 x 1510 mm	4200 x 1600 x 1380 mm
Räder	Scheiben	Drahtspeichen
Reifen	5,00–17	5,00–17
Wendekreis	10 Meter	10,4 Meter
Fahrgestellgewicht	540 kg	650 kg
Wagengewicht	980 kg	980 kg
Zuläss. Gesamtgewicht	1320 kg	1230 kg
Höchstgeschwindigkeit	92 km/h	125 km/h
Verbrauch/100 km	10 Liter	15 Liter
Kraftstofftank	30 Liter (hinten im Motorraum)	60 Liter (vorn im Wagen)
Preise		Sportwagen 2 Sitze RM 6600,–

Preise Typ 130	1934	1935	1936
Limousine	RM 3425,–	3680,–	3200,–
Cabrio-Limousine	RM 3625,–	3900,–	3350,–
Tourenwagen	RM 3900,–	4400,–	–

zwei Sitzplätzen. 1935 brachte das Werk auf dem gleichen Fahrgestell einen rasant aussehenden Sport-Roadster heraus, der zum allgemeinen Verkauf bestimmt war, aber überhaupt keinen Anklang fand. Erstens war das Auto wohl zu teuer, zweitens fehlte ein vernünftiger Gepäckraum und drittens kommt ein offener Zweisitzer sowieso nur für einen sehr kleinen Käuferkreis in Betracht. Um die Jahresmitte 1936 ließ man den Typ 150 sang- und klanglos in der Versenkung verschwinden.

Mercedes-Benz Typ 150
Sportwagen 2 Sitze
1935–1936

Mercedes-Benz Typ 170 V (1936–1942)

Auf der Berliner Automobil-Ausstellung im Februar 1936 wurde der Mercedes-Benz 170 V vorgestellt, dessen Produktion bereits Ende 1935 angelaufen war. Im Vergleich zum Typ 170 (W 15) mit Sechszylinder-Motor war der 170 V technisch anspruchsloser und in der Form weniger ambitioniert, ein für die Massenproduktion bestimmtes Alltags- und Jedermanns-Automobil. Dementsprechend wurde er zum meistgebauten Vorkriegs-Personenwagen der Daimler-Benz AG. und zum weiterhin erfolgreichen Ausgangstyp des Nachkriegsprogramms. Ursprünglich war beabsichtigt, den Wagen als Typ 160 V auf den Markt zu bringen. Demgemäß sollen die ersten 3000 Wagen einen 1,6 Liter-Motor (Bohrung × Hub 72 × 98 mm) besessen haben. Obwohl man beim 170 V mehr denn jemals vorher auf möglichst rationelle Fertigung bedacht war, gab es vor dem Krieg auch ihn in zahlreichen Karosserieausführungen, die dann nach dem Krieg nicht mehr wiederkehrten.

Mercedes-Benz Typ 170 H (1936–1939)

Gleichzeitig mit dem Typ 170 V wurde im Februar 1936 auch der Typ 170 H vorgestellt, ein Parallelmodell mit dem gleichen, aber im Heck eingebauten Motor. Er galt als Nachfolger des Typs 130, verfügte jedoch über unvergleichlich bessere Kurveneigenschaften. Ebenso wie Adler ein paar Jahre vorher mit den Modellen Trumpf und Primus bot jetzt Daimler-Benz den Käufern eine interessante Wahlmöglichkeit zwischen zwei konstruktiv verschieden gestalteten Wagen. Der 170 H galt bald, weil er teurer, seltener sowie in Form und Ausstattung exklusiver war, als das »feinere« Auto. Er wurde trotzdem kein Erfolg, denn auch seine Nachteile ließen sich nicht übersehen: Er war lauter, enger und unpraktischer als der 170 V. Gegenüber diesem stückzahlmäßig weit ins Hintertreffen geraten, blieb der 170 H auf der Strecke. 1939 wurden die letzten Exemplare ausgeliefert.

Noch eine historische Parallele zum Typ 170 V: Wie dieser ursprünglich als Typ 160 V, so sollte auch der Typ 170 H ursprünglich als Typ 160 H mit 1,6 Liter-Motor (Bohrung x Hub 72 x 98 mm, Leistung 38 PS) herauskommen. Angeblich wurden die ersten 1000 Wagen des Typs 170 H mit 1,6 Liter-Heckmotor ausgeliefert. Auf jeden Fall aber dürfte es falsch sein, wenn kürzlich eine kompetent erscheinende Persönlichkeit veröffentlichte, daß vor dem Produktionsbeginn (1935) des Typs 170 H bereits 3102 Wagen des Typs 160 H gebaut worden seien. Hier ist sicherlich sowohl die Stückzahl als auch die Zeitangabe falsch gewesen.

	Mercedes-Benz Typ 170 V (W 136) 1936 – 1942	Mercedes-Benz Typ 170 H (W 28) 1936 – 1939
Motor	Daimler-Benz M 136	Daimler-Benz M 28 II
Zylinderzahl	4 (Reihe)	4 (Reihe)
Bohrung x Hub	73,5 x 100 mm	73,5 x 100 mm
Hubraum	1697 (Steuer 1685) ccm	1697 (Steuer 1685) ccm
Leistung	38 PS bei 3400 U/min	38 PS bei 3400 U/min
Drehmoment	10,2 mkg bei 1800 U/min	10,2 mkg bei 1800 U/min
Verdichtung	1 : 6	1 : 6
Vergaser	1 Steigstromvergaser Solex 30 BFLVS	1 Steigstromvergaser Solex 30 BFRV
Ventile	Seitlich stehend Seitliche Nockenwelle Antrieb durch Stirnräder	Seitlich stehend Seitliche Nockenwelle Antrieb durch Stirnräder
Kurbelwellenlager	3	3
Kühlung	Pumpe, 9 Liter Wasser	Gebläse + Pumpe, 9 Liter Wasser
Schmierung	Druckumlauf, 5 Liter Öl	Druckumlauf, 5 Liter Öl
Batterie	6 V 75 Ah (unter Fahrersitz)	6 V 75 Ah (unter Rücksitz rechts)
Lichtmaschine	90 oder 130 W	90 W
Anlasser	0,6 PS	0,5 PS
		Hecktriebblock
Kraftübertragung	Antrieb auf Hinterräder	Motor hinter, Getriebe vor der Hinterachse
Kupplung	Einscheibentrockenkupplung	Einscheibentrockenkupplung
Schaltung	Schalthebel Wagenmitte	Schalthebel Wagenmitte
Getriebe	1936 – 1939 / 1940 – 1942	
	4 Gang / 4 Gang	4 Gang (IV. = Schnellgang)
Synchronisierung	III – IV / I – IV	III – IV
Übersetzungen	I. 4,32 oder 4,17 / I. 4,025	I. 3,41
	II. 2,47 / II. 2,28	II. 1,94
	III. 1,42 / III. 1,42	III. 1,17
	IV. 1,00 / IV. 1,00	IV. 0,78
Antriebs-Übersetzung	4,125 / 4,125	5,13
Fahrwerk	X-Form-Ovalrohr-Rahmen	Zentralrohrrahmen, Gabel im Heck
Vorderradaufhängung	achslos, 2 Querfedern	achslos, 2 Querfedern
Hinterradaufhängung	Pendelachse, Schraubenfedern	Pendelachse, Schraubenfedern
Lenkung	Schnecke ZF-Roß	Schraube
Fußbremse	Hydraulisch, 4 Räder	Hydraulisch, 4 Räder
Handbremse	Mechanisch, Hinterräder	Mechanisch, Hinterräder
Schmierung	Zentral	Zentral
Allgemeine Daten		
Radstand	2845 mm	2600 mm
Spur vorn/hinten	1320/1310 mm	1315/1270 mm
Gesamtmaße	4270 x 1570 x 1560 mm	4200 x 1580 x 1600 mm
Räder	Scheiben	Scheiben
Felgen	3,25 D x 16	3,00 D x 17
Reifen	5,25–16	5,00–17
Wendekreis	11 Meter	11,4 Meter
Fahrgestellgewicht	700 kg	650 kg
Wagengewicht	1160 kg	1125 kg
Zuläss. Gesamtgewicht	1500 kg	1500 kg
Höchstgeschwindigkeit	108 km/h	110 km/h
Verbrauch/100 km	11 Liter	11 Liter
Kraftstofftank	33 bzw. (ab 1939) 43 Liter (im Motorraum)	40 Liter (vorn im Wagen)

Preise

Mercedes-Benz Typ 170 V:

Fahrgestell	RM 2850,–
Limousine 2 Türen	RM 3750,–
Limousine 4 Türen	RM 3850,–
Cabrio-Limousine 4 Türen	RM 3980,–
Tourenwagen 2 Türen (bis 1938)	RM 4600,–
Tourenwagen 4 Türen (ab 1939)	RM 4600,–
Roadster 2 (2) Sitze	RM 5500,–
Cabriolet B (4 Fenster)	RM 4750,–
Cabriolet A (ab 1937)	RM 5980,–
Kübelsitzer (ab 1937)	RM 4350,–

Kraftdroschke mit Trennscheibe und Kofferbrücke (ab 1938):

Limousine 4 Türen	RM 3750,–
Cabrio-Limousine 4 Türen	RM 3850,–

Mercedes-Benz Typ 170 H:

Fahrgestell	RM 3300,–
Limousine 2 Türen	RM 4350,–
Cabrio-Limousine 2 Türen	RM 4500,–

Mercedes-Benz Typ 170 H
Cabrio-Limousine 2 Türen
1936–1939

Mercedes-Benz Typ 170 V
Limousine 2 Türen
1936–1942

Mercedes-Benz Typ 170 V
Limousine 4 Türen
1936–1942

Mercedes-Benz Typ 170 V
Cabrio-Limousine 4 Türen
1936–1939

Mercedes-Benz Typ 170 V
Cabriolet B
1936–1939

Mercedes-Benz Typ 170 V
Cabriolet A
1937–1939

Mercedes-Benz Typ 170 V
Tourenwagen 2 Türen
1936–1938

Mercedes-Benz Typ 230 (1937–1941)
Mercedes-Benz Typ 230 (1939–1943)

Der 2,3 Liter-Motor war bereits ab Juni 1936 wahlweise in den Sechssitzer-Karossen des Typs 200 lieferbar. Ab 1937 wurde der Typ 200 durch den Typ 230 (W 143) abgelöst. Auf dem einstigen Normalfahrgestell mit 2700 mm Radstand wurden die seitherigen Modelle weitergeführt und teilweise attraktiver gestaltet, aber sie fanden dennoch so wenige Käufer, daß sie nur mehr ein Jahr lang im Programm blieben. Als Normalausführung des Typs 230 galt nunmehr das lange Fahrgestell, wobei man die sehr beliebt gewordenen Viersitzer-Aufbauten vom bisherigen Typ 200 übernahm, den Sechssitzern hingegen breitere Karosserien als vorher gab. In dieser Form blieb der »alte« Typ 230 bis 1941 in der Produktion.

Als »neuer« Typ 230 (W 153) erschien zur Berliner Automobil-Ausstellung 1939 ein fahrgestell- und karosseriemäßig völlig neuer Wagen, entworfen und gestaltet von H. G. Röhr, der bis zu seinem Tod im August 1937 zwei Jahre lang die Abteilung Personenwagen-Konstruktion der Daimler-Benz AG. geleitet hatte. Dieser neue Typ 230 kam wegen des Krieges nicht mehr voll zur Entfaltung, blieb aber noch bis in die 50er-Jahre für die Konzeption der Typen 170 S und 220 maßgebend.

Mercedes-Benz Typ 260 D (1936–1940)

Zu den Überraschungen der ereignisreichen Berliner Automobil-Ausstellung 1936 gehörte der Mercedes-Benz Typ 260 D als einer der beiden ersten serienmäßigen Diesel-Personenwagen der Welt. Seine Serienproduktion hatte bereits Ende 1935 begonnen. Es handelte sich um ein Sechssitzer-Landaulet des damaligen Typs 200, versehen mit einem 2,6 Liter Dieselmotor. In dieser Urform, wenn man so sagen will, wurden etwa 170 Wagen gebaut, die wohl ausnahmslos als Taxi zum Einsatz kamen. Als 1937 der Typ 230 mit den breiteren Sechssitzer-Karosserien anlief, wurden diese auch für den Typ 260 D verwendet. Der Dieselmotor im Personenwagen erwies sich, zumal er von Daimler-Benz kam, als über alle Erwartungen gut verkäuflich. Da sich zunehmend die private Kundschaft ebenfalls dafür interessierte, gab es bald auch die Viersitzer-Limousinen und -Cabriolets mit Dieselmotor. Wenn auch die Zahl der Diesel-Personenwagen in den letzten Vorkriegsjahren noch relativ bescheiden blieb, so zeichnete sich dennoch ihr späterer Massenerfolg bereits recht deutlich ab.

	Mercedes-Benz Typ 230 n (W 143) 1937	Mercedes-Benz Typ 230 (W 143) 1937 – 1941
Motor	Daimler-Benz M 143	
Zylinderzahl	6 (Reihe)	
Bohrung x Hub	72,5 x 90 mm	
Hubraum	2229 (Steuer 2213) ccm	
Leistung	55 PS bei 3600 U/min	
Drehmoment	13,9 mkg bei 1800 U/min	
Verdichtung	1:6,6 oder 7,25	
Vergaser	1 Doppel-Fallstromvergaser Solex 30 JFFK	
Ventile	Seitlich stehend Seitliche Nockenwelle, Antrieb durch Stirnräder	
Kurbelwellenlager	4	
Kühlung	Pumpe, 11 Liter Wasser	
Schmierung	Druckumlauf, 5,5 Liter Öl	
Batterie	6 V 75 oder 105 Ah (unter Fahrersitz)	6 V 75 oder 105 Ah (unter Rücksitz links)
Lichtmaschine	90 W	
Anlasser	0,6 PS	
Kraftübertragung	Antrieb auf Hinterräder	
Kupplung	Einscheibentrockenkupplung	
Schaltung	Schalthebel Wagenmitte	
Getriebe	1. Halbjahr 1937: 4 Gang	Ab Mitte 1937: 4 Gang ZF
Synchronisierung	III – IV	I – IV
Übersetzungen	I. 3,83 II. 2,02 III. 1,44 IV. 1,00	I. 3,75 II. 2,02 III. 1,49 IV. 1,00
Antriebs-Übersetzung	4,70 oder 4,50	4,70 oder 4,50
Fahrwerk	U-Profil-Preßstahl-Niederrahmen	
Vorderradaufhängung	1 Querlenker, 2 Querfedern	
Hinterradaufhängung	Pendelachse, Doppel-Schraubenfedern	
Lenkung	Schnecke ZF-Roß	
Fußbremse	Hydraulisch, 4 Räder	
Handbremse	Mechanisch, Kardanwelle	1937: Mechanisch, Kardanwelle Ab 1938: Mechanisch, Hinterräder
Schmierung	Zentral	Zentral
Allgemeine Daten		
Radstand	2700 mm	3050 mm
Spur vorn/hinten	1370/1390 mm	1370/1390 bzw. (ab 1938) 1382/1412 mm
Gesamtmaße	4400 x 1710 x 1600 mm	4580 (Pullman 4790) x 1710 x 1610 mm
Räder	Scheiben	Scheiben
Reifen	5,50–17	5,50–17 bzw. (ab 1938) 6,50–16
Wendekreis	10,4 Meter	11,8 Meter
Fahrgestellgewicht	950 kg	1000 kg
Wagengewicht	Limousine 1320 kg Cabriolet C 1420 kg	Pullman-Limousine 1500 kg
Zuläss. Gesamtgewicht	1800 kg	1900 kg
Höchstgeschwindigkeit	116 km/h	112 km/h
Verbrauch/100 km	14 Liter	16 Liter
Kraftstofftank	38 Liter (im Motorraum)	50 Liter (im Heck)
Preise	Limousine 2 Türen RM 4990,– Limousine 4 Türen RM 5270,– Cabriolet C (2 Fenster) RM 6500,– Roadster 2 (2) Sitze RM 6500,– Cabriolet A (2/3 Sitze) RM 7500,– Fahrgestell RM 4200,–	Limousine 4 Türen 4 Fenster RM 5875,– Pullman-Limousine RM 6725,– Landaulet 6 Sitze RM 7075,– Tourenwagen 6 Sitze RM 7125,– Cabriolet B (4 Fenster) RM 7165,– Cabriolet D (4 Türen) RM 8375,– Cabriolet A (2/3 Sitze) RM 9500,– Fahrgestell RM 4675,–

Mercedes-Benz Typ 260 D (W 138) 1936 – 1937	Mercedes-Benz Typ 260 D (W 138) 1937 – 1940	Mercedes-Benz Typ 230 (W 153) 1938	Mercedes-Benz Typ 230 (W 153) 1939 – 1943
Vorkammer-Dieselmotor Daimler-Benz OM 138		Daimler-Benz M 143	Daimler-Benz M 153
4 (Reihe)		6 (Reihe)	6 (Reihe)
90 x 100 mm		72,5 x 90 mm	73,5 x 90 mm
2545 (Steuer 2527) ccm		2229 (Steuer 2213) ccm	2289 ccm
45 PS bei 3000 U/min		55 PS bei 3600 U/min	55 PS bei 3500 U/min
		13,9 mkg bei 1800 U/min	14,0 mkg bei 1800 U/min
1:20,5		1:6,25 oder 7,00	1:6,6
Bosch Einspritzpumpe		2 Doppel-Fallstromvergaser Solex 30 JFFK	
Hängend		Seitlich stehend	
Seitliche Nockenwelle, Antrieb durch Stirnräder		Seitliche Nockenwelle, Antrieb durch Stirnräder	
5		4	
Pumpe, 11 Liter Wasser		Pumpe, 11 Liter Wasser	Pumpe, 11,7 Liter Wasser
Druckumlauf, 6 Liter Öl		Druckumlauf, 5,5 Liter Öl	Druckumlauf, 5,5 Liter Öl
12 V 75 AH	2 x 12 V 62,5 Ah	6 V 75 Ah (im Motorraum)	6 V 75 Ah (im Motorraum)
12 V 200 W	24 V 200 W	90 W	130 W
12 V 2,5 PS	24 V 4 PS	0,8 PS	0,8 PS
Antrieb auf Hinterräder		Antrieb auf Hinterräder	
Einscheibentrockenkupplung		Einscheibentrockenkupplung	
Schalthebel Wagenmitte		Schalthebel Wagenmitte	
4 Gang (IV. = Schnellgang)	4 Gang ZF	4 Gang ZF	
III – IV	I – IV	I – IV	
I. 3,33	I. 5,27	I. 3,75	
II. 1,71	II. 2,52	II. 2,02	
III. 1,00	III. 1,50	III. 1,49	
IV. 0,73	IV. 1,00	IV. 1,00	
6,125	6,125	4,625	
U-Profil-Preßstahl-Niederrahmen		X-Form-Ovalrohr-Rahmen	
1 Querlenker, 2 Querfedern		1 Querlenker, 2 Querfedern	
Pendelachse, Doppel-Schraubenfedern		Pendelachse, Schraubenfedern	
Schnecke ZF-Roß		Schnecke ZF-Roß	
Hydraulisch, 4 Räder		Hydraulisch, 4 Räder	
Mechanisch, Kardanwelle	Mechanisch, Hinterräder	Mechanisch, Hinterräder	
Zentral	Zentral	Zentral	
3050 mm	3050 mm	3050 ccm	
1370/1390 mm	1382/1412 mm	1382/1412 mm	
4550 x 1630 x 1580 mm	4580 (4790) x 1710 x 1610 mm	4700 x 1720 x 1610 mm	
Scheiben	Scheiben	Scheiben	
5,50–17	6,50–16	6,00–16	
11,8 Meter	11,8 Meter	11,8 Meter	
1030 kg	1100 kg	1000 kg	
1525 kg	1600 – 1700 kg	Limousine 1470 kg	
2100 kg	2125 kg	1900 kg	
90 km/h	94 km/h	116 km/h	
11 Liter Diesel	11 Liter Diesel	16 Liter	
50 Liter (im Heck)	50 Liter (im Heck)	50 Liter (im Heck)	
Landaulet RM 7900,–	Limousine 4 Türen RM 6800,–	Limousine 4 Türen 6 Fenster RM 5875,–	
	Cabriolet B RM 8500,–	Cabriolet B 4 Fenster RM 7165,–	
	Cabriolet D RM 9500,–	Cabriolet D 4 Türen RM 8375,–	
	Pullman-Limousine RM 7600,–	Cabriolet A 2 (2) Sitze RM 9500,–	
	Landaulet 6 Sitze RM 7900,–	Fahrgestell RM 4675,–	
	Fahrgestell RM 5800,–		

Mercedes-Benz Typ 230 n
Limousine 2 Türen
1937

Mercedes-Benz Typ 230 n
Cabriolet A
1937

Mercedes-Benz Typ 230 n
Roadster 2 (2) Sitze
1937

Mercedes-Benz Typ 230
Mercedes-Benz Typ 260 D
Landaulet 6 Sitze
1936–1937

Mercedes-Benz Typ 230
Tourenwagen 6 Sitze
1937–1941

Mercedes-Benz Typ 230
Mercedes-Benz Typ 260 D
Limousine 4 Türen
mit Schiebedach
1937–1941

Mercedes-Benz Typ 230
Mercedes-Benz Typ 260 D
Cabriolet B
1937–1941

Mercedes-Benz Typ 230
Mercedes-Benz Typ 260 D
Cabriolet D
1937–1941

Mercedes-Benz Typ 230
Mercedes-Benz Typ 260 D
Pullman-Limousine
1937–1941

Mercedes-Benz Typ 230
Mercedes-Benz Typ 260 D
Landaulet 6 Sitze
1937–1941

Mercedes-Benz Typ 230
Limousine 4 Türen
1938–1943

Mercedes-Benz Typ 230
Cabriolet D
1938–1943

Mercedes-Benz Typ 320 (1937-1942)

Im Februar 1937 wurde der Typ 320 als Nachfolger des Typs 290 eingeführt. Die Karosserien auf dem langen Fahrgestell entsprachen in der Linienführung wiederum denen des Typs 230. Lediglich die Cabriolets B und D hatten ein rundes Heck und keilförmige Windschutzscheiben erhalten. Auf dem kürzeren Fahrgestell (Typ 320 n) gab es nur noch einen sehr hübschen Zwei- bis Dreisitzer im 540 K-Stil, wahlweise lieferbar als Cabriolet oder als Coupé mit abnehmbarem Dach. Ab Herbst 1938 wurde der Motor auf 3,4 Liter vergrößert, aber nicht um die Leistung zu erhöhen, sondern um die nachlassende Benzinqualität auszugleichen. Die offizielle Verkaufsbezeichnung blieb Typ 320 auch beim 3,4 Liter-Motor.

Mercedes-Benz Typ 320
Limousine 4 Türen
1937–1942

Mercedes-Benz Typ 320
Cabriolet B
1937–1942

Mercedes-Benz Typ 320
Cabriolet D
1937–1942

Mercedes-Benz Typ 320
Cabriolet A
1937–1938

Mittleres Bild:
Mercedes-Benz Typ 320
Pullman-Limousine
1937–1942

Bild unten:
Mercedes-Benz Typ 320
Pullman-Cabriolet F
1937–1942

Mercedes-Benz Typ 500 (1932–1939)

Mit dem Typ 500 wurde der frühere Typ Nürburg weitergeführt. In technischer Hinsicht bestanden nur geringfügige Unterschiede, jedoch wurden die Karosserien modernisiert, wobei den Flachkühler des Nürburg ein schräg gestellter Kühler in flacher Keilform ersetzte. Außerdem stand die Windschutzscheibe zunächst fast unmerklich und ab 1936 deutlicher schräg. Ferner stieg ab 1936 die Motorleistung von 100 auf 110 PS. So blieben der Nürburg mit sei-

	Mercedes-Benz Typ 320 n (W 142 I) 1937 – 1938	**Mercedes-Benz Typ 320 (W 142 II) 1937 – 1938**	**Mercedes-Benz Typ 320 (W 142 IV) 1938 – 1942**
Motor	Daimler-Benz M 142 I		Daimler-Benz M 142 II
Zylinderzahl	6 (Reihe)		6 (Reihe)
Bohrung x Hub	82,5 x 100 mm		85 x 100 mm
Hubraum	3208 (Steuer 3185) ccm		3405 ccm
Leistung	78 PS bei 4000 U/min		78 PS bei 4000 U/min
Drehmoment	22,2 mkg bei 1700 U/min		22,2 mkg bei 1700 U/min
Verdichtung	1:5,6 oder 6,6 oder 7,25		1:6,25 oder 7,0
Vergaser	1 Doppel-Fallstromvergaser Solex 32 JFF		
Ventile	Seitlich stehend		
	Seitliche Nockenwelle, Antrieb durch Stirnräder		
Kurbelwellenlager	7		
Kühlung	Pumpe, 13 Liter Wasser		
Schmierung	Druckumlauf, 8 Liter Öl		
Batterie	12 V 50 oder 60 Ah		
Lichtmaschine	130 W		
Anlasser	1,4 PS		
Kraftübertragung	Antrieb auf Hinterräder		
Kupplung	Einscheibentrockenkupplung		
Schaltung	Schalthebel Wagenmitte		
Getriebe	4 Gang + (auf Wunsch) Schnellgang		
Synchronisierung	I – IV (V)		
Übersetzungen	I. 3,90, II. 2,16, III. 1,49, IV. 1,00, (V. 0,74)		
Antriebs-Übersetzung	4,33 bzw. (mit Schnellgang) 3,18		
Fahrwerk	Kasten-Preßstahl-Niederrahmen		
Vorderradaufhängung	1 Querlenker, 1 Querfeder unten, Schraubenfedern		
Hinterradaufhängung	Pendelachse, Doppel-Schraubenfedern, Zusatz-Ausgleichsfedern		
Lenkung	Schraubenspindel ZF-Roß		
Fußbremse	Hydraulisch, 4 Räder		
Handbremse	Mechanisch, Hinterräder		
Schmierung	Zentral		
Allgemeine Daten			
Radstand	2880 mm	3300 mm	
Spur vorn/hinten	1475/1500 mm	1475/1500 mm	
Gesamtmaße	4700 x 1770 x 1500 mm	Limousine: 5100 x 1770 x 1640 mm Cabriolet B und D: 5100 x 1770 x 1600 mm Pullman-Limousine: 5250 x 1850 x 1790 mm Cabriolet A: 5100 x 1770 x 1520 mm	
Räder	Drahtspeichen	Scheiben oder Drahtspeichen	
Reifen	6,50–17	6,50–17. Cabriolet F: 7,00–17	
Wendekreis	11 Meter	12,4 Meter	
Fahrgestellgewicht	1250 kg	1350 kg	
Wagengewicht	1725 kg	1850 bis 1950 kg	
Zuläss. Gesamtgewicht	2300 kg	2425 bis 2525 kg	
Höchstgeschwindigkeit	130 km/h	126 km/h	
Verbrauch/100 km	17 Liter	18 Liter	
Kraftstofftank	72 Liter (im Heck)	72 Liter (im Heck)	
Preise	Fahrgestell RM 6500,– Cabriolet 3 Sitze RM 11800,– Coupé (Dach abnehmbar) RM 12300,–	Fahrgestell RM 6800,– Limousine 4 Türen 4 Fenster RM 8950,– Pullman-Limousine RM 9800,– Tourenwagen 6 Sitze RM 9900,– Cabriolet B (4 Fenster) RM 9900,– Cabriolet D (4 Türen) RM 10400,– Pullman-Cabriolet F RM 12500,– Cabriolet A (2/3 Sitze) RM 13500,– Roadster 2 (2) Sitze RM 13500,– Stromlinien-Limousine RM 14500,–	

nem Nachfolger Typ 500 (manchmal auch Typ 500 N genannt) der langlebigste Mercedes-Typ der zwanziger und dreißiger Jahre. Er wurde bis zum Kriegsausbruch 1939 angeboten und war zuletzt der einzige Starrachser im damals ungemein weitgespannten Personenwagen-Programm der Daimler-Benz AG.

1934/35 gab es einen weiteren Typ 500, der nie im offiziellen Verkauf erschien. Er sah äußerlich dem regulären Typ 500 gleich oder ähnlich, besaß jedoch im Gegensatz zu diesem jenen 5 Liter-Motor, der (hier mit Kompressor) im Typ 500 K eingebaut war, und außerdem eine DeDion-Hinterachse.

Von diesem speziellen Typ 500 wiederum waren jene drei Panzer-Cabriolets abgeleitet, welche 1935 für Hitler geliefert wurden. Im Hinblick auf die geforderte Leistung und das höhere Gewicht wurde der Motor auf 5,4 Liter vergrößert und mit Kompressor versehen. Im folgenden Jahr entstand dann durch Verwendung dieses Triebwerks aus dem Typ 500 K der Typ 540 K. In späteren Jahren wurden für gepanzerte Sonderausführungen das Fahrgestell des Typs 770 verwendet.

Mercedes-Benz Typ 500 Pullman-Limousine 1936–1939

Mercedes-Benz Typ 500 Pullman-Cabriolet (Karosserie Erdmann & Rossi) 1936–1939

Motor
Zylinderzahl
Bohrung x Hub
Hubraum
Leistung
Drehmoment
Verdichtung
Vergaser

Ventile

Kurbelwellenlager
Kühlung
Schmierung
Zündung
Batterie
Lichtmaschine
Anlasser

Kraftübertragung
Kupplung
Schaltung
Getriebe
Synchronisierung
Übersetzungen

Antriebs-Übersetzung

Fahrwerk
Vorderradaufhängung
Hinterradaufhängung
Lenkung
Fußbremse

Handbremse
Schmierung

Allgemeine Daten
Radstand
Spur vorn/hinten
Gesamtmaße
Räder
Reifen
Wendekreis
Fahrgestellgewicht
Wagengewicht
Zuläss. Belastung
Höchstgeschwindigkeit
Verbrauch/100 km
Kraftstofftank

Preise
Fahrgestell
Pullman-Limousine
Tourenwagen 6 Sitze
Cabriolet C (2 Fenster)
Cabriolet D (4 Türen)
Cabriolet F (6 Fenster)

Mercedes-Benz Typ 500 (W 08) 1932 – 1936	Mercedes-Benz Typ 500 (W 08) 1936 – 1939	Mercedes-Benz Typ 500 (W 24) 1934 – 1935	Mercedes-Benz Typ 540 K (W 24 Gepanzerte Sonderausführung) 1935
Daimler-Benz M 08 II	Daimler-Benz M 08 III	Daimler-Benz M 24	Daimler-Benz M 24 II
8 (Reihe)	8 (Reihe)	8 (Reihe)	8 (Reihe)
82,5 x 115 mm	82,5 x 115 mm	86 x 108 mm	88 x 111 mm
4918 (Steuer 4884) ccm	4918 (Steuer 4884) ccm	5019 ccm	5401 ccm
100 PS bei 3100 U/min	110 PS bei 3300 U/min	100 PS bei 3400 U/min	115/180 PS bei 3400 U/min
26,0 mkg bei 1250 U/min	26,2 mkg bei 1250 U/min		44 mkg bei 2200 U/min
1:6	1:6,6	1:5,5	1:5,2 + Kompressor
1 Doppel-Flachstromvergaser		1 Doppel-Steigstromvergaser	
Solex 35 MMOV		Mercedes-Benz	
Seitlich stehend		Hängend	
Seitliche Nockenwelle		Seitliche Nockenwelle	
Antrieb durch Stirnräder		Antrieb durch Stirnräder	
9		9	
Pumpe, 26 Liter Wasser		Pumpe, 27 Liter Wasser	
Druckumlauf, 10 Liter Öl		Druckumlauf, 10 Liter Öl	
Batteriezündung, aber auch Magnetzündung		Batteriezündung	
12 V 75 Ah		12 V 60 Ah	
100 oder 130 W		130 W	
1,5 oder 1,8 PS		1,5 PS	1,8 PS
Antrieb auf Hinterräder		Antrieb auf Hinterräder	Antrieb auf Hinterräder
Einscheibentrockenkupplung		Einscheibentrockenkupplung	Einscheibentrockenkupplung
Schalthebel Wagenmitte		Schalthebel Wagenmitte	Schalthebel Wagenmitte
4 Gang + (auf Wunsch) Schnellgang		4 Gang (IV. = Schnellgang)	4 Gang
III – IV bzw. III – V		II – IV	II – IV
I. 4,12		I. 3,42	I. 3,90
II. 2,21		II. 1,60	II. 2,28
III. 1,49		III. 1,00	III. 1,45
IV. 1,00		IV. 0,62	IV. 1,00
(V. 0,71)			
5,77 bzw. (mit Schnellgang) 4,15		4,88	3,08
U-Profil-Preßstahl-Rahmen		U-Profil-Preßstahl-Rahmen	
starr, Halbfedern		starr, Halbfedern	
starr, Underslung-Halbfedern		DeDion-Achse, Schraubenfedern	
Schnecke/Lenkfinger		Schraube	
Mechanisch mit Saugluftunterstützung (Bosch-Dewandre)		Hydraulisch mit Saugluftunterstützung (Bosch-Dewandre)	
4 Räder		4 Räder	
Mechanisch, Hinterräder		Mechanisch, Hinterräder	
Zentral		Zentral	
3670 mm		3670 mm	3670 mm
1485/1485 mm		1535/1547 mm	1535/1547 mm
5380 x 1820 x 1820 mm		5650 x 1782 x 1160 mm	5650 x 1782 x 1660 mm
Holzspeichen		Scheiben oder Drahtspeichen	Scheiben
7,00–20		7,50–17	7,50–17 beschußsicher
14,8 Meter		13,8 Meter	13,8 Meter
1700 kg			
Pullman-Limousine 2300 kg		2380 kg	2600 kg
2850 kg		2780 kg	3060 kg
120 km/h	123 km/h	142 km/h	170 km/h
26 Liter		26 Liter	30 Liter
90 Liter (im Heck)		110 Liter (im Heck)	115 Liter (im Heck)

1934	1935/36	1937	1938/39
		RM 11 500,–	RM 11 500,–
RM 17 500,–	RM 15 900,–	RM 16 500,–	RM 17 500,–
RM 16 500,–	RM 16 500,–	RM 16 800,–	RM 16 500,–
RM 20 500,–	RM 17 500,–	–	–
RM 20 800,–	RM 17 800,–	–	–
RM 21 800,–	RM 18 900,–	RM 18 900,–	RM 18 900,–

Cabriolet F mit Karosserie aus 4 mm Panzer-Stahlblech, 25 mm Panzer-Schichtglas und beschußsicheren 20 Kammer-Zellenreifen

Mercedes-Benz Typ 500 K (1934–1936)
Mercedes-Benz Typ 540 K (1936–1939)

Die Tradition der weltberühmt gewesenen S- und SS-Modelle setzten die Typen 500 K und 540 K fort, die zwar nicht so urwüchsig und kraftstrotzend wie jene waren, aber ebenso leistungsfähig sowie vor allem weit eleganter, handlicher und komfortabler. Es gab diese Kompressor-Typen mit zahlreichen imposanten Karosserien von durchweg sportlichem und manchmal auch pseudosportlichem Charakter. Dabei stimmten die einzelnen Wagen durchaus nicht immer mit den Prospektbildern überein, weil hier das Werk individuelle Wünsche der Käufer weitgehend berücksichtigte. Da andererseits die werkseigenen Sindelfinger Aufbauten in unübertrefflicher Weise der »Persönlichkeit« dieser Wagen gerecht wurden, mochten sich die Käufer nur ganz selten für die Sonderanfertigung bei einer anderen Karosseriefirma entscheiden, wie dies sonst damals bei Luxusautomobilen sehr häufig vorkam.

Vorgesehen war, 1939/40 den Typ 540 K durch den Typ 580 K zu ersetzen. Ein 580 K stand bereits auf der Berliner Automobil-Ausstellung 1939, allerdings sozusagen inkognito, nämlich für Publikum und Presse als 540 K ausgewiesen.

Mercedes-Benz Typ 500 K Cabriolet C 1935

Mercedes-Benz Typ 500 K Autobahn-Kurier 1935–1936

Mercedes-Benz Typ 540 K
Cabriolet B
1936–1939

Mercedes-Benz Typ 500 K
Mercedes-Benz Typ 540 K
Roadster 2 (2) Sitze
1936–1938

Mercedes-Benz Typ 540 K (kurz)
Sport-Cabriolet A
1938–1939

Mercedes-Benz Typ 540 K
Spezial-Roadster
1938–1939

Mercedes-Benz Typ 500 K (W 29)
1934 – 1936

Motor	Daimler-Benz M 24 I	
Zylinderzahl	8 (Reihe)	
Bohrung x Hub	86 x 108 mm	
Hubraum	5018 (Steuer 4982) ccm	
Leistung	100 PS, mit Kompressor 160 PS bei 3400 U/min	
Drehmoment		
Verdichtung	1:5,5, je nach Kraftstoff bis 6,5	
	Zuschaltbares Zweiflügel-Roots-Gebläse	
Vergaser	1 Steigstrom-Doppelvergaser Mercedes-Benz	
Ventile	Hängend	
	Seitliche Nockenwelle, Antrieb durch Stirnräder	
Kurbelwellenlager	9	
Kühlung	Pumpe, 26 Liter Wasser	
Schmierung	Druckumlauf, 10 Liter Öl	
Zündung	Batteriezündung	
Batterie	12 V 60 Ah (unter Fahrersitz)	
Lichtmaschine	130 W	
Anlasser	1,5 PS	
Kraftübertragung	Antrieb auf Hinterräder	
Kupplung	Einscheibentockenkupplung	
Schaltung	Schalthebel Wagenmitte	
Getriebe	4 Gang (IV. = Schnellgang)	
Synchronisierung	II – IV	
Übersetzungen	I. 3,42 II. 1,60 III. 1,00 IV. 0,62	
Antriebs-Übersetzung	4,88	
Fahrwerk	Kasten-Preßstahl-Niederrahmen	
Vorderradaufhängung	Doppel-Querlenker, Schraubenfedern	
Hinterradaufhängung	Pendelachse, Doppel-Schraubenfedern	
Lenkung	Schraubenspindel	
Fußbremse	Hydraulisch mit Saugluftunterstützung (Bosch-Dewandre), 4 Räder	
Handbremse	Mechanisch, Hinterräder	
Schmierung	Zentral	
Allgemeine Daten		**500 K kurz**
Radstand	3290 mm	2980 mm
Spur vorn/hinten	1515/1502 oder 1535/1547 mm	1535/1547 mm
Gesamtmaße	Roadster 5000 x 1880 x 1330 mm Coupé 5200 x 1910 x 1610 mm Autobahn-Kurier 5170 x 1820 x 1520 mm Cabriolet A 5100 x 1880 x 1640 mm Cabriolet B und C 5200 x 1880 x 1630 mm Limousine 5100 oder 5220 x 1820 x 1650 mm Tourenwagen 5100 oder 5360 x 1880 x 1580 mm	Roadster 4880 x 1900 x 1500 mm Coupé 4880 x 1900 x 1480 mm
Räder	Drahtspeichen	Drahtspeichen
Reifen	6,50 oder 7,00 oder 7,50–17 extra	7,00–17 extra
Fahrgestellgewicht	1700 kg	
Wagengewicht	2300 bis 2350 kg	Roadster 2170 kg, Coupé 2250 kg
Zuläss.Gesamtgewicht	2700 kg	
Höchstgeschwindigkeit	160 km/h	160 km/h
Verbrauch/100 km	27 Liter	27 Liter
Kraftstofftank	110 Liter (im Heck)	110 Liter (im Heck)
Preise	Roadster 2 (2) Sitze RM 22 000,–	Sport-Roadster 2 Sitze RM 22 000,–
	Coupé 2/3 Sitze RM 22 000,–	Sport-Coupé 2 Sitze RM 22 000,–
	Spezial-Roadster 2 (2)S. (1936) RM 28 000,–	
	Cabriolet A 2/3 Sitze RM 22 000,–	
	Cabriolet B (1935/36) RM 22 000,–	
	Cabriolet C (1935/36) RM 22 000,–	
	Limousine 4 Türen RM 22 000,–	
	Tourenwagen 2 Türen RM 22 000,–	
	Autobahn-Kurier (1935/36) RM 24 000,–	

Mercedes-Benz Typ 540 K (W 29) 1936 – 1939		Mercedes-Benz Typ 580 K (W 129 II) 1939 – 1940
Daimler-Benz M 24 II		Daimler-Benz M 124
8 (Reihe)		8 (Reihe)
88 x 111 mm		95 x 100 mm
5401 (Steuer 5363) ccm		5800 ccm
115 PS, mit Kompressor 180 PS bei 3400 U/min		130 PS, mit Kompr. 200 PS bei 3400 U/min
44 mkg bei 2200 U/min		48,8 mkg bei 2200 U/min
1 : 5,2, je nach Kraftstoff bis 6,5		1 : 6,5
Zuschaltbares Zweiflügel-Roots-Gebläse		Zuschaltbares Zweiflügel-Roots-Gebläse
1 Steigstrom-Doppelvergaser Mercedes-Benz		1 Steigstrom-Doppelvergaser Mercedes-Benz
Hängend		Hängend
Seitliche Nockenwelle, Antrieb durch Stirnräder		Seitliche Nockenwelle, Antrieb Stirnräder
9		9
Pumpe, 26 Liter Wasser		Pumpe, 26 Liter Wasser
Druckumlauf, 10 Liter Öl		Druckumlauf, 10 Liter Öl
Batteriezündung		Batteriezündung
12 V 60 Ah (unter Fahrersitz)		12 V 60 Ah (unter Fahrersitz)
130 W		130 W
1,8 PS		1,8 PS
Antrieb auf Hinterräder		Antrieb auf Hinterräder
Einscheibentrockenkupplung		Einscheibentrockenkupplung
Schalthebel Wagenmitte		Schalthebel Wagenmitte
Bis 1938: 4 Gang	1939: 5 Gang (V. = Schnellgang)	5 Gang (V. = Schnellgang)
II – IV	II – V	II – V
I. 3,90	I. 3,65	I. 3,80
II. 2,28	III. 1,48	II. 2,40
III. 1,45	III. 1,48	III. 1,20
IV. 1,00	IV. 1,00	IV, 1,00
	V. 0,80	V. 0,76
3,08 oder 3,60	3,50	3,20 oder 3,08

Kasten-Preßstahl-Niederrahmen
Doppel-Querlenker, Schraubenfedern
Pendelachse, Doppel-Schraubenfedern
Schraubenspindel
Hydraulisch mit Saugluftunterstützung (Bosch-Dewandre), 4 Räder
Mechanisch, Hinterräder
Zentral

	540 K kurz	
3290 mm	2980 mm	2980 mm
1535/1547 (auch 1515/1502) mm	1535/1547 mm	1535/1547 mm
Roadster 5000 – 5350 x 1880 x 1530 mm	Roadster 4480 x 1880 x 1530 mm	Roadster 4480 x 1940 x 1520 mm
Cabriolet A 5100 x 1880 x 1640 mm	Cabriolet A 4650 x 1900 x 1480	
Coupé 5200 x 1910 x 1610 mm		
Cabriolet B und C 5250 x 1900 x 1630 mm		
Limousine 5020 – 5250 x 1880 x 1660 mm		
Tourenwagen 5100 – 5360 x 1880 x 1600 mm		
Drahtspeichen	Drahtspeichen	Drahtspeichen
6,50 oder 7,00 oder 7,50–17 extra	7,50–17 extra	7,50–17 extra
1800 kg		
2500 bis 2600 kg	2250 kg	2250 kg
2850 kg	2650 kg	2650 kg
170 km/h	170 km/h	185 km/h
29 Liter	29 Liter	32 Liter
110 Liter (im Heck)	110 Liter (im Heck)	120 Liter (im Heck)

Fahrgestell	RM 15 500,–
Roadster 2 (2) Sitze	RM 22 000,–
Cabriolet A	RM 22 000,–
Coupé 2/3 Sitze	RM 22 000,–
Spezial-Roadster	RM 28 000,–
Cabriolet B	RM 22 000,–
Cabriolet C	RM 22 000,–
Limousine 2 Türen	RM 22 000,–
Tourenwagen 2 Türen	RM 22 000,–
Autobahn-Kurier (1936)	RM 24 000,–

Fahrgestell	RM 15 500,–
Sport-Roadster	RM 22 000,–
Sport-Cabriolet A	RM 22 000,–

Mercedes-Benz Typ 770 »Großer Mercedes« (1938–1943)

Der »Große Mercedes«, in seiner ersten Ausführung 1930 herausgekommen, wäre sicherlich im Laufe der folgenden Jahre ebenso wieder verschwunden wie Maybachs Zeppelin, der Horch 12 und die anderen gigantischen Luxuskutschen, die es damals gegeben hatte, wenn er sich nicht bei den Parteiführern im Dritten Reich höchster Wertschätzung erfreut hätte. Es kam sogar dazu, daß der »Große Mercedes« als einziger Wagen seiner Art noch im Jahre 1938 eine völlige Neuauflage erlebte, wobei man nun aber möglichst viele Errungenschaften der Automobiltechnik zu verwerten bestrebt war. Kennzeichnend für die moderne Ausführung des neuen Typs 770 waren vor allem der Ovalrohrrahmen, Einzelaufhängung der Vorderräder und Doppelgelenk-Hinterachse, aber auch die eindrucksvolle Linienführung der Karosserien, vor allem der Cabriolets und Tourenwagen. Die Limousine war allerdings nicht so überzeugend geraten wie die vorangegangenen Ausführungen auf dem älteren 770-Fahrgestell.

Die Fertigung des »Großen Mercedes« erstreckte sich, wenn auch nur mit ganz geringen Stückzahlen, bis ins Kriegsjahr 1943. Dabei wurde zuletzt hauptsächlich die gepanzerte Sonderausführung hergestellt, bestimmt für Hitler, Göring und Himmler, aber auch für führende Persönlichkeiten in damals mit Deutschland verbündeten Ländern.

Mercedes-Benz Typ 770 »Großer Mercedes« Pullman-Limousine 1938–1943

Mercedes-Benz Typ 770 »Großer Mercedes« Cabriolet D 1938–1943

<table>
<tr><th></th><th>Mercedes-Benz Typ 770 »Großer Mercedes«
(W 150)
1938 – 1943</th><th>Mercedes Benz Typ 770 »Großer Mercedes«
(W 150 II Gepanzerte Sonderausführung)
1938–1943</th></tr>
<tr><td>Motor</td><td>Daimler-Benz M 150</td><td>Daimler-Benz M 150 II</td></tr>
<tr><td>Zylinderzahl</td><td>8 (Reihe)</td><td>8 (Reihe)</td></tr>
<tr><td>Bohrung x Hub</td><td>95 x 135 mm</td><td>95 x 135 mm</td></tr>
<tr><td>Hubraum</td><td>7655 ccm</td><td>7655 ccm</td></tr>
<tr><td>Leistung</td><td>155 PS bei 3000 U/min
bzw. mit Kompressor
230 PS bei 3200 U/min</td><td>160 PS bei 3200 U/min
bzw. mit Kompressor
400 PS bei 3600 U/min</td></tr>
<tr><td>Drehmoment</td><td></td><td></td></tr>
<tr><td>Verdichtung</td><td>1:6,1</td><td>1:7,2</td></tr>
<tr><td></td><td>Zuschaltbares Roots-Gebläse</td><td>2 zuschaltbare Roots-Gebläse</td></tr>
<tr><td>Vergaser</td><td colspan="2">1 Mercedes-Benz Dreidüsen-Spezialvergaser</td></tr>
<tr><td>Ventile</td><td colspan="2">Hängend
Seitliche Nockenwelle
Antrieb durch Stirnräder</td></tr>
<tr><td>Kurbelwellenlager</td><td colspan="2">9</td></tr>
<tr><td>Kühlung</td><td colspan="2">Pumpe, 32 Liter Wasser</td></tr>
<tr><td>Schmierung</td><td colspan="2">Druckumlauf, 9 Liter Öl</td></tr>
<tr><td>Zündung</td><td colspan="2">Doppelzündung
(Kombinierte Batterie- und Magnetzündung
mit 2 Zündkerzen je Zylinder)</td></tr>
<tr><td>Batterie</td><td>12 V 75 Ah</td><td>12 V 100 Ah</td></tr>
<tr><td>Lichtmaschine</td><td>225 W</td><td>225 W</td></tr>
<tr><td>Anlasser</td><td>3 PS</td><td>3 PS</td></tr>
<tr><td>Kraftübertragung</td><td colspan="2">Antrieb auf Hinterräder</td></tr>
<tr><td>Kupplung</td><td colspan="2">Einscheibentrockenkupplung</td></tr>
<tr><td>Schaltung</td><td colspan="2">Schalthebel Wagenmitte</td></tr>
<tr><td>Getriebe</td><td colspan="2">5 Gang (V. = Schnellgang)</td></tr>
<tr><td>Synchronisierung</td><td colspan="2">II – V</td></tr>
<tr><td>Übersetzungen</td><td colspan="2">I. 3,76, II. 2,26, III. 1,435, IV. 1,00, V. 0,713</td></tr>
<tr><td>Antriebs-Übersetzung</td><td colspan="2">4,11</td></tr>
<tr><td>Fahrwerk</td><td colspan="2">Ovalrohr-Preßstahl-Rahmen</td></tr>
<tr><td>Vorderradaufhängung</td><td colspan="2">Doppel-Querlenker, Schraubenfedern</td></tr>
<tr><td>Hinterradaufhängung</td><td colspan="2">Doppelgelenkachse, Doppel-Schraubenfedern (ineinanderliegend)</td></tr>
<tr><td>Lenkung</td><td colspan="2">Schraubenspindel</td></tr>
<tr><td>Fußbremse</td><td colspan="2">Hydraulisch mit Saugluftunterstützung (Bosch-Dewandre), 4 Räder</td></tr>
<tr><td>Handbremse</td><td colspan="2">Mechanisch, Hinterräder</td></tr>
<tr><td>Schmierung</td><td colspan="2">Zentral</td></tr>
<tr><td>Allgemeine Daten</td><td></td><td></td></tr>
<tr><td>Radstand</td><td>3880 mm</td><td>3880 mm</td></tr>
<tr><td>Spur vorn/hinten</td><td>1600/1650 mm</td><td>1600/1650 mm</td></tr>
<tr><td>Gesamtmaße</td><td>6000 x 2070 x 1800 mm</td><td>6000 x 2070 x 1800 mm</td></tr>
<tr><td>Räder</td><td>Stahlblech-Scheibenräder</td><td>Panzerstahl-Scheibenräder</td></tr>
<tr><td>Reifen</td><td>8,25–17</td><td>8,25–19
20 Kammer-Zellenreifen beschußsicher</td></tr>
<tr><td>Wendekreis</td><td>15 Meter</td><td>15 Meter</td></tr>
<tr><td>Fahrgestellgewicht</td><td>2100 kg</td><td></td></tr>
<tr><td>Wagengewicht</td><td>3400 bis 3600 kg</td><td>4780 kg</td></tr>
<tr><td>Zuläss. Gesamtgewicht</td><td>4200 kg</td><td>5420 kg</td></tr>
<tr><td>Höchstgeschwindigkeit</td><td>145 bzw. (mit Kompressor) 170 km/h</td><td>145 bzw. (mit Kompressor) 180 km/h</td></tr>
<tr><td>Verbrauch/100 km</td><td>30 Liter</td><td>38 Liter</td></tr>
<tr><td>Kraftstofftank</td><td>195 Liter (im Heck)</td><td>300 Liter (im Heck)</td></tr>
<tr><td>Preise</td><td>Fahrgestell RM 30 000,–
Pullman-Limousine RM 44 000,–
Tourenwagen (7 Sitze)
Cabriolet D (4 Türen)
Cabriolet F (7 Sitze)</td><td>Gepanzerte Sonderausführung des Siebensitzer-Tourenwagens mit 40 mm Panzerglas-Scheiben rundum, elektromagnetischem Türverschluß, Karosserie aus 18 mm Panzerstahl und seitlichen Ersatzrädern als Panzerschild. Andererseits Gewichtsverringerung durch Kotflügel aus Leichtmetall.</td></tr>
</table>

Mercedes-Benz Typ 540 K
Tourenwagen 7 Sitze (gepanzerte Sonderausführung) 1935

Mercedes-Benz Typ 770 »Großer Mercedes«
Tourenwagen 7 Sitze (gepanzerte Sonderausführung) 1938–1943

NAG (bis 1934)

Der Gründer und damilige Generaldirektor der Allgemeinen Elektricitäts-Gesellschaft (AEG), Geheimrat Dr. Emil Rathenau (1838–1915), gliederte seinem Elektrokonzern als weiteren Industriezweig im Jahre 1901 den Automobilbau an. Den Verkauf der von der AEG fabrizierten Automobile hatte die Neue Automobil-Gesellschaft (NAG) zu besorgen. 1908 übergab die AEG auch die rasch angewachsene Automobilfabrikation an die NAG. Immer weiter spannte sich das vielfältige Programm an Personenwagen und Nutzfahrzeugen aller Art. Bei den letzteren gehörte die NAG zu den wichtigsten Lieferanten für Heereslastwagen sowie von Berliner Omnibussen und Kommunalfahrzeugen. 1912 erfolgte die Umwandlung der NAG in eine Aktiengesellschaft. Während des Krieges wurden von dem Unternehmen ausschließlich Nutzfahrzeuge hergestellt, und zwar in ständig steigender Zahl. 1915 wurde die »Neue« Automobil-Gesellschaft in Nationale Automobil-Gesellschaft AG. umbenannt, wobei das Markenzeichen NAG erhalten blieb. 1917 bezog man eine neuerbaute Fabrik in Berlin-Oberschöneweide, die noch 10 Jahre später als eine der modernsten Industrieanlagen Deutschlands galt. Bis etwa 1926 verliefen die Geschäfte der NAG zufriedenstellend. Daß von da ab ein ständiger Niedergang einsetzte, hatte wohl mehrere Ursachen. Auf dem Personenwagensektor wirkte sich vor allem eine verfehlte Typenpolitik aus. Ein so großes Werk, das 1925 immerhin über 5000 Mitarbeiter zählte, die sich dann allerdings im Laufe weniger Jahre auf die Hälfte verringerten, konnte nur von einem in großer Serie hergestellten Typ existieren. Es fehlte also ein preisgünstiger Klein- oder Mittelklassewagen. Dazu kam, daß die NAG Ende 1926 die Protos- und Ende 1927 die Presto- samt den Dux-Werken übernahm, was rückblickend völlig unverständlich erscheint, denn es ging weder um die Ausschaltung einer wesentlichen Konkurrenz noch um den Gewinn brauchbarer konstruktiver Substanz, und auch die neuerworbenen Produktionskapazitäten wurden überhaupt nicht benötigt. Im Gegenteil erwies sich vor allem Presto als eine unvorhergesehen schwere Belastung. Als dann per 1. 1. 1931 auch noch der Nutzfahrzeugbau praktisch an Büssing abgegeben wurde oder werden mußte, war das Ende der NAG wohl kaum mehr aufzuhalten. Ohne den geduldigen Langmut der beiden Großaktionäre AEG und Danatbank (Jakob Goldschmidt) wäre dieses Ende mit Gewißheit viel früher als erst 1934 eingetreten. Als dann die NAG den Automobilbau schließlich eingestellt hatte und im wesentlichen nur noch als Grundstücks- und Vermögensverwaltung weiterbestand, pachtete Büssing-NAG das Werk Berlin-Oberschöneweide.

Produktion

NAG Typen C 4 und D 4	**1920 – 1927**	**schätzungsweise höchstens ca. 5000**
NAG-Protos Sechszylinder	**1926 – 1933**	**schätzungsweise höchstens ca. 2000**
NAG V8	**1931 – 1934**	**höchstens ca. 50**
NAG-Voran Typ 220	**1933 – 1934**	**höchstens ca. 500**

NAG Typen C4 und D4 (1920–1927)

Nach dem ersten Weltkrieg erschwerten unzählige Streiks, Demonstrationen und Arbeiterunruhen den Übergang zur Friedensproduktion in Berlin ganz besonders. So konnte die NAG erst 1920 wieder mit dem Bau von Personenwagen beginnen. Dabei beschränkte sie sich nunmehr auf den einzigen Typ C4 mit 9/30 PS Vierzylindermotor. Die Konstruktion dieses Wagens stammte von Oberingenieur Christian Riecken, der früher bei Metallurgique und bei Minerva tätig gewesen war. Der Typ C4 bewährte und verkaufte sich gut. Seinen Ruf förderten die außergewöhnlichen Erfolge des NAG Sportwagens Typ C4b, den Riecken vom Serientyp abgeleitet hatte. Dieses Auto zeigte sich allen vergleichbaren Konkurrenten in bezug auf Fahrleistungen und -eigenschaften überlegen, und es sah außerdem durch seine lange Motorhaube und die winzige Karosserie für damalige Begriffe ungemein rassig aus. Die mei-

10/30 PS NAG Typ C 4 Landaulet 1921

sten Siege brachte übrigens Oberingenieur Riecken selbst nach Hause, was insofern nicht ungewöhnlich war, als früher die Besitzer von Autofirmen, Chefkonstrukteure oder Fabrikdirektoren die von ihnen hervorgebrachten Wagen bei Sportveranstaltungen oder auch bei den damals für das Geschäft recht wichtigen Schönheitskonkurrenzen gern persönlich fuhren. Der Typ C4b, 1924 auch Typ Monza genannt, wandelte sich zum Typ C4m mit mehr PS und kürzerem Radstand, womit weiterhin bis 1926 beachtliche Rennsiege errungen werden konnten. Zu einem eklatanten Mißerfolg kam es freilich, als man eine größere Serie des Sportwagen-Fahrgestells mit habhaften Tourenwagen- und Limousinen-Aufbauten verkaufte, die viel zu schwer waren. Das gab Rahmenbrüche und anderen Ärger, was das hohe Ansehen des NAG Sportwagens rasch zunichte machte. Inzwischen hatte Oberingenieur Riecken den Typ C4 durch den Typ D4 ersetzt, der einen moderneren Hängeventil-Motor besaß. Gemeinsames Kennzeichen aller NAG C4 und D4 war die keilförmige Abwandlung des für die Marke NAG seit jeher typisch gewesenen Ovalkühlers. Auf diesen wurde erstmalig beim Nachfolgetyp D6 verzichtet, der einen Flachkühler der damals üblichen Form erhielt.

10/30 PS NAG C 4 Phaeton 1923

Motor
Zylinderzahl
Bohrung x Hub
Hubraum
Leistung

Verdichtung
Vergaser

Ventile

Kurbelwellenlager
Kühlung
Schmierung
Zündung
Batterie

Kraftübertragung
Kupplung
Schaltung
Getriebe
Übersetzungen

Antriebs-Übersetzung

Fahrwerk
Vorderradaufhängung
Hinterradaufhängung
Lenkung
Fußbremse
Handbremse
Schmierung

Allgemeine Daten
Radstand
Spur
Gesamtmaße
Räder
Reifen
Fahrgestellgewicht
Wagengewicht

Zuläss. Belastung
Höchstgeschwindigkeit
Verbrauch/100 km
Kraftstofftank

Preise

NAG Typ C 4 **10/30 PS** **1920 – 1924**	**NAG Sportwagen Typ C 4 b** **10/40 und 10/45 PS** **1922 – 1924**	**NAG Sportwagen Typ C 4 m** **10/50 PS** **1925 – 1926**	**NAG Typ D 4** **10/45 PS** **1924 x 1927**
4 (Reihe)	4 (Reihe)	4 (Reihe)	4 (Reihe)
83 x 118 mm	83 x 118 mm	84 x 118 mm	78 x 136 mm
2553 ccm	2553 ccm	2614 ccm	2598 ccm
30 PS bei 1700 U/min	40 PS bei 2400 U/min	50 PS bei 3000 U/min	45 PS bei 2800 U/min
	45 PS bei 2800 U/min		
			1 : 5,2
1 Flachstromvergaser	1 Flachstromvergaser	1Flachstromvergaser	1 Steigstromvergaser
Pallas oder Zenith	Zenith	Zenith	Zenith 36 DEFV
Seitlich stehend	Seitlich stehend	Seitlich schräg stehend	Hängend
Seitliche Nockenwelle	Seitliche Nockenwelle	Seitliche Nockenwelle	Seitliche Nockenwelle
Antrieb durch Stirnräder	Antrieb durch Stirnräder	Antrieb durch Stirnräder	Antrieb durch Stirnräder
3	3	3	3
Thermosyphon (Wasser)	Thermosyphon (Wasser)	Thermosyphon (Wasser)	Pumpe (Wasser)
Druckumlauf	Druckumlauf	Druckumlauf	Druckumlauf
Magnetzünder	Magnetzünder	Magnetzünder	Magnetzünder
12 V	12 V	12 V	12 V
Antrieb auf Hinterräder	Antrieb auf Hinterräder	Antrieb auf Hinterräder	Antrieb auf Hinterräder
Lederkonuskupplung	Lederkonuskupplung	Lederkonuskupplung	Lederkonuskupplung
Außen oder innen rechts	Außen rechts	Außen rechts	Innen rechts oder Mitte
4 Gang	4 Gang	4 Gang	4 Gang
I. 4,87	I. 4,87	I. 4,87	I. 4,94
II. 3,10 oder 2,42	II. 2,42	II. 2,42	II. 2,74
III. 2,02 oder 1,58	III. 1,58	III. 1,58	III. 1,62
IV. 1,00	IV. 1,00	IV. 1,00	IV. 1,00
4,57	normal 4,00	normal 4,00	4,55
U-Profil-Preßstahl-Rahmen	U-Profil-Preßstahl-Rahmen	U-Profil-Preßstahl-Rahmen	U-Profil-Preßstahl-Rahmen
starr, Halbfedern	starr, Halbfedern	starr, Halbfedern	starr, Halbfedern
starr, Halbfedern	starr, Underslung-Halbfedern	starr, Underslung-Halbfedern	starr, Underslung-Halbfedern
Schraubenspindel, rechts	Schraubenspindel, rechts	Schraubenspindel, rechts	Schraubenspindel, rechts
Mechanisch, Kardanwelle	Mechanisch, Kardanwelle	Mechanisch, 4 Räder	Mechanisch, 4 Räder
Mechanisch, Hinterräder	Mechanisch, Hinterräder	Mechanisch, Hinterräder	Mechanisch, Hinterräder
Nippel	Nippel	Nippel	Nippel
3100, später 3200 mm	3200 mm	3000 mm	3300 mm
1350 mm	1350 mm	1350 mm	1350 mm
4600 x 1640 x 1800 mm	4750 x 1600 x ???? mm		4650 x 1700 x 1800 mm
Stahlspeichen	Drahtspeichen	Drahtspeichen	Stahlspeichen
820 x 120 x 125 mm	820 x 120 mm	820 x 120 mm	820 x 120 oder 32 x 6,20
1010 kg	950 kg	950 kg	1250 kg
Tourenwagen 1500 kg	Sport-Viersitzer 1300 kg		Tourenwagen 1660 kg
			Limousine 1900 kg
			650 kg
75 km/h	100 km/h	120 km/h	90 km/h
12 Liter	13 Liter	14 Liter	15 Liter
im Heck	im Motorraum	im Motorraum	im Heck
	Sport-Viersitzer		Tourenwagen 6 Sitze
	RM 12500,–		RM 11000,–
			Limousine 6 Sitze
			RM 14200,–
			Landaulet 6 Sitze
			RM 13900,–

10/45 PS NAG
Typ C 4 B
Sportwagen 1923/24

10/45 PS NAG
Typ D 4
Limousine 1926

NAG-Protos Sechszylinder (1926–1933)

Der NAG Typ D 6, im November 1925 vorgestellt, ging 1926 als »Jubiläums-Typ« in Serie, weil die NAG damals ihr 25jähriges Bestehen feierte. Daß diese Bezeichnung nur ein paar Monate lang verwendet wurde, lag daran, daß die NAG Ende 1926 von Siemens-Schuckert die Protos GmbH. übernahm und dabei vereinbarte, daß der eben herausgekommene NAG Sechszylinder als Gemeinschaftsentwicklung ausgegeben und mit dem Markenzeichen NAG-Protos verkauft wird. Das geschah dann auch ab Sommer 1927, sobald die Produktion bei Protos beendet war. Ende 1926 war dem NAG Typ D 6 noch der Typ D 7 zugesellt worden, der gleiche Wagen mit etwas größerem Motor, bestimmt für die Sechssitzer-Aufbauten. Nach Riecken, auf den noch der Motor für den D 6 zurückging, hatte der französische Ingenieur Gabriel Lenard das Konstruktionsbüro der NAG übernommen. Das einzige Ergebnis seiner Tätigkeit blieb es, daß alle NAG-Protos ab Ende 1928, also ab Modelljahr 1929, nicht nur eine Reihe neuer, sehr elegant aussehender Karosserien, sondern auch eine halbautomatische Fliehkraftkupplung erhielten. Immerhin war das einer der ersten Schritte auf dem sehr langen Weg zur automatischen Kraftübertragung. Die Zentrifugia-Kupplung, deren Patente Lenard gehörten, war allerdings nur beim Anfahren von Nutzen, während beim Schalten wie üblich mit dem Fuß gekuppelt werden mußte. Weil aber, auch um einen Teil des Mehrpreises auszugleichen, nur 3 statt 4 Gänge vorgesehen waren, entstand durchaus der Eindruck, daß man hier mit weniger Schaltvorgängen auskommt. Der NAG-Kupplungsautomat, wie ihn das Werk in nicht ganz korrekter Weise nannte, erregte zwar viel Aufsehen, brachte aber nicht den sicherlich erhofften Kaufanreiz. – Nun, ab 1929 stand die Personenwagen-Abteilung der NAG unter Leitung von Paul Henze (früher Steiger und Simson-Supra). Zum Pariser Salon im Oktober 1930 brachte er den NAG-Protos mit 4 Liter-Motor, Niederrahmen, hydraulischen Bremsen und Stoßdämpfern sowie wiederum neuen Karosserien heraus, wobei vor allem das ultraniedrige Sport-Cabriolet allgemeinen Beifall fand und bei den Schönheitskonkurrenzen der beiden folgenden Jahre unzählige Auszeichnungen erntete. (Ein kürzeres Fahrgestell, wie es seit Jahrzehnten einer vom anderen abschreibt, besaß es jedoch nicht.) Aber ein durchschlagender Verkaufserfolg blieb dem NAG-Protos weiterhin versagt. Die Zeitumstände begünstigten einen Wagen solchen Formats nur wenig. Vor allem aber war es ein hartes Brot, unmittelbar mit dem Horch 8 und dem Mercedes-Benz Typ Nürburg konkurrieren zu müssen.

NAG V8 (1931–1934)

Zur Berliner Automobil-Ausstellung im Februar 1931 präsentierte die NAG den ersten deutschen V8-Serienmotor, in Verbindung mit einem ZF-Aphon-Vierganggetriebe eingebaut im sonst praktisch unveränderten Sechszylinder-Wagen. War aber dieser schon schwer verkäuflich, so galt dies für den V8 erst recht, zumal er beträchtlich mehr kostete, ohne effektiv wesentlich mehr zu bieten.

An sich hatte Chefkonstrukteur Henze mit dem V8-Motor etwas ganz anderes vorgehabt. Seit 1930 war der NAG die Voran-Gesellschaft (Oberingenieur Richard Bussien) angegliedert. Henze hatte zusammen mit Bussien den NAG-Voran Typ 212 entwickelt, hochmodern mit V8-Motor, Frontantrieb, Zentralrohrrahmen und Schwingachsen. 1932 liefen mehrere Versuchsexemplare durchaus zufriedenstellend, doch brach man schließlich deren weitere Entwicklung ab, denn diese Autos wären noch viel teurer und damit von vornherein ganz und gar unverkäuflich gewesen.

12/60 PS NAG-Protos Tourenwagen 1927 (Besitzer: Paul Koch, Berlin-Lichtenberg/DDR

NAG-Protos Sechszylinder Modell 1927 Limousine 6 Sitze (Karosserie Wendler)

NAG-Protos Sechszylinder Modell 1928 Weymann-Limousine 6 Sitze (Karosserie Wendler)

14/70 PS NAG-Protos
Tourenwagen 1929
(Besitzer: L. Herzog,
Wuppertal-Barmen.
»Mein Vater hat den Wagen
selbst 1929 in Berlin abgeholt.«)

14/70 PS NAG-Protos
Pullman-Limousine 1929

12/60 PS NAG-Protos
Limousine 1929

16/80 PS NAG-Protos
18/100 PS NAG V8
Pullman-Limousine 1931

16/80 PS NAG-Protos
Sport-Cabriolet 1930/31
(Karosserie Drauz)

16/80 PS NAG-Protos
18/100 PS NAG V8
Sport-Cabriolet 1931/32
(Karosserie Drauz)

16/80 PS NAG-Protos
18/100 PS NAG V8
Pullman-Cabriolet 1931
(Karosserie Drauz)

18/100 PS NAG V8
Cabriolet 4 Türen 1934
(Sonderkarosserie Spohn)

	NAG 12/60 PS Typ D 6 1926 – 1927 NAG-Protos 12/60 PS 1927 – 1928	NAG 14/70 PS Typ D 7 1927 NAG-Protos 14/70 PS 1927 – 1928	NAG-Protos Typ 201 12/60 PS 1928 – 1930	NAG-Protos Typ 204 14/70 PS 1928 – 1930
Motor				
Zylinderzahl	6 (Reihe)	6 (Reihe)	6 (Reihe)	6 (Reihe)
Bohrung x Hub	74 x 120 mm	80 x 120 mm	74 x 120 mm	80 x 120 mm
Hubraum	3075 ccm	3594 ccm	3075 ccm	3594 ccm
Leistung	60 PS bei 3000 U/min	70 PS bei 3000 U/min	60 PS bei 3000 U/min	70 PS bei 3000 U/min
Drehmoment		18,7 mkg b. 1400 U/min		18,7 mkg b. 1400 U/min
Verdichtung	1:5,6	1:5,6	1 : 5,6	1:5,6
Vergaser	1Steigstromvergaser Pallas SAD 4		1 Steigstromvergaser Pallas SAD 4 u	
Ventile	Hängend Seitliche Nockenwelle, Antrieb Stirnräder		Hängend Seitliche Nockenwelle, Antrieb Stirnräder	
Kurbelwellenlager	7		7	
Kühlung	Pumpe (Wasser)		Pumpe (Wasser)	
Schmierung	Druckumlauf		Druckumlauf	
Zündung	Batterie		Batterie	
Batterie	6 V 140 Ah		6 V 140 Ah	
Lichtmaschine			90 W	
Anlasser			1,2 PS	
Kraftübertragung	Antrieb auf Hinterräder		Antrieb auf Hinterräder	
Kupplung	Einscheibentrockenkupplung		Halbautomatische Einscheibentrockenkupplung	
Schaltung	Schalthebel Wagenmitte		Schalthebel Wagenmitte	
Getriebe	4 Gang		3 Gang	
Synchronisierung	Ohne		Ohne	
Übersetzungen	I. 4,94 II. 2,74 III. 1,62 IV. 1,00		I. 3,60 II. 1,62 III. 1,00	
Antriebs-Übersetzung	5,40		5,20	
Fahrwerk	U-Profil-Preßstahl-Rahmen		U-Profil-Preßstahl-Rahmen	
Vorderradaufhängung	starr, Halbfedern		starr, Halbfedern	
Hinterradaufhängung	starr, Underslung-Halbfedern		starr, Underslung-Halbfedern	
Lenkung	Schraubenspindel, links		Schraubenspindel, links	
Fußbremse	Mechanisch, 4 Räder		Mechanisch, 4 Räder	
Handbremse	Mechanisch, Hinterräder		Mechanisch, Hinterräder	
Schmierung	Nippel oder Zentral		Zentral	
Allgemeine Daten				
Radstand	3380 mm		3380 mm	
Spur	1420 mm		1420 mm	
Gesamtmaße	4700 x 1750 x 2000 mm		5000 x 1760 x 2000 mm	
Räder	Stahlspeichen		Scheiben	
Reifen	32 x 6,00 oder 6,20		32 x 6,00 oder 6,00-20	
Wendekreis				
Fahrgestellgewicht	1400 kg		1500 kg	
Wagengewicht	Tourenwagen 1800 kg Limousine 1900 kg		Tourenwagen 1950 kg Pullman-Limousine 2100 kg	
Zuläss. Belastung	600 kg		650 kg	
Höchstgeschwindigkeit	90 km/h		95 km/h	
Verbrauch/100 km	20 Liter		20 Liter	
Kraftstofftank	im Heck		im Heck	
Preise	Tourenwagen 6 Sitze RM 11700,– Limousine 6 Sitze RM 12800,–		Tourenwagen 4 Sitze RM 9850,– Limousine 4 Sitze RM 10850,– Roadster 2 (2) Sitze RM 11500,– Cabriolet 4 Türen RM 12800,–	Tourenwagen 6 Sitze RM 11400,– Limousine 6 Sitze RM 12600,– Pullmann-Limousine RM 13500,– Pullmann-Cabriolet RM 17000,–

<table>
<tr><th>NAG-Protos Typ 207
16/80 PS
1930 – 1933</th><th>NAG-Protos Typ 208
16/80 PS
1930 – 1933</th><th>NAG V8 Typ 218
18/100 PS
1931 – 1934</th><th>NAG V8 Typ 219
18/100 PS
1931 – 1934</th></tr>
<tr><td colspan="2">6 (Reihe)</td><td colspan="2">V8 (90°-V-Form)</td></tr>
<tr><td colspan="2">84 x 120 mm</td><td colspan="2">85 x 100 mm</td></tr>
<tr><td colspan="2">3963 ccm</td><td colspan="2">4508 ccm</td></tr>
<tr><td colspan="2">80 PS bei 3200 U/min</td><td colspan="2">100 PS bei 3200 U/min</td></tr>
<tr><td colspan="2"></td><td colspan="2">30 mkg bei 1100 U/min</td></tr>
<tr><td>1:5,25</td><td>1:5,75</td><td colspan="2">1:5,3</td></tr>
<tr><td colspan="2">1 Steigstromvergaser Pallas SAD 4 u</td><td colspan="2">1Flachstromvergaser Pallas HJP 5/6
bzw. (ab 1932) 1 Fallstromvergaser Zenith</td></tr>
<tr><td colspan="2">Hängend</td><td colspan="2">Schräg hängend</td></tr>
<tr><td colspan="2">Seitliche Nockenwelle, Antrieb durch Stirnräder</td><td colspan="2">Zentrale Nockenwelle, Antrieb durch Triplex-Rollenkette</td></tr>
<tr><td colspan="2">7</td><td colspan="2">4</td></tr>
<tr><td colspan="2">Pumpe (Wasser)</td><td colspan="2">Pumpe (Wasser)</td></tr>
<tr><td colspan="2">Druckumlauf</td><td colspan="2">Druckumlauf</td></tr>
<tr><td colspan="2">Batterie</td><td colspan="2">Batterie</td></tr>
<tr><td colspan="2">6 V 140 Ah</td><td colspan="2">12 V</td></tr>
<tr><td colspan="2">130 W</td><td colspan="2">130 W</td></tr>
<tr><td colspan="2">1,2 PS</td><td colspan="2">2 PS</td></tr>
<tr><td colspan="2">Antrieb auf Hinterräder</td><td colspan="2">Antrieb auf Hinterräder</td></tr>
<tr><td colspan="2">Halbautomatische Einscheibentrockenkupplung</td><td colspan="2">Einscheibentrockenkupplung</td></tr>
<tr><td colspan="2">Schalthebel Wagenmitte</td><td colspan="2">Schalthebel Wagenmitte</td></tr>
<tr><td colspan="2">3 Gang</td><td colspan="2">4 Gang ZF-Aphon</td></tr>
<tr><td colspan="2">Ohne</td><td colspan="2">Ohne</td></tr>
<tr><td colspan="2">I. 3,60
II. 1,62
III. 1,00</td><td>1931: I. 3,64
II. 1,97
III. 1,33
IV. 1,00</td><td>Ab 1932: I. 4,10
II. 2,10 oder 2,21
III. 1,49
IV. 1,00</td></tr>
<tr><td>5,27</td><td>4,83</td><td>4,50</td><td>4,30</td></tr>
<tr><td colspan="2">U-Profil-Preßstahl-Niederrahmen</td><td colspan="2">U-Profil-Preßstahl-Niederrahmen</td></tr>
<tr><td colspan="2">starr, Halbfedern</td><td colspan="2">starr, Halbfedern</td></tr>
<tr><td colspan="2">starr, Underslung-Halbfedern</td><td colspan="2">starr, Underslung-Halbfeder</td></tr>
<tr><td colspan="2">Schraubenspindel, links</td><td colspan="2">Schraubenspindel, links</td></tr>
<tr><td colspan="2">Hydraulisch, 4 Räder</td><td colspan="2">Hydraulisch, 4 Räder</td></tr>
<tr><td colspan="2">Mechanisch, Kardanwelle</td><td colspan="2">Mechanisch, Kardanwelle</td></tr>
<tr><td colspan="2">Zentral</td><td colspan="2">Zentral</td></tr>
<tr><td>3480 mm</td><td>3480 mm</td><td>3480 mm</td><td>3480 mm</td></tr>
<tr><td>1450 mm</td><td>1450 mm</td><td>1450 mm</td><td>1450 mm</td></tr>
<tr><td>5050 x 1800 x 1760 mm</td><td>5050 x 1800 x 1650 mm</td><td>5050 x 1800 x 1760 mm</td><td>5050 x 1800 x 1650 mm</td></tr>
<tr><td>Scheiben</td><td>Drahtspeichen</td><td>Scheiben</td><td>Drahtspeichen</td></tr>
<tr><td>6,50–20</td><td>6,50–20</td><td>6,50 oder 7,00-20</td><td>6,50-20. Ab 1932: 7,00-18</td></tr>
<tr><td>13,5 Meter</td><td>13,5 Meter</td><td>13,5 Meter</td><td>13,5 Meter</td></tr>
<tr><td>1500 kg</td><td>1500 kg</td><td>1650 kg</td><td>1650 kg</td></tr>
<tr><td>Pullmann-Limousine 2100 kg
Pullmann-Cabriolet 2200 kg</td><td>Sport-Cabriolet 2000 kg</td><td>Pullman-Limousine 2200 kg
Pullman-Cabriolet 2300 kg</td><td>Sport-Cabriolet 2100 kg</td></tr>
<tr><td>700 kg</td><td>500 kg</td><td>700 kg</td><td>500 kg</td></tr>
<tr><td>100 km/h</td><td>110 km/h</td><td>110 km/h</td><td>120 km/h</td></tr>
<tr><td>22 Liter</td><td>22 Liter</td><td>24 Liter</td><td>24 Liter</td></tr>
<tr><td>85 Liter (im Heck)</td><td>85 Liter (im Heck)</td><td>85 Liter (im Heck)</td><td>85 Liter (im Heck)</td></tr>
<tr><td>Pullman-Limousine
RM 12 500,–
Cabriolet 4 Türen
RM 13 000,–
Pullmann-Cabriolet
RM 16 000,–</td><td>Sport-Cabriolet
RM 13 700,–</td><td>Pullman-Limousine
RM 18 000,– 1934: RM 14 000,–
Cabriolet 4 Türen
RM 18 500,– 1934: RM 15 500,–
Pullman-Cabriolet
RM 22 500,– 1934: RM 19 500,–</td><td>Sport-Cabriolet
RM 19 200,– 1934: RM 15 000,–</td></tr>
</table>

NAG-Voran Typ 220 (1933–1934)

Henze und Bussien arbeiteten an einem zweiten Projekt, das von der Größenordnung her durchaus realistisch erschien. Endlich, wenn auch zu spät, hatte man begriffen, daß eine große Automobilfabrik wie NAG nur mit einem kleineren Wagen rentierliche Stückzahlen erreichen kann. Und da gab es damals die »Motor-Kritik«, ein kleines, nicht immer seriöses, aber oft kritisches und deshalb bei der Autoindustrie ebenso gefürchtetes wie beachtetes Blättchen. Joseph Ganz, Herausgeber und Chefredakteur eben dieser »Motor-Kritik«, hatte vor einiger Zeit verkündet, wie das einzig erfolgversprechende Mittelklasse-Auto auszusehen habe: Frontantrieb, luftgekühlter 1,5 Liter-Boxermotor, Schwingachsen und selbsttragende Leichtbau-Karosserie. Genau nach diesem hochgelobten Rezept bauten Henze und Bussien den neuen NAG-Voran. Die große Hoffnung, die er für die NAG bedeutete, wurde zu einer bitteren Enttäuschung. Der Wagen stand auf der Berliner Automobil-Ausstellung im Februar 1933. Der höfliche Beifall, mit dem er begrüßt wurde, verstummte nach den ersten Probefahrten. Das Auto machte einen viel zu unfertigen Eindruck. Der Motor rasselte laut, die Leistung war lahm, die Lenkungs- und Fahreigenschaften mißfielen, die kunstlederbezogene Sperrholzkarosserie wirkte ärmlich. Oberingenieur Martin Stolle mußte kommen, ein tüchtiger Konstrukteur, der schon manchem luftgekühlten Motor ordentliche Manieren beigebracht hatte. Er überarbeitete den Wagen, so gut es in der Eile ging: Neuer Vergaser, anderes Getriebe, ganz andere Vorderradaufhängung, Blech statt Kunstlederbezug für die Karosserie.

NAG-Voran Typ 220
Cabrio-Limousine 1934

NAG-Voran Typ 220
6/30 PS Droschke 1933/34

Damit wurde der kleine NAG deutlich lebhafter, äußerlich ansehnlicher und angenehmer zu fahren. Doch immer noch wäre viel zu verbessern gewesen, und das weiterhin mit fraglichem Erfolg. Bei der 2000 Kilometer-Fahrt 1934 liefen 3 NAG-Voran mit, aber keiner erschien in der Wertung. Von da an hat man nichts mehr von ihm gehört. Die NAG hatte aufgegeben. Merkwürdige Duplizität der Ereignisse: Genau wie bei Brennabor, so stand auch am Ende der Personenwagenmarke NAG ein unfertiger Voran-Frontantrieb-Prototyp und der mehrmalige Fehlstart eines mißlungenen Kleinwagens.

	NAG-Voran Typ 220 6/30 PS 1933 – 1934	
Motor		
Zylinderzahl	4 (Boxer, je 2 gegenläufig)	
Bohrung x Hub	70 x 96 mm	
Hubraum	1484 (Steuer 1468) ccm	
Leistung	30 PS bei 3000 U/min	
Verdichtung	1:5,5	
Vergaser	1 Flachstromvergaser Pallas (1933) bzw. Zenith (1934)	
Ventile	Liegend (seitlich stehend) Zentrale Nockenwelle, Antrieb durch Stirnräder	
Kurbelwellenlager	2	
Kühlung	Gebläse (Luft)	
Schmierung	Druckumlauf	
Zündung	Batterie	
Batterie	12 V 90 Ah	
Lichtmaschine	Dynastart Lichtanlasser	
Kraftübertragung	Fronttriebblock Motor und Getriebe hinter der Vorderachse	
Kupplung	Einscheibentrockenkupplung	
Schaltung	Schaltstock an Armaturentafel	
Getriebe	4 Gang	
Synchronisierung	Ohne	
Übersetzungen	1933: I. 3,40, II. 1,80, III. 1,00, IV. 0,85 oder 0.79 1934: I. 4,52, II. 2,60, III. 1,61, IV. 1,00	
Antriebs-Übersetzung	1933: 5,75. 1934: 5,50	
Fahrwerk	Selbsttragende Sperrholzkarosserie mit Kunstlederbezug (1933) bzw. mit Blechbeschlag (1934)	
Vorderradaufhängung	1933: Rohrführung, 2 Schraubenfedern 1934: Doppel-Querlenker, Schraubenfeder	
Hinterradaufhängung	Schwingarm, Schraubenfeder	
Lenkung	Schraubenspindel, links	
Fußbremse	Hydraulisch, 4 Räder	
Handbremse	Mechanisch, Hinterräder	
Schmierung	Nippel	
Allgemeine Daten		**Droschke**
Radstand	2650 mm	2750 mm
Spur vorn/hinten	1266/1266 mm	1266/1266 mm
Gesamtmaße	4220 x 1520 x 1560 mm	4320 x 1520 x 1700 mm
Räder	Scheiben	Scheiben
Reifen	5,00-18 oder Typ Aero 4,75-18	Typ Aero 4,75-18
Wendekreis	11,5 Meter	
Wagengewicht	980 kg	1100 kg
Zuläss. Belastung	450 kg	
Höchstgeschwindigkeit	85 km/h	75 km/h
Verbrauch/100 km	11 Liter	12 Liter
Kraftstofftank	35 Liter (im Heck)	35 Liter (im Heck)
Preise	Cabrio-Limousine 2 Türen RM 3650,– Zuletzt: RM 3300,–	

NSU (bis 1933)

Die Neckarsulmer Fahrradwerke AG., die aus einer 1873 gegründeten Strickmaschinenwerkstatt hervorgegangen waren, bauten ab 1901 Motorräder und ab 1906 die Neckarsulmer Motorwagen. Auf 20 Exemplare brachte man es im ersten Jahr, 1913/14 waren es 432. In Neckarsulmer Fahrzeugwerke AG. wurde 1911 die Firma umbenannt. Noch vor 1914 begann man auch mit der Fertigung von Lastwagen und die Belegschaft zählte inzwischen 1200 Mann. Bis 1922 war sie auf 3500 angewachsen, wobei während des ersten Weltkriegs die Automobil- und die Motorradproduktion nicht unterbrochen werden mußte.

Nach 1918 bot NSU drei noch aus der Vorkriegszeit stammende Personenwagenmodelle mit 5/15, 8/24 und 14/40 PS an. Aus den ersteren entstanden 1925 die Typen 5/25 und 8/40 PS. Vor allem die kleinen 5 PS Vierzylinder-Wagen verkauften sich gut. Sie wurden, was sich als Fehler herausstellen sollte, Ende 1927 durch ein 6/30 PS Sechszylinder-Modell ersetzt, dem wegen seiner Schwächen schon im Oktober 1928 der 7/34 PS NSU folgte. Mit der Entwicklung dieser Sechszylinder hatte sich das Werk übernommen. Sie ließen sich nur schleppend verkaufen und führten schließlich zum damaligen Ende des Automobilbaus bei NSU.

Hierfür waren freilich technische Mängel nicht die alleinige Ursache. 1925 hatte man sich entschlossen, den Automobilbau in eine neu zu errichtende Zweigfabrik nach Heilbronn zu verlegen. Da hätten dann auch komplette Automobile hergestellt werden können, denn NSU selbst fertigte nur Motoren und Fahrgestelle, während die Aufbauten hauptsächlich von Schebera und von den Karosseriewerken Weinsberg sowie ab 1928 auch von Ambi-Budd und Drauz bezogen wurden. 1927/28 entstand die neue Fabrik in Heilbronn, die aber nicht mehr für NSU arbeiten sollte.

Und das kam so: 1923 hatte Jacob Schapiro die Mehrheit der NSU-Aktien an sich gebracht und ebenso bei einigen anderen Automarken maßgeblichen Einfluß gewonnen. Alle seine Firmen hat dieser Mann durch hemmungslose Spekulationen ruiniert. So mußte NSU im Jahre 1926 die Schebera Automobilwerke AG. übernehmen, firmierte seitdem (bis 1937) als NSU Vereinigte Fahrzeugwerke AG. und geriet 1928 infolge der Verluste bei den zu Schebera gehörenden Droschkenbetrieben in finanzielle Schwierigkeiten. Die Dresdner Bank, die einst Schapiro unterstützt hatte, übernahm 51 % der NSU-Aktien, der italienische Fiat-Kon-

5/15 PS NSU 1923
Dreisitzer offen
(gestaffelte Sitze)

8/24 PS NSU 1923
Luxus-Phaeton

14/40 PS NSU 1923
Reise-Limousine →

zern ebenfalls ein größeres Paket. Im Zuge der weiteren Sanierung kaufte Fiat 1929 die neu errichtete Automobilfabrik in Heilbronn.

Das nunmehrige Fiat-Werk in Heilbronn firmierte als NSU Automobil-AG., wozu die Neckarsulmer NSU-Werke ausdrücklich ihre Zustimmung gegeben hatten. Heilbronn und Neckarsulm arbeiten noch eine Zeitlang eng zusammen, zumal der 7/34 PS NSU-Wagen vertragsgemäß für Fiat weitergebaut wird. Weil sich dieses Modell aber als nahezu unverkäuflich erwies, gründete Piero Bonelli, Chef der deutschen Fiat-Gruppe, die Kraftag, ein Kraftdroschken-Unternehmen in Berlin, das 1000 der 1400 im Jahr 1929 produzierten Fahrzeuge aufnahm. 1930 wurden noch 690 Wagen hergestellt, die wiederum hauptsächlich an die Berliner Kraftag gingen. 1931 beendete man die Produktion des 7/34 PS NSU. (1933 wurden nach Stillegung der Kraftag deren etwa 1000 Fahrzeuge nach Heilbronn zurückgeholt, größtenteils in Liefer- oder Kastenwagen umgebaut und dann billig verkauft oder versteigert.)

Um dennoch die Marke zu retten, wurde auf der Berliner Automobil-Ausstellung im Februar 1931 der nur für den deutschen Markt bestimmte »10/52 PS NSU Lizenz Fiat« herausgebracht. Ab 1933 hieß er »NSU/Fiat 2500». Das komplett importierte Fahrgestell des Fiat 522 versah man mit deutschem Markenzeichen sowie mit Karosserien von Weinsberg (Limousinen) und Drauz (Cabriolets). Es waren in Form und Technik bestens gelungene, dazu recht preisgünstige 2,5 Liter-Wagen, aber sie kamen infolge der Wirtschaftskrise ebenfalls nur wenig zur Geltung. Von 1931 bis 1934 wurden etwa 560 Wagen zugelassen, großenteils freilich wieder als Droschken. – 1932 trennten sich die beiden NSU-Firmen, indem Fiat die Beteiligung am weiterhin defizitären Neckarsulmer Werk an die Deutsche Bank abgab.

Bald nach der Trennung von Fiat dachte man in Neckarsulm doch wieder an einen Neubeginn des Automobilbaus. 1933/34 entstanden drei Prototypen eines von Professor Porsche konstruierten Stromlinien-Schwingachswagens mit luftgekühltem 1,5 Liter-Boxermotor im Heck. Die Serienproduktion unterblieb jedoch, weil die hierfür notwendigen Geldmittel fehlten. Indes stellte der für NSU entwickelte Porsche-Typ 32 nichts anderes dar als einen Ur-Volkswagen. In seiner gesamten Konzeption entsprach er nämlich bereits dem späteren VW-Käfer. (Siehe Seite 382).

Von nun an produzierte die Firma in Neckarsulm, die ab 1937 NSU-Werke AG. hieß, wieder ausschließlich Motor- und Fahrräder. Erst 1957 wurde mit dem NSU Prinz erneut der Automobilbau aufgenommen.

5/25 PS NSU 1926 – 1928
Limousine 4 Türen
Karosserie Weinsberg
(geliefert 50 Exemplare)

6/30 PS NSU 1928
Limousine 4 Türen
Karosserie Ambi-Budd

7/34 PS NSU 1928 – 1931
Droschken-Landaulet 4 Türen
Karosserie Weinsberg
(geliefert 2000 Exemplare)

10/52 PS NSU (Lizenz Fiat)
Pullman-Limousine 1931
Karosserie Weinsberg

	5/15 PS NSU 1919 – 1925	8/24 PS NSU 1919 – 1925	14/40 PS NSU 1919 – 1924
Zylinderzahl	4	4	4
Bohrung x Hub	70 x 78 mm	80 x 104 mm	94 x 130 mm
Hubraum	1230 ccm	2100 ccm	3610 ccm
Getriebe	4 Gang	4 Gang	4 Gang
Radstand	2400 mm	2900 mm	3200 mm
Spur vorn/hinten	1150/1150 mm	1250/1250 mm	1375/1375 mm
Gesamtmaße	3500 x 1450 x 2100 mm	4100 x 1500 x 2200 mm	
Reifen	700 x 85	810 x 100	880 x 120
Wagengewicht	offen 700 kg	offen 950 kg	Limousine 1725 kg
Höchstgeschwindigkeit	75 km/h	80 km/h	90 km/h

<table>
<tr><th></th><th>5/25 PS NSU
1925 – 1926</th><th>5/25 PS NSU
1926 – 1928</th><th>8/40 PS NSU
1925 – 1927</th></tr>
<tr><td>Zylinderzahl</td><td colspan="2">4</td><td>4</td></tr>
<tr><td>Bohrung x Hub</td><td colspan="2">68 x 90 mm</td><td>77,8 x 110 mm</td></tr>
<tr><td>Hubraum</td><td colspan="2">1309 ccm</td><td>2088 ccm</td></tr>
<tr><td>Leistung</td><td colspan="2">25 PS bei 2900 U/min</td><td>40 PS bei 2800 U/min</td></tr>
<tr><td>Getriebe</td><td colspan="2">4 Gang</td><td>4 Gang</td></tr>
<tr><td>Schaltung</td><td>innen rechts</td><td>Wagenmitte</td><td>innen rechts</td></tr>
<tr><td>Lenkung</td><td>rechts</td><td>links</td><td>rechts</td></tr>
<tr><td>Fußbremse</td><td>Getriebe</td><td>4 Räder</td><td>Getriebe</td></tr>
<tr><td>Radstand</td><td colspan="2">2650 mm</td><td>3150 mm</td></tr>
<tr><td>Spur vorn/hinten</td><td colspan="2">1150/1150 mm</td><td>1250/1250 mm</td></tr>
<tr><td>Gesamtmaße</td><td colspan="2">3500 x 1500 x 2100 mm</td><td>4110 x 1600 x 2200 mm</td></tr>
<tr><td>Reifen</td><td>710 x 90 Hochdruck</td><td>730 x 130 Niederdruck</td><td>815 x 105 Hochdruck</td></tr>
<tr><td>Wagengewicht</td><td colspan="2">offen 880, Limousine 980 kg</td><td>offen 1340, Lim. 1440 kg</td></tr>
<tr><td>Höchstgeschwindigkeit</td><td colspan="2">80 km/h</td><td>85 km/h</td></tr>
<tr><td>Verbrauch/100 km</td><td colspan="2">10,5 Liter</td><td>14 Liter</td></tr>
</table>

	6/30 PS NSU 1928	7/34 PS NSU 1928 – 1931	10/52 PS NSU (Lizenz Fiat) 1931 – 1932 NSU/Fiat 2500 1933 – 1934
Zylinderzahl	6	6	6
Bohrung x Hub	60,8 x 99 mm	62 x 99 mm	72 x 103 mm
Hubraum	1567 ccm	1781 ccm	2516 ccm
Leistung	30 PS bei 3000 U/min	34 PS bei 3200 U/min	52 PS bei 3300 U/min
Getriebe	3 Gang	3 Gang	4 Gang
Schaltung	Wagenmitte	Wagenmitte	Wagenmitte
Lenkung	links	links	links
Fußbremse	Mechanisch, 4 Räder	Mechanisch, 4 Räder	Hydraulisch, 4 Räder
Radstand	2815 mm	2815, Droschke 2935 mm	2775 oder 3000 mm
Spur vorn/hinten	1250/1250 mm	1250/1250 mm	1400/1450 mm
Gesamtmaße	4060 x 1550 x 1560 mm	4060 (4180) x 1550 x 1560 mm	3875 (4100) x 1730 x 1700 mm
Reifen	730 x 130 Niederdruck	28 x 5,00, später 5,00-18	5,25-18
Wagengewicht	offen 1040 kg	1040 bis 1210 kg	ab 1250 kg
Höchstgeschwindigkeit	80 km/h	80 km/h	100 km/h
Verbrauch/100 km	12 Liter	12 Liter	16 Liter

Preise	6/30 PS NSU	7/34 PS NSU **1929**	7/34 PS NSU **1932**	10/52 PS NSU
Phaeton 4 Türen	RM 6200,–	RM 5200,–	–	–
Limousine 4 Türen	RM 6600,–	RM 5675,–	RM 4450,–	RM 5980,–
Cabriolet 2 Fenster	–	RM 6975,-	RM 6450,–	RM 7500,–

Opel

1862 hatte Adam Opel in Rüsselsheim damit begonnen, Nähmaschinen für Schneider und Schuster zu bauen. Binnen kurzer Zeit gedieh der Handwerksbetrieb zur Fabrik, welche 1866 auch die Fahrradproduktion aufnahm. Zu deren Erfolg trugen bereits Opels Söhne entscheidend bei. Als die sieggewohnten »Fünf Rüsselsheimer« auf allen Rennbahnen umjubelt, haben sie dem Fahrrad zu ungeheurer Popularität verholfen. 15 bis 26 Jahre alt waren die Söhne Carl, Wilhelm, Heinrich, Fritz und Ludwig, als Adam Opel 1895 starb. Die ersten »Motorwagen« fuhren damals auf den holprigen Straßen, und solche pferdelosen Kutschen ebenfalls zu bauen, war bald Wunsch und Ziel der fünf jungen Opels. Wenig Glück hatten sie freilich zunächst mit dem von 1897 bis 1900 gebauten »Opel-Patent-Motorwagen System Lutzmann«. So bezog man kurzerhand aus Paris fertige Fahrgestelle, um sie im eignen Werk nur noch mit Karosserien zu versehen. Diese Wagen hießen »Opel-Darracq«. Ab 1902 baute man dann Automobile eigener Konstruktion. Es erschienen Zwei- und Vierzylinder-Fahrzeuge verschiedener Größen, und bald gehörte Opel zu den führenden Automobil-Herstellern des deutschen Kaiser-Reiches. Im August 1911 fielen die gesamten Fabrikanlagen einem Großfeuer zum Opfer. Binnen Jahresfrist wurde ein viel größeres Werk errichtet, in seiner Anlage rationeller und in den Produktionsmitteln moderner als vordem. Mit 4500 Mitarbeitern baute man nunmehr Personen- und Lastwagen in großer Zahl und Auswahl. Während des Krieges waren es hauptsächlich Fahrzeuge für den Heeresbedarf, und dazu kam damals eine beträchtliche Flugmotorenproduktion. In den ersten Nachkriegsjahren führte Opel das vorhandene Automobilprogramm weiter, bis die Inflation im August 1923 zu vorübergehender Schließung des Werkes zwang. Nun erfolgte eine radikale Umstellung mit dem Übergang zur Serienproduktion. Der spätere Erfolg der Marke Opel beruhte ausschlaggebend mit darauf, daß man dort früher als bei allen anderen Autofabriken Deutschlands die Notwendigkeit einer rationellen Serienfertigung begriff. Das »laufende Band« nach amerikanischem Muster war für das Werk ein völliger Neubeginn. Alle bisherigen Modelle gab man auf, ebenso die bis dahin erfolgreiche Beteiligung an Rennen. Im Mai 1924 erscheint der 4 PS Opel. Sein Verkaufserfolg übertrifft alle Erwartungen. Die ursprünglich auf 25 Wagen geplante Tagesproduktion hatte sich bis 1927 vervierfacht, die Zahl der Mitarbeiter in der gleichen Zeit von 2400 auf 7600 mehr als verdreifacht. Mit dem »Laubfrosch« hatte Opel aber nicht nur die Bandfertigung eingeführt, sondern auch den weitverzweigten, gut durchorganisierten Kundendienst. Selbst in kleinen Orten standen nun allen Opel-Fahrern geschulte Fachleute und preisgünstige Ersatzteile zur Verfügung, und erstmalig waren damals schon Festpreise für routinemäßige Reparaturarbeiten festgelegt. Opel wurde mit einem Marktanteil von 40 % zur größten deutschen Automobilfabrik, die sich jetzt allerdings vor Schwierigkeiten sah, seit die Aufnahmefähigkeit des deutschen Marktes wieder rückläufig zu werden begann. So verkaufte die Familie Opel ihr in eine Aktiengesellschaft umgewandeltes Unternehmen um die Jahreswende 1928/29 an die amerikanische General Motors Corporation. Diese Transaktion, hier zunächst heftig kritisiert, hat sich bald als vorteilhaft für die Marke Opel, für den deutschen

9/25 PS Opel Sechssitzer offen 1920–1922

Produktion	**1929**	**1930**	**1931**	**1932**	**1933**	**1934**	**1935**
4/20 PS	20657	18939	3192				
10/40 PS	1142						
14/50 + 16/60 PS	125	3					
24/110 PS Regent	25						
8/40 PS	7543	4350					
1,2 Liter			3694	10755	20696	31376	35042
1 Liter				1	5599		
1,8 Liter			15739	7140	9406		
P 4							7613
1,3 Liter					2	19840	9160
2 Liter					1	12365	18392
Olympia 1,3 Liter							19117
	29492	**23292**	**22625**	**17896**	**35704**	**63581**	**89324**

	1936	**1937**	**1938**	**1939**	**1940**	**1941–1943**
P 4	40405	17846				
Kadett	2263	33840	43128	27093	275	9
Olympia 1,3 Liter	37127	25417				
Olympia 1,5 Liter		399	46666	36954	3193	2
2 Liter	19275	2561				
Super 6	26	26022	20405			
Kapitän			664	23755	952	3
Admiral		8	3340	3056		
	99096	**106093**	**114203**	**90858**	**5420**	**14**

Automobilbau und für die gesamte Volkswirtschaft erwiesen. Wieder begann ein neuer Abschnitt in der Opel-Geschichte. 1931 erschien der in Amerika völlig neu entwickelte Opel 1,8 Liter Sechszylinder, der erstmalig zeigte, was bei einem preisgünstigen Gebrauchswagen europäischen Formats angenehme Federung, leichte Bedienbarkeit und ordentliche Bremsen bedeuten konnten. Ein halbes Jahr später folgte der kleinere 1,2 Liter, aus dem später der P4 hervorging. Dieser war in den Jahren 1936 bis 1938 mit einem heute geradezu sagenhaft anmutenden Preis von 1450 Reichsmark das meistgekaufte deutsche Automobil. Und mit dem Olympia führte Opel (schon bald nach Citroën) 1935 die heute allgemein übliche Ganzstahlkarosserie selbsttragender Bauart in die Großserienproduktion ein. Besondere Wertschätzung gewannen in den dreißiger Jahren die Opel-Motoren wegen ihrer Laufkultur, Zuverlässigkeit und Lebensdauer. – 1939 waren fast 30000 Mitarbeiter bei der Adam Opel AG. beschäftigt. Die herausragende Führungspersönlichkeit des Unternehmens war damals Geheimrat Dr.-Ing. h. c. Wilhelm von Opel, der in den Jahren nach dem ersten Weltkrieg die Familien-KG. leitete und anschließend von 1929 bis 1945 den Vorsitz im Aufsichtsrat innehatte. Seinem Bruder Dr.-Ing. h. c. Fritz Opel unterstand bis 1929 als Chefkonstrukteur das Technische Büro. Von 1940 (seit 1934 stellvertretend) bis 1959 war Dr. Karl Stief Chefingenieur der Adam Opel AG.

14/38 PS Opel Limousine 1920 – 1922

9/30 PS Opel
Viersitzer offen
1924

10/35 PS Opel
Limousine 6 Sitze
1924

10/35 PS Opel
Viersitzer offen
1924

14/48 PS Opel
Sechssitzer offen
1924

Opel Personenwagen von 1919 bis 1924

	6/16 PS Opel	9/25 PS Opel	12/34 PS Opel	14/38 PS Opel	21/55 PS Opel	30/75 PS Opel
Zylinderzahl	4	4	4	4	6	6
Bohrung x Hub	70 x 102 mm	78 x 122 mm	86 x 135 mm	90 x 135 mm	96 x 130 mm	105 x 150 mm
Hubraum	1,6 Liter	2,3 Liter	3,2 Liter	3,4 Liter	5,6 Liter	7,8 Liter
Reifen	760/90	815/105	820/120	820/120	880/120	vorn 920/120
		Ab 1920: 820/120		Ab 1920: 880/120		hinten 935/135
Sitzplätze	4	4	6	6	6	6
Preis des offenen Wagens (ohne Reifen) in Mark						
Mai 1919	14 000	18 500	23 000	24 500	32 000	40 000
August 1919	25 000	32 000	39 000	41 000	50 000	60 000
Dezember 1919	46 500	63 000	–	81 000	97 000	–
Februar 1920	65 000	90 000	–	121 000	145 000	–

	8/25 PS Opel	9/25 PS Opel	10/30 PS Opel	14/38 PS Opel	21/50 PS Opel	30/75 PS Opel
Zylinderzahl	4	4	4	4	6	6
Bohrung x Hub	72 x 122 mm	78 x 122 mm	82 x 122 mm	90 x 135 mm	96 x 130 mm	105 x 150 mm
Hubraum	2 Liter	2,3 Liter	2,6 Liter	3,4 Liter	5,6 Liter	7,8 Liter
Reifen	765/105	820/120	820/120	880/120	895/135	935/135
Sitzplätze	4	6	6	6	6	6
Preis des offenen Wagens (ohne Reifen) in Mark						
Januar 1921	115 000	135 000	–	185 000	220 000	270 000
September 1921	125 000	145 000	–	185 000	220 000	270 000
November 1921	175 000	200 000	–	260 000	310 000	345 000
Dezember 1921	232 000	265 000	–	340 000	400 000	460 000
Februar 1922	335 000	380 000	–	500 000	580 000	700 000
April 1922	480 000	540 000	–	725 000	850 000	990 000
Juni 1922	575 000	650 000	–	850 000	1 050 000	1 200 000
Juli 1922	675 000	760 000	800 000	1 030 000	1 200 000	1 325 000
August 1922	980 000	1 100 000	1 200 000	1 530 000	1 750 000	1 950 000
September 1922	2 110 000	2 450 000	2 750 000	3 450 000	4 200 000	4 800 000
Oktober 1922	2 800 000	–	3 900 000	4 700 000	5 500 000	6 700 000
Oktober 1922	3 900 000	–	5 100 000	6 200 000	7 500 000	8 800 000
November 1922	7 800 000	–	10 200 000	12 300 000	15 000 000	17 500 000
Dezember 1922	12 250 000	–	16 000 000	19 200 000	23 400 000	27 300 000
Januar 1923	22 000 000	–	32 000 000	34 500 000	42 000 000	49 000 000
Mai 1923	61 000 000	–	85 000 000	97 000 000	118 000 000	135 000 000
Juni 1923	156 000 000	–	215 000 000	250 000 000	300 000 000	350 000 000
Preis des offenen Wagens (ohne Reifen) in Goldmark						
Dezember 1923	10 500	–	13 900	16 000	18 500	21 500
März 1924	10 500	–	13 900	16 000	18 500	21 500

		9/30 PS Opel	10/35 PS Opel	14/48 PS Opel	21/60 PS Opel	30/80 PS Opel
Zylinderzahl		4	4	4	6	6
Bohrung x Hub		78 x 122 mm	82 x 122 mm	90 x 135 mm	96 x 130 mm	105 x 150 mm
Hubraum		2,3 Liter	2,6 Liter	3,4 Liter	5,6 Liter	7,8 Liter
Reifen		765/105	820/120	820/120	895/135	935/135
Sitzplätze		4	6	6	6	6
Preis des offenen Wagens (ohne Reifen) in Goldmark						
Oktober 1924	–	8 500	10 000	11 000	13 000	15 000

21/60 PS Opel
Limousine 6 Sitze
1924

21/50 PS Opel
Cabriolet 1923
(Karosserie Papler)

30/80 PS Opel
Sport-Viersitzer offen
1924

30/80 PS Opel
Limousine 6 Sitze
1924

	8/25 PS Opel 1920 – 1924	14/38 PS Opel 1919 – 1924
Zylinderzahl	4 (Reihe)	4 (Reihe)
Bohrung x Hub	72 x 122 mm	90 x 135 mm
Hubraum	2000 ccm	3400 ccm
Leistung	25 PS bei 1900 U/min	38 PS bei 1700 U/min
Vergaser	1 Pallas	1 Zenith
Ventile	Seitlich stehend	Seitlich stehend
Kühlung	Wasser, Pumpe	Wasser, Pumpe
Zündung	12 V Magnetzündung	12 V Magnetzündung
Kupplung	Lederkonuskupplung	Lederkonuskupplung
Schaltung	Schalthebel außen rechts	Schalthebel außen rechts
Getriebe	4 Gang	4 Gang
Rahmen	U-Profil-Preßstahl-Rahmen	U-Profil-Preßstahl-Rahmen
Vorderradaufhängung	starr, Halbfedern	starr, Halbfedern
Hinterradaufhängung	starr, Halbfedern	starr, Halbfedern
Lenkung	Schnecke, rechts	Schnecke, rechts
Fußbremse	Mechanisch, Kardanwelle	Mechanisch, Kardanwelle
Handbremse	Mechanisch, Hinterräder	Mechanisch, Hinterräder
Radstand	2855 mm	3315 mm
Spur	1250 mm	1350 mm
Räder	Stahlspeichen	Stahlspeichen
Reifen	765 x 105	820 x 120
Fahrgestellgewicht	900 kg	1200 kg
Höchstgeschwindigkeit	75 km/h	85 km/h
Kraftstofftank	im Heck	im Heck

	21/55 PS Opel 1919 – 1924	30/75 PS Opel 1920 – 1924
Zylinderzahl	6 (Reihe)	6 (Reihe)
Bohrung x Hub	96 x 130 mm	105 x 150 mm
Hubraum	5600 ccm	7800 ccm
Leistung	55 PS bei 2000 U/min	75 PS bei 1800 U/min
Vergaser	1 Zenith	1 Zenith
Ventile	Seitlich stehend	Seitlich stehend
Kühlung	Wasser, Pumpe	Wasser, Pumpe
Zündung	12 V Magnetzündung	12 V Magnetzündung
Kupplung	Lederkonuskupplung	Lederkonuskupplung
Schaltung	Schalthebel außen rechts	Schalthebel außen rechts
Getriebe	4 Gang	4 Gang
Rahmen	U-Profil-Preßstahl-Rahmen	U-Profil-Preßstahl-Rahmen
Vorderradaufhängung	starr, Halbfedern	starr, Halbfedern
Hinterradaufhängung	starr, Cantilever-Auslegerfedern	starr, Cantilever-Auslegerfedern
Lenkung	Schraubenspindel, rechts	Schraubenspindel, rechts
Fußbremse	Mechanisch, Kardanwelle bzw. (1924) 4 Räder	Mechanisch, Kardanwelle
Handbremse	Mechanisch, Hinterräder	Mechanisch, Hinterräder
Radstand	3515 mm	3750 mm
Spur	1400 mm	1400 mm
Gesamtmaße		5080 x 1750 x 1250 mm
Räder	Stahlspeichen	Stahlspeichen
Reifen	895 x 135	935 x 135
Fahrgestellgewicht	1525 kg	
Höchstgeschwindigkeit	105 km/h	110 km/h
Verbrauch/100 km	25 Liter	27 Liter
Kraftstofftank	im Heck	im Heck

4/12, 4/14, 4/16, 4/20 PS Opel (1924–1931)

Mai 1924 Serienbeginn des 4 PS Opel, zunächst ausschließlich in grüner Farbe als Zweisitzer mit Spitzheck lieferbar. Preis, Leistung und vor allem der durchschlagende Verkaufserfolg galten als Sensation. Beim Publikum hieß der kleine Wagen wegen seiner Farbe und seiner etwas hochbeinigen Erscheinung, aber auch wegen seiner sprunghaften Fahreigenschaften bald »Laubfrosch«. Er hatte zwar den Fehler, eine ziemlich genaue Kopie des seit 1922 gebauten und in Frankreich viel gefahrenen Citroen-Zweisitzers zu sein, was aber seiner Beliebtheit in Deutschland überhaupt keinen Abbruch tat. Vom Citroen unterschied sich der Opel durch die Rechtslenkung, eine etwas größere Zylinderbohrung und den etwas anders geformten Kühler.

Bereits im Herbst 1924 kamen weitere 4 PS Opel-Modelle auf den Markt, nämlich ein offener Dreisitzer (Farbe ebenfalls grün), eine Dreisitzer-Limousine (Farbe stahlblau, Dach schwarz) und ein Lieferwagen (Farbe rotbraun). Diese drei Ausführungen besaßen längeren Rahmen und Radstand, einen weiter aufgebohrten Motor (14 PS) und bessere Bremsen. Äußeres Merkmal aller bis Herbst 1925 gebauten Opel 4 PS war der halbspitze Kühler.

Herbst 1925 neue Karosserien, dazu oben abgerundeter Flachkühler. Aus dem offenen und dem geschlossenen Dreisitzer wurden Viersitzer. Zweisitzer nicht mehr mit Spitzheck, sondern mit breitem, abgerundeten Heck und daran befestigtem Reserverad, nun ebenfalls mit dem längeren Rahmen und Radstand, zunächst aber möglicherweise noch mit dem 12 PS- und erst ab etwa Anfang 1926 mit 14 PS-Motor. (Eindeutige Klärung nicht mehr möglich, denn es gibt sowohl Prospekte des Spitzheck-Zweisitzers mit bereits 60 x 90-Motor als auch Prospekte des Breitheck-Zweisitzers mit noch 58 x 90 Bohrung und Hub. Überhaupt waren

4/12 PS Opel Zweisitzer »Laubfrosch«
Mai 1924 bis Herbst 1925

4/14 PS Opel Dreisitzer-Limousine
Herbst 1924 bis Herbst 1925

damals wie später die Übergänge oft fließend, neue Baugruppen und modelltypische Merkmale kamen nicht immer gleichzeitig zum Einsatz.)

November 1926 erschien der 4 PS Opel mit wiederum höherer Motorleistung (4/16 PS), vorn Halbelliptik- statt Viertelfedern, Vierrad-Bremse, Linkslenkung, Batteriezündung und Tankeinfüllung unter der Motorhaube statt vor Mitte Windschutzscheibe.

Ab Herbst 1927 erhielt der 4 PS Opel neuen Kühler in der vom amerikanischen Packard her bekannten Form. Neu waren Zweisitzer-Coupé (ohne Klappsitz im Heck) und Luxus-Limousine, beide mit abgerundetem Dach, doppelten Zierlinien und (vorerst nur für diese beiden, ab Mitte 1928 für alle Modelle) runden Kotflügeln, die bereits auf Tiefziehpressen hergestellt wurden.

Ab Ende 1928 wird der Opel als 4/20 PS angeboten.

Ab Herbst 1929 wird das Coupé ersetzt durch das Cabriolet mit 2 Sitzen und Klappsitzbank im Heck. Dieses Modell, das sich bald großer Beliebtheit erfreute, war meistens beige oder dunkelrot lackiert. Die geschlossenen Modelle werden serienmäßig mit Winkern ausgestattet.

November 1930 letztmalig Verbesserungen für das Modell 1931. Übergang auf Nelson-Bohnalite-Kolben, deretwegen Zylinderblock höher wurde (vorher 140, jetzt 155 mm). Serienmäßiger Einbau von Bandstoßdämpfern, elektrischem Scheibenwischer und größeren Scheinwerfern. Gummibelag für Trittbretter. Flacher geformte, weniger kantige Kotflügel.

Juni 1931: Produktion des Opel 4 PS beendet. Gesamtzahl während der siebenjährigen Produktionsdauer 119484 Wagen, eine für damalige Begriffe enorme Zahl!

4/14 PS Opel Zweisitzer
Herbst 1925 bis Herbst 1926

4/14 PS Opel Dreisitzer
Herbst 1924 bis Herbst 1925

4/14 PS Opel Viersitzer-Limousine
Herbst 1925 bis Herbst 1926

4/16 PS Opel Zweisitzer
Herbst 1926 bis Herbst 1927

4/16 PS Opel Viersitzer-Limousine
Herbst 1926 bis Herbst 1927

4/16 PS Opel Viersitzer
Herbst 1927 bis Mitte 1928

4/16 und 4/20 PS Opel Limousine
Herbst 1927 bis Herbst 1929

4/16 und 4/20 PS Opel Zweisitzer-Coupé
Herbst 1927 bis Herbst 1929

4/20 PS Opel Cabriolet 2 (2) Sitze
Herbst 1929 bis Herbst 1930

4/20 PS Opel Limousine
Herbst 1929 bis Herbst 1930

4/20 PS Opel Limousine
November 1930 bis Juni 1931

4/20 PS Opel Cabriolet 2 (2) Sitze
November 1930 bis Juni 1931

4/20 PS Opel Zweisitzer offen
November 1930 bis Juni 1931

4/20 PS Opel Viersitzer offen
November 1930 bis Juni 1931

4/20 PS Opel Cabrio-Limousine 1931
Spezialkarosserie Kühn

4/20 PS Opel Cabriolet 4 Sitze 1931
Spezialkarosserie Kühn

4/12 PS Opel 1924	4/12 PS Opel 1925	4/14 PS Opel 1924–1925	4/14 PS Opel 1925–1926
4 (Reihe)		4 (Reihe)	
58 x 90 mm		60 x 90 mm	
951 ccm		1018 ccm	
12 PS bei 2200 U/min		14 PS bei 2500 U/min	
		1 : 4,8	
1 Flachstromvergaser Solex 26 MH		1 Flachstromvergaser Solex 22 DH oder Zenith HAK 22 oder 1 Steigstromvergaser Pallas 22	
Seitlich stehend		Seitlich stehend	
Seitliche Nockenwelle		Seitliche Nockenwelle	
Antrieb durch Stirnräder		Antrieb durch Stirnräder	
2		2	
Thermosyphon (Wasser)		Thermosyphon (Wasser)	
Ohne Ventilator		Ohne Ventilator	
Druckumlauf		Druckumlauf	
Magnetzünder		Magnetzünder	
6 V (vorn links unter Bodenbrett)		6 V (vorn links unter Bodenbrett)	
Antrieb auf Hinterräder		Antrieb auf Hinterräder	
Einscheibentrockenkupplung		Einscheibentrockenkupplung	
Schalthebel Wagenmitte		Schalthebel Wagenmitte	
3 Gang		3 Gang	
Zweisitzer		**Dreisitzer**	**Zwei- und Viersitzer**
U-Profil-Preßstahl-Rahmen (endet vor Hinterachse)		U-Profil-Preßstahl-Rahmen (über Hinterachse gekröpft)	
starr, Ausleger-Viertelfedern		starr, Ausleger-Viertelfedern	
starr, Ausleger-Viertelfedern		starr, Ausleger-Viertelfedern	
Schnecke, rechts		Schnecke, rechts	
Mechanisch, Kardanwelle	Seilzug, Hinterräder	Seilzug, Hinterräder	
Seilzug, Hinterräder	Mechanisch, Kardanwelle	Mechanisch, Kardanwelle	
Nippel		Nippel	
2255 mm		2510 mm	2510 mm
1160/1175 mm		1160/1175 mm	1160/1175 mm
3200 x 1350 x 1650 mm (mit Verdeck)		Dreisitzer mit Verdeck 3500 x 1400 x 1650 mm Dreisitzer-Limousine 3500 x 1400 x 1800 mm	
Scheiben (4 Loch)		Scheiben (4 Loch)	Scheiben (4 Loch)
700 x 80 Hochdruck	715 x 115 Ballon	715 x 115 Ballon	715 x 115 Ballon
600 kg		420 kg Dreisitzer offen 660 kg Limousine 740 kg	420 kg Zweisitzer 600 kg Limousine 740 kg
66 km/h		66 km/h	66 km/h
6 Liter		6 Liter	6 Liter
26 Liter (im Motorraum)		26 Liter (im Motorraum)	26 Liter (im Motorraum)
M 4500,–	M 4000,–, zuletzt M 3600.–	Dreisitzer offen M 4600,–, zuletzt M 4200,– Dreisitzer Limousine M 5600,–, zuletzt M 4800,–	Zweisitzer M 3600,– Viersitzer M 4300,– Limousine M 4950,–

	4/16 PS Opel 1927–1928	4/20 PS Opel 1929–1930	4/20 PS Opel 1931
Motor			
Zylinderzahl	4 (Reihe)	4 (Reihe)	4 (Reihe)
Bohrung x Hub	60 x 90 mm	60 x 90 mm	60 x 90 mm
Hubraum	1018 ccm	1018 ccm	1018 ccm
Leistung	16 PS bei 2800 U/min	20 PS bei 3500 U/min	20 PS bei 3500 U/min
Drehmoment	4,1 mkg bei 2600 U/min		
Verdichtung	1:5,2	1:5,2	1:5,6
Vergaser	1 Flachstromvergaser Solex 26 FH oder Zenith	1 Flachstromvergaser Zenith 22 MU	1 Steigstromvergaser Solex 26 FV
Ventile	Seitlich stehend Seitliche Nockenwelle Antrieb durch Stirnräder	Seitlich stehend Seitliche Nockenwelle Antrieb durch Stirnräder	Seitlich stehend Seitliche Nockenwelle Antrieb durch Stirnräder
Kurbelwellenlager	2	2	2
Kühlung	Thermosyphon (Wasser) Ohne Ventilator	Thermosyphon (Wasser) Vierflügel-Ventilator	Thermosyphon (Wasser) Zweiflügel-Ventilator
Schmierung	Druckumlauf	Druckumlauf	Druckumlauf
Zündung	Batteriezündung	Batteriezündung	Batteriezündung
Batterie	6 V 84 Ah	6 V 100 Ah	6 V 100 Ah

	4/16 PS Opel 1927–1928	4/20 PS Opel 1929–1931
Kraftübertragung	Antrieb auf Hinterräder	Antrieb auf Hinterräder
Kupplung	Einscheibentrockenkupplung	Einscheibentrockenkupplung
Schaltung	Schalthebel Wagenmitte	Schalthebel Wagenmitte
Getriebe	3 Gang	3 Gang
Übersetzungen	**1927**: I. 3,33 II. 1,66 III. 1,00 **1928**: I. 3,162 II. 1,775 III. 1,000	I. 3,162 II. 1,775 III. 1,000
Antriebs-Übersetzung	5,20	5,50
Fahrwerk	U-Profil-Preßstahl-Rahmen	U-Profil-Preßstahl-Rahmen
Vorderradaufhängung	starr, Halbfedern	starr, Halbfedern
Hinterradaufhängung	starr, Ausleger-Viertelfedern	starr, Ausleger-Viertelfedern
Lenkung	Schnecke, links	1929–1930: Schnecke (1:18), links; 1931: Schnecke (1:12), links
Fußbremse	Seilzug, 4 Räder	Seilzug, 4 Räder
Handbremse	Mechanisch, Kardanwelle	Mechanisch, Kardanwelle
Schmierung	Nippel	Nippel
Allgemeine Daten		
Radstand	2510 mm	2510 mm
Spur vorn/hinten	1160/1175 mm	1160/1175 mm
Gesamtmaße	Limousine 3650 x 1410 x 1800 mm	Zweisitzer 3450 x 1405 x 1650 mm (mit Verdeck) Viersitzer 3550 x 1405 x 1650 mm (mit Verdeck) Cabriolet 3700 x 1405 x 1700 mm (mit Verdeck) Limousine 3560 x 1405 x 1790 mm
Räder	Scheiben (4 Loch)	Scheiben (4 Loch)
Reifen	1927: 715 x 115 Ballon 1928: 27 x 4,75 Ballon	4,50–18, Zweisitzer offen 4,00–18
Fahrgestellgewicht	420 kg	580 kg
Wagengewicht	Limousine 780 kg	Zweisitzer 690 kg, Viersitzer 750 kg Cabriolet 790 kg, Limousine 870 kg
Zuläss. Gesamtgewicht	Limousine 980 kg	1040 kg
Höchstgeschwindigkeit	70 km/h	77 km/h
Verbrauch/100 km	6,5 Liter	7 Liter
Kraftstofftank	26 Liter (im Motorraum)	26 Liter (im Motorraum)

Preise	1927	1928	1929	1930	1931
Zweisitzer offen	M 2980,–	M 2700,–	M 2300,–	M 1990,–	M 1990,–
Viersitzer offen	M 3400,–	M 3000,–	M 2800,–	M 2350,–	M 2350,–
Cabriolet 2/2 Sitze	–	–	–	M 2500,–	M 2500,–
Limousine 2 Türen 4 Sitze	M 3980,–	M 3500,–	M 3200,–	M 2700,–	M 2700,–
Fahrgestell		M 2400,–			

10/40 PS Opel (1925–1929)

Vorgestellt im Mai 1925 (als 10/50 PS). Produktion ab Juli 1925 (zunächst 10/45 PS, bald endgültig 10/40 PS) bis November 1929. Sehr einfache Konstruktion, im Prinzip dem Opel 4 PS entsprechend. Relativ niedriger Preis durch Bandfertigung. Wesentlich billiger als ähnlich große Konkurrenzmodelle deutscher Herkunft, aber immer noch teurer als Chevrolet und Ford. Immerhin wurden 13161 Wagen gebaut und verkauft. Typische Farbe: Grün mit schwarzem Dach. Ab etwa Mitte 1927 Packard-Kühler. Ab Ende 1927 bei Limousinen doppelte Zierlinien und abgerundetes Dach. Der 10/40 PS Opel konnte gewiß nicht als technische Glanzleistung gelten, doch im Gegensatz zu manchen bewunderungswürdigen Konstruktionen jener Zeit brachte er Geld in die Kasse. Er war damals der meistgefahrene deutsche Mittelklassewagen.

10/40 PS Opel
Limousine 4 Türen 4/5 Sitze
1925 – 1927

10/40 PS Opel
Tourenwagen 4 Türen 6/7 Sitze
1925 – 1927

10/40 PS Opel
Stadt-Coupé 2 Türen 4/5 Sitze
1927

	10/40 PS Opel (Modell 80) 1925 – 1929	
Motor		
Zylinderzahl	4 (Reihe)	
Bohrung x Hub	89 x 105 mm	
Hubraum	2620 ccm	
Leistung	40 PS bei 2800 U/min	
Drehmoment	10 mkg bei 2000 U/min	
Verdichtung	1:4,8 bzw. (1928) 1 : 5 bzw. (1929) 1:5,3	
Vergaser	1 Flachstromvergaser Solex DH 30	
Ventile	Seitlich stehend	
	Seitliche Nockenwelle, Antrieb durch Stirnräder	
Kurbelwellenlager	3	
Kühlung	Thermosyphon (Wasser)	
Schmierung	Druckumlauf	
Zündung	Magnet- bzw. (ab 1927) Batteriezündung	
Batterie	6 V 100 Ah	
Kraftübertragung	Antrieb auf Hinterräder	
Kupplung	Mehrscheibentrockenkupplung	
Schaltung	Schalthebel Wagenmitte	
Getriebe	3 Gang	
Übersetzungen	1925 – 1927: I. 2,85	1928 – 1929: I. 3,71
	II. 2,03	II. 1,85
	III. 1,00	III. 1,00
Antriebs-Übersetzung	4,80	5,00
Fahrwerk	U-Profil-Preßstahl-Rahmen	
Vorderradaufhängung	starr, Halbfedern	
Hinterradaufhängung	starr, Ausleger-Viertelfedern	
Lenkung	Schnecke, links	
Fußbremse	Seilzug, 4 Räder	
Handbremse	Mechanisch, Kardanwelle	
Schmierung	Nippel	
Allgemeine Daten	**Viersitzer**	**Sechssitzer**
Radstand	3000 mm	3250 mm
Spur vorn/hinten	1420/1420 mm	1420/1420 mm
Gesamtmaße	4150 x 1770 x 1920 mm	4480 x 1770 x 1920
Räder	Scheiben (6 Loch)	Scheiben (6 Loch)
Reifen	775 x 145 Niederdruck	775 x 145 Niederdruck
	1929: 30 x 5,77 Niederdruck	1929: 30 x 5,77 Niederdruck
Fahrgestellgewicht	1020 kg	1020 kg
Wagengewicht	Tourenwagen 1260 kg	Tourenwagen 1360 kg
	Limousine 1410 kg	Limousine 1550 kg
Höchstgeschwindigkeit	85 km/h	80 km/h
Verbrauch/100 km	13 Liter	14 Liter
Kraftstofftank	? Liter (im Heck)	? Liter (im Heck)

Preise	**1925**	**1926**	**1927**	**1928**	**1929**
Tourenwagen 4/5 Sitze 4 Türen	RM 8500,–	RM 7950,–	RM 5800,–	RM 4800,8	–
Stadt-Coupé 4/5 Sitze 2 Türen	RM 9500,–	RM 7950,–	RM 5950,–	–	–
Limousine 4/5 Sitze 4 Türen	RM 10500,–	RM 9000,–	RM 6900,–	RM 5400,–	RM 5400,–
Tourenwagen 6/7 Sitze 4 Türen	RM 9600,–	RM 8450,–	RM 6500,–	RM 5800,–	–
Limousine 6/7 Sitze 4 Türen	RM 11500,–	RM 9600,–	RM 7500,–	RM 6600,–	RM 5950,–
Fahrgestell Radstand 3000 mm	RM 7000,–			RM 3750,–	
Fahrgestell Radstand 3250 mm	RM 7600,–			RM 4000,–	

10/40 PS Opel
Limousine 4 Türen 4/5 Sitze
1927 – 1929

10/40 PS Opel
Limousine 4 Türen 6/7 Sitze
1927 – 1929

10/40 PS Opel
Tourenwagen 4 Türen 4/5 Sitze
1927 – 1929

12/50, 15/60, 14/50, 16/60 PS Opel (1927–1929)

Daß der doch ziemlich große und schwere 10/40 PS Opel trotz seiner primitiven Mechanik einigermaßen zufriedenstellend funktionierte, mag Chefkonstrukteur Dr. Fritz Opel zu der Kühnheit ermutigt haben, mit einem entsprechend einfachen Fahrgestell nun sogar ausgesprochene Luxuswagen mit splendiden Sechszylinder-Motoren herauszubringen. Auf der Berliner Automobil-Ausstellung im November 1926 erschien das Modell 90, wahlweise angeboten mit 3,2 oder 3,9 Liter Hubraum, die Fünf- und Siebensitzer-Limousinen noch mit ekkigem Dach. Die Produktion begann im Februar 1927. Bald erhielten die Karosserien ein zeitgemäßes, recht imposantes Aussehen und vielfältige Gestalt, wobei sich keineswegs nur die Kühlerform am Beispiel der damals berühmten Marke Packard orientierte. Bis Dezember 1928 konnte die für jene Zeit höchst respektable Zahl von 3445 großen Opel Sechszylindern abgesetzt werden.

Von Januar bis Oktober 1929 bekamen die Wagen noch etwas größere 3,7 und 4,2 Liter-Motoren, doch die Stückzahl blieb jetzt mit insgesamt nur 128 Exemplaren auffallend gering. Dies wie überhaupt das unprogrammäßig frühe Produktionsende dürfte freilich daran gelegen haben, daß das Werk inzwischen zu General Motors gehörte. Die amerikanischen Marken dieses Konzern hielten damals auf dem deutschen Markt hervorragende Positionen, weshalb es den neuen Herren in Rüsselsheim weder notwendig noch wünschenswert erschien, hier unmittelbare Konkurrenzmodelle zu bauen, zumal in Gestalt des Buick unbestreitbar ein in jeder Beziehung besseres Produkt zur Verfügung stand. Der Vergleich mit dieser Marke dürfte übrigens den Volksmund zum Spottnamen »Bauern-Buick« für die Opelschen Sechszylinder-Riesen herausgefordert haben. Obwohl sie, wie die genannten Produktionszahlen ausweisen, durchaus zahlreich herumfuhren, hat, soviel man weiß, nicht ein einziges dieser guten Stücke bis zur heutigen Zeit überlebt.

Aus der Automobilgeschichte läßt sich übrigens die Erfahrung ableiten, daß nicht nur Opel, sondern ebenso jene anderen europäischen Marken, welche in der Massenproduktion bester Klein- und Mittelklassewagen führen wie etwa Fiat, Renault oder Austin, mit großen Luxus- oder gar Superautos kaum jemals zu viel Ruhm gelangten.

12/50 PS Opel
15/60 PS Opel
Tourenwagen 5 Sitze
1927 – 1928

12/50 PS Opel
15/60 PS Opel
Limousine 7 Sitze
1927 – 1928

15/60 PS Opel
Luxus-Limousine
mit Chefkonstrukteur
Dr. Fritz Opel beim
Baden-Badener Automobil-Turnier 1927

14/50 PS Opel Pullman-Limousine 1929

16/60 PS Opel Pullman-Luxus-Limousine 1929

16/60 PS Opel-Sport-Cabriolet 1929

16/60 PS Opel-Roadster 1929

Motor
Zylinderzahl
Bohrung x Hub
Hubraum
Leistung
Drehmoment
Verdichtung
Vergaser

Ventile

Kurbelwellenlager
Kühlung
Schmierung
Zündung
Batterie

Kraftübertragung
Kupplung
Schaltung
Getriebe
Übersetzungen

Antriebs-Übersetzung

Fahrwerk
Vorderradaufhängung
Hinterradaufhängung
Lenkung
Fußbremse
Handbremse
Schmierung

Allgemeine Daten
Radstand
Spur vorn/hinten
Gesamtmaße
Räder
Reifen

Wagengewicht

Zuläss. Belastung
Höchstgeschwindigkeit
Verbrauch/100 km
Kraftstofftank

Preise
Tourenwagen 5 Sitze
Limousine 5 Sitze
Tourenwagen 7 Sitze
Limousine 7 Sitze
Roadster 2 Sitze
Cabriolet 2 Sitze
Luxus-Limousine
Pullmann-Luxus-Limousine

12/50 PS Opel 3,2 Liter Modell 90 1927–1928	15/60 PS Opel 3,9 Liter Modell 100 1927–1928	14/50 PS Opel 3,7 Liter 1929	16/60 PS Opel 4,2 Liter 1929
6 (Reihe)	6 (Reihe)	6 (Reihe)	6 (Reihe)
80 x 104 mm	89 x 104 mm	83 x 112 mm	89 x 112 mm
3160 ccm	3900 ccm	3640 ccm	4170 ccm
50 PS bei 2800 U/min	60 PS bei 2800 M/min	50 PS bei 2800 U/min	60 PS bei 2800 U/min
		13 mkg bei 2400 U/min	15,5 mkg bei 2800 U/min
1:4,8	1:4,8	1:5,2	1:5,2
1 Steigstromvergaser	1 Steigstromvergaser	1 Steigstromvergaser	1 Steigstromvergaser
Solex oder Zenith	Solex oder Zenith	Solex oder Zenith	Solex oder Zenith
Seitlich stehend	Seitlich stehend	Seitlich stehend	Seitlich stehend
Seitliche Nockenwelle	Seitliche Nockenwelle	Seitliche Nockenwelle	Seitliche Nockenwelle
Antrieb durch Zahnkette	Antrieb durch Zahnkette	Antrieb durch Zahnkette	Antrieb durch Zahnkette
7	7	7	7
Pumpe (Wasser)	Pumpe (Wasser)	Pumpe (Wasser)	Pumpe (Wasser)
Druckumlauf	Druckumlauf	Druckumlauf	Druckumlauf
Batteriezündung	Batteriezündung	Batteriezündung	Batteriezündung
6 V 100 Ah	6 V 100 Ah	6 V 110 Ah	6 V 110 Ah

Antrieb auf Hinterräder
Mehrscheibentrockenkupplung
Schalthebel Wagenmitte
3 Gang

12/50 PS und 15/60 PS	14/50 PS und 16/60 PS
I. 3,85	I. 3,76
II. 1,85	II. 1,85
III. 1,00	III. 1,00

5,00

U-Profil-Preßstahl-Rahmen
starr, Halbfedern
starr, Ausleger-Viertelfedern
Schnecke, links
Seilzug, 4 Räder
Mechanisch, Kardanwelle
Nippel

3500 mm	3500 mm	3210 oder 3450 mm	3210 oder 3450 mm
1420/1438 mm	1420/1438 mm	1420/1438 mm	1420/1438 mm
4700 x 1800 x 1950 mm	4700 x 1800 x 1950 mm	4500 (5000) x 1700 x 1920	4500 (5000) x 1700 x 1920
Scheiben (6 Loch)	Scheiben (6 Loch)	Scheiben (6 Loch)	Scheiben (6 Loch)
1927: 860 x 160	1927: 860 x 160	30 x 5,77 Niederdruck	32 x 6" Niederdruck
1928: 30 x 5,77 Niederdruck	1928: 30 x 5,77 Niederdruck		
Tourenwagen 1610 kg	Tourenwagen 1650 kg	Tourenwagen 1610 kg	Tourenwagen 1650 kg
	Pullman-Limousine 1850 kg	Pullman-Limousine 1790 kg	Pullman-Limousine 1850 kg
	550 bis 600 kg	550 bis 600 kg	550 bis 600 kg
	95 km/h	90 km/h	95 km/h
	22 Liter	18 Liter	22 Liter
	? Liter (im Heck)	? Liter (im Heck)	? Liter (im Heck)
RM 6000,–	–	RM 5950,–	–
RM 6600,–	RM 7500,–	RM 6800,–	RM 7500,–
RM 7250,–	RM 7750,–	–	RM 7750,–
RM 7950,–	RM 8450,–	RM 7800,–	RM 8450,–
–	RM 8500,–	–	RM 8500,–
–	RM 9000,–	–	RM 9000,–
RM 9000,–	RM 9500,–	–	RM 10500,–
RM 9500,–	RM 10500,–	–	RM 11500,–

24/110 PS Opel Regent
6 Liter Achtzylinder
Pullman-Luxus-Limousine
1929

24/110 PS Opel Regent
6 Liter Achtzylinder
Tourenwagen 7 Sitze
1929

24/110 PS Opel Regent
6 Liter Achtzylinder
Luxus-Limousine 5 Sitze
1929

24/110 PS Opel Regent
6 Liter Achtzylinder
Sport-Coupé (Karosserie
vermutlich Kruck)
mit Fritz von Opel beim
Automobilturnier
Baden-Baden 1929

24/110 PS Opel Regent Achtzylinder (1929)

An Ehrgeiz und Wagemut mangelte es den Opel-Brüdern nicht. Waren sie mit dem 10/40 PS gegen Chevrolet und mit den Sechszylinder-Riesen gegen Buick angetreten, so wollten sie mit dem völlig neuen Achtzylinder Opel Regent, vorgestellt auf der Berliner Automobil-Ausstellung im November 1928, die Konkurrenz mit Amerikas Spitzenmarke Cadillac aufnehmen. Der Opel Regent machte dank des Tiefrahmens und seiner schön gezeichneten Karosserien einen hervorragenden Eindruck, aber auch der Motor gefiel, wobei das Werk geschickt daran erinnerte, daß es bereits 1921 als erste deutsche Firma einen Achtzylinder konstruiert habe, der in verschiedenen Rennen erprobt wurde. Von April bis Oktober 1929 wurden tatsächlich 25 Opel Regent gebaut, doch die Amerikaner, die jetzt in Rüsselsheim den Ton angaben, hielten gar nichts von einem deutschen Pseudo-Cadillac. Sie bereiteten der Geschichte ein radikales Ende: Opel mußte noch vor Jahresende 1929 sämtliche Wagen dieses Typs zurückkaufen und verschrotten! Eine vergleichbare Aktion hat es wohl nie vorher und auch seitdem nie wieder gegeben.

	24/110 PS Opel Regent 1929
Motor	
Zylinderzahl	8 (Reihe)
Bohrung x Hub	89 x 120 mm
Hubraum	5970 ccm
Leistung	110 PS bei 3200 U/min
Drehmoment	23,6 mkg bei 2800 U/min
Verdichtung	1:5,3
Vergaser	1 Doppel-Steigstromvergaser Solex 46
Ventile	Seitlich stehend Seitliche Nockenwelle Antrieb durch Zahnkette
Kurbelwellenlager	9
Kühlung	Pumpe (Wasser)
Schmierung	Druckumlauf
Zündung	Doppel-Batteriezündung 16 Flugmotoren-Zündkerzen
Batterie	6 V 140 W
Kraftübertragung	Antrieb auf Hinterräder
Kupplung	Mehrscheibentrockenkupplung
Schaltung	Schalthebel Wagenmitte
Getriebe	Opel 3 Gang + Maybach Schnellgang
Übersetzungen	I. 3,76 II. 1,852 III. 1,00 Schnellgang ca. 0,65
Antriebs-Übersetzung	4,55
Fahrwerk	Preßstahl-Tiefrahmen
Vorderradaufhängung	starr, Halbfedern
Hinterradaufhängung	starr, Halbfedern
Lenkung	Schnecke, links
Fußbremse	Hydraulisch, Servo, 4 Räder
Handbremse	Mechanisch, Kardanwelle
Schmierung	Nippel
Allgemeine Daten	
Radstand	3700 mm
Spur vorn/hinten	1500/1500 mm
Gesamtmaße	5400 x 1830 x 1760 mm
Räder	Holzspeichen
Reifen	32 x 6,75" SS Ballon
Fahrgestellgewicht	1570 kg
Wagengewicht	2200 kg
Zuläss. Belastung	600 kg
Höchstgeschwindigkeit	120 km/h
Verbrauch/100 km	25 Liter
Kraftstofftank	? Liter (im Heck)
Preise	
Fahrgestell	RM 15000,–
Tourenwagen 7 Sitze	RM 19500,–
Roadster	RM 20000,–
Pullman-Luxus-Limousine	RM 21000,–

7/34, 8/40 PS Opel (1927–1930)

Im Oktober 1927 kam der 7/34 PS Opel als billigster deutscher Sechszylinder auf den Markt. Trotz allgemeinen Lobs und guten Verkaufs erhält der äußerlich zunächst unveränderte Wagen schon ein Jahr später einen größeren Zweiliter 8/40 PS-Motor. Im Frühjahr 1929 erscheint die Limousine mit Tiefrahmen und neuer Karosserie, zunächst noch mit Packard-Kühler, der dann aber bald verschwindet. Produktionsauslauf September 1930. Insgesamt wurden 20580 Wagen der beiden Modellreihen gebaut. Der 7/34 und der 8/40 PS erfreuten sich, wie die Produktionszahl unterstreicht, recht großer Beliebtheit, wobei übrigens interessanterweise der Nachruhm des 7/34 PS den des späteren Modells deutlich übertrifft.

7/34 PS Opel
8/40 PS Opel
Limousine 4 Türen
1927 – 1929

8/40 PS Opel
Droschken-Landaulet
(Karosserie Kühn)
1929

7/34 PS Opel
8/40 PS Opel
Tourenwagen 4 Türen
1927 – 1929

8/40 PS Opel
Luxus-Limousine 4 Türen
(Karosserie Kühn)
1928

<table>
<tr><th></th><th>7/34 PS Opel
1927–1928</th><th>8/40 PS Opel
1928–1929</th><th>8/40 PS Opel
1929–1930</th></tr>
<tr><td>Motor</td><td></td><td colspan="2"></td></tr>
<tr><td>Zylinderzahl</td><td>6 (Reihe)</td><td colspan="2">6 (Reihe)</td></tr>
<tr><td>Bohrung x Hub</td><td>62 x 95 mm</td><td colspan="2">64 x 100 mm</td></tr>
<tr><td>Hubraum</td><td>1735 ccm</td><td colspan="2">1916 ccm</td></tr>
<tr><td>Leistung</td><td>34 PS bei 3600 U/min</td><td colspan="2">8/40 PS bei 3600 U/min</td></tr>
<tr><td>Drehmoment</td><td></td><td colspan="2">7,2 mkg</td></tr>
<tr><td>Verdichtung</td><td>1 : 5</td><td colspan="2">1 : 5,35</td></tr>
<tr><td>Vergaser</td><td>1 Flachstromvergaser
Solex 26</td><td colspan="2">1 Flachstromvergaser
Solex FH 26</td></tr>
<tr><td>Ventile</td><td>Seitlich stehend
Seitliche Nockenwelle
Antrieb durch Stirnräder</td><td colspan="2">Seitlich stehend
Seitliche Nockenwelle
Antrieb durch Stirnräder</td></tr>
<tr><td>Kurbelwellenlager</td><td>3</td><td colspan="2">3</td></tr>
<tr><td>Kühlung</td><td>Thermosyphon (Wasser)</td><td colspan="2">Thermosyphon (Wasser)</td></tr>
<tr><td>Schmierung</td><td>Druckumlauf</td><td colspan="2">Druckumlauf</td></tr>
<tr><td>Zündung</td><td>Batteriezündung</td><td colspan="2">Batteriezündung</td></tr>
<tr><td>Batterie</td><td>6 V 80 Ah</td><td colspan="2">6 V 100 Ah</td></tr>
<tr><td>Kraftübertragung</td><td colspan="2">Antrieb auf Hinterräder</td><td>Antrieb auf Hinterräder</td></tr>
<tr><td>Kupplung</td><td colspan="2">Mehrscheibentrockenkupplung</td><td>Mehrscheibentrockenkupplung</td></tr>
<tr><td>Schaltung</td><td colspan="2">Schalthebel Wagenmitte</td><td>Schalthebel Wagenmitte</td></tr>
<tr><td>Getriebe</td><td colspan="2">3 Gang</td><td>3 Gang</td></tr>
<tr><td>Übersetzungen</td><td colspan="2">I. 3,85
II. 1,88
III. 1,00</td><td>I. 4,13
II. 1,89
III. 1,00</td></tr>
<tr><td>Antriebs-Übersetzung</td><td colspan="2">5,00</td><td>5,90</td></tr>
<tr><td>Fahrwerk</td><td colspan="2">U-Profil-Preßstahl-Rahmen</td><td>U-Profil-Preßstahl-Niederrahmen</td></tr>
<tr><td>Vorderradaufhängung</td><td colspan="2">starr, Halbfedern</td><td>starr, Halbfedern</td></tr>
<tr><td>Hinterradaufhängung</td><td colspan="2">starr, Ausleger-Viertelfedern</td><td>starr, Halbfedern</td></tr>
<tr><td>Lenkung</td><td colspan="2">Schnecke, links</td><td>Schnecke, links</td></tr>
<tr><td>Fußbremse</td><td colspan="2">Seilzug, 4 Räder</td><td>Seilzug, 4 Räder</td></tr>
<tr><td>Handbremse</td><td colspan="2">Mechanisch, Kardanwelle</td><td>Mechanisch, Kardanwelle</td></tr>
<tr><td>Schmierung</td><td colspan="2">Nippel</td><td>Nippel</td></tr>
<tr><td>Allgemeine Daten</td><td></td><td></td><td></td></tr>
<tr><td>Radstand</td><td>2880 mm</td><td>2880, Zweisitzer 2750 mm</td><td>2880 mm</td></tr>
<tr><td>Spur vorn/hinten</td><td>1250/1276 mm</td><td>1250/1276 mm</td><td>1250/1276 mm</td></tr>
<tr><td>Gesamtmaße</td><td>4250 x 1520 x 1860 mm</td><td>4350 (3520) x 1520 x 1860 mm</td><td>4500 x 1550 x 1740 mm</td></tr>
<tr><td>Räder</td><td>Scheiben (4 Loch)</td><td>Scheiben (4 Loch)</td><td>Scheiben (4 Loch)</td></tr>
<tr><td>Reifen</td><td>28 x 5,00 Niederdruck</td><td>28 x 5,00 Niederdruck</td><td>5,00 x 18 Niederdruck</td></tr>
<tr><td>Fahrgestellgewicht</td><td>720 kg</td><td>720 kg</td><td>890 kg</td></tr>
<tr><td>Wagengewicht</td><td>Limousine 1170 kg</td><td>Limousine 1170 kg</td><td>Limousine 1320 kg</td></tr>
<tr><td>Zuläss. Belastung</td><td>350 kg</td><td>500 kg</td><td>470 kg</td></tr>
<tr><td>Höchstgeschwindigkeit</td><td>90 km/h</td><td>90 km/h</td><td>90 km/h</td></tr>
<tr><td>Verbrauch/100 km</td><td>12 Liter</td><td>12 Liter</td><td>12 Liter</td></tr>
<tr><td>Kraftstofftank</td><td>? Liter (im Motorraum)</td><td>? Liter (im Motorraum)</td><td>? Liter (im Motorraum)</td></tr>
</table>

Preise	**7/34 PS 1928**	**8/40 PS 1928**	**8/40 PS 1929**	**8/40 PS 1930**
Tourenwagen 4 Türen	RM 4600,–	RM 4600,–	RM 4600,–	–
Limousine 4 Türen	RM 4900,–	RM 4900,–	RM 4500,–	RM 4300,–
Luxus-Limousine 4 Türen	RM 5400,–	RM 5400,–	RM 4950,–	RM 4600,–
Roadster 2 Sitze	–	RM 5000,–	RM 4900,–	–
Coupé 2 Sitze	–	RM 5000,–	RM 4900,–	–
Cabriolet 2 Sitze	–	RM 5400,–	RM 5300,–	–

8/40 PS Opel
Roadster 2 Sitze
1928 – 1929

8/40 PS Opel
Coupé 2 Sitze
1928 – 1929

8/40 PS Opel
Cabriolet 2 Sitze
1928 – 1929

8/40 PS Opel
Luxus-Limousine 4 Türen
1929

8/40 PS Opel
Luxus-Limousine 4 Türen
1930

Opel 1,8 Liter (1931–1933)

Mit dem 1,8 Liter beginnt ein neuer Abschnitt in der Typengeschichte der Marke Opel. Ohne den geringsten Bezug auf das seitherige Programm wurde der 1,8 Liter bei General Motors in Amerika für Opel völlig neu entwickelt. Schon in seiner äußeren Erscheinung wirkte er viel graziöser und eleganter als alle früheren Wagen aus Rüsselsheim. Er zeichnete sich durch eine gefällige, harmonische Linienführung aus, die dem ausgezeichneten amerikanischen Karosseriestil jener Jahre entsprach. Aber auch in technischer Hinsicht setzte der Opel 1,8 Liter für den deutschen Automobilbau neue Maßstäbe. Der Motor lief weich und geschmeidig, das Getriebe ließ sich leicht schalten, die präzise Lenkung erforderte wenig Kraft, die komfortable Federung zeigte eine hervorragende Abstimmung und die Bremsen verfügten über eine hierzulande bis dahin nicht gekannte Wirksamkeit. Zudem ergab sich aus dem günstigen Leistungsgewicht ein außergewöhnliches Temperament, was allerdings durch eine ziemliche Beengtheit in der recht kleinen Karosserie erkauft worden war. Trotz seiner Fortschrittlichkeit in vieler Beziehung stieß der Opel 1,8 Liter weithin auch auf Vorbehalte, weil das deutsche Publikum damals bereits mit Recht von einem neuen Modell Schwingachsen, Einzelradlenkung und Tiefrahmen erwartete. In Amerika hatte man bis dahin und noch mehrere Jahre lang nicht zu derart zeitgemäßen Ansichten gefunden. So war und blieb das Urteil über den Opel 1,8 Liter stets zwiespältig: Ein schöner, guter, in vieler Hinsicht beispielhafter Wagen, der aber leider fahrwerksmäßig nicht den damaligen Möglichkeiten der Technik entsprach.

Die Produktion des Opel 1,8 Liter begann im Januar 1931. Die im ersten Modelljahr gebaute Serie 18 B wurde zu einem enormen Verkaufserfolg, der freilich in den folgenden Jahren bei weitem nicht mehr wiederholt werden konnte. In der 18 B-Serie gab es im wesentlichen 3 Ausführungen: Ein erstaunlich preisgünstiges Zweisitzer-Cabriolet mit feststehenden Seitenwänden und Klappsitz im Heck, eine Limousine oder Sonnen-Limousine mit 4 Türen und ein sogenanntes Sonnen-Coupé, das dem bis dahin nur in Frankreich bekannten und dort sehr beliebten Faux-Cabriolet entsprach. Sonnen-Limousine und Sonnen-Coupé besaßen ein Schiebedach, also nicht etwa ein Faltdach, womit sie ihrer Zeit weit voraus waren. Und das Dach des Sonnen-Coupés hatte schon damals einen Kunststoffbezug! Es gab ferner in geringer Zahl, da als Sondermodelle nicht allgemein angeboten, eine Zweitüren-Limousine, einen Touring, einen Roadster und ein Viersitzer-Cabriolet.

Die im Modelljahr 1932 laufende Serie 18 C blieb im wesentlichen gleich, doch gab es zahlreiche zusätzliche Modellvarianten. Ab März 1932 ersetzte man die doppelten Stoßstangen durch einteilige, wobei die einfacher ausgestatteten Modelle auch noch weiterhin ohne Stoßstangen blieben.

Wie das Zweisitzer- besaß zunächst auch das Viersitzer-Cabriolet feste Seitenwände. Erst ab Frühsommer 1932 wurde das viersitzige Modell zu einem echten Cabriolet, bei dem nach dem Herunterlassen der Seitenfenster keine Türrahmen mehr stehenblieben. Vom gleichen Zeitpunkt an wurde für den Touring (offener Viersitzer mit Wetterdach) keine eigene Karosserie mehr gefertigt, sondern diejenige des Cabriolets verwendet, jedoch nur mit Wetterdach versehen und einfachst ausgestattet. So besaß der Touring beispielsweise keine Türgriffe, keine Winker und nur einen handbetätigten Scheibenwischer. Geliefert wurde der Touring hauptsächlich an Handwerker, Händler und Bauern. Mit dem Touring Modell 1932/33 gab es bei Opel zum letzten Mal einen Wagen mit dieser früher so wichtigen Karosserieform.

Im Juli 1932 erschien als weiteres Modell der erste Opel 1,8 Liter Regent als Zweitüren-Limousine (Serie 98 C), gekennzeichnet durch eine geräumigere Karosserie mit sogenanntem Stromlinienheck, Ganzstahldach, Kotflügelschürzen, fehlendem Torpedo (also Motorhaube bis hin zur Frontscheibe) und Tankeinfüllung durch die Mitte des Reserverades.

In das Modelljahr 1933 wurden außer dem noch eine Zeitlang unverändert weiter lieferbaren Touring nur der Regent und das Viersitzer-Cabriolet übernommen. Neu und am wichtigsten waren drei Sechsfenster-Limousinen, außerdem waren neu zwei Regent-Cabriolets, wobei vor allem das zweisitzige einen sehr ansprechenden Eindruck machte. Zu unterscheiden wa-

Opel 1,8 Liter (18 B) Sonnen-Limousine 1931

Opel 1,8 Liter (18 B) Cabriolet 2 (2) Sitze 1931

Opel 1,8 Liter (18 B) Touring 2 Türen (1931)

Opel 1,8 Liter (18 B) Sonnen-Coupé 1931

ren 1933 die Serien 18 N ohne und 1833 mit Stromlinienheck, wobei allerdings ein Cabriolet wiederum eine Ausnahme bildete. Datentafel und Preistabelle geben im einzelnen Auskunft.

Die Produktion des Opel 1,8 Liter endete im November 1933. Hergestellt wurden etwa 16000 Wagen der Serie 18 B, etwa 6700 Wagen der Serie 18 C, etwa 600 Wagen der Serie 98 C, etwa 6200 Wagen der Serie 18 N und etwa 2800 Wagen der Serie 1833, insgesamt also etwa 32300 Wagen, darunter etwa 3400 Regent.

Serie	Modelle und Preise	1931	1932	1933
18 B	Touring 2 Türen 4 Sitze	RM 2700,–		
18 B	Cabriolet 2/2 Sitze	RM 3175,–		
18 B	Limousine 4 Türen 4 Fenster	RM 3300,–		
18 B	Sonnen-Limousine 4 Türen 4 Fenster	RM 3450,–		
18 B	Sonnen-Coupé 4 Sitze 2 Fenster	RM 3500,–		
18 C	Touring 2 Türen 4 Sitze		RM 2700,–	
18 C	Sport-Zweisitzer offen		RM 3500,–	
18 C	Cabriolet 2/2 Sitze		RM 2890,–, Spezial 3390,–	
18 C	Limousine 4 Türen 4 Fenster		RM 3000,–, Spezial 3500,–	
18 C	Sonnen-Limousine 4 Türen 4 Fenster		RM 3150,–, Spezial 3650,–	
18 C	Sonnen-Coupé 4 Sitze 2 Fenster		RM 3200,–, Spezial 3700,–	
18 C	Cabriolet 4 Sitze, mit Koffer		RM 3590,–	
98 C	»Regent« Limousine 2 Türen		RM 3350,–	
18 N	Limousine 4 Türen 6 Fenster			RM 3150,–
18 N	Spezial-Limousine 6 Fenster, mit Koffer			RM 3600,–
1833	»Regent« Limousine 2 Türen			RM 3350,–
1833	»Regent« Limousine 4 Türen 6 Fenster			RM 3800,–
1833	Cabriolet 4 Sitze, mit Koffer			RM 3590,–
1833	»Regent« Cabriolet 2/2 Sitze			RM 3800,–
1833	»Regent« Spezial-Cabriolet 4 Sitze			RM 3950,–

Opel 1,8 Liter
1931–1933

Motor	
Zylinderzahl	6 (Reihe)
Bohrung x Hub	65 x 90 mm
Hubraum	1790 ccm
Leistung	32 PS bzw. (1933) 33,5 PS bei 3200 U/min
Verdichtung	1 : 5,5 bzw. (1933) 1 : 5,75
Vergaser	1 Steigstromvergaser Solex 30 FV bzw. (1933) 30 FVN
Ventile	Seitlich stehend, seitliche Nockenwelle, Antrieb durch Stirnräder
Kurbelwellenlager	3
Kühlung	Pumpe, 9,5 Liter Wasser
Schmierung	Druckumlauf, 5 Liter Öl
Batterie	6 V 72 Ah (unter Fahrersitz)
Kraftübertragung	Antrieb auf Hinterräder
Kupplung	Einscheibentrockenkupplung
Schaltung	Schalthebel Wagenmitte

	Serie 18 B und 18 C (bis Mitte 1932):	Serie 18 C (ab Mitte 1932), 98 C und 18 N (Wagen 1 bis 729):	Serie 18 N (ab Wagen 730) und 1833:
Getriebe	3 Gang Opel	3 Gang Opel	4 Gang Opel (Lizenz ZF)
Synchronisierung	Ohne	Ohne	Ohne
Übersetzungen	I. 3,00	I. 3,525	I. 3,906
	II. 1,60	II. 1,735	II. 2,467
	III. 1,00	III. 1,000	III. 1,491
			IV. 1,000
Antriebs-Übersetzung	4,78, auf Wunsch 5,55	4,78, auf Wunsch 5,55	4,30, auf Wunsch 4,78

Fahrwerk	U-Profil-Preßstahl-Rahmen
Vorderradaufhängung	starr, Halbfedern
Hinterradaufhängung	starr, Halbfedern
Lenkung	Schnecke (14,1 : 1)
Fußbremse	Seilzug, 4 Räder, Trommel-∅ 10", Bremsfläche 901 cm²
Handbremse	Mechanisch, Kardanwelle
Schmierung	Nippel
Allgemeine Daten	2540 mm
Spur vorn/hinten	1220/1220 bzw. (ab Herbst 1931) 1220/1260 mm
Gesamtmaße	18 B und 18 C Limousine: 3800 x 1480 x 1650 mm
	18 B und 18 C Sonnen-Limousine und Sonnen-Coupé mit Stoßstangen: 3940 x 1480 x 1670 mm
	18 B und 18 C Cabriolet 2/2 Sitze (ohne Stoßstangen): 3640 x 1480 x 1650 mm
	18 C Cabriolet, 98 C, 18 N und 1833: 3960 x 1490 x 1625 mm
Räder	18": Scheiben (5 Loch). 17": Scheiben oder Drahtspeichen (5 Loch)
Reifen	Serie 18 B und 18 C (bis Mitte 1932): 4,50–18
	Serie 18 C (ab Mitte 1932), 98 C und 18 N Limousine: 4,75–17
	Serie 1833 und 18 N Spezial-Limousine: 5,00–17
Wendekreis	12 Meter
Fahrgestellgewicht	680 kg
Wagengewicht	18 B und 18 C Cabriolet 2/2 Sitze: 900 kg
	18 B und 18 C Limousine, Sonnen-Coupé und Cabriolet 4 Sitze: 940 kg bis 970 kg
	18 N Limousine 4 Türen 990 kg
	Regent Limousine 4 Türen 1035 kg
Zuläss. Belastung	ca. 300 kg
Höchstgeschwindigkeit	85 bis 90 km/h
Verbrauch/100 km	11 Liter
Kraftstofftank	34 Liter, Regent 32 Liter, Regent Cabriolet 2/2 Sitze 42 Liter (im Heck)

Opel 1,8 Liter
(Serie 18 C)
Cabriolet 4 Sitze
1932

Opel 1,8 Liter
(Serie 18 N)
Spezial-Limousine 4 Türen
1933
(Besitzer: Wille Thommen,
Buckten/Schweiz)

Opel 1,8 Liter
(Serie 18 C)
Touring 2 Türen
1932

Opel 1,8 Liter
(Serie 18 C)
Sport-Zweisitzer offen
1932

Opel 1,8 Liter Regent
(Serie 98 C und 1833)
Limousine 2 Türen
1932 – 1933

Opel 1,8 Liter Regent
(Serie 1833)
Limousine 4 Türen
1933

Opel 1,8 Liter Regent
(Serie 1833)
Spezial-Cabriolet 4 Sitze
1933

Opel 1,8 Liter Regent
(Serie 1833)
Cabriolet 2 (2) Sitze
1933

Opel 1 Liter (1933)
Opel 1,2 Liter (1931–1935)
Opel P 4 (1935–1937)

Ein halbes Jahr nach dem 1,8 Liter-Sechszylinder brachte Opel den ebenfalls in Amerika entwickelten 1,2 Liter-Vierzylinder heraus. Beide stimmten in Form und Technik weitgehend überein, sie hatten auch die gleichen Zylinderabmessungen. Der 1,2 Liter ersetzte den zwar erfolgreichen, aber im Vergleich zu dem neuen Modell geradezu grobschlächtigen 4/20 PS Opel. So viel Aufsehen wie zuvor der 1,8 Liter erregte der 1,2 Liter nicht mehr, weil man nun vom ersteren her bereits die Perfektion kannte, aber auch die Kehrseite der amerikanischen Art, Autos für Europa zu bauen. In der Tat besaß der Opel 1,2 Liter im Prinzip die gleichen Vorzüge wie der 1,8 Liter, aber auch infolge des orthodoxen Fahrwerks die gleichen Mängel, die hier durch den kürzeren Radstand noch ausgeprägter in Erscheinung traten.

Die Produktion des Opel 1,2 Liter (Serie 12 B) begann im Juli 1931. Angeboten wurde er in der damals noch üblichen Vielfalt mit 5 verschiedenen Karosserien. 1932 (Serie 12 C) änderte sich nichts an den bestehenden Ausführungen, hinzu kam jedoch im Oktober 1932 analog zum 1,8 Liter das Modell Regent als Zweitüren-Limousine. Die Karosserie war nahezu die gleiche wie beim Sechszylinder, doch paßte sie weder optisch noch gewichtsmäßig auf das kleinere Fahrgestell.

Für das Modelljahr 1933 bereitete Opel ein besonders breites Angebot vor. Außer dem seitherigen Programm (jetzt Serien 1210 und 12 N) gab es die Limousine und den Zweisitzer mit ein paar Vereinfachungen und mit 1 Liter-Motor (Serie 1033), gebaut von November 1932 bis November 1933. Dieses Sparauto war etwas billiger und kostete ein bißchen weniger Steuer als der 1,2 Liter. Entstanden unter dem Eindruck der Wirtschaftskrise fand der Opel 1 Liter

Preise		1931	1932	1933	1934	1935	1936	1937
				1 Liter 1033				
Zweisitzer offen	RM	–	–	1890,–				
Limousine 2 Türen	RM	–	–	1990,–				
Sonnen-Limousine	RM	–	–	2140,–				
		1,2 Liter 12 B	**1,2 Liter 12 C**	**1,2 Liter 1210**				
Zweisitzer offen	RM	2000,–	1890,–	1890,–				
Viersitzer offen	RM	2350,–	2190,–	2190,–				
Cabriolet 2 Sitze	RM	2500,–	2290,–	2290,–				
Limousine 2 Türen	RM	2700,–	2400,–	2290,–				
Sonnen-Limousine	RM	2850,–	2550,–	2420,–				
Cabriolet 4 Sitze	RM	2750,–	2690,–	–				
				1,2 Liter 12 N				
Cabriolet 4 Sitze	RM	–	–	2690,–				
			1,2 Liter Regent 92C	**1,2 Liter Regent 1233**				
Limousine 2 Türen	RM	–	2890,–	2890,–				
				1,2 Liter 12 LG				
Limousine 4 Türen	RM	–	–	2750,–				
Cabriolet 4 Sitze, mit Koffer	RM	–	–	2890,–				
					1,2 Liter 1290	**1,2 Liter 1290**	**P 4 1190**	**P 4 1190**
Limousine 2 Türen	RM				1880,–	1850,–	1650,–	1450,–
Cabrio-Limousine 2 Türen	RM				1990,–	1960,–	1880,–	1675,–
Spezial-Limousine 2 Türen	RM				2200,–	2090,–	1880,–	1675,–

Oben links:
Opel 1,2 Liter
Zweisitzer offen 1931 – 1933
bzw.
Opel 1 Liter
Zweisitzer offen 1933

Oben rechts:
Opel 1,2 Liter
Limousine 1931 – 1933
bzw.
Opel 1 Liter
Limousine 1933

Opel 1,2 Liter
Cabriolet 2 Sitze
1931 – 1933

dann aber angesichts des Aufschwungs im Jahre 1933 nur wenig Zuspruch. Auch der 1,2 Liter Regent, der sich nur mäßig verkaufte, wurde bereits im Juni 1933 wieder aufgegeben. Ferner gab es die Serie 12 LG (1,2 Liter lang), gebaut von Januar bis Dezember 1933. Diese Sechsfenster-Viertüren-Limousine auf verlängertem Fahrgestell wurde relativ gut verkauft. Auch dieser Wagen stellte keine sehr geglückte Kreation dar, sah er doch im Verhältnis zu seiner Höhe viel zu schmal aus, so daß man immer ein bißchen die Befürchtung hatte, er müsse in der nächsten Kurve umkippen. Auch ein Cabriolet wurde auf dem verlängerten Fahrgestell angeboten.

Ab 1934 wurde das 1,2 Liter-Programm (Serie 1290) auf die Limousine (in zwei Varianten) und die Cabrio-Limousine reduziert. Erst jetzt gedieh der Wagen, natürlich auch infolge der äußeren günstigeren Voraussetzungen, zu einem ganz großen Erfolg. Im September 1935 ersetzte der Opel P 4 (Serie 1190) den 1,2 Liter. Er unterschied sich vom Vorgänger hauptsächlich durch die Kühlerverkleidung und einen neuen, nicht mehr langhubigen 1,1 Liter-Motor mit ebenfalls 23 PS Leistung. In seinem letzten Jahr kostete die Limousine nur mehr 1450 Mark. Der Opel P 4 war damals das populärste deutsche Auto. Die politische Führung freilich wünschte die im Dezember 1937 erfolgte Produktionseinstellung des auf seine Art so vortrefflichen Fahrzeugs. Sein hoher Gegenwert für den niedrigen Preis hätte vielleicht die bereits weitgediehenen Volkswagenpläne stören können.

Gebaut wurden 5600 Opel 1 Liter, 101 563 Opel 1,2 Liter (darunter 7000 Wagen der Serie 12 LG und 1500 Regent 1,2 Liter) sowie 65 864 Opel P 4. Das sind insgesamt 173 027 Einheiten dieser Baureihen.

Opel 1,2 Liter
Cabriolet 4 Sitze
1931 – 1932

Opel 1,2 Liter
Viersitzer offen
1931 – 1933

Opel 1,2 Liter Regent
Limousine 2 Türen
1932 – 1933

Opel 1,2 Liter (12 LG)
Limousine 4 Türen
1933

Opel 1,2 Liter
Limousine 2 Türen
1934 – 1935

Unten links:
Opel 1,2 Liter
Cabrio-Limousine 2 Türen
1934 – 1935

Unten rechts:
Opel 1,2 Liter
Spezial-Limousine 2 Türen
1934 – 1935

Oben links:
Opel P 4
Limousine 2 Türen
1936 – 1937

Oben rechts:
Opel P 4
Spezial-Limousine 2 Türen
1936 – 1937

Opel P 4
Cabrio-Limousine 2 Türen
1936 – 1937

Opel 1 Liter 1933	Opel 1,2 Liter 1931–1933		
4 (Reihe)	4 (Reihe)		
65 x 75 mm	65 x 90 mm		
995,5 (Steuer 989) ccm	1193 (Steuer 1186) ccm		
18 PS bei 3300 U/min	22 PS bzw. (Modelle 1933) 23 PS bei 3200 U/min		
1:6	1:6		
1 Flachstromvergaser	1 Flachstromvergaser		
Solex 26 FVN	Solex 26 FVN		
Seitlich stehend	Seitlich stehend		
Seitliche Nockenwelle	Seitliche Nockenwelle		
Antrieb durch Stirnräder	Antrieb durch Stirnräder		
3	3		
Thermosyphon, 9,4 Liter Wasser	Pumpe, 6 Liter Wasser		
Druckumlauf, 3,5 Liter Öl	Druckumlauf, 3,5 Liter Öl		
6 V 72 Ah (unter Fahrersitz)	6 V 72 Ah (unter Fahrersitz)		
Antrieb auf Hinterräder	Antrieb auf Hinterräder		
Einscheibentrockenkupplung	Einscheibentrockenkupplung		
Schalthebel Wagemitte	Schalthebel Wagenmitte		
	1931–1932 ausschließlich	Ab Frühjahr 1933 überwiegend	
3 Gang	3 Gang	4 Gang	
Ohne	Ohne	Ohne	
I. 3,525	I. 3,525	I. 3,906	
I. 1,735	II. 1,735	II. 2,467	
III. 1,000	III. 1,000	III. 1,491	
		IV. 1,000	
5,571	5,143. Regent und Serie 12 LG: 5,571		
U-Profil-Preßstahl-Rahmen	U-Profil-Preßstahl-Rahmen		
starr, Halbfedern	starr, Halbfedern		
starr, Halbfedern	starr, Halbfedern		
Schnecke (15,4:1)	Schnecke (15,4:1)		
Seilzug, 4 Räder, Trommel-Ø 8"	Seilzug, 4 Räder, Trommel-Ø 10"		
Mechanisch, Kardanwelle	Mechanisch, Kardanwelle		
Nippel	Nippel		
		Regent	**Serie 12 LG**
2286 mm	2286 mm	2337 mm	2445 mm
1118/1143 mm	1118/1143 mm	1118/1168 mm	1118/1168 mm
	Serie 12 N: 1118/1168 mm		
3215 x 1425 x 1585 mm	Limousine:	3500 x 1450 x 1630 mm	
(Länge ohne Stoßstangen)	3500 x 1425 x 1610 mm		
Scheiben (4 Loch)	Scheiben (4 Loch)	Scheiben (4 Loch)	Scheiben (4 Loch)
4,50–17	4,50–17	4,75–17	4,75–17
11,9/12,2 Meter	11,9/12,2 Meter		
550 kg	550 kg		
Zweisitzer offen 720 kg	Zweisitzer offen 720 kg	Limousine 900 kg	Limousine 900 kg
Limousine 750 kg	Limousine 750 kg		
	Cabriolet 2 Sitze 780 kg		
1050 kg	1100 kg		
78 km/h	85 km/h	82 km/h	82 km/h
8,5 Liter	8,5 Liter	9 Liter	9 Liter
25 Liter (im Heck)	25 Liter (im Heck)	25 Liter (im Heck)	25 Liter (im Heck)

	Opel 1,2 Liter 1934–1935	Opel P 4 1935–1937
Motor		
Zylinderzahl	4 (Reihe)	4 (Reihe)
Bohrung x Hub	65 x 90 mm	67,5 x 75 mm
Hubraum	1193 (Steuer 1186) ccm	1073 (Steuer 1066) ccm
Leistung	23 PS bei 3200 U/min	23 PS bei 3400 U/min
Verdichtung	1:6	1:6
Vergaser	1 Flachstromvergaser Solex 26 FVN oder Opel (Lizenz Carter)	1 Fallstromvergaser Opel (Lizenz Carter)
Ventile	Stehend seitlich Seitliche Nockenwelle Antrieb durch Stirnräder	Stehend seitlich Seitliche Nockenwelle Antrieb durch Stirnräder
Kurbelwellenlager	3	3
Kühlung	Pumpe, 6,5 Liter Wasser	1935/36: Thermosyphon, 8,5 Liter Wasser 1936/37: Pumpe, 5,7 Liter Wasser
Schmierung	Druckumlauf, 3,5 Liter Öl	Druckumlauf, 3,2 Liter Öl
Batterie	6 V 72 bzw. (1935) 62,5 Ah (unter Fahrersitz)	6 V 62,5 Ah (unter Fahrersitz)
Kraftübertragung	Antrieb auf Hinterräder	Antrieb auf Hinterräder
Kupplung	Einscheibentrockenkupplung	Einscheibentrockenkupplung
Schaltung	Schalthebel Wagenmitte	Schalthebel Wagenmitte
Getriebe	Limousine: 3 Gang Cabrio- und Spezial-Limousine: 4 Gang	Limousine: 3 Gang Cabrio- und Spezial-Limousine: 4 Gang
Synchronisierung	Limousine: Ohne Cabrio- und Spezial-Limousine: Ohne	Limousine: Ohne Cabrio- und Spezial-Limousine: Ohne
Übersetzungen	Limousine: I. 2,525 – II. 1,735 – III. 1,000 Cabrio- und Spezial-Limousine: I. 3,906 – II. 2,467 – III. 1,491 – IV. 1,000	Limousine: I. 3,525 – II. 1,735 – III. 1,000 Cabrio- und Spezial-Limousine: I. 3,906 – II. 2,467 – III. 1,491 – IV. 1,000
Antriebs-Übersetzung	5,57 (39:7)	5,57 (39:7)
Fahrwerk	U-Profil-Preßstahl-Rahmen	U-Profil-Preßstahl-Rahmen
Vorderradaufhängung	starr, Halbfedern	starr, Halbfedern
Hinterradaufhängung	starr, Halbfedern	starr, Halbfedern
Lenkung	Schnecke	Schnecke
Fußbremse	Seilzug, 4 Räder	Seilzug, 4 Räder, Bremsfläche 458 cm²
Handbremse	Mechanisch, Kardanwelle	Seilzug, 4 Räder
Schmierung	Nippel	Nippel
Allgemeine Daten		
Radstand	2286 mm	2286 mm
Spur vorn/hinten	1118/1168 mm	1118/1168 mm
Gesamtmaße	3300 x 1425 x 1650 mm	3340 x 1425 x 1650 mm
Räder	Scheiben (4 Loch)	Scheiben (4 Loch)
Reifen	4,50 oder 4,75–17	4,25–17
Wendekreis-∅ links/rechts	11,9/12,2 Meter	11,9/12,2 Meter
Fahrgestellgewicht	580 kg	600 kg
Wagengewicht	Limousine 755 kg Cabrio-Limousine 775 kg Spezial-Limousine 790 kg	Limousine 755 kg Cabrio-Limousine 775 kg Spezial-Limousine 790 kg
Zuläss. Gesamtgewicht	1150 kg	1150 kg
Höchstgeschwindigkeit	85 km/h	85 km/h
Verbrauch/100 km	8,5 Liter	8,5 Liter
Kraftstofftank	25 Liter (im Heck)	25 Liter (im Heck)

Opel 1,3 Liter (1934–1935)
Opel »6« 2 Liter (1934–1937)
Opel Super 6 (1937–1938)

Im Januar 1934 stellten sich die Zwillinge Opel 1,3 Liter-Vierzylinder und Opel 2 Liter-Sechszylinder vor. Sie entsprachen in Technik und Form wiederum weitgehend den zeitgenössischen Modellen von General Motors in Amerika. Wichtigstes Merkmal, aber auch schwierigstes Problem der beiden neuen Opel-Wagen war die sogenannte Synchronfederung. Amerikanische Konstrukteure, schon damals wie heute tüchtige Motoren- und Getriebe-Leute, aber, sicherlich auch umweltbedingt (Tempolimits trotz bester Straßen), unbedarft in bezug auf Straßenlage und Fahrsicherheit, bemühten sich zunächst gar nicht um eine Eigenentwicklung, als sie die Notwendigkeit der achslosen Vorderradaufhängung erkannten. Die Möglichkeit, damit widrige Fahrbahnverhältnisse eliminieren zu können, spielte dort sowieso keine Rolle. Die Amerikaner sahen in der Einzelaufhängung der Vorderräder vor allem ein Mittel, das lästige Lenkungsflattern (»Shimmy«) ihrer Autos zu vermeiden und außerdem den Vorzug, nach Wegfall der Vorderachse den Motor weiter nach vorn schieben zu können. General Motors übernahm das französische Dubonnet-Knie in Lizenz, wofür wohl der Komfort infolge der überaus weichen Federung gesprochen haben mag. Das war vielleicht gut für Amerika, aber nicht für Opel in Europa. Die Synchronfederung, also das Federknie in Verbindung mit der stabilisierten Hinterachse, absorbierte zwar vorbildlich Fahrbahnstöße und Nickschwingungen. Sie ließ den Wagen nur parallel zur Fahrbahn auf- und abschweben und bot dazu einen bis dahin nicht gekannten Federungskomfort. Die Kehrseite aber war, daß sich die Autos (am schlimmsten natürlich der schmalspurige 1,3 Liter) in Kurven oder auf gekrümmter Straße beängstigend zur Seite legten, daß die Lenkung den Fahrbahnkontakt nahezu verlor und daß empfindliche Mitfahrer »seekrank« wurden. Echte Errungenschaften des 1,3 und des 2 Liter waren der verwindungsfeste Kastenrahmen, die formschöne Stromlinien-Karosserie mit einem für damalige Begriffe großen, von außen zugänglichen Gepäckraum, und dann wieder die Perfektion der Bedienung, der Ausstattung und der Verarbeitung.

Preise		**1934**	**1935**	**1936**	**1937**	**1938**
		1,3 Liter	**1,3 Liter**			
Fahrgestell	RM	2150,–	2350,–			
Limousine 2 Türen	RM	2650,–	2850,–			
Cabrio-Limousine 2 Türen	RM	2750,–	2950,–			
Limousine 4 Türen	RM	2950,–	3150,–			
Cabriolet 4 Sitze 2 Fenster	RM	3250,–	3300,–			
		2 Liter	**2 Liter**	**2 Liter**	**2 Liter**	
Fahrgestell	RM	2800,–	2800,–	2800,–	2650,–	
Limousine 2 Türen	RM	–	3250,–	3250,–	3100,–	
Cabrio-Limousine 2 Türen	RM	–	3350,–	3350,–	3200,–	
Limousine 4 Türen	RM	3600,–	3600,–	3600,–	3300,–	
Cabriolet 4 Sitze 2 Fenster	RM	4000,–	4000,–	–	–	
Cabriolet 4 Sitze 4 Fenster	RM	–	4300,–	4000,–	3700,–	
Limousine 6 Sitze	RM	4800,–	4800,–	4800,–	–	
Pullmann-Limousine 6 Sitze	RM	5000,–	5000,–	5000,–	–	
Cabrio-Limousine 6 Sitze	RM	5400,–	5400,–	–	–	
Landaulet 6 Sitze	RM	5500,–	5500,–	–	–	
Droschken-Landaulet	RM	6050,–	6050,–	–	–	
					Super 6	**Super 6**
Fahrgestell	RM				3000,–	3000,–
Limousine 2 Türen	RM				3350,–	3350,–
Limousine 4 Türen	RM				3850,–	3850,–
Cabriolet 4 Sitze 4 Fenster	RM				4200,–	4200,–
Cabriolet 2 Sitze (Karosserie Gläser oder Hebmüller)	RM				5280,–	5280,–

Die Produktion des Opel 1,3 Liter begann im Januar 1934 (einige Vorserienwagen Ende 1933), lief aber nur bis Oktober 1935, bis der ohnehin etwas untermotorisierte Wagen dem Opel Olympia weichen mußte. Immerhin 29000 Opel 1,3 Liter wurden geliefert.

Ebenfalls ab Januar 1934 lief der Zweiliter-Sechszylinder vom Band, zunächst jedoch nur als Viertüren-Limousine und als Zweifenster-Cabriolet. Erst ab Juni 1935 kam die Zweitüren-Limousine und die Zweitüren-Cabrio-Limousine hinzu, außerdem trat das Vierfenster- an die Stelle des Zweifenster-Cabriolets. Die Produktion des Opel 2 Liter, des damals meistgefahrenen deutschen Mittelklassewagens, lief bis Juni 1937. Gesamtzahl 50000 Stück.

Von August 1934 bis Oktober 1936 wurden außerdem 2050 Opel 2 Liter als Sechssitzer mit beträchtlich verlängertem Radstand geliefert. Damit reagierte Opel auf den durchschlagenden Erfolg des Mercedes-Benz Typ 200 mit langem Radstand, der damals binnen kürzester Zeit fast das gesamte Taxigewerbe eroberte.

Obwohl der Opel »6« 2 Liter bis Juni 1937 im Bauprogramm blieb, begann schon im November 1936 die Produktion seines Nachfolgers, des Opel Super 6. Man hatte ihn äußerlich etwas umgemodelt, aber das Fahrgestell unverändert gelassen. Als Neuheit aber hatte der Super 6 den ersten Hängeventil-Motor von Opel unter der Haube, eine prachtvolle und für einen Wagen dieser Preisklasse noch völlig ungewöhnliche Maschine. Gebaut wurde dieses Modell bis November 1938, wobei noch im April 1938 die Umstellung auf eine andere Lenkung und breitere Hinterspur erfolgten. Gesamtzahl 46453 Opel Super 6.

Opel 1,3 Liter Limousine 2 Türen Modell 1934

Opel 1,3 Liter Cabrio-Limousine 2 Türen Modell 1934

Opel 1,3 Liter Cabriolet 2 Fenster Modell 1934

Opel 1,3 Liter Limousine 4 Türen Modell 1935

Opel 2 Liter
Limousine
4 Türen
Modell 1934

Opel 2 Liter
Cabriolet
2 Fenster
Modell 1935

Opel 2 Liter
Cabriolet
4 Fenster
1935 – 1936

Opel 2 Liter
Cabrio-Limousine
2 Türen
Modell 1937

Opel 2 Liter
Limousine
6 Sitze
1935 – 1936

Motor
Zylinderzahl
Bohrung x Hub
Hubraum
Leistung
Verdichtung
Vergaser

Ventile

Kurbelwellenlager
Kühlung
Schmierung
Batterie
Lichtmaschine

Kraftübertragung
Kupplung
Schaltung
Getriebe
Synchronisierung
Übersetzungen

Antriebs-Übersetzung

Fahrwerk

Vorderradaufhängung

Hinterradaufhängung

Lenkung

Fußbremse
Handbremse
Schmierung

Allgemeine Daten
Radstand
Spur vorn/hinten

Gesamtmaße

Räder

Felgen
Reifen
Wendekreis links/rechts
Fahrgestellgewicht
Wagengewicht
Zuläss. Gesamtgesicht
Höchstgeschwindigkeit
Verbrauch/100 km
Kraftstofftank

Opel 1,3 Liter 1934–1935	Opel »6« 2 Liter 1934–1937		Opel Super 6 1937–1938
4 (Reihe)	6 (Reihe)		6 (Reihe)
67,5 x 90 mm	67,5 x 90 mm		80 x 82 mm
1288 ccm	1932 ccm		2473 ccm
24 PS bei 3200 U/min	36 PS bei 3300 U/min		55 PS bei 3600 U/min
1:6,0	1:6,75		1:6,0
1 Fallstromvergaser	1 Fallstromvergaser		1 Fallstromvergaser
Opel (Lizenz Carter)	Opel (Lizenz Carter)		Opel (Lizenz Carter)
Seitlich stehend	Seitlich stehend		Hängend
Seitliche Nockenwelle	Seitliche Nockenwelle		Seitliche Nockenwelle
Antrieb durch Stirnräder	Antrieb durch Stirnräder		Antrieb durch Stirnräder
3	3		4
Pumpe, 7,8 Liter Wasser	Pumpe, 8,8 Liter Wasser		Pumpe, 12 Liter Wasser
Druckumlauf, 3,5 Liter Öl	Druckumlauf, 5 Liter Öl		Druckumlauf, 5 Liter Öl
6 V 72 Ah	6 V 72 Ah		6 V 75 Ah (im Motorraum)
	90 W		90 W
Antrieb auf Hinterräder	Antrieb auf Hinterräder		Antrieb auf Hinterräder
Einscheibentrockenkupplung	Einscheibentrockenkupplung		Einscheibentrockenkupplung
Schalthebel Wagenmitte	Schalthebel Wagenmitte		Schalthebel Wagenmitte
4 Gang	4 Gang		3 Gang
Ohne	Ohne		II–III
I. 3,91	I. 3,91		I. 2,94
II. 2,47	II. 2,47		II. 1,66
III. 1,49	III. 1,49		III. 1,00
IV. 1,00	IV. 1,00		
5,14	4,30 oder 4,78. Sechssitzer 4,78		4,30
Kastenrahmen mit Kreuztraverse	Kastenrahmen mit Kreuztraverse		Kastenrahmen mit Kreuztraverse
Dubonnet-Federknie »Synchronfederung« mit Schraubenfeder im Gehäuse und Schwinghebel	Dubonnet-Federknie »Synchronfederung« mit Schraubenfeder im Gehäuse und Schwinghebel		Dubonnet-Federknie »Synchronfederung« mit Schraubenfeder im Gehäuse und Schwinghebel
starr, Halbfedern	starr, Halbfedern		starr, Halbfedern
Stabilisator	Stabilisator		Stabilisator
Schnecke-Segment	Schnecke-Segment		Schnecke-Segment bzw. ab April 1938) Schnecke-Rolle
Hydraulisch, 4 Räder	Hydraulisch, 4 Räder, Bremsfläche 965 cm²		Hydraulisch, 4 Räder
Mechanisch, Kardanwelle	Mechanisch, Kardanwelle		Seilzug, Hinterräder
Nippel	Nippel		Nippel
	Viersitzer	**Sechssitzer**	
2474 mm	2642 mm	3050 mm	2642 mm
1165/1168 mm	1257/1260 mm	1257/1260 mm	1257/1260 bzw. (ab April 1938) 1257/1320 mm
4225 x 1475 x 1595 mm	4390 x 1565 x 1600 mm	4800 x 1565 x 1600 mm	4370 x 1565 x 1600 mm Ab April 1938: 4370 x 1600 x 1600 mm
Scheiben	Scheiben. 1937: Lochscheiben	Scheiben	Lochscheiben bzw. (ab April 1938) Scheiben
Tiefbett 3,25 D x 16	Tiefbett 3,25 D x 16	Tiefbett 3,25 D x 16	Tiefbett 3,25 D x 16
5,25–16	5,50–16	5,50–16	5,50–16
11,7/12,1 Meter	11,4/11,8 Meter	13,2/12,6 Meter	11,4/11,8 Meter
700 kg	760 kg	800 kg	765 kg
970 kg	1060 kg	1200 kg	1145 kg
1345 kg	1500 kg	1800 kg	1600 kg
90 km/h	100 km/h	100 km/h	115 km/h
10 Liter	12 Liter	13 Liter	13 Liter
25 Liter (im Heck)	39 Liter (im Heck)	39 Liter (im Heck)	39 Liter (im Heck)

Opel Super 6
Limousine 2 Türen
1937 – 1938

Opel Super 6
Limousine 4 Türen
1937 – 1938

Opel Super 6
Cabriolet 4 Fenster
1937 – 1938

Opel Super 6
Cabriolet 2 Sitze
(Karosserie Hebmüller)
1937 – 1938

Opel Kadett (1937–1940)
Opel Olympia (1935–1940)

Nach dem Opel 1,2 Liter Regent und dem Opel 1,3 Liter, aber auch nach dem P 4 mußte man einsehen, daß die wachsenden Platz- und Raumansprüche der Käufer bei kleineren Wagen mit der herkömmlichen Bauweise nicht mehr zufriedenstellend erfüllt werden konnten. Mit dem Olympia fand Opel die mustergültige Konzeption für einen kompakten und dennoch geräumigen Klein- und Mittelklassewagen. Vor allem aber ging der Opel Olympia als Pionierleistung in die Geschichte des Automobilbaus ein, weil hier erstmals ein Wagen mit selbsttragender Ganzstahlkarosserie in die Massenproduktion ging.

Nach der Vorstellung im Februar 1935 begann im April 1935 die Produktion mit der ersten Ausführung des Opel Olympia (Serie 13237) als Cabrio-Limousine und ab Herbst 1935 auch als Limousine. Er ersetzte den Opel 1,3 Liter und übernahm dessen Motor. Ende 1936 Übergang auf Vierganggetriebe und hydraulische Bremsen. Bis Dezember 1937 wurden 33402 Opel Olympia mit 1,3 Liter-Motor gebaut.

Mitte November 1936 folgte der Opel Kadett (Serie 11 234) als kleineres und bescheideneres Modell mit dem 1,1 Liter-Motor aus dem P 4, aber wie beim Olympia mit selbsttragender Karosserie und Synchronfederung. Diese Serie lief ein Jahr bis Ende 1937 und erreichte eine Stückzahl von 33402 Wagen.

Ab Dezember 1937 gab es einerseits den Kadett als Normal-Limousine (Serie KJ 38) mit starrer Vorderachse und einfachster Ausstattung, andererseits den Kadett Spezial (Serie K 38) in drei Versionen mit Synchronfederung, reichhaltiger Ausstattung und Chromverzierungen. Der Kadett Normal galt als Ersatz für den P 4, kostete aber wesentlich mehr und er-

Opel Olympia
(1,3 Liter)
Cabrio-Limousine 2 Türen
Modell 1935 – 1936

reichte mit dem Image des Arme-Leute-Autos nie so viel Popularität. Sehr beliebt hingegen wurde der Kadett Spezial. Er war 1938 und 1939 der meistgekaufte Kleinwagen im Deutschen Reich. Bis Mai 1940 wurden 17871 Kadett Normal und 56335 Kadett Spezial hergestellt.

Zur gleichen Zeit, nämlich ebenfalls Ende 1937, begann auch die Produktion eines neuen Opel Olympia (Serie OL 38) mit kopfgesteuertem 1,5 Liter Kurzhub-Motor, Synchronfederung und drei Karosserien, hervorragend ausgestattet und verarbeitet. Interessanterweise und bezeichnend für den damaligen Optimismus im Lande war der Olympia 1,5 Liter noch erfolgreicher als der Kadett: Bis zum Ende der Produktion im Oktober 1940 verließen 86212 Wagen das Werk.

Insgesamt hat Opel hauptsächlich vor, aber auch noch während des Krieges 107608 Kadett und 167974 Olympia gebaut.

<table>
<tr><th></th><th>Opel Olympia
1935–1936</th><th>Opel Olympia
1937</th><th>Opel Kadett
1937</th></tr>
<tr><td>Motor</td><td colspan="2"></td><td></td></tr>
<tr><td>Zylinderzahl</td><td colspan="2">4 (Reihe)</td><td>4 (Reihe)</td></tr>
<tr><td>Bohrung x Hub</td><td colspan="2">87,5 x 90 mm</td><td>87,5 x 75 mm</td></tr>
<tr><td>Hubraum</td><td colspan="2">1288 (Steuer 1279) ccm</td><td>1074 (Steuer 1066) ccm</td></tr>
<tr><td>Leistung</td><td colspan="2">24 PS bzw. (ab 1936) 26 PS bei 3300 U/min</td><td>23 PS bei 3400 U/min</td></tr>
<tr><td>Verdichtung</td><td colspan="2">1:6,0</td><td>1:6,0</td></tr>
<tr><td>Vergaser</td><td colspan="2">1 Fallstromvergaser
Opel (Lizenz Carter)</td><td>1 Fallstromvergaser
Opel (Lizenz Carter)</td></tr>
<tr><td>Ventile</td><td colspan="2">Seitlich stehend
Seitliche Nockenwelle
Antrieb durch Stirnräder</td><td>Seitlich stehend
Seitliche Nockenwelle
Antrieb durch Stirnräder</td></tr>
<tr><td>Kurbelwellenlager</td><td colspan="2">3</td><td>3</td></tr>
<tr><td>Kühlung</td><td colspan="2">Pumpe, 6,5 Liter Wasser</td><td>Pumpe, 6 Liter Wasser</td></tr>
<tr><td>Schmierung</td><td colspan="2">Druckumlauf, 3,5 Liter Öl</td><td>Druckumlauf, 3,2 Liter Öl</td></tr>
<tr><td>Batterie</td><td colspan="2">6 V 70 Ah (im Motorraum)</td><td>6 V 70 Ah (im Motorraum)</td></tr>
<tr><td>Lichtmaschine</td><td colspan="2">90 W</td><td>90 W</td></tr>
<tr><td>Anlasser</td><td colspan="2">0,6 PS</td><td>0,6 PS</td></tr>
<tr><td>Kraftübertragung</td><td colspan="2">Antrieb auf Hinterräder</td><td>Antrieb auf Hinterräder</td></tr>
<tr><td>Kupplung</td><td colspan="2">Einscheibentrockenkupplung</td><td>Einscheibentrockenkupplung</td></tr>
<tr><td>Schaltung</td><td colspan="2">Schalthebel Wagenmitte</td><td>Schalthebel Wagenmitte</td></tr>
<tr><td>Getriebe</td><td>3 Gang</td><td>4 Gang</td><td>3 Gang</td></tr>
<tr><td>Synchronisierung</td><td>Ohne</td><td>Ohne</td><td>Ohne</td></tr>
<tr><td>Übersetzungen</td><td>I. 3,52
II. 1,69
III. 1,00</td><td>I. 3,91
II. 2,47
III. 1,49
IV. 1,00</td><td>I. 3,52
II. 1,69
III. 1,00</td></tr>
<tr><td>Antriebs-Übersetzung</td><td>5,143</td><td>5,143</td><td>5,143</td></tr>
<tr><td>Fahrwerk</td><td colspan="2">Selbsttragende Ganzstahlkarosserie</td><td>Selbstr. Ganzstahlkarosserie</td></tr>
<tr><td>Vorderradaufhängung</td><td colspan="2">Dubonnet-Federknie
»Synchronfederung« mit
Schraubenfeder im
Gehäuse und Schwinghebel</td><td>Dubonnet-Federknie
»Synchronfederung« mit
Schraubenfeder im
Gehäuse und Schwinghebel</td></tr>
<tr><td>Hinterradaufhängung</td><td colspan="2">starr, Halbfedern
Stabilisator</td><td>starr, Halbfedern
Stabilisator</td></tr>
<tr><td>Lenkung</td><td colspan="2">Schnecke-Segment (15:1)</td><td>Schnecke-Segment</td></tr>
<tr><td>Fußbremse</td><td>Seilzug, 4 Räder
Bremsfläche 458 xm²</td><td>Hydraulisch, 4 Räder</td><td>Hydraulisch, 4 Räder</td></tr>
<tr><td>Handbremse</td><td>Seilzug, 4 Räder</td><td>Seilzug, Hinterräder</td><td>Seilzug, Hinterräder</td></tr>
<tr><td>Schmierung</td><td>Nippel</td><td>Nippel</td><td>Nippel</td></tr>
<tr><td>Allgemeine Daten</td><td></td><td></td><td></td></tr>
<tr><td>Radstand</td><td>2370 mm</td><td>2370 mm</td><td>2337 mm</td></tr>
<tr><td>Spur vorn/hinten</td><td>1110/1168 mm</td><td>1092/1168 mm</td><td>1075/1168 mm</td></tr>
<tr><td>Gesamtmaße</td><td>3950 x 1430 x 1535 mm</td><td>3950 x 1430 x 1535 mm</td><td>3810 x 1375 x 1505 mm</td></tr>
<tr><td>Räder</td><td>Scheiben</td><td>Lochscheiben</td><td>Lochscheiben</td></tr>
<tr><td>Felgen</td><td>3,00 D x 16</td><td>3,00 D x 16</td><td>3,00 D x 16</td></tr>
<tr><td>Reifen</td><td>5,00–16</td><td>5,00–16</td><td>4,50–16</td></tr>
<tr><td>Wendekreis links/rechts</td><td>12,8/12,5 Meter</td><td>12,8/12,5 Meter</td><td>11,7/11,7 Meter</td></tr>
<tr><td>Wagengewicht</td><td>860 kg</td><td>870 kg</td><td>760 kg</td></tr>
<tr><td>Zuläss. Gesamtgewicht</td><td>1230 kg</td><td>1240 kg</td><td>1150 kg</td></tr>
<tr><td>Höchstgeschwindigkeit</td><td>100 km/h</td><td>100 km/h</td><td>98 km/h</td></tr>
<tr><td>Verbrauch/100 km</td><td>9,5 Liter</td><td>9,5 Liter</td><td>8 Liter</td></tr>
<tr><td>Kraftstofftank</td><td>28 Liter (im Heck)</td><td>28 Liter (im Heck)</td><td>27 Liter (im Heck)</td></tr>
<tr><td>Preise</td><td></td><td></td><td></td></tr>
<tr><td>Limousine 2 Türen</td><td>RM 2500,–</td><td>RM 2500,–</td><td>RM 2100,–</td></tr>
<tr><td>Cabrio-Limousine 2 Türen</td><td>RM 2500,–</td><td>RM 2500,–</td><td>RM 2100,–</td></tr>
</table>

<table>
<tr><th></th><th>Opel Kadett
(KJ 38)
1938 – 1940</th><th>Opel Kadett Spezial
(K 38)
1938 – 1940</th><th>Opel Olympia
(OL 38)
1938 – 1940</th></tr>
<tr><td>Motor</td><td></td><td></td><td></td></tr>
<tr><td>Zylinderzahl</td><td colspan="2">4 (Reihe)</td><td>4 (Reihe)</td></tr>
<tr><td>Bohrung x Hub</td><td colspan="2">67,5 x 75 mm</td><td>80 x 74 mm</td></tr>
<tr><td>Hubraum</td><td colspan="2">1074 (Steuer 1066) ccm</td><td>1488 ccm</td></tr>
<tr><td>Leistung</td><td colspan="2">23 PS bei 3400 U/min</td><td>37 PS bei 3500 U/min</td></tr>
<tr><td>Verdichtung</td><td colspan="2">1:6,0</td><td>1:6,0</td></tr>
<tr><td>Vergaser</td><td colspan="2">1 Fallstromvergaser
Opel (Lizenz Carter)</td><td>1 Fallstromvergaser
Opel (Lizenz Carter)</td></tr>
<tr><td>Ventile</td><td colspan="2">Seitlich stehend
Seitliche Nockenwelle
Antrieb durch Stirnräder</td><td>Hängend
Seitliche Nockenwelle
Antrieb durch Stirnräder</td></tr>
<tr><td>Kurbelwellenlager</td><td colspan="2">3</td><td>4</td></tr>
<tr><td>Kühlung</td><td colspan="2">Pumpe, 6 Liter Wasser</td><td>Pumpe, 8,8 Liter Wasser</td></tr>
<tr><td>Schmierung</td><td colspan="2">Druckumlauf, 3,2 Liter Öl</td><td>Druckumlauf, 3,25 Liter Öl</td></tr>
<tr><td>Batterie</td><td colspan="2">6 V 62,5 Ah (im Motorraum)</td><td>6 V 75 Ah (im Motorraum)</td></tr>
<tr><td>Lichtmaschine</td><td colspan="2">90 W</td><td>90 W</td></tr>
<tr><td>Anlasser</td><td colspan="2">0,6 PS</td><td>0,6 PS</td></tr>
<tr><td>Kraftübertragung</td><td colspan="2">Antrieb auf Hinterräder</td><td>Antrieb auf Hinterräder</td></tr>
<tr><td>Kupplung</td><td colspan="2">Einscheibentrockenkupplung</td><td>Einscheibentrockenkupplung</td></tr>
<tr><td>Schaltung</td><td colspan="2">Schalthebel Wagenmitte</td><td>Schalthebel Wagenmitte</td></tr>
<tr><td>Getriebe</td><td colspan="2">3 Gang</td><td>4 Gang</td></tr>
<tr><td>Synchronisierung</td><td colspan="2">Ohne</td><td>Ohne</td></tr>
<tr><td>Übersetzungen</td><td colspan="2">I. 3,58
II. 1,73
III. 1,00</td><td>I. 3,91
II. 2,47
III. 1,49
IV. 1,00</td></tr>
<tr><td>Antriebs-Übersetzung</td><td colspan="2">5,143</td><td>4,556</td></tr>
<tr><td>Fahrwerk</td><td>Selbsttr. Ganzstahlkarosserie</td><td>Selbsttr. Ganzstahlkarosserie</td><td>Selbsttr. Ganzstahlkarosserie</td></tr>
<tr><td>Vorderradaufhängung</td><td>starr, Halbfedern
Selbsttr. Ganzstahlkarosserie</td><td>Dubonnet-Federknie
»Synchronfederung« mit
Schraubenfeder im
Gehäuse und Schwinghebel</td><td>Dubonnet-Federknie
»Synchronfederung« mit
Schraubenfeder im
Gehäuse und Schwinghebel</td></tr>
<tr><td>Hinterradaufhängung</td><td>starr, Halbfedern</td><td>starr, Halbfedern</td><td>starr, Halbfedern</td></tr>
<tr><td>Lenkung</td><td>Schnecke-Segment</td><td>Schnecke-Segment</td><td>Schnecke-Segment (15:1)</td></tr>
<tr><td>Fußbremse</td><td>Hydraulisch, 4 Räder
Bremsfläche 550 cm^2</td><td>Hydraulisch, 4 Räder
Bremsfläche 550 cm^2</td><td>Hydraulisch, 4 Räder
Bremsfläche 550 cm^2</td></tr>
<tr><td>Handbremse</td><td>Seilzug, Hinterräder</td><td>Seilzug, Hinterräder</td><td>Seilzug, Hinterräder</td></tr>
<tr><td>Schmierung</td><td>Nippel</td><td>Nippel</td><td>Nippel</td></tr>
<tr><td>Allgemeine Daten</td><td></td><td></td><td></td></tr>
<tr><td>Radstand</td><td>2337 mm</td><td>2337 mm</td><td>2430 mm</td></tr>
<tr><td>Spur vorn/hinten</td><td>1110/1168 mm</td><td>1105/1168 mm</td><td>1105/1250 mm</td></tr>
<tr><td>Gesamtmaße</td><td>3770 x 1375 x 1550 mm</td><td>3840 x 1375 x 1540 mm</td><td>4020 x 1530 x 1570 mm</td></tr>
<tr><td>Räder</td><td>Scheiben</td><td>Scheiben</td><td>Scheiben</td></tr>
<tr><td>Felgen</td><td>3,25 D x 16</td><td>3,25 D x 16</td><td>3,25 D x 16</td></tr>
<tr><td>Reifen</td><td>4,50-16</td><td>4,50-16</td><td>5,00 x 16</td></tr>
<tr><td>Wendekreis links/rechts</td><td>12,2/11,7 Meter</td><td>11,5/11,3 Meter</td><td>11,4/11,5 Meter</td></tr>
<tr><td>Wagengewicht</td><td>755 kg</td><td>775 kg</td><td>905 kg</td></tr>
<tr><td>Zuläss. Gesamtgewicht</td><td>1125 kg</td><td>1145 kg</td><td>1280 kg</td></tr>
<tr><td>Höchstgeschwindigkeit</td><td>98 km/h</td><td>98 km/h</td><td>112 km/h</td></tr>
<tr><td>Verbrauch/100 km</td><td>8 Liter</td><td>8 Liter</td><td>10 Liter</td></tr>
<tr><td>Kraftstofftank</td><td>31 Liter (im Heck)</td><td>31 Liter (im Heck)</td><td>35 Liter (im Heck)</td></tr>
<tr><td>Preise</td><td></td><td></td><td></td></tr>
<tr><td>Limousine 2 Türen</td><td>RM 1800,–</td><td>RM 2100,–</td><td>RM 2675,–</td></tr>
<tr><td>Cabrio-Limousine 2 Türen</td><td>–</td><td>RM 2150,–</td><td>RM 2750,–</td></tr>
<tr><td>Limousine 4 Türen</td><td>–</td><td>RM 2350,–</td><td>RM 2950,–</td></tr>
</table>

Opel Olympia (1,3 Liter)
Cabrio-Limousine 2 Türen Modell 1937

Opel Olympia (1,3 Liter)
Limousine 2 Türen Modell 1937

Opel Kadett
Limousine 2 Türen Modell 1937

Opel Kadett
Cabrio-Limousine 2 Türen Modell 1937

Opel Kadett (KJ 38)
Limousine 2 Türen
1938 – 1940

Opel Kadett Spezial (K 38)
Limousine 4 Türen
1938 – 1940

Opel Kadett Spezial (K 38)
Limousine 2 Türen
1938 – 1940

Opel Olympia (OL 38)
Limousine 2 Türen
1938 – 1940

Opel Olympia (OL 38)
Cabrio-Limousine 2 Türen
1938 – 1940

Opel Olympia (OL 38)
Limousine 4 Türen
1938 – 1940

Opel Kapitän (1938–1940)

Einen Monat nach Produktionsbeginn wurde im Dezember 1938 der Opel Kapitän vorgestellt. Vom Super 6, den er ablöste, übernahm er im wesentlichen nur den modernen 2,5 Liter Sechszylinder-Motor. Glücklicherweise befreit hat man sich hingegen von der Synchronfederung, die einer unproblematischen Querlenkeraufhängung wich. Mit dem Kapitän führte Opel nun auch bei einem großen Wagen die selbsttragende Ganzstahlkarosserie ein, die aber nicht nur wegen ihrer Bauart, sondern auch wegen ihrer klaren, gefälligen Linienführung viel Anerkennung fand. Der Werksproduktion entstammten drei Serienausführungen, nämlich eine Zwei- und eine Viertüren-Limousine sowie ein von ersterer abgeleitetes Cabriolet, dessen Verdeck von der Firma Gläser bezogen wurde. Außerdem boten die Händler hübsche, einander ähnliche Zweisitzer-Cabriolets mit Karosserien von Hebmüller oder von Gläser an. Diese Sonderaufbauten waren übrigens bemerkenswerterweise nicht selbsttragend, sondern noch in Holz-Stahl-Bauweise ausgeführt. Die Produktion des Opel Kapitän lief bis Oktober 1940. Hergestellt wurden 3422 Zweitüren-Limousinen, 17144 Viertüren-Limousinen, 4560 Viersitzer-Cabriolets und 248 Fahrgestelle (hauptsächlich für Zweisitzer-Cabriolets), insgesamt also 25374 Einheiten. General Motors verkaufte den Opel Kapitän im Ausland, auch noch während des Krieges, als Opel Super Six.

Oben links: Opel Kapitän Cabriolet 2 Türen 1938 – 1940
Oben rechts: Opel Kapitän Limousine 4 Türen 1938 – 1940
Unten: Opel Kapitän Limousine 2 Türen 1938 – 1940

	Opel-Kapitän 1938–1940	Opel Admiral 1938–1939
Motor		
Zylinderzahl	6 (Reihe)	6 (Reihe)
Bohrung x Hub	80 x 82 mm	90 x 95 mm
Hubraum	2473 (Steuer 2456) ccm	3626 (Steuer 3601) ccm
Leistung	55 PS bei 3600 U/min	75 PS bei 3200 U/min
Drehmoment	14,2 mkg bei 1200 U/min	
Verdichtung	1:6	1:6,1
Vergaser	1 Fallstromvergaser Opel (Lizenz Carter)	1 Fallstromvergaser Opel (Lizenz Carter)
Ventile	Hängend Seitl. Nockenwelle, Antrieb Stirnräder	Hängend Seitl. Nockenwelle, Antrieb Stirnräder
Kurbelwellenlager	4	4
Kühlung	Pumpe, 11,5 Liter Wasser	Pumpe, 14,3 Liter Wasser
Schmierung	Druckumlauf, 4 Liter Öl	Druckumlauf, 4,75 Liter Öl
Batterie	6 V 75 Ah (im Motorraum)	6 V 87,5 Ah (unter rechtem Vordersitz)
Lichtmaschine	130 W	130 W
Anlasser	0,8 PS	0,8 PS
Kraftübertragung	Antrieb auf Hinterräder	Antrieb auf Hinterräder
Kupplung	Einscheibentrockenkupplung	Einscheibentrockenkupplung
Schaltung	Schalthebel Wagenmitte	Schalthebel Wagenmitte
Getriebe	3 Gang	3 Gang
Synchronisierung	II–III	II–III
Übersetzungen	I. 2,94 II. 1,66 III. 1,00	I. 2,94 II. 1,66 III. 1,00
Antriebs-Übersetzung	4,30	4,30
Fahrwerk	Selbsttragende Ganzstahlkarosserie	Kastenrahmen mit Kreuztraverse Holz-Stahl-Karosserie
Vorderradaufhängung	Doppel-Querlenker Schraubenfedern Stabilisator	Dubonnet-Federknie. »Synchronfederung« mit Schraubenfeder im Gehäuse und Schwinghebel
Hinterradaufhängung	starr, Halbfedern	starr, Halbfedern, Stabilisator
Lenkung	Schnecke-Rolle	Schnecke-Rolle
Fußbremse	Hydraulisch, 4 Räder Trommel 230 mm ∅, Bremsfläche 732 cm²	Hydraulisch, 4 Räder Trommel 300 ∅, Bremsfläche 1252 cm²
Handbremse	Seilzug, Hinterräder	Seilzug, Hinterräder
Schmierung	Nippel	Nippel
Allgemeine Daten		
Radstand	2695 mm	3155 mm
Spur vorn/hinten	1348/1326 mm	1450/1450 mm
Gesamtmaße	4620 x 1660 x 1640 mm	5265 x 1800 x 1710 mm
Räder	Scheiben	Scheiben
Felgen	3,50 D x 16	4,50 E x 16
Reifen	5,50–16	6,50–16 extra
Wendekreis-∅	11 Meter	12,6 Meter
Fahrgestellgewicht	–	1170 kg
Wagengewicht	1230 kg	1630 kg
Zuläss. Gesamtgewicht	1630 kg	2300 kg
Höchstgeschwindigkeit	126 km/h	132 kmh
Verbrauch/100 km	13 Liter	18 Liter
Kraftstofftank	50 Liter (im Heck)	70 Liter (im Heck)
Preise		
Limousine 2 Türen	RM 3575,–	–
Limousine 4 Türen	RM 3975,–	RM 6500,–
Cabriolet 2 Türen	RM 4325,–	–
Cabriolet 4 Türen	–	RM 7000,–
Karosserie Hebmüller:		
Cabriolet 2/2 Sitze	RM 5940,–	RM 8450,–
Pullman-Limousine 6 Sitze	–	RM 8580,–

Opel Admiral (1938–1939)

In der Konjunktur der letzten Vorkriegsjahre entstand auf dem deutschen Automarkt ein auffallender Zug zu großen Wagen mit Motoren von etwa 3,5 Liter Inhalt. Da Opel einen glänzend bewährten Motor dieser Größenordnung ohnehin schon in beträchtlicher Zahl für den Opel-Blitz Dreitonner-Lastwagen baute, lag es nahe, auch einen entsprechenden Personenwagen herauszubringen. Die ersten Exemplare des Opel Admiral entstanden Ende des Jahres 1937. In konstruktiver Hinsicht bot er keine bemerkenswerten Besonderheiten, zeichnete sich aber durch eine imposante Massigkeit und einen im Verhältnis dazu außergewöhnlich niedrigen Preis aus. Werkseitig gab es den Opel Admiral als großräumige und großzügig ausgestattete Viertüren-Limousine und als Cabriolet in gleicher Form, wozu wiederum die Firma Gläser das komplette Verdeck zulieferte. Vom Preis und seiner Bauart her eignete sich das Fahrgestell besonders gut für die verschiedensten Sonderaufbauten. Bekannt wurden vor allem das gediegene Zweisitzer-Cabriolet von Gläser, das optisch noch attraktivere Zweisitzer-Cabriolet von Hebmüller (geliefert etwa 90 Exemplare) sowie die Pullman-Limousine (Gesamtmaße 5320 x 1800 x 1730 mm) und andere Sechssitzer-Versionen, für die ebenfalls Hebmüller auf dem normalen Fahrgestell genügend Platz fand. Von der Firma Miesen gab es Krankenwagen auf dem gleichen Unterbau. Die Produktion des Opel Admiral mußte bald nach Kriegsausbruch schon im Oktober 1939 eingestellt werden, weil man jeden Motor für die nun viel dringender benötigten Lastwagen brauchte. Immerhin brachte es das große Auto auf beachtliche Stückzahlen: 3500 Limousinen, 2314 Cabriolets und 590 Fahrgestelle für Sonderaufbauten, insgesamt also 6404 Einheiten wurden fertiggestellt.

Opel Admiral Limousine 4 Türen 1938 – 1939

Opel Admiral Cabriolet 4 Türen 1938 – 1939

Opel Admiral
Pullman-
Limousine
(Karosserie
Hebmüller)
1938 – 1939

Opel Admiral
Cabriolet
2/2 Sitze
(Karosserie
Hebmüller)
1938 – 1939

Opel Admiral
Cabriolet
2/2 Sitze
(Karosserie
Gläser)
1938 – 1939

Phänomen (bis 1927)

Die Phänomen-Werke im sächsischen Zittau, zunächst als Handelsfirma im Jahr 1888 von Ing. Gustav Hiller († 1913) gegründet, bauten ab 1898 Fahr- und ab 1903 Motorräder. Die damit gewonnenen Erfahrungen veranlaßten Hiller, 1907 das der Cyklonette ähnliche Dreiradfahrzeug Phänomobil herauszubringen. Die Ingenieure Hüttel und Svetescu, welche vordem die Cyklonette konstruiert hatten, sorgten nun bei Hiller für die Weiterentwicklung des Phänomobils, wobei sie vor allem vom Zwei- zum Vierzylindermotor übergingen. Das neue Phänomobil, gebaut seit 1912, wurde und blieb bis 1927 das erfolgreichste Fahrzeug seiner Art. Ebenfalls von 1912 bis 1927 bauten die Phänomen-Werke auch größere Personenwagen normaler Bauart, die es aber nie auf rentierliche Stückzahlen brachten. Das Phänomobil und den Personenwagen gab der damalige 750 Mann-Betrieb auf, als der Lieferwagen Phänomen 4 RL mit luftgekühltem Motor in Serie ging, der vor allem durch die Lieferungen an die Reichspost zu einem schönen Erfolg wurde und am Beginn einer Reihe von Lastwagentypen stand, die sich heute noch, wenn auch mit anderem Markenzeichen, bestens bewährt. Die Phänomen-Werke nämlich, deren Belegschaft 1939 auf 3000 Mann angewachsen war und die bis zum Kriegsende über zwei Jahrzehnte lang unter der Leitung von Dipl.-Ing. Rudolf Hiller († 1972) gestanden hatten, wurden nach 1945 entschädigungslos enteignet und heißen heute VEB Robur-Werke.

6/12 PS Phänomobil 1920 – 1927
als Berliner Kleinkraftdroschke

6/12 PS Phänomobil Viersitzer offen
(Besitzer: Verkehrsmuseum Dresden)

12/50 PS Phänomen Typ 412 Limousine 1926

	Phänomobil 6/12 PS Dreiradwagen Typ V 1920–1927
Motor	Phänomen
Zylinderzahl	4 Einzel-Zylinder (Reihe)
Bohrung x Hub	74 x 90 mm
Hubraum	1548 (Steuer 1536) ccm
Leistung	12 PS bei 1500 U/min
Ventile	Seitlich stehend
Kurbelwellenlager	3
Kühlung	Luft (2 Ventilatoren)
Zündung	Magnetzünder
Batterie	6 V (unter Fahrersitz)
Kraftübertragung	Motor quer über Vorderrad
	Antrieb des Vorderrads über 2 Ketten
Getriebe	2 Gang Umlaufgetriebe
Übersetzungen	I. 1,75, II. 1,00
Antriebs-Übersetzung	1:4,66
Fahrwerk	Stahlblechrahmen
Vorderradaufhängung	Gabel, 4 Schraubenfedern in Hülsen
Hinterradaufhängung	starr, Halbfedern
Lenkung	Direkt durch schwenkbare Lenkstange
Fußbremse	Mechanisch, Hinterräder
Handbremse	Mechanisch, Hinterräder
Schmierung	Staufferbüchsen
Allgemeine Daten	
Radstand	2560 mm
Spur vorn/hinten	– /1360 mm
Gesamtmaße	3430 x 1550 x 1650 mm (mit Verdeck)
Räder	Draht- oder Stahlspeichen
Reifen	vorn 710 x 100 mm, hinten 710 x 90 mm Hochdruck oder ab etwa 1926 auch 730 x 130 Niederdruck
Fahrgestellgewicht	450 kg
Wagengewicht	Viersitzer offen 640 kg
Zuläss. Belastung	400 kg
Höchstgeschwindigkeit	55 km/h
Verbrauch/100 km	10 Liter
Kraftstofftank	35 Liter

	Phänomen 10/30 PS 1920–1924	Phänomen 16/45 PS 1920–1924	Phänomen 12/50 PS Typ 412 1924–1927
Zylinderzahl	4 (Reihe)	4 (Reihe)	4 (Reihe)
Bohrung x Hub	80 x 130 mm	97 x 140 mm	85 x 138 mm
Hubraum	2612 ccm	4219 ccm	3132 ccm
Leistung	30 PS bei 1800 U/min	45 PS bei 1800 U/min	50 PS bei 3000 U/min
Ventile	Seitlich stehend	Seitlich stehend	Obenliegende Nockenwelle
Kühlung	Thermosyphon (Wasser)	Pumpe (Wasser)	Pumpe (Wasser)
Getriebe	4 Gang	4 Gang	4 Gang
Schaltung	Außen rechts	Außen rechts	Mitte
Lenkung	Rechts	Rechts	Rechts
Radstand	3260 mm	3260 mm	3300 mm
Spur von/hinten	1420/1375 mm	1420/1375 mm	1400/1400 mm
Gesamtmaße	4460 x 1680 x 1630 mm	4460 x 1680 x 1630 mm	4620 x 1750 x 1945 mm
Wagengewicht	1960 kg	1960 kg	1960 kg
Höchstgeschwindigkeit	65 km/h	75 km/h	100 km/h
Preis			Tourenwagen RM 11000,–

Presto (bis 1927) NAG-Presto (1928)

Die 1898 von dem späteren Kommerzienrat Georg Günther gegründeten Presto-Werke waren schon vor dem ersten Weltkrieg zu einer bedeutenden Fahrradfabrik gediehen. Ihr Automobilbau hingegen, dessen Anfänge bis auf das Jahr 1901 zurückgehen, besaß damals nur geringe Bedeutung. Dies änderte sich, als ab 1921 der 9/30 PS Vierzylinder-Einheitstyp aufgelegt wurde. Dieser und der 1925 folgende 9/40 PS galten als besonders zuverlässige und dauerhafte Gebrauchsautomobile, die gern gekauft wurden. Bis 1926 lief das Geschäft ausgezeichnet, und nichts deutete darauf hin, daß die Firma nun sehr rasch ihrem Ende zuging. Im November 1926 stellte Presto den neuen 12/55 PS Sechszylinder vor, dessen Lieferung im Frühjahr 1927 begann und der bald auch noch einen 10/50 PS Zwillingsbruder erhielt. Diese Sechszylinderwagen gingen unausgereift in Serie, verursachten jede Menge Ärger und Kosten, und sie ruinierten binnen kurzem den Ruf der Marke. Außerdem übernahm Presto 1926 die Dux-Werke in Leipzig, und das war für die Firma wohl doch ein zu dicker Brocken. So schluckte die NAG (Berlin) im November 1927 die Presto-Werke AG. samt den Dux-Werken. Die Sechszylinder-Typen wurden 1928 noch eine Zeitlang weitergebaut und als NAG-Presto angeboten, wobei es wahrscheinlich nur darum ging, die vorhandenen Materialvorräte aufzubrauchen. 1935 verkaufte die NAG ihre längst stillgelegten Presto-Werke an die Auto Union AG., welche dort ihre Hauptverwaltung einrichtete. – In ihrer besten Zeit, also 1925/26, beschäftigten die Presto-Werke 2000 Arbeiter und Angestellte. Die Gesamtproduktion der Vierzylinder-Typen D und E mag schätzungsweise etwa 8000, die der Sechszylinder-Typen F und G wohl höchstens 1000 Wagen betragen haben.

9/25 PS Presto Tourenwagen 1918
(Besitzer: Automobilmuseum Tremsbüttel)

Motor
Zylinderzahl
Bohrung x Hub
Hubraum
Leistung
Verdichtung
Vergaser

Ventile

Kurbelwellenlager
Kühlung
Schmierung
Zündung
Batterie

Kraftübertragung
Kupplung
Getriebe
Schaltung
Übersetzungen

Antriebs-Übersetzung

Fahrwerk
Vorderradaufhängung
Hinterradaufhängung
Lenkung
Fußbremse
Handbremse

Schmierung

Allgemeine Daten
Radstand
Spur
Gesamtmaße
Räder
Reifen
Fahrgestellgewicht
Wagengewicht

Zuläss. Belastung
Höchstgeschwindigkeit
Verbrauch/100 km
Kraftstofftank

Preise

Presto 9/30 PS Typ D **1921–1925**	**Presto 9/40 PS Typ E** **1925–1927**	**Presto 10/50 PS Typ F** **1927** **NAG-Presto 10/50 PS Typ F** **1928**	**Presto 12/55 PS Typ G** **1927** **NAG-Presto 12/55 PS Typ G** **1928**
4 (Reihe)	4 (Reihe)	6 (Reihe)	6 (Reihe)
78 x 123 mm	78 x 123 mm	72 x 107 mm	77 x 112,4 mm
2350 ccm	2350 ccm	2613 (Steuer 2596) ccm	3119 ccm
30 PS bei 2000 U/min	40 PS bei 2500 U/min	50 PS bei 2500 U/min	55 PS bei 3000 U/min
	1:4,8	1:5,2 bis 5,6	1:5,2 bis 5,6
1 Flachstromvergaser Zenith	1 Flachstromvergaser Zenith HK	1 Doppel-Flachstromvergaser Zenith 30 DK oder 1 Flachstromvergaser Zenith KG 36	1 Doppel-Flachstromvergaser Zenith 30 DK oder 1 Flachstromvergaser Zenith KG 36
Seitlich stehend	Seitlich stehend	Hängend	Hängend
Seitliche Nockenwelle	Seitliche Nockenwelle	Seitliche Nockenwelle	Seitliche Nockenwelle
Antrieb durch Stirnräder	Antrieb durch Stirnräder	Antrieb durch Stirnräder	Antrieb durch Stirnräder
3	3	8	8
Thermosyphon oder Pumpe	Pumpe (Wasser)	Pumpe (Wasser)	Pumpe (Wasser)
Druckumlauf	Druckumlauf	Druckumlauf	Druckumlauf
Magnetzünder	Magnetzünder	Magnetzünder	Magnetzünder
12 V	12 V 30 Ah	12 V 30 Ah	12 V 45 Ah
Antrieb auf Hinterräder	Antrieb auf Hinterräder	Antrieb auf Hinterräder	Antrieb auf Hinterräder
Mehrscheibenkupplung in Öl	Mehrscheibenkupplung in Öl	Mehrscheibentrockenkupplung	Mehrscheibentrockenkupplung
4 Gang	4 Gang	3 Gang	3 Gang
Außen oder innen rechts	Innen rechts	Mitte	Mitte
I. 4,50	I. 3,949	I. 3,615	I. 3,615
II. 2,45	II. 2,42	II. 1,625	II. 1,625
III. 1,47	III. 1,697	III. 1,00	III. 1,00
IV. 1,00	IV. 1,00		
4,18	4,70	4,73	4,92
U-Profil-Preßstahl-Rahmen	U-Profil-Preßstahl-Rahmen	U-Profil-Preßstahl-Rahmen	U-Profil-Preßstahl-Rahmen
starr, Halbfedern	starr, Halbfedern	starr, Halbfedern	starr, Halbfedern
starr, Halbfedern	starr, Underslung-Halbfedern	starr, Underslung-Halbfedern	starr, Underslung-Halbfedern
Schraubenspindel, rechts	Schraubenspindel, rechts	Schraubenspindel, links	Schraubenspindel, links
Mechanisch, Kardanwelle	Mechanisch, 4 Räder	Mechanisch, 4 Räder	Mechanisch, 4 Räder
Mechanisch, Hinterräder bzw. (ab 1925) 4 Räder	Mechanisch, 4 Räder	Mechanisch, 4 Räder	Mechanisch, 4 Räder
Nippel	Nippel	Nippel oder Zentral	Nippel oder Zentral
3090 mm	3175 mm	3000 mm	3300 mm
1350 mm	1410 mm	1420 mm	1420 mm
4400 x 1650 x 1900 mm	4400 x 1720 x 1900 mm	4230 x 1750 x 1900 mm	4510 x 1750 x 1900 mm
Draht- oder Stahlspeichen	Draht- oder Stahlspeichen	Stahlspeichen	Stahlspeichen
800 x 120 Hochdruck	30 x 5,77 Niederdruck	30 x 5,77 Niederdruck	32 x 6,00 Niederdruck
900 kg	1100 kg	1100 kg	1200 kg
Tourenwagen 1250 kg	Tourenwagen 1450 kg Limousine 1650 kg	Tourenwagen 1500 kg Limousine 1650 kg	Tourenwagen 1600 kg Limousine 1750 kg
400 kg	600 kg	450 kg	600 kg
70 km/h	80 km/h	80 km/h	80 km/h
11 Liter	12 Liter	14 Liter	16 Liter
am Heck	am Heck	am Heck	am Heck
Tourenwagen 6 Sitze RM 9500,–	Tourenwagen 6 Sitze RM 8000,– Limousine 6 Sitze RM 9750,–	Tourenwagen 4 Sitze RM 8000,– Limousine 4 Sitze RM 8900,–	Tourenwagen 6 Sitze RM 9800,– Limousine 6 Sitze RM 11500,–
		Auch mit 12/55 PS-Motor lieferbar	Auch mit 10/50 PS-Motor lieferbar

9/30 PS Presto Typ D
Tourenwagen 1921

9/40 PS Presto Typ D
Limousine
(Karosserie Karmann)
1922

PRESTO

9/30 PS Presto Typ D
Tourenwagen 1924

12/55 PS Presto
12/55 PS NAG-Presto
Tourenwagen 1927 – 1928

Protos (bis 1927)

Protos-Automobile gab es seit 1898. Zehn Jahre später wurde die Ursprungsfirma vom Elektrokonzern Siemens-Schuckert (SSW) aufgekauft und seitdem als dessen Automobilwerk in Berlin-Siemensstadt betrieben. Bis zum ersten Weltkrieg hatte sich ein breitgefächertes Bauprogramm ergeben. Aus Rentabilitätsgründen beschränkte sich die Protos-Automobile GmbH. ab 1918 auf den schon seit 1913 eingeführten Typ C als Personen- und Lieferwagen. Ab Herbst 1924 folgte der modernisierte Typ C 1. Der Firma Protos kam es beim Bau ihrer Automobile kaum auf Geschwindigkeit oder sonstige Kraftleistungen an, sondern vielmehr auf solide Zuverlässigkeit und Dauerhaftigkeit. Andererseits hat Siemens in den zwanziger Jahren der eigenen Automobilproduktion offensichtlich nicht mehr die nötige Förderung angedeihen lassen, weshalb die an sich guten Protos-Wagen infolge ihrer Veraltung an Konkurrenzfähigkeit verloren. Von welchem Zeitpunkt an der Automobilbau für den Elektrokonzern verlustbringend wurde, ist nicht bekannt. Jedenfalls verkaufte Siemens-Schuckert die Protos GmbH. (mit 1110 Arbeitern und – wofür? – 340 Angestellten) zum Jahresende 1926 an die der AEG gehörende Nationale Automobil-Gesellschaft AG. (NAG) für nur 1,3 Mill. RM. Dieser Preis läßt erkennen, daß Wert und Bedeutung der Protos-Fabrikation nur mehr recht gering veranschlagt wurden. Die NAG ließ die in Produktion befindlichen Protos-Personenwagen fertigstellen und den Protos-Lieferwagen noch bis Juni 1927 weiterbauen, um die Materialvorräte aufzubrauchen. Die Personenwagen der NAG trugen bis auf weiteres das Markenzeichen NAG-Protos, übernahmen jedoch nichts von der konstruktiven Substanz der seitherigen Protos-Wagen. Insgesamt dürften schätzungsweise 20000 Protos-Wagen gebaut worden sein, davon je etwa die Hälfte bis und nach 1918. Die Produktion der Typen C und C 1 betrug von 1913 bis 1927 insgesamt 16150 Stück.

10/30 PS Protos Tourenwagen 1923 (Karosserie: Karl Weinberger, München)

10/30 PS Protos Limousine 1919 (Besitzer: Ruprecht von Siemens, München)

10/30 PS Protos
Sport-Coupé 1923
(Karosserie Kühlstein)

10/30 PS Protos
Stadt-Coupé 1924
(Karosserie:
Karl Weinberger, München)

10/45 PS Protos
Tourenwagen 1926
(Besitzer:
Ruprecht von Siemens,
München)

10/45 PS Protos
Tourenwagen 1926/27
(Endausführung)

	Protos 10/30 PS Typ C 1918 – 1924	Protos 10/45 PS Typ C 1 1924 – 1927
Motor		
Zylinderzahl	4 (Reihe)	4 (Reihe)
Bohrung x Hub	80 x 130 mm	80 x 130 mm
Hubraum	2614 (Steuer 2596) ccm	2614 (Steuer 2596) ccm
Leistung	30 PS bei 1800 U/min	45 PS bei 2500 U/min
Verdichtung		1:4,75
Vergaser	1 Flachstromvergaser Zenith	1 Flachstromvergaser Zenith 36
Ventile	Seitlich stehend Seitliche Nockenwelle Antrieb durch Zahnkette	Hängend Seitliche Nockenwelle Antrieb durch Zahnkette
Kurbelwellenlager	3	3
Kühlung	Thermosyphon (Wasser)	Thermosyphon (Wasser)
Schmierung	Druckumlauf	Druckumlauf
Zündung	Magnetzünder	Magnetzünder
Batterie	12 V	12 V
Kraftübertragung	Antrieb auf Hinterräder	Antrieb auf Hinterräder
Kupplung	Lederlamellen-Doppelkonuskupplung	Lederlamellen-Doppelkonuskupplung
Getriebe	4 Gang	4 Gang
Schaltung	Außen oder innen rechts	Innen rechts bzw. (ab Nov. 1925) Mitte
Übersetzungen	I. 4,40 II. 2,80 III. 1,70 IV. 1,00	I. 4,85 II. 3,30 III. 1,70 IV. 1,00
Antriebs-Übersetzung	4,214	4,54
Fahrwerk	U-Profil-Preßstahl-Rahmen	U-Profil-Preßstahl-Rahmen
Vorderradaufhängung	starr, Halbfedern	starr, Halbfedern
Hinterradaufhängung	starr, Underslung-Halbfedern	starr, Underslung-Halbfedern
Lenkung	Schnecke-Segment, rechts	Schnecke-Segment, rechts bzw. (ab Nov. 1925) links
Fußbremse	Mechanisch, Kardanwelle	Mechanisch, Kardanwelle bzw. (ab 1925) Mechanisch, Kardanwelle und Vorderräder bzw. (ab 1926) Mechanisch, 4 Räder
Handbremse	Mechanisch, Hinterräder	Mechanisch, Hinterräder
Schmierung	Nippel	Nippel
Allgemeine Daten		
Radstand	3200 mm bzw. (für Lieferwagen und Sonderaufbauten) 3400 mm	3300 mm bzw. (für Lieferwagen und Sonderaufbauten) 3400 mm
Spur	1350 mm	1350 mm
Gesamtmaße	Tourenwagen 4600 x 1700 x 1700 mm Limousine 4600 x 1700 x 2200 mm	Tourenwagen 4680 x 1730 x 1800 mm Limousine 4580 x 1730 x 2100 mm
Räder	Stahl- oder Holzspeichen	Stahlspeichen
Reifen	820 x 120 oder 135 mm Hochdruck	820 x 120 oder 135 mm Hochdruck bzw. (ab 1926) 32 x 6,20 Niederdruck
Wendekreis	11,5 bzw. (Radstand 3400 mm) 12 Meter	11,8 bzw. (Radstand 3400 mm) 12 Meter
Fahrgestellgewicht	1200 kg	1250 kg
Wagengewicht	Tourenwagen 1520 kg Limousine 1650 kg	Tourenwagen 1600 kg Limousine 1730 kg
Zuläss. Belastung	500 kg	600 kg
Höchstgeschwindigkeit	75 km/h	85 km/h
Verbrauch/100 km	12 Liter	14 Liter
Kraftstofftank	im Heck	im Heck
Preise		Fahrgestell RM 7 500,– Tourenwagen RM 10 000,– Limousine RM 12 000,– Pullman-Limousine RM 13 000,– Landaulet RM 13 000,– Cabriolet RM 13 750,–

Rabag (Lic. E. Bugatti) (1922–1926)

Als Rheinische Automobilbau AG. (Rabag) firmierte ab Ende 1920 die Automobilabteilung der Werkzeugfabrik Funke in Düsseldorf. Mit ihr verschmolz 1922 die Automobilbau-AG. (Abag) in Mannheim, die 1921 aus der während des Krieges entstandenen Autmobilabteilung der Union-Maschinenfabrik hervorgegangen war. Außerdem gliederte sich die Rabag 1921 die erst nach dem Krieg eingerichtete Karosseriefabrik Rogg & Co. in Düsseldorf ein. Die Rabag betrieb den Lizenz-Nachbau des Bugatti Typ 22 und zuletzt des Typ 23, wobei die Motoren und Fahrgestelle in Mannheim, die Karosserien am Hauptsitz Düsseldorf hergestellt wurden. Der Rabag-Bugatti wich erheblich vom Originalmodell ab, was ihm aber durchaus nicht zum Vorteil gereichte. Bald nach der Fusion von 1922 übernahm der Stinnes-Konzern die Rabag und vereinigte sie 1924 mit AGA. Der Zusammenbruch von AGA bedeutete auch das Ende des Rabag-Bugatti. Aus Vorräten wurden 1926 noch ein paar Wagen zusammengebaut. Einschließlich einiger vom Bugatti Typ 13 abgeleiteter Rennwagen dürften insgesamt rund 100 Rabag-Bugatti geliefert worden sein.

6/20 PS Rabag-Bugatti Sport-Dreisitzer 1925 (Karoserie: Gastell, Mainz)

6/30 PS Rabag-Bugatti Phaeton 4 Sitze 1926

	Rabag (Lic. E. Bugatti) 6/20 PS 1922 – 1925	Rabag (Lic. E. Bugatti) 6/30 PS 1925 – 1926
Motor		
Zylinderzahl	4 (Reihe)	4 (Reihe)
Bohrung x Hub	68 x 100 mm	69 x 100 mm
Hubraum	1455 ccm	1495 ccm
Leistung	25 PS bei 2500 U/min	30 PS bei 2500 U/min
Verdichtung		
Vergaser	1 Zenith	1 Zenith 30 HK
Ventile	4 hängende Ventile je Zylinder	4 hängende Ventile je Zylinder
	Obenliegende Nockenwelle	Obenliegende Nockenwelle
	Antrieb durch Königswelle	Antrieb durch Königswelle
Kurbelwellenlager	3	3
Kühlung	Wasserpumpe	Wasserpumpe
Schmierung	Druckumlauf	Druckumlauf
Zündung	Magnetzünder	Magnetzünder
Batterie	12 V (am Trittbrett)	12 V (am Trittbrett)
Kraftübertragung	Antrieb auf Hinterräder	Antrieb auf Hinderräder
Kupplung	Lamellenkupplung in Öl	Lamellenkupplung in Öl
Schaltung	Schalthebel rechts innen	Schalthebel rechts innen
Getriebe	4 Gang	4 Gang
Übersetzungen	Bis 1924: / 1925:	
	I. 3,23 / I. 2,93	I. 2,93
	II. 1,84 / II. 1,85	II. 1,85
	III. 1,30 / III. 1,30	III. 1,30
	IV. 1,00 / IV. 1,00	IV. 1,00
Antriebs-Übersetzung	3,46 / 3,92	3,92
Fahrwerk	U-Profil-Preßstahl-Rahmen	U-Profil-Preßstahl-Rahmen
Vorderradaufhängung	starr, Halbfedern	starr, Halbfedern
Hinterradaufhängung	starr, Ausleger-Viertelfedern	starr, Ausleger-Viertelfedern
Lenkung	Schnecke, rechts	Schnecke, rechts
	Lenksäule verstellbar	Lenksäule verstellbar
Fußbremse	Mechanisch, Kardanwelle	Seilzug, 4 Räder
Handbremse	Seilzug, Hinterräder	Seilzug, Hinterräder
Schmierung	Nippel	Nippel
Allgemeine Daten		
Radstand	2450 mm	2600 mm
Spur vorn/hinten	1120/1120 bzw. (ab 1924) 1150/1150 mm	1150/1150 mm
Gesamtmaße		
Räder	Rudge-Drahtspeichen	Rudge-Drahtspeichen
Reifen	710 x 90 Hochdruck	710 x 90 Hochdruck
Wendekreis		
Fahrgestellgewicht	650 kg	680 kg
Wagengewicht		Viersitzer offen 850 kg
Zuläss. Belastung		600 kg
Höchstgeschwindigkeit	95 km/h	95 km/h
Verbrauch/100 km	10 Liter	10 Liter
Kraftstofftank	im Heck	im Heck

Röhr (1927–1935)

Hans Gustav Röhr (1895–1937), Sohn eines Fabrikbesitzers im Rheinland, zählt zu den herausragenden Persönlichkeiten in der Geschichte des deutschen Automobilbaus. Jagdflieger und Flugmotorenkonstrukteur im ersten Weltkrieg, beschäftigte er sich die folgenden Jahre in Berlin mit der Entwicklung eines Automobils, das fahrwerksmäßig seiner Zeit weit vorauseilte. Nachdem sich keine Fabrik fand, die seinen Wagen serienmäßig bauen wollte, gelang es H. G. Röhr dank persönlicher Beziehung zur Familie Stinnes eine eigene Produktionsstätte einzurichten. Ende 1926 erfolgte die Gründung der Röhr-Auto-AG., die das Fabrikgelände der ehemaligen Falcon-Werke in Ober-Ramstadt bei Darmstadt erwarb.

Im Herbst 1927 begann die Herstellung des Röhr 8. Mit Schwingachsen, Plattformrahmen, tiefliegender Karosserie, deren hintere Sitze sich nicht über, sondern vor der Hinterachse befanden, erregte der Wagen außergewöhnliches Aufsehen, zumal sich herausstellte, daß er tatsächlich allen Konkurrenzmodellen inbezug auf Straßenlage und Fahreigenschaften deutlich überlegen war. Nicht im gleichen Maße wie das Fahrgestell überzeugte der Achtzylindermotor. Trotz neunfacher Kurbelwellenlagerung, 16 Gegengewichten, dynamischer Auswuchtung und Schwingungsdämpfer litt er unter kritischen Drehzahlen. Überdies verbrauchte er viel Benzin und viel zu viel Öl. Die Anlaufserie mit 8/40 PS brachte zu wenig Leistung, weshalb man noch 1928 auf 9/50 PS und 1930 auf 10/55 PS überging. Bei dieser dritten Version mit 2,5 Liter Inhalt waren die Zylinder leicht V-förmig versetzt, wodurch man zwar den Block nicht zu verlängern brauchte, sich aber ein erhebliches Mehrgewicht einhandelte und die seitherigen Schwächen des Motors wiederum nicht zu beseitigen vermochte.

Derartige Schwierigkeiten, die viel Kosten verursachten, aber auch unternehmerische Fehldispositionen und die Wirtschaftskrise führten im Herbst 1930 zum Zusammenbruch. Die Produktion, für die etwa 500 und 1929 sogar bis 800 Leute beschäftigt waren, wurde eingestellt. Röhr mußte ausscheiden. Eine schweizerische Finanzholding übernahm die Konkursbestände und bildete die Neue Röhr-AG. Diese nahm im Herbst 1931 die Fertigung des 10/55 PS Röhr 8 wieder auf.

Die Einsicht, daß mit dem vorhandenen Wagen kein Geschäftserfolg zu erwarten sein würde, veranlaßte die Neue Röhr-AG., Professor Porsche mit der Konstruktion eines neuen Modells zu beauftragen. Den Motor hierfür hatte Porsche schon parat: Dieser war ursprünglich für einen großen Wanderer bestimmt gewesen, für den jedoch die inzwischen gegründete Auto Union keine Verwendung mehr hatte. Es handelte sich um einen sehr schön gezeichneten 3,3 Liter Reihen-Achtzylinder, mit dem ab 1933 der Typ F geliefert wurde, der ansonsten dem seitherigen und bis Sommer 1933 weitergebauten Typ RA entsprach. Der Typ F verkaufte sich allerdings auch nicht besser, denn einerseits war der Ruf des Röhr 8 nun doch schon ziemlich angeschlagen und andererseits besaßen Automobile anderer und größerer Marken inzwischen eine ähnlich gute Straßenlage. Professor Porsche hatte nun auch ein neues Fahrgestell fertig, das sich vom seitherigen hauptsächlich durch die Drehstabfederung der Schwingachsen unterschied, und dazu wurde der 3,3 Liter-Motor mittels Zoller-Kompressor auf 100 PS Leistung gebracht. Dieser Typ FK erhielt den Namen Olympier, aber er war teuer im Preis und im Verbrauch, so daß hiervon 1934 nur wenige Wagen gebaut wurden.

Um endlich auf rentablere Stückzahlen zu kommen, brachte die Neue Röhr-AG. zur Berliner Automobil-Ausstellung im Februar 1933 den Röhr Junior mit luftgekühltem 1,5 Liter-Boxermotor heraus. Um dem Namen der als fortschrittlich geltenden Marke Röhr gerecht zu werden, ohne aber das Risiko einer teueren Eigenentwicklung einzugehen, entschloß man sich zur Übernahme eines bereits bewährten und ausgereiften Typs: Der Röhr Junior war der modifizierte Lizenz-Nachbau des Tatra 30. Er fand beim Publikum sehr freundliche Aufnahme, doch fehlten die Mittel zur nunmehr nötigen Produktionsausweitung. Wieder kam es zur Pleite, und im März 1935 wurde der letzte Röhr Junior hergestellt. Seine Produktionseinrichtungen samt der Tatra-Lizenz übernahmen die Stoewer-Werke.

In den Jahren 1935/36 baute die Gesellschaft für Verwertung von Industrieanlagen mbH., Köln-Ehrenfeld, in den ehemaligen Röhr-Werken noch ein paar Einzelexemplare des F-Typs zusammen. Der letzte Versuch zur Weiterführung der Produktion erfolgte, als im Januar 1937 die Noll, Monnard & Co. KG. die Röhr-Werke übernahm. Sie verteilte zur Automobil-Ausstellung 1937 den Prospekt eines karosseriemäßig modernisierten Typs F, der jedoch nie realisiert wurde. Die Automarke Röhr war nun endgültig verschwunden. Im Sommer 1937 übernahm die Miag das Werk in Ober-Ramstadt, um dort Transportkarren und Gabelstapler für innerbetriebliche Zwecke zu fertigen. Heute befindet sich in der Fabrik ein großer Reifenvulkanisierbetrieb der amerikanischen Armee.

Zwar scheiterte H. G. Röhr als Unternehmer, doch blieb es ihm vergönnt, seine Tüchtigkeit als Konstrukteur weiterhin beweisen zu dürfen. 1931 ging er zu Adler, wo er die Trumpf- und Trumpf-Junior-Modelle mit Vorderradantrieb schuf, denen, wenn freilich auch unter günstigeren äußeren Voraussetzungen, ein voller Erfolg beschieden war. Wieder freilich disponierte er falsch, als er sich wegen der Nachbau-Lizenz seiner Konstruktion für die belgische Marke Imperia mit seinem Generaldirektor überwarf. Ab August 1935 finden wir ihn bei der Daimler-Benz AG., wo ihm die Aufgabe gestellt wurde, eine neue Pkw-Modellreihe zu entwickeln. Doch schon im August 1937 ereilte ihn ein früher Tod. Als er bei Regen im offenen Wagen zum Nürburgring fuhr, holte er sich eine Lungenentzündung, an der er in einem

Produktion

Röhr 8	8/40 PS Typ R	1927 – 1928	max. ca. 100
Röhr 8	9/50 PS Typ R	1928 – 1930	max. ca. 1000
Röhr 8	10/55 PS Typ RA	1930 – 1933	max. ca. 350
Röhr 8	13/75 PS Typ F	1933 – 1934	max. ca. 250
Röhr 8 Olympier	13/75/100 PS Typ FK	1934	max. ca. 20
Röhr Junior	6/30 PS	1933 – 1935	max. ca. 1700

Koblenzer Krankenhaus starb. Immerhin hatte er noch die Konstruktion des Mercedes-Benz Typ 230 zum Abschluß gebracht, der Anfang 1939 erschien und dessen Konzept nach dem Krieg im Typ 170 S und dessen Nachfolgern fortlebte.

Abschließend sei Oberingenieur Joseph Dauben erwähnt, der engste Mitarbeiter von Hans Gustav Röhr. Er nämlich machte erst die fortschrittlichen, oft richtungsweisenden Ideen seines genialen Chefs zu produktionsreifen und praxisgerechten Konstruktionen. Dauben war schon in Berlin bei Röhr, er fungierte als Chefkonstrukteur der Röhr-AG. und mit Röhr entwickelte er bei Adler den Trumpf-Junior.

8/40 PS Röhr 8
Typ R
Cabriolet-Limousine
(Karosserie: Lizenz »Aerable Monobloc«)
1928

9/50 PS Röhr 8
Typ R
Cabriolet-Limousine
(Karosserie Autenrieth
»Aerable Monobloc«)
1930

10/55 PS Röhr 8
Typ RA
Limousine 2 Türen
(Karosserie Autenrieth)
1930/31

10/55 PS Röhr 8
Typ RA
Cabriolet 4 Fenster
(Karosserie Autenrieth)
1930/31

10/55 PS Röhr 8
Typ RA
Cabriolet 2 Fenster
(Karosserie Autenrieth)
1932/33

	Röhr 8 8/40 PS Typ R 1927 – 1928	Röhr 8 9/50 PS Typ R 1928 – 1930	Röhr 8 10/55 PS Typ RA 1930 – 1933
Motor			
Zylinderzahl	8 (Reihe)	8 (Reihe)	8 (Reihe, jedoch um ca. 10° leicht V-förmig versetzt)
Bohrung x Hub	58 x 94 mm	60 x 100 mm	63 x 100 mm
Hubraum	1980 ccm	2246 ccm	2496 ccm
Leistung	40 PS bei 3250 U/min	50 PS bei 3250 U/min	55 PS bei 3200 U/min
Verdichtung	1:6	1:5,8	1:5,8
Vergaser	1Steigstromvergaser Solex oder Zenith	1 Steigstromvergaser Solex oder Stromberg	1 Steigstromvergaser Atmos
Ventile	Hängend Seitliche Nockenwelle Antrieb durch Stirnräder	Hängend Seitliche Nockenwelle Antrieb durch Stirnräder	Hängend Seitliche Nockenwelle Antrieb durch Stirnräder
Kurbelwellenlager	9	9	9
Kühlung	Pumpe, ? Liter Wasser	Pumpe, ? Liter Wasser	Pumpe, 20 Liter Wasser
Schmierung	Druckumlauf, ? Liter öl	Druckumlauf, ? Liter Öl	Druckumlauf, 12 Liter Öl
Batterie	6 V	6 V	6 V 125 Ah
Kraftübertragung	Antrieb auf Hinterräder	Antrieb auf Hinterräder	Antrieb auf Hinterräder
Kupplung	Mehrscheibentrockenkupplung	Einscheibentrockenkupplung	Einscheibentrockenkupplung
Schaltung	Wagenmitte	Wagenmitte	Wagenmitte
Getriebe	3 Gang ZF HK 20	3 Gang Warner	3 Gang Warner
Übersetzungen	I. 3,00 II. 1,60 III. 1,00	I. 3,20 II. 1,60 III. 1,00	I. 3,039 II. 1, 823 III. 1,000 Auf Wunsch: 4 Gang ZF-Aphon mit Freilauf
Antriebs-Übersetzung	5,0	5,0	5,20
Fahrwerk	Tiefbett-Kastenrahmen mit Bodenplattform	Tiefbett-Kastenrahmen mit Bodenplattform	Tiefbett-Kastenrahmen mit Bodenplattform
Vorderradaufhängung	achslos, 2 Querfedern	achslos, 2 Querfedern	achslos, 2 Querfedern
Hinterradaufhängung	Pendel-Schwingachse Ausleger-Halbfedern	Pendel-Schwingachse Ausleger-Halbfedern	Pendel-Schwingachse Ausleger-Halbfedern
Lenkung	Zahnstange	Zahnstange	Zahnstange bzw. (ab 1932) Schraube
Fußbremse	Mechanisch, 4 Räder	Mechanisch, 4 Räder	Mechanisch bzw. (ab 1932) Hydraulisch, 4 Räder
Handbremse	Mechanisch, Kardanwelle	Mechanisch, Kardanwelle	Mechanisch, Kardanwelle
Schmierung	Nippel	Nippel	Nippel
Allgemeine Daten			
Radstand	3055 mm	3055 mm	3155 mm
Spur vorn/hinten	1350/1350 mm	1350/1350 mm	1350/1350 mm
Gesamtmaße	4255 x 1610 x 1650 mm	4255 x 1610 x 1650 mm	4600 x 1690 x 1650 mm
Räder	Scheiben oder Drahtspeichen	Scheiben oder Drahtspeichen	Scheiben oder Drahtspeichen
Reifen	28 x 5,00 Niederdruck	14 x 45 Niederdruck	14 x 45 Niederdruck
Wendekreis			11 Meter
Fahrgestellgewicht	750 kg	800 kg	975 kg
Wagengewicht	1030 kg	1080 kg	1400 kg
Zuläss. Belastung	500 kg	500 kg	500 kg
Höchstgeschwindigkeit	90 km/h	100 km/h	100 km/h
Verbrauch/100 km	14 Liter	14 Liter	15 Liter
Kraftstofftank	47 Liter (im Motorraum)	47 Liter (im Motorraum)	60 Liter (im Motorraum)
Preise			
Limousine 4 Türen	RM 7500,–	RM 8450,–	RM 8850,–
Cabriolet-Limousine 4 Türen	RM 7800,–	RM 8450,–	RM 8750,–
Roadster-Cabriolet		RM 8450,–	
Cabriolet 2 Fenster	–	RM 10500,–	RM 9500,–

Röhr 8
13/75 PS Typ F
Limousine 4 Türen
1933 – 1934

Röhr 8
13/75 PS Typ F
Pullman-Limousine
1933 – 1934

Röhr 8
13/75 PS Typ F
Cabriolet 2 Fenster
(Karosserie Papler)
1933 – 1934

Röhr Junior
6/30 PS (Lizenz Tatra)
Limousine 2 Türen
1933 – 1935

	Röhr 8 13/75 PS Typ F 1933 – 1934	Röhr Olympier 13/75/100 PS Typ FK 1934	Röhr Junior 6/30 PS (Lizenz Tatra) 1933 – 1935
Motor			
Zylinderzahl	8 (Reihe) Leichtmetallblock Nasse Zylinderbüchsen	8 (Reihe) Leichtmetallblock Nasse Zylinderbüchsen	4 (Boxer)
Bohrung x Hub	69,6 x 108 mm	69,6 x 108 mm	75 x 84 mm
Hubraum	3287 ccm	3287 ccm	1485 ccm
Leistung	75 PS bei 3200 U/min	75 PS bei 3200 U/min Mit Kompressor: 100 PS bei 3800 U/min	30 PS bei 3500 U/min
Drehmoment	23 mkg	31,5 mkg	7,2 mkg
Verdichtung	1:5,6	1:5,6 Zoller-Kompressor	1:5,4
Vergaser	1 Doppel-Steigstromvergaser Pallas 30 DU	1 Doppel-Steigstromvergaser Pallas 30 DU	1 Steigstromvergaser Pallas oder Solex 30 BFL
Ventile	Hängend Seitliche Nockenwelle Antrieb durch Rollenkette	Hängend Seitliche Nockenwelle Antrieb durch Rollenkette	Hängend Zentrale Nockenwelle Antrieb durch Stirnräder
Kurbelwellenlager	9	9	2
Kühlung	Pumpe, ? Liter Wasser	Pumpe, ? Liter Wasser	Gebläse (Luft)
Schmierung	Druckumlauf, 8,5 Liter Öl	Druckumlauf, 8,5 Liter Öl	Druckumlauf, 4 Liter Öl
Batterie	6 V 125 Ah	6 V 125 Ah	6 V 75 Ah
Lichtmaschine	90 W	90 W	75 W
Kraftübertragung	Antrieb auf Hinterräder	Antrieb auf Hinterräder	Antrieb auf Hinterräder
Kupplung	Einscheibentrockenkupplung	Einscheibentrockenkupplung	Einscheibentrockenkupplung
Getriebe	4 Gang ZF-Aphon mit abschaltbarem Freilauf	4 Gang ZF-Aphon mit abschaltbarem Freilauf	4 Gang
Übersetzungen	I. 3,46 I. 4,10 II. 1,88 II. 2,63 III. 1,00 III. 1,48 IV. 0,68 IV. 1,00	I. 3,46 II. 1,88 III. 1,00 IV. 0,68	I. 4,10 II. 2,41 III. 1,49 IV. 1,00
Antriebs-Übersetzung	5,2 oder 4,2 4,2	4,6	4,72
Fahrwerk	Tiefbett-Kastenrahmen mit Bodenplattform	Tiefbett-Kastenrahmen mit Bodenplattform	Zentralrohrrahmen
Vorderradaufhängung	achslos, 2 Querfedern	Kurbellenker oben und unten 2 Federstäbe quer	achslos, 2 Querfedern
Hinterradaufhängung	Pendel-Schwingachse Ausleger-Halbfedern	Pendel-Schwingachse Federstäbe längs	Pendel-Schwingachse 1 Querfeder
Lenkung	Schraube	Schraube	Zahnstange
Fußbremse	Hydraulisch, 4 Räder	Hydraulisch, 4 Räder	Mechanisch, 4 Räder
Handbremse	Mechanisch, Kardanwelle	Mechanisch, Kardanwelle	Mechanisch, Hinterräder
Schmierung	Nippel oder Zentralschmierung	Zentralschmierung	Nippel
Allgemeine Daten			
Radstand	3235 mm	3255 mm	2660 mm
Spur vorn/hinten	1400/1400 mm	1420/1420 mm	1250 1250 mm
Gesamtmaße	4700 x 1750 x 1650 mm	4700 x 1750 x 1650 mm	3800 x 1550 x 1530 mm
Räder	Scheiben oder Drahtspeichen	Scheiben oder Drahtspeichen	Scheiben
Reifen	1933: 15 x 45 oder 16 x 45 1934: 6,50–17	7,00–16	4,75–17
Wendekreis	12,4 Meter	12,4 Meter	12 Meter
Fahrgestellgewicht	1150 kg	1190 kg	570 kg
Wagengewicht	1600 bis 1700 kg	1640 bis 1740 kg	930 kg
Zuläss. Belastung	600 kg	600 kg	315 kg
Höchstgeschwindigkeit	120 km/h	135 km/h	90 km/h
Verbrauch/100 km	17 Liter	22 Liter	10 Liter
Kraftstofftank	60 Liter (im Motorraum)	60 Liter (im Motorraum)	30 Liter (im Motorraum)

Preise	Röhr 8 1933	Röhr 8 1934	Röhr Olympier 1934	Röhr Junior 1933	Röhr Junior 1934
Limousine 2 Türen	–	–	–	RM 2950,–	RM 3350,–
Cabriolet-Limousine 2 Türen	–	–	–	RM 2950,–	RM 3400,–
Limousine 4 Türen	RM 10850,–	RM 9750,–	RM 14500,–	–	–
Cabriolet-Limousine 4 Türen	RM 10800,–	RM 9750,–	–	–	–
Cabriolet 2 Fenster	RM 10800,–	RM 10500,–	RM 15500,–	–	RM 4250,–
Pullmann-Limousine	–	RM 11400,–	RM 16500,–	–	–

Rumpler (1921–1925)

Dr.-Ing. Edmund Rumpler (1872–1940) machte sich als ebenso ideenreicher wie vielseitig interessierter Automobil- und Flugzeugkonstrukteur einen Namen, galt aber, ähnlich einigen anderen Prominenten dieses Metiers, als etwas schillernde, keineswegs unumstrittene Persönlichkeit. Seine wohl berühmteste Schöpfung gelang ihm mit dem Rumpler Tropfen-Auto, dem meistbestaunten Schaustück der sowieso ereignisreichen Berliner Automobil-Ausstellung 1921. Weltweites Aufsehen erregte die radikale Abkehr von den üblichen Normen des damaligen Automobilbaus. Neu waren die Anwendung der vom Flugzeugbau her bekannten Tropfenform für Karosserie und Fahrgestell, der Einbau des Motors vor der Hinterachse, die Ausführung der Hinterachse als Pendel-Schwingachse, der Sechszylinder-Fächermotor in platzsparender W-Form, der Fahrersitz weit vorn in Wagenmitte, die erstmalige Verwendung gebogenen Glases für die Frontscheibe und weitere, bis dahin ungewöhnliche Einzelheiten. In der Praxis freilich irritierte das Tropfen-Auto durch schlimme Mängel. Der Fächermotor erwies sich als untauglich, die Fahreigenschaften waren miserabel, die Lenkung schwergängig, und die Karosserie bot keinerlei Möglichkeit, Gepäck mitzunehmen, obwohl das Auto ausdrücklich aus Reisewagen gepriesen worden war. Rumpler versuchte, durch unzählige Änderungen sein Tropfen-Auto gebrauchstüchtig zu machen. Erreicht wurde damit kein wesentlicher Fortschritt, sondern durch vielerlei Zugeständnisse und Kompromisse bloß eine Verstümmelung des einst so genial anmutenden Konzepts bis fast zur Unkenntlichkeit. Das Wunderding war und blieb kaum verkäuflich, zumal es auch sehr viel Geld kostete. Es hat vom Rumpler Tropfen-Auto drei Modellreihen gegeben, nicht zwei, wie es bisher die Autoliteratur einhellig behauptet. Gebaut wurden von allen drei Ausführungen hauptsächlich Limousinen, jeweils vereinzelt aber auch offene Tourenwagen. Von den beiden ersten Reihen mit

Dieses ist eines der ersten Exemplare des Rumpler Tropfen-Autos von 1921, das im Deutschen Museum (München) steht. Hier sieht man, wie sich Rumpler die ideale Tropfen-Form für ein Automobil vorstellte. (Die Räder und Reifen des Museumswagens entsprechen nicht dem Original).

Nach Jahren des Experimentierens und Änderns wurde das Rumpler Tropfen-Auto weder origineller noch besser oder schöner, sondern ein ziemlich fauler Kompromiß zwischen den Vorstellungen des Konstrukteurs und den echten oder vermeintlichen Wünschen des Publikums. Die Autos blieben fast unverkäuflich, wie sie es von Anfang an waren. Als Kraftdroschken wurden sie schließlich in Berlin verbraucht.

	Rumpler Tropfen-Auto 10/30 PS 1921 – 1922	Rumpler Tropfen-Auto 10/30 PS 1922 – 1923	Rumpler-Tropfen-Auto 10/50 PS 1924 – 1925
Motor	Siemens (Konstruktion Rumpler)		Benz
Zylinderzahl	W–6 (Fächermotor, 3 x 2 Zylinder in 2 x 60°-W-Form)		4 (Reihe)
Bohrung x Hub	70 x 100 mm	74 x 100 mm	80 x 130 mm
Hubraum	2310 ccm	2580 ccm	2610 ccm
Leistung	35 PS bei 2000 U/min	35 PS bei 2000 U/min	50 PS bei 2400 U/min
Vergaser	1 Pallas		1 Pallas oder Zenith
Ventile	Hängend		Hängend
	2 zentrale Nockenwellen		Seitliche Nockenwelle
	Antrieb durch Stirnräder		Antrieb durch Kette
Kurbelwellenlager	2		3
Kühlung	Pumpe (Wasser)		Pumpe (Wasser)
Schmierung	Druckumlauf		Druckumlauf
Zündung	Magnetzünder		Magnetzünder
Batterie	12 V		12 V
Kraftübertragung	Hecktriebblock. Motor und Getriebe vor Hinterachse		Hecktriebblock. Motor und Getriebe vor Hinterachse
Kupplung	Stahllamellen im Ölbad		Stahllamellen im Ölbad
Schaltung	Schalthebel innen rechts		Schalthebel innen rechts
Getriebe	3 Gang		3 Gang
Übersetzungen	I. 3,40		I. 3,57
	II. 1,62		II. 2,20
	III. 1,00		III. 1,00
Antriebs-Übersetzung	4,00		4,00
Fahrwerk	Rahmen als tropfenförmige Stahlblech-Wanne		
Vorderradaufhängung	starr, Ausleger-Halbfedern		
Hinterradaufhängung	Pendel-Schwingachse, schräg angeordnete Ausleger-Halbfedern		
Lenkung	Schraubenspindel, Fahrzeugmitte		Schraubenspindel, links
Fußbremse	Mechanisch, Getriebe		1924: Mechanisch, Getriebe
			1925: Mechanisch, 4 Räder
Handbremse	Mechanisch, Hinterräder		Mechanisch, Hinterräder
Schmierung	Nippel		Nippel
Allgemeine Daten			
Radstand	2900 mm	3360 mm	3340 mm
Spur vorn/hinten	1450/1350 mm	1350/1350 mm	1350/1300 mm
Gesamtmaße	4550 x 1600 x 1950 mm	4950 x 1600 x 1900 mm	4950 x 1600 x 1920 mm
Räder	Scheiben oder Drahtspeichen	Drahtspeichen	Drahtspeichen
Reifen	820 x 135 mm Hochdruck	820 x 120 mm Hochdruck	820 x 135 mm Hochdruck
Fahrgestellgewicht	1030 kg	1050 kg	1060 kg
Wagengewicht	Limousine 1400 kg	Limousine 1500 kg	Limousine 1750 kg
Zuläss. Belastung	600 kg	600 kg	600 kg
Höchstgeschwindigkeit	95 km/h	105 km/h	115 km/h
Verbrauch/100 km	20 Liter	20 Liter	15 Liter
Preis			Limousine RM 17 000,–

Fächermotor dürften schätzungsweise 20 Exemplare in Einzelfertigung entstanden sein. Vom dritten Modell, das laut Ankündigung des Werks in großer Serie aufgelegt werden sollte, wurden 100 Fahrgestelle gebaut, davon aber nur ungefähr 80 mit Karosserien versehen. Da diese Wagen wiederum nur ganz wenige Abnehmer fanden, ereilte die meisten das damals übliche Schicksal unverkäuflicher Automobile: Sie liefen schließlich als Kraftdroschken in Berlin. Die übriggebliebenen Fahrgestelle wurden verschrottet. – In völliger Abkehr von seinem bisherigen Konzept erstellte Rumpler nun einen Wagen mit Vorderradantrieb, indem er den zuletzt verwendeten 10/50 PS Benz-Motor in umgekehrter Richtung in einen Leichtmetallrahmen setzte. Für den Oberbau begnügte er sich mit Karosserien der damals üblichen Gestalt, was also auch den Verzicht auf jegliche Tropfenform bedeutete. Dieser Front-Wagen ging nicht in Serie. Rumpler verkaufte 1926 seine über Berlin verteilten Betriebstätten an die Udet-Flugzeugwerke. Seine Geldgeber verloren bei dem fünfjährigen Automobil-Experiment viele Millionen Goldmark.

Selve (1919–1929)

Unmittelbar nach dem ersten Weltkrieg kaufte Dr.-Ing. e. h. Walter von Selve die ehemaligen Norddeutschen Automobilwerke in Hameln/Weser, die früher den Sperber Kleinwagen gebaut hatten. Die nunmehrigen Selve Automobilwerke GmbH. (AG. ab 1922) wurden als selbständiges Unternehmen in den einst von Geheimrat Gustav Selve aufgebauten Konzern eingegliedert. Die schon dazugehörende Motorenfabrik Basse & Selve in Altena/Westfalen lieferte die Motoren, welche übrigens als Einbauaggregate auch anderen Marken zur Verfügung standen. Die Selve-Wagen erlangten bald einen guten Ruf, den sie der speziellen Fürsorge des Firmengründers verdankten, aber auch jenen namhaften Konstrukteuren, die er

	Selve 6/20 PS 1919 – 1921 Selve 6/24 PS 1921 – 1923	**Selve 8/30 PS 1920 – 1921 Selve 8/32 PS 1922 – 1925**	**Selve 8/40 PS Sport 1923 – 1925**
Motor	Basse & Selve	Basse & Selve	Basse & Selve
Zylinderzahl	4 (Reihe)	4 (Reihe)	4 (Reihe)
Bohrung x Hub	70,7 x 100 mm	81,5 x 100 mm	77,8 x 110 mm
Hubraum	1570 ccm	2086 ccm	2091 ccm
Leistung	24 PS bei 3000 U/min	32 PS bei 3000 U/min	40 PS bei 2500 U/min
Ventile	Seitlich stehend	Seitlich stehend	E stehend, A hängend
Getriebe	4 Gang	4 Gang	4 Gang
Schaltung	Innen rechts	Innen rechts	Mitte
Lenkung	Rechts	Rechts	Links
Fußbremse	Mechanisch, Kardanwelle	Mechanisch, Kardanwelle	Mechanisch, Kardanwelle
Handbremse	Mechanisch, Hinterräder	Mechanisch, Hinterräder	Mechanisch, Hinterräder
Radstand	3000 mm	3100 mm	3100 mm
Spur	1300 mm	1300 mm	1350 mm
Gesamtmaße	4100 x 1600 x 1600 mm (Tourenwagen offen)	4300 x 1600 x 1600 mm (Tourenwagen offen)	
Reifen	765 x 105 mm	820 x 120 mm	820 x 125 mm
Wagengewicht	Tourenwagen 1250 kg	Tourenwagen 1350 kg	Tourenwagen 1300 kg
Höchstgeschwindigkeit	70 km/h	90 km/h	100 km/h
Verbrauch/100 km	11 Liter	12 Liter	12 Liter
Preis			

einsetzte. Das war vor allem bis 1924 Direktor Ernst Lehmann (früher Chefkonstrukteur der belgischen Metallurgique-Werke), dann, wenn auch schon mit weniger Erfolg, Direktor Carl Slevogt (früher Apollo) und schließlich ab 1928 Direktor Paul Henze, der schon bei Selve wie ein paar Jahre später ebenso bei NAG noch mit einem großen Fronttriebwagen experimentierte, als sich schon längst das Ende der Geschichte abzeichnete. Selve stellte 1929 die Automobilproduktion ein, die unrentabel geworden war, seit man mehr und mehr vom erschwinglichen Mittelwagen zum luxusbetonteren Großwagen überging. Die Selve Automobilwerke AG. existierten noch eine Zeitlang weiter, ab 1932 unter anderem Namen, bis sie 1934 in Konkurs gingen. In den 10 Jahren ihres Bestehens hat die 700 Mann-Fabrik wohl ungefähr 3000 Automobile gebaut. (Bei der wesentlich größeren Motorenfabrik Basse & Selve, die 1932 schließen mußte, arbeiteten über 2000 Leute.)

←

Das Bild zeigt den vermutlich einzigen noch erhaltenen Selve. Es ist ein 6/24 PS Selve Tourenwagen Modell 1919/20. Er gehört Herrn Herman Eriksson in Västeras/Schweden. Offenbar befindet sich das Auto noch in bestem Zustand.

8/40 PS Selve Sportwagen 1924

Selve 9/36 PS **1926 – 1927**	**Selve 11/45 PS** **1927**	**Selve 12/50 PS** **1928**	**Selve Selecta** **1929**
Basse & Selve	Basse & Selve	Basse & Selve	Basse & Selve
4 (Reihe)	6 (Reihe)	6 (Reihe)	6 (Reihe)
82,5 x 110 mm	71 x 120 mm	74 x 120 mm	74 x 120 mm
2360 ccm	2850 ccm	3096 (Steuer 3080) ccm	3096 (Steuer 3080) ccm
36 PS bei 2800 U/min	45 PS bei 2800 U/min	50 PS bei 3000 U/min	50 PS bei 3000 U/min
Seitlich stehend	Seitlich stehend	Seitlich stehend	Seitlich stehend
3 Gang	3 Gang	3 Gang	3 Gang
Mitte	Mitte	Mitte	Mitte
Rechts	Rechts	Rechts oder links	Links oder rechts
Mechanisch, 4 Räder	Mechanisch, 4 Räder	Mechanisch, 4 Räder	Mechanisch, 4 Räder
Mechanisch, Kardanwelle	Mechanisch, Kardanwelle	Mechanisch, Kardanwelle	Mechanisch, Hinterräder
3250 mm	3250 mm	3250 mm	3450 mm
1340 mm	1340 mm	1360/1350 mm	1420/1420 mm
4500 x 1600 x 1600 mm (Tourenwagen offen)	4500 x 1600 x 1600 mm (Tourenwagen offen)	4500 x 1700 x 1900 mm (Limousine)	5100 x 1800 x 1850 mm (Limousine)
775 x 145 Niederdruck	30 x 5,77 Niederdruck	30 x 5,77 Niederdruck	32 x 6,00 Niederdruck
Tourenwagen 1270 kg	Limousine 1400 kg	Limousine 1600 kg	Pullman-Limousine 1600 kg
83 km/h	90 km/h	90 km/h	90 km/h
12 Liter	14 Liter	16 Liter	16 Liter
		Tourenwagen 6 Sitze RM 8950,– Pullman-Limousine RM 9950,–	Pullman-Limousine RM 11 500,–

Auto Simson (bis 1924)
Simson-Supra (1924–1934)

Die auf das Jahr 1741 zurückgehende und 1856 von den Gebrüdern Simson übernommene Waffenfabrik in Suhl/Thüringen begann 1911 mit dem Automobilbau als weiterem Fertigungszweig des Unternehmens. Die Wagen, die »Auto Simson« hießen, führten sich gut ein. Da während des ersten Weltkriegs die Waffenherstellung Vorrang hatte, wurde der Automobilbau ausgesetzt, aber 1919 sofort wieder aufgenommen. Zunächst genügte die Weiterführung der modernisierten Vorkriegstypen. 1922 kam Oberingenieur Paul Henze, Gründer der belgischen Imperia-Werke und Konstrukteur des vielbeachteten Steiger-Wagens, als Technischer Direktor der Automobil-Abteilung zu Simson. Er brachte im Sommer 1924 den Simson-Supra heraus, einen Hochleistungs-Sportwagen, dessen Zweiliter-Vierzylindermotor 16 Ventile besaß. Eine technisch weniger aufwendige Ausführung mit immer noch 8/40 PS Leistung folgte, ebenso ein entsprechender Wagen mit Sechszylindermotor. Letzterer wurde mit weiteren konstruktiven Vereinfachungen zum Typ R entwickelt, der sich jahrelang als robustes, leistungsfähiges und sehr kultiviertes Fahrzeug behauptete. Alle diese schönen Autos wurden aber nur in ziemlich kleinen Serien gefertigt, denn die Automobil-Abteilung von Simson & Co. hatte innerhalb der Waffenfabrik nur untergeordnete Bedeutung.

Produktion

Simson-Supra 4 Zylinder-Typen So und S	1924 – 1929	etwa 750 Wagen
Simson-Supra 6 Zylinder-Typen J, R. und RJ	1925 – 1934	etwa 750 Wagen
Simson-Supra 8 Zylinder-Typ A	1931 – 1934	etwa 20 Wagen

1934 wurden die letzten 12 Simson-Supra ausgeliefert. Die Nationalsozialisten enteigneten 1935 die Familie Simson und gliederten später die Suhler Waffenfabrik in den Konzern der Wilhelm-Gustloff-Werke ein. Heute baut der VEB Fahrzeug- und Jagdwaffenwerk Ernst Thälmann in Suhl Motorräder mit dem Markennamen Simson.

Auto-Simson 6/32 PS
Typ Bo
Tourenwagen 1921/22

Auto-Simson 14/45 PS
Typ D
Limousine 1922

Simson-Supra Typ S Sportwagen 8/50 PS 1924 – 1926. Karl Kappler errang mit diesem Modell in den Jahren 1925 bis 1928 Sporterfolge. Aufsehen erregte Freiherr Koenig-Fachsenfeld (im Bild), als er im Februar 1929 von der Insel Reichenau nach Gaienhofen 7 km weit über den zugefrorenen Bodensee fuhr.

8/40 PS Simson-Supra Cabriolet 1924/25

8/40 PS Simson-Supra Typ So Tourenwagen 1925. Der im Bild rechts abgebildete Wagen steht im Verkehrsmuseum Dresden, der nahezu gleiche Wagen auf dem unteren Bild gehört dem Automobil-Museum Bad Oeynhausen. Vermutlich sind das die beiden einzigen noch erhaltenen Exemplare der Marke Simson-Supra.

12/60 PS Simson-Supra Limousine 1928

Zylinderzahl
Bohrung x Hub
Hubraum
Leistung
Ventile
Getriebe (Schaltung)
Radstand
Spur
Gesamtmaße

Wagengewicht
Höchstgeschwindigkeit
Verbrauch/100 km

12/60 PS Simson-Supra Pullman-Limousine 1930

Zylinderzahl
Bohrung x Hub
Hubraum
Leistung
Ventile
Getriebe (Schaltung)
Lenkung
Fußbremse
Radstand
Spur vorn/hinten
Gesamtmaße
Reifen
Wagengewicht
Höchstgeschwindigkeit
Verbrauch/100 km
Preis

13/70 PS Sechszylinder- bzw. 18/90 PS Achtzylinder Simson-Supra 1931

Zylinderzahl
Bohrung x Hub
Hubraum
Leistung
Ventile
Getriebe (Schaltung)
Lenkung
Fußbremse
Radstand
Spur vorn/hinten
Gesamtmaße
Reifen
Wagengewicht
Höchstgeschwindigkeit
Verbrauch/100 km
Preis

Auto Simson 6/32 PS Typ Bo 1919 – 1924	Auto Simson 10/40 PS Typ Co 1919 – 1924	Auto Simson 14/45 PS Typ D 1919 – 1923	Auto Simson 14/65 PS Typ F 1923 – 1924
4 (Reihe) 70 x 102 mm 1570 ccm 22 PS bei 1800 U/min E hängend, A stehend 4 Gang (außen rechts) 2650 mm 1250 mm 4000 x 1550 x 1450 mm (Tourenwagen offen) Tourenwagen 950 kg 65 km/h 8 Liter	4 (Reihe) 80 x 130 mm 1613 ccm 40 PS bei 1900 U/min E hängend, A stehend 4 Gang (außen rechts) 3150 mm 1350 mm 4500 x 1650 x 1600 mm (Tourenwagen offen) Tourenwagen 1250 kg 80 km/h 12 Liter	4 (Reihe) 90 x 140 mm 3538 ccm 45 PS bei 1900 U/min E hängend, A stehend 4 Gang (außen rechts) 3150 mm 1350 mm 4500 x 1700 x 1650 mm (Tourenwagen offen) Tourenwagen 1400 kg 90 km/h 16 Liter	4 (Reihe) 85 x 160 mm 3613 ccm 65 PS bei 2000 U/min Hängend (OHV) 4 Gang 3500 mm 100 km/h 17 Liter

Simson-Supra Typ S 8/50 PS 1924 – 1926	Simson-Supra Typ So 8/40 PS 1925 – 1929	Simson-Supra Typ J 12/60 PS 1925 – 1926
4 (Reihe) 70 x 128 mm 1970 (Steuer 1956) ccm 50 PS bei 4000 U/min (Sport 60 bis 80 PS) 16 Ventile V-förmig schräg hängend, 2 OHC, Königswelle 4 Gang (Mitte) Rechts Seilzug, 4 Räder 3000 (Zweisitzer 2600, Sport 2350) mm 1320/1300 mm Tourenwagen offen 4200 x 1660 x 1550 mm 705 x 105 Hochdruck Tourenwagen 1250 kg 120 (Sport über 140) km/h 12 (Sport 14) Liter	4 (Reihe) 70 x 128 mm 1970 (Steuer 1956) ccm 40 PS bei 3000 U/min Hängend, 1 OHC, Königswelle 4 Gang (Mitte) Rechts Seilzug, 4 Räder 3000 mm 1320/1300 mm 4200 x 1660 x 1550 mm 705 x 105 Hochdruck Tourenwagen 1250 kg 100 km/h 11 Liter Tourenwagen RM 9200,–	6 (Reihe) 72 x 128 mm 3120 ccm 60 PS bei 2800 U/min Hängend, 1 OHC, Königswelle 4 Gang (Mitte) Rechts Seilzug, 4 Räder 3500 mm 1420/1400 mm 820 x 120 Hochdruck Tourenwagen 1550 kg 95 km/h 14 Liter

<table>
<tr><th>Simson-Supra Typ R
12/60 PS
1926 – 1928</th><th>Simson-Supra Typ R
12/60 PS
1928 – 1931</th><th>Simson-Supra Typ RJ
13/70 PS
1931 – 1934</th><th>Simson-Supra Typ A
18/90 PS
1931 –1934</th></tr>
<tr><td colspan="2">6 (Reihe)</td><td>6 (Reihe)</td><td>8 (Reihe)</td></tr>
<tr><td colspan="2">76 x 115 mm</td><td>79,5 x 115 mm</td><td>79,5 x 120 mm</td></tr>
<tr><td colspan="2">3130 (Steuer 3108) ccm</td><td>3358 ccm</td><td>4673 ccm</td></tr>
<tr><td colspan="2">60 PS bei 2800 U/min</td><td>70 PS bei 2900 U/min</td><td>90 PS bei 3000 U/min</td></tr>
<tr><td colspan="2">Hängend (OHV)</td><td>Hängend (OHV)</td><td>Seitlich stehend</td></tr>
<tr><td colspan="2">4 Gang (Mitte)</td><td>4 Gang (Mitte)</td><td>4 Gang (Mitte)</td></tr>
<tr><td>Rechts</td><td>Links</td><td>Links</td><td>Links</td></tr>
<tr><td>Seilzug, 4 Räder</td><td>Seilzug/Saugluft, 4 Räder</td><td>Seilzug/Saugluft, 4 Räder</td><td>Seilzug/Saugluft, 4 Räder</td></tr>
<tr><td colspan="2">3500 mm</td><td>3500 mm</td><td>3550 mm</td></tr>
<tr><td colspan="2">1420/1400 mm</td><td>1420/1420 mm</td><td>1460 x 1420 mm</td></tr>
<tr><td colspan="2">4700 x 1750 x 1900 mm</td><td>4700 x 1840 x 1900 mm</td><td>4750 x 1840 x 1900 mm</td></tr>
<tr><td>33 x 6,20 Niederdruck</td><td>32 x 6,00 oder 6,00–20</td><td>6,00–20</td><td>6,50–20</td></tr>
<tr><td>Tourenwagen 1550 kg</td><td>Limousine 1800 kg</td><td>Limousine 2000 kg</td><td>Limousine 2050 kg</td></tr>
<tr><td>95 km/h</td><td>95 km/h</td><td>95 km/h</td><td>120 km/h</td></tr>
<tr><td>16 Liter</td><td>16 Liter</td><td>17 Liter</td><td>21 Liter</td></tr>
<tr><td></td><td>Pullman-Limousine RM 11 500,–</td><td>Pullman-Limousine RM 9800,–</td><td>Pullman-Limousine RM 14 800,–</td></tr>
</table>

Standard (1933–1935)

Wilhelm Gutbrod, Hersteller der wegen ihrer Solidität geschätzten Standard-Motorräder, brachte zur Berliner Automobil-Ausstellung 1933 sein erstes Kleinautomobil heraus. Es war der Standard Superior, eine Zweisitzer-Limousine mit Fließheck (»Stromlinienform«), Zentralrohrrahmen, Vollschwingachsen und Heckmotor. Die Konstruktion stammte von Dipl.-Ing. Josef Ganz, dem scharfzüngigen, aber auch sehr umstrittenen einstigen Herausgeber der »Motor-Kritik«. Der Standard Superior gehörte zu den bestgelungenen unter den vielen damaligen Kleinstwagen. Er bot eine technisch einigermaßen überzeugende Lösung, sah nett aus und fand allgemein wohlwollende Beachtung. Im Preis freilich hielt er zu wenig Abstand von Opel und DKW. Vor allem aber blieb der Verkaufserfolg deshalb gering, weil gerade, als der Standard Superior erschien, die Zeit der ärgsten wirtschaftlichen Not überstanden war. Vom Modell 1933, der ersten Ausführung mit 2 Seitenfenstern, wurden nur 360 Exemplare gebaut. Vom Modell 1934/35, gekennzeichnet durch eine weichere Form, 4 Seitenfenster und ein Kinderbänkchen, wird wohl eine Stückzahl ähnlicher Größenordnung zustande gekommen sein. Aufgegeben hat man den Standard Superior, um die ohnehin beschränkte Produktionskapazität für einen nach dem gleichen Konzept entwickelten Kleinlieferwagen auszunützen, der sich bis 1938 leichter und lohnender verkaufen ließ. Die Standard Fahrzeugfabrik GmbH. war 1926 von Wilhelm Gutbrod (1890–1948) in Ludwigsburg gegründet worden. 1933 zog sie in den Stuttgarter Vorort Feuerbach und 1937 nach Plochingen am Neckar um. 1938 wurde die Firma in Gutbrod Motorenbau GmbH. umbenannt. Sie baute auch nach dem Krieg wieder Transporter und von 1950 bis 1954 den Gutbrod Superior.

Standard Superior Modell 1933

Standard Superior Modell 1934/35

Steiger (1920–1926)

Der gebürtige Schweizer Walter Steiger gründete 1914 in Burgrieden bei Laupheim (etwa 20 km nördlich von Ulm) eine kleine Maschinenfabrik, die während des ersten Weltkrieges Flugzeuge und Flugmotoren instandsetzte. Walter Steiger und sein Betriebsleiter, der in der Fachwelt schon damals bekannte Konstrukteur Paul Henze, nahmen sich vor, nach dem Krieg Automobile herzustellen. Ab 1917 beschäftigte sich Henze mit dem Entwurf eines Wagens, der besonders modern und leistungsfähig sein sollte. Noch im Krieg wurden Versuchsfahrzeuge erprobt, so daß bereits Mitte 1920 die ersten Käufer beliefert werden konnten. Es war der 10/50 PS Steiger, das wichtigste Modell, solange es die Marke gab. In den ersten Nachkriegsjahren konnte er den Ruhm für sich in Anspruch nehmen, der fortschrittlichste deutsche Serienwagen zu sein. 1921 richtete sich Steiger einen eigenen Karosseriebau ein,

<table>
<tr><th></th><th>Standard Superior 400
1933 – 1935</th><th>Standard Superior 500
1933 – 1935</th></tr>
<tr><td>Motor</td><td>Standard</td><td>Standard</td></tr>
<tr><td>Zylinderzahl</td><td>2 (Zweitakt)</td><td>2 (Zweitakt)</td></tr>
<tr><td>Bohrung x Hub</td><td>60 x 70 mm</td><td>67 x 70 mm</td></tr>
<tr><td>Hubraum</td><td>396 ccm</td><td>494 ccm</td></tr>
<tr><td>Leistung</td><td>12 PS bei 3600 U/min</td><td>16 PS bei 3600 U/min</td></tr>
<tr><td>Verdichtung</td><td>1:6,2</td><td>1:6,2</td></tr>
<tr><td>Vergaser</td><td colspan="2">1 Zenith 26 VEHG</td></tr>
<tr><td>Ventile</td><td colspan="2">Ohne</td></tr>
<tr><td>Kurbelwellenlager</td><td colspan="2">3</td></tr>
<tr><td>Kühlung</td><td colspan="2">Thermosyphon, 8 Liter Wasser</td></tr>
<tr><td>Schmierung</td><td colspan="2">Zweitakt-Gemisch 1:25</td></tr>
<tr><td>Batterie</td><td colspan="2">6 V 60 Ah (hinten im Motorraum)</td></tr>
<tr><td>Anlasser</td><td colspan="2">Dynastart</td></tr>
<tr><td>Kraftübertragung</td><td colspan="2">Hecktriebblock, kein Differential</td></tr>
<tr><td></td><td colspan="2">Motor und Getriebe vor der Hinterachse</td></tr>
<tr><td>Kupplung</td><td colspan="2">Mehrscheibentrockenkupplung</td></tr>
<tr><td>Schaltung</td><td colspan="2">Schalthebel Wagenmitte</td></tr>
<tr><td>Getriebe</td><td colspan="2">4 Gang</td></tr>
<tr><td>Synchronisierung</td><td colspan="2">Ohne</td></tr>
<tr><td>Übersetzungen</td><td colspan="2">I. 3,50
II. 2,35
III. 1,53
IV. 1,00</td></tr>
<tr><td>Antriebs-Übersetzung</td><td colspan="2">6,00</td></tr>
<tr><td>Fahrwerk</td><td colspan="2">Zentralrohrrahmen</td></tr>
<tr><td></td><td colspan="2">Sperrholz-Karosserie mit Kunstlederbezug</td></tr>
<tr><td>Vorderradaufhängung</td><td colspan="2">2 Querfedern</td></tr>
<tr><td>Hinterradaufhängung</td><td colspan="2">Pendelachse, 2 Querfedern</td></tr>
<tr><td>Lenkung</td><td colspan="2">Zahnstange</td></tr>
<tr><td>Fußbremse</td><td colspan="2">Mechanisch, Innenbacken, Hinterräder</td></tr>
<tr><td>Handbremse</td><td colspan="2">Mechanisch, Außenband, Hinterräder</td></tr>
<tr><td>Schmierung</td><td colspan="2">Nippel</td></tr>
<tr><td>Allgemeine Daten</td><td colspan="2"></td></tr>
<tr><td>Radstand</td><td colspan="2">2000 mm</td></tr>
<tr><td>Spur vorn/hinten</td><td colspan="2">1050/950 mm</td></tr>
<tr><td>Gesamtmaße</td><td colspan="2">3300 x 1400 x 1450 mm</td></tr>
<tr><td>Räder</td><td colspan="2">Scheiben</td></tr>
<tr><td>Reifen</td><td colspan="2">3,00 oder 3,50–19 Ballon</td></tr>
<tr><td>Wagengewicht</td><td colspan="2">490 kg</td></tr>
<tr><td>Höchstgeschwindigkeit</td><td>70 km/h</td><td>80 km/h</td></tr>
<tr><td>Verbrauch/100 km/h</td><td>7 Liter Gemisch</td><td>8 Liter Gemisch</td></tr>
<tr><td>Kraftstofftank</td><td colspan="2">18 Liter (hinten im Motorraum)</td></tr>
<tr><td>Preis</td><td colspan="2">Limousine 2 Sitze RM 1590,–</td></tr>
</table>

um fortan den speziellen Wünschen seiner Kunden weitgehend entsprechen zu können. Leiter des Karosseriebaus wurde Hans Neuer, der dem Steiger-Wagen sein unverwechselbar markantes Aussehen gab. Leider besaß Walter Steiger wenig kaufmännisches Geschick, so daß trotz durchaus guten Geschäftsganges sein Unternehmen, das zeitweise über 500 Leute beschäftigt hatte, 1926 in Konkurs ging. Insgesamt mögen an die 2000 Steiger-Wagen gebaut worden sein. Obwohl sie überwiegend Kennern und Liebhabern gehört hatten, blieb erstaunlicherweise nur ein einziges Exemplar bis heute erhalten. Wer Steiger-Wagen noch im normalen Alltag erlebte, der wird die spitze Kühlernase und das faszinierende Motorpfeifen beim Gaswegnehmen gewiß nicht vergessen. Walter Steiger ging nach dem Konkurs seiner Firma zu Martini in der Schweiz, wo er einen Wagen mit 90 PS Sechszylindermotor konstruierte, der bis 1930 mit bescheidenem Erfolg angeboten wurde. Der Martini-Steiger, wie er hieß, war sicherlich ein gutes und braves Auto, doch fehlte ihm völlig die Brillanz der Konstruktion von Paul Henze. Der Versuch, den Martini-Steiger auch auf dem deutschen Markt einzuführen, erwies sich als aussichtslos.

Steiger Sport-Zweisitzer 1925

10/50 PS Steiger Tourenwagen (Karosserie Reutter) 1923

10/50 PS Steiger Tourenwagen 1924. Dieser Wagen hier, der sich in exzellentem Zustand befindet, ist der einzige noch erhalten gebliebene Steiger. Ein Limousinen-Aufsetzdach dazu ist ebenfalls noch vorhanden. Besitzer: Hermann E. Sieger, Lorch/Württemberg.

Motor
Zylinderzahl
Bohrung x Hub
Hubraum
Leistung
Vergaser
Ventile

Kurbelwellenlager
Kühlung
Schmierung
Batterie

Kraftübertragung
Kupplung
Schaltung

Getriebe
Antriebs-Übersetzung

Fahrwerk
Vorderradaufhängung
Hinterradaufhängung
Lenkung
Fußbremse

Handbremse
Schmierung

Allgemeine Daten
Radstand
Spur
Gesamtmaße

Räder
Reifen
Fahrgestellgewicht
Wagengewicht

Zuläss. Belastung
Höchstgeschwindigkeit
Verbrauch/100 km
Kraftstofftank

Preise

Steiger 10/50 PS 1920 – 1926	**Steiger 11/60 PS 1925 – 1926**	**Steiger Sportwagen 1922 – 1924**	**Steiger Sportwagen 1924 – 1926**
4 (Reihe)	4 (Reihe)	4 (Reihe)	4 (Reihe)
72 x 160 mm	75 x 160 mm	75 x 160 mm	76 x 160 mm
2604 ccm	2826 ccm	2826 ccm	2902 ccm
50 PS bei 2400 U/min	60 PS bei 3300 U/min	60 PS bei 3300 U/min	70 PS bei 3300 U/min
1 Steigstromvergaser Zenith 36 ABC		1 Zenith	
Hängend			
1 obenliegende Nockenwelle			
Antrieb über Königswelle mit Kegelrädern			
2			
Pumpe (Wasser)			
Druckumlauf			
12 V (seitlich auf Trittbrett)			
Antrieb auf Hinterräder			
Einscheibentrockenkupplung			
Außen oder innen rechts bzw. (ab 1924) Mitte	Mitte	Außen oder innen rechts	Mitte
4 Gang	4 Gang	4 Gang	4 Gang
4,23	4,23		
U-Profil-Preßstahl-Rahmen		U-Profil-Preßstahl-Rahmen	
starr, Halbfedern		starr, Halbfedern	
starr, Ausleger-Halbfedern		starr, Underslung-Halbfedern	
Schraubenspindel, rechts		Schraubenspindel, rechts	
Mechanisch, Antriebswelle bzw. (ab Ende 1924) Vorderräder + Antriebswelle	Mechanisch Vorderräder + Antriebswelle	Mechanisch, Antriebswelle	Mechanisch Vorderräder + Antriebswelle
Mechanisch, Hinterräder	Mechanisch, Hinterräder	Mechanisch, Hinterräder	Mechanisch, Hinterräder
Nippel	Nippel	Nippel	Nippel
3000 mm	3250 mm	2600 mm	2600 mm
1350 mm	1350 mm	1350 mm	1350 mm
4130 x 1650 x 1600 mm (Tourenwagen offen)	4380 x 1650 x 1600 mm (Tourenwagen offen)		
Drahtspeichen	Drahtspeichen	Drahtspeichen	Drahtspeichen
820 x 120 mm Hochdruck	820 x 120 mm Hochdruck	850 x 135 mm Hochdruck	850 x 135 mm Hochdruck
1050 kg	1120 kg		
Tourenwagen 1500 kg	Tourenwagen 1720 kg		
Limousine 1650 kg			
320 kg	500 kg		
95 km/h	95 km/h	120 km/h	140 km/h
12 Liter	14 Liter		
(am Heck)	(am Heck)	(am Heck)	(am Heck)
Tourenwagen 4 Sitze	Tourenwagen 6 Sitze	Sportwagen 2 Sitze	Sportwagen 2 Sitze
RM 14000,–		RM 18000,–	RM 18000,–

Stoewer (bis 1945)

Die Stoewer-Werke in Stettin begannen 1899 mit der Herstellung von Automobilen. Recht bald brachte es die Marke zu gutem Ansehen, so daß bis 1918 bereits über 10000 Personen- und Lastwagen verkauft werden konnten. 1916 erfolgte die Umwandlung des Unternehmens in eine Aktiengesellschaft, wobei Kaufmann Emil Stoewer (1873–1942) zum Generaldirektor, sein Bruder Dipl.-Ing. Bernhard Stoewer (1875–1937) zum Technischen Direktor bestellt wurden. Beide sorgten rechtzeitig dafür, daß für die Friedensproduktion sofort wieder ein modernes Typenprogramm zur Verfügung stand.

Die zwanziger und dreißiger Jahre brachten den Stoewer-Werken in ziemlich häufigem Wechsel gute und schlechte Zeiten. Entsprechend schwankte die Zahl der Beschäftigten, die

Produktion		**1919**	**1920**	**1921**	**1922**	**1923**	**1924**	**1925**	**1926**	**1927**	**1928**
C 5	**200**	200									
H 12	**80**	80									
D 3	**2410**		280	450	940	740					
D 5	**650**		70	120	260	200					
D 6	**60**		50	10							
D 7	**20**			20							
D 9	**1000**					260	740				
D 12	**300**					100	200				
D 10	**70**						60	10			
D 9 V	**670**							300	240	130	
D 12 V	**220**							90	60	60	10
F 6	**800**									434	366
S 8	**380**										380
S 10	**790**										70
G 14	**150**										150
G 15	**650**										250
P 20	**24**										
M 12	**280**										
M 12 RW	**800**										
V 5	**2100**										
R 140 (1,4 l)	**1100**										
R 140 (1,5 l)	**1210**										
R 150	**1150**										
R 180	**300**										
Greif V 8	**825**										
Greif Jr. (1. Ausf.)	**306**										
Greif Jr. (2. Ausf.)	**3694**										
Sedina	**924**										
Arkona	**201**										
R 180 Spezial	**800**										
R 200 Spezial	**2000**										
E. Pkw. Typ 40	**4700**										
		280	**400**	**600**	**1200**	**1300**	**1000**	**400**	**300**	**624**	**1226**

im Schnitt bei etwa 1000 lag, auf 500 im Krisenjahr 1932 absank, auf 2000 während des letzten Krieges und sogar auf 2500 in der Inflation angestiegen war. Hier spiegelte sich einerseits das Auf und Ab der volkswirtschaftlichen Entwicklung, aber auch die Schwäche der innerbetrieblichen Struktur. Daß die Gründerfamilie schließlich das Werk verlassen mußte, stellte zwar dessen Fortbestand damals nicht in Frage, doch verloren die Stoewer-Wagen damit ihre seither unverkennbare Idendität. Die zivile Automobilproduktion endete bei Stoewer im Jahre 1940, doch blieb das Werk bis Kriegsende durch die Herstellung von Wehrmacht-Kraftfahrzeugen einschlägig beschäftigt. Der Zusammenbruch bedeutete dann freilich den Untergang der Firma. Die Produktionseinrichtungen wurden demontiert, ohne daß sie, soweit bekannt, anderwärts nützliche Verwendung gefunden hätten. Die leere Fabrik in Stettin richteten die Polen später als Fertigungsbetrieb für Motorräder ein. Heute heißen die ehemaligen Stoewer-Werke »Kfz.-Mechanische Fabrik Polmo«, die Teile für den polnischen Personenwagen Polski-Fiat erzeugt.

1929	**1930**	**1931**	**1932**	**1933**	**1934**	**1935**	**1936**	**1937**	**1938**	**1939**	**1940**	**1941**	**1942**	**1943**	**1944**
510	210														
250	111	18	12	9											
	14			10											
	27	200	33	10	10										
						300	500								
		1380	720												
			220	880											
				828	382										
					790	360									
						300									
					360	310	90	65							
						250	56								
							894	960	993	847					
								61	233	480	150				
								4	44	103	50				
							200	600	200						
									500	850	650				
											500	1231	1969	900	100
760	**362**	**1598**	**985**	**1737**	**1542**	**1520**	**1740**	**1690**	**1970**	**2280**	**1350**	**1231**	**1969**	**900**	**100**

Stoewer D-Typen (1920–1928)

Die D-Typen gewannen auf dem Markt eine gute Position, wobei sich vor allem die jeweils kleinste Ausführung D 3 und D 9 zügig verkaufte. Es waren robuste und zuverlässige Gebrauchsfahrzeuge, wozu sich bei den größeren Typen noch eine gewisse Sportlichkeit gesellte. Ein ausgesprochener Bolide war dabei der mit einem 11,2 Liter Argus-Flugmotor ausgerüstete Typ D 7, von dem es allerdings nur 20 Stück gegeben hat. Von allen D-Typen zusammen lieferte Stoewer rund 5000 Exemplare.

8/24 PS Stoewer Typ D 3 als Spezial-Avuswagen, Sonderanfertigung für einen preußischen Prinzen, 1923 ausgeführt von der Karosseriefirma Maatz, Berlin-Weißensee.

8/32 PS Stoewer Typ D 9 Tourenwagen 1923. Sehr gut erhaltener Wagen im Automobil-Museum Schloß Langenburg.

Stoewer Typ D 7 Sport-Tourenwagen 1921 mit Argus-Flugmotor (6 Zylinder, 11,2 Liter, 120 PS). Am Lenkrad sitzt Emil Stoewer.

9/32 PS Stoewer Typ D 9 V Limousine 1927. Dieser Wagen, 1970 ganz hervorragend restauriert, befindet sich in der DDR. Er gehört zur letzten Serie des Typs D 9 V, kenntlich am Flachkühler.

13/55 PS Stoewer Typ D 12 V Cabriolet 1926 mit sehr schöner Karosserie von Gläser (Dresden).

Stoewer Typ F 6 (1927–1928)

Anfang 1927 brachte Stoewer einen völlig neuen 1,5 Liter-Wagen auf den Markt. Entstanden nach dem Vorbild eines englischen Austin-Modells wies er in konstruktiver Hinsicht keinerlei sonderlich bemerkenswerten Einzelheiten auf, vermochte aber durch seine sehr solide Bauweise Vertrauen zu erwecken. Wahrscheinlich war er sogar zu solid und deshalb zu teuer für seine Größe, weshalb man ihn schon Mitte 1928 wieder aufgab. Es dürfte ein Fehler gewesen sein, daß Stoewer damit zeitweise auf einen kleineren Wagen völlig verzichtete.

6/30 PS Stoewer Typ F 6 Zweisitzer offen 1928

Stoewer Achtzylinder-Typen (1928–1934)

Bernhard Stoewer glaubte, daß das relativ kleine Werk der in- und ausländischen Konkurrenz nur dann standhalten könne, wenn es etwas ganz Besonderes zu bieten vermochte. So kamen im Frühjahr 1928 zunächst die beiden vorläufigen Achtzylinder S 8 und G 14 heraus, die man bereits im Spätherbst des gleichen Jahres durch die Typen S 10 und G 15 ersetzte. Diese »Stoewer 8« gehörten als für damalige Begriffe hochmoderne Konstruktionen zur Extraklasse. Vor allem die rassigen Sport-Phaetons und -Cabriolets zählten fraglos zu den schönsten Automobilen jener Zeit. Mit diesem Programm machten die Stoewer-Werke vorübergehend ein recht gutes Geschäft. Mit der Ende 1929 einsetzenden Wirtschaftskrise schwand aber die Nachfrage nach Luxuswagen. Daran änderten auch der kleinere Achtzylinder »Marschall« und der imposante 100 PS »Repräsentant« nichts, die 1930 herauskamen. Mit ihnen fand die Reihe der Stoewer 8-Modelle ihre technische und formale Vollendung, was aber der Markt in jenen Jahren nicht honorierte.

8/45 PS Stoewer 8
Typ S 8
Phaeton 4 Türen
1928

14/70 PS Stoewer 8
Typ G 14
Pullman-Limousine
1928

10/50 PS Stoewer 8
Typ S 10 »Superior 50«
Cabriolet 4 Fenster
Karosserie Seegers & Sohn (Leipzig)
1929

15/80 PS Stoewer 8
Typ G 15 »Gigant 80«
Pullman-Limousine
1928/29

10/50 PS Stoewer 8
Typ S 10 »Superior 50«
Landriolet 4 Türen
(Limousine-Cabriolet)
Karosserie Schlesierwerk (Liegnitz)
1929/30

15/80 PS Stoewer 8
Typ G 15 K »Gigant 80«
Roadster-Cabriolet
1930

15/80 PS Stoewer 8
Typ G 15 K »Gigant 80«
Sport-Phaeton
Spezial-Ausführung 4 Türen
1929/30

12/60 PS Stoewer 8 Typ M 12 »Marschall« Sport-Roadster 1930

12/60 PS Stoewer 8 Typ M 12 »Marschall« Limousine 4 Türen 1931

12/60 PS Stoewer 8 Typ M 12 »Marschall« Cabriolet 2 Fenster 1930

20/100 PS Stoewer 8 Typ P 20 »Repräsentant« Sport-Phaeton 1930

20/100 PS Stoewer 8 Typ P 20 »Repräsentant« Sport-Cabriolet 1930

20/100 PS Stoewer 8 Typ P 20 »Repräsentant« Pullman-Limousine 1933

	Stoewer 6/18 PS Typ D 2 1919 – 1920	Stoewer 8/24 PS Typ D 3 1920 – 1923	Stoewer 12/36 PS Typ D 5 1920 – 1923
Zylinderzahl	4 (Reihe)	4 (Reihe)	6 (Reihe)
Bohrung x Hub	65 x 120 mm	75 x 120 mm	75 x 118 mm
Hubraum	1593 ccm	2120 ccm	3107 ccm
Leistung	18 PS bei 1800 U/min	24 PS bei 2000 U/min	36 PS bei 2000 U/min
Ventile	Seitlich stehend	Seitlich stehend	Seitlich stehend
Getriebe	4 Gang	4 Gang	4 Gang
Schaltung	Außen rechts	Außen rechts	Außen rechts
Radstand	2790 mm	2950 mm	3325 mm
Spur	1300 mm	1300 mm	1360 mm
Wagengewicht	Tourenwagen 1200 kg	Tourenwagen 1300 kg	Tourenwagen 1500 kg
Höchstgeschwindigkeit	70 km/h	70 km/h	80 km/h
Verbrauch/100 km	9 Liter	14 Liter	18 Liter

	Stoewer 8/32 PS Typ D 9 1923 – 1924	Stoewer 10/50 PS Typ D 10 1924 – 1925	Stoewer 12/45 PS Typ D 12 1923 – 1924
Zylinderzahl	4 (Reihe)	4 (Reihe)	6 (Reihe)
Bohrung x Hub	78 x 120 mm	83 x 120 mm	75 x 118 mm
Hubraum	2290 ccm	2580 ccm	3107 ccm
Leistung	32 PS bei 2100 U/min	50 PS bei 2400 U/min	45 PS bei 2100 U/min
Ventile	Seitlich stehend	Seitlich stehend	Seitlich stehend
Getriebe	4 Gang	4 Gang	4 Gang
Schaltung			
Lenkung			
Fußbremse			
Radstand	2950 mm	2950 mm	3325 mm
Spur	1324 mm	1280 mm	1370 mm
Gesamtmaße	4120 x .... x	4490 x ... x ...	4610 x ... x ...
Reifen			
Wagengewicht			Tourenwagen 1800 kg
Höchstgeschwindigkeit	90 km/h	120 km/h	100 km/h
Verbrauch/100 km	14 Liter	15 Liter	18 Liter
Preise	Tourenwagen RM 11 000,–	Sport-Tourenwagen RM 14 000,–	Tourenwagen RM 14 000,–

	Stoewer Achtzylinder 8/45 PS Typ S 8 1928	Stoewer Achtzylinder 10/50 PS Typ S 10 1928 – 1930	Stoewer Achtzylinder 14/70 PS Typ G 14 1928
Zylinderzahl	8 (Reihe)	8 (Reihe)	8 (Reihe)
Bohrung x Hub	60 x 88 mm	62 x 102 mm	70 x 118 mm
Hubraum	1999 (Steuer 1976) ccm	2464 (Steuer 2447) ccm	3633 (Steuer 3597) ccm
Leistung	45 PS bei 3500 U/min	50 PS bei 3500 U/min	70 PS bei 3100 U/min
Ventile	Seitlich stehend	Seitlich stehend	Seitlich stehend
Getriebe	4 Gang	4 Gang	4 Gang
Schaltung	Mitte	Mitte	Mitte
Lenkung	Links	Links	Links
Fußbremse	Hydraulisch, 4 Räder	Hydraulisch, 4 Räder	Hydraulisch, 4 Räder
Radstand	3100 mm	3100 mm	3400 mm
Spur	1420 mm	1420 mm	1420 mm
Gesamtmaße	4830 x 1700 x 1700 mm	4700 x 1720 x 1850 mm	5330 x 1700 x 1750 mm
Reifen	28 x 5,25 Niederdruck	28 x 5,25 Niederdruck	30 x 6,00 Niederdruck
Wagengewicht	Limousine 1250 kg	Limousine 1600 kg	Pullman-Limousine 1700 kg
Höchstgeschwindigkeit	85 km/h	90 km/h	100 km/h
Verbrauch/100 km	13 Liter	14 Liter	18 Liter
Preise	Tourenwagen RM 7 500,–	Tourenwagen RM 8 450,–	Tourenwagen 6 Sitze RM 11 000,–

Stoewer 19/55 PS Typ D 6 1920 – 1921	Stoewer 43/120 PS Typ D 7 1921		
6 (Reihe)	6 (Reihe)		
90 x 130 mm	130 x 140 mm		
4960 ccm	11160 ccm		
55 PS bei 1700 U/min	120 PS bei 2200 U/min		
Seitlich stehend	Hängend (OHC)		
4 Gang	4 Gang		
Außen rechts	Außen rechts		
3480 mm	3480 mm		
1450 mm	1450 mm		
Tourenwagen 1850 kg	Tourenwagen 2000 kg		
100 km/h	180 km/h		

Stoewer 9/32 PS Typ D 9 V 1925 – 1927	Stoewer 13/55 PS Typ D 12 V 1925 – 1928	Stoewer 6/30 PS Typ F 6 1927 – 1928	
4 (Reihe)	6 (Reihe)	4 (Reihe)	
78 x 120 mm	78 x 118 mm	70 x 102 mm	
2290 ccm	3386 ccm	1570 ccm	
32 PS bei 2200 U/min	55 PS bei 2700 U/min	30 PS bei 3000 U/min	
Seitlich stehend	Seitlich stehend	Seitlich stehend	
4 Gang	4 Gang	4 Gang	
Innen rechts bzw. (1927) Mitte	Innen rechts	Mitte	
Rechts bzw. (1927) Links	Rechts	Links	
Mechanisch (4 Räder)	Mechanisch, 4 Räder	Mechanisch, 4 Räder	
2950 mm	3325 mm	2850 mm	
1324 mm	1370 mm	1350 mm	
4360 x 1710 x 1870 mm	4750 x 1710 x 1960 mm	4200 x 1630 x 1700 mm	
31 x 5,25 Niederdruck	33 x 6,20 Niederdruck	28 x 4,95 Niederdruck	
Limousine 1620 kg	Limousine 1940 kg	Limousine 1150 kg	
90 km/h	100 km/h	70 km/h	
15 Liter	19 Liter	12 Liter	
Limousine RM 11 000,–	Pullman-Limousine RM 14 500,–	Limousine RM 6 950,–	

Stoewer Gigant 15/80 PS Typ G 15 K 1928 – 1933	Stoewer Gigant 15/80 PS Typ G 15 1928 – 1933	Stoewer Marschall 12/60 PS Typ M 12 1930 – 1934	Stoewer Repräsentant 20/100 PS Typ P 20 1930 – 1933
8 (Reihe)		8 (Reihe)	8 (Reihe)
72 x 122 mm		68 x 102 mm	80 x 122 mm
3974 (Steuer 3946) ccm		2963 (Steuer 2943) ccm	4906 (Steuer 4872) ccm
80 PS bei 3500 U/min		60 PS bei 3500 U/min	100 PS bei 3200 U/min
Seitlich stehend		Seitlich stehend	Seitlich stehend
4 Gang		4 Gang	4 Gang
Mitte		Mitte	Mitte
Links		Links	Links
Hydraulisch, 4 Räder		Hydraulisch, 4 Räder	Hydraulisch, 4 Räder
3200 mm	3400 mm	3100 mm	3500 mm
1420/1420 mm	1420/1420 mm	1420/1420 mm	1420/1450 mm
4850 x 1720 x 1870 mm	5150 x 1780 x 1950 mm	4600 x 1720 x 1750 mm	5820 x 1780 x 1950 mm
30 x 6,00	30 x 6,00 oder 7 x 18	5,50–18	6,00–18
Limousine 1750 kg	Pullman-Limousine 1950 kg	Limousine 1650 kg	Cabriolet 2000 kg
110 km/h	100 km/h	90 km/h	120 km/h
18 Liter	18 Liter	14 Liter	19 Liter
Sport-Phaeton RM 15 000,–	Pullman-Limousine RM 14 300,–	Cabriolet RM 10 350,–	Sport-Cabriolet RM 17 000,–

	Stoewer Typ V 5 1931 – 1932	Stoewer Typ V 5 Sport 1931 – 1932
Motor		
Zylinderzahl	V 4 (90°-V-Form)	
Bohrung x Hub	68 x 82 mm	
Hubraum	1188 (Steuer 1183) ccm	
Leistung	25 PS bei 3500 U/min	30 PS bei 3500 U/min
Verdichtung	1 : 5,2	1 : 5,8
Vergaser	1 Flachstromvergaser Solex FH 26	1 Flachstromvergaser Solex FH 30
Ventile	Seitlich stehend Seitliche Nockenwelle Antrieb durch Zahnkette	
Kurbelwellenlager	2	
Kühlung	Thermosyphon, 12 Liter Wasser	
Schmierung	Druckumlauf, 3,5 Liter Öl	
Batterie	6 V 85 Ah	
Lichtmaschine	90 W	
Anlasser	0,4 PS	
Kraftübertragung	Fronttriebblock. Motor und Getriebe hinter der Vorderachse	
Kupplung	Einscheibentrockenkupplung	
Schaltung	Schalthebel Wagenmitte	
Getriebe	3 Gang	
Synchronisierung	Ohne	
Übersetzungen	I. 3,75 II. 1,79 III. 1,00	
Antriebs-Übersetzung	5,67	6,15
Fahrwerk	V-förmig nach vorn gegabelter Stahlblechprofilrahmen	
Vorderradaufhängung	1 Querfeder oben, Querlenker unten	
Hinterradaufhängung	1 Querfeder, Querlenker	
Lenkung	Zahnstange	
Fußbremse	Hydraulisch, 4 Räder	
Handbremse	Seilzug, Hinterräder	
Schmierung	Zentral	
Allgemeine Daten		
Radstand	2500 mm	
Spur vorn/hinten	1250/1250 mm	
Gesamtmaße	3500 x 1540 x 1600 mm	Sport-Cabriolet: 3700 x 1765 x 1400 mm
Räder	Scheiben	
Reifen	4,50–18	
Wendekreis	12 Meter	
Wagengewicht	Limousine 830 kg	
Zuläss. Belastung	Limousine 400 kg	
Höchstgeschwindigkeit	80 km/h	100 km/h
Verbrauch/100 km	9 Liter	9 Liter
Kraftstofftank	30 Liter (im Motorraum)	30 Liter (im Motorraum)
Preise	Limousine 2 Türen RM 3600,– Cabrio-Limousine 2 Türen RM 3600,– Rolldach-Cabriolet 2 (2) Sitze RM 3600,– Cabriolet 2 Fenster RM 4300,– (nur 1932)	Sport-Zweisitzer offen RM 4600,– Sport-Cabriolet 2 Sitze RM 5000,– (nur 1932)

<table>
<tr><th>Stoewer R 140
1932 – 1933</th><th>Stoewer R 140
1933 – 1934</th><th>Stoewer R 150
1934 – 1935</th><th>Stoewer R 180
1935</th></tr>
<tr><td>4 (Reihe)</td><td>4 (Reihe)</td><td>4 (Reihe)</td><td>4 (Reihe)</td></tr>
<tr><td>70 x 88 mm</td><td>72 x 90 mm</td><td>72 x 90 mm</td><td>80 x 88 mm</td></tr>
<tr><td>1355 (Steuer 1345) ccm</td><td>1466 (Steuer 1455) ccm</td><td>1466 (Steuer 1455) ccm</td><td>1769 (Steuer 1760) ccm</td></tr>
<tr><td>30 PS bei 3500 U/min</td><td>30 PS bei 3500 U/min</td><td>35 PS bei 3800 U/min</td><td>45 PS bei 3800 U/min</td></tr>
<tr><td>1:6,1</td><td>1:6,1</td><td>1:6,5</td><td>1:6,5</td></tr>
<tr><td colspan="2">1 Steigstromvergaser</td><td colspan="2">1 Steigstromvergaser</td></tr>
<tr><td colspan="2">Solex 26 FVS</td><td colspan="2">Solex 30 BFRV</td></tr>
<tr><td colspan="2">Seitlich stehend</td><td colspan="2">Hängend</td></tr>
<tr><td colspan="2">Seitliche Nockenwelle</td><td colspan="2">Seitliche Nockenwelle</td></tr>
<tr><td colspan="2">Antrieb durch Rollenkette</td><td colspan="2">Antrieb durch Rollenkette</td></tr>
<tr><td colspan="2">3</td><td colspan="2">3</td></tr>
<tr><td colspan="2"></td><td colspan="2">Auswechselbare Laufbüchsen</td></tr>
<tr><td colspan="2">Thermosyphon, 10 Liter Wasser</td><td colspan="2">Pumpe, 11,5 Liter Wasser</td></tr>
<tr><td colspan="2">Druckumlauf, 4 Liter Öl</td><td colspan="2">Druckumlauf 5,5 Liter Öl</td></tr>
<tr><td colspan="2">6 V 85 Ah</td><td colspan="2">6 V 85 Ah</td></tr>
<tr><td colspan="2">90 W</td><td colspan="2">90 W</td></tr>
<tr><td colspan="2">0,6 PS</td><td colspan="2">0,8 PS</td></tr>
<tr><td colspan="4">Fronttriebblock. Motor und Getriebe hinter der Vorderachse</td></tr>
<tr><td colspan="4">Einscheibentrockenkupplung</td></tr>
<tr><td colspan="4">Schalthebel Wagenmitte</td></tr>
<tr><td colspan="2">4 Gang</td><td>4 Gang</td><td>4 Gang</td></tr>
<tr><td colspan="2">Ohne</td><td>Ohne</td><td>Ohne</td></tr>
<tr><td colspan="2">I. 4,45</td><td>I. 4,00</td><td></td></tr>
<tr><td colspan="2">II. 2,72</td><td>II. 2,50</td><td></td></tr>
<tr><td colspan="2">III. 1,59</td><td>III. 1,51</td><td></td></tr>
<tr><td colspan="2">IV.1,00</td><td>IV. 1,00</td><td></td></tr>
<tr><td colspan="2">5,40</td><td>5,40 (auch 4,87 oder 6,1)</td><td></td></tr>
<tr><td colspan="4">Stahlblechprofilrahmen mit Kreuztraverse</td></tr>
<tr><td colspan="4">2 Querfedern</td></tr>
<tr><td colspan="2">1 Querfeder oben, 2 Querfedern unten</td><td colspan="2">Längs-Schwingarme, je 1 Schraubenfeder in Längsrichtung</td></tr>
<tr><td colspan="4">Zahnstange</td></tr>
<tr><td colspan="4">Hydraulisch, 4 Räder</td></tr>
<tr><td colspan="4">Seilzug, Hinterräder</td></tr>
<tr><td colspan="4">Zentral</td></tr>
<tr><td>2750 mm</td><td>2750 mm</td><td>2750 mm</td><td>2847 mm</td></tr>
<tr><td>Sport-Cabriolet 2500 mm</td><td>Sport-Cabriolet 2500 mm</td><td>Sport-Cabriolet 2500 mm</td><td></td></tr>
<tr><td>1250/1250 mm</td><td>1250/1250 mm</td><td>1266/1280 mm</td><td>1266/1280 mm</td></tr>
<tr><td>3900 x 1565 x 1670 mm</td><td>3900 x 1565 x 1670 mm</td><td>3900 x 1565 x 1670 mm</td><td>4000 x 1540 x 1600 mm</td></tr>
<tr><td>Sport-Cabriolet:</td><td>Sport-Cabriolet:</td><td>Sport-Cabriolet:</td><td></td></tr>
<tr><td>3700 x 1565 x 1400 mm</td><td>3700 x 1565 x 1400 mm</td><td>3700 x 1565 x 1400 mm</td><td></td></tr>
<tr><td>Scheiben</td><td>Scheiben</td><td>Scheiben</td><td>Scheiben</td></tr>
<tr><td>4,75–17</td><td>4,75–17</td><td>4,75–17</td><td>4,75 oder 5,00–17</td></tr>
<tr><td>13 (Sport-Cabriolet 12) Meter</td><td>13 (Sport-Cabriolet 12) Meter</td><td>13 (Sport-Cabriolet 12) Meter</td><td>13 Meter</td></tr>
<tr><td>Limousine 950 kg</td><td>Limousine 970 kg</td><td>Limousine 970 kg</td><td>Limousine 1200 kg</td></tr>
<tr><td>Limousine 400 kg</td><td>Limousine 400 kg</td><td>Limousine 400 kg</td><td></td></tr>
<tr><td>85 (Sport 105) km/h</td><td>85 (Sport 105) km/h</td><td>90 (Sport 110) km/h</td><td>105 km/h</td></tr>
<tr><td>10 Liter</td><td>10 Liter</td><td>11 Liter</td><td>12 Liter</td></tr>
<tr><td>33 Liter (im Motorraum)</td><td>33 Liter (im Motorraum)</td><td>33 Liter (im Motorraum)</td><td>33 Liter (im Motorraum)</td></tr>
<tr><td>Limousine 2 Türen</td><td>Limousine 4 Türen</td><td>Limousine 4 Türen</td><td>Limousine 4 Türen</td></tr>
<tr><td>RM 3750,–</td><td>RM 3800,–</td><td>RM 3800,–</td><td>RM 4200,–</td></tr>
<tr><td>Cabriolet 2 Fenster</td><td>Cabriolet 2 Fenster</td><td>Cabriolet 2 Fenster</td><td>Cabriolet 4 Fenster</td></tr>
<tr><td>RM 4450,–</td><td>RM 4400,–</td><td>RM 4400,–</td><td>RM 4900,–</td></tr>
<tr><td>Sport-Cabriolet 2 Sitze</td><td>Sport-Cabriolet 2 Sitze</td><td>Sport-Cabriolet 2 Sitze</td><td></td></tr>
<tr><td>RM 5000,–</td><td>RM 5000,–</td><td>RM 5000,–</td><td></td></tr>
</table>

Stoewer Typ V 5 (1931–1932)
Stoewer R 140, R 150, R 180 (1932–1935)

Zwar bestand trotz der schwierigen Absatzlage noch nicht die Absicht, das Programm der teueren Achtzylinder aufzugeben, doch erkannte man die Notwendigkeit, schnellstens ein kleines, zeitgerechteres Modell herauszubringen. Ende 1930 stellte Stoewer den Typ V 5 vor, den ersten deutschen Serienwagen mit Frontantrieb und Schwingachsen. Er zählte zu den wichtigsten Attraktionen der Berliner Automobil-Ausstellung 1931 und bestätigte den Ruf der Marke, für den technischen Fortschritt aufgeschlossen zu sein. Der Verkauf des neuen Wagens übertraf zunächst die Erwartungen, bis sich allerdings herausstellte, daß der kleine Stoewer noch unter erheblichen Unzuträglichkeiten litt. Als Grundfehler erwies sich vor allem der Vierzylindermotor in V-Form, der zwar wenig Raum beanspruchte, sich aber im Rahmen der gegebenen Möglichkeiten nicht zu einigermaßen kultivierter Laufruhe bringen ließ. Die Produktion mußte drastisch eingeschränkt werden, und weil die Banken weitere Kredite versagten, kam es zu einem Vergleichsverfahren mit der Zulieferindustrie, wobei Emil Stoewer die Leitung des Unternehmens abgeben mußte.

Als Nachfolger des kleinen Stoewer erschien im Oktober 1932 der Typ R 140, bei dem man wieder zum normalen Reihenmotor zurückkehrte. Die Karosserie blieb zunächst unverändert, erhielt aber bei entsprechend verlängertem Radstand eine sehr lange Motorhaube, was dem damaligen Publikumsgeschmack durchaus entsprach. Zur Automobil-Ausstellung im Februar 1933 kam der R 140 mit neuen Karosserien, wobei die Zweitüren-Limousine durch eine Viertüren-Limousine ohne Mittelpfosten ersetzt wurde. Im Herbst 1933 wurde der Hubraum unter Beibehaltung der Typenbezeichnung R 140 auf 1,5 Liter vergrößert. Erst Mitte 1934 beförderte man den R 140 zum R 150, der sich vom Vorgänger äußerlich kaum, technisch aber durch mehr PS, ein anderes Getriebe und eine völlig neue Hinterachse (ähnlich Greif V 8) unterschied. 1935 erhielt der R 150 nochmals eine neue, stromlinienförmigere Karosserie, und zum Abschluß der Serie gab es von April bis August 1935 noch den Typ R 180, der den wesentlich stärkeren, später im Wehrmacht-Geländewagen eingebauten 1,8 Liter Motor verwendete. Die Typen R 140, R 150 und R 180 funktionierten gut. Für den Frontantrieb und für ihre formschönen Karosserien erhielten sie viel Beifall. Andererseits beeinträchtigten die allzu häufigen Änderungen die Verkäuflichkeit dieser Wagen und leider fehlten der Firma die finanziellen Mittel, welche nötig gewesen wären, um eine rationelle Fertigung größeren Stils aufzuziehen und so über niedrigere Verkaufspreise einen angemessenen Marktanteil zu gewinnen.

Bild rechts:
5/25 PS Stoewer Typ V 5
Limousine 1931 – 1932

Bild unten links:
5/30 PS Stoewer Typ V 5 Sport
Sport-Cabriolet 2 Sitze 1932

Bild unten rechts:
5/30 PS Stoewer Typ V 5 Sport
Sport-Zweisitzer offen 1931 – 1932

Stoewer R 140
Limousine 4 Türen
1933–1934

Stoewer R 140
Cabriolet 2 Fenster
1932–1934

Stoewer R 180
Limousine 4 Türen
1935

Stoewer Greif V 8 (1934–1937)

Schon beim Stoewer V 5, beim R 140 und beim R 150 gab es für entsprechende Liebhaber ein von Bernhard Stoewer hinreißend schön gezeichnetes Sport-Cabriolet. Ein Traumauto im gleichen Stil mit 2 Liter V 8-Motor und ebenfalls Frontantrieb zeigte der Konstrukteur auf der Berliner Automobil-Ausstellung 1933. Der Wagen, der in dieser Form nie in Serie ging, sollte der letzte Entwurf von Bernhard Stoewer sein, der im Werk nun jeglichen Einfluß verlor und Ende 1934 zu Opel nach Rüsselsheim überwechselte.

1934 kam der Stoewer Greif V 8 auf den Markt, der im Vergleich zum Prototyp 1933 einen auf 2,5 Liter vergrößerten Motor besaß, vor allem aber Karosserien von so bieder-hausbackener Form, wie es sie in der Geschichte der Marke bisher noch nie gegeben hatte. In der Tat verlor sie mit Bernhard Stoewer geradezu von einem Jahr auf das andere ihr Idendität. Der Greif V 8 hat es trotz seiner technischen Besonderheiten nie zu sonderlichem Ansehen gebracht.

Stoewer Greif V 8
Cabriolet 4 Fenster
1936 – 1937

Stoewer Greif (Junior) (1935–1939)

Als im März 1935 die Neuen Röhr-Werke stillgelegt wurden, ergriff man bei Stoewer die günstige Gelegenheit, den nach Tatra-Linzenz gebauten Röhr Junior zu adoptieren. So stand in kürzester Frist und ohne Entwicklungsrisiko ein neues zeitgemäßes und doch bereits bewährtes Modell zur Verfügung, das endlich die Erweiterung der Absatzmöglichkeiten erhoffen ließ. Auch insofern handelte es sich um einen ausgesprochenen Glücksfall, weil in dieser Größenklasse im Werk keinerlei eigene Entwicklung vorhanden war.

Im Herbst 1935 lief die Produktion des Stoewer Greif Junior an. Es handelte sich zunächst um den als Limousine unverändert übernommenen Röhr Junior. Von dieser ersten Ausführung wurden etwa 500 Stück hergestellt. Der zunächst unveränderte Weiterbau erlaubte einen rascheren Serienanlauf sowie die Verwertung des noch vorhandenen Materials.

Im Frühjahr 1936 erschien der Stoewer Greif Junior in seiner endgültigen Gestalt. Wiederum ließ man die Mechanik im wesentlichen unverändert, wogegen der Wagen völlig neue Karosserien erhielt. Ab 1937 entfiel der Beinamen Junior, der Wagen hieß nur noch Stoewer Greif oder auch Stoewer Greif luftgekühlt. Er war seinerzeit nämlich der einzige deutsche Personenwagen mit Luftkühlung, die man aber bereits als wichtige Errungenschaft des kommenden Volkswagens pries. Der Stoewer Greif bewährte sich als anspruchsloses Gebrauchsauto, mit dem das Werk endlich auch auf einigermaßen lohnende Stückzahlen kam.

Stoewer Greif Junior
Cabrio-Limousine 2 Türen 1935 – 1936

Stoewer Greif Junior
Cabriolet 2/3 Sitze 1936 – 1937

	Stoewer Greif V8 1934 – 1937	Stoewer Greif V8 Sport-Cabriolet 1935 – 1937	Stoewer Greif (Junior) 1936 – 1939
Motor			
Zylinderzahl	V8 (90°-V-Form)		4 (Boxer)
Bohrung x Hub	69,5 x 82 mm		75 x 84 mm
Hubraum	2489 (Steuer 2472) ccm		1484 (Steuer 1474) ccm
Leistung	55 PS bei 3800 U/min	57 PS bei 3800 U/min	34 PS bei 3600 U/min
Verdichtung	1:6	1:6,25	1:5,4
Vergaser	1 Doppel-Fallstromvergaser Solex 30 JFF		1 Steigstromvergaser Solex 30 BFLV
Ventile	Liegend (stehend zur Zylinderachse) Zentrale Nockenwelle Antrieb durch Rollenkette		Hängend Zentrale Nockenwelle Antrieb durch Rollenkette
Kurbelwellenlager	3 Auswechselbare Laufbüchsen		2
Kühlung	Pumpe, 20 Liter Wasser		Gebläse-Luft
Schmierung	Druckumlauf, 5 Liter Öl		Druckumlauf, 4,5 Liter Öl
Batterie	6 V 85 oder 100 Ah		6 V 75 Ah (im Motorraum)
Lichtmaschine	90 W		90 W
Anlasser	0,8 (anfangs 0,6) PS		0,6 PS
Kraftübertragung	Fronttriebblock Motor und Getriebe hinter der Vorderachse		Antrieb auf Hinterräder
Kupplung	Einscheibentrockenkupplung		Einscheibentrockenkupplung
Schaltung	Schalthebel Wagenmitte		Schalthebel Wagenmitte
Getriebe	4 Gang		4 Gang
Synchronisierung	Ohne		Ohne
Übersetzungen	I. 4,00 II. 2,50 III. 1,51 IV. 1,00		I. 4,10 II. 2,41 III. 1,49 IV. 1,00
Antriebs-Übersetzung	4,37, 4,87 oder 5,40	4,22	4,72
Fahrwerk	Stahlblechprofilrahmen mit Kreuztraverse		Zentralrohrrahmen
Vorderradaufhängung	2 Querfedern		2 Querfedern
Hinterradaufhängung	Längs-Schwingarme Je 1 Schraubenfeder in Längsrichtung		Pendel-Schwingachse Schwinggabeln, 1 Querfeder
Lenkung	Zahnstange		Zahnstange
Fußbremse	Hydraulisch, 4 Räder		Hydraulisch, 4 Räder
Handbremse	Seilzug, Hinterräder		Seilzug, Hinterräder
Schmierung	Zentral		Zentral
Allgemeine Daten			
Radstand	3000 mm	2750 mm	2660 mm
Spur vorn/hinten	1260/1280 mm	1350/1370 mm	1250/1250 mm
Gesamtmaße	4250 x 1650 x 1650 mm	4000 x 1650 x 1600 mm	4380 x 1580 x 1580 mm
Räder	Scheiben	Drahtspeichen	Scheiben
Reifen	5,25–17	5,25–17	4,75–17. Ab 1938: 5,25–16
Wendekreis	12,5 Meter	12 Meter	12 Meter
Wagengewicht	Limousine 1250 kg	1180 kg	Limousine 1035 kg
Zuläss. Belastung	Limousine 450 kg		Limousine 390 kg
Höchstgeschwindigkeit	110 km/h	120 km/h	100 km/h
Verbrauch/100 km	15 Liter	15 Liter	11 Liter
Kraftstofftank	62 Liter (im Heck)	62 Liter (im Heck)	45 Liter (im Heck)
Preise	Limousine 4 Türen RM 5700,– Cabriolet 4 Fenster RM 6700,– Phaeton 4 Türen (nur 1936) RM 6250,–	Sport-Cabriolet 2/3 Sitze RM 7150,–	Limousine 2 Türen RM 3500,– Cabrio-Limousine 2 Türen RM 3650,– Cabriolet 4 Fenster RM 4400,– Cabriolet 2/3 Sitze (nur 1936/37) RM 4575,– Tourenwagen 2 Türen (nur 1938) RM 4150,– Roadster 2 Sitze (nur 1938) RM 4200,–

Stoewer Sedina (1937–1940)
Stoewer Arkona (1937–1940)

Im Oktober 1936 wird Direktor Karl Trefz Alleinvorstand der Stoewer-Werke, deren Aktienmehrheit übrigens längst der Stadt Stettin gehört. Der neue Mann beginnt unverzüglich mit der Entwicklung eigener Konstruktionen, welche das nach dem Mißerfolg des Greif V 8 einseitig gewordene Typenprogramm des Werks ergänzen sollen. Bereits im Februar 1937 erscheint, selbst für die Fachwelt ganz unerwartet, das Zwillingspaar Sedina und Arkona. Es sind ausgesprochen robuste Gebrauchsfahrzeuge mit soliden Motoren und Fahrgestellen, außerdem rationell konstruiert, denn die Teile beider Typen sind großenteils austauschbar. Hingegen vermag die ziemlich unbeholfene Form der Karossen kaum zu überzeugen. Hier ist gar nichts mehr von der Eleganz früherer Stoewer-Modelle und insbesondere von der klassischen Schönheit der großen Achtzylinder zu sehen. Direktor Trefz baute vordem Lastwagen bei Magirus. Offensichtlich besitzt er für die technische Konstruktion mehr Geschick als für die äußere Gestaltung der neuen Personenwagen. Die Produktion der Zwillinge beginnt nur zögernd und erreicht niemals einen lohnenden Umfang. Das liegt allerdings nicht daran, daß der Verkauf zu schwierig wäre. Vielmehr ist die Kapazität des Werks inzwischen weitgehend durch den Bau des kleinen Wehrmacht-Geländewagens in Anspruch genommen.

Stoewer Sedina
Limousine 4 Türen
1937 – 1940

Stoewer Sedina
Pullman-Limousine
als Kraftdroschke
(Karosserie:
Gebr. Hornig, Meerane)
1938

Stoewer Arkona
Sport-Cabriolet 2–4 Sitze
1937 – 1939

	Stoewer Sedina 1937 – 1940	Stoewer Arkona 1937 – 1940	
Motor			
Zylinderzahl	4 (Reihe)	6 (Reihe)	
Bohrung x Hub	85 x 106 mm	85 x 106 mm	
Hubraum	2406 (Steuer 2390) ccm	3610 (Steuer 3585) ccm	
Leistung	55 PS bei 3200 U/min	80 PS bei 3200 U/min	
Verdichtung	1 : 5,8	1 : 5,8	
Vergaser	1 Steigstromvergaser Solex 35 BFLV	2 Steigstromvergaser Solex 30 BFLV	
Ventile	Hängend Seitliche Nockenwelle Antrieb durch Rollenkette	Hängend Seitliche Nockenwelle Antrieb durch Rollenkette	
Kurbelwellenlager	3	4	
Kühlung	Pumpe, 18 Liter Wasser	Pumpe, 21 Liter Wasser	
Schmierung	Druckumlauf, 5,5 Liter Öl	Druckumlauf, 8,5 Liter Öl	
Batterie	12 V 62,5 Ah (im Motorraum)	12 V 75 Ah (im Motorraum)	
Lichtmaschine	90 W	90 W	
Anlasser	1,4 PS	1,4 PS	
Kraftübertragung	Antrieb auf Hinterräder	Antrieb auf Hinterräder	
Kupplung	Einscheibentrockenkupplung	Einscheibentrockenkupplung	
Schaltung	Schalthebel Wagenmitte	Schalthebel Wagenmitte	
Getriebe	4 Gang ZF	4 Gang ZF	
Synchronisierung	III – IV	III – IV	
Übersetzungen	I. 4,00 II. 2,25 III. 1,50 IV. 1,00	I. 3,77 II. 2,10 III. 1,36 IV. 1,00	
Antriebs-Übersetzung	3,88	3,44	3,88
Fahrwerk	Ovalrohrrahmen		
Vorderradaufhängung	1 Querfeder oben, Querlenker unten		
Hinterradaufhängung	starr, Halbfedern		
Lenkung	Schnecke		
Fußbremse	Hydraulisch, 4 Räder		
Handbremse	Seilzug, Hinterräder		
Schmierung	Nippel		
Allgemeine Daten			
Radstand	2900 mm	3150 mm	3350 mm
Spur vorn/hinten	1430/1430 mm	1440/1440 mm	1440/1440 mm
Gesamtmaße	4600 x 1720 x 1620 mm	4900 x 1760 x 1750 mm	5100 x 1760 x 1750 mm
Räder	Scheiben	Scheiben	Scheiben
Reifen	6,00–16 extra	6,50–17 extra	6,50–17 extra
Fahrgestellgewicht	750 kg	930 kg	950 kg
Wagengewicht	Limousine 1360 kg	Limousine 1540 kg Sport-Cabriolet 1710 kg	Pullman-Limousine 1760 kg
Zuläss. Belastung	Limousine 385 kg		Pullman-Limousine 535 kg
Höchstgeschwindigkeit	110 km/h	140 km/h	120 km/h
Verbrauch/100 km	15 Liter	17 Liter	18 Liter
Kraftstofftank	60 Liter (im Heck)	72 Liter (im Heck)	72 Liter (im Heck)
Preise	Fahrgestell RM 3950,– Limousine 6 Fenster RM 5250,– Cabriolet 4 Fenster RM 6250,– Pullman-Limousine RM 6525,–	Fahrgestell RM 5900,– Limousine 6 Fenster RM 7850,– Cabriolet 4 Fenster RM 8850,– Sport-Cabriolet 2–4 Sitze RM 9250,–	Fahrgestell RM 5900,– Pullman-Limousine RM 8750,– Phaeton 6 Sitze RM 9500,–

Volkswagen (ab 1938)

Erst nach dem Ende des Zweiten Weltkriegs kamen die ersten privaten Käufer in den Besitz eines Volkswagens. In der Zeitspanne, die das vorliegende Buch behandelt, gab es vom Volkswagen in seiner normalen Ausführung nur unverkäufliche Versuchs- und Vorserienfahrzeuge. Dennoch beeinflußte dieses Auto in den letzten Vorkriegsjahren sehr nachhaltig das Geschehen auf dem deutschen Markt. Immerhin begann 1938 der Verkauf des Volkswagens über Sparverträge. Vor allem aber mußten sich jene Automobilfabriken, die Wagentypen ähnlicher Größenordnung anboten, durch Neukonstruktionen und anderweitige Maßnahmen auf die bevorstehende, zweifellos äußerst harte Konkurrenz einrichten. Die seitherigen Marktführer der unteren Preisklasse räumten dieses Feld. Opel hatte den Schritt mit der Aufgabe des P 4 und der Einführung des Kadett bereits vollzogen, DKW beabsichtigte das gleiche ab 1940 mit dem Typ F 9. Jedenfalls hatte wohl noch nie ein Auto, das es praktisch noch gar nicht gab, den Markt so sehr in Bewegung versetzt und dann drei Jahrzehnte lang souverän beherrscht wie der Volkswagen in seiner käferförmigen Gestalt.

Der Begriff des Volkswagens war keineswegs neu. Schon seit Beginn der zwanziger Jahre (und noch früher) nahmen immer wieder primitive Niedrigpreis-Modelle dieses Prädikat für sich in Anspruch. Neu war auch keineswegs das Konzept des Heckmotorwagens, denn mit dieser Bauart beschäftigten sich ebenfalls schon mehrere prominente Konstrukteure. Vor allem für kleinere Wagen galt der Heckmotor damals weithin als fortschrittlichste und vorteilhafteste Lösung, genauso, wie »man« diese heute im Frontantrieb mit Quermotor sieht. Einer macht's halt dem anderen nach. Auch im Automobilbau herrscht die Mode.

Erste konkrete Vorläufer des Volkswagens waren jene drei Versuchsfahrzeuge, die Geheimrat Dr.-Ing. h. c. Fritz Neumeyer, Inhaber der Zündapp-Motorradfabrik in Nürnberg, 1931/32 von Dr. Ferdinand Porsche konstruieren und bauen ließ. Sie besaßen einen wassergekühlten Fünfzylinder-Sternmotor im Heck, der zwar äußerst kurz, aber teuer in der Herstellung war und sich als viel zu störanfällig erwies. Die Karosserien in Gemischtbauweise, zwei Stromlinien-Limousinen und ein Cabriolet herkömmlicher Form, ließ Porsche bei der Firma Reutter anfertigen. Nachdem sich aber Zündapp nun doch nicht zum Serienbau des Wagens entschließen konnte, kaufte die Firma zwei der Versuchswagen, um sie zu verschrotten. Eine der beiden Limousinen verblieb bei Porsche und ging erst 1944 bei einem Bombenangriff auf Stuttgart verloren.

Anfang 1933 trat eine andere Motorradfabrik an Dr. Porsche heran, um sich einen Kleinwagen entwickeln zu lassen: NSU in Neckarsulm unter ihrem damaligen Generaldirektor Fritz von Falkenhayn. Hier hatte der Auftraggeber allerdings (im Gegensatz zu Geheimrat Neumeyer) keine Ambitionen in Richtung Volksmotorisierung, sondern man dachte an ein technisch fortschrittliches und leistungsfähiges Normalautomobil. Daher fällt der Porsche Typ 32, wie das NSU-Projekt intern hieß, durch 1,5 Liter Hubraum und relativ große Dimensionen auf, aber in seiner grundsätzlichen Gestaltung war er dem späteren Volkswagen noch wesentlich ähnlicher als der Porsche Typ 12 für Zündapp. Die Neckarsulmer Prototypen zeichneten sich nämlich bereits durch die Luftkühlung, den Boxermotor und die Drehstabfederung für alle vier Räder aus. Auch mit NSU hat Porsche drei Versuchswagen gebaut, nämlich zwei Limousinen in Gemischtbauweise mit Karosserien von Reutter und eine Ganzstahl-Limousine mit Karosserie von Drauz (Heilbronn). Die Wagen liefen zufriedenstellend, doch auch NSU verzichtete auf den Serienbau. Das damit verbundene Risiko auf sich zu nehmen bestand kein Grund mehr, nachdem inzwischen das Motorradgeschäft wieder prächtig lief. Einer der drei Versuchswagen, die Ganzstahl-Limousine, bewahrte nach dem Krieg ein Meister der NSU-Werke vor dem Untergang, und heute gehört sie dem Museum des Volkswagenwerks.

Anfang 1934 überreichte Dr. Ferdinand Porsche dem Reichsverkehrsministerium ein »Exposée, betreffend den Bau eines deutschen Volkswagens«. Nach vorbereitenden Gesprächen zwischen Regierungsstellen und dem Reichsverband der Automobilindustrie (RDA) kam es im Juni 1934 zu einem Vertrag zwischen dem RDA und der Porsche GmbH. Danach sollte Porsche innerhalb von 10 Monaten den ersten Prototyp eines Volkswagens fertigstellen. Doch schon Anfang 1935 wird deutlich, daß sowohl der Termin als auch der vorgegebene Verkaufspreis von 1000 Reichsmark bei den gegebenen Verhältnissen nicht einzuhalten waren. Der RDA verlängerte den Vertrag. Hitler kündigte auf der Berliner Automobil-Ausstellung 1935 an, daß Mitte des Jahres die Erprobung der ersten Exemplare des Volkswagens beginnen würde. Schon 1934 liefen die beiden ersten Versuchswagen des Porsche Typ 60, die aber vor allem karosseriemäßig nicht befriedigten. 1935 entstanden bei Porsche 3 Wagen der Versuchsserie V 3, der 1936 die Vorserie VW 30 folgte. Diese bestand aus 30 Wagen, deren Herstellung die Daimler-Benz AG. übernommen hatte (oder übernehmen mußte). Jedes dieser Fahrzeuge wurde auf einer 80000 km langen Versuchsfahrt erprobt, wobei sich keinerlei wesentliche Beanstandungen ergaben. Da aber die deutsche Automobilindustrie weiterhin wenig Neigung zeigte, den Bau des Volkswagens zu übernehmen oder zu organisieren, beauftragte 1937 Hitler die Deutsche Arbeitsfront mit dem Bau des Volkswagens, des Volkswagenwerkes und einer zugehörigen Stadt. Anfang 1938 war der Volkswagen in seiner endgültigen Form fertig. Hergestellt und weiter erprobt wurde nun die Vorserie VW 38. Die Öffentlichkeit sah den Wagen zum erstenmal anläßlich der Grundsteinlegung des Volkswagenwerks im Mai 1938. Hitler taufte ihn auf den Namen KdF-Wagen und verkündete den Verkaufspreis von 990 Reichsmark. Am 1. August 1938 begann der Verkauf des KdF-Wagens mittels eines von der Deutschen Arbeitsfront organisierten Sparkartensystems, wobei bis Ende 1939 bereits 170000 Sparanträge gestellt wurden. Vorgesehen war, daß in der ersten Ausbaustufe des Werks 17500 Mitarbeiter pro Jahr 500000 und in der zweiten Ausbaustufe 30000 Mitarbeiter pro Jahr 800000 KdF-Wagen fertigen sollten. Diese Zahlen waren, wie man heute weiß, keineswegs Utopie. Und der Preis von 990 RM war ebenfalls keine, auch wenn dies selbst Leute, die es besser wissen müßten, aus purem Opportunismus bis heute nicht wahrhaben wollen.

Ein einziges Exemplar der Vorserie VW 38 wurde als Tourenwagen (offener Viersitzer mit leichtem Klappverdeck) ausgeführt. Diesen noch vorhandenen Wagen kann man zwar rückblickend als Vorläufer des späteren Viersitzer-Cabriolets ansehen, aber geplant in diesem Sinne war er keineswegs. Hitler und Porsche hatten damals nämlich nicht im entferntesten beabsichtigt, außer der Limousine und der Sonnendach-Limousine auch ein Cabriolet serienmäßig fertigen zu lassen. In den Prospekten und sonstigen Drucksachen über den KdF-Wagen ist ebenfalls nirgends von einem Cabriolet die Rede. Auch das abgebildete Einzelexemplar eines Tourenwagens war und sollte kein Cabriolet sein. Man baute ihn vielmehr im Hinblick auf die erstmalige öffentliche Vorführung des KdF-Wagens anläßlich der Grundsteinlegung des Volkswagenwerks am Himmelfahrtstag 1938. Der offene Wagen war ausschließlich dazu bestimmt, daß sich Hitler hineinsetzen und darin fotografieren lassen konnte. Hitler fuhr bei offiziellen Publikumsveranstaltungen grundsätzlich nur in offenen Autos, damit ihn das Volk sehen und damit er mit erhobenem Arm grüßen konnte. Nun, dann kam ja bald der Krieg. Andernfalls wäre für Hitler noch öfter Anlaß gewesen, sich im offenen KdF-Wagen statt im offenen Mercedes zu zeigen. Denn nur dazu war dieses einmalige VW-Exemplar bestimmt. (Übrigens hatte es schon parallel zur Versuchsserie V 3 einen offenen Tourenwagen gegeben. Das hing wohl mit den damals noch bestehenden Bedenken wegen des vorgegebenen Verkaufspreises zusammen. Offene Tourenwagen kosteten früher weniger als entsprechende Limousinen. Das änderte sich dann durch die gegenläufige Entwicklung der Stückzahlen von Limousinen und Tourenwagen sowie vor allem infolge des Übergangs zu selbsttragenden Karosserien.)

Zündapp (Versuchswagen) Porsche Typ 12 1931/32	**NSU (Versuchswagen) Porsche Typ 32 1933/34**
5 (Stern)	4 (Boxer)
70 x 62 mm	80 x 72 mm
1192 ccm	1470 ccm
26 PS bei 3200 U/min	28 PS bei 2600 U/min
1 : 5,3	
1 Zenith 26 ∅	1 Fallstromvergaser
Hängend	Hängend
Stoßstangen und Kipphebel	Stoßstangen und Kipphebel
Zentrale Nockenwelle	Zentrale Nockenwelle
Antrieb durch Stirnräder	Antrieb durch Stirnräder
2	3
Wasser-Pumpe	Luft-Gebläse
Druckumlauf	Druckumlauf
6 V	12 V
Hecktriebblock. Motor hinter, Getriebe vor der Hinterachse	Hecktriebblock. Motor hinter, Getriebe vor der Hinterachse
Nasse Einscheibenkupplung	Einscheibentrockenkupplung
Schalthebel Wagenmitte	Schalthebel Wagenmitte
3 Gang + Schnellgang	4 Gang
Ohne	Ohne
I. 3,14	
II. 1,74	
III. 1,00	
Schnellgang 0,847	
6,00	
U-Profil-Mittelträger	Zentralrohr-Plattformrahmen
1 Querfeder	Kurbellenker oben und unten
	2 Federstäbe quer
1 Querfeder	Pendelachse
	Längslenker, Federstäbe quer
Spindel	Spindel
Mechanisch oder hydraulisch	Hydraulisch, 4 Räder
4 Räder	Trommel-∅ 180 mm
Mechanisch, Hinterräder	Mechanisch, Hinterräder
2500 mm	2600 mm
1200 mm	1200/1200 mm
3330 x 1420 x 1500 mm	4050 x 1510 x 1500 mm
Scheiben	Scheiben
4,00–18	5,25–16
900 kg	870 kg
1200 kg	1150 kg
80 km/h	90 km/h
Hinten im Motorraum	Hinten im Motorraum

Die Bilder zeigen von oben nach unten:
Zündapp Versuchswagen (Porsche Typ 12) 1931/32
NSU Versuchswagen (Porsche Typ 32) 1933/34
Volkswagen V3 (Porsche Typ 60) 1935/36
Volkswagen VW 30 (Porsche Typ 60) 1936/37
KdF-Wagen VW 38 (Porsche Typ 60) 1937/38

Volkswagen (Versuchsserie V 3) Porsche Typ 60 1935/36	Volkswagen (Vorserie VW 30) Porsche Typ 60 1936/37	KdF-Wagen (Vorserie VW 38) Porsche Typ 60 1937/38	
			Motor
4 (Boxer)	4 (Boxer)	4 (Boxer)	Zylinderzahl
70 x 64 mm	70 x 64 mm	70 x 64 mm	Bohrung x Hub
985 ccm	985 ccm	985 ccm	Hubraum
22 PS bei 3100 U/min	22 PS bei 3100 U/min	23,5 PS bei 3000 U/min	Leistung
		6,4 mkg bei 1900 U/min	Drehmoment
1:5,8	1:5,8	1:5,8	Verdichtung
1 Fallstromvergaser Solex oder Graetzin	1 Fallstromvergaser Solex oder Graetzin	1 Fallstromvergaser Solex 26 VFJ	Vergaser
Hängend Stoßstangen und Kipphebel Zentrale Nockenwelle Antrieb durch Stirnräder	Hängend Stoßstangen und Kipphebel Zentrale Nockenwelle Antrieb durch Stirnräder	Hängend Stoßstangen und Kipphebel Zentrale Nockenwelle Antrieb durch Stirnräder	Ventile
3	3	3	Kurbelwellenlager
Luft-Gebläse	Luft-Gebläse	Luft-Gebläse	Kühlung
Druckumlauf	Druckumlauf	Druckumlauf, 2,5 Liter Öl	Schmierung
6 V 75 Ah	6 V 75 Ah	6 V 75 Ah (unter Rücksitz)	Batterie
Hecktriebblock. Motor hinter, Getriebe vor der Hinterachse	Hecktriebblock. Motor hinter, Getriebe vor der Hinterachse	Hecktriebblock. Motor hinter, Getriebe vor der Hinterachse	**Kraftübertragung**
Einscheibentrockenkupplung	Einscheibentrockenkupplung	Einscheibentrockenkupplung	Kupplung
Schalthebel Wagenmitte	Schalthebel Wagenmitte	Schalthebel Wagenmitte	Schaltung
4 Gang	4 Gang	4 Gang	Getriebe
Ohne	Ohne	Ohne	Synchronisierung
		I. 3,60 II. 2,07 III. 1,25 IV. 0,80	Übersetzungen
4,43	4,43	4,43	Antriebs-Übersetzung
Zentralrohr-Plattformrahmen Ganzstahlkarosserie	Zentralrohr-Plattformrahmen Ganzstahlkarosserie	Zentralrohr-Plattformrahmen Ganzstahlkarosserie	**Fahrwerk**
Kurbellenker oben und unten 2 Federstäbe quer	Kurbellenker oben und unten 2 Federstäbe quer	Kurbellenker oben und unten 2 Federstäbe quer	Vorderradaufhängung
Pendelachse Längslenker, Federstäbe quer	Pendelachse Längslenker, Federstäbe quer	Pendelachse Längslenker, Federstäbe quer	Hinterradaufhängung
Spindel	Spindel	Spindel	Lenkung
Mechanisch, 4 Räder	Mechanisch, 4 Räder	Mechanisch, 4 Räder	Fußbremse
Mechanisch, 4 Räder	Mechanisch, 4 Räder	Mechanisch, 4 Räder	Handbremse
			Allgemeine Daten
2400 mm	2400 mm	2400 mm	Radstand
1250/1250 mm	1250/1250 mm	1290/1250 mm	Spur vorn/hinten
3900 x 1500 x 1500 mm	3900 x 1500 x 1500 mm	4200 x 1550 x 1550 mm	Gesamtmaße
Scheiben	Scheiben	Scheiben	Räder
4,50–17 oder 4,50–16	4,50–16 oder 5,25–16 Aero	4,50–16	Reifen
11 Meter	11 Meter	11,5 Meter	Wendekreis
650 kg	650 kg	750 kg	Wagengewicht
1000 kg	1000 kg	1100 kg	Zuläss. Gesamtgewicht
100 km/h	100 km/h	100 km/h	Höchstgeschwindigkeit
8,5 Liter	8,5 Liter	9 Liter	Verbrauch/100 km
25 Liter (vorn im Wagen)	25 Liter (vorn im Wagen)	25 Liter (vorn im Wagen)	Kraftstofftank

Wanderer (bis 1945)

Die Mechaniker Johann Baptist Winklhofer und Richard Rolf Jaenicke gründeten 1885 eine kleine Fahrradhandlung, das »Chemnitzer Velociped-Depot«. Aus dem handwerklichen Zusammenbau von Fahrrädern war schon zwei Jahre später ein Fabrikbetrieb geworden, der 1907 in die »Wanderer-Werke vorm. Winklhofer & Jaenicke AG.« mit dem Sitz in Schönau bei Chemnitz umgewandelt wurde. Zum Fertigungsprogramm gehörten jetzt außer Fahrrädern auch Werkzeug- und Büromaschinen (berühmt geworden unter der Marke »Continental«) sowie ab 1902 Wanderer Motorräder. Versuche im Automobilbau begannen um die gleiche Zeit. 1905 wurde ein erstes, 1907 ein zweites »Wanderermobil« fertig. Beide überzeugten wenig. Erst nach weiteren vier Jahren war ein ganz neuer Kleinwagen mit zwei Sitzen hintereinander entwickelt, der erfolgversprechend erschien, ab 1912 serienmäßig hergestellt wurde und es bald als »Puppchen« zu außergewöhnlicher Popularität brachte. Bis 1926 dauerte seine erfolgreiche Laufbahn.

Ab 1921 baute Wanderer auch ein »richtiges« Auto mit 4 Sitzen. Dieser 1,5 Liter-Vierzylinder zeichnete sich nicht mehr durch preiswerte Sportlichkeit, sondern vor allem durch Qualität und Solidität aus, fortan die Grundmerkmale aller Wanderer Automobile.

1928 verlegte Wanderer die Automobilproduktion in ein neu errichtetes Fabrikhochhaus nach Siegmar. Diese Investition, die Entwicklung neuer Modelle und natürlich auch die desolate Wirtschaftslage ließen die Rentabilität derart schrumpfen, daß die Deutsche Bank als Hauptaktionär der Wanderer-Werke den Verkauf der Automobilabteilung beschloß. Eine Gelegenheit hierzu bot sich, als die Sächsische Staatsbank die Marken DKW, Audi und Horch zur Auto Union AG. vereinigte. Diese übernahm am 1. Januar 1932 auch die Automobilabteilung der Wanderer-Werke. Innerhalb des weitgespannten Programms der Auto Union wurde Wanderer das Spitzenprodukt der Mittelklasse, wie es der Tradition und dem Kundenstamm der Marke entsprach. Eine sehr gedeihliche Entwicklung setzte ein, die freilich durch den Krieg bald wieder abgebrochen wurde. Während des Krieges erzeugte Wanderer außer Wehrmacht-Kraftfahrzeugen Rüstungsgüter verschiedenster Art. Nach 1945 wurden die Fertigungsstätten in Siegmar aus dem Komplex der vormaligen Auto Union herausgenommen und wieder in die ursprünglichen Wanderer-Werke eingegliedert. Sie haben seit der Enteignung als VEB Industriewerke mit der Automobilproduktion nichts mehr zu tun.

Produktion

Wanderer W 1, W 2, W 3, W 4, W 8 (»Puppchen«)	1912 – 1926	ca. 9000
Wanderer W 6, W 9	1921 – 1925	ca. 2000
Wanderer W 10/I	1926 – 1928	ca. 6500
Wanderer W 10/II	1927 – 1929	ca. 1500
Wanderer W 10/IV	1930 – 1932	ca. 4500
Wanderer W 11	1928 – 1933	ca. 5200
Wanderer W 11/I (Wehrmacht-Kübelwagen)	1933 – 1941	ca. 4500
Wanderer W 14	1931 – 1932	24
Wanderer W 15, W 17, W 20	1932 – 1933	750
Wanderer W 21, W 22; Wanderer W 235, W 240, W 245, W 250; Wanderer W 35, W 40, W 45, W 50	1933 – 1938	29111
Wanderer Spezial W 51	1936	ca. 800
Wanderer W 52	1937	ca. 1400
Wanderer W 25 K	1936 – 1938	258
Wanderer W 24	1937 – 1940	ca. 23000
Wanderer W 23	1937 – 1941	ca. 8000
Wanderer W 26	1937 – 1940	ca. 1800

Insgesamt fertigten die Wanderer-Werke zeit ihres Bestehens rund 100000 Automobile. In den zwanziger Jahren beschäftigten sie etwa 4000 Mitarbeiter, davon schätzungsweise die Hälfte im Automobilbau. Mit dessen Technischer Leitung war Dipl.-Ing. Otto Dyckhoff betraut, der 1930 von Hanomag kam und 1935 zu Opel ging.

Wanderer 5/12, 5/15 und 5/20 PS (1912–1926)

Die große Attraktion der Berliner Automobil-Ausstellung im Oktober 1911 war der kleine Wanderer 5/12 PS mit zwei hintereinander angeordneten Sitzen. Als Wanderer »Puppchen« gewann er große Popularität, man rühmte ihn bald als zuverlässigsten Wagen seiner Größenklasse und schließlich sollte er zum berühmtesten und erfolgreichsten aller jemals gebauten Wanderer-Typen werden. Dem 3/12 PS W 1, der 1912 in Serie gegangen war, folgte schon 1913 der 5/15 PS W 2. Dieser war als Modell H (Hintereinander 2 Sitze) und als Modell N (Nebeneinander 2 Sitze) lieferbar. 1914 folgte der Typ W 3, bei dem es als dritte Karosserieausführung das Modell Nv mit drei Sitzen in gestaffelter Anordnung gab. Der Tandem-Zweisitzer (Modell H) stand ab 1919 nicht mehr auf dem Programm, und die letzte Serie, den Typ W 8, lieferte man nur noch als Drei- oder Viersitzer. Alle Aufbauten waren offen und besaßen ein vorklappbares Wetterdach. Beim Tandem-Zweisitzer erfolgte der Einstieg durch zwei kleine Türen auf der linken Seite, alle anderen Modelle begnügten sich mit einer Türe links.

5/12 PS Wanderer Typ W 1 (1912 – 1913)

5/15 PS Wanderer Typ W 2 Modell N (1913 – 1914)

5/15 PS Wanderer Typ W 4 (1924)

6/18 PS Wanderer Typ W 6 (1922)

Wanderer 6/30 und 8/40 PS (1926–1932)

Wanderer zeigte auf der Berliner Automobil-Ausstellung Ende November 1925 den »Probewagen« (Prototyp würde man heute sagen) eines wesentlich moderneren Nachfolgers des Typs W 9. (Im Bestreben, außer dem »Puppchen« auch ein »richtiges« Auto anbieten zu können, brachte Wanderer schon 1921 den 6/18 PS Typ W 6 heraus, der 1923 zum 6/24 PS Typ W 9 weiterentwickelt worden war.) Der neue Wanderer 6/30 PS war der erste Wagen dieses Fabrikats mit Linkslenkung, Mittelschaltung und Vierradbremse. Er kam als Typ W 10/I im Laufe des Jahres 1926 zur Auslieferung. Seine Besonderheit war der von innen nach Vor-

	Wanderer 5/12 PS Typ W 1 1912 – 1913	Wanderer 5/15 PS Typ W 2 1913 – 1914	Wanderer 5/15 PS Typ W 3 1914 – 1919
Motor			
Zylinderzahl	4 (Reihe)	4 (Reihe)	4 (Reihe)
Bohrung x Hub	62 x 95 mm	64 x 95 mm	64 x 100 mm
Hubraum	1147 ccm	1222 ccm	1286 ccm
Leistung	12 PS bei 1800 U/min	15 PS bei 1800 U/min	15 PS bei 1800 U/min
Verdichtung			
Vergaser	1 Zenith		
Ventile	Einlaß-Ventile hängend, Stoßstangen und Kipphebel Auslaß-Ventile seitlich stehend Seitliche Nockenwelle, Antrieb durch Kette		
Kurbelwellenlager	3		
Kühlung	Pumpe (Wasser)		
Schmierung	Druckumlauf		
Zündung	Magnetzünder		
Batterie	12 V		
Kraftübertragung	Antrieb auf Hinterräder		
Kupplung	Lederkonuskupplung		
Schaltung	Schalthebel innen rechts		
Getriebe	3 Gang		
Übersetzungen	I. 3,48 II. 1,78 III. 1,00		
Antriebs-Übersetzung	4,60		
Fahrwerk	U-Profil-Preßstahl-Rahmen		
Vorderradaufhängung	starr, Halbfedern		
Hinterradaufhängung	starr, Dreiviertelfedern		
Lenkung	Schraube/Spindel, Mitte bzw. rechts		
Fußbremse	Mechanisch, Kardanwelle		
Handbremse	Mechanisch, Hinterräder		
Schmierung	Nippel		
Allgemeine Daten			
Radstand	2250 mm	2250 mm	2350 mm
Spur vorn/hinten	1070 mm	1070 mm	1070 mm
Gesamtmaße	3100 x 1330 x 1500 mm (Höhe über Windschutzscheibe)		
Räder	Drahtspeichen	Drahtspeichen	Drahtspeichen
Reifen	760 x 90	710 x 90	710 x 90
Fahrgestellgewicht			
Wagengewicht	Modell H: 500 kg	Modell H: 550 kg Modell N: 600 kg	Modell H: 600 kg Modell N: 650 kg Modell Nv: 750 kg
Zuläss. Belastung			
Höchstgeschwindigkeit	70 km/h	70 km/h	70 km/h
Verbrauch/100 km	8 Liter	8 Liter	8 Liter
Kraftstofftank	im Motorraum	im Motorraum	im Motorraum
Modelle	Modell H: Tandem-Zweisitzer	Modell H: Tandem-Zweisitzer Modell N: Zweisitzer offen	Modell H: Tandem-Zweisitzer Modell N: Zweisitzer offen Modell Nv: Dreisitzer offen
	Preis: 4000 Mark		

Wanderer 5/15 PS Typ W 4 (R 4) 1919 – 1924	**Wanderer 5/20 PS Typ W 8 1925 – 1926**	**Wanderer 6/18 PS Typ W 6 1921 – 1923**	**Wanderer 6/24 PS Typ W 9 (S 4) 1923 – 1925**
4 (Reihe)	4 (Reihe)	4 (Reihe)	4 (Reihe)
64,5 x 100 mm	64,5 x 100 mm	67 x 110 mm	67 x 110 mm
1306 ccm	1306 ccm	1551 ccm	1551 ccm
17 PS bei 2000 U/min	20 PS bei 2000 U/min	18 PS bei 1800 U/min	24 PS bei 2800 U/min
1 Pallas		1 Pallas	
Einlaß- und Auslaß-Ventile hängend		Einlaß- und Auslaß-Ventile hängend	
Stoßstangen und Kipphebel		Stoßstanden und Kipphebel	
Seitliche Nockenwelle, Antrieb durch Kette		Seitliche Nockenwelle, Antrieb durch Kette	
3		3	
Pumpe (Wasser)		Pumpe (Wasser)	
Druckumlauf		Druckumlauf	
Magnetzünder		Magnetzünder	
12 V		12 V	
Antrieb auf Hinterräder		Antrieb auf Hinterräder	
Lederkonuskupplung		Lederkonuskupplung	
Schalthebel innen rechts		Schalthebel innen rechts	Schalthebel Wagenmitte
3 Gang		4 Gang	
I. 3,48		I. 3,48	
II. 1,78		II. 2,15	
III. 1,00		III.1,62	
		IV. 1,00	
4,60		4,50	
U-Profil-Preßstahl-Rahmen		U-Profil-Preßstahl-Rahmen	
starr, Halbfedern		starr, Halbfedern	
starr, Ausleger-Halbfedern		starr, Halbfedern	
Schraube/Spindel, rechts		Schraube/Spindel, rechts	
Mechanisch, Kardanwelle bzw. (ab Ende 1925) 4 Räder		Mechanisch, Kardanwelle	
Mechanisch, Hinterräder		Mechanisch, Hinterräder	
Nippel		Nippel	
2395 mm	2395 mm	2750 mm	2750 mm
1080 mm	1080 mm	1180 mm	1180 mm
3250 x 1330 x 1420 mm		3850 x 1390 x 1420 mm	
(Höhe über Windschutzscheibe)		(Höhe über Windschutzscheibe)	
Drahtspeichen	Drahtspeichen	Drahtspeichen	Drahtspeichen
710 x 90	710 x 100 bzw. (ab Ende 1925)	760 x 100	765 x 105
	730 x130 Niederdruck		
420 kg	610 kg	700 kg	
Dreisitzer offen 650 kg	Dreisitzer offen 700 kg	Viersitzer offen 950 kg	Viersitzer offen 950 kg
	Viersitzer offen 850 kg		
250 kg	450 kg	400 kg	
78 km/h	78 km/h	80 km/h	85 km/h
8,5 Liter	8,5 Liter	9 Liter	9,5 Liter
im Motorraum	im Motorraum	im Heck	im Heck
Modell N: Zweisitzer offen	Dreisitzer offen	Viersitzer offen	Viersitzer offen
Modell Nv: Dreisitzer offen	Viersitzer offen	Limousine	Limousine
Preis 7000 Mark			

klappen der Rücksitzlehne zugängliche Kofferraum in der ausgebauchten Rückwand der Karosserie bei der Limousine und beim offenen Wagen. Die kunstlederbezogene Weymann-Karosserien lieferte Gläser (Dresden), die wahlweise angebotenen Stahlblech-Aufbauten die Firma Lindner.

Im Herbst 1927 kam der 8/40 PS Wanderer Typ W 10/II, der, vom größeren Motor abgesehen, mit dem Typ W 10/I völlig identisch war. Ende 1928 wurde der 6/30 PS aufgegeben, so daß 1929 nur noch der 8/40er lieferbar blieb.

Die Krisenzeit erforderte die Rückkehr zum sparsameren 6/30 PS, dessen Wiederauflage mit neuem Motor und neuer Karosserie im September 1930 erfolgte. Es gab nur zwei Serienkarosserien, nämlich die Viertüren-Limousine (Karosserie Reutter) und das Zweifenster-Cabriolet (Karosserie Gläser). Während die Modelle 1930/31 ziemlich bieder ausgefallen waren, zeichneten sich die Modelle 1931/32 durch eine recht elegante Linienführung aus.

Eine Sonderausführung des Typs W 10/IV war der Wanderer 6/30 PS als Droschke (Landaulet) mit 4 + 2 Sitzen. Radstand 3000 mm, Gesamtmaße 4500 x 1570 x 1760 mm, Wagengewicht 1450 kg, Hinterachse 6,11 statt 5,77, Verbrauch 12 statt 11 Liter/100 km.

Wanderer 6/30 und 8/40 PS Tourenwagen 1926 – 1929

Wanderer 6/30 und 8/40 PS Limousine 1926 – 1929

Wanderer 6/30 PS Limousine 4 Türen 1930/31
Karosserie Reutter

Wanderer 6/30 PS Cabriolet 2 Fenster 1930/31
Karosserie Gläser

Wanderer 6/30 PS Limousine 4 Türen 1931/32
Karosserie Reutter

Wanderer 6/30 PS Cabriolet 2 Fenster 1931/32
Karosserie Gläser

	Wanderer 6/30 PS Typ W 10/I 1926 – 1928	Wanderer 8/40 PS Typ W 10/II 1927 – 1929	Wanderer 6/30 PS Typ W 10/IV 1930 – 1932
Motor			
Zylinderzahl	4 (Reihe)	4 (Reihe)	4 (Reihe)
Bohrung x Hub	67 x 110 mm	72 x 120 mm	72 x 96 mm
Hubraum	1551 ccm	1940 ccm	1563 ccm
Leistung	30 PS bei 2800 U/min	40 PS bei 2800 U/min	30 PS bei 3400 U/min
Verdichtung	1:5,3	1:5,3	1:5,6
Vergaser	1 Steigstromvergaser Pallas SA II		1 Zenith 26 UP
Ventile	Hängend Seitliche Nockenwelle Antrieb durch Zahnkette		Hängend Seitliche Nockenwelle Antrieb durch Zahnkette
Kurbelwellenlager	3		3
Kühlung	Pumpe (Wasser)		Pumpe, 10 Liter Wasser
Schmierung	Druckumlauf		Druckumlauf, 5 Liter Öl
Zündung	Magnetzünder		Batteriezündung
Batterie	12 V 40 Ah		6 V
Kraftübertragung	Antrieb auf Hinterräder		Antrieb auf Hinterräder
Kupplung	Mehrscheibentrockenkupplung		Einscheibentrockenkupplung
Schaltung	Schalthebel Wagenmitte		Schalthebel Wagenmite
Getriebe	3 Gang (Wanderer)		3 Gang (ZF)
Übersetzungen	I. 3,62 II. 1,73 III. 1,00		I. 3,40 II. 1,82 III. 1,00
Antriebs-Übersetzung	5,33		5,77
Fahrwerk	U-Profil-Preßstahl-Rahmen		U-Profil-Preßstahl-Rahmen
Vorderradaufhängung	starr, Halbfedern		starr, Halbfedern
Hinterradaufhängung	starr, Halbfedern		starr, Halbfedern
Lenkung	Schraube/Spindel, links		Schnecke, links
Fußbremse	Mechanisch, 4 Räder		Mechanisch, 4 Räder
Handbremse	Mechanisch, Hinterräder		Mechanisch, 4 Räder
Schmierung	Nippel		Zentralschmierung
Allgemeine Daten			
Radstand	2800 mm		2800 mm
Spur vorn/hinten	1250/1250 mm		1250/1250 mm
Gesamtmaße	4300 x 1500 x 1800 mm		4400 x 1570 x 1690 mm
Räder	Stahlblechspeichen (5-Loch) bzw. ab 1928 Scheiben (4-Loch)		Scheiben (4-Loch)
Reifen	730 x 130 oder 740 x 135 bzw. (ab 1927) 28 x 5,25 Niederdruck		5,00–18 Niederdruck
Wendekreis			12,5 Meter
Fahrgestellgewicht	875 kg		920 kg
Wagengewicht	Viersitzer offen 1100 kg Limousine 1150 kg		Limousine 1230 kg Cabriolet 1300 kg
Zuläss. Belastung	400 kg		350 kg
Höchstgeschwindigkeit	85 km/h	95 km/h	85 km/h
Verbrauch/100 km	10 Liter	11 Liter	11 Liter
Kraftstofftank	45 Liter (im Motorraum)	45 Liter (im Motorraum)	45 Liter (im Motorraum)

Preise		1926	1927	1928	1928	1929	1930	1932
Zweisitzer offen	RM			6250,–	6500,–	–	–	–
Viersitzer offen	RM	7000,–	6500,–	6250,–	6500,–	6000,–	–	–
Limousine 2 Türen	RM	7750,–	7250,–	6950,–	7250,–	6750,–	–	–
Limousine 4 Türen	RM	8000,–	7500,–	7200,–	7500,–	7000,–	5250,–	4850,–
Cabriolet	RM				8000,–	7500,–	6450,–	5950,–

Wanderer 10/50 und 12/65 PS (1928–1933)

In den letzten Monaten des Jahres 1928 brachte Wanderer den 10/50 PS 2,5 Liter Sechszylinder Typ W 11 auf den Markt. Der zwar recht behäbige, dafür aber repräsentative Wagen erlangte vor allem dank seiner soliden Qualität und der formschönen Karosserien einen guten Ruf. Die Limousine des Typs W 11 gab es bis 1930 in drei Ausführungen, nämlich als Stahlblech-Limousine (Karosserie Lindner), als Weymann-Limousine (Karosserie Gläser) und als »halbstarre Limousine« (Gläser), bei welcher das Holzgerippe herauf bis zur Gürtellinie mit Stahlblech, der Dachaufbau mit Kunstleder beschlagen war.

Zum Pariser Salon im Oktober 1930 wurde der Wanderer W 11 in technischer Hinsicht modernisiert und mit einer Reihe hocheleganter Karosserien herausgebracht. Die Limousinen, nunmehr in Ganzstahlbauweise, lieferten das Werk Sindelfingen der Daimler-Benz AG. und die Stuttgarter Firma Reutter. Die Cabriolets stammten von Gläser (Dresden). Durch die Wirtschaftslage bestand allerdings für Autos solcher Klassen nur geringe Nachfrage.

Nachdem Professor Porsche in Stuttgart sein selbständiges Konstruktionsbüro etabliert hatte, war Wanderer die erste große Automobilfabrik, die ihm Entwicklungsaufträge erteilte. Vom W 11 leitete Porsche den Typ W 14 ab, der auf dem Pariser Salon im Oktober 1931 als »Wanderer-Sport« vorgestellt wurde. Dreiliter-Motor und Fahrwerk des bildschönen Gläser-Cabriolets, kalkweiß mit schwarzem Lacklederdach, entsprachen zwar dem herkömmlichen Standard, waren aber in optimaler Weise verfeinert. Das Ergebnis freilich erwies sich als typisch Porsche: Ein Glanzstück deutschen Automobilbaus, das jedoch zu einem marktgerechten Preis überhaupt nicht realisiert werden konnte. Nur 24 Stück sind gebaut worden.

Immerhin konnte Wanderer wenigstens den Dreiliter-Motor verwenden, nämlich in den etwa 4500 Wehrmacht-Kübelwagen Typ W 11/I der Jahre 1933 bis 1941. Außerdem rüstete man einige normale W 11 für Zuverlässigkeits- und Langstreckenfahrten 1932/33 mit dem Dreiliter-Motor aus.

Oben links:
10/50 PS Wanderer Typ W 11
Limousine 4 Türen
Modell 1929/30

Oben rechts:
10/50 PS Wanderer Typ W 11
Cabriolet 4 Fenster
Modell 1931 – 1933

Links:
12/65 PS Wanderer Typ W 14
Sport-Cabriolet 4 Sitze
Karosserie Gläser
1931/32

	Wanderer 10/50 PS Typ W 11 1928 – 1930	Wanderer 10/50 PS Typ W 11 1930 – 1933	Wanderer 12/65 PS Typ W 14 1931 – 1932
Motor			
Zylinderzahl	6 (Reihe)	6 (Reihe)	6 (Reihe)
Bohrung x Hub	72 x 104 mm	72 x 104 mm	75 x 112 oder 75 x 113 mm
Hubraum	2540 ccm	2540 ccm	2970 oder 2995 ccm
Leistung	50 PS bei 3400 U/min	50 PS bei 3400 U/min	65 PS bei 3400 U/min
Drehmoment	14,5 mkg bei 2000 U/min		
Verdichtung	1:5,3	1:5,6	1:5,6
Vergaser	1 Steigstromvergaser Pallas	1Steigstromvergaser Zenith 30 UP	1 Fallstromvergaser Solex
Ventile	Hängend Seitliche Nockenwelle Antrieb durch Zahnkette	Hängend Seitliche Nockenwelle Antrieb durch Zahnkette	Hängend Seitliche Nockenwelle Antrieb durch Stirnräder
Kurbelwellenlager	7	7	7
Kühlung	Pumpe, 12 Liter Wasser	Pumpe, 12 Liter Wasser	Pumpe, 12 Liter Wasser
Schmierung	Druckumlauf, 8 Liter Öl	Druckumlauf, 8 Liter Öl	Druckumlauf, 10 Liter Öl
Zündung	Magnet	Batterie	Batterie
Batterie	12 V 45 Ah	12 V 45 Ah	12 V 45 Ah
Lichtmaschine	90 W	90 W	90 W
Anlasser	1,2 PS	1,2 PS	1,2 PS
Kraftübertragung	Antrieb auf Hinterräder	Antrieb auf Hinterräder	Antrieb auf Hinterräder
Kupplung	Mehrscheibentrockenkupplung	Einscheibentrockenkupplung	Einscheibentrockenkupplung
Schaltung	Schalthebel Wagenmitte	Schalthebel Wagenmitte	Schalthebel Wagenmitte
Getriebe	3 Gang (Wanderer)	4 Gang (ZF-Aphon)	4 Gang (ZF-Aphon)
Übersetzungen	I. 3,62 II. 1,73 III. 1,00	I. 4,60 II. 2,20 III. 1,48 IV. 1,00	I. 3,65 II. 2,68 III. 1,34 IV. 1,00
Antriebs-Übersetzung	5,77	4,80	4,40
Fahrwerk	U-Profil-Preßstahl-Rahmen	U-Profil-Preßstahl-Rahmen	U-Profil-Preßstahl- Niederrahmen
Vorderradaufhängung	starr, Halbfedern	starr, Halbfedern	starr, Halbfedern
Hinterradaufhängung	starr, Underslung-Halbfedern	starr, Underslung-Halbfedern	starr, Underslung-Halbfedern
Lenkung	Schraube/Spindel, links	ZF-Roß Schnecke, links	ZF-Roß Schnecke, links
Fußbremse	Hydraulisch, 4 Räder	Hydraulisch, 4 Räder	Hydraulisch, 4 Räder
Handbremse	Mechanisch, Hinterräder	Mechanisch, Hinterräder	Mechanisch, Hinterräder
Schmierung	Zentral	Zentral	Zentral
Allgemeine Daten			
Radstand	2920 mm Pullmann-Limousine 3170 mm	3000 mm Pullman-Limousine 3170 mm	3100 mm
Spur vorn/hinten	1420/1420 mm	1420/1420 mm	1420/1420 mm
Gesamtmaße	4350 (mit Stoßstangen 4600) x 1720 x 1850 mm Pullmann-Limousine 4770 x 1720 x 1850 mm		5000 x 1720 x 1650 mm
Räder	Stahlblechspeichen oder Scheiben (5-Loch)	Scheiben oder Drahtspeichen (5-Loch)	Scheiben
Reifen	1929: 30 x 6,00 Niederdruck 1930: 14 x 45 Niederdruck	6,00–18	5,50 oder 6,00–18
Wendekreis		12 Meter	
Fahrgestellgewicht	1050 (Pullmann 1070) kg	1200 (Pullmann 1220) kg	1250 kg
Wagengewicht	Tourenwagen 1320 kg Limousine 1350 kg	Limousine 1500 kg Cabriolet 1600 kg	Cabriolet 1650 kg
Zuläss. Belastung	500 kg	450 kg	
Höchstgeschwindigkeit	90 km/h	97 km/h	105 km/h
Verbrauch/100 km	15 Liter	15 Liter	15 Liter
Kraftstofftank	54 Liter (im Motorraum)	54 Liter (im Motorraum)	60 Liter (im Heck)
Preise	**1929**	**1932**	**1932**
Tourenwagen 4 Türen	RM 7000,–	RM 7250,–	–
Limousine 4 Türen	RM 8000,–	RM 7250,–	–
Roadster-Cabriolet	RM 8750,–	RM 7650,–	–
Pullmann-Limousine	RM 9320,–	RM 8450,–	–
Cabriolet 4 Sitze	RM 9600,–	RM 8450,–	RM 12900,–

Wanderer 6/30, 7/35 und 8/40 PS (1932–1933)

Im März 1932 begann mit einem Zwischentyp der Übergang zu einer neuen Modellreihe. Als Ergänzung zum W 10/IV erschien eine Sechsfenster-Limousine (Karosserie Reutter) mit 3000 statt 2800 mm Radstand, dem 6/30 PS Vierzylinder-Motor und den seitherigen Starrachsen. In diesen Wagen wurde dann ab Oktober 1932 ein neu von Porsche entwickelter Sechszylinder-Leichtmetallmotor eingebaut, der je nach Laufbüchsen entweder 1,7 oder 2 Liter Hubraum besaß. Außer der Limousine wurde für alle drei Zwischentypen das vom W 10/IV übernommene Gläser-Cabriolet angeboten. Im Februar 1933 erfolgte die Ablösung durch die Typen W 21 und W 22.

6/30 PS Wanderer W 15
7/35 PS Wanderer W 17
8/40 PS Wanderer W 20
Limousine 6 Fenster
1932 – 1933

Wanderer 1,7, 2 und 2,3 Liter (1933–1938)

Als Mercedes-Benz den Vollschwingachs-Sechszylinder Typ 170 herausbrachte, beeilte man sich bei Wanderer, dem Markt eine konkurrenzfähige Alternative zu bieten. Professor Porsche entwickelte die Zwillinge Wanderer W 21 und W 22 mit 1,7 und 2 Liter Sechszylinder-Leichtmetallmotor und einer dem Steyr nachempfundenen Pendel-Schwingachse. Einzelaufhängung der Vorderräder hatte er im Gegensatz zu Mercedes noch nicht. Dafür war der neue Wanderer beträchtlich länger, wodurch sich dann doch eine etwa gleich gute Straßenlage ergab, und überdies präsentierte er sich bei etwa gleichem Preis und gleicher Qualität als das größere und geräumigere Auto. Wanderer erreichte zwar nie die Verkaufszahlen von Mercedes, blieb aber in der Mittelklasse auf dem deutschen Markt bis zum Krieg dessen wichtigster Konkurrent. Das Modell-Programm, ursprünglich klar und übersichtlich, wurde im Laufe der Jahre immer mehr aufgefächert, bestand aber dennoch nur aus der Kombination von 3 Motoren und 6 Karosserien, wie die folgende Tabelle zeigt.:

Modell-Programm	**1933**	**1934**	**1935**	**1936**	**1937**	**1938**
1,7 Liter						
Limousine 4 Türen 4 Fenster	W 21	W 21	W 235	W 35	–	–
Cabriolet 4 Sitze 2 Fenster	W 21	W 21	–	–	–	–
Tourenwagen 4 Türen 4 Sitze	–	–	W 235	W 35	–	–
2 Liter						
Limousine 4 Türen 4 Fenster	–	–	W 240	W 40	W 40	W 40
Limousine 4 Türen 6 Fenster	W 22	W 22	–	–	–	–
Cabriolet 4 Sitze 2 Fenster	–	–	W 240	W 40	W 40	W 40
Cabriolet 4 Sitze 4 Fenster	W 22	W 22	–	–	–	–
Tourenwagen 4 Türen 4 Sitze	–	W 22	W 240	W 40	–	–
Pullman-Limousine 6 Sitze	–	W 22	–	–	–	–
2,3 Liter						
Limousine 4 Türen 4 Fenster	–	–	W 245	W 45	W 45	W 45
Limousine 4 Türen 6 Fenster	–	–	W 250	W 50	W 50	W 50
Cabriolet 4 Sitze 2 Fenster	–	–	–	–	W 45	W 45
Cabriolet 4 Sitze 4 Fenster	–	–	W 250	W 50	W 50	W 50
Tourenwagen 4 Türen 4 Sitze	–	–	W 245	W 50	–	–
Pullman-Limousine 6 Sitze	–	–	W 250	W 50	–	–

	Wanderer 6/30 PS Typ W 15 1932	Wanderer 7/35 PS Typ W 17 1932 – 1933	Wanderer 8/40 PS Typ W 20 1932 – 1933
Motor			
Zylinderzahl	4 (Reihe)	6 (Reihe)	6 (Reihe)
Bohrung x Hub	72 x 96 mm	65 x 85 mm	70 x 85 mm
Hubraum	1563 ccm	1690 ccm	1950 ccm
Leistung	30 PS bei 3400 U/min	35 PS bei 3400 U/min	40 PS bei 3400 U/min
Verdichtung	1 : 5,6	1 : 5,6	1 : 5,6
Vergaser	1 Zenith 26 UP	1 Steigstromvergaser solex 30 ∅	1 Steigstromvergaser Solex 30 ∅
Ventile	Hängend Seitliche Nockenwelle Antrieb durch Zahnkette	Hängend Seitliche Nockenwelle Antrieb durch Stirnräder	Hängend Seitliche Nockenwelle Antrieb durch Stirnräder
Kurbelwellenlager	3	7 Auswechselbare Laufbüchsen	7 Auswechselbare Laufbüchsen
Kühlung	Pumpe, 10 Liter Wasser	Pumpe, 7,5 Liter Wasser	Pumpe, 7,5 Liter Wasser
Schmierung	Druckumlauf, 5 Liter Öl	Druckumlauf, 8 Liter Öl	Druckumlauf, 8 Liter Öl
Batterie	12 V 45 Ah	12 V 45 Ah	12 V 45 Ah
Kraftübertragung	Antrieb auf Hinterräder	Antrieb auf Hinterräder	Antrieb auf Hinterräder
Kupplung	Einscheibentrockenkupplung	Halbnasse Doppelscheibenkupplung	Halbnasse Doppelscheibenkupplung
Schaltung	Schalthebel Wagenmitte	Schalthebel Wagenmitte	Schalthebel Wagenmitte
Getriebe	3 Gang	4 Gang	4 Gang
Übersetzungen	I. 3,44 II. 1,83 III. 1,00	I. 4,17 II. 2,04 III. 1,27 IV. 1,00	I. 4,17 II. 2,04 III. 1,27 IV. 1,00
Antriebs-Übersetzung	5,77	5,00	5,00
Fahrwerk		U-Profil-Preßstahl-Rahmen	
Vorderradaufhängung		starr, Halbfedern	
Hinterradaufhängung		starr, Halbfedern	
Lenkung		Schnecke	
Fußbremse		Mechanisch, 4 Räder, Trommel-∅ 300 mm	
Handbremse		Mechanisch, 4 Räder	
Schmierung		Zentral	
Allgemeine Daten			
Radstand		3000 mm	
Spur vorn/hinten		1300/1250 mm	
Gesamtmaße		4500 x 1570 x 1690 mm	
Räder		Scheiben	
Reifen		5,00–18	
Fahrgestellgewicht		920 kg	
Wagengewicht		Limousine 1230 kg Cabriolet 1300 kg	
Höchstgeschwindigkeit	85 km/h	90 km/h	95 km/h
Verbrauch/100 km	12 Liter	12 Liter	12 Liter
Kraftstofftank	42 Liter (im Motorraum)	42 Liter (im Motorraum)	42 Liter (im Motorraum)
Preise			
Limousine 4 Türen		RM 5250,–	RM 5250,–
Cabriolet 4 Sitze		RM 6250,–	RM 6250,–

Die Bilder zeigen von oben nach unten:
Wanderer W 22 (2 Liter) Limousine 6 Fenster 1933 – 1934
Wanderer W 22 (2 Liter) Cabriolet 4 Fenster (Gläser) 1933 – 1934
Wanderer W 240 (2 Liter) Limousine 4 Türen 1935
Wanderer W 250 (2,3 Liter) Cabriolet 2 Fenster (Gläser) 1936
Wanderer W 50 (2,3 Liter) Cabriolet 4 Fenster (Gläser) 1936 – 1938

Motor
Zylinderzahl
Bohrung x Hub
Hubraum
Leistung
Verdichtung
Vergaser
Ventile
Kurbelwellenlager
Kühlung
Schmierung
Batterie
Lichtmaschine
Anlasser

Kraftübertragung
Kupplung
Schaltung
Getriebe
Synchronisierung
Übersetzungen

Antriebsübersetzung

Fahrwerk
Vorderradaufhängung

Hinterradaufhängung
Lenkung
Fußbremse
Handbremse
Schmierung

Allgemeine Daten
Radstand
Spur vorn/hinten
Gesamtmaße
Räder
Reifen
Wendekreis
Fahrgestellgewicht
Wagengewicht

Zuläss. Belastung
Höchstgeschwindigkeit
Verbrauch/100 km
Kraftstofftank

Preise
Lim. 4 Türen 4 Fenster
Lim. 4 Türen 6 Fenster
Tourenwagen 4 Türen
Cabr. 4 Sitze 2 Fenster
Cabr. 4 Sitze 4 Fenster
Pullman-Limousine

Wanderer W 21 (1933 – 1934) **Wanderer W 235 (1935)** **Wanderer W 35 (1936)**	**Wanderer W 22 (1933 – 1934)** **Wanderer W 240 (1935)** **Wanderer W 40 (1936 – 1938)**	**Wanderer W 245, W 250 (1935)** **Wanderer W 45, W 50 (1936 – 1938)**
6 (Reihe)	6 (Reihe)	6 (Reihe)
65 x 85 mm	70 x 85 mm	71 x 95 mm
1690 ccm	1950 ccm	2257 ccm
35 PS bei 3500 U/min	40 PS bei 3500 U/min	50 PS bei 3300 U/min bzw. (ab Sept. 1936) 55 PS bei 3800 U/min
1:6 bzw. (ab 1935) 6,4	1:6 bzw. (ab 1935) 6,4	1:6,1 bzw. (ab Sept. 1936) 1:6,4
1 Flachstromvergaser Solex 30 BFRV		1Fallstromvergaser Solex 30 JFF

Hängend. Stoßstangen und Kipphebel. Seitliche Nockenwelle. Antrieb durch Stirnräder
7
Pumpe, 8 Liter Wasser
Druckumlauf, 8 Liter Öl
12 V 45 Ah
75 bzw. (ab 1935) 90 W
0,6 PS

Antrieb auf Hinterräder
Halbnasse Doppelscheibenkupplung
Schalthebel Wagenmitte
4 Gang
Ohne
I. 4,50, II. 2,40, III. 1,49, IV. 1,00

5,75	5,30	4,90

U-Profil-Preßstahl-Niederrahmen
starr, Halbfedern bzw. (ab 1936)
Doppel-Querlenker, 1 Querfeder
Pendel-Schwingachse, Schwingarme, 1 Querfeder
ZF-Roß Schnecke
Hydraulisch, 4 Räder
Mechanisch, Hinterräder
Zentral

			Pullmann-Sechssitzer 1935/36
3000 mm	3000 mm	3000 mm	3150 mm
1350/1350 mm	1350/1350 mm	1350/1350 mm	1350/1350 mm
4500 x 1670 x 1650 mm	4500 x 1670 x 1650 mm	4500 x 1670 x 1650 mm	4650 x 1670 x 1670 mm
Scheiben	Scheiben	Scheiben	Scheiben
5,25–17	5,25–17	5,25–17	5,50–17
12 Meter	12 Meter	12 Meter	14,3 Meter
900 kg	900 kg	900 kg	
Limousine 1250 kg	Limousine 1275 kg	Limousine 1275 kg	Pullmann 1350 kg
Tourenwagen 1250 kg	Tourenwagen 1250 kg	Tourenwagen 1250 kg	
Cabriolet 1300 kg	Cabriolet 1310 kg	Cabriolet 1310 kg	
450 kg	450 kg	450 kg	
95 km/h	100 km/h	105 km/h	100 km/h
12 Liter	13 Liter	14 Liter	15 Liter
53 Liter (im Heck)	53 Liter (im Heck)	53 Liter (im Heck)	53 Liter (im Heck)

W 21	**W 22**	**W 40**	**W 45, W 50**	**W 250, W 50**
RM 4660,–	–	RM 4800,–	RM 5000,–	–
–	RM 5250,–	–	RM 5250,–	–
–	RM 5750,–	–	–	–
RM 5800,–	–	RM 5350,–	RM 5550,–	–
–	RM 6250,–	–	RM 6250,–	–
–	–	–	–	RM 6500,–

Wanderer Spezial W 51 (1936)
Wanderer W 52 (1937)
Wanderer W 23 und W 26 (1937–1941)

Wie 1932/33 vollzog Wanderer auch jetzt wieder den Übergang zu einem neuen Modell in drei Stufen. 1936 erschien der W 51, der noch die Mechanik des W 50, aber eine völlig andere Karosserie besaß. 1937 kamen der W 52 und der W 23, beide mit einem neuen 2,6 Liter Seitenventil-Motor. Dessen Konstruktion war notwendig geworden, weil der seinerzeit von Porsche entworfene Leichtmetall-Sechszylinder keine Weiterentwicklung mehr zuließ. Er konnte weder weiter aufgebohrt noch wegen der damaligen Kraftstoffe höher verdichtet werden. Außerdem lohnte sich die aufwendige Technik nicht, wenn sie wie hier keine entsprechend höhere Leistung brachte. Ein simpler Seitenventil-Motor erzielte nun mit weit geringerem Aufwand den gleichen Effekt. Beim W 23 schließlich ersetzte man dann auch noch die teure Pendel-Hinterachse durch die von DKW übernommene Schwebeachse, was ebenfalls keinen spürbaren Qualitätsverlust verursachte. Dennoch baute Wanderer den Vollschwingachser W 52 parallel zum W 23, weil immerhin die Möglichkeit bestand, daß das Publikum vielleicht auf die zu jener Zeit so hochgelobte Schwingachse nicht verzichten wollte. Doch schon nach einem Jahr verschwand der W 52, und der W 23 gedieh zu einem erfolgreichen Wagen. Äußeres Unterscheidungsmerkmal: W 51 und W 52 hatten eine reicher verzierte Kühlerverkleidung sowie vor allem je ein Ersatzrad beiderseits in den Vorderkotflügeln, während beim W 23 das Ersatzrad im Gepäckraumdeckel eingelassen war.

Als Nachfolger der W 50 Pullmann-Limousine erschien 1937 der W 26, zunächst äußerlich unverändert, jedoch mit dem neuen 2,6 Liter-Motor. Außerdem ersetzte man zum gleichen Zeitpunkt den Viersitzer-Tourenwagen W 50 durch den Sechssitzer-Tourenwagen W 26. Erst 1939 erhielt der W 26 auch das Gesicht des W 23. Im übrigen behielt der W 26 die Pendel-Hinterachse, weil bei ihm der für die hochliegende Querfeder der Schwebeachse nötige Platz fehlte.

Die Produktion des W 23 und des W 26 dauerte bis 1940, doch wurden Ende 1941/Anfang 1942 nochmal 100 Cabriolets W 23 für den Reichsarbeitsdienst gebaut.

Wanderer W 23
Limousine 6 Fenster
1937 – 1940

Wanderer W 23
Cabriolet 4 Fenster
Karosserie Gläser
1937 – 1942

	Wanderer Spezial W 51 1936	Wanderer W 52 1937	Wanderer W 25 K 1936 – 1938
Motor			
Zylinderzahl	6 (Reihe)	6 (Reihe)	6 (Reihe)
Bohrung x Hub	71 x 95 mm	75 x 100 mm	70 x 85 mm
Hubraum	2257 ccm	2651 ccm	1950 ccm
Leistung	55 PS bei 3800 U/min	62 PS bei 3500 U/min	85 PS bei 4000 U/min
Verdichtung	1:6,4	1:6,4	1:6,4
Vergaser	1 Fallstromvergaser Solex 30 JFF	1 Flachstromvergaser Solex 35 BFH RC 1	1 Doppel-Steigstromvergaser Solex 32 FFVS Roots-Kompressor hinter Vergaser, nicht abschaltbar 2,3 x n = 9200 U/min
Ventile	Hängend Seitliche Nockenwelle Antrieb durch Stirnräder	Seitlich stehend Seitliche Nockenwelle Antrieb durch Rollenkette	Hängend Seitliche Nockenwelle Antrieb durch Stirnräder
Kurbelwellenlager	7	4	7
Kühlung	Pumpe, 8 Liter Wasser	Pumpe, 10,2 Liter Wasser	Pumpe, 8,2 Liter Wasser
Schmierung	Druckumlauf, 8 Liter Öl	Druckumlauf, 7 Liter Öl	Druckumlauf, 10 Liter Öl
Batterie	12 V 45 Ah	6 V 88 Ah	12 V 55 Ah
Lichtmaschine	90 W	90 W	
Anlasser	0,6 PS	0,8 PS	
Kraftübertragung	Antrieb auf Hinterräder	Antrieb auf Hinterräder	Antrieb auf Hinterräder
Kupplung	Halbnasse Doppelscheibenkupplung	Einscheibentrockenkupplung	Halbnasse Doppelscheibenkupplung
Schaltung	Schalthebel Wagenmitte	Schalthebel Wagenmitte	Schalthebel Wagenmitte
Getriebe	4 Gang	4 Gang	4 Gang
Synchronisierung	Ohne	III – IV	Ohne
Übersetzungen	I. 4,50 II. 2,40 III. 1,49 IV. 1,00	I. 4,10 II. 2,40 III.1,49 IV. 1,00	I. 3,30 II. 2,06 III. 1,37 IV. 1,00
Antriebs-Übersetzung	4,90	4,10	3,60, Cabriolet 3,80
Fahrwerk	Kastenrahmen	Kastenrahmen	Kastenrahmen
Vorderradaufhängung	Doppel-Querlenker 1 Querfeder	Doppel-Querlenker 1 Querfeder	Doppel-Querlenker 1 Querfeder
Hinterradaufhängung	Pendel-Schwingachse Schwingarme, 1 Querfeder	Pendel-Schwingachse Schwingarme, 1 Querfeder	Starre »Schwebeachse« 1 Querfeder hochliegend
Lenkung	ZF-Roß Schnecke	ZF-Roß Schnecke	ZF-Roß (Schnecke)
Fußbremse	Hydraulisch, 4 Räder	Hydraulisch, 4 Räder	Hydraulisch, 4 Räder
Handbremse	Mechanisch, Hinterräder	Mechanisch, Hinterräder	Mechanisch, Hinterräder
Schmierung	Zentral	Zentral	Zentral
Allgemeine Daten			
Radstand	3000 mm	3000 mm	2650 mm
Spur vorn/hinten	1350/1350 mm	1350/1350 mm	1325/1330 mm
Gesamtmaße	4700 x 1680 x 1650 mm	4700 x 1680 x 1650 mm	4220 x 1680 x 1400 (1550) mm
Räder	Scheiben	Scheiben	Drahtspeichen
Reifen	5,25–17	5,25–17	5,25–17
Wendekreis	12 Meter	12 Meter	12,4 Meter
Fahrgestellgewicht	1000 kg	1030 kg	800 kg
Wagengewicht	Limousine 1410 kg Cabriolet 1470 kg	Limousine 1440 kg Cabriolet 1500 kg	Sportwagen 1000 kg Sport-Cabriolet 1070 kg
Zuläss. Belastung		400 kg	250 kg
Höchstgeschwindigkeit	105 km/h	115 km/h	145 km/h
Verbrauch/100 km	15 Liter	15 Liter	20 Liter
Kraftstofftank	53 Liter (im Heck)	53 Liter (im Heck)	80 Liter (im Heck)
Preise	Limousine 4 Türen 6 Fenster RM 5950,– Cabriolet 4 Sitze 4 Fenster RM 6950,–	Limousine 4 Türen 6 Fenster RM 5550,– Cabriolet 4 Sitze 4 Fenster RM 6500,–	Sport-Zweisitzer offen 1936: RM 6800,– 1937/38: RM 7950,– Sport-Cabriolet 2 Sitze 1936: RM 7500,– 1937/38: RM 8250,–

Wanderer W 250
Wanderer W 50
Wanderer W 26
Pullman-Limousine
1935 – 1938

Wanderer W 23
Farmerwagen
1939

Wanderer W 25 K (1936–1938)

1936 überraschte Wanderer mit dem als Konkurrenz zu BMW gedachten Sportwagen W 25 K. Da sich hierfür der in der Entwicklung befindliche Seitenventil-Motor sowieso nicht geeignet hätte, sollte (auf weitere Sicht allein für diesen Wagen) Porsches Leichtmetall-Sechszylinder beibehalten werden. Um die hier notwendige Leistung zu erzielen, baute man einen ständig mitlaufenden Kompressor an, wobei sich die Höchstleistung von 85 PS nach Angabe des Werks bei 4000 U/min ergab, in Wirklichkeit aber erst bei etwa 5000 U/min zur Verfügung stand. Jedenfalls wurde dem Motor mehr abverlangt, als er vertragen konnte. So fand und findet heute noch der W 25 K begeisterte Bewunderer wegen der brillanten Form seiner Karosserien, aber motorisch und leistungsmäßig erntete er keinen Ruhm. Gebaut wurden 149 Wagen im Jahr 1936, 72 Wagen im Jahr 1937, 37 Wagen im Jahr 1938, insgesamt also 258 Exemplare. Die letzten wurden als W 25 (ohne K) ausgeliefert, wie überhaupt in die vorhandenen Wagen später großenteils entweder normale Wanderer- oder 2,5 Liter Opel-Motoren eingebaut wurden. Der W 25 K versagte zwar als Sportwagen, aber ein Traumwagen ist er seiner Schönheit wegen bis heute geblieben.

Wanderer W 25 K
Sport-Zweisitzer offen
1936 – 1938

	Wanderer W 24 1937 – 1940	Wanderer W 23 1937 – 1941	Wanderer W 26 1937 – 1940
lotor			
ylinderzahl	4 (Reihe)	6 (Reihe)	
ohrung x Hub	75 x 100 mm	75 x 100 mm	
ubraum	1767 ccm	2651 ccm	
eistung	42 PS bei 3500 U/min	62 PS bei 3500 U/min	
erdichtung	1:6,4	1:6,4	
ergaser	1 Flachstromvergaser Solex 30 BFRH	1 Flachstromvergaser Solex 35 BFRH	
entile	Seitlich stehend Seitliche Nockenwelle Antrieb durch Rollenkette	Seitlich stehend Seitliche Nockenwelle Antrieb durch Rollenkette	
urbelwellenlager	3	4	
ühlung	Pumpe, 7 Liter Wasser	Pumpe, 10,2 Liter Wasser	
chmierung	Druckumlauf, 5,5 Liter Öl	Druckumlauf, 7 Liter Öl	
atterie	6 V 75 Ah	6 V 88 Ah bzw. (ab 1938) 12 V 50 Ah	
ichtmaschine	90 W	90 W	
nlasser	0,6 PS	0,8 bzw. (ab 1938) 1,0 PS	
raftübertragung	Antrieb auf Hinterräder	Antrieb auf Hinterräder	
upplung	Einscheibentrockenkupplung	Einscheibentrockenkupplung	
chaltung	Schalthebel Wagenmitte	Schalthebel Wagenmitte	
etriebe	4 Gang	4 Gang	
ynchronisierung	III – IV	III – IV	
bersetzungen	I. 4,10 II. 2,40 III. 1,61 IV. 1,00	I. 4,10 II. 2,40 III. 1,61 IV. 1,00	
ntriebs-Übersetzung	4,22, Gebirge 4,50	4,10, Gebirge 4,50	4,50, Gebirge 4,88
ahrwerk	Kastenrahmen	Kastenrahmen	
orderradaufhängung	Doppel-Querlenker 1 Querfeder	Doppel-Querlenker 1 Querfeder	
interradaufhängung	Starre »Schwebeachse« 1 Querfeder hochliegend	Starre »Schwebeachse« 1 Querfeder hochliegend	Pendel-Schwingachse Schwingarme, 1 Querfeder
enkung	ZF-Roß Schnecke	ZF-Roß Schnecke	
ußbremse	Hydraulisch, 4 Räder	Hydraulisch, 4 Räder	
andbremse	Mechanisch, Hinterräder	Mechanisch, Hinterräder	
chmierung	Zentral	Zentral	
llgemeine Daten			
adstand	2600 mm	2900 mm	3150 mm
pur vorn/hinten	1300/1330 mm	1420/1450 mm	1350/1350 mm
esamtmaße	4300 x 1615 x 1650 mm	4600 x 1700 x 1650 mm	4800 x 1700 x 1750 mm
äder	Scheiben	Scheiben	Scheiben
eifen	5,00–17 bzw. (ab 1939) 5,25–16	5,25–17 bzw. (ab 1939) 6,00–16	5,50–17 bzw. (ab 1939) 6,50–16
endekreis	11,5 Meter	12 Meter	14,3 Meter
ahrgestellgewicht	820 kg	1000 kg	1050 kg
agengewicht	Limousine 1140/1170 kg Cabriolet 1210 kg	Limousine 1390 kg Cabriolet 1450 kg	Pullman 1470 kg
uläss. Belastung	340, Cabriolet 320 kg	400 kg	470 kg
öchstgeschwindigkeit	105 km/h	115 km/h	105 km/h
erbrauch/100 km	11 Liter	15 Liter	15,5 Liter
raftstofftank	43 Liter (im Heck)	60 Liter (im Heck)	53 Liter (im Heck)
reise			
ahrgestell	RM 3450,–	RM 4550,–	RM 4650,–
mousine 2 Türen	RM 3875,–	–	–
mousine 4 Türen	RM 3985,–	RM 5350,–	–
abrio-Limousine 2 Türen	RM 4100,–	–	–
abrio-Limousine 4 Türen	RM 4210,–	–	–
abriolet 4 Fenster	RM 4950,–	RM 6450,–	–
ourenwagen 4 Türen	RM 4950,– bzw. (ab 1939) 4600,–	–	–
ullman-Limousine 6 Sitze	–	–	RM 6500,–
ourenwagen 6 Sitze	–	–	RM 6950,–

Wanderer W 24 (1937–1940)

So wie man 1933 mit dem W 21 und W 22 auf den Mercedes-Benz 170-Sechszylinder reagiert hatte, so war es nun geboten, dem Typ 170 V ein überzeugendes Konkurrenzangebot entgegen zu stellen. Es entstand der Wanderer W 24, der dem vorgegebenen Anspruch vollauf gerecht wurde. Er erhielt den gleichen Seitenventil-Motor wie der W 23, jedoch mit 4 statt 6 Zylindern. Karosserie- und fahrgestellmäßig hatte er wichtige Komponenten mit der DKW Sonderklasse gemeinsam. Das Ergebnis war ein recht preisgünstiger, gefällig aussehender, leistungsfähiger und solider Gebrauchswagen, der sich bestens bewährte. Für die Wiederaufnahme der Automobilproduktion nach dem Kriege hätte er eine gesunde Ausgangsbasis abgegeben. Doch leider kam es dazu nicht mehr.

Wanderer W 24
Limousine 2 Türen
Karosserie Reutter
1937 – 1940

Wanderer W 24
Limousine 4 Türen
Karosserie Reutter
1937 – 1940

Wanderer W 24
Cabriolet 4 Fenster
Karosserie Reutter
1937 – 1940

Montage-Produktion ausländischer Marken im Deutschen Reich

Während des Ersten Weltkriegs und im folgenden Jahrzehnt stagnierte die Automobiltechnik in Deutschland, während in Amerika eine riesige Produktion eingerichtet und die Ausreifung des Kraftfahrzeugs konsequent vorangetrieben wurde. Nach der Inflation blieb die deutsche Automobilindustrie etwa ein Jahr lang durch einen hohen Schutzzoll gegen die Einfuhr ausländischer Konkurrenzerzeugnisse geschützt, doch dann wurden unter dem Druck der öffentlichen Meinung per 1. Oktober 1925 die Grenzen geöffnet. Das führte trotz der zunächst immer noch hohen Zölle zu einer Überflutung des deutschen Marktes mit ausländischen, vor allem amerikanischen Personen- und Lastwagen. Obendrein wurden innerhalb von drei Jahren die Zollsätze für Personenkraftwagen von RM 250,– auf RM 75,– je 100 kg herabgesetzt.

	1927	1928	1929	1930	1931	1932	1933
Produktion deutscher Personenwagen	84668	101701	92025	71960	58774	41727	90041
Ausfuhr deutscher Personenwagen	2688	4578	4809	3898	8332	9131	10844
Montage-Produktion ausländischer Personenwagen im Deutschen Reich	ca. 16000	27781	22575	17102	6978	2026	ca. 2000
Einfuhr fertiger ausländischer Personenwagen in das Deutsche Reich	11383	18274	14513	12567	3343	2569	ca. 2600
Personenwagen-Neuzulassungen im Deutschen Reich	ca. 97000	118761	ca. 91000	ca. 78000	56039	41118	82048
Anteil der ausländischen Marken (Montage-Produktion + Fertigwagen-Einfuhr) an den Personenwagen-Neuzulassungen im Deutschen Reich	28,4 %	39,4 %	40,8 %	ca. 28 %	ca. 17 %	ca. 11 %	ca. 5,6 %

Was Opel noch rechtzeitig vorher aus eigener Einsicht getan hatte, dazu sahen sich nun auch die anderen deutschen Automobilfabriken gezwungen, nämlich ihre Fertigung durchgreifend zu rationalisieren. Allerdings ließen es die meisten nicht dabei bewenden, amerikanische Produktionsmethoden zu übernehmen, sondern sie verfielen darüber hinaus in den Fehler, nun auch die Konstruktion amerikanischer Wagen nachzuahmen. Das war falsch, weil sich erstens diese Baumuster ohnehin nur bedingt für europäische Verhältnisse eigneten, weil zweitens deren Qualitätsstandard und drittens deren Preisüberlegenheit hier zunächst bei weitem nicht zu erreichen waren. Die Ende 1929 einsetzende Weltwirtschaftskrise hat das Übergewicht, das die amerikanischen Wagen auf dem deutschen Markt binnen weniger Jahre gewonnen hatten, noch rascher wieder beseitigt. Ihr Betrieb war im Hinblick auf die Höhe der Steuer und des Kraftstoffverbrauchs zu teuer geworden.

Vor allem aber hatte die deutsche Industrie inzwischen begriffen, daß sie sich auf dem eigenen Markt und weltweit gegenüber den Amerikanern nur mittels fortschrittlicher Technik und bester Qualität zu behaupten vermochte. Man kann sagen, daß die deutsche Automobilindustrie ab 1931 in konstruktiver und qualitativer Hinsicht wieder internationales Niveau erreicht hat. Die Statistik beweist diese Feststellung: Obwohl alle Welt unter der Krise litt, ging 1931 der Export deutscher Personenwagen schlagartig in die Höhe. Bewirkt hatten dies vor allem die neuen Modelle von Opel und Mercedes-Benz. Opel trug von da an bis auf weiteres die Hälfte zum gesamten deutschen Automobilexport bei. General Motors machte es möglich.

In jenen Jahren, als sich die deutsche Automobilindustrie durch die überlegene Auslandskonkurrenz in gefährliche Bedrängnis gebracht sah, suchte sie ihr Heil (unter anderem) darin, nationale Gefühle zu mobilisieren. Man redete viel von deutscher Wertarbeit, man kennzeichnete deutsche Automobile mit einem goldfarbenen Eichenzweig auf dem Kühler, und jeder kannte den Slogan: »Deutsche, kauft deutsche Wagen!«. Die Zeitschrift »Motor-Kritik« machte daraus in nüchterner Einschätzung der Sachlage die Aufforderung: »Deutsche, kauft gute Wagen!«. Fehl geriet freilich ein Werbespruch der Adler-Werke, der gutgemeint, aber in ungewollter Zweideutigkeit jammerte:

Deutsche, kauft deutsche Wagen!
Helft deutsches Leid gemeinsam tragen!

Rückblickend darf, ja muß man feststellen, daß die damalige Invasion amerikanischer Automobile absolut kein nationales Unglück war, sondern im Endeffekt recht positive Wirkungen auslöste. Diese wären möglicherweise nie mehr, gewiß aber nicht in einer so kurzen Zeitspanne eingetreten. Jene Firmen der deutschen Automobilindustrie, die dazu fähig waren, erwachten zu neuer Aktivität und Vitalität, die ihnen wieder Weltgeltung einbrachte. Andere Firmen, die – aus welchen Gründen auch immer – den Anschluß verpaßten, mußten entweder schließen oder den Automobilbau aufgeben. Und das gehörte ebenfalls zur Gesundung dieser Industrie.

1928, auf dem Höhepunkt der damaligen Konjunktur, gab es im Deutschen Reich insgesamt 10 Montagebetriebe ausländischer Marken. Zwei davon, nämlich General Motors und Ford, machten das Hauptgeschäft. Auch Chrysler und Hudson-Essex traten zeitweise recht stark in Erscheinung, Studebaker und Willys-Overland schon nur mehr wenig, die übrigen Amerikaner praktisch überhaupt kaum. Außerdem hatten sich noch zwei französische Marken im Deutschen Reich niedergelassen, nämlich Citroën in Köln-Poll und Mathis in Kehl am Rhein. Citroën konnte sich eine kleine, aber recht beständige Position auf dem deutschen Markt sichern, während Mathis schon 1929 wieder aufgab. Hinzu kam 1929 Fiat, als es von NSU das Werk Heilbronn übernahm.

Wenn dieses Buch einen umfassenden Überblick über die deutschen Personenwagen der zwanziger und dreißiger Jahre vermitteln soll, kann man nicht umhin, die wichtigsten Montage-Marken in diesen Kreis mit einzubeziehen. Schließlich trugen sie damals wesentlich zum Gesamtbild des deutschen Automarktes bei, und vor allem gaben sie entscheidende Impulse zur Wiederauffrischung der deutschen Automobilindustrie.

Chevrolet Coach 2 Türen 1927

Chevrolet Coach 2 Türen 1928

Chevrolet 6 Coach 2 Türen 1929

Chevrolet 6 Convertible Sport-Cabriolet 1929

General Motors (1927–1931)

Die amerikanische General Motors Corporation, die damals gerade Ford überflügelte und damit zum größten Automobilkonzern der Welt aufstieg, eröffnete im Frühjahr 1925 ihr erstes deutsches Büro in Berlin Unter den Linden. Noch im gleichen Jahr übersiedelte die General Motors GmbH. nach Hamburg, um im Freihafen eine Montagewerkstätte einzurichten. Dort beschäftigte man bald einige hundert Arbeiter, die 1926 zunächst etwa 30, dann schon 50 Chevrolet Lastwagen pro Tag zusammenbauten. Nachdem diese Anlagen nicht mehr dem rasch anwachsenden Verkauf genügten und weil sich eine Verbilligung, zumal der Personenwagen, nur durch Montage am Verkaufsort erreichen ließ, zog die Gesellschaft wieder nach Berlin zurück. Anfang 1927 wurde die Montage in Berlin-Wittenau aufgenommen, wo 300 Arbeiter täglich 90 Wagen zusammensetzen konnten. Schon im September verließ der 5000. in Deutschland montierte Chevrolet das Band, wozu noch mehrere hundert Wagen der Marken Buick und Pontiac sowie einige Oldsmobile und Oakland kamen. (Bei Cadillac und La Salle beschränkte man sich darauf, die fertigen Karosserien mit den ebenfalls fertig ankommenden Fahrgestellen zusammenzubauen.) Weil die Verkäufe derart weiterstiegen, daß Mitte 1927 monatlich etwa 1400 Wagen abgesetzt werden konnten, mußte eine nochmalige Erweiterung und Verlegung des auf 1700 Mann angewachsenen Betriebs erfolgen. Die General Motors GmbH. zog Ende 1927 nach Berlin-Borsigwalde, wo drei große Gebäude der früheren Deutschen Waffen- und Munitionsfabriken von den Berlin-Karlsruher Industriewerken gepachtet worden waren. Zunächst lief ein Band, auf dem täglich 100 Wagen montiert werden konnten, dem 1928 ein zweites Band mit gleicher Kapazität folgte. Mehr und mehr wächst dabei der Anteil deutschen Materials. So erhält vor allem der Chevrolet Rahmen von Krupp sowie Karosserien von Ambi-Budd, Gläser und Hubertia. Deutscher Herkunft sind ferner Reifen, Scheinwerfer, Glas, Polster und Lacke. Die Duco-Lackieranlage mit vier Bändern und eine automatische Emaillieranlage werden von deutschen Firmen eingerichtet. Die General Motors GmbH. ist übrigens nicht nur für den deutschen Markt, sondern auch für Österreich, die Tschechoslowakei und Ungarn zuständig. 1928 steigt die Zahl der Beschäftigten auf 2200, die Zahl der verkauften Personen- und Lastwagen auf 18000, dabei allein im März 1928 auf fast 2000 Wagen.

Diese für General Motors äußerst günstige Entwicklung wurde durch die Ende 1929 einsetzende Weltwirtschaftskrise abrupt abgebrochen. Das Geschäft ging derart zurück, daß ab Mai 1931 die Montage auf ein Mindestmaß reduziert und zum 31. Oktober 1931 völlig stillgelegt werden mußte. Die General Motors GmbH. bestand noch bis 1939 als Verkaufsniederlassung und Ersatzteillager in Berlin-Reinickendorf West.

Bekanntlich hatte im März 1929 der General Motors-Konzern 80 % des Aktienkapitals der Adam Opel AG. übernommen und seitdem maßgebenden Einfluß auf die damals größte deutsche Automobilfabrik gewonnen. Dennoch wurden die General Motors GmbH. und die Adam Opel AG. völlig unabhängig voneinander weitergeführt, und auch die beiderseitigen Händlerorganisationen blieben erhalten.

Chevrolet (1927–1931)

1927 wurden zum erstenmal 1 Million Chevrolets innerhalb eines Jahres produziert. Ebenfalls 1927 begann die General Motors GmbH. mit einer Montage größeren Stils von Chevrolet Personenwagen in Deutschland. Der Chevrolet wird zu einem für hiesige Verhältnisse unglaublich niedrigen Preis angeboten, so daß er in kürzester Zeit zur jahrelang führenden Auslandsmarke auf dem deutschen Markt wird. Einen grandiosen Verkaufserfolg verzeichnet vor allem das Model 1928. Dem Chevrolet kommt dabei zustatten, daß 1927 der Hauptkonkurrent Ford mit dem nicht mehr zeitgemäßen T-Modell nur noch wenig auszurichten vermochte und dann erst Ende August 1928 mit der Montage des A-Modells begann. Dieses fand zwar viel Beachtung, doch bei Chevrolet war man bereits damit beschäftigt, heimlich die noch größere Sensation vorzubereiten: Am 1. Oktober 1928 beendete man (in Amerika) die Produktion des Modells 1928, um Ende Dezember 1928 den Chevrolet »6« vorstellen und sofort ausliefern zu können. Dieser leistungsfähige und sehr elegant aufgemachte Sechszylinder-Wagen war wieder überraschend preisgünstig. Er kostete nur wenig mehr als der seitherige Vierzylinder. Um den Chevrolet dennoch zu übertrumpfen, brachte Ford 1932 den berühmten V8, der aber den Konkurrenten dennoch nicht mehr einzuholen vermochte und den deutschen Markt zunächst sowieso nicht tangierte, weil ab 1930 hier der Verkauf amerikanischer Wagen rapid zurückging und ab 1933 praktisch aufhörte. Im Oktober 1931 kam der letzte Chevrolet aus deutscher Montage. Die wenigen Wagen, die in der Folgezeit noch abgesetzt werden konnten, wurden entweder komplett importiert oder als Fahrgestelle mit deutschen Cabriolet-Aufbauten versehen.

Buick (1927–1931)

Der Buick war bereits vor Gründung der General Motors GmbH. auf dem deutschen Markt gut eingeführt. Seine Generalvertretung besaß nämlich die schon damals zu Berlins führenden Händlern zählende Firma Eduard Winter. Der Montagebau des Buick begann 1927. Zahlenmäßig erreichte er bei weitem nicht die Bedeutung des Chevrolet, war und blieb aber die zweitwichtigste General Motors-Marke in Deutschland. Er konkurrierte erfolgreich mit den Typen Mannheim und Nürburg von Mercedes-Benz, mit den Achtzylindern von Horch und Stoewer sowie mit den Opel Riesen-Sechszylindern der Jahre 1927 bis 1929. Die Buick-Modelle 1926 bis 1928, kenntlich am Packard-Kühler, blieben drei Jahre lang nahezu unverändert. Sie gewannen durch ihre Leistung und Gediegenheit uneingeschränkte Anerkennung. Da sie sich durch einen für damalige Begriffe enorm ruhigen Motorlauf auszeichneten, hörte man beim Fahren um so deutlicher das gelegentliche Knarzen der Holzspeichenräder. Unvergeßlich für den, der es erlebte! Der Buick Modell 1929 erschien mit einem völlig neuen Styling, das zwar ungewohnt, aber recht eindrucksvoll aussah. Diese Karosserielinie ließ Buick leider nur ein Jahr lang gelten, doch finden wir sie wieder beim Mercedes-Benz Typ 170 (und anderen) der Jahre 1932 bis 1936. Der Buick 1930, der ab Oktober 1929 auf den deutschen Markt kam, war ebenfalls elegant, aber viel weniger auffallend gezeichnet. Die 400er-Reihe des Horch 8, die im Juni 1930 herauskam, war äußerlich eine so genaue Kopie des Buick, daß man den einen vom anderen fast nur am Kühlergesicht unterscheiden konnte. Die Vier- und

Chevrolet 6 Coach 2 Türen 1930 (Besitzer: R. Helsper, Siegen)

Sechssitzer-Cabriolets beider Marken, von Gläser in Dresden gebaut, besaßen ohnehin die gleichen Karosserien. Der Buick 1931 sah kaum anders aus als sein Vorgänger, wurde aber nun zum fast gleichen Preis mit drei Varianten eines Reihen-Achtzylindermotors ausgestattet. Praktisch hatte man damit im Vergleich zu den seitherigen Sechszylindern nichts dazugewonnen, doch die Mehrheit der Käufer verlangte jetzt in dieser Klasse größere Zylinderzahlen. Das Modell 1931 war der letzte Buick aus deutscher Montage. In ganz geringer Zahl importiert wurden weiterhin fertige Wagen sowie vor allem Fahrgestelle, welche deutsche Cabriolet-Aufbauten erhielten. – Die jährliche Gesamtproduktion von Buick hatte 1926 die damalige Rekordhöhe von fast 267000 Wagen und 1933 den Tiefstand von 40000 Wagen erreicht.

Cadillac (1927–1931)

Vom Cadillac, dem teuersten Wagen des Konzerns, wurden auf dem deutschen Markt naturgemäß keine großen Stückzahlen verkauft, doch immerhin galt diese Marke damals als wichtigste Konkurrenz für Maybach und die Mercedes Kompressor-Modelle. Im Vergleich zu diesen großen deutschen Wagen zeichnete sich der Cadillac durch wesentlich eleganter gezeichnete Karosserien aus, in bezug auf Größe, Leistung, Qualität und Prestige war er ihnen ebenbürtig, und trotzdem lag sein Preis beträchtlich niedriger. Der Cadillac 1929 (V8-Motor, 5,7 Liter, 22/110 PS, Radstand 3550 mm) kostete als Sedan RM 20450,– und als Pullman-Limousine RM 22600,–. Im Januar 1930 erschien der berühmte Sechzehner-Cadillac (V16-Motor, 7,4 Liter, 165 PS, Radstand 3750 mm), ein bildschöner Prachtwagen, der etwa RM 37000,– kostete. Er war zu jener Zeit hierzulande unverkäuflich, doch erscheint es reizvoll, ihn mit den damals ebenfalls gerade neu herausgekommenen Maybach Zeppelin und Großen Mercedes zu vergleichen. Ab Herbst 1930 gab es übrigens auch einen Cadillac V12, der für etwa RM 24000,– zu haben war. Zur Abrundung des Bildes möge man sich vor Augen führen, welch eklatanter Unterschied zwischen den Produktionszahlen des Cadillac und der vergleichbaren deutschen Luxuswagen bestand. Allein im Rekordjahr 1927 baute Cadillac über 47000 Wagen, 1929 fast 41000 und selbst 1931 noch fast 30000. Vom Sechzehner lieferte Cadillac in den beiden ersten Produktionsjahren 1930 und 1931 insgesamt 3250 Exemplare aus!

Chevrolet 6 Droschken-Landaulet 1929 (Karosserie Buhne)

	Chevrolet 11/30 PS Serie V 1926	Chevrolet 11/30 PS Serie AA 1927	Chevrolet 11/30 PS Serie AB 1928
Motor			
Zylinderzahl		4 (Reihe)	
Bohrung x Hub		93,66 x 101,6 mm	
Hubraum		2798 (Steuer 2768) ccm	
Leistung		30 PS bei 2200 U/min	
Drehmoment			
Verdichtung		1:4,5	
Vergaser		1 Carter	
Ventile		Hängend (OHV) Seitliche Nockenwelle	
Kurbelwellenlager		3	
Kühlung		Pumpe, 8 Liter Wasser	
Schmierung		Druckumlauf, 4,75 Liter Öl	
Zündung		Batterie	
Batterie		6 V	
Kraftübertragung		Antrieb auf Hinterräder	
Kupplung		Einscheibentrockenkupplung	
Schaltung		Schalthebel Wagenmitte	
Getriebe		3 Gang	
Übersetzungen			
Antriebs-Übersetzung	3,82	4,18	4,18
Fahrwerk		U-Profil-Preßstahl-Rahmen	
Vorderradaufhängung		starr, Halbfedern	
Hinterradaufhängung		starr, Halbfedern	
Lenkung		Schnecke/Segment	
Fußbremse		Mechanisch (Gestänge) 4 Räder	
Handbremse		Mechanisch (Gestänge) Hinterräder	
Schmierung		Nippel	
Allgemeine Daten			
Radstand	2615 mm	2615 mm	2715 mm
Spur			1420 mm
Gesamtmaße			
Räder	Scheiben	Scheiben	Scheiben
Reifen	30 x 3,50"	29 x 4,40"	30 x 4,50"
Wendekreis			
Wagengewicht	Touring 885 kg	Touring 925 kg	Touring 980 kg
Zuläss. Gesamtgewicht			
Höchstgeschwindigkeit	85 km/h	85 km/h	85 km/h
Verbrauch/100 km	14 Liter	14 Liter	14 Liter
Kraftstofftank			38 Liter
Preise			
Touring 4 Türen		RM 3455,–	RM 3725,–
Roadster 2(2) Sitze			RM 4250,–
Coach 2 Türen		RM 4425,–	RM 4250,–
Sedan 4 Türen		RM 4895,–	RM 4625,–
Landau-Sedan 4 Türen			RM 4750,–
Cabriolet 2(2) Sitze			RM 4890,–
Coupé 2(2) Sitze			
Cabriolet 2 Fenster			
Droschke			

Chevrolet 6 12/46 PS Serie AC 1929	Chevrolet 6 12/50 PS Serie AD 1930	Chevrolet 6 12/50 PS Serie AE 1931	
			Motor
	6 (Reihe)		Zylinderzahl
	84,14 x 95,25 mm		Bohrung x Hub
	3176 (Steuer 3137) ccm		Hubraum
46 PS bei 2600 U/min	50 PS bei 3000 U/min	50 PS bei 3000 U/min	Leistung
17,2 mkg bei 1100 U/min			Drehmoment
	1 : 5		Verdichtung
	1 Carter		Vergaser
	Hängend (OHV)		Ventile
	Seitliche Nockenwelle		
	Antrieb durch Novotext-Stirnrad		
	3		Kurbelwellenlager
	Pumpe (Wasser)		Kühlung
	Druckumlauf		Schmierung
	Batterie		Zündung
	6 V 90 Ah (unter Bodenbrett vorn)		Batterie
	Antrieb auf Hinterräder		**Kraftübertragung**
	Einscheibentrockenkupplung		Kupplung
	Schalthebel Wagenmitte		Schaltung
	3 Gang		Getriebe
	I. 3,32, II. 1,77, III. 1,00		Übersetzungen
4,20	4,10	4,10	Antriebs-Übersetzung
	U-Profil-Preßstahl-Rahmen		**Fahrwerk**
	starr, Halbfedern		Vorderradaufhängung
	starr, Halbfedern		Hinterradaufhängung
	Schnecke/Schneckenrad		Lenkung
Mechanisch (Gestänge)	Mechanisch (Seilzug)	Mechanisch (Seilzug)	Fußbremse
4 Räder	4 Räder	4 Räder	
Mechanisch (Gestänge)	Mechanisch (Seilzug)	Mechanisch (Seilzug)	Handbremse
Hinterräder	Hinterräder	Hinterräder	
Nippel	Nippel	Nippel	Schmierung
			Allgemeine Daten
2715 mm	2715 mm	2765 mm	Radstand
1420 mm	1420 mm	1440 mm	Spur
		Gesamtlänge 4200 mm	Gesamtmaße
Scheiben	Scheiben oder Drahtspeichen	Drahtspeichen	Räder
4,50–20	4,75–19	4,75–19	Reifen
12,5 Meter	12,5 Meter	13 Meter	Wendekreis
Sedan 1175 kg	Sedan 1190 kg	Sedan 1220 kg	Wagengewicht
		1740 kg	Zuläss. Gesamtgewicht
95 km/h	95 km/h	95 km/h	Höchstgeschwindigkeit
16 Liter	16 Liter	16 Liter	Verbrauch/100 km
38 Liter (im Heck)	38 Liter (im Heck)	38 Liter (im Heck)	Kraftstofftank
			Preise
RM 3995,–	RM 3995,–		Touring 4 Türen
RM 4395,–	RM 5395,–		Roadster 2(2) Sitze
RM 4395,–	RM 4395,–	RM 4450,–	Coach 2 Türen
RM 4795,–	RM 4695,–, Deluxe RM 4995,–	RM 5200,–	Sedan 4 Türen
RM 5150,–	–		Landau-Sedan 4 Türen
RM 4925,–	–	RM 5300,–	Cabriolet 2(2) Sitze
RM 5300,–	–		Coupé 2(2) Sitze
–	RM 5700,– (Gläser-Karosserie)	RM 6400,– (Gläser-Karosserie)	Cabriolet 2 Fenster
–	RM 5600,– (Buhne-Karosserie)		Droschke

	Buick Standard Six 13/60 PS Serie 115 1926 – 1928		Buick Master Six 18/80 PS Serie 120 1926 – 1928		Buick Master Six 18/80 PS Serie 128 1926 – 1928	
Zylinderzahl	6 (Reihe)		6 (Reihe)			
Bohrung x Hub	79,4 x 114,3 mm		89 x 120,7 mm			
Hubraum	3394 (Steuer 3329) ccm		4503 (Steuer 4416) ccm			
Leistung	60 PS		80 PS			
Ventile	Hängend (OHV)		Hängend (OHV)			
Getriebe	3 Gang		3 Gang			
Vorderradaufhängung	starr, Halbfedern		starr, Halbfedern			
Hinterradaufhängung	starr, Ausleger-Halbfedern		starr, Ausleger-Halbfedern			
Fußbremse	Seilzug, 4 Räder		Seilzug, 4 Räder			
Radstand	2910 mm (114,5")		3050 mm (120")		3250 mm (128")	
Reifen	31 x 5,75"		33 x 6"		33 x 6"	
Preise	**1926**	**1928**	**1926**	**1928**	**1926**	**1928**
Touring 4 Sitze	RM 10800,–	RM 8000,–	RM 13350,–	RM 10720,–	–	–
Coach 4 Sitze	RM 11780,–	RM 8800,–	–	–	–	–
Sedan 4 Sitze	RM 12350,–	RM 9200,–	RM 15700,–	RM 12600,–	–	–
Touring 6 Sitze	–	–	–	–	RM 14900,–	RM 11700.–
Sedan 6 Sitze	–	–	–	–	RM 17800,–	RM 14200,–

	Buick 15/75 PS Serie 116 1929		Buick 19/95 PS Serie 121 1929		Buick 19/95 PS Serie 129 1929	
Zylinderzahl	6 (Reihe)		6 (Reihe)			
Bohrung x Hub	84,14 x 117,5 mm		92,08 x 127 mm			
Hubraum	3918 (Steuer 3863) ccm		5072 (Steuer 5038) ccm			
Leistung	75 PS		95 PS			
Ventile	Hängend (OHV)		Hängend (OHV)			
Getriebe	3 Gang		3 Gang			
Vorderradaufhängung	starr, Halbfedern		starr, Halbfedern			
Hinterradaufhängung	starr, Ausleger-Halbfedern		starr, Ausleger-Halbfedern			
Fußbremse	Seilzug, 4 Räder		Seilzug, 4 Räder			
Radstand	2940 mm (116")		3070 mm (121")		3270 mm (129")	
Reifen	5,50–20 (30 x 5,50")		6,50–20 (32 x 6,50")		5,50–20 (32 x 6,50")	
Preise						
Coach 2 Türen	Modell 20	RM 8100,–				
Sedan 4 Fenster			Modell 47	RM 9950,–		
Sedan 6 Fenster	Modell 27	RM 8350,–	Modell 41	RM 10375,–	Modell 57	RM 12800,–
Cabriolet 4 Fenster	Modell 20 CC	RM 9950,–				
Touring 6 Sitze					Modell 49	RM 10650,–
Limousine 6 Sitze					Modell 50 L	RM 11950,–

Chevrolet 6
Sedan 4 Türen
1931

Buick Master Six
18/80 PS Touring
1927

	Buick 18/80 PS Serie 40 1930	**Buick 20/100 PS Serie 50 1930**	**Buick 20/100 PS Serie 60 1930**
Zylinderzahl	6 (Reihe)	6 (Reihe)	
Bohrung x Hub	87,31 x 117,5 mm	95,25 x 127 mm	
Hubraum	4219 (Steuer 4144) ccm	5427 (Steuer 5364) ccm	
Leistung	80 PS bei 2800 U/min	100 PS bei 3000 U/min	
Ventile	Hängend (OHV)	Hängend (OHV)	
Verdichtung	4,5:1	4,35:1	
Getriebe	3 Gang	3 Gang	
Vorderradaufhängung	starr, Halbfedern	starr, Halbfedern	
Hinterradaufhängung	starr, Underslung-Halbfedern	starr, Underslung-Halbfedern	
Fußbremse	Mechanisch, 4 Räder	Mechanisch, 4 Räder	
Radstand	3000 mm	3150 mm	3350 mm
Spurweite vorn/hinten	1445/1473 mm	1445/1470 mm	1445/1470 mm
Reifen	5,50–19	6,50–19	6,50–19
Preise			
Roadster 2(2) Sitze	Modell 44 RM 8975,–		
Touring 4 Sitze	Modell 45 RM 8975,–		
Coach 2 Türen	Modell 40- RM 8975,–		
Sedan 4 Türen	Modell 47 RM 8975,–	Modell 57 RM 10800,–	
Coupé	Modell 46 S RM 9250,–	Modell 58 RM 10600,–	Modell 68 RM 11750,–
Cabriolet 4 Fenster	Modell 40 CC RM 10950,–		
Touring 6 Sitze			Modell 69 RM 11950,–
Limousine 6 Sitze			Modell 60 L RM 12500,–

	Buick 8 14/74 PS Serie 8–50 1931	**Buick 8 19/90 PS Serie 8–60 1931**	**Buick 8 22/104 PS Serie 8–90 1931**
Zylinderzahl	8 (Reihe)	8 (Reihe)	8 (Reihe)
Bohrung x Hub	73 x 108 mm	77,8 x 117,5 mm	84,14 x 127 mm
Hubraum	3614 (Steuer 3574) ccm	4457 (Steuer 4384) ccm	5646 (Steuer 5591) ccm
Leistung	74 PS	90 PS	104 PS
Ventile	Hängend (OHV)	Hängend (OHV)	Hängend (OHV)
Getriebe	3 Gang	3 Gang (Synchron II – III)	4 Gang (Synchron II–III)
Radstand	2900 mm	3000 mm	3350 mm
Preise	Etwa gleich 1930 (Serie 40)	Etwa gleich 1930 (Serie 50)	Etwa gleich 1930 (Serie 60)

Buick 19/95 PS Modell 57
Sedan 4 Türen
1929

Buick 15/75 PS Modell 20 CC
Cabriolet 4 Fenster (Karosserie Gläser)
1929

Buick 20/100 PS Modell 60 CC
Pullman-Cabriolet (Karosserie Gläser)
1930

Cadillac V 16
Sedan 7 Sitze
1930

Ford (1926–1934)

Ende 1924 eröffnete die amerikanische Ford Motor Company ein Verkaufsbüro in Berlin, das Anfang 1925 die Einfuhrgenehmigung für 1000 Ford-Traktoren erhielt. Nachdem im Oktober 1925 die Einfuhrsperre für ausländische Automobile aufgehoben worden war, errichtete Ford eine Montagefabrik in gemieteten Lagerräumen am Berliner Westhafen. Am 1. April 1926 läuft dort das erste in Deutschland montierte T-Modell vom Band. Dessen Produktion wird am

Ford Personenwagen-Montage in Deutschland

	Modell T	Modell A, AF	Modell B, BF	V8-18	V8-40	
1926	1 177					1 177
1927	2 594					2 594
1928		1 274				1 274
1929		7 024				7 024
1930		9 906				9 906
1931		972				972
1932		239	636	430		1 305
1933			1 135	205		1 340
1934			13	1	29	43
	3 771	19 415	1 784	636	29	25 635

31. August 1927 wieder stillgelegt, und es dauert ein Jahr, bis am 20. August 1928 die Montage des neuen Ford Modell A beginnen kann. Dieser Wagen, von Haus aus mit einem 13/40 PS-Motor ausgerüstet, wird auf dem deutschen und anderen europäischen Märkten wahlweise mit einem steuergünstigeren 8/28 PS-Motor geliefert (Modell AF). 1932 folgen mit glei-

Ford Modell T Roadster 2/2 Sitze 1926 – 1927

Ford Modell T Coupé 2/2 Sitze 1926 – 1927

Ford Modell T Tudor 2 Türen 1926 – 1927

Ford Modell T Phaeton 4 Türen 1926 – 1927

cher Mechanik, aber höherer Leistung und modernisierter, recht gefälliger Karosserie die Ford Modelle B und BF (auch AB und ABF genannt). Eine Weltsensation bedeutet es, als Ford im März 1932 das ansonsten kaum veränderte B-Modell mit 65 PS V8-Motor herausbringt. Es ist der erste V8 in der niedrigen Preisklasse Amerikas und die Antwort auf den 1929 erfolgreich eingeführten Chevrolet 6. Die Weltwirtschaftskrise freilich verhindert zunächst einen durchschlagenden Erfolg des neuen Ford V8.

Nach der 1929 erfolgten Übernahme der Adam Opel AG durch die General Motors Corporation beschließt Henry Ford prompt, sich in Deutschland ebenfalls mit einer eigenen Automo-

Ford Modell A
Fordor 4 Türen
Ältere Ausführung
1928 – 1930

Ford Modell A
Tudor de Luxe 2 Türen
Neuere Ausführung
1930 – 1932
(Besitzer:
L. Schreiter, Lübeck)

Ford Modell A
Cabriolet 2/2 Sitze
Neuere Ausführung
1930 – 1932

bilfabrik niederzulassen. Noch im gleichen Jahr wird ein Grundstück in Köln am Rhein gekauft und am 2. Oktober 1930 legt Henry Ford (damals 67), begleitet von Oberbürgermeister Konrad Adenauer, den Grundstein zu den Kölner Ford-Werken. Am 15. April 1931 wird die Ford-Montage in Berlin beendet und nach Köln verlegt, wo am 4. Mai 1931 mit einem Ford Modell A Lastwagen die Produktion anläuft. Vorderhand freilich handelt es sich auch hier noch im wesentlichen um den Zusammenbau eingeführter Teile und Aggregate, doch wird in wenig mehr als zwei Jahren eine rein deutsche Fertigung erreicht. Ab August 1933 tragen alle Vierzylinder-Modelle und ab Mitte 1935 auch der V8 das Markenzeichen »Ford – Deutsches Erzeugnis«. Siehe Seite 112!

Ford Modell A
Cabriolet 2 Fenster
Karosserie Drauz
1932

Ford Modell B
Tudor 2 Türen
1932 – 1934

Ford Modell B
Phaeton 4 Türen
1932 – 1934

Ford Modell B
Fordor 4 Türen
1932 – 1934

Ford Modell B
Coupé 2/2 Sitze
1932 – 1934

Ford V8-18
Cabriolet 4 Fenster
Karosserie Deutsch
1933

Ford V8-18
Coupé 2/2 Sitze
1933

Ford V8-40
Tudor 2 Türen
1933 – 1934

Ford V8-40
Cabriolet 4 Fenster
Karosserie Drauz (?)
1933 – 1934

Ford V8-40
Cabriolet 2 Sitze
Karosserie Buhne
1934

	Ford Modell T 12/24 PS 1926 – 1927	Ford Modell AF 8/28 PS 1928 – 1932	Ford Modell A 13/40 PS 1928 – 1932
Motor			
Zylinderzahl	4 (Reihe)	4 (Reihe)	4 (Reihe)
Bohrung x Hub	95,25 x 101,6 mm	77,8 x 108 mm	98,4 x 108 mm
Hubraum	2884 ccm	2023 ccm	3285 (Steuer 3236) ccm
Leistung	24 PS bei 1800 U/min	28 PS bei 2200 U/min	40 PS bei 2200 U/min
Drehmoment	12,8 mkg bei 850 U/min		15,5 mkg bei 1200 U/min
Verdichtung	1:4,5	1:4,3	1:4,3
Vergaser	1 Flachstromvergaser Ford	1 Flachstromvergaser Ford	
Ventile	Seitlich stehend Seitliche Nockenwelle Antrieb durch Stirnräder	Seitlich stehend Seitliche Nockenwelle Antrieb durch Stirnräder	
Kurbelwellenlager	3	3	
Kühlung	Thermosyphon	Thermosyphon. 11,4 Liter Wasser	
Schmierung	Tauchschmierung, 7,8 l Öl	Tauchschmierung	
Batterie	6 V	6 V	
Kraftübertragung	Antrieb auf Hinterräder	Antrieb auf Hinterräder	
Kupplung	Mehrscheiben-Ölbad-Kupplung	Einscheibentrockenkupplung	
Schaltung	3 Fußhebel	Schalthebel Wagenmitte	
Getriebe	2 Gang-Planetengetriebe	3 Gang	
Übersetzungen	I. 2,75 II. 1,00	I. 3,12 II. 1,85 III. 1,00	
Antriebs-Übersetzung	3,63, auch 4,00	3,77, auch 4,55	
Fahrwerk	U-Profil-Preßstahl-Rahmen	U-Profil-Preßstahl-Rahmen	
Vorderradaufhängung	starr, 1 Querfeder Dreieckstrebe mit Schubkugel	starr, 1 Querfeder Dreieckstrebe mit Schubkugel	
Hinterradaufhängung	starr, 1 Querfeder	starr, 1 Querfeder	
Lenkung	Planetengetriebe, links	Schnecke, links	
Fußbremse	Mechanisch, Getriebe	Mechanisch (Gestänge), 4 Räder	
Handbremse	Mechanisch, Hinterräder	Mechanisch (Gestänge), Hinterräder	
Allgemeine Daten			
Radstand	2540 mm	2629 mm	
Spur vorn/hinten	1270/1270	1405/1420 mm	
Gesamtmaße	3500 x 1710 x 1850 mm	3875 x 1710 x 1780 mm	
Räder	Drahtspeichen	Drahtspeichen	
Reifen	4,00–21 Ballon	4,75–19 Ballon	
Wagengewicht	Limousine 840 kg	Phaeton 1075 kg	
Zuläss.Gesamtgewicht	1200 kg		
Höchstgeschwindigkeit	65 km/h	85 km/h	100 km/h
Verbrauch	14 Liter	14 Liter	14 Liter
Kraftstofftank	(unter Vordersitzbank)	38 Liter (im Motorraum)	38 Liter (im Motorraum)

Preise

8/28 oder 13/40 PS-Motor nach Wahl zum gleichen Preis

	Dez. 1925	Dez. 1926	1928	1929	1931
Tudor 2 Türen	RM 5450,–	RM 4450,–	RM 4400,–	RM 3950,–	RM 3850,–
Fordor 4 Türen		RM 4625,–	RM 4800,–	RM 4590,–	
Phaeton 4 Türen	RM 4400,–	RM 3575,–	RM 3750,–	RM 3505,–	
Roadster 2/2 Sitze	RM 4200,–	RM 3445,–	RM 3875,–	RM 3645,–	
Coupé 2/2 Sitze		RM 4350,–	RM 4650,–	RM 4350,–	
Cabriolet 2/2 Sitze	–	–	RM 4825,–	RM 4375,–	
Cabriolet 4 Fenster	–	–	–	–	–
Cabrilet 2 Fenster	–	–	–	–	–
Fahrgestell		RM 2850,–	RM 3000,–		

Ford Modell BF 8/40 PS 1932 – 1933	Ford Modell B 13/50 PS 1932 – 1934	Ford V8–18 14/65 PS 1932 – 1933	Ford V8-40 14/75 PS 1933 – 1934
4 (Reihe)	4 (Reihe)	V8 (90°-V-Form	V8 (90°-V-Form)
77,8 x 108 mm	98,4 x 108 mm	77,8 x 95,3 mm	77,8 x 95,3 mm
2023 ccm	3285 (Steuer 3236) ccm	3620 (Steuer 3560) ccm	3620 (Steuer 3560) ccm
40 PS bei 3000 U/min	50 PS bei 2800 U/min	65 PS bei 3400 U/min	75 PS bei 3800 U/min
	17,8 mkg bei 1500 U/min		
1 : 5,2	1 : 4,6	1 : 5,5	1 : 6,3
1 Flachstromvergaser Ford		1 Fallstromvergaser Ford	
Seitlich stehend		Seitlich stehend	
Seitliche Nockenwelle		Zentrale Nockenwelle	
Antrieb durch Stirnräder		Antrieb durch Stirnräder	
3		3	
Pumpe, 13 Liter Wasser		2 Pumpen, 21 Liter Wasser	
Druckumlauf, 3 Liter Öl		Druckumlauf, 5 Liter Öl	
6 V 80 Ah		6 V 80 Ah	
Antrieb auf Hinterräder		Antrieb auf Hinterräder	
Einscheibentrockenkupplung		Einscheibentrockenkupplung	
Schalthebel Wagenmitte		Schalthebel Wagenmitte	
3 Gang		3 Gang	
5,20	4,60	5,50	
U-Profil-Preßstahl-Rahmen		U-Profil-Preßstahl-Rahmen	
starr, 1 Querfeder		starr, 1 Querfeder	
Dreieckstrebe mit Schubkugel		Dreieckstrebe mit Schubkugel	
starr, 1 Querfeder hinter der Achse		starr, 1 Querfeder hinter der Achse	
Schnecke, links		Schnecke, links	
Mechanisch (Gestänge), 4 Räder		Mechanisch (Gestänge), 4 Räder	
Mechanisch (Gestänge), Hinterräder		Mechanisch (Gestänge), Hinterräder	
2690 mm		2690 mm	2845 mm
			1422/1422 mm
			4400 x 1740 x 1750 mm
Drahtspeichen		Drahtspeichen	Drahtspeichen
5,25–18		5,25–18	5,50–17
95 km/h	100 km/h	115 km/h	120 km/h
14 Liter	14 Liter	16 Liter	16 Liter
50 Liter (im Heck)	50 Liter (im Heck)	50 Liter (im Heck)	50 Liter (im Heck)
8/40 oder 13/50 PS Motor nach Wahl zum gleichen Preis			
1932/33		1932/33	
RM 4100,–		RM 4950,–	
RM 4425,–		RM 5275,–	
RM 4575,–		RM 5425,–	
RM 4225,–		RM 5075,–	
RM 4225,–		RM 5075,–	
RM 5325,–		RM 6175,–	
RM 4825,–		RM 5685,–	

NSU/Fiat (ab 1934)

Die Deutsche Fiat Automobil-Verkaufs-AG. ließ sich 1922 in München nieder und verlegte 1926 ihren Hauptsitz nach Berlin. Bekannt wurde Fiat in Deutschland vor allem mit den Typen 509 und 509 A (1925–1929), den ersten Viersitzer-Limousinen mit Einliter-Motor auf dem hiesigen Markt. Im Sommer 1929 erfolgte die Gründung der NSU Automobil-AG. in Heilbronn, deren Aktien in Höhe von 2 Mill. RM je zur Hälfte von Fiat und der Dresdner Bank übernommen wurden. Vorstand: Piero Bonelli. Die neue Gesellschaft übernahm von der NSU

Verkaufszahlen der Deutschen Fiat

	Fiat	NSU/Fiat	insgesamt
1937	1502	4627	**6129** (darunter) 1578 Fiat und NSU/Fiat 500)
1938			
500	724	1940	
1000 bzw. 1100	744	2694	
1500	52	998	
518 L	3	–––	
	1523	5632	7155
Österreich			+ 285
			7440
1939	644	5016	**6660**
1940	1739	2366	**4105**

In Deutschland dürften verkauft worden sein:

Fiat und NSU/Fiat 500	1937–1941	schätzungsweise	ca. 7000
NSU/Fiat 1000	1934–1937	schätzungsweise	ca. 6000
NSU/Fiat 1100	1938–1941	schätzungsweise	ca. 5000
NSU/Fiat 1500	1936–1941	schätzungsweise	ca. 4000

Vereinigte Fahrzeugwerke AG. Neckarsulm (siehe Seite 282) das Heilbronner Werk und eine große Zahl schwer verkäuflicher 7/34 PS NSU-Wagen, die aber dennoch vertragsgemäß bis 1931 weitergebaut wurden. Der Versuch, anschließend den 2,5 Liter Fiat 522 als NSU-Wagen herauszubringen, blieb ohne befriedigendes Ergebnis. – Das Ende der Wirtschaftskrise ermutigte die Deutsche Fiat, erneut eine eigene Automobilproduktion aufzunehmen. Auf der

Bevor die Montage-Produktion in Heilbronn begann, ließ Fiat schon seit Jahren die wichtigsten Modelle für den hiesigen Markt mit deutschen Karosserien versehen. So fertigten 1930/31 die Karosseriewerke Weinsberg bereits 2000 Exemplare dieser Limousine auf dem Fahrgestell des 6/30 PS Fiat Typ 514.

Berliner Automobil-Ausstellung im Februar 1934 wurde zum erstenmal der NSU/Fiat 1000 gezeigt, der dann 1938 durch den NSU/Fiat 1100 abgelöst wurde. Hinzu kamen 1936 der NSU/Fiat 1500 und 1937 der NSU/Fiat 500. Die Produktion dieser Modelle lief bis 1941. Parallel dazu wurden auch einige Original-Fiat-Modelle in Deutschland verkauft. Fiat war übrigens in den Vorkriegsjahren neben Steyr die einzige Auslandsmarke, welche in nennenswerter Zahl Automobile nach Deutschland importieren konnte.

NSU/Fiat 1000 (1934–1938)

Der in Italien sehr populär gewordene Fiat 508 Balilla wurde auf dem Mailänder Autosalon im April 1932 vorgestellt. Seine deutsche Version NSU/Fiat 1000 erschien zur Berliner Automobil-Ausstellung im Februar 1934. Auf das zunächst komplett importierte Fahrgestell wurden im NSU/Fiat-Werk Heilbronn deutsche Karosserien montiert. Im Sommer 1934 ließ Fiat ein rundes Dutzend roter Balilla-Sportwagen mit spektakulärem Erfolg an der 2000 Kilometer-Fahrt durch Deutschland teilnehmen. Etwa 1100 NSU/Fiat 1000 wurden im Anlaufjahr 1934 hergestellt. Bis 1936 brachte man den deutschen Wertanteil auf fast 90 %, denn auch immer mehr Bestandteile des Fahrgestells wurden in Deutschland gefertigt, wie elektrische Bosch-Anlage, Vergaser, Kühler, Bremsen, Federn, Stoßdämpfer, Reifen, Kotflügel usw. Den NSU/Fiat 1000 gab es als Limousine oder Cabrio-Limousine (Karosserie Weinsberg) sowie als Cabriolet (Drauz). Alle drei Ausführungen erhielten 1937 ein Stromlinienheck, womit die bis dahin eher zierlichen Wagen nun ziemlich pummelig aussahen.

Bild oben links:
NSU/Fiat 1000
Cabrio-Limousine 2 Türen
Karosserie Weinsberg
1934 – 1936

Bild oben rechts:
NSU/Fiat 1000
Cabriolet 2 Fenster
Karosserie Drauz
1934 – 1936

Bild rechts:
NSU/Fiat 1000
Limousine 2 Türen
Karosserie Weinsberg
1937 – 1938

NSU/Fiat 1100 (1938–1941)

Anfang 1938 trat an die Stelle des alten Modells der NSU/Fiat 1100, deutsche Ausgabe des im Herbst 1937 vorgestellten Fiat 508 c, der sich vom Vorgänger durch die modernere Form, OHV-Motor und Einzelaufhängung der Vorderräder unterschied. Während die Limousine des Originalmodells 4 Türen besaß, wurden die Limousine und Cabrio-Limousine der deutschen Ausführung, gefertigt in Weinsberg, nur mit 2 Türen angeboten. Zum Serienprogramm gehörten ferner ein Zweifenster-Cabriolet von Drauz und ein Zweisitzer-Cabriolet von Gläser. Die Produktion des NSU/Fiat 1100 endete im III. Vierteljahr 1941.

NSU/Fiat 1100
Limousine 2 Türen
Karosserie Weinsberg
1938 – 1941

NSU/Fiat 1100
Cabriolet 2 Fenster
Karosserie Drauz
1938 – 1939

NSU/Fiat 1500 (1936–1941)

Im Herbst 1935 erschien der Fiat 1500. Der für den deutschen Markt bestimmte NSU/Fiat 1500 kam Anfang 1936 zur Lieferung. Während die pfostenlose Viertüren-Limousine mit dem Original übereinstimmte, waren die beiden von Gläser gebauten Cabriolets eigenständiger Art. Die Produktion des NSU/Fiat 1500 lief bis Ende 1941.

NSU/Fiat 1500
Limousine 4 Türen
1936 – 1941

NSU/Fiat 1500
Cabriolet 4 Fenster
Karosserie Gläser
1936 – 1939

	NSU/Fiat 1000 1934 – 1938	NSU/Fiat 1100 1938 – 1941	NSU/Fiat 500 1936 – 1941
Motor			
Zylinderzahl	4 (Reihe)	4 (Reihe)	6 (Reihe)
Bohrung x Hub	65 x 75 mm	68 x 75 mm	65 x 75 mm
Hubraum	995 ccm	1090 ccm	1493 ccm
Leistung	24 PS bei 3800 U/min	32 PS bei 4000 U/min	45 PS bei 4400 U/min
Verdichtung	1:6,3	1:6	1:5,75
Vergaser	1 Fallstromvergaser	1 Fallstromvergaser	1 Fallstromvergaser
	Solex	Solex 30 FI	Solex 35 JFPS od. Zenith 36 VJF
Ventile	Seitlich schrägstehend	Hängend	Hängend
	Seitliche Nockenwelle	Seitliche Nockenwelle	Seitliche Nockenwelle
	Antrieb Duplex-Rollenkette	Antrieb Duplex-Rollenkette	Antrieb Duplex-Rollenkette
Kurbelwellenlager	3	3	4
Kühlung	Thermosyphon, 7 l Wasser	Thermosyphon, 6,5 l Wasser	Pumpe, 8 l Wasser
Schmierung	Druckumlauf, 3 l Öl	Druckumlauf, 2,8 l Öl	Druckumlauf, 3,5 l Öl
Batterie	12 V 40 Ah (unter Rücksitz)	12 V 50 Ah (unter Rücksitz)	12 V 50 Ah (unter Rücksitz)
Lichtmaschine	70 W	90 W	110 W
Anlasser		0,8 PS	0,8 PS
Kraftübertragung	Antrieb auf Hinterräder	Antrieb auf Hinterräder	Antrieb auf Hinterräder
Kupplung	Einscheibentrockenkupplung	Einscheibentrockenkupplung	Einscheibentrockenkupplung
Schaltung	Schalthebel Wagenmitte	Schalthebel Wagenmitte	Schalthebel Wagenmitte
Getriebe	4 Gang	4 Gang	4 Gang
Synchronisierung	III – IV	III – IV	III – IV
Übersetzungen		I. 3,69	I. 3,906
		II. 2,23	II. 2,136
		III. 1,46	III. 1,470
		IV. 1,00	IV. 1,000
Antriebs-Übersetzung	5,13 (8:41)	4,646 (9:42)	4,444 (9:40)
Fahrwerk	U-Profil-Preßstahl-Rahmen	U-Profil-Preßstahl-Rahmen	Zentralkastenrahmen
			vorn und hinten gegabelt
Vorderradaufhängung	Starrachse	Doppel-Querlenker	Dubonnet-Federknie
	Halbfedern	Schraubenfedern	Schraubenfedern
Hinterradaufhängung	Starrachse, Halbfedern	Starrachse, Halbfedern	Starrachse, Halbfedern
Lenkung	Schnecke, links	Schnecke, links	Schnecke, links
Fußbremse	Hydraulisch, 4 Räder	Hydraulisch, 4 Räder	Hydraulisch, 4 Räder
		Trommel-Ø 250 mm	Trommel-Ø 290 mm
Handbremse	Mechanisch, Getriebe	Mechanisch, Getriebe	Mechanisch, Getriebe
Schmierung	Nippel	Nippel	Nippel
Allgemeine Daten			
Radstand	2300 mm	2420 mm	2800 mm
Spur vorn/hinten	1187/1200 mm	1231/1226 mm	1304/1344 mm
Gesamtmaße	3145 x 1400 x 1530 mm	4020 x 1480 x 1540 mm	4365 x 1560 x 1540 mm
Räder	Scheiben, 1937 Lochscheiben	Scheiben	Scheiben
Reifen	4,50 – 17	5,00–16	5,00 oder 5,25–16
Fahrgestellgewicht	415 kg	535 kg	650 kg
Wagengewicht	Limousine 710 kg	Limousine 830 kg	1090 kg
	Cabriolet 750 kg	Cabriolet 855 kg	
Zuläss. Gesamtgewicht	1025–1060 kg	1190 kg	1505 kg
Höchstgeschwindigkeit	85 km/h	105 km/h	114 km/h
Verbrauch/100 km	8,5 Liter	9 Liter	12 Liter
Kraftstofftank	27 Liter (im Motorraum)	32 Liter (im Heck)	45 Liter (im Heck)
Preise			
Limousine 2 Türen	RM 2600,–	RM 3150,–	–
Cabrio-Limousine 2 Türen	RM 2600,–	RM 3250,–	–
Limousine 4 Türen	–	–	RM 4250,–
Cabriolet 4 Sitze 2 Fenster	RM 3100,–	RM 3800,–	–
Cabriolet 4 Sitze 4 Fenster	–	–	RM 5500,–
Cabriolet 2/3 Sitze	–	RM 4350,–	RM 5500,–

NSU/Fiat 500 (1937–1941)

Weltweite Bewunderung erregte der im Herbst 1936 vorgestellte Fiat 500 als erster für die Massenproduktion bestimmter und geeigneter Kleinstwagen. Er war sowohl in der Form als auch in seiner geradezu uhrwerksmäßigen Technik meisterhaft gelungen. Ab Anfang 1937 wurde der Fiat 500 (»Topolino« = Mäuschen) auch nach Deutschland geliefert. – Nachdem in Deutschland ab 1937 zunehmende Materialknappheit die Produktion zu beeinträchtigen drohte, bauten die Karosseriewerke Weinsberg für den NSU/Fiat 500 Holzkarosserien mit Kunstlederbezug, die zwar in der Form fast dem Originalmodell entsprachen, aber nicht so elegant wirkten und natürlich auch weniger haltbar waren. – 1939 wurde der NSU/Fiat 500 zusätzlich mit einer auffallend hübsch gezeichneten Spider-Karosserie in Ganzstahlausführung angeboten, von der Weinsberg bis zum Kriegsausbruch 300 Stück herstellte. – Die Produktion des NSU/Fiat 500 lief bis Ende 1941. Von 1936 bis 1948 wurden über 122 000 Exemplare des Fiat 500 der ersten Ausführung gebaut, einschließlich der etwa 5000 NSU/Fiat 500.

Fiat 500
Limousine 2 Sitze
(Karosserie Ganzstahl)
1937 – 1941

NSU/Fiat 500
Cabrio-Leichtlimousine 2 Sitze
(Karosserie Holz/Kunstleder)
Karosserie Weinsberg
1937 – 1941

NSU/Fiat 500
Spider-Sport 2 Sitze
(Karosserie Holz/Stahl)
Karosserie Weinsberg
1939

	Fiat 500 1937 – 1941	NSU/Fiat 500 1937 – 1941
Motor		
Zylinderzahl	4 (Reihe)	
Bohrung x Hub	52 x 67 mm	
Hubraum	570 ccm	
Leistung	13 PS bei 4000 U/min	
Verdichtung	1:6,5 bzw. (ab 1939) 1:6	
Vergaser	1 Flachstromvergaser Solex 22 HD	
Ventile	Seitlich stehend Seitliche Nockenwelle, Antrieb Duplex-Rollenkette	
Kurbelwellenlager	2	
Kühlung	Thermosyphon, 4,5 Liter Wasser	
Schmierung	Druckumlauf, 2,2 Liter Öl	
Batterie	12 V 30 Ah (unter Boden hinter Fahrersitz)	
Lichtmaschine	75 W	
Anlasser	0,5 PS	
Kraftübertragung	Motor längs vor Vorderachse, Antrieb auf Hinterräder	
Kupplung	Einscheibentrockenkupplung	
Schaltung	Schalthebel Wagenmitte	
Getriebe	4 Gang	
Synchronisierung	III – IV	
Übersetzungen	I. 4,48, II. 2,732, III. 1,766, IV. 1,00	
Antriebs-Übersetzung	4,875 (8:39) oder für Gebirge 5,13 (8:41)	
Fahrwerk	Bis 1938: Kurzer U-Profil-Preßstahl-Rahmen Ab 1938: Normaler U-Profil-Preßstahl-Rahmen mit X-Traverse	
Vorderradaufhängung	Querlenker unten, 1 Querfeder oben	
Hinterradaufhängung	Bis 1938: starr, Viertel-Auslegerfedern Ab 1938: starr, Halbfedern	
Lenkung	Schnecke, links	
Fußbremse	Hydraulisch, 4 Räder, Trommel-∅ anfangs 155 mm, später 200 mm	
Handbremse	Mechanisch, Kardanwelle	
Schmierung	Nippel	
Allgemeine Daten		
Radstand	2000 mm	
Spur vorn/hinten	1110/1080 mm	
Gesamtmaße	3250 x 1290 x 1400 mm	
Räder	Scheiben	
Felgen	2,50 D x 15 oder ab 1939 auch 3,00 D x 16	
Reifen	4,00–15 oder ab 1939 auch 4,50–16	
Wendekreis links/rechts	8,7 Meter	
Fahrgestellgewicht	300 kg	
Wagengewicht	510 kg	
Zuläss. Gesamtgewicht	730 kg	
Höchstgeschwindigkeit	86 km/h	
Verbrauch/100 km	6 Liter	
Kraftstofftank	21,5 Liter (vorn im Motorraum)	

Preise		1937	1937/38	1939
Fiat 500	Limousine 2 Sitze (Ganzstahl)	RM 1850,–	RM 1925,–	RM 1925,–
NSU/Fiat 500	Limousine 2 Sitze (Holz/Kunstleder)	–	RM 1730,–	RM 1780,–
NSU/Fiat 500	Cabrio-Limousine 2 Sitze (Holz/Kunstleder)	–	–	RM 1850,–
NSU/Fiat 500	Spider-Sport 2 Sitze (Holz/Stahl)	–	–	RM 1970,–

Citroën (1927–1935)

André Citroën (1878–1935) erwarb sich vor dem Ersten Weltkrieg ein bedeutendes Vermögen mit der Herstellung einer ihm patentierten Pfeilverzahnung, deren Symbol heute noch das Markenzeichen von Citroën darstellt. 1915 baute André Citroën, damals übrigens auch der Erfinder des Rationierungs- und Bezugscheinsystems, in Paris eine große Munitionsfabrik. In dieser zog er 1919 eine Automobilfabrikation auf, wobei er als erster in Europa die Fließbandproduktion nach amerikanischem Vorbild einführte. Die Voraussetzung für die hohen Stückzahlen schuf er, indem sich seine Fabrik auf die Herstellung kleiner und trotz niedrigen Preises dennoch solid gebauter Automobile verlegte. Innerhalb weniger Jahre gedieh Citroën zur größten Personenwagenmarke Frankreichs, die zeitweise fast die Hälfte des dortigen Marktes an sich ziehen konnte. 1929 brachte den Höhepunkt zwischen den beiden Weltkriegen: Bis auf 500 Wagen stieg die Tagesproduktion.

Von einem wenig ergiebigen Versuch der Straßburger Firma Mathis abgesehen, blieb Citroën die einzige unter den großen französischen Automarken, welche sich damals um eine feste Position auf dem deutschen Markt bemühte. Eine stillgelegte Waggonfabrik in Köln-Poll wurde gekauft und in ein Montagewerk umgewandelt. 1927 begann der Zusammenbau des Citroën B 14. Man beschäftigte bald etwa 1000 Arbeiter, wobei der Anteil deutschen Materials und deutscher Zulieferungen (wie Solex-Vergaser, Bosch-Elektrik, Reifen, Polster, Glas usw.) rasch anstiegen. Der B 14 fand trotz seiner Hochbeinigkeit – er war im Verhältnis zu seiner Höhe auffallend schmal – guten Absatz, denn er bot bei günstigem Preis zuverlässige Betriebsbereitschaft und solide Dauerhaftigkeit. 1929 folgten die Parallelmodelle C 4 und C 6 mit nunmehr besser ausgewogenen Proportionen. Und der Sechszylinder konnte als erster Wagen in Europa sowohl technisch als auch preislich mit den damaligen Amerikanern konkurrieren. Das Hauptgeschäft war freilich wie in Frankreich so auch in Deutschland der C 4. Für dessen deutsche Ausgabe wurde der Motor bei Siemens, das Getriebe bei ZF und der Rahmen bei Krupp hergestellt. Ebenso stammten die Cabriolets für den C 4 und den C 6 ausschließlich von deutschen Karosseriefirmen.

Nach 1929 brachte die weltweite Wirtschaftskrise einen rapiden Rückgang der Verkaufszahlen. Rasch ließ Citroën wieder einen kleineren Wagen entwickeln, das 1,5 Liter-Modell 8 A, dazu mit den vorhandenen Vier- und Sechszylinder-Motoren die Modelle 10 A und 15 A. Diese neue Reihe zeichnete sich, dem damaligen klassischen Karosseriestil entsprechend, durch eine besonders elegante Linienführung aus, und es waren ausgesprochen gebrauchs-

	Produktion insgesamt		Montage in Deutschland	
Citroën B 14	1926 – 1929	139436	1927 – 1928	8933
Citroën C 4	1928 – 1932	260000	1929 – 1932	4876
Citroën C 6	1928 – 1932	50000	1929 – 1932	682
Citroën 8 A	1932 – 1934	50997	1933 – 1934	1290
Citroën 10 A	1932 – 1934	100807	1933 – 1934	1056
Citroën 15 A	1932 – 1934	7226	1933 – 1934	50
Citroën 7 Frontantrieb			1934 – 1935	1023
Citroën 11 Frontantrieb			1934 – 1935	800

tüchtige und seriöse Automobile. Daß der Verkauf dennoch nicht recht zufriedenstellend lief, lag wohl zuvörderst an den schlechten Zeitläuften, zum zweiten fehlte ein zugkräftiger Kleinwagen im Programm, und drittens war es bereits zu bekannt geworden, daß Citroën einen völlig neuen, aller Voraussicht nach sensationellen, ja revolutionären Wagen entwickeln ließ.

Dieses Wunderauto wurde im März 1934 der Öffentlichkeit präsentiert. Es war das erste in der ruhmreichen »Traction Avant«-Modellreihe, und es galt zu seiner Zeit ebenso als »Bombe« wie 21 Jahre später der DS 19. So sahen die wichtigsten Errungenschaften des Citroën 7 aus: Frontantrieb, relativ langer Radstand, breite Spur, niedriger Schwerpunkt, selbsttragende Pontonkarosserie aus einem Stück, keine Trittbretter, Torsionsstabfederung vorn und hinten, elastisch gelagerter Hängeventil-Motor mit nassen, auswechselbaren Zylinderlaufbüchsen. Bereits wenige Monate nach seiner Vorstellung wurde der neue Frontantriebswagen auch in Köln-Poll montiert. Seine Aussichten auf dem deutschen Markt standen bestens, denn die Wirtschaft hatte sich glänzend erholt, und das deutsche Publikum war gerade zu jener Zeit fortschrittlichen Automobilen gegenüber höchst aufgeschlossen. Daß die Kölner Montage trotzdem schon 1935 zu Ende ging und die deutsche Citroën Automobil-AG. liquidiert werden mußte, hatte zwei Ursachen. Zum einen sah sich die Gesellschaft an der vom Markt her möglichen Entfaltung gehindert, weil wegen der inzwischen begonnenen Devisenbewirtschaftung die Zufuhren aus dem Stammwerk mehr und mehr eingeschränkt wurden, was gewissermaßen eine Austrocknung der Montageproduktion bewirkte. Zum anderen war genau zu jener Zeit André Citroën in eine aussichtslos erscheinende Finanzkrise geraten. Er mußte sein Werk den Brüdern Michelin überlassen, die es sanierten. Für den französischen Autokönig, wie sich André Citroën gern gesehen hatte, war dies ein harter Schlag, den er nur wenige Tage überlebte. Als juristisch unabhängige Gesellschaft war die deutsche Citroën AG. von den Kalamitäten des französischen Stammhauses nicht unmittelbar betroffen, doch das Vertrauen zur Marke litt naturgemäß auch bei der hiesigen Kundschaft. Jedenfalls bedeutete für den deutschen Markt damals das Verschwinden der Marke Citroën einen bedauerlichen Verlust.

Citroen B 14 F Limousine 4 Türen 1927

Citroen B 14 F Phaeton 4 Türen 1927

Citroen B 14 G Droschken-Landaulet 1928

	Citroën 6/25 PS Modell B 14 F 1927 Modell B 14 G 1928	Citroën 6/32 PS Modell C 4 1929 – 1930
Motor		
Zylinderzahl	4 (Reihe)	4 (Reihe)
Bohrung x Hub	70 x 100 mm	72 x 100 mm
Hubraum	1539 ccm	1628 ccm
Leistung	25 PS bei 2400 U/min	32 PS bei 3200 U/min
Verdichtung	1:5,2	1:5,2
Vergaser	1 Flachstromvergaser Solex 26 BFHG	1 Steigstromvergaser Solex 30 VAFD
Ventile	Seitlich stehend Seitliche Nockenwelle Antrieb durch Stirnräder	Seitlich stehend Seitliche Nockenwelle Antrieb Novotext-Stirnräder
Kurbelwellenlager	2	3
Kühlung	Thermosyphon, 8 Liter Wasser	Pumpe, 9 Liter Wasser
Schmierung	Druckumlauf, 4 Liter Öl	Druckumlauf, 5 Liter Öl
Zündung	Magnetzünder	Batterie
Batterie	6 V 60 Ah (rechts auf dem Trittbrett)	6 V 75 Ah (unter Boden vorn links)
Kraftübertragung	Antrieb auf Hinterräder	Antrieb auf Hinterräder
Kupplung	Einscheibentrockenkupplung	Einscheibentrockenkupplung
Schaltung	Schalthebel Wagenmitte	Schalthebel Wagenmitte
Getriebe	3 Gang	3 Gang
Übersetzungen		
Antriebs-Übersetzung	10:49 oder 8:51	9:46

Fahrwerk	U-Profil-Preßstahl-Rahmen
Vorderradaufhängung	starr, Halbfedern
Hinterradaufhängung	starr, Underslung-Halbfedern
Lenkung	Schnecke/Schneckenrad, links
Fußbremse	Mechanisch mit Saugluftunterstützung (Westinghouse), 4 Räder
Handbremse	Mechanisch, Hinterräder

Allgemeine Daten		Familiale	
Radstand	2873 mm	3050 mm	2850 mm
Spur vorn/hinten	1230/1230 mm	1230/1230 mm	1320/1320 mm
Gesamtmaße	4000 x 1410 x 1830 mm	4600 x 1410 x 1830 mm	4100 x 1580 x 1780 mm
Räder	Scheiben (4-Loch)	Scheiben (4-Loch)	Scheiben (4-Loch)
Reifen	730 x 130 Ballon	730 x 130 Ballon	5,25 x 28"
Wendekreis	12 Meter	12,5 Meter	12 Meter
Wagengewicht	Limousine 1190 kg	Limousine 1360 kg	Limousine 1220 kg
Höchstgeschwindigkeit	85 km/h	80 km/h	90 km/h
Verbrauch/100 km	10 Liter	11 Liter	10 Liter
Kraftstofftank	30 Liter (im Motorraum)	30 Liter (im Motorraum)	37 Liter (im Motorraum)

Preise	B 14 F	B 14 G	B 14 G	C 4
Phaeton 4 Türen	RM 4700,–	RM 4250,–	–	–
Limousine 4Türen	RM 5200,–	RM 4650,–	–	RM 4550,–
Faux-Cabriolet 2–4 Sitze	RM 5700,–	RM 4650,–	–	–
Cabriolet 2 Fenster	–	–	–	RM 5950,–
Droschken-Landaulet	RM 5800,–	RM 5450,–	–	–
Limousine 6 Sitze	–	–	RM 5500,–	–

Citroën 7/32 PS Modell C 4 F 1931 – 1932		Citroën 7/34 PS Modell C 4 G 1932	
4 (Reihe)		4 (Reihe)	
72 x 100 mm		75 x 100 mm	
1628 ccm		1767 ccm	
32 PS bei 3200 U/min		34 PS bei 3000 U/min	
1:5,2		1:5,2	
1 Flachstromvergaser		1 Steigstromvergaser	
Solex 30 FHD		Solex 30 WAFD	
Seitlich stehend		Seitlich stehend	
Seitliche Nockenwelle		Seitliche Nockenwelle	
Antrieb Novotext-Stirnräder		Antrieb Novotext-Stirnräder	
3		3	
Pumpe, 9 Liter Wasser		Pumpe, 11 Liter Wasser	
Druckumlauf, 5 Liter Öl		Druckumlauf, 5 Liter Öl	
Batterie		Batterie	
6 V 75 Ah		6 V 90 Ah	
(unter Boden vorn links)		(unter Boden vorn links)	
Antrieb auf Hinterräder			
Einscheibentrockenkupplung			
Schalthebel Wagenmitte			
3 Gang			
9:46	9:43	9:46	9:43
U-Profil-Preßstahl-Rahmen			
starr, Halbfedern			
starr, Underslung-Halbfedern			
Schnecke/Zahnsegment, links			
Mechanisch mit Saugluftunterstützung (Westinghouse), 4 Räder			
Mechanisch, Hinterräder		Mechanisch, Kardanwelle	
	Familiale		**Familiale**
2780 mm	2980 mm	2780 mm	2980 mm
1340/1340 mm	1420/1420 mm	1340/1340 mm	1420/1420 mm
4100 x 1600 x 1780 mm	4300 x 1700 x 1780 mm	4100 x 1600 x 1780 mm	4300 x 1700 x 1780 mm
Scheiben (5-Loch)	Scheiben (5-Loch)	Scheiben (5-Loch)	Scheiben (5-Loch)
5,25 x 28"	5,25 x 29"	5,25 x 28"	5,25 x 28"
12 Meter	12,5 Meter	12 Meter	12,5 Meter
Limousine 1240 kg	Limousine 1290 kg	Limousine 1240 kg	Limousine 1290 kg
90 km/h	85 km/h	95 km/h	90 km/h
10 Liter	10,5 Liter	10,5 Liter	11 Liter
37 Liter (im Motorraum)	37 Liter (im Motorraum)	37 Liter (im Motorraum)	37 Liter (im Motorraum)
–	–	–	–
RM 3975,–	–	RM 3975,–	–
–	–	–	–
RM 5350,–	–	RM 4950,–	–
–	–	–	–
–	RM 4650,–	–	RM 4650,–

Citroen B 14 G
Limousine 4 Türen
1928

Citroen C 4
Limousine 4 Türen
1929 – 1930

Citroen C 6 F
Cabriolet 2 Fenster
Karosserie Deutsch
1930 – 1932

Citroen C 6 und C 6 F
Familiale
Limousine 6 Sitze
1929 – 1932

	Citroën 10/45 PS Modell C 6 1929		Citroën 10/45 PS Modell C 6 F 1930 – 1932	
Motor				
Zylinderzahl	6 (Reihe)			
Bohrung x Hub	72 x 100 mm			
Hubraum	2442 ccm			
Leistung	45 PS bei 3000 U/min			
Verdichtung	1:5,2			
Vergaser	1 Steigstromvergaser Solex 30 oder 35 ∅			
Ventile	Seitlich stehend Seitliche Nockenwelle Antrieb durch Duplex-Kette		Seitlich stehend Seitliche Nockenwelle Antrieb durch Novotext-Stirnräder	
Kurbelwellenlager	4			
Kühlung	Pumpe, 13 Liter Wasser			
Schmierung	Druckumlauf, 7,5 Liter Öl			
Zündung	Batterie			
Batterie	6 V 75 oder 90 Ah			
Kraftübertragung	Antrieb auf Hinterräder			
Kupplung	Einscheibentrockenkupplung			
Schaltung	Schalthebel Wagenmitte			
Getriebe	3 Gang			
Übersetzungen				
Antriebs-Übersetzung	9:43		9:46	
Fahrwerk	U-Profil-Preßstahl-Rahmen			
Vorderradaufhängung	starr, Halbfedern			
Hinterradaufhängung	starr, Underslung-Halbfedern			
Lenkung	Schnecke/Zahnsegment, links			
Fußbremse	Mechanisch mit Saugluftunterstützung (Westinghouse), 4 Räder			
Handbremse	Mechanisch, Hinterräder		Mechanisch, Kardanwelle	
Schmierung	Nippel		Nippel	
Allgemeine Daten		**Familiale**		**Familiale**
Radstand	2955 mm	3125 mm	2955 mm	3125 mm
Spur vorn/hinten	1320/1320 mm	1320/1320 mm	1420/1420 mm	1420/1420 mm
Gesamtmaße	4280 x 1580 x 1790	4430 x 1580 x 1790	4280 x 1580 x 1790	4430 x 1580 x 1790
Reifen	5,50 x 28"	5,50 x 28"	5,50 x 28"	5,50 x 28"
Räder	Scheiben (4-Loch)	Scheiben (4-Loch)	Scheiben (5-Loch)	Scheiben (5-Loch)
Wendekreis	12,5 Meter	13 Meter	12,5 Meter	13 Meter
Wagengewicht	Limousine 1440 kg	Limousine 1510 kg	Limousine 1440 kg	Limousine 1510 kg
Höchstgeschwindigkeit	95 km/h	90 km/h	95 km/h	90 km/h
Verbrauch/100 km	13 Liter	13,5 Liter	13 Liter	13,5 Liter
Kraftstofftank	55 Liter (im Heck)	55 Liter (im Heck)	55 Liter (im Heck)	55 Liter (im Heck)
Preise				
Limousine 4 Türen	RM 5959,–	–	RM 4650,–	–
Cabriolet 2 Fenster	RM 6950,–	–	RM 5850,–	–
Limousine 6 Sitze	–	RM 6500,–	–	RM 5500,–

Citroen 1,5 Liter
Modell 8 A
Limousine 4 Türen
1933 – 1934

Citroen 1,8 Liter
Modell 10 AL
Limousine 4 Türen
1933 – 1934

Citroen 1,8 Liter
Modell 10 A
Limousine 6 Sitze
1933 – 1934

Citroen 2,6 Liter
Modell 15 AL
Cabriolet 4 Fenster
Karosserie Papler
1933 – 1934

Motor
Zylinderzahl
Bohrung x Hub
Hubraum
Leistung
Verdichtung
Vergaser

Ventile

Kurbelwellenlager
Kühlung
Schmierung
Batterie

Kraftübertragung
Kupplung
Schaltung
Getriebe

Synchronisierung
Übersetzungen
Antriebs-Übersetzung

Fahrwerk
Vorderradaufhängung
Hinterradaufhängung
Lenkung
Fußbremse
Handbremse
Schmierung

Allgemeine Daten
Radstand
Spur vorn/hinten
Gesamtmaße

Räder
Reifen
Wendekreis
Wagengewicht
Höchstgeschwindigkeit
Verbrauch/100 km
Kraftstofftank

Preise

<table>
<tr><th>Citroën 1,5 Liter
Modell 8 A
1933 – 1934</th><th>Citroën 1,8 Liter
Modell 10 AL
1933 – 1934</th><th>Citroën 1,8 Liter
Modell 10 A
1933 – 1934</th><th>Citroën 2,6 Liter
Modell 15 AL
1933 – 1934</th></tr>
<tr><td>4 (Reihe)</td><td colspan="2">4 (Reihe)</td><td>6 (Reihe)</td></tr>
<tr><td>68 x 100 mm</td><td colspan="2">75 x 100 mm</td><td>75 x 100 mm</td></tr>
<tr><td>1452 ccm</td><td colspan="2">1767 ccm</td><td>2650 ccm</td></tr>
<tr><td>32 PS bei 3200 U/min</td><td colspan="2">36 PS bei 3200 U/min</td><td>56 PS bei 3200 U/min</td></tr>
<tr><td>1:5,6</td><td colspan="2">1:5,6</td><td>1:5,6</td></tr>
<tr><td>1 Steigstromvergaser</td><td colspan="2">1 Steigstromvergaser</td><td>1 Steigstromvergaser</td></tr>
<tr><td>Solex</td><td colspan="2">Solex</td><td>Solex</td></tr>
<tr><td>Seitlich stehend</td><td colspan="2">Seitlich stehend</td><td>Seitlich stehend</td></tr>
<tr><td>Seitliche Nockenwelle</td><td colspan="2">Seitliche Nockenwelle</td><td>Seitliche Nockenwelle</td></tr>
<tr><td>Antrieb Novotext-Stirnräder</td><td colspan="2">Antrieb Novotext-Stirnräder</td><td>Antrieb Novotext-Stirnräder</td></tr>
<tr><td>3</td><td colspan="2">3</td><td>4</td></tr>
<tr><td>Pumpe, 9,5 Liter Wasser</td><td colspan="2">Pumpe, 12 Liter Wasser</td><td>Pumpe, 17 Liter Wasser</td></tr>
<tr><td>Druckumlauf, 5 Liter Öl</td><td colspan="2">Druckumlauf, 5 Liter Öl</td><td>Druckumlauf, 7 Liter Öl</td></tr>
<tr><td>6 V 90 Ah</td><td colspan="2">6 V 90 Ah</td><td>6 V 90 Ah</td></tr>
<tr><td>Antrieb auf Hinterräder</td><td colspan="2">Antrieb auf Hinterräder</td><td>Antrieb auf Hinterräder</td></tr>
<tr><td>Einscheibentrockenkupplung</td><td colspan="2">Einscheibentrockenkupplung</td><td>Einscheibentrockenkupplung</td></tr>
<tr><td>Schalthebel Wagenmitte</td><td colspan="2">Schalthebel Wagenmitte</td><td>Schalthebel Wagenmitte</td></tr>
<tr><td>3 Gang mit
sperrbarem Freilauf
II – III</td><td colspan="2">3 Gang mit
sperrbarem Freilauf
II – III</td><td>3 Gang mit
sperrbarem Freilauf
II – III</td></tr>
<tr><td>9:46</td><td>9:43</td><td>9:46</td><td>9:43</td></tr>
<tr><td>Kasten-Preßstahl-Rahmen</td><td colspan="2">Kasten-Preßstahl-Rahmen</td><td>Kasten-Preßstahl-Rahmen</td></tr>
<tr><td>starr, Halbfedern</td><td colspan="2">starr, Halbfedern</td><td>starr, Halbfedern</td></tr>
<tr><td>starr, Underslung-Halbfedern</td><td colspan="2">starr, Underslung-Halbfedern</td><td>starr, Underslung-Halbfedern</td></tr>
<tr><td>Schnecke/Zahnsegment</td><td colspan="2">Schnecke/Zahnsegment</td><td>Schnecke/Zahnsegment</td></tr>
<tr><td>Mechanisch, 4 Räder</td><td colspan="2">Mechanisch, 4 Räder</td><td>Mechanisch, 4 Räder</td></tr>
<tr><td>Mechanisch, 4 Räder</td><td colspan="2">Mechanisch, 4 Räder</td><td>Mechanisch, 4 Räder</td></tr>
<tr><td>Nippel</td><td colspan="2">Nippel</td><td>Nippel</td></tr>
<tr><td>2700 mm</td><td>2700 mm</td><td>3000 mm</td><td>2915 mm</td></tr>
<tr><td>1340/1340 mm</td><td>1340/1340 mm</td><td>1420/1440 mm</td><td>1340/1340 mm</td></tr>
<tr><td>4240 x 1620 x 1720 mm</td><td>4240 x 1620 x 1720 mm</td><td>4720 x 1720 x 1730 mm</td><td>4340 x 1620 x 1730 mm</td></tr>
<tr><td>Scheiben (5-Loch)</td><td>Scheiben (5-Loch)</td><td>Scheiben (5-Loch)</td><td>Scheiben (5-Loch)</td></tr>
<tr><td>140 x 40 oder 5,75–16</td><td>150 x 40 oder 6,50–16</td><td>150 x 40 oder 6,50–16</td><td>160 x 40 oder 6,75–16</td></tr>
<tr><td>11 Meter</td><td>11 Meter</td><td>13,5 Meter</td><td>13 Meter</td></tr>
<tr><td>1205 kg</td><td>1245 kg</td><td>1400 kg</td><td>1430 kg</td></tr>
<tr><td>90 km/h</td><td>90 km/h</td><td>85 km/h</td><td>110 km/h</td></tr>
<tr><td>11 Liter</td><td>12 Liter</td><td>13 Liter</td><td>14 Liter</td></tr>
<tr><td>39 Liter (im Heck)</td><td>41 Liter (im Heck)</td><td>45 Liter (im Heck)</td><td>64 Liter (im Heck)</td></tr>
<tr><td>Limousine 4 Türen</td><td>Limousine 4 Türen</td><td>Limousine 6 Sitze</td><td>Limousine 4 Türen</td></tr>
<tr><td>RM 3550,–</td><td>RM 3850,–</td><td>RM 4750,–</td><td>RM 4750,–</td></tr>
<tr><td>Cabriolet 2 Fenster</td><td>Cabriolet 2 Fenster</td><td>Pullman-Limousine</td><td>Cabriolet 2 Fenster</td></tr>
<tr><td>RM 4050,–</td><td>RM 4350,–</td><td>RM 4950,–</td><td>RM 5250,–</td></tr>
<tr><td></td><td></td><td></td><td>Cabriolet 4 Fenster</td></tr>
<tr><td></td><td></td><td></td><td>RM 5450,–</td></tr>
</table>

Citroen Typ 7 Limousine 4 Türen 1934 – 1935

Citroen Typ 11 breit Limousine 4 Türen 1934 – 1935

Citroen Typ 11 leicht Roadster-Cabriolet 2 (2) Sitze 1934 – 1935

Motor
Zylinderzahl
Bohrung x Hub
Hubraum
Leistung
Verdichtung
Vergaser

Ventile

Kurbelwellenlager

Kühlung
Schmierung
Batterie

Kraftübertragung

Kupplung
Schaltung
Getriebe
Synchronisierung
Übersetzungen

Antriebs-Übersetzung

Fahrwerk
Vorderradaufhängung
Hinterradaufhängung

Lenkung
Fußbremse
Handbremse
Schmierung

Allgemeine Daten
Radstand
Spur vorn/hinten
Gesamtmaße
Räder
Reifen
Wendekreis
Wagengewicht
Zuläss. Gesamtgewicht
Höchstgeschwindigkeit
Verbrauch/100 km
Kraftstofftank

Preise

Citroën Typ 7 1934 – 1935	Citroën Typ 11 leicht 1934 – 1935	Citroën Typ 11 breit 1934 – 1935	Citroën Typ 11 Familiale 1935
4 (Reihe)	4 (Reihe)		
72 x 100 mm	78 x 100 mm		
1624 (Steuer 1617) ccm	1911 (Steuer 1898) ccm		
35 PS bei 4200 U/min	44 PS bei 4200 U/min		
1 : 5,9	1 : 5,9		
1 Steigstromvergaser	1 Steigstromvergaser		
Solex 30 DHT	Solex 30 TDH		
Hängend	Hängend		
Seitliche Nockenwelle	Seitliche Nockenwelle		
Antrieb durch Duplex-Kette	Antrieb durch Duplex-Kette		
3	3		
Auswechselbare Zylinderbüchsen	Auswechselbare Zylinderbüchsen		
Pumpe, 7,5 Liter Wasser	Pumpe, 8 Liter Wasser		
Druckumlauf, 5 Liter Öl	Druckumlauf, 5 Liter Öl		
6 V 75 Ah (im Motorraum)	6 V 75 Ah (im Motorraum)		
Fronttriebblock			
Motor hinter, Getriebe vor der Vorderachse			
Einscheibentrockenkupplung			
Schaltstock an Armaturentafel			
3 Gang			
II – III			
I. 3,83			
II. 2,12			
III. 1,27			
3,87	3,44	3,44	3,87
Selbsttragende Ganzstahlkarosserie			
Doppel-Querlenker, Längs-Federstäbe			
Starrachse mit diagonalverspanntem Schwingrahmen			
Längs-Schwingarme, Quer-Federstäbe			
Schnecke ZF-Roß			
Hydraulisch, 4 Räder			
Mechanisch (Seilzug), Hinterräder			
Nippel			
2910 mm	2910 mm	3090 mm	3275 mm
1314/1314 mm	1314/1314 mm	1434/1434 mm	1434/1434 mm
4450 x 1640 x 1520 mm	4450 x 1640 x 1520 mm	4650 x 1760 x 1540 mm	4850 x 1760 x 1580 mm
Scheiben (5-Loch)	Scheiben (5-Loch)	Scheiben (5-Loch)	Scheiben (5-Loch)
5,25–16	5,25–16	5,50–17	5,50–17
13,5 Meter	13,5 Meter	14 Meter	14,5 Meter
1080 kg	1110 kg	1180 kg	1220 kg
1380 kg	1450 kg	1525 kg	1795 kg
100 km/h	110 km/h	105 km/h	100 km/h
10 Liter	11 Liter	11,5 Liter	12 Liter
45 Liter (im Heck)	45 Liter (im Heck)	50 Liter (im Heck)	50 Liter (im Heck)
Limousine 4 Türen	Limousine 4 Türen	Limousine 4 Türen	Limousine 6 Sitze
RM 3750,–	RM 4050,–	RM 4250,–	RM 4950,–
Roadster-Cabr. 2 (2) Sitze	Roadster-Cabr. 2 (2) Sitze	Roadster-Cabr. 2 (2) Sitze	Pullman-Limousine
RM 4250,–	RM 4550,–	RM 4750,–	RM 5150,–

Die kleinen und kleinsten deutschen Personenwagen-Marken

Alan (1923–1925)

Das Alan-Werk (Bamberg) bot einen 6/30 PS Kleinwagen an. Motor Siemens & Halske.

Alfi (1922–1927)

Eine Aktiengesellschaft für Akkumulatoren- und Automobilbau mit Sitz in Berlin und Werk in Driesen an der Netze bot unter der Marke »Alfi« Kleinautos mit Benzin-Einbaumotoren sowie unter der Marke »Electric« kleine Personen- und Lieferwagen mit Elektroantrieb an. Es gab einen Alfi 4/14 PS (4 Zylinder, 940 ccm, Radstand 2600 mm), einen Alfi 5/20 PS (4 Zylinder, 1320 ccm, Radstand 2825 mm), einen Alfi 3/12 PS mit 780 ccm Zweizylinder-Boxermotor und auch einen größeren Wagen, den Alfi 7/35 PS mit Vierzylinder-Motor, Vierradbremsen und Ballonreifen. Ende 1925 war die Firma pleite und die Produktion wurde eingestellt. – Alex Fischer (»Alfi«), der maßgebende Mann des Unternehmens, trat 1927 in Berlin mit der Alfi-Automobile GmbH. nochmals in Erscheinung. Er bot Drei- und Vierrad-Kleinwagen mit 2/10 PS DKW-Zweitaktmotor an. Doch hörte man nur ganz kurze Zeit davon und die Stückzahl dürfte äußerst gering gewesen sein.

Amor (1924–1925)

Kleinwagen mit 4/14 PS Vierzylindermotor der Amor Automobil GmbH. (Köln).

Arimofa (1922–1923)

Die ARI Motorfahrzeugbau GmbH. (Plauen/Vogtland) pries ihren Zweisitzer mit Zweizylinder-Boxermotor und Einzelfederung der Vorderräder als »technisch- und formvollendeten 4/12 PS Kleinkraftwagen mit der bequemen Schaltung« an.

Atlantic (1921–1922)

Die Atlantic Aktiengesellschaft für Automobilbau (Berlin) stellte in sicherlich nur ganz geringer Stückzahl einen Einspurwagen mit 500 ccm BMW Zweizylinder-Boxermotor her. Im Aussehen und im technischen Aufbau war der Atlantic dem Mauser-Einspurauto ähnlich.

Badenia (1925)

Für kurze Zeit existierte der Badenia mit Sechszylinder-Zweiliter-Motor, der von einer Hamburger Firma in Ladenburg am Neckar gebaut wurde.

Baer (1921–1924)

Der von der 1908 gegründeten Paul Baer Motorenfabrik (Berlin) gebaute Kleinwagen besaß als seinerzeitige Besonderheit einen 4/14 PS 700 ccm Zweizylinder-Zweitaktmotor.

B. A. W. (1923–1924)

Das Bayrische Automobilwerk AG., Pasing vor München, war die Nachfolgerfirma des Autowerks Schuricht. Gebaut wurde der 5/15 PS Drei- oder Viersitzer mit automatischem Viergang-Sodengetriebe.

Beckmann (bis 1926)

Die 1882 als Fahrradfabrik gegründete Otto Beckmann & Co. (Breslau) nahm 1900 auch den Automobilbau auf. Die Produktion war und blieb gering, doch die Autos waren solid, wenn auch im wesentlichen nur in der näheren und weiteren Umgebung von Breslau bekannt. Nach dem Ersten Weltkrieg wurden ein 8/24 PS und ein 10/30 PS Wagen gebaut, später waren es zwei Typen mit 8/32 und 12/40 PS, sämtliche mit Motoren von Basse & Selve. 1926 übernahm die Adam Opel AG. den 150-Mann-Betrieb und machte ihn zu ihrer Breslauer Verkaufs- und Kundendienst-Niederlassung.

10/30 PS Beckmann Tourenwagen 1921

8/32 PS Beckmann Tourenwagen 1926

Benz Söhne (bis 1926)

Nachdem Carl Benz im Jahr 1903 aus dem Vorstand der Firma Benz & Co. ausgeschieden war, gründete er 1905 als neue Automobilfabrik die Firma Benz Söhne in Ladenburg bei Mannheim. Die Leitung übernahmen Eugen und Richard Benz. Erst etwa 1908 kam die Automobilproduktion in Gang, ohne aber einen größeren Umfang zu erreichen. Während des Weltkrieges wurden nur Autoteile gefertigt. Danach bot die Firma Benz Söhne zwei Personenwagen-Typen mit 8/25 und 14/42 PS an. 1926 mußte der Automobilbau aufgegeben werden.

Bergmann (bis 1922)

Die Bergmann-Elektricitäts-Werke AG. (Berlin) erzeugten ab 1909 auf Grund eines Lizenzabkommens mit der damals größten belgischen Automobilfabrik den Bergmann-Metallurgique in zahlreichen Größen und Ausführungen. Die Wagen dieser Marke verkauften sich vor 1914 in Deutschland recht gut. Nach dem Ersten Weltkrieg wurde die Produktion des 10/30 PS und anderer Typen fortgesetzt, dann aber wegen zu geringer Stückzahlen 1922 aufgegeben.

B. F. (1923–1926)

Sportwagen mit 1026 ccm Dreizylinder-Zweitaktmotor der Bolle & Fiedler Motorenfabrik (Berlin-Charlottenburg). Es gab auch Rennwagen mit Sechszylinder-Zweitaktmotoren, die sehr schnell, aber nicht standfest waren. Ingenieur Fiedler, Spezialist für Hochleistungs-Zweitakter, befaßte sich in den folgenden Jahren nur noch mit Bootsmotoren.

Biene (1923)

Leichter Vierrad-Zweisitzer mit BMW-Motor, bei Zimmermann (Berlin) gebaut.

Bleichert (1936–1939)

Die Bleichert Transportanlagen GmbH. (Leipzig) baute und verkaufte, wenn auch wegen geringen Zuspruchs nur in Einzelexemplaren, einen kleinen Elektro-Personenwagen. Das Zweisitzer-Cabrio mit 2920 mm Radstand besaß unter der Vorderhaube eine Einheitsbatterie mit 80 Volt Spannung und 200 Ah Kapazität. Einschließlich der 600 kg schweren Batterie wog das Fahrzeug etwa 1500 kg. Sein Aktionsradius betrug 70 km und die Höchstgeschwindigkeit 25 bis 30 km/h. Preis RM 4000,–. Die Leistungen waren nicht überwältigend, aber das Auto funktionierte. Bis heute, seit bald 40 Jahren, ist man da nicht viel weitergekommen.

Bleichert Elektrowagen 1936 – 1939

Bob Kleinauto 1919 – 1925

Bob (1919–1925)

Die Bob Automobil-Gesellschaft (Berlin-Charlottenburg) baute sportliche Kleinwagen mit 800 bis 1300 ccm-Motoren von Siemens & Halske. Die Wägelchen scheinen sich eine Zeitlang recht gut verkauft zu haben.

Borcharding (1925)

Kleiner Dreirad-Zweisitzer der Firma Borcharding & Co. (Berlin).

Bravo (1921)

Kleinwagen mit zunächst 4/10 PS-Zweizylinder-, dann mit Vierzylindermotor. Hersteller waren die Union-Kleinauto-Werke (Mannheim), die in der Firma Rabag aufgingen.

Bufag (1923)

Hellmuth Butenuth, geboren 1898 in Dortmund, konstruierte als Student der TH Hannover einen Tandem-Zweisitzer mit drei Rädern (Zweitakt-Motorradmotor und Antriebsrad hinten, zwei gelenkte Vorderräder, Sperrholzkarosserie in Tropfenform). Gebaut werden sollte das sehr geschickt entworfene und 1923 in Berlin ausgestellte Fahrzeug von der Butenuth-Fahrzeugwerke AG. (Bufag) in Hannover, woraus dann aber nichts wurde, weil man Butenuth zu Hanomag holte, um an der Fertigentwicklung des 2/10 PS Kommißbrot mitzuwirken. Später wurde Butenuth Hanomag-Händler in Berlin, beschäftigte sich während des Zweiten Weltkriegs mit Generator- und danach mit Dampfantrieben, baute eine Zeitlang die Econom-Lastwagen und ist heute einer der größten Ford-Händler in Berlin.

Bully (1933)

In Berlin gebauter Dreiradwagen mit 200 ccm Einzylinder-Zweitaktmotor im Heck und Zentralrohrrahmen. Keine Serie.

Butz (1934)

Nachdem die Produktion des Standard Superior wieder eingestellt wurde, fand Joseph Ganz einen neuen Lizenznehmer für seine Kleinwagenkonstruktion in der neugegründeten Firma Bungartz & Co. (München). Sie stellte ihre Zweisitzer-Cabrio-Limousine mit Sperrholzkarosserie und wassergekühltem 400 ccm Zweizylinder-Heckmotor auf der Berliner Automobil-Ausstellung 1934 aus. Preis RM 1450,– Es wurden jedoch nur einige Musterwagen gebaut. Für die Serienherstellung erwies sich die Nachfrage als ungenügend.

B. Z. (1923–1924)

Die Bootswerft Zeppelinhafen GmbH. (Potsdam-Wildpark) baute das B.Z.-Kleinauto, einen bewußt ganz einfach konstruierten Zweisitzer mit 6 PS BMW-Zweizylinder-Boxermotor und Leichtmetall-Karosserie.

Certus (1927–1928)

Das Certus Automobil-Werk (Offenburg/Baden), aus der Karosseriefirma Dierks & Wroblewski hervorgegangen, begann im Sommer 1927 mit dem Bau kompletter Automobile, wobei französische Scap-Motoren eingebaut wurden. Es gab folgende Modelle: 7/32 PS Vierzylinder sowie 8/45 und 9/55 PS Achtzylinder, außerdem (wenigstens auf dem Papier) 6/60 und 8/80 PS mit Kompressor. Hauptmodell war der 8/45 PS, den man als den preiswertesten Achtzylinder auf dem Weltmarkt anpries. Aber die Leute scheinen dies nicht geglaubt zu haben, denn den Certus gab es nur etwa ein Jahr lang.

Club (1922–1924)

Als Zwei-, Drei- oder Viersitzer mit 1,3 Liter 5/18 PS Atos-Motor gab es in geringer Zahl den Wagen der Club-Automobil-Fabrik GmbH. (Berlin-Charlottenburg).

Cyklon (bis 1929)

Die von der Cyklon Maschinenfabrik (Berlin) gebaute Cyklonette genoß vor dem Ersten Weltkrieg in Berlin ziemliche Popularität. Der völlig offene Dreirad-Zweisitzer war durch einen Ein- oder Zweizylindermotor über dem Vorderrad sowie durch Motorradlenkung mit langem He-

5/10 PS Cyklonette Kleinkraftdroschke 1921

belarm gekennzeichnet. Das 750 ccm-Modell wurde nach dem Krieg bis 1923 weitergeliefert. Daneben gab es ab 1920 die 5/10 PS Cyklonette mit 1,3 Liter-Motor über dem Vorderrad, deren relativ hoher Preis jedoch nicht mehr genügend Kaufanreiz bot. 1923 wurde die Herstellung der Cyklonette aufgegeben und das Berliner Werk verkauft. – Schon seit 1919 arbeitete Cyklon mit den Schebera-Karosseriewerken zusammen, gründete das Zweig- und spätere Hauptwerk im vogtländischen Mylau, von wo aus man Motoren und Fahrgestelle für das Schebera-Kleinauto an den Partner lieferte. 1922 übernahm Jacob Schapiro die Aktienmehrheit von Schebera und Cyklon. Cyklon baute mit etwa 320 Beschäftigten für Schebera 242 Fahrgestelle im Jahr 1924 und 746 Fahrgestelle im Jahr 1925. Weil sich das Schebera-Kleinauto gar nicht gut verkaufte, entschloß man sich bei Cyklon, nunmehr einen neuen Wagen unter eigener Marke herauszubringen. Es kam der 9/40 PS Cyklon als damals billigster deutscher Sechszylinder-Wagen, dessen Herstellung von 1927 bis 1929 lief. Er besaß die gleiche Ganzstahlkarosserie von Ambi-Budd wie der Adler Standard 6. Bald wurde der Cyklon auch und hauptsächlich als 9/40 PS Dixi angeboten, denn 1924 hatte Schapiro die Cyklon-Automobilwerke der ebenfalls von ihm kontrollierten Waggonfabrik Gotha angegliedert, zu der andererseits bereits die Dixi-Werke gehörten. Bild und Daten des 9/40 PS Cyklon siehe bei Dixi. – Nach der Übernahme der Dixi-Werke durch BMW ging der Verkauf des Cyklon-Wagens mangels eigener Verkaufsorganisation rapid zurück. Man brachte Ende 1929 noch einen kleineren 1,8 Liter Sechszylinder heraus, der aber auch nur mehr in wenigen Exemplaren gebaut wurde. 1931 ist die Firma erloschen.

D-Wagen (1924–1926)

Die Deutsche Werke AG., nach dem Ersten Weltkrieg aus den ehemaligen staatlichen Heereswerkstätten hervorgegangen, bauten Lokomotiven, Waggons und von 1922 bis 1932 das berühmte D-Rad. Zur Berliner Automobil-Ausstellung im Herbst 1924 wurde der 5/25 PS D-Wagen mit 1,3 Liter-Vierzylindermotor herausgebracht. Seine Produktion begann im Frühjahr 1925, wurde aber bereits im Laufe des Jahres 1926 wieder aufgegeben. Die Deutsche

5/25 PS D-Wagen
Typ D 1/5
Tourenwagen 1926

Werke AG. waren inzwischen in Deutsche Kraftfahrzeugwerke AG. und schließlich in Deutsche Industriewerke AG. umbenannt worden. Diese richteten nunmehr ihre Automobilabteilung als Montagewerk für die amerikanische Marke Durant ein, was jedoch ebenfalls ein erfolgloses Unternehmen blieb. 1927 pachtete Rasmussen das seiner Berliner Filiale benachbarte Werk und benutzte es zum Karosseriebau und zur Montage für die ab 1928 anlaufende Produktion von DKW-Wagen. Die Auto Union hat das Werk 1933 käuflich erworben.

Dehn (1924)

»Motorradwagen« nannte die Fahrzeug- und Maschinenfabrik K. C. Dehn (Hamburg) ihren kleinen Zweisitzer mit luftgekühltem 8 PS Einzylindermotor eigener Herstellung. Laut Ankündigung »kann er zu einem Preis geliefert werden, der dem Wagen in kurzer Zeit den Ruf als Volkswagen gewährleistet«. Diese Hoffnung hat sich nicht erfüllt.

DEW (1927)

Bevor Rasmussen die Serienproduktion von DKW-Wagen begann, ließ er Dr. Slaby im früheren SB-Betrieb und jetziger Berliner Filiale der Zschopauer Motorenwerke DEW Elektro-Droschken und DEW Elektro-Lieferwagen mit rahmenloser Holzkarosserie bauen. Es blieb bei wenigen Exemplaren.

Diabolo (1922–1927)

Die Diabolo Kleinauto-AG. (Stuttgart, zuletzt Bruchsal) baute einen Dreirad-Zweisitzer im Stil des englischen Tricar (z. B. Morgan). Es war ein Auto mit nur einem Hinterrad. Wassergekühlter Motosacoche 1,1 Liter V2 Zylinder-Motor. Radstand 2200 mm. Der Diabolo scheint sich eine Zeitlang recht gut verkauft zu haben.

Ein Diabolo Dreirad-Zweisitzer war das erste Auto des Filmschauspielers Heinz Rühmann. Hier sitzt er stolz am Steuer.

Diana (1922–1923)

In München gebauter Dreiradwagen ohne historische Bedeutung.

Dinos (1920–1924)

Die Automobilfabrik Loeb & Cie. (Berlin-Charlottenburg), die bis dahin den LUC-Wagen herstellte, wurde 1920 in die Dinos-Automobilwerke AG. umgewandelt. Wie die Vorgängerfirma widmete sich auch Dinos dem Bau technisch anspruchsvoller Qualitätswagen. Zunächst wird noch etwa ein Jahr lang ein aus der Vorkriegszeit stammendes 10/30 PS-Modell geliefert. Von 1921 bis 1924 lief der von Joseph Vollmer konstruierte 8/35 PS mit 2,1 Liter Vierzylindermotor, ein ziemlich schnelles, luxuriös ausgestattetes Auto. Außerdem gab es 1921/22 in wenigen Exemplaren einen 16/72 PS Dinos mit Sechszylinder-Vierliter-Motor. – Ab 1922 gehört Dinos zum Stinnes-Konzern. 1924 Vereinigung mit AGA, um deren Produktionsausweitung zu ermöglichen. Dinos-Automobile werden von da an nicht mehr gebaut.

8/35 PS Dinos Phaeton 1921

Dorner (1923–1924)

Dipl.-Ing. Hermann Dorner (Hannover) konstruierte Kleinwagen mit luftgekühltem V2 Zylinder-Viertakt-Schwerölmotor (70 x 100 mm, 4,5 PS bei 1400 U/min). 24 Exemplare des Diesel-Kleinautos wurden gebaut. 1926 entwickelte Dorner Vierzylinder-Diesel für Max Jüdel AG. (Osnabrück), 1927 den ersten USA-Flug-Diesel bei Packard.

E. B. S. (1924)

Dreiradwagen der Firma Ernst Bauermeister & Söhne (Berlin).

Ego (1921–1927)

Die Mercur Flugzeugbau GmbH. (Berlin) suchte nach dem Ersten Weltkrieg eine neue Betätigung. So brachte sie 1923 einen gut durchkonstruierten und nett aussehenden 4/14 PS Kleinwagen mit eigenem Vierzylindermotor auf den Markt. Im Herbst 1924 wurde ein verbessertes 4/20 PS-Modell und außerdem ein 4/24 PS-Sportwagen mit Zweivergasermotor vorgestellt. 1925 schließlich brachten die Flugzeugbauer einen etwas größeren 5/25 PS Viersitzer mit Vierzylinder-OHV-Motor heraus. Im gleichen Jahr freilich machten sie Konkurs, jedoch wurde die Produktion des Ego-Wagens von den Hiller-Automobilwerken übernommen und bis Ende 1927 weitergeführt.

4/14 PS Ego Sport-Zweisitzer 1923

4/14 PS Ego Viersitzer-Phaeton 1923

Ehrhardt (bis 1924)
Ehrhardt-Szawe (1923–1924)
Pluto (1923–1927)

Die Ehrhardt-Automobil-Werke AG., gegründet 1904 vom Sohn Gustav des Rüstungsindustriellen Heinrich Ehrhardt, bauten nach dem Ersten Weltkrieg in Zella-Mehlis/Thüringen einen 10/40 PS Vierzylinder- und einen 15/60 PS Sechszylinder-Personenwagen. Die ziemlich luxuriösen Fahrzeuge fanden indes nur wenige Käufer. Ende 1923 schlossen sich die Ehrhardt-Werke vorübergehend mit der Berliner Firma Szabo & Wechselmann (Szawe) zusammen. Angeboten wurde nun der Ehrhardt-Szawe 10/50 PS mit Sechszylinder-OHC-Motor und Soden-Getriebe. Dieses Auto war wiederum sehr teuer und verkaufte sich ebenfalls schlecht. Mit dem Konkurs der Firma Szabo & Wechselmann im Jahre 1924 verschwand auch die Marke Ehrhardt vom Markt. – Die Fabrik in Zella-Mehlis hieß inzwischen Pluto-Automobilfabrik GmbH. Sie betrieb jetzt den Lizenz-Nachbau des französischen Amilcar, eines kleinen, damals populären Sportwagens. Der Pluto 4/20 PS, zunächst nur als Zweisitzer, dann auch mit Viersitzer-Aufbauten angeboten, erzielte beachtliche Sporterfolge und fand zeitweise auch recht befriedigenden Absatz. Ein etwas größeres 5/20 PS-Modell, 1925 herausgebracht, kam weit weniger gut an. 1927 wurde die Produktion eingestellt.

15/60 PS Ehrhardt
Stadt-Coupé 6 Sitze
Karosserie Reutter
1924

4/20 PS Pluto
Limousine
(nur 1 Tür links!)
1925

Eibach (1924)

Eichler & Bachmann GmbH. (Berlin) baute ein merkwürdiges Dreirad. Der Fahrer saß wie auf einem Motorrad und hatte vor sich eine offene Zweisitzer-Karosserie. 200 ccm DKW-Motor.

Elektric (1922–1924)

Siehe Alfi.

Eos (1922–1923)

In Berlin gebauter Kleinwagen mit 5/20 PS Dreizylinder-Zweitaktmotor. Vorher hieß er Erco.

Erco (1921–1922)

Siehe Eos.

Exor (1923–1924)

Von Karl R. Neumann konstruierter Kleinwagen mit 5/16 PS Vierzylinder Atos-Motor, gebaut von der Excelsior Maschinen-GmbH. (Berlin W 8).

Fadag (1921–1925)

Fadag heißt Fahrzeugfabrik Düsseldorf AG. Die Firma bot zunächst zwei Typen mit 6/16 und 12/32 PS Leistung an. Der kleinere wurde später durch einen Zweiliter-Wagen mit Vierzylindermotor (Basse & Selve) ersetzt. Wichtigster Typ war der ab 1922 angebotene 10/50 PS 2,6

Liter-Wagen mit Sechszylindermotor (Siemens & Halske) und ZF-Soden-Viergang-Getriebe. Entworfen hatte den Wagen das Konstruktionsbüro Dr.-Ing. Georg Bergmann, Berlin-Charlottenburg.

Fafag (1921–1923)

Kleinwagen mit 4/25 PS Vierzylinder-OHC-Motor, gebaut von der Fahrzeugfabrik AG., Darmstadt.

Fafnir (bis 1926)

Die Fafnir-Werke AG., hervorgegangen aus den Aachener Stahlwerken, gehörten nach der Jahrhundertwende zu den führenden Herstellern von Einbaumotoren für Zweiradfahrzeuge und Automobile. 1908 begann die Firma mit dem Bau eigener Motorwagen, die einen guten Ruf erlangten. Es wurden zwar keine besonders großen Stückzahlen hervorgebracht, doch zeigten diese Autos bemerkenswert fortschrittliche Merkmale. So hat beispielsweise Fafnir

9/30 PS Fafnir Tourenwagen 3 Türen Karosserie Deutsch 1924/25

schon vor dem Ersten Weltkrieg den Schalthebel nach innen und die hinteren Federn unter die Achse verlegt. Nach 1918 erreichte die Marke Fafnir bei weitem nicht mehr ihre frühere Bedeutung. Ab 1920 bauten ein paar hundert Mann den 9/30 PS, später 9/36 PS Einheitstyp mit 2,25 Liter-Vierzylindermotor. Ab 1923 gab es außerdem einen vom Einheitstyp abgeleiteten 8/50 PS Sport-Typ mit 2 Liter Hubraum. Doch schon im ersten Jahr nach der Inflation verloren die Fafnir-Werke die Hälfte ihres Aktienkapitals und 1926 wurden sie aufgelöst.

Falcon (1921–1926)

Die Falcon-Automobilwerke bauten ab Sommer 1921 in Sontheim bei Heilbronn einen zwar soliden, aber ziemlich trägen 6/20 PS-Wagen, dessen Produktion ab Januar 1923 in eine ehemalige Munitionsfabrik nach Ober-Ramstadt bei Darmstadt verlegt wurde. Ende 1924 erschien ein Nachfolgemodell mit 6/30 PS-Motor und Vierradbremse. Sportliche Ausführungen des Wagens brachten es bis auf 40 PS Leistung. Anfang 1926 mußte man jedoch aufgeben. Das Werk ging noch im gleichen Jahr an die Röhr-Auto-AG. über.

6/20 PS Falcon Tourenwagen 1921/22

Fama (1924)

4/14 PS Zweisitzer-Tourenwagen aus Kiel, der sich, laut damaliger Presse-Mitteilung, »bei Probefahrten, die sich bisher schon auf über 7000 km erstreckten, als äußerst stabil und brauchbar erwiesen hat und jetzt bereits in genügender Anzahl zu mäßigem Preise geliefert werden kann.« – Nie mehr was davon gehört.

Ferbedo (1923)

Aus Nürnberg kam dieses eigenartige Gefährt, sozusagen ein Vierrad-Motorrad, auf dessen Sattelbank bis zu 3 Personen hintereinander sitzen konnten. 1,9 PS Breuer-Motor.

Fiedler (1923–1926)

Siehe B. F. (Seite 436).

Freia (1922–1927)

Die Freia Automobil-AG. (Greiz/Vogtland), aus der 1920 gegründeten Kleinautobau-AG. hervorgegangen, baute unter Leitung von Ingenieur Arthur Schuh einen betont sportlichen 1,3 Liter-Wagen, zunächst mit Seitenventil- und ab 1923 mit Königswellen-Motor. Das sehr ordentlich konstruierte Automobil fiel vor allem durch seinen sehr niedrigen Schwerpunkt auf, erreicht durch einen Underslung-Tiefrahmen. Zuletzt kam noch ein 1,5 Liter-Modell hinzu, doch 1927 mußte die Produktion des Freia-Wagens eingestellt werden. Arthur Schuh ging zu Rasmussen und wurde Direktor im Werk Audi. Zwei Exemplare des Freia-Wagens existieren heute noch guterhalten in der DDR.

5/20 PS Freia Coupé-Limousine 1925/26

5/20 PS Freia Typ S 23 Phaeton 1926

Fulmina (bis 1926)

Das Fulminawerk (Mannheim-Friedrichsfeld) hatte 1910 in kleinem Umfang mit dem Automobilbau begonnen und setzte ihn nach dem Ersten Weltkrieg bis 1926 fort. Angeboten wurden verschiedene Modelle mittlerer Größe ohne bemerkenwerte Besonderheiten. Der Bau kompletter Automobile war für die heute noch bestehende Firma offensichtlich nur ein Ne-

8/22 PS Fulmina
Tourenwagen
1921

bengeschäft, zumal in der Hauptsache Lieferungen von Teilen und Aggregaten an andere Automobilfabriken erfolgten, die nicht gern eine spürbare Konkurrenz durch den eigenen Zulieferer gesehen hätten.

Garbaty (1924–1927)

Das Auto-Werk Garbaty (Mainz) baute in mäßiger Stückzahl einen nicht sonderlich eleganten, aber soliden und preiswerten Wagen mit 5/25 PS 1,2 Liter Vierzylindermotor. Bekannter als das Auto-Werk war damals die Zigarettenmarke Garbaty.

5/25 PS Garbaty
Phaeton 4 Sitze
1926

Gasi (1921)

Dieser Motorradwagen war ein Tandem-Zweisitzer mit drei Rädern, luftgekühltem Zweizylindermotor und Kettenantrieb auf die schmalspurige, differentiallose Hinterachse.

Geha (bis 1923)

Von der Zweigniederlassung Berlin-Schöneberg der Elitewerke gebauter Vierrad-Elektrowagen.

Görke (1922)

Dreiradwagen mit NSU-Motor und Kettenantrieb auf eines der beiden Hinterräder. Nur wenige Exemplare wurden in Leipzig gebaut.

Gridi (1923–1924)

Die Gridi Kraftfahrbau-Gesellschaft mbH. (Saulgau/Württ.) bot den Gridi Kleinkraftwagen an, der sich vom Grade-Kleinwagen im wesentlichen nur durch die Verwendung eines 865 ccm Einzylinder-Viertaktmotors und eine automobilübliche Schneckenlenkung unterschied. Sicherlich entstand der Gridi im Zusammenwirken mit Hans Grade, worauf auch die Namensähnlichkeit hindeuten dürfte. Doch der Gridi verschwand ziemlich rasch wieder von der Bildfläche.

HAG (1922–1927)

Die Hessische Automobil-AG. (Darmstadt) brachte 1922 einen sehr sorgfältig konstruierten Wagen mit 1,3 Liter-Vierzylinder-Königswellenmotor heraus, dessen Nennleistung zunächst 5/18 PS und von etwa 1925 an 5/25 PS betrug. Es gab auch eine 1,5 Liter Sportversion. Die Herstellerfirma wurde 1925 von der einstigen Kutschen- und nunmehrigen Waggonfabrik Gebrüder Gastell GmbH., Mainz-Mombach, übernommen. Als sich diese wiederum 1927 mit anderen Waggonbaugesellschaften zur Westwaggon AG. (Sitz Köln) vereinigte, wurde die Produktion des HAG-Wagens aufgegeben. Heute werden im Werk Mainz-Mombach Omnibusse und Sonderfahrzeuge der Magirus-Deutz AG. gebaut.

5/25 PS HAG-Wagen Viersitzer offen 1926/27

5/25 PS HAG-Wagen Limousine 4 Türen 1926/27

Hagea-Moto (1922–1924)

In Berlin gebauter Kleinwagen mit 4/12 PS Steudel-Motor.

Hataz (1921–1925)

Die Hataz Kleinautofabrik Hans Tautenhahn (Zwickau) baute in der Hauptsache einen Sport-Zweisitzer mit 4/12 PS, später 4/14 PS Steudel-Motor.

4/12 PS Hataz Sport-Zweisitzer 1923

Hawa (1923–1925)

Die Hannoversche Waggonfabrik AG. produzierte in der Hauptsache Straßenbahnwagen und Automobilkarosserien. Eine Zeitlang befaßte sie sich jedoch auch mit der Herstellung eines winzigen Elektro-Personen- und Lieferwagens. Der Hawa 40 Volt Elektro-Kleinwagen wurde als offener oder geschlossener Tandem-Zweisitzer mit vier Rädern geliefert. Die Stückzahl blieb aber gering.

Hawa Elektro-Zweisitzer-Kleinwagen 1925

Heim (1920–1926)

Mechanikermeister Franz Heim, früher als Rennfahrer und Konstrukteur bei Benz tätig, gründete 1920 in Mannheim die Badische Automobilfabrik Heim & Co. Er baute zunächst Wagen mit 6/20 PS und 8/30 PS Vierzylindermotor. 1923 verlegte er sich auf einen 8/40 PS Einheitstyp mit Sechszylinder-Königswellen-Zweivergasermotor. Der sehr sportliche, angeblich 130 km/h schnelle Tourenwagen wurde bis 1926 gebaut.

Der Originaltext von 1925 zu diesem Bild lautet: »Ein 8/40 PS Heim-Wagen mit anmutiger Besatzung.«

Helios (1924–1926)

Die Helios Automobilbau-AG., Köln-Ehrenfeld, baute einen winzigen Zweisitzer mit 972 ccm Boxermotor. Man war stolz auf die solide Bauart. »Kette oder Drahtseil gibt es bei diesem Fahrzeug nicht.«

Helo (1924)

Der Helo-Leichtkraftwagen einer Berliner Firma war ein Dreirad mit offener Karosserie und 3 PS DKW-Motor über dem Vorderrad.

Hercules (1932–1933)

Die Nürnberger Hercules-Werke, bekannte und heute noch existierende Motorradfabrik, brachte einen Dreiradwagen als geschlossenen Zweisitzer heraus, bei dem ein 200 ccm-Zweitaktmotor über eine Kette das Hinterrad antrieb. Es wurden aber wohl nur wenige Einzelexemplare hergestellt.

Hildebrand (1921–1926)

Martin Hildebrand gründete 1921 ein Automobilwerk in Singen/Hohentwiel, um einen von ihm konstruierten Wagen mit 5/15 PS Steudel-Motor und ZF-Soden-Viergang-Vorwählgetriebe bauen zu können. Bis zum Konkurs 1926 wurden fast 450 Fahrzeuge hergestellt.

H. T. (1924–1925)

Hans Thiele (Berlin-Friedenau) baute einen niedrigen Tandem-Zweisitzer mit vier Rädern und BMW Zweizylindermotor.

Imperia (1935)

Dr.-Ing. Rolf Schrödter, der seit Mitte der zwanziger Jahre in Bad Godesberg erstklassige Motorräder baute, brachte zur Berliner Automobil-Ausstellung 1935 erstmalig auch einen Renn- und einen Sportwagen heraus. Letzterer war ein Stromlinien-Coupé mit 750 ccm Dreizylinder-Zweitakt-Sternmotor im Heck, Trilok-Flüssigkeitsgetriebe und Schwingachsen mit Gummifederung. Doch mit diesem anspruchsvollen Projekt hatte sich das Imperia-Fahrzeugwerk offenbar übernommen. Schon wenige Monate später mußten die Zahlungen eingestellt werden.

Imperia Sportwagen Prototyp 1934/35

Ipe (1920)

4/12 PS Kleinwagen aus Berlin.

Joswin (1921–1926)

Josef Winsch baute in seiner Joswin-Motorwagenfabrik (Berlin) Luxuswagen von besonders hoher Leistung und Qualität mit 25/75 oder 28/95 PS Sechszylinder Mercedes-Flugmotoren, die aus Heeresbeständen stammten. Anspruchsvolle Aufbauten ließ er von verschiedenen Firmen fertigen, so in den ersten Jahren auch von Szawe. Die Zahl der sehr teuren Fahrzeuge blieb gering.

Juhö (1922)

Zweisitzer mit 2/4 PS Einzylinder-Zweitaktmotor, gebaut von Julius Höflich (Fürth).

Kaha (1921–1922)

Kleiner Einsitzer mit Elektro-Antrieb, angeboten vom Elektromobilwerk Kaha GmbH., Wasseralfingen.

Kaiser (1935–1936)

Der Kaiser-Fahrzeugbau, Oschersleben, bemühte sich erfolglos um die Verbreitung eines sportlichen Dreiradwagens. Stromlinienförmige Karosserie, Motor und Antriebsrad hinten. Zum Antrieb wurden 200 bis 600 ccm Motorradmotoren verschiedener Marken verwendet.

Kenter (1924–1925)

Die Firma Kenter (Berlin-Charlottenburg) baute in ihrem Werk Leisnig/Sachsen einen 4/14 PS Zweisitzer und einen 5/18 PS Viersitzer, ersterer mit Steudel-, letzterer mit Atos-Einbaumotor.

Knöllner (1924)

Die Karl Knöllner Automobilfabrik (Ravensbrück bei Fürstenberg) produzierte einen Dreirad-Zweisitzer mit 2/18 PS Helios-Motor und einen 5/12 PS Vierrad-Kleinwagen. Geringe Stückzahlen.

Kobold (1920)

Die Kobold Kleinauto-GmbH. (Berlin-Charlottenburg) existierte nur kurze Zeit.

Koco (1920–1926)

Die von Ing. Karl Koch gegründeten Koco-Werke (Erfurt) bauten zunächst einen Sport-Zweisitzer mit wassergekühltem 4/16 PS Zweizylinder-Boxermotor und Kettenantrieb auf die differentiallose Hinterachse. Dazu kam 1925 ein 6/24 PS Vierzylinder-Wagen.

Körting (1923)

Beim Automobilwerk Wilhelm Körting (Wülfrath/Rheinland) gab es Wagen mit 6/24 PS oder 8/32 PS Selve Vierzylinder-Motoren.

Komet (1922–1924)

Die Komet-Autofabrik (Leisnig/Sachsen) baute einen Kleinwagen mit luftgekühltem 4/12 PS Steudel-Motor. Die Produktion des Fahrzeugs wurde 1924 von Kenter übernommen. (Siehe Kenter).

Komnick (bis 1927)

Die Automobilfabrik F. Komnick (Elbing/Westpreußen) hatte schon seit 1906 erfolgreich den Bau von Personenwagen betrieben, mußte sich aber während des Ersten Weltkriegs auf die Lieferung von Heeres-Lastwagen beschränken. Im Herbst 1923 brachte Komnick von neuem einen von Joseph Vollmer konstruierten 8/30 PS Vierzylinder-Wagen heraus. Ab 1925 werden Vierradbremsen verwendet und die Leistung auf 8/40 PS angehoben. Der Preis des sehr soliden Fahrzeugs beträgt RM 12500,– Ab 1927 baut das Werk wieder nur noch Lastwagen, bis es 1930 von Büssing übernommen wird.

8/40 PS Komnick Tourenwagen 1925

8/40 PS Kühn
Droschken-Landaulet
1928/29

Kühn (1928–1929)

Die Karosseriefabrik Otto Kühn (Halle/Saale) baute in der Hauptsache Sonderkarosserien für Opel, verkaufte aber vorübergehend auch einen Wagen eigener Marke, für den das etwas modifizierte Fahrgestell des Opel 8/40 PS Sechszylinders verwendet wurde.

Landgrebe (1921–1924)

In Dresden als Zwei- oder Viersitzer gebautes Dreiradfahrzeug, ähnlich dem Phänomobil.

Lauer (1922–1923)

Kleiner 5/15 PS Vierzylinder aus Leipzig.

Leichtauto (1924)

Die Leichtauto GmbH. (Berlin) stellte einen kleinen Zweisitzer mit selbsttragender Karosserie (kunstlederbespanntes Stahlrohrgestell) und Motorradmotor im Heck vor.

Leifa (1924–1925)

Wagen mit Zweitakt-Zweizylinder Albertus Rohölmotor (1,5 Liter, 18 PS). Erfolglos, weil nicht ausgereift.

Lesshaft (1925–1926)

Wieder ein kleiner Dreiradwagen aus Berlin mit Rinne-Zweitaktmotor.

Libelle (1920–1922)

4/10 PS Kleinauto aus der Kleinautofabrik GmbH., Sindelfingen.

Lindcar (1921–1925)

Der in Berlin gebaute Lindcar war gekennzeichnet durch eine Sperrholzkarosserie, 4/12 PS oder 5/15 PS Einbaumotoren verschiedener Herkunft und ein auf Wunsch lieferbares Soden-Getriebe.

5/15 PS Lindcar Kleinauto 1923

Lipsia (1922–1924)

Die Lipsia Automobilfabrik Leipzig stellte einen 6/20 PS-Wagen her, den es auch als 6/30 PS Sportwagen gab.

Loeb (1919–1920)

Die Loeb-Werke AG. (Berlin-Charlottenburg) boten nach dem Krieg vorübergehend nochmals die früheren LUC-Personenwagen an, bis sie von Dinos übernommen wurden.

Luwo (1922–1923)

Aus München stammendes Kleinauto mit 4/12 PS Steudel-Motor.

MAF (bis 1923)

Die einst von Hugo Ruppe gegründete Markranstädter Automobilfabrik (MAF) baute zu Beginn der zwanziger Jahre die 5/14, 6/18 und 8/25 PS Vorkriegstypen weiter, außerdem in kleiner Zahl den neuen großen 14/35 PS MAF. Seit 1921 die MAF-Werke von Apollo übernommen wurden, wurde dort hauptsächlich der 4/20 PS Apollo-Kleinwagen gebaut, doch erst 1923 gab man die Herstellung der MAF-Wagen auf.

Magnet (bis 1925)

Die Magnet-Motorenwerke (Berlin) setzten die schon vor dem Ersten Weltkrieg begonnene Fertigung von Kleinautos bis 1926 fort. Letztes Modell war ein Kleinauto mit 800 ccm Vierzylindermotor.

Maja (1923–1924)

In München gebaute Motorbiene mit 500 ccm BMW Zweizylinder-Boxermotor.

Martinette (1921)

Der spätere Oberingenieur F. A. E. Martin konstruierte einen kleinen sportlichen Wagen mit Zweizylinder-Zweitaktmotor. Martinette erregte, weil wie ein Zebra lackiert, Aufsehen bei der Automobil-Ausstellung in Berlin. Fast 100 Wagen wurden von den Volta-Werken (Berlin-Waidmannslust) gebaut und vorwiegend in nordische Länder verkauft.

Maurer (1923–1924)

Ludwig Maurer in Nürnberg, vor dem Ersten Weltkrieg als Automobilfabrikant bekannt geworden, versuchte erfolglos mit einem Zweitakt-Kleinwagen einen neuen Start.

Mayrette (1921–1924)

Karl Mayr (München) baute Ein- und Zweisitzer-Wägelchen mit BMW- und Jap-Motoren.

Mikromobil (1922–1924)

Aus Hamburg stammender Kleinwagen mit 4/18 PS Vierzylinder-Zweitaktmotor.

Minimus (1922–1923)

Das Minimus-Fahrzeugwerk GmbH., Pasing bei München, baute den Minimus Typ Eropa (nicht Europa) als Zwei- oder Dreisitzer mit 4/12 PS Vierzylindermotor.

5/20 PS Möckwagen
Viersitzer offen
1924

Möckwagen (1924)

Ein recht ansehnliches Automobil von dennoch nur kurzer Produktionsdauer war der 5/20 PS Möckwagen der Fahrzeugfabrik Gebr. Möck, Tübingen.

Mölkamp (1923–1926)

Die ehemaligen Priamus-Werke (Köln-Zollstock) wurden Anfang 1923 von der Möllenkamp-Werke AG. für Fahrzeugbau (Sitz Düsseldorf) übernommen. Man führte zunächst die Priamus 8/24 und 9/30 PS Vierzylinder zu Ende, die aber bald vom 10/50 PS Mölkamp abgelöst wurden. Dieser war ein mittelgroßer sportlicher Luxuswagen mit Sechszylinder-Königswellenmotor. Das Auto war anerkanntermaßen gut, fand aber wegen seines hohen Preises zu wenige Käufer. Deshalb baute man ab 1. Oktober 1924 zusätzlich einen 6/30 PS Vierzylinder in Lizenz der damals wohlgeschätzten italienischen Marke Ceirano. Aber auch der war für seine Größe recht teuer und brachte nicht den erhofften Gewinn. Im Februar 1926 waren die Möllenkamp-Werke pleite.

6/30 PS Mölkamp-Ceirano
Phaeton 4 Sitze
1924 – 1926

Moll (1922–1926)

Die Moll-Werke AG. (Chemnitz) waren ein vielseitiges und kapitalkräftiges Industrieunternehmen. Zwecks Aufnahme der Automobilproduktion errichtete die Gesellschaft ein komplettes neues Montagewerk in Ebersdorf und eine Karosseriefabrik in Oberlichtenau. Der Moll-Wagen wurde ab 1922 gebaut. Er besaß einen 6/30 PS und ab Frühjahr 1924 einen 8/40 PS Vierzylinder-OHV-Motor von Siemens & Halske. Es war ein leistungsfähiger, solider

6/30 PS Moll-Wagen
Stadt-Coupé 1924

200 ccm Mollmobil (Besitzer:
Auto- und Motorrad-Museum Bad Oeynhausen)

Gebrauchswagen ohne konstruktive Rafinessen. Dazu kam schon ab 1923 das Mollmobil, ein höchst primitives Wägelchen mit 4 Rädern, 200 ccm DKW-Motor und 2 Reitsitzen in Tandemanordnung. 1925 gerieten die Moll-Werke in Konkurs, doch die Autoproduktion wurde von einer anderen Firma bis 1926 weitergeführt. Das zu den Moll-Werken gehörende Werk Scharfenstein hat Rasmussen übernommen.

Monos (1929)

Die Monos Fahrzeugfabrik GmbH. (Berlin-Lichtenberg) zeigte auf der Leipziger Messe 1929 einen Tandem-Zweisitzer mit 3 Rädern und 200 ccm DKW-Motor an der rechten Außenseite. Konstrukteur war Fritz Görke, von dem auch das Mollmobil stammte.

Mops (1925)

Kleiner Dreiradwagen aus Mannheim. 350 ccm-Motor und Antriebsrad hinten.

Morgan (1924–1925)

Die Morgan-Auto AG. (Berlin) bot einen Dreispur-Vierradwagen an. Sein Vorderrad war lenkbar, das Hinterrad von einem wassergekühlten 2/12 PS 500 ccm Zweizylinder-Boxermotor im Heck unmittelbar angetrieben. Außerdem besaß der Morgan zwei gleich große seitliche Stützräder. Im Prinzip handelte es sich also um ein Motorrad mit Karosserie. Die logische Konsequenz dieser Bauart führte zum Mauser Einspurauto, das im Gegensatz zum bald wieder vergessenen Morgan-Wagen eine bis heute fortdauernde Berühmtheit erlangte. Mit der bekannten englischen Sportwagenmarke stand die Berliner Morgan-Auto AG. anscheinend in keinem Zusammenhang.

Morgan Dreispur-Vierradwagen Zweisitzer offen 1924 – 1925

Nafa (1923)

»Das neue Kleinauto« der Norddeutschen Automobilfabrik AG., Hamburg.

Neander (1934–1939)

Neander Fahrmaschine mit 500 ccm Norton-Motor über der Vorderachse Versuchswagen 1935 (Besitzer: Auto-Museum Schloß Langenburg)

Ernst Neumann-Neander (1871–1954), war von Haus aus Kunstmaler und Grafiker. Werbeplakate, die er für Automobilfabriken anfertigte, regten ihn dazu an, Karosserien zu entwerfen, was dann in der Zeit von 1910 bis 1923 seine Haupttätigkeit werden sollte. Anschließend begann er, in Düren Motorräder aus Leichtmetall herzustellen, aus denen schließlich das berühmte 500 ccm Opel Motorrad entstand. Ab 1928 beschäftigte sich N^2, wie ihn seine Freunde nannten, mit dem Bau von »Fahrmaschinen«. Das waren technisch und formal recht extravagante Drei- und Vierrad-Fahrzeuge, leicht gebaut und mit relativ starken Motoren ausgerüstet. Die Dreiräder funktionierten meistens als Kurvenleger. Von 1934 bis 1939 fertigte er in seinen Dürener Werkstätten laufend Einzelexemplare seiner Fahrmaschinen an, die freilich fast nur für Rennzwecke verwendbar waren und sonst lediglich von ein paar Enthusiasten gekauft wurden.

Neiman (1931)

Abram Neiman, der zweitweilig mit Neumann-Neander zusammengearbeitet hatte, brachte unter eigenem Namen ein sportliches Dreiradfahrzeug mit 600 ccm Triumph-Motor heraus. Während aber dieses keine Bedeutung erlangte, machte Neiman in den folgenden Jahren viel Geld mit der Entwicklung von Gummibandfederungen und von Lenkschlössern.

Nemalette (1923–1925)

Die Netzschkauer Maschinenfabrik baute einen Dreirad-Zweisitzer mit Einzel-Vorderrad und Antrieb auf die Hinterräder.

Nug (1921–1925)

Aus Herford kommendes Kleinauto mit 960 ccm Vierzylindermotor.

Omega (1921–1922)
Omikron (1922–1925)

Die Omega Kleinautobau GmbH. (Berlin-Charlottenburg), die ein 3/10 PS Vierzylinder-Modell herstellte, wurde 1922 in Omikron umbenannt. Gebaut wurden nun 4/12 bzw. 4/16 PS- und 5/20 PS-Wagen mit Steudel-Motoren.

Omnobil (1922)

Ein- und Zweisitzer-Elektro-Kleinstwagen der Deutschen Elektromobil- und Motorenwerke AG., Wasseralfingen. Es war vermutlich der Nachfolger des Kaha (siehe Seite 447).

Onnasch (1924)

Die Fahrzeugfabrik Traugott Onnasch (Köslin/Pommern) bot Dreirad-Zweisitzer mit Ein- oder Zweizylinder Bekamo-Motoren an, außerdem einen kleinen Zweisitzer mit 4 Rädern, der – war es Frechheit oder Größenwahn? – in den Inseraten groß als »Der deutsche Ford« bezeichnet wurde.

Otto (1923–1924)

Die Otto-Werke GmbH, München, bauten wenige Exemplare eines schweren 27/85 PS-Wagen.

Pawi (1921)

Kleine Firma in Berlin-Reinickendorf, die Motorräder und einen 1,6 Liter Vierzylinder-Wagen baute.

Peer Gynt (1925)

Ebenfalls aus Berlin stammte dieser Kleinstwagen mit Einzylinder-Zweitaktmotor.

Peter-Moritz (1921–1925)

Die zunächst in Eisenberg/Thüringen, dann ab 1923 in Naumburg/Saale ansässigen Autowerke Peter & Moritz AG. fertigten in der Hauptsache einen 5/15 PS Touren- und einen 5/20 PS Sportwagen.

Pilot (1923–1928)

Die Pilot-Wagen AG. (Bannewitz, Bez. Dresden) baut einen 1,5 Liter-Vierzylinder-Wagen. Die Karosserien hierfür liefert die Sächsische Waggonfabrik Werdau AG., welche 1924 die Aktienmehrheit der Pilot-Wagen AG. übernimmt. Monatsproduktion angeblich 50 Wagen. Kaum zu glauben.

Pluto (1924–1927)

Siehe Ehrhardt (Seite 440).

Priamus (bis 1923)

Die Priamus-Werke (Köln-Zollstock) nahmen nach dem Ersten Weltkrieg die Produktion ihres früheren 8/24 PS-Wagens wieder auf und nahmen 1920 einen 9/30 PS dazu. Vorbereitet wurde ferner ein anspruchsvoller 10/50 PS Sechszylinder, der im Frühjahr 1923, nach Übernahme der Priamus- durch die Möllenkamp-Werke, bereits unter dem neuen Markennamen Mölkamp (siehe Seite 451) erschien.

Remag (etwa 1924)

Die Firma Richter & Maak (Chemnitz) baute in wenigen Exemplaren einen Sportwagen mit 24 PS Einliter-Motor und Leichtmetallkarosserie.

4/20 PS Rhemag Sport-Zweisitzer 1924

Renfert (1924–1925)

Aus Beckum kam der Renfert, ein kleiner Wagen mit 780 ccm Zweizylinder-Zweitaktmotor.

Rex-Simplex (bis 1922)

Die Firma Hering & Richard baute vor dem Ersten Weltkrieg in Ronneburg/Thüringen Automobile der im In- und Ausland verbreitet gewesenen Marke Rex-Simplex. Ab 1921 gehörte das Werk als Elitewagen Aktiengesellschaft zum Elite-Konzern und baute etwa ein Jahr lang den vom Elite E 12/40 PS abgeleiteten Rex-Simplex B IV. Das war der letzte Rex-Simplex, den es gab. Bis 1929 wurden dann im Werk Ronneburg die Lastwagen der Marke Elite hergestellt.

Rhenag (1924–1926)

Die Rhenania Motorenfabrik AG. (Mannheim) baute einen recht ansprechenden Sportwagen mit 1,1 Liter OHV-Motor und zwei- oder viersitzigen Leichtmetallkarosserien.

Rikas (1922–1923)

6/14 PS Vierzylinder-Kleinwagen aus Berlin.

Roland (1926)

4/14 PS Zweisitzer der Firma Bertling (Dessau).

Rollfix (1933)

Die Rollfix-Eilwagen GmbH. (Wandsbek bei Hamburg), 1926 zur Herstellung von Dreirad-Lieferwagen gegründet, brachte zur Berliner Automobil-Ausstellung 1933 einen geschlossenen Dreirad-Zweisitzer heraus: Vorderräder gelenkt, 1 Antriebsrad hinten, luftgekühlter 200 ccm Einzylinder-Ilo-Zweitaktmotor. Gegen den Goliath Pionier und den Framo Stromer hatte er keine Chance.

Rüttger (1920–1921)

Die Carl Rüttger Motorpflug- und Automobilwerke (Berlin-Hohenschönhausen) baute Traktoren, wollte aber auch die Herstellung eines 10 PS-Wagens aufnehmen. Nur Versuchswagen gebaut.

RWN (1925–1933)

Die Fahrzeugfabrik Rudolf Weide, Nordhausen am Harz, baute in kleiner Auflage Dreirad-Zweisitzer. 200, 350 oder 500 ccm-Motor im Wagenkasten vor dem Fahrer, Einzel-Vorderrad in Motorradgabel vor dem Wagenkasten, Kettenantrieb auf Hinterachse.

Sablatnig-Beuchelt (1925–1926)

Beuchelt & Co. (Grünberg) war eine Waggonfabrik, die sich vorübergehend auch mit der Herstellung eines 6/30 PS Personenwagens beschäftigte.

Sauer (1921–1922)

10/30 PS-Wagen der Sauer Motoren-Werke GmbH., Hamburg.

S. B. (1921–1924)

Siehe Slaby-Behringer (Seite 457).

Schebera (1922–1926)

Jacob Schapiro, in den Inflationsjahren als Berliner Generalvertreter von Benz und Protos zeitweise zum größten Autohändler Deutschlands geworden, gelang es durch Börsenspekulationen die Schebera Karosseriewerke, NSU, Cyklon und später auch Dixi, dazu mehrere Droschken- und Zubehörfirmen in seinen Besitz zu bringen. Außerdem besaß er zeitweise

5/20 PS Schebera
Viersitzer offen
1925

viel Einfluß bei Benz, Protos und Hansa. Von 1922 bis 1926 gab es das Schebera Kleinauto, zunächst als 5/18 PS-Modell, dessen Motor und Fahrgestell bei Cyklon hergestellt wurden, zuletzt als 5/25 PS mit Fahrgestell und Motor des entsprechenden NSU-Wagens. Die NSU Fahrzeugwerke AG. mußten 1926 die Schebera Automobilwerke übernehmen, was erstere bald in finanzielle Schwierigkeiten brachte. Das Schebera Kleinauto, das sich trotz riesiger Werbung nicht gut verkaufte, lief mit über 1000 Stück hauptsächlich in Schapiros Berliner Droschkenunternehmung Kandelhardt AG. (Wenn ein Automobiltyp in großer Zahl als Droschke oder Taxi verwendet wurde, so war das im Gegensatz zu heute damals nicht unbedingt als Gütebeweis zu werten. Vor 1933 ließen nämlich Autofirmen zuweilen Droschkenunternehmen entstehen, deren Zweck es war, unverkäufliche Personenwagen serienweise unterzubringen. Ein langes Überleben war den beteiligten Firmen freilich nur selten beschieden.)

Schönnagel (1924)

Automobil- und Motoren-Versuchs-Werkstätten Ing. H. Schönnagel, Berlin O 112, propagieren 5/15 PS Schönnagel Kleinauto als widerstandsfähigen Stadt- und Tourenwagen.

Schütte-Lanz (1922–1924)

Die Schütte-Lanz-Werke AG. (Königswusterhausen-Zeesen), die sich vordem mit ihren Luftschiffen einen Namen gemacht hatten, bauten eine Zeitlang auch einen 4/14 PS Personenwagen, sorgfältig ausgeführt, aber ohne konstruktive Besonderheiten.

Schuricht (1921–1925)

Siehe B. A. W. (Seite 434).

Seidel-Arop (1925–1926)

Die Arop-Gesellschaft (Berlin-Charlottenburg) baute nach einem Entwurf des Konstrukteurs Seidel einen 1,5 Liter-Wagen ohne Rahmen und mit einzeln an der Stahlblechwanne der Karosserie aufgehängten Rädern. Nur Prototypen.

S. H. W. (1925–1926)

S.H.W.
Versuchswagen
1925 – 1926

Die Schwäbische Hüttenwerke AG. (Böblingen) laborierten jahrelang an der Entwicklung eines von dem späteren Professor W. Kamm entworfenen Wagens mit Zweizylinder-Boxermotor (1030 ccm, 20 PS), Vorderradantrieb, selbsttragender Leichtmetallkarosserie und Schraubenfederung der einzeln aufgehängten Räder. Nur drei Versuchswagen wurden gebaut, die automobilhistorisch hauptsächlich deshalb bemerkenswert sind, weil sich BMW an deren Entwicklung beteiligte in der Absicht, diesen Wagen serienmäßig zu bauen. Durch die Übernahme der Dixi-Werke war der SHW-Wagen für BMW gestorben. Gewiß sehr zum Wohl von BMW.

Slaby-Behringer (1921–1924)

Dr. Rudolf Slaby (Sohn von Professor Slaby, dem Mitbegründer von Telefunken) und Ingenieur Behringer betrieben in Berlin-Spandau die Herstellung kleiner Motorfahrzeuge. Ihr winziger Elektro-Einsitzer, ein Vierrad-Wägelchen mit 0,25 PS-Motor, galt seinerzeit als kleinstes deutsches Auto. Es besaß eine rahmenlose selbsttragende Sperrholzkarosserie, bei deren Entwurf Dr. Slaby Erfahrungen aus dem Flugzeugbau des Ersten Weltkriegs verwertet hatte. Später gab es den SB-Wagen auch als Zweisitzer mit 3 PS DKW-Einbaumotor. 1924 geriet die SB-Automobil-GmbH. in Konkurs. J. S. Rasmussen übernahm den kleinen Betrieb und machte ihn zur Berliner Filiale seiner Zschopauer Motorenwerke (DKW).

SB-Wagen als Zweisitzer mit 3 PS DKW-Motor

Stand auf der Berliner Automobil-Ausstellung

Solomobil (1921–1922)

Die Kraftwagenfabrik Solomobil GmbH. (Berlin) baute 4/10 PS Dreirad- und 6/12 PS Vierrad-Wagen, beide mit luftgekühlten Motoren.

Sphinx (1920–1925)

Die Sphinx Automobilwerke (Zwickau/Sachsen) fertigten 4/16 PS- und 5/22 PS-Wagen.

Spinell (1924–1925)

Die Spinell Motorfahrzeuge GmbH. (Berlin-Dahlem) baute kleine Sport-Zweisitzer mit Leichtmetallkarosserie und 3/12 bzw. 4/18 PS Kühne- oder 5/20 PS Motosacoche-Motor.

Staiger (1923–1924)

Die Firma Paul Staiger, schon damals wie auch heute noch größter Opel-Händler in Stuttgart, verkaufte in den zwanziger Jahren aus eigener Fabrikation Fahrräder und zeitweise auch ein eigenes Automobil, den 4/12 PS Staiger Sport-Zweisitzer.

4/12 PS Staiger
Sport-Zweisitzer
1923 – 1924

Stolle (1925–1926)

Oberingenieur Martin Stolle, jetzt 90 Jahre alt, begann seine Laufbahn bei der damals sehr angesehenen belgischen Automarke Metallurgique. Zwischen den beiden Weltkriegen gehörte Stolle dank seiner Tätigkeiten bei BMW, Victoria und D-Rad zu den prominentesten Konstrukteuren der deutschen Motorradindustrie. In den frühen zwanziger Jahren entwikkelte er aber auch ein eigenes Automobil, das in den konstruktiven Grundzügen und Einzelheiten seiner Zeit vorauseilte, qualitativ außergewöhnliche Ansprüche erfüllte, aber auch dementsprechend teuer ausfiel. Der 6/40 PS-Wagen mit 1,5 Liter Vierzylinder-Königswellenmotor war auffallend niedrig und breit, weshalb er sich durch eine für damalige Begriffe hervorragende Straßenlage auszeichnete. Zunächst erwogen die Horch-Werke den Lizenzbau des Stolle-Wagens. Nachdem diese Absicht nicht mehr bestand, finanzierte im Juni 1924 der Kaufmann Hermann Vorster, ein Neffe von Hugo Stinnes, die Vorster & Stolle Motoren-AG. Eine neue Fabrik samt einer um diese herumführenden 800-Meter-Einfahrbahn wurde am stadtäußeren Teil der Münchener Leopoldstraße errichtet und ab März 1925 betrieben. Die Produktion des Stolle-Wagens begann, doch nur etwa 15 Exemplare kamen auf die Straße. Der Stinnes-Neffe hatte sich offenbar zuviel zugetraut, denn Ende Januar 1926 wurde der Konkurs eröffnet. Martin Stolle hatte übrigens für sein exquisites Auto auch einen 1,5 Liter Schiebermotor vorbereitet, dessen Fabrikation im Frühjahr 1926 beginnen sollte.

6/40 PS Stolle
Tourenwagen
1925

Sun (1920–1924)

Henri Jeannin, vor dem Ersten Weltkrieg ein bekannter Mann in der Automobilwelt, baute anfangs der zwanziger Jahre in Berlin-Charlottenburg kleine Zweisitzer mit luftgekühltem Zweizylindermotor. Das hat ihm wahrscheinlich mehr Geld gekostet als eingebracht.

Szawe (1920–1924)

Die Karosseriefabrik Szabo & Wechselmann (Berlin-Wilmersdorf), die sich auf ausgesprochen luxuriöse Aufbauten spezialisiert hatte, brachte zur Berliner Automobil-Ausstellung

1921 ihr erstes komplettes Automobil heraus, dem die Fachwelt damals viel Aufmerksamkeit widmete. Das in mancher Hinsicht ungewöhnliche Fahrgestell hatte die Firma von Dr.-Ing. Georg Bergmann konstruieren lassen. Die Karosserien in Bootsform mit parabolisch gewölbten Seitenwänden beruhten auf Entwürfen des Kunstmalers und Hobby-Technikers Ernst Neumann-Neander. Gebaut wurden ein 10/38 PS Vierzylinder- und ein 10/50 PS Sechszylinder-Typ, die aber nur mäßigen Absatz fanden. (Motor und Fahrgestell des Vierzylinders wurden von der NAG, des Sechszylinders von Ehrhardt bezogen.) Ende 1923 fusionierte Szawe mit den Ehrhardt-Automobil-Werken, doch der dann angebotene Ehrhardt-Szawe fand ebenfalls wenig Anklang auf dem Markt. 1924 ging Szabo & Wechselmann in Konkurs.

10/38 PS Szawe Tourenwagen 1922. Abgebildet ist hier der vermutlich letzte noch existierende Szawe. Er wurde in mehrjähriger Arbeit wiederhergestellt. In Dänemarks Tekniske Museum, Helsingor, betrachten ihn die Besucher mit Bewunderung und Erstaunen. Seine exquisite Note erhält dieser Szawe durch die bootsförmige Holzkarosserie, entworfen von Ernst Neumann-Neander.

Tamag (1933)

Tamag Zepp hieß ein Dreirad-Zweisitzer mit 200 ccm Einzylinder-Zweitaktmotor, Einzelrad hinten und Vorderradantrieb. Keine Serie.

Tamm (1922)

Kleinstwagen mit luftgekühltem Zweizylindermotor.

Teco (1924–1925)

Die Teco-Werke (Stettin) stellten Motorräder sowie mit 5/30 PS Selve Vierzylinder-OHV-Motoren ausgerüstete Personenwagen her.

Tempo (ab 1933)

Das Tempo-Werk Vidal & Sohn (Hamburg-Harburg) beschäftigte sich seit 1928 mit dem Bau von Lieferdreirädern. Als nach den Vorderladern 1933 der erste Hinterlader erschien, gab es dieses Dreirad auch mit Personen-Aufbau. Ähnliche Ausführungen hat es von da an immer im Verkaufsprogramm des Tempo-Werks gegeben, doch hatten speziell diese Kombiwagen, wie sie damals genannt wurden, niemals viel Bedeutung und sie behielten auch stets mehr den Charakter eines Liefer- als eines Personenwagens.

200 ccm Tempo Front Cabrio-Limousine 2 Sitze 1934

200 oder 400 ccm Tempo Kombinationswagen 1938

Theis (1933)

Dipl.-Ing. Karl Theis (Berlin-Charlottenburg) stellte Stromlinien-Coupé mit 3 Rädern, Vorderradantrieb und 200 ccm 6 PS-Motor vor. Keine Serienproduktion.

Tornax (1934–1936)

Die Firma Tornax (Wuppertal-Langerfeld), damals und bis in die fünziger Jahre hinein als mittelgroßer Hersteller guter Motorräder bekannt, brachte 1934 einen kleinen Sportwagen auf den Markt. Er besaß einen etwas frisierten Zweitaktmotor der DKW Meisterklasse, dazu deren Radaufhängungen, Lenkung und Bremsen. Wichtigste abweichende Merkmale waren der Zentralrohrrahmen, die wesentlich breitere Spur und eine sehr sportlich aussehende Karosserie. Der Tornax lief relativ schnell, er verfügte über eine hervorragende Straßen- und vor allem Kurvenlage. Der Verkauf hatte sich 1934 recht gut angelassen, fiel dann aber sehr ab. Offenbar war der Bedarf für ein Auto dieser Art rasch gedeckt. Außerdem brachte die Auto Union den DKW Front Luxus Sport heraus, ebenfalls hübsch anzusehen und zunächst auch wesentlich billiger. Dieser erreichte aber auch keine interessanten Stückzahlen und verschwand deshalb bald wieder aus dem Programm. 1936 wurde die Lieferung des Tornax-Rex eingestellt. Etwa 150 Wagen sind gebaut worden.

Tornax Rex
Sportwagen 760 ccm
1934 – 1936

Traeger (1923)

Kleinwagen mit 5/18 PS Vierzylindermotor.

Trippel (ab 1934)

Ingenieur Hanns Trippel stellt 1934 seinen ersten Schwimmwagen vor. Ab 1937 baut er in Einzelfertigung die Typen SG 6 und SK 9. 1940 kann er im Zuge der Besetzung Frankreichs das Bugatti-Werk (Molsheim) übernehmen, wo er in Serie Schwimmwagen für die Wehrmacht baut. Trippel ist heute noch auf diesem seinem Spezialgebiet tätig.

Trippel Schwimmwagen Typ SG 6 1937 – 1940

Turbo (1923–1924)

Die Turbo-Motoren AG. (Stuttgart) baute 6/25 PS- und 8/32 PS-Wagen.

Utilitas (1920–1921)

Die Utilitas GmbH. (Berlin W 15) bot zunächst Kleinstwagen mit Ein- und Zweizylindermotoren an, dann einen Tandem-Zweisitzer mit 4/10 PS Vierzylindermotor und einen Viersitzer mit 4/14 PS Vierzylindermotor. Die Verbreitung der Marke blieb gering.

Voran (1926–1934)

Die Voran-Automobilbau AG. (Berlin-Wilmersdorf) wurde 1926 von Oberingenieur Richard Bussien gegründet. Die Gesellschaft befaßte sich mit der Entwicklung und Verwertung von Patenten über Automobile mit Frontantrieb. Von 1926 bis 1928 bot sie den Voran-Wagen mit Frontantrieb und 5/25 PS oder 6/30 PS Pluto-Motor an, konnte ihn aber, wenn überhaupt, nur in ganz wenigen Exemplaren verkaufen. 1930 wurde der Voran-Automobilbau von der AEG übernommen und der NAG angegliedert. In Zusammenarbeit mit Bussien konstruierte dort Paul Henze den großen NAG-Voran V8, dessen Weiterentwicklung aber wegen voraussehbarer Unverkäuflichkeit abgebrochen wurde, und den NAG-Voran mit luftgekühltem 1,5 Liter-Boxermotor, der sich als Fehlschlag erwies und der ohnehin notleidend gewordenen Marke NAG ein Ende bereitete.

Walmobil (1919–1921)

Das »Walmobil System Loebel-Landgrebe«, hergestellt in Leipzig, war ein Einsitzer-Dreirad, dessen Zweizylindermotor frei über dem Vorderrad lag.

Wegmann (1925)

Zur Berliner Automobil-Ausstellung 1925 brachte die Waggonfabrik Wegmann & Co., Kassel, einen offenen Zwei- bis Dreisitzer mit folgenden Daten heraus: Wassergekühlter 4/20 PS Zweizylinder-Boxermotor im Heck, Kardanantrieb, stromlinienförmige Holzkarosserie mit Kunstlederbespannung. Soweit bekannt, erfolgte keine Produktion.

Weide (1925–1933)

Siehe RWN (Seite 455).

Weise (1932)

Weise & Co. (Berlin NO) baute Motorräder, Dreirad-Lieferwagen und in wenigen Exemplaren auch eine Viersitzer-Limousine auf 3 Rädern, 200 ccm Rinne Einzylindermotor frei über dem Vorderrad. Preis RM 1750,–

Wesnigk (1923–1925)

Abenteuerlich aussehendes Motor-Dreirad aus Berlin. BMW- oder Kühne-Einzylindermotor.

Wittekind (1922–1925)

Die Firma Wittekind (Berlin) stellte verschiedene Personenwagen-Typen von 4/12 PS bis 6/24 PS her. Technisch boten sie keine Besonderheiten, machten aber einen vertrauenerweckenden Eindruck.

4/12 PS Wittekind Dreisitzer offen 1922/23

York (1922)

Zweizylinder-Kleinstwagen aus Plauen.

Zetgelette (1923)

Einsitzer-Motordreirad aus Görlitz. 3 PS DKW-Zweitaktmotor freiliegend über Vorderrad.

Zündapp

Die 1917 von Geheimrat Dr.-Ing. h. c. Fritz Neumeyer gegründeten Zündapp-Werke (Nürnberg) erlangten vor allem als Motorradfabrik große Bedeutung. Zeitweise bauten sie aber auch Lieferwagen. Die Serienproduktion von Personenwagen wurde mehrmals erwogen, aber nie realisiert. 1924 plante Geheimrat Neumeyer, den englischen Rover-Kleinwagen in Lizenz zu bauen. 1931 ließ er von Ferdinand Porsche einen Wagen mit luftgekühltem Fünfzylinder-Sternmotor im Heck entwickeln. Automobilhistorisch interessiert dieser Prototyp als Volkswagen-Vorläufer. (Siehe Seite 380–383). Danach experimentierte man bei Zündapp noch mit einem 400 ccm Dreirad-Zweisitzer, mit einem ebenfalls zweisitzigen Vierrad-Kleinauto und sogar mit einem Zweiliter-Personenwagen.

Autos aus Österreich und Böhmen auf dem deutschen Markt

Austro-Daimler (bis 1934)

Direktor Eduard Fischer, Besitzer einer damals bereits 50 Jahre alten Maschinenbaufirma, gründete 1899 die Österreichische Daimler-Motoren-Gesellschaft in Wiener-Neustadt. Diese beschränkte sich zunächst auf den Zusammenbau von Daimler-Wagen, arbeitete aber bald auch nach eigenen Entwürfen. Von 1901 bis 1904 stand das Werk unter der technischen Leitung von Paul Daimler, dem Sohn des im Jahre 1900 verstorbenen Gottlieb Daimler. Eduard Fischer machte sein Werk, bis dahin ein Tochterunternehmen der Daimler-Motoren-Gesellschaft in Cannstatt, im Jahre 1906 selbständig. Wiewohl man noch eine Zeitlang an Daimler-Lizenzen gebunden blieb, strebte das Werk nun nach einem eigenständigen Dasein, nur noch dem Namen nach mit dem Cannstatter Stammhaus verbunden. Deshalb suchte der rührige und weitblickende Direktor Fischer für die technische Leitung seines Betriebes einen ideenreichen Mann, und er fand ihn in der Person des durch die Konstruktion des Lohner-Porsche-Wagens (mit Benzinmotor und elektrischem Radnabenantrieb) bereits bestens empfohlenen Ferdinand Porsche. Er nun verhalf der österreichischen Firma vor dem ersten Weltkrieg durch den berühmten Prinz-Heinrich-Wagen und während des Krieges durch leistungsfähige Flug- und Luftschiffmotoren zu hohem Ansehen. 1917 verlieh ihm die Wiener Technische Hochschule seinen ersten Ehrendoktor, im gleichen Jahr wurde er Generaldirektor des Werks, dessen Belegschaft inzwischen 7000 Mann zählte.

Nach Kriegsende sorgte Porsche für die rasche Wiederaufnahme der Produktion zweier Vierzylinder-Typen aus dem früheren Programm, wobei er die Fahrgestelle mit modernen, sehr sorgfältig ausgestatteten Karosserien versehen ließ und zur Prager Automobil-Ausstellung im Herbst 1920 als die neuen Daimler Luxuswagen vorstellte. Sie verkauften sich recht gut und somit war der Anschluß an die Friedensproduktion gesichert.

Austro-Daimler Typ AD 6-17 und Typ ADV (1921–1927)
Austro-Daimler Typ ADM (1923–1928)

Als erste Neukonstruktion nach dem Weltkrieg brachte Porsche den Austro-Daimler Typ AD 6-17 (Austro-Daimler 6 Zylinder 17 Steuer-PS) heraus, einen mächtigen 4,4 Liter-Wagen, der Austro-Daimler zur Prominenz der internationalen Spitzen- und Nobelmarken aufschließen ließ. In technischer Hinsicht bemerkenswert war daran vor allem der wunderschöne Königswellen-Motor mit Leichtmetallblock und eingepreßten Laufbüchsen, eine zwar gewichtsparende und leistungsfähige, aber auch recht teuere Bauart. 1923 folgte der Typ ADM II, konstruktiv und auch figürlich mit dem größeren Modell weitgehend übereinstimmend, aber mit einem auf 2,6 Liter Hubraum reduzierten Sechszylinder-Motor zeitgemäßer ausgelegt. Äußeres Merkmal des Typs ADM II war der Übergang vom Spitz- zum Flachkühler. Übrigens ist die damalige Typenfolge bei Austro-Daimler ziemlich vernebelt, weil in den letzten Jahrzehnten zwar oft, aber meistens falsch darüber berichtet wurde. Vor allem ist festzuhalten, daß von vornherein der Typ ADM II in Serie ging und diese Bezeichnung auch dann beibehielt, als man ein Jahr später den Motor von 70 auf 71 x 110 mm vergrößerte, während offensichtlich der ADM I mit 69 x 100-Motor und 3350 mm Radstand nie in Serie ging.

Diesbezügliche Zweifel mögen mit darin ihre Ursache haben, daß Porsche rastlos experimentierte und änderte. So gab es beispielsweise auch eine Ausführung des ADM mit 70,5 x 110 mm-Motor. Jedenfalls verschlangen die vielen Entwicklungen und dazu die Beteiligung an unzähligen Rennen einen Haufen Geld. Dies führte zu Auseinandersetzungen mit Camillo Castiglioni, dem Inhaber der Depositenbank sowie maßgebendem Aufsichtsrat und Finanzier der Firma Austro-Daimler. Porsche mußte ausscheiden und ging am 1. März 1923 als technischer Direktor zu Daimler nach Stuttgart-Untertürkheim, wo er, wie 18 Jahre vorher in Wiener-Neustadt, die Nachfolge von Paul Daimler antrat.

Aber Karl Rabe (1895–1968) blieb bei Austro-Daimler, wo er seit 1912 unter Porsche tätig und von diesem inzwischen zum Chefkonstrukteur gemacht worden war. Rabe modernisierte zunächst den AD 6-17, indem er ihn mit Vierradbremse ausrüstete, aber den Spitzkühler hier beibehielt. Die neue Typenbezeichnung hieß ADV (AD Vierradbremse). Dann entwickelte er aus dem ADM einen 3 Liter-Sportwagen, der wiederum die Basis für den hauptsächlich durch Stuck berühmt gewordenen Rennwagen ADM-R abgab.

Austro-Daimler Typ ADR (1927–1934)

Mit dem leistungsmäßig reduzierten 3 Liter-Motor des Sportwagens erschien als Sensation des Modelljahres 1927 der Austro-Daimler ADR (AD Rohrrahmen) mit Zentralrohrrahmen und Pendel-Hinterachse. Vorzüge dieser Bauart waren die Gewichtseinsparung sowie die Möglichkeit, die Karosserie recht tief zu legen. Andererseits fehlte es der aus Kastenträgern bestehenden Vordergabel, die den Motor-Getriebe-Block aufnahm, an Verwindungsfestigkeit, was zu Spannungen im Kurbelgehäuse führte sowie das Fahr- und Lenkverhalten beeinträchtigte. Nur weil kaum jemand die Leistung dieser schweren Wagen auch nur annähernd ausnützte, wurden solche Mängel nicht allzu offenkundig. Rabe entwickelte aus dem ADR das wohl edelste Modell, das es bei Austro-Daimler je gegeben hat, den Bergmeister mit 3,6 Liter Sechszylinder-Motor. Ihn versah die zum gleichen Konzern gehörende Oeffag mit Karosserien, die zum Teil durch eine hinreißend elegante Linienführung bestachen.

Letzter Austro-Daimler und Krönung des Programms war der ADR-8, vorgestellt und sehr bewundert auf dem Pariser Salon im Oktober 1930. Mit seinem 4,6 Liter Reihen-Achtzylinder war dieses Superauto noch teurer, noch repräsentativer als die Sechszylinder, bewahrte aber ebenfalls durchaus noch den sportlichen Charakter, den man von einem Wagen dieser Marke erwartete.

Nach Fertigstellung des ADR–8 verließ Karl Rabe das Werk. Im Dezember 1930 holte ihn Porsche als Chefkonstrukteur in sein neugegründetes Stuttgarter Konstruktionsbüro. Die gleiche Stellung hatte Karl Rabe auch später bei der Porsche KG. bis 1965 inne. – Die großen Luxuswagen freilich, auf die Austro-Daimler durch Porsche und Rabe festgelegt war, hatten in der Krisenzeit zu Anfang der dreißiger Jahre nur sehr geringe Chancen. So mußte sich Austro-Daimler mit den Puch-Werken, die Motorräder herstellten, zu einer Arbeitsgemeinschaft verbinden und bald darauf ein ähnliches Arrangement mit Steyr eingehen, woraus schließlich im Jahre 1934 die Steyr-Daimler-Puch AG. als damals größter Industriekonzern Österreichs entstand. Die Fertigstellung der letzten Austro-Daimler-Wagen erfolgte von da an nicht mehr in Wiener-Neustadt, sondern in Steyr, um bald ganz aufgegeben zu werden.

Produktion

Austro-Daimler ADM (alle Ausführungen)	1923 – 1928	schätzungsweise etwa 500 Wagen
Austro-Daimler ADR 12/70 PS	1927 – 1931	schätzungsweise etwa 800 Wagen
Austro-Daimler ADR-Sport 12/100 PS	1929 – 1931	schätzungsweise etwa 50 Wagen
Austro-Daimler ADR-Bergmeister 14/120 PS	1932 – 1934	schätzungsweise etwa 50 Wagen
Austro-Daimler ADR-8 18/100 PS	1931 – 1934	schätzungsweise etwa 50 Wagen

Daimler Luxuswagen
15/35 PS Phaeton
1920 – 1922

Austro-Daimler AD 6–17
Sportwagen 4 Sitze
Karosserie Köllensperger
1923 – 1924

Austro-Daimler ADV
Landaulet
1924 – 1927

Austro-Daimler ADM 3 Liter
Sportwagen 4 Sitze
1926 – 1928

AUSTRO DAIMLER

<table>
<tr><th></th><th>Daimler Luxuswagen
6/25 PS
1920 – 1922</th><th>Daimler Luxuswagen
15/35 PS
1920 – 1922</th></tr>
<tr><td>Zylinderzahl</td><td>4 (Reihe)</td><td>4 (Reihe)</td></tr>
<tr><td>Bohrung x Hub</td><td>80 x 100 mm</td><td>90 x 140 mm</td></tr>
<tr><td>Hubraum</td><td>2250 ccm</td><td>3300 ccm</td></tr>
<tr><td>Leistung</td><td>25 PS</td><td>35 PS</td></tr>
<tr><td>Ventile</td><td colspan="2">Seitlich stehend</td></tr>
<tr><td>Kupplung</td><td colspan="2">Lamellenkupplung</td></tr>
<tr><td>Getriebe</td><td colspan="2">4 Gang, Schalthebel rechts außen</td></tr>
<tr><td>Vorderradaufhängung</td><td colspan="2">Starr, Halbfedern</td></tr>
<tr><td>Hinterradaufhängung</td><td colspan="2">Starr, Halbfedern</td></tr>
<tr><td>Lenkung</td><td colspan="2">Spindel, rechts</td></tr>
<tr><td>Fußbremse</td><td colspan="2">Mechanisch, Antriebswelle</td></tr>
<tr><td>Handbremse</td><td colspan="2">Mechanisch, Hinterräder</td></tr>
<tr><td>Radstand</td><td>2800 mm</td><td>3110 mm</td></tr>
<tr><td>Spur</td><td>1280 mm</td><td>1360 mm</td></tr>
<tr><td>Gesamtlänge</td><td>3884 mm</td><td>4275 mm</td></tr>
<tr><td>Räder</td><td>Drahtspeichen</td><td>Drahtspeichen</td></tr>
<tr><td>Reifen</td><td>815 x 105</td><td>820 x 120</td></tr>
<tr><td>Fahrgestellgewicht</td><td>650 kg</td><td>900 kg</td></tr>
<tr><td>Höchstgeschwindigkeit</td><td>75 km/h</td><td>80 km/h</td></tr>
<tr><td>Verbrauch/100 km</td><td>10 Liter</td><td>12 Liter</td></tr>
<tr><td>Kraftstofftank</td><td>50 Liter (am Heck</td><td>80 Liter (am Heck)</td></tr>
</table>

<table>
<tr><th></th><th>Austro-Daimler AD 6–17
17/60 PS
1921 – 1924</th><th>Austro-Daimler ADV
17/60 PS
1924 – 1927</th></tr>
<tr><td>Zylinderzahl</td><td colspan="2">6 (Reihe)</td></tr>
<tr><td>Bohrung x Hub</td><td colspan="2">85 x 130 mm</td></tr>
<tr><td>Hubraum</td><td colspan="2">4424 ccm</td></tr>
<tr><td>Leistung</td><td colspan="2">60 PS bei 2000 U/min</td></tr>
<tr><td>Verdichtung</td><td colspan="2">1:3,7</td></tr>
<tr><td>Vergaser</td><td colspan="2">1 oder 2 Zenith HK 36</td></tr>
<tr><td>Ventile</td><td colspan="2">Hängend, obenliegende Nockenwelle, Antrieb durch Königswelle</td></tr>
<tr><td>Kurbelwellenlager</td><td colspan="2">4</td></tr>
<tr><td></td><td colspan="2">Auswechselbare Laufbüchsen</td></tr>
<tr><td>Kupplung</td><td colspan="2">Merhscheibentrockenkupplung</td></tr>
<tr><td>Getriebe</td><td colspan="2">4 Gang, Schalthebel Wagenmitte</td></tr>
<tr><td>Übersetzungen</td><td colspan="2">I. 5,00, II. 2,78, III. 1,67, IV. 1,00</td></tr>
<tr><td>Antriebs-Übersetzung</td><td colspan="2">3,79</td></tr>
<tr><td>Vorderradaufhängung</td><td colspan="2">Starr, Halbfeder</td></tr>
<tr><td>Hinterradaufhängung</td><td colspan="2">Starr, Ausleger-Halbfedern</td></tr>
<tr><td>Lenkung</td><td colspan="2">Schraubenspindel, rechts</td></tr>
<tr><td>Fußbremse</td><td>Mechanisch, Antriebswelle und Hinterräder</td><td>Mechanisch, Antriebswelle und 4 Räder</td></tr>
<tr><td>Handbremse</td><td>Mechanisch, Hinterräder</td><td>Mechanisch, Hinterräder</td></tr>
<tr><td>Radstand</td><td>3450 mm</td><td>3480 mm</td></tr>
<tr><td>Spur</td><td>1360/1360 mm</td><td>1360/1360 mm</td></tr>
<tr><td>Gesamtmaße</td><td></td><td>4700 x 1700 x ca. 2000 mm</td></tr>
<tr><td>Räder</td><td>Drahtspeichen</td><td>Drahtspeichen</td></tr>
<tr><td>Reifen</td><td>895 x 135 Hochdruck</td><td>895 x 135 Hochdruck</td></tr>
<tr><td>Fahrgestellgewicht</td><td>1240 kg</td><td>1425 kg</td></tr>
<tr><td>Wagengewicht</td><td>Tourenwagen 1800 kg</td><td>Tourenwagen 1970 kg, Limousine 2200 kg</td></tr>
<tr><td>Zuläss. Belastung</td><td></td><td>Limousine 575 kg</td></tr>
<tr><td>Höchstgeschwindigkeit</td><td>100 km/h</td><td>100 km/h</td></tr>
<tr><td>Verbrauch/100 km</td><td>18 Liter</td><td>18 Liter</td></tr>
<tr><td>Preise</td><td></td><td>Tourenwagen 6 Sitze RM 15600,–
Limousine 6 Sitze RM 19700,–</td></tr>
</table>

	Austro-Daimler ADM II 10/40 PS 1923 – 1924	Austro-Daimler ADM II 10/45 PS 1924 – 1927	Austro-Daimler ADM–3 Liter 12/100 PS 1926 – 1928
Motor			
Zylinderzahl	6 (Reihe)	6 (Reihe)	6 (Reihe)
Bohrung x Hub	70 x 110 mm	71 x 110 mm	76 x 110 mm
Hubraum	2540 ccm	2613 ccm	2994 ccm
Leistung	40 PS bei 2000 U/min	45 PS bei 2250 U/min	100 PS bei 3500 U/min.
Verdichtung		1:4,16	1:5
Vergaser	1 Pallas	1 Zenith HK 30	2 Zenith HK 42
Ventile	Hängend Obenliegende Nockenwelle Antrieb durch Königswelle	Hängend Obenliegende Nockenwelle Antrieb durch Königswelle	Hängend Obeliegende Nockenwelle Antrieb durch Königswelle
Kurbelwellenlager	3 Auswechselbare Laufbüchsen	3 Auswechselbare Laufbüchsen	3 Auswechselbare Laufbüchsen
Kühlung	Wasser (Pumpe)	Wasser (Pumpe)	Wasser (Pumpe)
Schmierung	Druckumlauf (Öl)	Druckumlauf (Öl)	Druckumlauf (Öl)
Zündung	Magnetzünder	Magnetzünder	Magnetzünder
Batterie	12 V (unter Bodenbrett)	12 V (unter Bodenbrett)	2 x 6 V
Lichtmaschine		80 W	100 W
Anlasser		0,6 oder 1,2 PS	1,2 PS
Kraftübertragung	Antrieb auf Hinterräder	Antrieb auf Hinterräder	Antrieb auf Hinterräder
Kupplung	Mehrscheibentrockenkupplung	Einscheibentrockenkupplung	Einscheibentrockenkupplung
Schaltung	Schalthebel Wagenmitte	Schalthebel Wagenmitte	Schalthebel Wagenmitte
Getriebe	4 Gang	4 Gang	4 Gang
Übersetzungen	I. 4,22 II. 2,91 III. 1,84 IV. 1,00	I. 4,34 II. 3,16 III. 1,64 IV. 1,00	I. 3,65 II. 2,68 III. 1,40 IV. 1,00
Antriebs-Übersetzung	4,50	4,92 oder 4,58	4,58
Fahrwerk		U-Profil-Preßstahl-Rahmen	
Vorderradaufhängung		Starr, Halbfedern	
Hinterradaufhängung		Starr, Ausleger-Halbfedern	
Lenkung		Schraubenspindel, rechts	
Fußbremse		Mechanisch, 4 Räder	
Handbremse		Mechanisch, Hinterräder	
Schmierung		Nippel	
Allgemeine Daten			
Radstand	3450 mm	3450 mm	3475 mm
Spur vorn/hinten	1350/1350 mm	1350/1350 mm	1425/1385 mm
Gesamtmaße		4620 x 1625 x 1680 mm	4532 x 1762 x 1300 mm (Höhe ohne Verdeck)
Räder	Drahtspeichen	Drahtspeichen	Drahtspeichen
Reifen	820 x 120 Hochdruck	820 x 120 Hochdruck oder 32 x 6,2 Niederdruck	820 x 120 Hochdruck oder 32 x 6,2 Niederdruck
Fahrgestellgewicht	1200 kg	1200 kg	1100 kg
Wagengewicht		Tourenwagen 1700 kg Limousine 1850 kg	Sport-Viersitzer 1400 kg
Zuläss. Belastung		ca. 500 kg	ca. 500 kg
Höchstgeschwindigkeit	100 km/h	100 km/h	130 km/h
Verbrauch/100 km	15 Liter	15 Liter	17 Liter
Kraftstofftank	100 Liter (am Heck)	100 Liter (am Heck)	100 Liter (am Heck)
Preise		Tourenwagen 6 Sitze RM 12 500,– Pullman-Limousine RM 15 500,– Cabriolet RM 18 500,–	Viersitzer-Sportwagen RM 23 000,–
			Abweichende Daten für Zweisitzer-Sportwagen: Radstand 2750 mm Gesamtlänge 3807 mm Hinten Halbfedern über Achse

Austro-Daimler ADR 12/70 PS 1927 – 1931	**Austro-Daimler ADR-Sport 12/100 PS 1929 – 1931**	**Austro-Daimler Bergmeister 14/120 PS 1932 – 1934**	**Austro-Daimler ADR 8 18/100 PS 1931 – 1934**
6 (Reihe)	6 (Reihe)	6 (Reihe)	8 (Reihe)
76 x 110 mm	76 x 110 mm	82 x 115 mm	80 x 115 mm
2994 (Steuer 2975) ccm	2994 (Steuer 2975) ccm	3614 (Steuer 3600) ccm	4624 ccm
70 PS bei 3000 U/min	100 PS bei 3500 U/min	120 PS bei 3600 U/min	100 PS bei 3000 U/min
1:5,8	1:7,25	1:7,25	1:5,8
2 Zenith HK 36	2 Zenith HK 42	2 Zenith HK 42	1 Doppelvergaser Stromberg
Hängend	Hängend	Hängend	Hängend
Obenliegende Nockenwelle	Obenliegende Nockenwelle	Obenliegende Nockenwelle	Obenliegende Nockenwelle
Antrieb durch Königswelle	Antrieb durch Königswelle	Antrieb durch Königswelle	Antrieb durch Rollenkette
3	3	3	9
Auswechselbare Laufbüchsen	Auswechselbare Laufbüchsen	Auswechselbare Laufbüchsen	Auswechselbare Laufbüchsen
Wasser (Pumpe)	Wasser (Pumpe)	Wasser (Pumpe)	Wasser (Pumpe)
Druckumlauf, 6 Liter Öl	Druckumlauf, 6 Liter Öl	Druckumlauf, 6 Liter Öl	Druckumlauf, 14 Liter Öl
Magnetzünder	Magnetzünder	Magnetzünder	Magnet und Batterie
12 V 72 Ah	12 V 72 Ah	12 V 72 Ah	12 V 80 Ah
90 W	100 W	100 W	100 W
1,2 PS	1,2 PS	1,2 PS	2 PS
Antrieb auf Hinterräder	Antrieb auf Hinterräder	Antrieb auf Hinterräder	Antrieb auf Hinterräder
Einscheibentrockenkupplung	Einscheibentrockenkupplung	Einscheibentrockenkupplung	Einscheibentrockenkupplung
Schalthebel Wagenmitte	Schalthebel Wagenmitte	Schalthebel Wagenmitte	Schalthebel Wagenmitte
4 Gang	4 Gang	4 Gang	4 Gang
I. 3,65	I. 3,65	I. 3,65	I. 2,94
II. 2,20	II. 2,20	II. 2,20	II. 2,08
III. 1,40 oder 1,66	III. 1,40	III. 1,40	III. 1,00
IV. 1,00	IV. 1,00	IV. 1,00	IV. 0,75
5,35	4,90 oder 4,58	4,58	5,35

Mittelrohr-Rahmen, vorn Kastenträger-Gabel
Starr, Halbfedern
Pendelachse, 1 Querfeder-Paket (kombiniert aus 3 halblangen Halbfedern) unter der Achse

Schraubenspindel, rechts	Schraubenspindel, rechts	Schraubenspindel, rechts	Schneckenrolle, links
Mechanisch, 4 Räder	Mechanisch, 4 Räder	Mechanisch, 4 Räder	Hydraulisch, 4 Räder
Mechanisch, Hinterräder	Mechanisch, Hinterräder	Mechanisch, Hinterräder	Mechanisch, Hinterräder
Nippel bzw. (ab 1929) Zentral	Zentral	Zentral	Zentral
3500 mm	3500 (oder 3200) mm	3500 (oder 3200) mm	3725 mm
1410/1470 mm	1410/1470 mm	1410/1470 mm	1410/1480 mm
5400 x 1800 x 1700 mm	5400 (5000) x 1800 x 1700 mm	5400 (5000) x 1800 x 1700 mm	5515 x 1810 x 1750 mm
Drahtspeichen	Drahtspeichen	Drahtspeichen	Drahtspeichen
32 x 6,20 oder 6,50–20	6,50–20	6,50–20	6,50 oder 7,00–20
1130 kg	1130 (1100) kg	1290 (1240) kg	1580 kg
Limousine 1550 kg		Cabriolet 1750 kg	Cabriolet 1900 kg
		Limousine 1900 kg	Limousine 2100 kg
650 kg		500 kg	
105 km/h	130 km/h	145 km/h	125 km/h
18 Liter	18 Liter	20 Liter	25 Liter
100 (auch 78) Liter (am Heck)	100 (auch 78) Liter (am Heck)	100 Liter (am Heck)	100 Liter (am Heck)
Tourenwagen 6 Sitze	Tourenwagen 4 Sitze	Tourenwagen 4 Sitze	RM 22000,– bis 24000,–
RM 13900,–	RM 18450,–	RM 19000,–	
Limousine 6 Sitze	Cabriolet 2 Fenster	Cabriolet 2 Fenster	
RM 15700,–	RM 20150,–	RM 20000,–	
Cabriolet 2 Fenster			
RM 16500,–			

Austro-Daimler ADR Bergmeister Sport-Phaeton 1932–1934

Austro-Daimler ADR Bergmeister Spezial-Cabriolet 1932 – 1934

Austro-Daimler ADR 8 Pullman-Limousine 1931 – 1934

Gräf & Stift (bis 1938)

Die drei Brüder Karl, Heinrich und Franz Gräf betrieben in Wien eine Fahrradfabrik. Versuchsweise bauten sie 1896/97 eine Voiturette. Sie blieb ein Einzelexemplar, war aber immerhin der erste Fronttriebwagen der Welt und steht heute noch betriebsbereit im Wiener Technischen Museum. Die Fabrikation von Motorwagen nahm die inzwischen Gräf & Stift genannte Firma im Jahr 1902 auf, zunächst für einen Auftraggeber und ab 1907 unter eigener Regie und Marke. Man konzentrierte sich bald auf größere Modelle von bester Ausführung und Qualität. Das österreichische Kaiserhaus fuhr fast nur Gräf & Stift-Wagen, was zur Folge hatte, daß schließlich der gesamte Adel sowie alle »feinen« und reichen Leute der damals so weitläufigen Donaumonarchie Wagen dieser Marke bevorzugten. Infolge des ersten Weltkriegs verlor sie freilich ihre einstige Bedeutung und spielte dann selbst innerhalb der eng gewordenen Grenzen des eigenen Landes nur mehr eine untergeordnete Rolle.

Im ersten Weltkrieg baute Gräf & Stift fast nur Lastwagen. Die Herstellung von Personenwagen konnte 1920 wieder aufgenommen werden, wobei man mit dem Typ SR 2 begann, einem mächtigen 7,7 Liter-Sechszylinder-Automobil, das man gern den österreichischen Rolls-Royce nannte, zumal er in konstruktiver Hinsicht tatsächlich auffallend genau mit dem Engländer übereinstimmte. (Ein Rolls-Royce, den der österreichische Generalstab während des Kriegs benützt hatte, war das Vorbild gewesen!) Naturgemäß gab es bald Ärger mit der engli-

Gräf & Stift Typentafel 1920 – 1938

Typ	Baujahr	Zylinder-zahl	Hubraum ccn	Leistung PS (bei U/min)	Bohrung x Hub mm	Ventile	Vorwärts-gänge	Radstand mm	Wagen-gewicht kg	max. km/h	Liter/ 100 km
VK 1	1920 – 1925	4	1877	20 (2000)	70 x 120	SV	4	2690	860	80	10
VK 2	1926 – 1930	4	1950	30 (2800)	72 x 120	OHV	4	2790	900	90	10
SR 2	1921 – 1924	6	7749	75 (1800)	115 x 125	SV	4				
SR 3	1924 – 1926	6	7749	90 (2000)	115 x 125	SV	4				
S 3	1925 – 1931	6	5959	80 (2500)	95 x 140	OHV	4	3695	2000	120	24
SR 4	1926 – 1928	6	7749	110 (2400)	115 x 125	OHV	4	3800	2000	110	
SP 5	1924 – 1933	6	3920	70 (2500)	80 x 130	OHC	4	3660	2150	100	20
SP 6	1934 – 1935	6	3920	85 (3200)	80 x 130	OHC	4	3660	2150	110	22
SP 7	1927 – 1929	6	7070	120 (2800)	100 x 150	OHC	4	3660	2200	125	24
SP 8	1930 – 1936	8	5923	125 (3000)	85 x 132	OHC	4	3760	2500	120	25
SP 9	1937 – 1938	8	5923	125 (3000)	85 x 132	OHC	4	3760	2500	130	25
G 35, G 36, G 8	1935 – 1938	8	4587	110 (3500)	78 x 120	SV	4	3500	2400	130	22
C 12 (Prototyp)	1938	V 12	4036	110 (3500)	97 x 95	SV	4	3520	2500	125	25
MF 6 (Citroën)	1934 – 1936	6	2650	56 (3200)	75 x 100	SV	3	3150	1530	100	15
Gräf-Ford V 8	1936 – 1937	V 8	3620	90 (3800)	78 x 96	SV	3	2850 od. 3150	1400	130	18

schen Firma, weshalb der große Gräf & Stift mehrfach abgewandelt und überarbeitet wurde. Dazu kam außerdem ein etwas kleinerer 6 Liter-Typ S 3. Aber selbst dieser kostete 1927 als Limousine in Deutschland noch stolze 28 000 Reichsmark, kaum weniger also wie ein Maybach 7 Liter und gleich viel wie ein 24/100/140 PS Mercedes-Kompressorwagen.

Im Hinblick auf die veränderte politische und wirtschaftliche Lage brachte Gräf & Stift 1920 auch einen Zweiliter-Mittelklassewagen heraus, dem aber ein durchschlagender Erfolg versagt blieb. So verlegte man sich eben doch wieder auf große, repräsentative Luxusautomobile. Es gab bei Gräf & Stift verschiedene sehr ansehnliche Sechszylinder-Modelle, vor allem aber ab 1930 den Typ SP 8, einen 6 Liter-Achtzylinder, der zu den Spitzenerzeugnissen des damaligen Automobilbaus gehörte. Daneben lieferte die Firma von 1935 bis 1938 einen etwas weniger aufwendigen 4,6 Liter-Achtzylinder, und andererseits wurde sogar ein Zwölfzylinder entwickelt, der allerdings nie zum regulären Verkauf kam.

Die Herstellung von Personenwagen eigener Konstruktion war mittlerweile für den Wiener Familienbetrieb kein lohnendes Geschäft mehr. Man versuchte es noch mit einer Montagefertigung, zunächst in Zusammenarbeit mit Citroën, dann mit den Kölner Ford-Werken. Da auch auf diese Weise die nötigen Stückzahlen nicht erreicht wurden, gab Gräf & Stift im Jahr 1938 den Bau von Personenwagen auf und widmete sich nur noch der Produktion von Nutzfahrzeugen. Nachdem kurz vor und während des zweiten Weltkriegs die Firmengründer gestorben waren, übernahmen Generaldirektor Josef Gräf und Kommerzialrat Rudolf Gräf die Leitung. Letzterer war es auch, der den 1971 erfolgten Zusammenschluß seiner Firma mit der ÖAF (früher Austro-Fiat) betrieben hatte. Die ÖAF – Gräf & Stift AG. arbeitet eng mit der MAN zusammen, wobei in diesem Firmenverband ÖAF die Lastwagen, Gräf & Stift die Omnibusse baut.

Gräf & Stift Typ SP 5
Sport-Cabriolet
1931

Gräf & Stift Typ SP 8
Limousine 4 Türen
1933

Gräf & Stift Typ SP 8
Sport-Phaeton 4 Türen
1935

Produktion

Gräf & Stift VK 1, VK 2	1920 – 1930	schätzungsweise etwa 800 Wagen
Gräf & Stift SR 2, SR 3, SR 4	1921 – 1928	schätzungsweise etwa 200 Wagen
Gräf & Stift S 3	1925 – 1931	schätzungsweise etwa 250 Wagen
Gräf & Stift SP 5, SP 6	1924 – 1935	schätzungsweise etwa 500 Wagen
Gräf & Stift SP 7	1927 – 1929	schätzungsweise etwa 50 Wagen
SP 8, SP 9	1930 – 1938	schätzungsweise etwa 400 Wagen
G 35, G 36, G 8	1935 – 1938	schätzungsweise etwa 150 Wagen
Gräf & Stift MF 6	1934 – 1936	schätzungsweise etwa 150 Wagen
Gräf-Ford V8	1936 – 1937	schätzungsweise etwa 150 Wagen

Gräf & Stift Typ SP 8 Pullman-Limousine 1931

Gräf & Stift Typ SP 8 Pullman-Limousine 1936

Steyr

Die Österreichische Waffenfabriks-Gesellschaft in Steyr, 1869 aus einer 5 Jahre zuvor gegründeten Waffenschmiede hervorgegangen und während des ersten Weltkriegs zu einem 14000 Mann-Großbetrieb angewachsen, begann 1920 mit der Automobilfabrikation. Zu deren Vorbereitung war bereits im September 1917 der Dr. techn. h. c. Ing. Hans Ledwinka von der Nesselsdorfer Wagenbaufabrik (später Tatra) als Chefkonstrukteur nach Steyr geholt worden. Er plante einen robusten 3,3 Liter Sechszylinder-Wagen, der 1920 als Steyr Typ II auf den Markt kam und damals meistens als »Waffen-Auto« bezeichnet wurde. Auf der Basis dieser soliden Konstruktion mit konventionellem Fahrgestell und sehr schönem OHC-Motor entstanden, nachdem Ledwinka schon 1921 nach Nesselsdorf zurückgegangen war, die weiteren Steyr-Typen IV, V, VI, VII und XVI, die einen Zeitraum bis zum Jahre 1929 überdeckten. Nach dem Typ II erschien bald der leichtere Typ IV mit 1,8 Liter Vierzylinder-Motor, der aber nur mäßigen Zuspruch fand. Von 1922 bis 1928 baute man bei Steyr nebenher die verschiedensten Renn- und Rennsportwagen, wobei vor allem die Ausführungen Targa Florio und Klausen eine gewisse Berühmtheit erlangten. Diese schnellen Kraftpakete besaßen

Steyr Typ II Tourenwagen 1920 – 1924

Produktion

			1920 bis 1922	1923	1924	1925	1926	1927	1928	1929
II	6 Zyl.	12/40 PS	1289	513	348					
IV	4 Zyl.	7/23 PS	350	445	154	1			9	
VI Klausen	6 Zyl.	19/145 PS	18	32	1					
VI Sport	6 Zyl.	15/90 PS	17	18	20	16	14			
V	6 Zyl.	12/40 PS			917	933				
VII	6 Zyl.	12/50 PS				1309	499	246	94	2
XII	6 Zyl.	6/30 PS					1678	3568	4018	1860
XVI	6 Zyl.	15/70 PS							172	228
XX	6 Zyl.	8/40 PS							7	2893
Austria	8 Zyl.	100 PS								3
30	6 Zyl.	8/40 PS								
45 Taxameter	6 Zyl.	8/40 PS								
Steyr-Opel	4 Zyl.	4,5/22 PS								
130 = 30 E	6 Zyl.	8/38 PS								
230 = 30 S	6 Zyl.	8/45 PS								
330 = 30 SL	6 Zyl.	8/45 PS								
430	6 Zyl.	8/45 PS								
100	4 Zyl.	32 PS								
120	6 Zyl.	50 PS								
530	6 Zyl.	55 PS								
125	6 Zyl.	50 PS								
200	4 Zyl.	35 PS								
50 + 55	4 Zyl.	22 PS								
220	6 Zyl.	55 PS								
630	6 Zyl.	55 PS								
			1674	**1008**	**1440**	**2259**	**2191**	**3814**	**4300**	**4986**

zunächst den aufgepulverten 3,3 Liter Sechszylinder-Motor, dessen Hubraum dann aber bald je nach Bedarf auf 4 bis 4,4 und 5 Liter aufgestockt wurde. Da gab es allerdings keine Serien, kaum ein Wagen sah wie der andere aus, und ab etwa 1924 experimentierte man schon mit Pendel-Hinterachsen in Verbindung sowohl mit Ausleger- und Underslung-Halbfedern als auch mit Querfeder. Ihre Lorbeeren holten sich die Autos vor allem bei Bergrennen, was den Ruf der Marke Steyr, besonders sportliche Bergsteiger zu bauen, begründet haben mag. Anfang 1926 wurde die Waffenfabrik in Steyr-Werke AG. umbenannt. Als deren Vorstandsmitglied und Chefkonstrukteur nahm am Jahresbeginn 1929 Dr. techn. h. c. Ing. Ferdinand Porsche seine Tätigkeit auf. Er begann sofort – typisch Porsche – mit der Planung eines Achtzylinder-Luxuswagens, der als Steyr Austria auf dem Pariser Salon im Oktober 1929 vorgestellt wurde. Zur gleichen Zeit freilich vereinbarten die Steyr-Werke eine Interessengemeinschaft mit Austro-Daimler, die 1934 zur Fusion in Form der Steyr-Daimler-Puch AG. führte. Da aber Austro-Daimler bereits auf die Produktion schwerer Personenwagen festgelegt war, verzichtete Steyr auf den Typ Austria, woraufhin Porsche im April 1930 wieder seinen Hut nahm und zurück nach Stuttgart ging. Dort machte er sich nun selbständig. Die Steyr-Werke aber blieben von beträchtlichen Verlusten verschont, die der Achtzylinder in den kommenden Krisenjahren unausweichlich verursacht hätte.

Steyr Typ IV Limousine 1922 – 1924

1930	1931	1932	1933	1934	1935	1936	1937	1938	1939	1940	1941	
												2150
												950
												60
												85
												1850
												2150
												11124
												400
												2900
												3
4	2196											2200
8	492	155	11									666
		496										496
		343										343
		620										620
		27	28									55
			675	400	175							1250
				1204	983	663						2850
				2	831	367						1200
					81	375						456
						125	75					200
						15	1945	1554	1259	267		5040
						3410	1790	2793	3449	1558		13000
							756	1815	1822	757	750	5900
							163	234	103			500
12	**2688**	**1641**	**714**	**1606**	**2070**	**4955**	**4729**	**6396**	**6633**	**2582**	**750**	**56448**

Steyr Typ VI Sport Tourenwagen 1928

Steyr Typ VII Tourenwagen 1925 – 1929

Steyr Typ XVI
Pullman-Limousine
1928 – 1929

Steyr Typ Austria
Sport-Cabriolet
Karosserie Keibl
1929

	Steyr Typ II 12/40 PS 1920 – 1924	Steyr Typ IV 7/23 PS 1922 – 1924	Steyr Typ V 12/40 PS 1924 – 1925
Zylinderzahl	6	4	6
Bohrung x Hub	80 x 110 mm	76 x 100 mm	80 x 110 mm
Hubraum	3325 ccm	1814 ccm	3325 ccm
Leistung	40 PS bei 2400 U/min	23 PS bei 2400 U/min	40 PS bei 2400 U/min
Ventile	Hängend (OHC)	Stehend (SV)	Hängend (OHC)
Getriebe	4 Gang	4 Gang	4 Gang
Schaltung	Mitte	Mitte	Mitte
Lenkung	Rechts	Rechts	Rechts
Fußbremse	Hinterräder	Hinterräder	Hinterräder
Radstand	3475 mm	2900 mm	3475 mm
Spur	1350 mm	1100 mm	1425 mm
Wagengewicht	Tourenwagen 1300 kg	Tourenwagen 820 kg	Tourenwagen 1300 kg
Höchstgeschwindigkeit	100 km/h	80 km/h	110 km/h

	Steyr Typ 60 (1922 – 1924) Steyr Typ VI (1924 – 1926) 12/60 PS	Steyr VI Sport 15/80 PS 1928	Steyr VI Sport 17/100 PS 1928
Zylinderzahl	6	6	6
Bohrung x Hub	80 x 110 mm	88 x 110 mm	88 x 120 mm
Hubraum	3325 ccm	4014 ccm	4400 ccm
Leistung	60 PS bei 2600 U/min	80 PS bei 2400 U/min	100 PS bei 2400 U/min
Ventile	Hängend (OHC)	Hängend (OHC)	Hängend (OHC)
Getriebe	4 Gang	4 Gang	4 Gang
Schaltung	Mitte	Mitte	Mitte
Lenkung	Rechts	Rechts	Rechts
Fußbremse	4 Räder	4 Räder	4 Räder
Radstand	3325 mm	3325 mm	3325 mm
Spur	1350/1350 mm	1424/1365 mm	1424/1365 mm
Wagengewicht	Fahrgestell 1100 kg	Fahrgestell 1150 kg	Fahrgestell 1150 kg
Höchstgeschwindigkeit	120 km/h	130 km/h	135 km/h

	Steyr Typ VII 12/50 PS 1925 – 1929	Steyr Typ XVI 15/70 PS 1928 – 1929	Steyr Typ Austria 21/100 PS 1929
Zylinderzahl	6	6	8
Bohrung x Hub	80 x 110 mm	88 x 110 mm	86 x 114 mm
Hubraum	3325 ccm	4014 ccm	5295 ccm
Leistung	50 PS bei 2500 U/min	70 PS bei 3000 U/min	100 PS
Ventile	Hängend (OHC)	Hängend (OHC)	Hängend (OHV)
Getriebe	4 Gang	4 Gang	3 Gang + Schnellgang
Schaltung	Mitte	Mitte	Mitte
Lenkung	Rechts	Rechts	Links
Fußbremse	Mechanisch, 4 Räder	Mechanisch/Saugluft, 4 Räder	Hydraulisch, 4 Räder
Radstand	3475 mm	3464 mm	3720 mm
Spur	1475/1475 mm	1448/1448 mm	1450/1500 mm
Gesamtmaße		4685 x 1780 x 1920 mm	5033 x 1765 x 1700 mm
Reifen	820 x 120, 835 x 135 oder Ballon 860 x 160	32 x 6,20 Ballon	32 x 6,20 Ballon
Wagengewicht	Tourenwagen 1650 kg	Tourenwagen 1900 kg	
Höchstgeschwindigkeit	100 km/h	110 km/h	
Preise			
Tourenwagen 6 Sitze	RM 9300,–	RM 12800,–	
Limousine 6 Sitze	RM 10670,–	RM 13750,–	

Steyr Typ XII (1926–1929)
Steyr Typ XX (1929)

Die zweite Generation der Steyr-Automobile hatte mit dem Typ XII begonnen. Ein Musterwagen wurde auf der Londoner Olympia Show im Oktober 1925 vorgestellt. Die internationale Fachwelt schenkte ihm größte Aufmerksamkeit, sie sprach von der wichtigsten Neuheit des Modelljahres 1926. Der Steyr XII war ein relativ kleiner und entsprechend preisgünstiger Wagen, technisch insofern interessant, weil er durch seine für damalige Begriffe außergewöhnlich niedrige Bauart sowie vor allem durch die Pendel-Hinterachse über bemerkenswert gute Fahreigenschaften verfügte. (Zu der logischen Konsequenz, dem Wagen auch einzelgefederte Vorderräder mitzugeben, hatte man sich allerdings noch nicht durchgerungen.) Die Preiswürdigkeit des Steyr XII wurde durch eine neu angelegte Bandfertigung ermöglicht. So verkaufte sich der Zwölfer-Steyr, wie ihn die Österreicher nannten, ganz ausgezeichnet. Seine Konstruktion stammte von Ing. Anton Honsig (1893–1957), dessen Namen völlig unbekannt blieb und der auch in der offiziellen Chronik der Steyr-Werke keine Erwähnung findet.

Im Herbst 1928 erschien der Typ XX, seine Serie lief im Frühjahr 1929 an. Technisch entsprach er dem Zwölfer, war aber größer ausgelegt und besaß einen auf 2 Liter Hubraum gebrachten Motor. Auf dem deutschen Markt wurde er hauptsächlich als Ganzstahl-Limousine (Ambi-Budd) mit 4 Türen sowie als Cabriolet (Gläser) mit 2 oder 4 Fenstern angeboten. Der Typ XX verkaufte sich miserabel, was allerdings auch an der nachlassenden Konjunktur gelegen haben mag. Jedenfalls hatte sich im Herbst 1929 ein so großer Vorrat von Wagen des Typs XX angesammelt, daß man die Automobilfabrikation ein Jahr lang unterbrach.

Steyr Typ XII
Tourenwagen 4 Türen
1926 – 1929

Steyr Typ XX
Cabriolet 4 Fenster
Karosserie Gläser
1929

	Steyr Typ XII **6/30 PS** **1926 – 1929**	**Steyr Typ XX** **8/40 PS** **1929**
Motor		
Zylinderzahl	6 (Reihe)	6 (Reihe)
Bohrung x Hub	61,5 x 88 mm	65 x 104 mm
Hubraum	1568 (Steuer 1560) ccm	2070 (Steuer 2056) ccm
Leistung	30 PS bei 3500 U/min	40 PS bei 3600 U/min
Drehmoment		11,5 mkg bei 1500 U/min
Verdichtung	1 : 5 bis 5,3	1 : 5
Vergaser	1 Steigstromvergaser Zenith oder Pallas SAD II	1 Steigstromvergaser Pallas SA 2
Ventile	Hängend Obenliegende Nockenwelle Antrieb durch Duplex-Rollenkette	Hängend Obenliegende Nockenwelle Antrieb durch Duplex-Rollenkette
Kurbelwellenlager	3	3
Kühlung	Pumpe, 18 Liter Wasser	Pumpe (Wasser)
Schmierung	Druckumlauf, 7 Liter Öl	Druckumlauf (Öl)
Zündung	Magnetzünder	Magnetzünder
Batterie	12 V 40 Ah	12 V 40 oder 60 Ah
Lichtmaschine	90 W	90 W
Anlasser	0,6 PS	0,6 PS
Kraftübertragung	Antrieb auf Hinterräder	Antrieb auf Hinterräder
Kupplung	Mehrscheibenkupplung im Ölbad	Einscheibenkupplung im Ölbad
Schaltung	Schalthebel Wagenmitte	Schalthebel Wagenmitte
Getriebe	4 Gang Steyr	4 Gang Steyr
Synchronisierung	Ohne	Ohne
Übersetzungen	I. 5,35 II. 2,70 III. 1,65 IV. 1,00	I. 5,35 II. 2,70 III. 1,65 IV. 1,00
Antriebs-Übersetzung	5,80 (auch 5,50 oder 6,30)	5,80
Fahrwerk	U-Profil-Preßstahl-Niederrahmen	U-Profil-Preßstahl-Niederrahmen
Vorderradaufhängung	Starr, Underslung-Halbfedern	Starr, Underslung-Halbfedern
Hinterradaufhängung	Pendelachse, Längslenker 1 Querfeder hinter Hinterachse	Pendelachse, Längslenker 1 Querfeder hinter Hinterachse
Lenkung	Doppelschraubenlenkung rechts oder (ab 1928) links	Doppelschraubenlenkung rechts oder links
Fußbremse	Mechanisch, 4 Räder	Mechanisch, 4 Räder
Handbremse	Mechanisch, Hinterräder	Mechanisch, Hinterräder
Schmierung	Nippel	Nippel
Allgemeine Daten		
Radstand	3000 mm	3150 mm
Spur vorn/hinten	1280/1280 mm	1280/1280 mm
Gesamtmaße	4220 x 1550 x 1600 bis 1740 mm	4770 x 1600 x 1700 bis 1780 mm
Räder	Scheiben	Scheiben
Reifen	775 x 145 Niederdruck	775 x 145, 14 x 50 oder 5,50 x 20
Wendekreis		
Fahrgestellgewicht	760 kg	920 kg
Wagengewicht	Tourenwagen 1100 kg Limousine 1250 kg	Limousine 1450 kg
Zuläss. Belastung	400 kg	
Höchstgeschwindigkeit	85 km/h	90 km/h
Verbrauch/100 km	13 Liter	14 Liter
Kraftstofftank	50 Liter (im Motorraum)	50 Liter (im Motorraum)
Preise	Tourenwagen 4 Türen RM 5600,– Limousine 4 Türen RM 6600,– Cabriolet 2 Fenster RM 7700,–	Tourenwagen 4 Türen RM 7900,– Limousine 4 Türen RM 8400,– Cabriolet 2 Fenster RM 9500,–

Steyr Typ 30 (1930–1933)

Nachdem der Achtzylinder Steyr Austria aus dem Programm gestrichen war, widmete sich Dr. Ferdinand Porsche während der restlichen Monate seines kurzen Gastspiels bei Steyr dem Nachfolger des schwer verkäuflichen Typs XX. Er veränderte ihn so gründlich und vorteilhaft, daß mit dem Typ 30 ein weitgehend neues Modell entstand. Der Typ 30 (zunächst traditionsgemäß Typ XXX genannt) wurde – Dr. Porsche hatte inzwischen Steyr schon wieder verlassen – auf dem Pariser Salon im Oktober 1930 vorgestellt und seine Produktion begann kurz vor Ablauf des gleichen Jahres. Gegenüber dem Vorgänger besaß der Typ 30 einen zwar genau gleich großen, aber völlig anderen Motor (Leichtmetallblock mit Laufbüchsen, kürzerer Hub, seitliche Nockenwelle, 8 Kurbelwellenlager), eine im Prinzip gleiche, aber leichtere Konstruktion der bisher recht schwergewichtigen Pendel-Hinterachse, eine Kreuzversteifung für den aber trotzdem noch zu wenig starren Rahmen. Der Wagen wurde bei gleichem Platzangebot kürzer und leichter, doch auch einen Porsche schien die starre Vorderachse nicht zu stören. Insgesamt war der Typ 30 ein gutes und solides Auto, dem Vorgänger technisch ohne Zweifel überlegen, aber verkaufsmäßig auch nur ein recht mittelmäßiger Erfolg. Allerdings muß auch da die schwierige Wirtschaftslage jener Jahre mit in Betracht gezogen werden.

Steyr Typ 30
Standard-Cabriolet 4 Türen
1930 – 1932

Steyr Typ 30
Standard-Limousine 6 Fenster
1930 – 1932

<table>
<tr><th></th><th>Steyr Typ 30 (Typ XXX)
8/40 PS (Typ 130)
1930 – 1932</th><th>Steyr Typ 30 S
8/45 PS (Typ 230)
1932</th><th>Steyr Typ 30 SL
8/45 PS (Typ 330)
1932 – 1933</th></tr>
<tr><td>Motor</td><td></td><td></td><td></td></tr>
<tr><td>Zylinderzahl</td><td colspan="3">6 (Reihe)</td></tr>
<tr><td>Bohrung x Hub</td><td colspan="3">70 x 90 mm</td></tr>
<tr><td>Hubraum</td><td colspan="3">2078 (Steuer 2063) ccm</td></tr>
<tr><td>Leistung</td><td>40 PS bei 3600 U/min</td><td colspan="2">45 PS bei 3600 U/min</td></tr>
<tr><td>Verdichtung</td><td>1:5,75</td><td colspan="2">1:5,75</td></tr>
<tr><td>Vergaser</td><td>1 Steigstromvergaser
Pallas SAD II</td><td colspan="2">1 Steigstromvergaser
Pallas SA III</td></tr>
<tr><td>Ventile</td><td colspan="3">Hängend
Seitliche Nockenwelle
Antrieb durch Stirnräder</td></tr>
<tr><td>Kurbelwellenlager</td><td colspan="3">8
Auswechselbare Laufbüchsen</td></tr>
<tr><td>Kühlung</td><td colspan="3">Pumpe, 10 Liter Wasser</td></tr>
<tr><td>Schmierung</td><td colspan="3">Druckumlauf, 6 Liter Öl</td></tr>
<tr><td>Zündung</td><td colspan="3">Batterie</td></tr>
<tr><td>Batterie</td><td colspan="3">12 V 60 Ah</td></tr>
<tr><td>Lichtmaschine</td><td colspan="3">90 W</td></tr>
<tr><td>Anlasser</td><td colspan="3">0,6 PS</td></tr>
<tr><td>Kraftübertragung</td><td colspan="3">Antrieb auf Hinterräder</td></tr>
<tr><td>Kupplung</td><td colspan="3">Zweischeiben-Ölbad-Kupplung</td></tr>
<tr><td>Schaltung</td><td colspan="3">Schalthebel Wagenmitte</td></tr>
<tr><td>Getriebe</td><td>3 Gang Steyr</td><td colspan="2">4 Gang Steyr, Lizenz ZF-Aphon</td></tr>
<tr><td>Synchronisierung</td><td>Ohne</td><td colspan="2"></td></tr>
<tr><td>Übersetzungen</td><td>I. 3,25
II. 1,83
III. 1,00</td><td colspan="2">I. 3,87
II. 1,85
III. 1,00
IV. 0,75</td></tr>
<tr><td>Antriebs-Übersetzung</td><td>5,30 oder 5,70</td><td>6,30</td><td>5,30</td></tr>
<tr><td>Fahrwerk</td><td></td><td></td><td></td></tr>
<tr><td>Vorderradaufhängung</td><td colspan="3">U-Profil-Preßstahl-Niederrahmen mit Kreuztraverse</td></tr>
<tr><td>Hinterradaufhängung</td><td colspan="3">Starr, Underslung-Halbfedern
Pendelachse, Längslenker
1 Querfeder hinter Hinterachse</td></tr>
<tr><td>Lenkung</td><td colspan="3">Schraube, links</td></tr>
<tr><td>Fußbremse</td><td colspan="3">Hydraulisch, 4 Räder</td></tr>
<tr><td>Handbremse</td><td colspan="3">Mechanisch, Hinterräder</td></tr>
<tr><td>Schmierung</td><td colspan="3">Nippel</td></tr>
<tr><td>Allgemeine Daten</td><td></td><td></td><td></td></tr>
<tr><td>Radstand</td><td>2980 mm</td><td>2980 mm</td><td>3260 mm</td></tr>
<tr><td>Spur vorn/hinten</td><td>1380/1380 mm</td><td>1380/1380 mm</td><td>1380/1380 mm</td></tr>
<tr><td>Gesamtmaße</td><td>4180 x 1650 x 1670 mm</td><td>4500 x 1650 x 1630 mm</td><td>4660 x 1655 x 1730 mm</td></tr>
<tr><td>Räder</td><td>Scheiben</td><td>Scheiben oder Drahtspeichen</td><td>Scheiben</td></tr>
<tr><td>Reifen</td><td>5,25–18</td><td>5,25–18</td><td>5,25–18</td></tr>
<tr><td>Wendekreis</td><td>11,5 Meter</td><td>11,5 Meter</td><td>12 Meter</td></tr>
<tr><td>Fahrgestellgewicht</td><td>680 kg</td><td>730 kg</td><td></td></tr>
<tr><td>Wagengewicht</td><td>Cabriolet 1160 kg
Limousine 1190 kg</td><td></td><td>Limousine 6 Sitze 1450 kg</td></tr>
<tr><td>Höchstgeschwindigkeit</td><td>90 km/h</td><td>110 km/h</td><td>95 km/h</td></tr>
<tr><td>Verbrauch/100 km/h</td><td>14 Liter</td><td>14 Liter</td><td>15 Liter</td></tr>
<tr><td>Kraftstofftank</td><td>45 Liter (im Motorraum)</td><td>45 Liter (im Motorraum)</td><td>45 Liter (im Motorraum)</td></tr>
<tr><td>Preise</td><td>Standard-Cabriolet 4 Türen
RM 5750,–
Standard Limousine 6 Fenster
RM 5750,–</td><td>Luxus-Cabriolet 4 Sitze
RM 8850,–
Sport-Cabriolet 2 Sitze
RM 8850,–</td><td>Limousine 6 Sitze
RM 8850,–</td></tr>
</table>

Steyr Typ 30 S
Roadster 2 (2) Sitze
Karosserie Austro-Daimler
1932

Steyr Typ 30 S
Sport-Cabriolet 2/3 Sitze
Karosserie Erdmann & Rossi
1932

Steyr Typ 100 und 200 (1934–1940)
Steyr Typ 120 Super, 125 und 220 (1935–1941)

Die dritte Automobilgeneration, die Steyr endlich wieder zu rentablen Produktionszahlen verhalf, schuf Dipl.-Ing. Karl Jenschke (1899–1969), seit 1922 bei Steyr tätig und ab 1930 als Chefkonstrukteur Nachfolger von Dr. Porsche. Die Vier- und Sechszylinder-Typen dieser Reihe zeichneten sich sowohl in der Technik als auch in der Form durch eine außergewöhnliche und dennoch maßvolle Fortschrittlichkeit aus, die beim Publikum breite Anerkennung fand. Bei den Motoren behielt Jenschke das Konzept von Dr. Porsche bei, gab aber dem Vierzylinder aus Preisgründen stehende Ventile. Neu war vor allem das Fahrgestell mit einem nun endlich verwindungssteifen Plattformrahmen sowie mit Querfeder-Vorderachse und einer erneut abgewandelten Pendel-Hinterachse. Originell und in ästhetischer Hinsicht glänzend gelungen waren die Stromlinien-Karosserien, wobei die pfostenlosen Viertüren-Ganzstahl-Limousinen im Werk, die Cabriolets teils Ganzstahl im Werk und teils in Gemischtbauweise bei Gläser gebaut wurden. Sonderanfertigungen lieferten Erdmann & Rossi sowie österreichische Karosserie-Hersteller für den dortigen Markt. Die Vierzylinder erwiesen sich als robust und zuverlässig. Sportliches Temperament blieb ihnen fremd, aber sie waren zäh am Berg und erklommen bereitwillig die 32 % steile Turracher Höhe, was damals jeder motorisierte Österreicher von seinem Auto erwartete. Wesentlich mehr Leistung boten die Sechszylinder, wobei vor allem der Typ 220 einen geradezu legendären Ruf gewann. Mit Recht zählte er in den letzten Vorkriegsjahren sowohl in Österreich als auch im Reich zu den angesehensten Wagen der gehobenen Mittelklasse. Der dem 220 vorangegangene Typ 125 (auch 125 Super genannt), war übrigens eine ausschließlich für den deutschen Markt hergestellte Sonderserie. Im Krieg gehörten die Cabriolets der Sechszylinder-Typen von Steyr für viele Stabsoffiziere bei den rückwärtigen Kommandostellen der Wehrmacht zu den begehrtesten Statussymbolen.

Steyr Typ 100
Limousine 4 Türen
1934 – 1936

Unten links:
Steyr Typ 200
Limousine 4 Türen
1936 – 1940

Oben rechts:
Steyr Typ 200
Cabriolet 2 Fenster
1936 – 1940

Steyr Typ 120 Super
Limousine 4 Türen
1935 – 1936

Steyr Typ 120 Super
Cabriolet 2 Fenster
1935 – 1936

Steyr Typ 220 Limousine 4 Türen 1937 – 1941

Steyr Typ 220 Cabriolet 2 Fenster 1937 – 1941

Steyr Typ 220 Cabriolet 4 Fenster (Karosserie Gläser) 1939

Steyr Typ 125 Super Sport-Zweisitzer (Karosserie Gläser) 1936 – 1937

Motor
Zylinderzahl
Bohrung x Hub
Hubraum
Leistung
Verdichtung
Vergaser

Ventile

Kurbelwellenlager

Kühlung

Schmierung
Batterie

Lichtmaschine
Anlasser

Kraftübertragung
Kupplung
Schaltung
Getriebe
Synchronisierung
Übersetzungen

Antriebs-Übersetzung

Fahrwerk
Vorderradaufhängung
Hinterradaufhängung
Lenkung
Fußbremse
Handbremse
Schmierung

Allgemeine Daten
Radstand
Spur vorn/hinten
Gesamtmaße
Räder
Reifen

Wendekreis
Wagengewicht

Zuläss. Belastung

Höchstgeschwindigkeit
Verbrauch/100 km
Kraftstofftank

Preise
Limousine 4 Türen
Cabriolet 2 Fenster
Cabriolet 4 Fenster
Sport-Zweisitzer offen
Cabriolet 2/3 Sitze

Steyr Typ 100 1934 – 1936	Steyr Typ 200 1936 – 1940	Steyr Typ 120 Super 1935 – 1936	Steyr Typ 125 (Super) 1936 – 1937	Steyr Typ 220 1937 – 1941
4 (Reihe)	4 (Reihe)	6 (Reihe)	6 (Reihe)	6 (Reihe)
70 x 90 mm	72,8 x 90 mm	68,5 x 90 mm	70 x 90 mm	73 x 90 mm
1385 ccm	1498 ccm	1990 ccm	2078 ccm	2260 ccm
32 PS bei 3600 U/min	35 PS bei 3600 U/min	50 PS bei 3800 U/min	50 PS bei 3800 U/min	55 PS bei 3800 U/min
1:5,75	1:6,15	1:5,75	1:5,75	1:6,15
1 Flachstromvergaser Pallas Intensiv A 1	1 Flachstromvergaser Solex 30 BFRH	2 Flachstromvergaser Pallas HJD 2/30	2 Flachstromvergaser Pallas HSD 2/30	1 (auch 2) Flachstromvergaser Solex 35 BFLH bzw. (ab Mitte 1939) 1 Fallstromvergaser Solex 35 IFP
Seitlich stehend		Hängend		
Seitliche Nockenwelle		Seitliche Nockenwelle		
Antrieb durch Stirnräder		Antrieb durch Stirnräder		
5		8		
Auswechselbare Laufbüchsen		Auswechselbare Laufbüchsen		
Thermosyphon	Thermosyphon	Pumpe	Pumpe	Pumpe
10 Liter Wasser	11 Liter Wasser	10 Liter Wasser	10 Liter Wasser	12 Liter Wasser
Druckumlauf, 5 l Öl	Druckumlauf, 5 l Öl	Druckumlauf, 6 l Öl	Druckumlauf, 6 l Öl	Druckumlauf, 6 l Öl
12 V 60 Ah	12 V 48 oder 60 Ah	12 V 48 Ah	12 V 48 Ah	12 V 60 Ah
(unter li. Hintersitz)	(unter li. Hintersitz)	(unter li. Hintersitz)	(unter li. Hintersitz)	(unter li. Hintersitz)
100 W	100 W	130 W	110 W	130 W
		0,6 PS	0,6 PS	0,6 PS
Antrieb auf Hinterräder		Antrieb auf Hinterräder		
Halbnasse Einscheibenkupplung		Halbnasse Zweischeibenkupplung		
Schalthebel Wagenmitte		Schalthebel Wagenmitte		
4 Gang Steyr		4 Gang Steyr		
III – IV		III – IV		
I. 5,08		I. 4,58		
II. 2,85		II. 2,85		
III. 1,69		III. 1,69		
IV. 1,00		IV. 1,00		
4,55		3,63	3,80	3,90
Preßstahl-Plattform-Niederrahmen				
2 Querfedern				
Pendelachse, Quer-Schwingarme, geschobene Ausleger-Viertelfedern				
Schraube, links				
Hydraulisch, 4 Räder				
Mechanisch, Hinterräder				
Zentral				
2600 mm	2600 mm	2830 mm	2830 mm	2840 mm
1240/1240 mm	1340/1340 mm	1240/1250 mm	1340/1340 mm	1340/1340 mm
4370 x 1610 x 1550 mm	4370 x 1610 x 1550 mm	4570 x 1550 x 1570 mm	4570 x 1650 x 1600 mm	4570 x 1650 x 1600 mm
Scheiben	Scheiben	Scheiben	Scheiben	Lochscheiben
4,75–17	4,75–17 bzw. (ab 1939) 5,25–16	5,00–17	5,00–17	5,25–17 bzw. (ab 1939) 6,00–16
11,2 Meter	11,2 Meter	12 Meter	12 Meter	12 Meter
Limousine 950 kg	Limousine 990 kg	Limousine 1100 kg	Limousine 1200 kg	Limousine 1250 kg
Cabriolet 970 kg	Cabriolet 1000 kg	Cabriolet 1150 kg	Cabriolet 1250 kg	Cabriolet 1260 kg
	Limousine 440 kg		Limousine 450 kg	
			Cabriolet 400 kg	
100 km/h	100 km/h	120 km/h	120 km/h	120 km/h
10 Liter	11 Liter	13 Liter	13 Liter	14 Liter
35 Liter (Motorraum)	35 Liter (Motorraum)	45 Liter (Motorraum)	45 Liter (Motorraum)	45 Liter (Motorraum)
RM 4300,–	RM 4000,–	RM 5550,–	RM 5550,–	RM 5500,–
RM 5000,–	RM 5000,–	RM 6150,–	RM 6350,–	RM 6750,–
–	–	–	–	RM 6900,– (ab 1939)
–	–	RM 6200,–	–	–
–	–	–	–	RM 7850,–

Steyr Typ 430, 530, 630 (1933–1939)

Ungeachtet des Erfolges der neuen Stromlinienwagen wurden bis zum Krieg die aus dem Steyr 30 weiterentwickelten Typen 430, 530 und 630 angeboten. Man konnte damit solche Kunden bedienen, die sich mit Stromlinie und Fließheck noch nicht befreunden mochten. Außerdem brauchte man sie für den österreichischen Markt als Basis für Taxiwagen und erschwingliche Sechssitzer. Für den Verkauf im Reich machte man sie zu ausgesprochenen Luxuswagen, konservativ in der Form, dazu ganz erstklassig verarbeitet und ausgestattet. Hier lieferte man die großen Steyr-Wagen zum allergrößten Teil mit sehr gediegenen Cabriolet-Aufbauten der Firma Gläser.

Steyr Typ 430
Standard-Cabriolet 4 Türen
Modell 1934

Steyr Typ 430
Cabriolet 4 Fenster
Karosserie Gläser
Modell 1934

Steyr Typ 530
Cabriolet 4 Fenster
Karosserie Gläser
1935 – 1936

	Steyr Typ 430 1933 – 1935	Steyr Typ 530 1935 – 1936	Steyr Typ 630 1937 – 1939
Motor			
Zylinderzahl	6 (Reihe)	6 (Reihe)	6 (Reihe)
Bohrung x Hub	70 x 90 mm	73 x 90 mm	73 x 90 mm
Hubraum	2078 mm	2260 ccm	2260 ccm
Leistung	45 PS bei 3600 U/min	55 PS bei 3600 U/min	55 PS bei 3800 U/min
Verdichtung	1:5,75	1:5,75	1:6,5
Vergaser	1 Steigstromvergaser Pallas SA III	1 Steigstromvergaser Pallas SA III	1 Flachstromvergaser Solex 35 BFLH
Ventile	Hängend, seitliche Nockenwelle, Antrieb durch Stirnräder		
Kurbelwellenlager	8 Auswechselbare Laufbüchsen		
Kühlung	Pumpe, 12 Liter Wasser		
Schmierung	Druckumlauf, 6 Liter Öl		
Batterie	12 V 60 Ah		
Lichtmaschine	150 W	130 W	200 W
Anlasser	0,6 PS	0,6 PS	0,6 PS
Kraftübertragung	Antrieb auf Hinterräder		
Kupplung	Zweischeiben-Ölbad-Kupplung		
Schaltung	Schalthebel Wagenmitte		
Getriebe	4 Gang Steyr, Lizenz ZF-Aphon		
Synchronisierung	III – IV		
Übersetzungen	I. 5,18 II. 2,48 III. 1,34 IV. 1,00	I. 5,18 II. 2,48 III. 1,34 IV. 1,00	I. 4,59 II. 2,81 III. 1,69 IV. 1,00
Antriebs-Übersetzung	4,73	4,91 oder 4,73	4,73
Fahrwerk	U-Profil-Preßstahl-Niederrahmen mit Kreuztraverse		
Vorderradaufhängung	Starr, Underslung-Halbfedern	Starr, Underslung-Halbfedern	2 Querfedern
Hinterradaufhängung	Pendelachse, Längslenker, 1 Querfeder hinter Hinterachse		
Lenkung	Schraube, links		
Fußbremse	Hydraulisch, 4 Räder		
Handbremse	Mechanisch (Seilzug), Hinterräder		
Schmierung	Zentral		
Allgemeine Daten			
Radstand	2980 mm	3250 mm	3260 mm
Spur vorn/hinten	1380/1380 mm	1380/1380 mm	1382/1438 oder 1410/1452 mm
Gesamtmaße	4180 x 1650 x 1670 mm	4780 x 1680 x 1650 mm	5000 x 1800 x 1620 mm
Räder	Scheiben	Scheiben	Scheiben oder Lochscheiben
Reifen	5,25–18	5,50–18	5,50–18 oder 6,50–16
Wendekreis	11,5 Meter	12,5 Meter	14 Meter
Fahrgestellgewicht	890 kg	900 kg	950 kg
Wagengewicht	Limousine 1250 kg Cabriolet 1300 kg	Limousine 1500 kg Cabriolet 1500 kg	Limousine 1530 kg Cabriolet 1600 kg
Zuläss. Belastung	Limousine 480 kg Cabriolet 430 kg	Limousine 480 kg Cabriolet 480 kg	Limousine 600 kg Cabriolet 530 kg
Höchstgeschwindigkeit	110 km/h	105 km/h	100 km/h
Verbrauch/100 km	14 Liter	15 Liter	15 Liter
Kraftstofftank	45 Liter (im Motorraum)	55 Liter (im Motorraum)	55 Liter (im Motorraum)
Preise	Limousine 4 Türen (Gläser) RM 5600,– Standard-Cabriolet 4 Türen RM 6600,– Cabriolet 2 Fenster (Gläser) RM 7000,– Cabriolet 4 Fenster (Gläser) RM 7800,–	Limousine 4 Türen RM 7200,– Cabriolet 4 Fenster (Gläser) RM 7800,–	Limousine 4 Türen RM 7000,– Pullman-Limousine RM 7800,– Cabriolet 4 Türen (Gläser) RM 8500,–

Steyr Typ 630
Cabriolet 4 Türen
Karosserie Gläser
1937 – 1939

Steyr Typ 50 und 55 (1936–1940)

Zum Jahresbeginn 1936 brachten die Steyr-Werke ihren ersten Kleinwagen heraus, den Typ 50. Konstruiert und entwickelt hatte ihn Direktor Karl Jenschke, der allerdings am 1. November 1935 als Chefkonstrukteur zu den Adler-Werken hinübergewechselt war. Offensichtlich hatte Jenschke erkannt, daß die Stromlinie seiner Typen 100 bis 220 zwar elegant aussah, aber eben doch nur eine Pseudo-Stromform darstellte. So wollte er nun, wie kurz darauf noch einmal bei seinem Adler 2,5 Liter, möglichst konsequent die Form des halbierten Wassertropfens verwirklichen, was aber aerodynamisch falsch und für die Praxis unzweckmäßig war. Sowohl der Vorbau als auch die Gürtellinie gerieten dabei so hoch, daß sie zu wenig freie Sicht ließen. Beim Steyr 50 ergab sich der hohe Vorbau überdies noch dadurch, daß der Wasserkühler über dem Boxermotor thronte, wozu kein zwingender Anlaß bestanden hatte. Einen mutigen Schritt vorwärts bedeutete damals die rahmenlose Bauart der selbsttragenden Ganzstahlkarosserie, die allerdings vorsichtshalber nur zwei Seitenfenster erhielt. Im Frühjahr 1938 wurde aus dem Steyr 50 der 55, indem man Hubraum und Leistung des Motors vergrößerte. In seinem Heimatland erfreute sich der kleine Steyr größter Beliebtheit. Man sah in ihm sozusagen den österreichischen Volkswagen und nannte ihn liebevoll Steyr-Baby. Im Reich und später im Altreich vermochte sich hingegen das Publikum weniger für ihn zu erwärmen. Und dies, obwohl die irrtümliche Meinung weit verbreitet war, daß Dr. Porsche bei der Entstehung dieses Wagens mitgewirkt habe. Aber er war daran völlig unbeteiligt.

Bild oben:
Steyr Typ 50
Sonnendach-Limousine
2 Türen 2 Fenster
1936 – 1938

Bild unten:
Steyr Typ 55
Sonnendach-Limousine
2 Türen 2 Fenster
1939 – 1940

<table>
<tr><th></th><th>Steyr Typ 50
1936 – 1938</th><th>Steyr Ryp 55
1908 – 1940</th></tr>
<tr><td>Motor</td><td></td><td></td></tr>
<tr><td>Zylinderzahl</td><td>4 (Boxer)</td><td>4 (Boxer)</td></tr>
<tr><td>Bohrung x Hub</td><td>59 x 90 mm</td><td>64 x 90 mm</td></tr>
<tr><td>Hubraum</td><td>984 ccm</td><td>1158 ccm</td></tr>
<tr><td>Leistung</td><td>22 PS bei 3500 U/min</td><td>25 PS bei 3600 U/min</td></tr>
<tr><td>Verdichtung</td><td>1:5,8</td><td>1:5,8</td></tr>
<tr><td>Vergaser</td><td>1 Flachstromvergaser Pallas MP 30 bzw.
(ab 1938) Solex 30 BFRH</td><td>1 Flachstromvergaser Solex 30 BFRH</td></tr>
<tr><td>Ventile</td><td>Seitlich stehend
Zentrale Nockenwelle
Antrieb durch Stirnräder</td><td>Seitlich stehend
Zentrale Nockenwelle
Antrieb durch Stirnräder</td></tr>
<tr><td>Kurbelwellenlager</td><td>2 bzw. (ab 1938) 3</td><td>3</td></tr>
<tr><td>Kühlung</td><td colspan="2">Thermosyphon, 10 Liter Wasser</td></tr>
<tr><td>Schmierung</td><td colspan="2">Druckumlauf, 5 Liter Öl</td></tr>
<tr><td>Batterie</td><td colspan="2">12 V 40 Ah (unter Vordersitz rechts)</td></tr>
<tr><td>Lichtmaschine</td><td colspan="2">95 W</td></tr>
<tr><td>Kraftübertragung</td><td colspan="2">Antrieb auf Hinterräder</td></tr>
<tr><td>Kupplung</td><td colspan="2">Einscheiben-Ölbad-Kupplung</td></tr>
<tr><td>Schaltung</td><td colspan="2">Schalthebel Wagenmitte</td></tr>
<tr><td>Getriebe</td><td colspan="2">4 Gang Steyr</td></tr>
<tr><td>Synchronisierung</td><td colspan="2">Ohne</td></tr>
<tr><td>Übersetzungen</td><td colspan="2">I. 4,83
II. 2,98
III. 1,73
IV. 1,00</td></tr>
<tr><td>Antriebs-Übersetzung</td><td colspan="2">4,86</td></tr>
<tr><td>Fahrwerk</td><td colspan="2">Selbsttragende Ganzstahlkarosserie</td></tr>
<tr><td>Vorderradaufhängung</td><td colspan="2">2 Querfedern</td></tr>
<tr><td>Hinterradaufhängung</td><td colspan="2">Pendelachse, geschobene Längslenker, 1 Querfeder</td></tr>
<tr><td>Lenkung</td><td colspan="2">Zahnstange, links</td></tr>
<tr><td>Fußbremse</td><td colspan="2">Mechanisch (Seilzug), 4 Räder, Trommel-∅ 220 mm</td></tr>
<tr><td>Handbremse</td><td colspan="2">Mechanisch (Seilzug), 4 Räder, Trommel-∅ 220 mm</td></tr>
<tr><td>Schmierung</td><td colspan="2">Zentral</td></tr>
<tr><td>Allgemeine Daten</td><td></td><td></td></tr>
<tr><td>Radstand</td><td>2250 mm</td><td>2250 mm</td></tr>
<tr><td>Spur vorn/hinten</td><td>1250/1250 mm</td><td>1250/1250 mm</td></tr>
<tr><td>Gesamtmaße</td><td>3610 x 1518 x 1460 mm</td><td>3670 x 1518 x 1460 mm</td></tr>
<tr><td>Räder</td><td>Scheiben</td><td>Scheiben bzw. (ab 1939) Lochscheiben</td></tr>
<tr><td>Felgen</td><td>Vierloch 2,75 D x 17</td><td>Vierloch 2,75 D x 17 bzw.
(ab 1939) 5,25 D x 16</td></tr>
<tr><td>Reifen</td><td>4,50–17</td><td>4,50–17 bzw. (ab 1939) 5,00–16</td></tr>
<tr><td>Wendekreis</td><td>10,5 Meter</td><td>10,5 Meter</td></tr>
<tr><td>Wagengewicht</td><td>750 kg</td><td>815 kg</td></tr>
<tr><td>Zuläss. Belastung</td><td>320 kg</td><td>320 bzw. (ab 1939) 365 kg</td></tr>
<tr><td>Höchstgeschwindigkeit</td><td>90 km/h</td><td>90 km/h</td></tr>
<tr><td>Verbrauch/100 km</td><td>8 Liter</td><td>8 Liter</td></tr>
<tr><td>Kraftstofftank</td><td>29 Liter (im Motorraum)</td><td>29 Liter (im Motorraum)</td></tr>
<tr><td>Preise</td><td>Schiebedach-Limousine 2 Türen 2 Fenster
1936: RM 2980,–
1937/38: RM 2865,–</td><td>Schiebedach-Limousine 2 Türen 2 Fenster
RM 2950,–</td></tr>
</table>

Tatra

1850 eröffnete Ignaz Schustala im ostmährischen Nesselsdorf eine handwerkliche Fertigung von Fuhrwerken und Kaleschen. Der Kleinbetrieb wuchs in wenigen Jahren zu einer Fabrik, die 1881 auch die Produktion von Eisenbahnwaggons aufnahm und 1891 zur Nesselsdorfer Wagenbau-Fabriks-Gesellschaft umgewandelt wurde. Dort entstand 1898 der erste in Österreich-Ungarn gebaute Motorwagen, eine Kutsche mit Benz-Motor. In den folgenden Jahren gab es die verschiedensten »Nesselsdorfer Automobilwagen«. Ab 1900 waren sie mit Motoren ausgerüstet, die vollständig aus der eigenen Fabrik stammten. Hans Ledwinka, 1878 in Klosterneuburg bei Wien geboren, kam 1905 als Leiter des Automobilbaus nach Nesselsdorf. Er brachte nun, beginnend mit dem »Nesselsdorfer Typ S«, eine Reihe bemerkenswert fortschrittlicher, mit Königswellen-Motoren ausgerüstete Wagen heraus, von denen einer bis 1925 im Programm blieb. 1916 ging Ledwinka zu den Steyr-Werken, wo er das 12/40 PS »Waffenauto« entwickelte, kehrte aber 1921 als Chefkonstrukteur und Technischer Direktor nach Nesselsdorf zurück. Dort hatte sich allerdings inzwischen viel geändert. Nach Kriegsende war die Tschechoslowakei ein selbständiger Staat geworden, Nesselsdorf schrieb sich jetz Koprivnice, und die Autos, die man dort baute, hießen »Tatra« wie der höchste Berg im Lande. Das Werk beschäftigte zu jener Zeit 3000 Arbeiter, von denen etwa drei Viertel die tschechische, ein Viertel die deutsche Nationalität besaßen. Bei den über 200 Angestellten lag das Verhältnis umgekehrt. Von 1923 bis 1945 waren die Tatra- mit den in Prag ansässigen Ringhoffer-Werken zusammengeschlossen, einem ebenfalls sehr traditionsreichen Unternehmen, das auf eine 1771 gegründete Kupferschmiede zurückging.

Einen ganz neuen, von den üblichen Konstruktionen völlig abweichenden Kleinwagen stellte Ledwinka im Herbst 1922 als Typ 11 vor. Damit war ihm wohl seine bedeutendste Schöpfung gelungen. Den üblichen Profilträgerrahmen hatte der Konstrukteur durch ein zentrales Stahlrohr von 110 mm ∅ und 3 mm Wandstärke ersetzt. Neben der Ersparnis an Material- und Herstellungskosten war damit eines der zu jener Zeit schwierigsten Probleme des Personenwagenbaus auf elegante Weise gelöst: Der Fahrgestellrahmen blieb absolut verwindungsfrei. Am vorderen Ende des Zentralrohrs befand sich eine mittragende Leichtmetallwanne, welche den Motor, das Getriebe und die Befestigung der Querfeder aufnahm. Durch Einfachheit und Robustheit zeichnete sich der luftgekühlte Zweizylinder-Boxermotor aus. Seine Anordnung über der Vorderachse erlaubte es, den Radstand in möglichst viel nutzbare Karosserielänge umzusetzen. Die Verwindungsfestigkeit des Zentralrohrrahmens ermöglichte wiederum einen relativ langen Radstand, der den Fahreigenschaften und der Federung zugute kam. Noch entscheidender aber wurden diese in einem für kleinere Autos bis dahin unerreichten Maße verbessert, indem Ledwinka als erster die hintere Pendel-Schwingachse bei einem serienmäßig gebauten Wagen einführte. (Erfinder der Schwingachse war – schon 1903! – Edmund Rumpler, damals Chefkonstrukteur der Adler-Werke.) Die Schwingachse sorgte für eine bessere Bodenhaftung der Antriebsräder und ermöglichte überdies einen gelenklosen Hinterradantrieb. Beim Tatra lief die Antriebswelle zwischen dem Motor-Getriebe-Block und dem fest eingebauten Stirnraddifferential bestens geschützt durch das Zentralrohr, und zwar ohne Gelenke, die anderwärts damals noch manchen Kummer bereiteten. So erwies sich der Tatra 11 als eine genial einfache und dennoch hochwertige Konstruktion. Er war zwar rauh und arg unelastisch, dafür aber anspruchslos, sparsam, ausdauernd und dauerhaft im Betrieb. Dank seines Fahrwerks und seiner soliden Robustheit eignete er sich viel besser als andere Kleinwagen für den Verkehr auf schlechten Sraßen. Aus dem Typ 11 wurde einige Jahre später der Typ 12. Als dessen Nachfolger erschien 1931 der Typ 57, größer, moderner, und mit Vier- statt Zweizylinder-Boxermotor.

Die Tschechoslowakei besaß in der Zwischenkriegszeit etwa ein Dutzend Automarken. Doch Tatra war als einzige davon auch auf dem deutschen Markt stets präsent. Sofort nach der Inflation wurden die ersten Vertretungen nach Berlin, Dresden und Stuttgart vergeben, und im Sommer 1926 errichtete das Werk eine Niederlassung in Frankfurt am Main ein, die Deutsche Licenz Tatra Automobile Betriebsgesellschaft mbH., abgekürzt anfangs DELTA, dann DETRA genannt. Ein ganzseitiges Inserat der Firma verkündete damals: »Tatra kommt nach

Deutschland! Das bekannte und bewährte Fabrikat aus der seit 1895 bestehenden Deutsch-Böhmischen Nesselsdorfer Wagenbau-Fabriks-AG. wird von uns in Deutschland montiert und vertrieben.« Diese Niederlassung bestand bis 1938, allerdings ab 1933 nur noch als Verkaufsbüro.

Ähnlich dem kleinen Tatra brachte Ledwinka im Laufe der folgenden Jahre eine ganze Palette größerer Typen heraus, bis 2 Liter Hubraum ebenfalls mit luftgekühlten Boxermotoren, außerdem einige wassergekühlte Sechszylinder und sogar einen V12-Luxuswagen. Auf dem deutschen Markt wurden aber nur die Typen 11, 12, 57 und vorübergehend der 8/40 PS Typ 52 angeboten. Doch weil ihre Preise hier ziemlich hoch waren, erreichten sie nur mäßige Verkaufszahlen. Indirekt gewann die Marke Tatra im Reich an Bedeutung, seit es, abgeleitet vom

Produktion

Tatra 11	2 Zyl. Boxermotor	1056 ccm	1923 – 1926	**3545 Wagen**
Tatra 12	2 Zyl. Boxermotor	1056 ccm	1926 – 1932	**7525 Wagen**
Tatra 17	6 Zyl. Reihenmotor	1950 ccm	1925 – 1926	205 Wagen
Tatra 31	6 Zyl. Reihenmotor	2310 ccm	1926 – 1927	450 Wagen
Tatra 54	4 Zyl. Boxermotor	1465 ccm	1932 – 1934	1510 Wagen
Tatra 30	4 Zyl. Boxermotor	1675 ccm	1927 – 1930	900 Wagen
Tatra 52	4 Zyl. Boxermotor	1910 ccm	1931 – 1939	1688 Wagen
Tatra 57	4 Zyl. Boxermotor	1155 ccm	1931 – 1936	**6000 Wagen**
Tatra 57a	4 Zyl. Boxermotor	1155 ccm	1937 – 1939	**4000 Wagen**
Austro-Tatra 57a	4 Zyl. Boxermotor	1155 ccm	1937 – 1939	**515 Wagen**
Tatra 57b	4 Zyl. Boxermotor	1256 ccm	1939 – 1940	**1500 Wagen**
Tatra 75	4 Zyl. Boxermotor	1690 ccm	1934 – 1939	4500 Wagen
Tatra 77	8 Zyl. V-Motor im Heck	2965 ccm	1934 – 1936	**105 Wagen**
Tatra 77a	8 Zyl. V-Motor im Heck	3380 ccm	1936 – 1939	**150 Wagen**
Tatra 87	8 Zyl. V-Motor im Heck	2965 ccm	1938 – 1940	**748 Wagen**
Tatra 97	4 Zyl. Boxermotor im Heck	1760 ccm	1938 – 1939	**508 Wagen**
Tatra 70	6 Zyl. Reihenmotor	3393 ccm	1931 – 1934	50 Wagen
Tatra 70a	6 Zyl. Reihenmotor	3843 ccm	1935 – 1940	70 Wagen
Tatra 80	12 Zyl. V-Motor	5976 ccm	1931 – 1938	22 Wagen

Typ 75, den Röhr Junior und dann den Stoewer Greif als deutsche Lizenzfabrikate gab. Außerdem wurde der Typ 57 a in Österreich als Austro-Tatra montiert. Von dieser Zeit an trat Tatra mit kleinen Wagen auf dem deutschen Markt unmittelbar überhaupt nicht mehr in Erscheinung.

Stattdessen erregte nun ein großer Tatra ungeheures Aufsehen. 1934 brachte Ledwinka den Typ 77 heraus, eine imposante, ungewöhnlich geräumige Stromlinien-Limousine mit luftgekühltem 3 Liter V8-Heckmotor, mit Zentralkastenrahmen (als Vorstufe zur selbsttragenden Karosserie), selbstverständlich mit Schwingachsen und bei der ersten Serie sogar mit Mittellenkung. Diese Konstruktion, die heute noch im Tatra 613 weiterlebt, hielten Fachleute und Publikum für den Anfang einer neuen Automobilepoche, was alsbald durch Professor Porsches Volkswagen bestätigt schien. Rückschauend weiß man, daß Ledwinka wie Porsche damals den Weg in eine Sackgasse wiesen. Sowohl der Heckmotor als auch die Luftkühlung vermochten sich im Personenwagenbau nur vorübergehend durchzusetzen, und schon gar nicht bewährten sie sich für große Automobile. Der Stromlinienform damaligen Stils war ebenfalls nur eine kurze Frist beschieden, und die Mittellenkung hat Ledwinka selbst ganz rasch wieder verschwinden lassen. Der Tatra 77 und seine Nachfolger haben sich längst überlebt, zukunftsträchtig waren sie entgegen dem ersten Anschein nicht. Dennoch gelten diese Konstruktionen mit Recht als grandiose Leistung, schon deshalb verdienstvoll, weil sie weltweit die Bereitschaft zu neuen Formen und Entwicklungen anspornten.

Nach dem zweiten Weltkrieg befand sich Hans Ledwinka, dem die Technische Hochschule in Wien 1944 die Würde eines Dr. techn. h. c. verliehen hatte, sechs lange Jahre in tschechischer Haft. Nach seiner Freilassung 1951 übersiedelte er nach München, wo er Anfang 1967 starb. Die Tatra-Werke wurden 1945 verstaatlicht. Sie bauen heute hauptsächlich Schwerlastwagen, die immer noch den einst von Ledwinka geschaffenen Konstruktionsprinzipien entsprechen.

Oben links: Der Tatra Typ 11 als offener Viersitzer (1923 – 1926) war die Grund- und Ausgangsausführung einer erfolgreichen, später weit verzweigten Modellreihe.

Oben rechts: Nachfolger war der Tatra Typ 12 mit etwas mehr Leistung und Vierradbremsen, gebaut von 1926 – 1932. Die kleine Limousine sieht schon nicht mehr gar so rustikal aus.

Im Reich wurde 1927/28 der Tatra Typ 12 hauptsächlich in dieser Ausführung mit deutscher Cabriolet-Karosserie angeboten. Vielleicht weiß ein Leser, welche Firma diesen Aufbau lieferte. Sitz der Firma war vermutlich Berlin-Spandau.

Tatra Typ 57 b
Limousine 2 Türen
1939–1949

	Tatra Typ 11 4/12 PS 1923 – 1926	Tatra Typ 12 4/14 PS 1926 – 1932
Motor	4 Zylinder Boxermotor	4 Zylinder Boxermotor
Bohrung x Hub	82 x 100 mm	82 x 100 mm
Hubraum	1056 ccm	1056 ccm
Leistung	12 PS bei 2500 U/min	14 PS bei 2800 U/min
Verdichtung	1 : 4,7	1 : 4,9
Vergaser	1 Zenith 26 ABC	
Ventile	Hängend (OHV)	
Kurbelwellenlager	2	
Kühlung	Gebläse (Luft)	
Getriebe	4 Gang, Schalthebel Mitte	
Rahmen	Zentralrohr	
Vorderradaufhängung	Starr, 1 Querfeder	
Hinterradaufhängung	Pendelachse, 1 Querfeder	
Fußbremse	Mechanisch, Hinterräder	Mechanisch, 4 Räder
Radstand	2635 mm	2635 mm
Spur	1190 mm	1190 mm
Gesamtmaße	3420 x 1480 x 1720 mm	3600 x 1500 x 1660 mm
Reifen	710 x 90 mm	4,00–18"
Wagengewicht	680 kg	700 bis 800 kg
Höchstgeschwindigkeit	60 bis 70 km/h	70 km/h
Verbrauch/100 km	9 Liter	9,5 Liter
Kraftstofftank	32 Liter (im Motorraum)	32 Liter (im Motorraum)
Preis	Limousine RM 7000,–	Cabriolet RM 5000,–

	Tatra Typ 57 1931 – 1936	Tatra Typ 57 a Austro-Tatra Typ 57 a 1937 – 1939	Tatra Typ 57 b 1939 – 1949
Motor	4 Zylinder Boxermotor	4 Zylinder Boxermotor	4 Zylinder Boxermotor
Bohrung x Hub	70 x 75 mm	70 x 75 mm	73 x 75 mm
Hubraum	1155 ccm	1155 ccm	1256 ccm
Leistung	20 PS bei 3500 U/min	22 PS bei 3500 U/min	25 PS bei 3500 U/min
Verdichtung	1 : 4,9	1 : 5,0	
Vergaser	1 Zenith	1 Zenith 30 T oder Solex 30 BFL	
Ventile	Hängend (OHV)	Hängend (OHV)	
Kurbelwellenlager	2	2	
Kühlung	Gebläse (Luft)	Gebläse (Luft)	
Getriebe	4 Gang, Schalthebel Mitte	4 Gang, Schalthebel Mitte	
Rahmen	Zentralrohr	Zentralrohr	
Vorderradaufhängung	Achslos, 2 Querfedern	Achslos, 2 Querfedern	
Hinterradaufhängung	Pendelachse, 2 Querfedern	Pendelachse, 1 Querfeder	
Fußbremse	Mechanisch, 4 Räder	Mechanisch, 4 Räder	
Radstand	2640 bzw. (ab 1934) 2550 mm	2550 mm	
Spur	1190 mm	1200 mm	
Gesamtmaße	3400 – 3500 x 1450 x 1500 mm	4000 x 1550 x 1520 mm	
Reifen	4,50–18	5,25–16	
Wagengewicht	850 kg	900 kg	930 kg
Höchstgeschwindigkeit	85 km/h	85 km/h	90 km/h
Verbrauch/100 km	9 Liter	10 Liter	
Kraftstofftank	25 Liter (im Motorraum)	35 Liter (im Motorraum)	
Preis	Limousine 2 Türen RM 3900,– Limousinen-Cabriolet 2 Fenster RM 3900,–	Limousine 2 Türen RM 3900,–	

Tatra 77
1. Ausführung
mit Mittellenkung
1934

Tatra 77
3. Ausführung,
gezeigt auf der Berliner
Automobil-Ausstellung
1935

Tatra 87
Serienausführung
1938 – 1940

Tatra 97
Serienausführung
1938 – 1939

	Tatra Typ 77 1934 – 1936	Tatra Typ 77 a 1936 – 1939
Motor	V8 (90°-V-Form) Heckmotor	V8 (90°-V-Form) Heckmotor
Bohrung x Hub	75 x 84 mm	80 x 84 mm
Hubraum	2965 ccm	3380 ccm
Leistung	60 PS bei 3200 U/min	75 PS bei 3500 U/min
Verdichtung	1:5,3	1:5,6
Vergaser	1 Doppel-Fallstromvergaser Zenith 36 DIB	1 Doppel-Fallstromvergaser Zenith 36 DIB
Ventile	Hängend (OHC)	Hängend (OHC)
Kurbelwellenlager	3	3
Kühlung	Gebläse (Luft)	Gebläse (Luft)
Getriebe	4 Gang, Schalthebel Mitte	4 Gang, Schalthebel Mitte
Rahmen	Zentralkastenrahmen, hinten gegabelt Mittragende Ganzstahlkarosserie	Zentralkastenrahmen, hinten gegabelt Mittragende Ganzstahlkarosserie
Vorderradaufhängung	Querlenker, 1 Querfeder	Querlenker, 1 Querfeder
Hinterradaufhängung	Pendelachse, Schwingarme, 1 Querfeder	Pendelachse, Schwingarme, 1 Querfeder
Lenkung	Mitte bzw. (ab 1935) links	Links oder rechts
Fußbremse	Hydraulisch, 4 Räder	Hydraulisch, 4 Räder
Radstand	3150 mm	Je nach Ausführung 3050 oder 3250 mm
Spur	1300 mm	1300 mm
Gesamtmaße	5200 x 1650 x 1500 mm	5400 x 1660 x 1600 mm
Reifen	16 x 45 oder 6,50–18	16 x 45 oder 6,50–18
Wagengewicht	1750 kg	1800 kg
Höchstgeschwindigkeit	150 km/h	150 km/h
Verbrauch/100 km	15 Liter	15 Liter
Kraftstofftank	80 Liter (2 Tanks im Motorraum)	80 Liter (2 Tanks im Motorraum)

	Tatra Typ 87 1938 – 1940	Tatra Typ 97 1938 – 1939
Motor	V8 (90°-V-Form) Heckmotor	4 Zylinder Boxermotor im Heck
Bohrung x Hub	75 x 84 mm	75 x 99 mm
Hubraum	2965 ccm	1760 ccm
Leistung	72 PS bei 3600 U/min	40 PS bei 3500 U/min
Verdichtung	1:5,8	1:5,9
Vergaser	1 Doppel-Fallstromvergaser Solex 30 FFJK	1 Zenith 30 IMF
Ventile	Hängend (OHC)	Hängend (OHV)
Kurbelwellenlager	5	3
Kühlung	Gebläse (Luft)	Gebläse (Luft)
Getriebe	4 Gang, Schalthebel Mitte	4 Gang, Schalthebel Mitte
Rahmen	Zentralkastenrahmen, hinten gegabelt Mittragende Ganzstahlkarosserie	Zentralkastenrahmen, hinten gegabelt Mittragende Ganzstahlkarosserie
Vorderradaufhängung	2 Querfedern	Querlenker, 1 Querfeder
Hinterradaufhängung	Pendelachse, Schräg-Ausleger-Viertelfedern	Pendelachse, Schwingarme, 1 Querfeder
Lenkung	Links oder rechts	Links
Fußbremse	Hydraulisch, 4 Räder	Hydraulisch, 4 Räder
Radstand	2850 mm	2570 mm
Spur	1250 mm	1250/1220 mm
Gesamtmaße	4740 x 1670 x 1500 mm	4200 x 1600 x 1470 mm
Reifen	6,50–16	5,75–16
Wagengewicht	1480 kg	1150 kg
Höchstgeschwindigkeit	152 km/h	120 km/h
Verbrauch/100 km	14 Liter	11 Liter
Kraftstofftank	55 Liter (vorn im Wagen)	50 Liter (vorn im Wagen)
Preis	Limousine 4 Türen RM 8450,–	Limousine 4 Türen RM 5600,–

Deutsche Karosseriemarken

Karosserieindustrie und Karosseriehandwerk hatten während der zwanziger und dreißiger Jahre im Rahmen des deutschen Automobilbaus, soweit es den Bereich der Personenwagen angeht, eine unendlich größere Bedeutung als heute. Schon damals gab es große Karosseriefabriken, die mehr oder weniger beträchtliche Serien ihrer Produkte an Autohersteller oder auch Autohändler lieferten, wie es heute nur noch zwei Firmen tun, nämlich Karmann in Osnabrück und Baur in Stuttgart. Solche Firmen waren früher viel mehr als heute ein integraler Bestandteil der Automobilindustrie, weil es mehrere, sogar sehr bedeutende Personenwagen-Hersteller gab, die selbst nur Fahrgestelle und Motoren fertigten (z. B. Adler, Audi, Hanomag, Maybach), und viele andere konnten den laufenden Bedarf an Serienkarosserien nur zum Teil aus der werkseigenen Karosserieproduktion decken. Völlig autark waren in dieser Beziehung nur Opel, DKW, Mercedes-Benz, Brennabor und Stoewer. Und selbst diese vergaben manchmal kleine Serien nach auswärts, waren aber nie darauf angewiesen. Heute dagegen verfügen alle Autofabriken, auch die relativ kleine Firma Porsche, über einen werkseigenen Karosseriebau von ausreichender Kapazität. Daß bei den Firmen Karmann und Baur dennoch insgesamt recht stattliche Stückzahlen in Lohnfertigung hergestellt werden, mag für die beteiligten Automobilfabriken wirtschaftlich günstig sein, ist für sie aber nicht lebenswichtig.

Der Karosseriebau wurde und wird aber nicht nur industriell, sondern in sehr großem Umfang auch handwerklich betrieben. Da besteht freilich zwischen früher und heute ein fundamentaler Unterschied. Heute ist das Karosseriehandwerk nahezu ausschließlich mit Unfallreparaturen und der Behebung ähnlicher Schäden beschäftigt, wobei der Arbeitsanfall infolge der Motorisierungsdichte im Vergleich zu früher quantitativ wohl eher noch zugenommen hat. In den zwanziger und dreißiger Jahren hingegen lag das Schwergewicht der Tätigkeit des Karosseriehandwerks auf der Einzelfertigung individuell gestalteter Karosserien, sei es nach eigenem Gutdünken und eigenem Entwurf, sei es im genauen oder ungefähren Vollzug des Wunsches eines Einzelkunden. Solche Sonderanfertigungen waren damals keineswegs außergewöhnlich, ja bei teuren Wagen sogar fast üblich, zumal der Mehrpreis gegenüber dem Serienmodell dann gering war, wenn dieses selbst nur in kleiner Stückzahl angefertigt wurde. Mit Aufträgen für individuelle Sonderanfertigungen konnten aber im Regelfall nur solche Karosseriehandwerker rechnen, die für ihre Fähigkeit bekannt waren, formschöne Aufbauten nicht nur zeichnen, sondern auch einwandfrei ausführen zu können. Solche Könner gab es in Berlin zu jeder Zeit mindestens ein Dutzend, einen oder mehrere aber auch an vielen anderen Orten. Ihre Namen waren oft nur im lokalen Umkreis bekannt. Aber es gab auch prominente Meister ihres Fachs, die sich eines internationalen Rufes erfreuen durften.

Woran liegt es, daß Glanz und Blüte des deutschen Karosseriebaus nach dem zweiten Weltkrieg nicht mehr wiederkehrten? Ein sehr wesentlicher Grund hierfür ist der fast allgemeine Übergang zu rahmenlosen, selbsttragenden Serienkarosserien. Damit wird zwar die Anfertigung individueller Karosserien mit vorgegebener Mechanik absolut nicht völlig verunmöglicht, aber enorm teuer. Weit mehr fällt jedoch ins Gewicht, daß den deutschen Karosseriebauern, auch den industriellen, das künstlerische Formgefühl verloren ging. Jene wenigen Leute, die heute noch derartige Kunstfertigkeit besitzen, werden nicht mehr Handwerker, sondern Industriedesigner, womit beileibe nicht behauptet sein soll, daß alle Designer Künstler seien. Auch bei ihnen ist's nur eine Minderheit.

Die Kunstfertigkeit eines begabten Karossiers läßt sich nicht erlernen oder erarbeiten. Nur ein Naturtalent besitzt sie. Erlernen kann man Zeichentechniken, erlernen kann man konstruktions- und produktionstechnische Gegebenheiten, erlernen kann man handwerkliche Fertigkeiten, nicht erlernen aber kann man Form- und Stilgefühl. Übrigens war es auch in der Blütezeit des schöpferischen Karosseriehandwerks so, daß selbst Spitzenkönner auf bestimmte Stilrichtungen festgelegt waren und sich wechselnden Modeströmungen oft genug nicht anzupassen vermochten. So berühmte Karossiers wie beispielsweise Neuss oder Kellner schufen im klassischen Automobilstil der zwanziger und ersten dreißiger Jahre ganz meisterhafte

Aufbauten, waren aber offensichtlich außerstande, im Zuge der folgenden Modeströmung, der käferartigen Stromlinie, ebenso überzeugend zu arbeiten. Wiederum gab es in der Stromlinienzeit hervorragende Formgestalter wie beispielsweise Autenrieth oder Drauz oder Wendler oder Spohn, die zwar den zweiten Weltkrieg überdauerten, dann aber mit den bald aufkommenden Pontonformen überhaupt nicht fertig wurden. Und daran sind letztlich alle die Überlebenden von früher gescheitert, außer den wenigen, denen rechtzeitig der Übergang zur industriellen Lohnfertigung oder zu anderweitiger Betätigung gelang.

Die Kunst des individuellen Karosseriebaus ging übrigens im Laufe der fünfziger Jahre nicht nur in Deutschland verloren, sondern ebenso auch in Frankreich und in England. Nur in Italien hatte sie längeren Bestand, geht aber jetzt, 20 Jahre später, sichtbar ebenfalls ihrem Ende entgegen. Bertone und Giugiaro darf man wohl als die beiden letzten selbständigen Karosserieschneider von Weltrang bezeichnen. Auch Pininfarina, jahrzehntelang als Primus seiner Gilde anerkannt, liefert nur noch gute Industrieprodukte, aber längst keine kreativen Entwürfe mehr. Commendatore Pininfarina, der ehrwürdige Senior, ist seit 1966 tot. Und weil der individuelle Karosseriebau Italiens in den letzten Jahren seine magische Anziehungskraft von einst nahezu völlig verloren hat, hat interessanterweise auch der Turiner Automobil-Salon seine frühere Attraktivität weitgehend eingebüßt. Denn bei ihm standen traditionsgemäß weniger die Stände der Autofabriken als vielmehr die zahlreichen Neuschöpfungen der Karosseriekünstler im Mittelpunkt des Interesses. Das ist vorbei.

Das hehre Ansehen, das der italienische Karosseriebau in Deutschland immer noch genießt, kommt daher, daß wir selbst eine entsprechend kreative Branche seit dem Krieg nicht mehr besitzen. In den zwanziger und dreißiger Jahren aber waren die zahlreichen deutschen Karosseriebauer ihren italienischen Kollegen völlig ebenbürtig, wenn auch in der Art manchmal recht verschieden. Hier wie dort gab es jedenfalls weltberühmte Namen. Aber selbst die großen unter den früheren deutschen Karosseriemarken sind jetzt schon fast vergessen. Sie haben es verdient, in die Erinnerung zurückgerufen und in dieser Dokumentation eines Stückes deutscher Automobilgeschichte festgehalten zu werden.

Ambi-Budd (ab 1926)

Den Übergang von der Blechkarosserie mit Holzgerippe (Gemischt-Bauweise) zur Ganzstahlkarosserie begannen die Amerikaner schon vor dem ersten Weltkrieg. Vorzüge der neuen Bauart waren das geringere Gewicht, größere Widerstandsfähigkeit und Sicherheit bei Feuer (damals noch relativ häufig!) und Unfällen, mehr Sicht dank schmalerer Dachträger, Geräuschlosigkeit des zu einer Einheit verschweißten Stahlkörpers. Dem deutschen Automobilbau war eine entsprechende Umstellung vorerst nicht möglich. Die einschlägigen Patente befanden sich im Besitz der amerikanischen Firma Edward G. Budd Manufacturing Co., die 1912 in Philadelphia die Serienherstellung von Ganzstahlkarosserien aufgenommen hatte. Abgesehen davon waren die hiesigen Fertigungszahlen noch viel zu gering, als daß sich die teueren Pressen, Werkzeuge und Schweißmaschinen amortisiert hätten. Außerdem arbeitete man bei uns noch mit zu primitiven Lackierungsmethoden. Natürlich wußte man bei der deutschen Automobil- und Karosserieindustrie, wohin die Entwicklung geht, aber dennoch bedeutete es eine gewaltige Überraschung, als bekannt wurde, daß die Berliner Ambi-Maschinenbau-AG. (Beteiligung 51 %) gemeinsam mit der amerikanischen Budd Manufacturing (49 %) auf dem Gelände der ehemaligen Rumpler-Werke in Berlin-Johannisthal ein hochmodernes Karosserie- und Preßwerk errichtete. Im Oktober 1926 begann die Serienproduktion, wobei zunächst 800 Beschäftigte täglich 200 Karosserien fertigstellten. Für den sicheren Absatz hatte man von vornherein dadurch gesorgt, daß Ambi-Budd von einem amerikanisch-englischen Bankenkonsortium 26 % des Kapitals der Adler-Werke aufkaufte. In der Anlaufzeit beschränkte sich das Werk auf die Serienherstellung von je einer offenen und einer geschlossenen Standard-Karosserie, die zum allergrößten Teil für den neuen Adler Standard 6 verwendet wurde, aber in genau gleicher Ausführung auch jeder anderen Marke zur Verfügung stand, wovon Cyklon, NSU und Ley Gebrauch machten. 1928 vereinnahmte Ambi-Budd die Firma Lindner (Ammendorf) und den Karosseriebau der Deutschen Industriewerke AG. (Berlin-Spandau). Die Belegschaft zählte jetzt 2500 Mann. Als weitere Groß-

Adler Standard 8
Pullman-Limousine
Karosserie Ambi-Budd
1929

kunden wurden Ford, BMW und Hanomag gewonnen. Weit überwiegend lieferte Ambi-Budd Limousinen. Hier war das Werk nahezu konkurrenzlos, weil sich die anderen selbständigen Karosseriehersteller mit geschlossenen Aufbauten kaum mehr befaßten. Sie hatten sich fast alle mehr oder weniger auf Cabriolets spezialisiert. Diese damals besonders beliebte Karosserieform gehörte ab 1930 ebenfalls zum Programm von Ambi-Budd, wobei das Werk teilweise sogar auch die Gemischt-Bauweise anwendete. Aber die Cabriolets von Ambi-Budd wirkten meistens etwas plump und unbeholfen, weshalb man damit nie ebensoviel Erfolg hatte wie mit den Limousinen. – Für die Wehrmacht wurden ab 1936 die Aufbauten aller mittleren und schweren Einheits-Pkw hergestellt und auf die von Horch, Opel und Ford angelieferten Fahrgestelle montiert, ebenso ab 1940 die VW Kübel- und Schwimmwagen. Außerdem stammte von Ambi-Budd der berühmte Wehrmacht-Einheitskanister, der dann im eigenen Werk und von einigen anderen Firmen in riesiger Auflage hergestellt wurde. – Nach dem Kriegsende 1945 ließ die sowjetische Besatzungsmacht die gesamte Einrichtung des Preßwerks fortschaffen. Nur die Werkzeuge für den BMW 321 gingen nach Eisenach, um dort die Produktion dieses Typs weiterführen zu können. In den verbliebenen Gebäuden soll dann zunächst eine Waggonfabrik untergebracht gewesen sein. Heute wird ein Teil der Anlagen von einem großen Autotransportbetrieb genutzt, ein weiterer Teil dient hinter strenger Absperrung unbekannten Zwecken.

Horch 8
(5 Liter, 100 PS)
Limousine 4 Türen
Karosserie Ambi-Budd
Modell »Jupiter«
1931

Hanomag Sturm
Cabriolet 4 Fenster
Karosserie Ambi-Budd
1937/38

Anhaltisches Karosseriewerk (1924–1925)

Die Firma Anhaltisches Karosseriewerk GmbH. (Leopoldshall-Staßfurt) lieferte in der kurzen Zeit ihres Bestehens kleine Serien offener und geschlossener Karosserien für Dürkopp und für Selve.

Auer

Die Chr. Auer Karosseriefabrik GmbH. (Stuttgart-Cannstatt) gehört zu den ältesten Firmen dieses Metiers. Schon seit etwa 1900 baute sie ausschließlich Karosserien. In den zwanziger und dreißiger Jahren trat sie vor allem mit Luxusaufbauten jeglicher Gestalt auf Fahrgestellen von Maybach und von Mercedes-Benz hervor. Es handelte sich durchweg um Einzelanfertigungen, wobei gelegentlich recht originelle Einfälle realisiert wurden. Serien gab es bei Auer nur in geringem Umfang.

Maybach W 5 Reise-Limousine mit abnehmbarem Dach und Liegesitzen, Karosserie Auer, 1929

Mercedes-Benz Typ 770 »Großer Mercedes«, Cabriolet 2 Sitze, Karosserie Auer, 1931

Röhr 8 Typ F
3,3 Liter 75 PS
Limousine 4 Türen
Stromlinien-Prototyp
Karosserie Autenrieth
1933
(Heutiger Besitzer des Wagens: Edgar E. Rohr, Manassas/USA)

Autenrieth (ab 1921)

Georg Autenrieth, vorher bei den Karosseriewerken Weinsberg beschäftigt, machte sich 1921 selbständig und gründete die Firma »Erste Darmstädter Karosseriewerke«. Jahrelang versah er NSU- und andere Fahrgestelle mit einzelgefertigten Aufbauten. Bekannter aber wurde sein Name erst, als er den größeren Teil (etwa zwei Drittel) der im nahen Ober-Ramstadt erzeugten Röhr Achtzylinder mit Karosserien versehen durfte. Danach lieferte Autenrieth Serien-Cabriolets für den Adler Diplomat sowie für BMW, darunter speziell die Viertüren-Ausführungen auf BMW 326 und 335. Die Tagesleistung lag bei etwa 7 Cabriolets. Später erfolgten auch Zulieferungen an Opel. 1938 beschäftigte der Betrieb 420 Leute. Während des Krieges mußte er Flugzeug-Blechteile fertigen. Georg Autenrieth starb 1950. Der Karosseriebau ging jedoch weiter. Zahlreiche Aufbauten nach Kundenwunsch wurden auf BMW 501 und 502 angefertigt. Schließlich bestand das Hauptgeschäft darin, Opel Rekord Limousinen in Coupés oder Cabriolets zu verwandeln. Als die Opel AG. begann, selbst serienmäßig ein Opel Rekord Coupé anzubieten, war das Schicksal der Firma Autenrieth besiegelt. Sie wurde 1964 aufgelöst, das Grundstück an die Plexiglas-Fabrik Röhm & Haas verkauft.

Baur

1910 gründete der damals 27jährige Karl Baur in Stuttgart-Berg eine kleine Karosseriefirma, die sich lange Zeit auf die Reparatur und Einzelanfertigung von Karosserien beschränkte. Erst 1927 begann Baur mit der Produktion kleiner Serien, als Wanderer einige Cabriolets in Auftrag gab. Die Zusammenarbeit mit dieser Marke dauerte bis 1935. Von 1929 bis 1939 ließ

Mercedes-Benz Typ 380 Limousine 4 Türen, Karosserie Baur, 1933/34

Horch Kleinserien von je 100 bis 200 Pullman-Cabriolets herstellen. Daneben lief die Einzelanfertigung sehr ansehnlicher Limousinen auf Fahrgestellen von Horch, Mercedes-Benz und Maybach. 1936 bis 1941 wurde zum ersten und vor dem Krieg einzigen Mal eine Großserie von 15000 DKW Cabriolets abgewickelt. Daneben entstanden zur gleichen Zeit 900 Cabriolets auf BMW 320 und 326. Im Krieg lieferte Baur Werkstattwagen-Aufbauten, Operationswagen und verschiedene Anhänger. Heute wird der Betrieb von den beiden Söhnen des Firmengründers geleitet. Seit 1945 gab es größere und kleinere Serien für DKW, BMW, Veritas, Maico und Opel. Die Beschäftigtenzahl schwankt je nach Auftragslage. Heute sind es etwa 220 Leute, es waren aber auch schon 500. Eine besondere Spezialität der Karosseriefabrik Baur ist die unter strengster Geheimhaltung durchzuführende Herstellung von Prototypen für verschiedene Automobilfabriken.

Boldt & Lieske (etwa 1923 bis etwa 1927)

Die Karosserie-Werke Boldt & Lieske (Berlin N 4) hatten sich auf die Herstellung von Kombinationswagen spezialisiert. Es handelte sich um offene Phaetons, in deren rückwärtigen Teil nach Herausnahme der Sitze eine Zinkwanne eingesetzt werden konnte, was vor allem für Metzger in Frage kam. Andere Ausführungen waren dafür hergerichtet, daß sich nach Abnahme des Verdecks eine Pritsche oder ein Kasten auf den rückwärtigen Teil des Wagens setzen ließen. Besonderen Wert hatte man darauf gelegt, daß, wenn das Auto als normaler Personenwagen lief, dessen Kombinationsmöglichkeit absolut nicht zu erkennen war. – Zuletzt baute die Firma auch ein paar angeblich garantiert klapperfreie Cabriolets.

Buhne

Heinrich Buhne (1889–1968) fing 1919 in Berlin ganz klein mit einem einzigen Mitarbeiter an, gehörte aber bereits wenige Jahre später zu den prominenten Karosserieherstellern. Schon auf der Berliner Automobil-Ausstellung 1923 besaß er einen eigenen, mit drei Wagen beschickten Stand. Seine besondere Spezialität wurden Kraftdroschken, die er in großer Zahl

Steyr Typ XII
Droschken-Landaulet
Karosserie Buhne
1928

Adler Standard 6
Cabriolet 2 Fenster
Karosserie Buhne
1930/31

auf Fahrgestellen der verschiedensten Marken lieferte. Daneben pflegte er aber auch die Einzelanfertigung von Cabriolets, die nicht immer, aber doch oft von bemerkenswerter Schönheit waren. Kenner wußten, daß Buhne gute Qualität zu außergewöhnlich mäßigem Preis lieferte. Im Krieg fertigte er Aufbauten für Wehrmachtfahrzeuge. Sein Betrieb wurde schließlich nach Mecklenburg verlagert, was den Totalverlust bei Kriegsende bedeutete. Nach mühevollem Neuaufbau in Berlin ging die Herstellung von Personenwagen- zu Gunsten von Nutzfahrzeug-Sonderaufbauten immer weiter zurück. Heute befaßt sich der 50 Mann-Betrieb hauptsächlich mit Isolier-, Reklame- und Großraum-Aufbauten.

Deutsch

1913 übernahm der Wagenbaumeister Karl Deutsch die Karosserie- und Wagenfabrik J. W. Utermöhle GmbH., deren Kölner Werk er schon geleitet hatte. 1916 entsteht das Karosseriewerk Karl Deutsch GmbH. in Köln-Braunsfeld, das sich mit dem Bau von Lastanhängern für die Armee befaßt. Nach dem Krieg begann Karl Deutsch die Einzelanfertigung von Karosserien. Der Übergang zu kleinen Serien erfolgte 1930, als zunächst Cabriolets für Horch und für Citroen (Köln) geliefert wurden. Bald begann die Zusammenarbeit mit den Kölner Ford-Werken, welche der Firma Karl Deutsch GmbH. zu raschem Wachstum verhalf. Während 1934 arbeitstäglich 8 bis 10 Karosserien fertiggestellt wurden, waren es 1938 bis zu 30 Stück. Auftraggeber waren vor allem die Kölner, aber auch die holländischen Ford-Werke. Nach dem zweiten Weltkrieg arbeitete die Firma, nunmehr geleitet von Dipl.-Ing. Werner Deutsch, dem Sohn des Gründers, weiterhin noch jahrelang für Ford. Seit aber diese Marke keine Cabriolets mehr in ihrem Verkaufsprogramm führte, blieb die Firma Deutsch darauf angewiesen, auf Kundenwunsch Limousinen von Ford und später, nachdem Autenrieth aufgegeben hatte, auch von Opel, in Cabriolets zu verwandeln. Doch schließlich lohnte sich diese Tätigkeit nicht mehr, weshalb 1971 der Karosseriebau eingestellt wurde. Die Firma Deutsch befaßt sich seither nur mehr mit der Grundstücksverwaltung.

Ford Modell B
Cabriolet 2 Fenster
Karosserie Deutsch
1932/33

Horch 8
4 Liter Typ 410
4 Liter 80 PS
Cabriolet 2 Fenster
Karosserie Deutsch
1931–1933

Maybach Zeppelin 12 Zylinder 8 Liter Sport-Cabriolet, Karosserie Dörr & Schreck, 1939

Dörr & Schreck

Wagnermeister Jacob Dörr gründete 1890 in Frankfurt eine Wagnerei zur Herstellung von Pferdewagen und Droschken. 1911 war er Mitbegründer der Frankfurter Karosserie- und Fahrzeugwerke mbH. (FKF), die über 50 Jahre lang Aufbauten für Sanitätsfahrzeuge und Omnibusse fertigten. 1919 eröffnete Jacob Dörr mit dem jungen bayerischen Partner Mathias Schreck den Karosseriebau Dörr & Schreck in Frankfurt, Mainzer Landstraße. In Einzelfertigung entstehen Luxus-, Sport- und Sonderaufbauten für Personenwagen. Eine besondere Spezialität der Firma ist die Erledigung besonders ausgefallener Aufträge. So werden für einige Industrie- und Privatkunden verschiedene Stromlinienwagen (in Zusammenarbeit mit dem Frhr. von König-Fachsenfeld) erstellt. Erst ab Mitte der dreißiger Jahre gelingt der Übergang zu Kleinserien, indem Cabriolets und Sportwagen an die benachbarten Adler-Werke geliefert werden dürfen. Auf etwa 100 Mann wuchs vor dem Krieg der Betrieb, den Mathias Schreck seit dem Tod von Jacob Dörr allein führt. Nach 1945 muß ganz klein von vorn begonnen werden. Von nun an führt Schreck nur mehr Reparaturen aus, bis er die Firma wohl Ende der sechziger Jahre altershalber verkauft.

Drauz

Wagnermeister Gustav Drauz (1872–1951) eröffnete im Jahr 1900 in seiner Heimatstadt Heilbronn einen eigenen Betrieb. Er beginnt mit dem Bau von Kutschwagen, doch schon bald bestellt NSU bei ihm Karosserien für Automobile. Mit der Zeit folgen Aufträge weiterer Firmen. Das zur Fabrik angewachsene Unternehmen beschäftigt 1911 bereits 200 Personen. Während des ersten Weltkriegs liefert Drauz Feldküchen und Krankenwagen an die Armee. Nach dem Zusammenbruch 1918 geht der Aufstieg des Unternehmens weiter, das ohnehin inzwischen zu den führenden seiner Branche zählt. 1925 tritt Dipl.-Ing. Walter Drauz (1902–1972) in die Geschäftsleitung der nunmehrigen Familien-AG. ein. Man spezialisiert sich auf Cabriolets und die Produktionskapazität wird stetig erweitert. Serien-Cabriolets werden für Adler, NSU und Fiat gebaut. Daneben aber wird auch die Einzelfertigung nach Kundenwünschen nicht vernachlässigt, weil diese Tätigkeit zwar nicht viel zum Umsatz, umso mehr aber zum Ruf der Firma beiträgt. 1929 beginnt die Zusammenarbeit mit den Ford-Werken, die bald wichtigster Geschäftspartner wurden und blieben. Zur Ausnutzung der Kellner-Patente, die sich auf eine besondere Verdeckkonstruktion bezogen, wurde 1930 als Verkaufsgesellschaft der Drauz-Werke die »Karosserie Alexis Kellner GmbH.« mit dem Sitz in Heilbronn gegründet, nachdem die Alexis Kellner A.G. (Berlin) liquidiert worden war. Mit dieser war Drauz schon seit mindestens 1920 durch eine Interessen- und Verkaufsgemeinschaft verbunden gewesen. (Cabriolets nach Kellner-Patenten erkennt man an dem über das

Horch 8
3,4 Liter Typ 305
Tourenwagen 6 Sitze
Karosserie Drauz
1928

100 PS NAG-V8
Sport-Cabriolet
Karosserie Drauz
1931/32

geschlossene Verdeck gespannten Lederriemen.) 1932 errichtet Drauz Niederlassungen in Köln und in Berlin, um die Aufträge des Großkunden Ford leichter und schneller abzuwickeln. 1933 erfolgt die Umstellung auf die Fließbandproduktion von Ganzstahlkarosserien. Täglich verlassen jetzt 25 komplette Cabriolets und 40 Fahrerhäuser für Lastwagen das Werk. Diese Zahlen verdoppeln sich in wenigen Jahren. In die ehemaligen Schebera-Karosseriewerke, die dazugekauft wurden, verlegt Drauz nunmehr die Einzelfertigung. Da entstehen beispielsweise hübsche Zweisitzer-Cabriolets auf BMW-Fahrgestellen. Auch wird dort 1937 die (früher schon einmal betriebene) Fabrikation von Omnibussen und Anhängern aufgenommen. Im Dezember 1944 zerfallen die Drauz-Werke in Schutt und Asche. Mit der Herstellung von Handwagen fing man 1945 von neuem an, doch schon 1947 konnte wieder ein Omnibus geliefert werden. Und schon wenige Jahre später produzierten die Drauz-Werke größere Stückzahlen als jemals zuvor. Mit 700 Mann wurden Großaufträge für Ford, DKW, Porsche und NSU abgewickelt. Allein an Ford lieferte Drauz in 12 Jahren 250000 Karosserien. Am 1. Juli 1965 übernahm NSU den Karosseriebau der Drauz-Werke. Die Gründerfamilie führt seitdem den Drauz Werkzeugbau weiter, der ebenfalls schon seit etwa 30 Jahren bestand.

Drögmöller

1920 gründet der Stellmachermeister Gotthard Drögmöller in Heilbronn eine Karosseriewerkstatt. Mit zunächst 8 Beschäftigten werden Spezialaufbauten für Personen- und Lastwagen angefertigt. 1931 spezialisierte sich die heute noch bestehende Firma auf den Bau von Omnibussen.

Eichelbaum (etwa 1923 bis etwa 1925)

Die Karosseriefirma Eichelbaum Nachf. GmbH. (Berlin S 42) bot Luxuskarosserien an und hatte sich dabei besonders auf Zwei- und Viertüren-Cabriolets verlegt. Die Konkurrenz auf diesem engen Markt war damals gewaltig. So blieb Eichelbaum bald auf der Strecke.

24/100/140 PS Mercedes-Benz Tourenwagen 1928. Karosserie Erdmann & Rossi.
Am Steuer: E & R-Geschäftsführer Friedrich Peters

Mercedes Benz Typ 500 K Stromlinien-Roadster 1935. Karosserie Erdmann & Rossi

Maybach Zeppelin 12 Zylinder 8 Liter Cabriolet 1937, Karosserie Erdmann & Rossi.
Sonderanfertigung für Prinz Bernhard der Niederlande

Erdmann & Rossi

Ein 1898 in Berlin von Willy Erdmann gegründeter Betrieb, der sich mit der Herstellung von Kutschwagen befaßte, entwickelte sich ausgezeichnet. Nachdem 1906 der Automobilverkäufer Eduard Rossi dem Unternehmen beigetreten war, wurden auch Aufbauten für Automobile ausgeführt. Das Geschäft ging so gut, daß bald ein fünfgeschossiges Gebäude bezogen werden mußte. Indes verunglückte Rossi 1909 tödlich, woraufhin sich auch Willy Erdmann zurückzog. Friedrich Peters, bis dahin Hauptbuchhalter der Firma, übernahm nun deren Leitung. Im ersten Weltkrieg war Erdmann & Rossi mit dem Bau von Post- und Sanitätsfahrzeugen sowie mit Reparaturen beschäftigt. Die große Zeit der Firma kam in den zwanziger und dreißiger Jahren. Man hatte sich nun völlig auf Luxuskarosserien beschränkt, wobei keineswegs nur deutsche Fahrgestelle eingekleidet wurden, sondern auch alle berühmten Nobelmarken des Auslands, zumal Erdmann & Rossi auch die offizielle Werksvertretung von Rolls-Royce und Bentley innehatte. Beschäftigt wurden damals etwa 200 Facharbeiter, die pro Woche zwei bis drei Luxuskarosserien fertigstellten. Zum 1. 1. 1933 wurde die traditionsreiche und angesehene Firma Jos. Neuss übernommen, die offensichtlich den Anschluß an die wiederauflebende Konjunktur ganz knapp verpaßt hatte. Nach dem Tod von Friedrich Peters im Jahr 1937 übernahm dessen Bruder Richard das Unternehmen, das heute noch als Reparaturwerk besteht. Ein Maybach SW 42 hatte 1949 als letzter eine wunderschöne Karosserie mit Markenschild Erdmann & Rossi erhalten.

Friederichs

Die Karosseriefirma Friederichs (Frankfurt am Main) existierte schon im vorigen Jahrhundert als Hoflieferant für Pferdekutschen. Bis 1939 baute sie individuelle Automobil-Karosserien auf Einzelbestellung. Der Aufbau des ältesten noch vorhandenen Maybach, eines W 5 von 1926, der im Norddeutschen Automobilmuseum Bad Oeynhausen steht, stammt von Friederichs. (Leider hat jemand dieses kostbare Auto nachträglich mit nicht zeitgerechten Kotflügeln verschandelt.)

Gaertner (bis 1927)

Die Hansa-Lloyd-Werke bezogen, solange sie selbst noch keine Karosserien herstellten, diese hauptsächlich von dem Bremer Karossier Louis Gaertner, einer Aktiengesellschaft mit Hansa-Lloyd als Hauptgesellschafter. Als es dann rentabler erschien, die Karosserien im eigenen Werk herzustellen, wurde 1927 die Firma Gaertner aufgelöst. Borgward und Tecklenborg kauften aus der Liquidationsmasse das Gelände der Karosseriefabrik.

Gläser

Das höchste Ansehen unter den deutschen Karosseriefabriken der dreißiger Jahre genoß ohne Zweifel die Firma Gläser in Dresden. Außerdem zählte sie kapazitätsmäßig zu den größten. – Auf zwei Stammväter konnte die Firma zurückblicken. Einer war der Sattler Heinrich Gläser (1831–1902), der seit 1864 in Dresden Kutschen und Schlitten ausstaffierte und lieferte. Der Hufschmied und Wagenbauer Friedrich August Emil Heuer war der andere. Er betrieb seit 1885 einen Handwerksbetrieb in Radeberg bei Dresden. Von ihm bezog Heinrich Gläser Rohbauten für seine Fahrzeuge, woraus sich eine so enge Geschäftsbeziehung ergab, daß Heuer 1898 als Teilhaber bei Gläser eintrat. 1902 baute Heinrich Gläser seine erste Automobil-Karosserie, starb aber noch im gleichen Jahr, woraufhin Heuer die Leitung der Heinrich Gläser GmbH. übernahm. Sein Sohn Georg Heuer trat ihm 1908 zur Seite. Dieser hatte die Wagenbauschule in Paris besucht und brachte nun bis zu seinem Tod im Jahr 1932 mit glücklicher Hand die technische und künstlerische Entwicklung der Gläser-Karosserien voran. In der letzten Zeit vor dem ersten Weltkrieg galt die »abnehmbare Limousine« als das wichtigste Produkt der Firma Gläser. Dann wurde sie in die Kriegsproduktion eingeschaltet. Nach 1918 baute man hauptsächlich Limousinen, jahrelang auch nach Weymann-Patenten. 1925 erschien das erste Gläser-Cabriolet und damit jene Karosserie, die den Firmen-Namen berühmt werden ließ. 1927 begann die Geschäftsverbindung mit der General Motors GmbH.

Faun 6/24 PS Cabriolet 2/3 Sitze 1925. Karosserie Gläser. Dieses Einzelstück, Privatwagen von Georg Heuer, war eines der ersten Gläser-Cabriolets. Karosserien ähnlicher Ausführung wurden ab 1925 in kleinen Serien an Wanderer geliefert.

in Berlin-Borsigwalde. Dort fehlten in den Programmen von Chevrolet und Buick Cabriolets jener Art, wie sie sich auf dem deutschen und den europäischen Märkten großer Beliebtheit erfreuten. Die Bosse von General Motors veranlaßten Georg Heuer, neben der Einzelfertigung umgehend auch die Serienfertigung von Cabriolets aufzunehmen. Nach entsprechenden Vorbereitungen entstanden bald in beachtlichen Hunderter-Serien Zweifenster-Cabriolets für Chevrolet sowie Vierfenster- und schließlich auch Pullman-Cabriolets für Buick. Als ab 1931 infolge der Marktlage diese Aufträge auf ein Minimum reduziert werden mußten, war ein schwieriges Jahr zu durchstehen, doch noch rechtzeitig genug kam man mit einem neuen Interessenten ins Geschäft. Es war die eben gegründete Auto Union, die von nun an bis zum Krieg der Hauptkunde von Gläser sein wird. Sie bezieht serienweise Cabriolets für Wanderer, Audi und Horch in beträchtlichen Zahlen. Bis 1938 wächst die Belegschaft auf 2000 Leute, die

Horch 8 (Typ 350) Cabriolet 4 Fenster 1929. Karosserie Gläser. Es ist der gleiche Aufbau, der serienmäßig sowohl für Horch als auch in vermutlich wesentlich größerer Zahl für den Buick Modell 20 CC verwendet wurde.

10/50 PS Wanderer Sport-Cabriolet 1931. Karosserie Gläser.

Opel Super 6
Cabriolet 2 Fenster
Karosserie Gläser
Sonderanfertigung
1937/38

Maybach SW 38
Limousine 4 Türen
Karosserie Gläser
1838/39

monatlich etwa 350 Serien-Cabriolets (die Hälfte davon allein für Wanderer), etwa 70 Kübel- und Funkwagen für die Wehrmacht und etwa 5 Einzelanfertigungen ausführen. Dazu werden in großer Zahl montierfertige Verdecke an Opel geliefert, bestimmt für die Kapitän- und Admiral-Cabriolets. Außer für die Auto Union laufen weitere Serienaufträge für Steyr, Hanomag, Fiat, BMW, Ford und Maybach, außerdem von Opel-Händlern bestellte Zweisitzer-Cabriolets. Nach dem Tod von Georg Heuer übernahm 1932 dessen Bruder Erich Heuer die Leitung der Firma, die 1933 in Gläser-Karosserie GmbH. umbenannt wurde. Im zweiten Weltkrieg baute man zunächst noch Wehrmachtfahrzeuge und -schlitten, bis schließlich die auf 3000 Mann angewachsene Belegschaft auf Hochtouren Teile für Messerschmitt-Flugzeuge zu produzieren hatte. Was der Bombenangriff vom 13./14.2.1945 auf Dresden vom Werk übrigließ, wurde nach Kriegsende enteignet. Der Karosseriebau besteht dort im Rahmen des VEB IFA noch heute. Ein anderer Teil der Fertigung war 1944 nach Weiden/Oberpfalz verlagert worden. Dort nahm Erich Heuer 1950/51 unter seinem Namen den Karosseriebau wieder auf. Er baute die ersten 100 Cabriolets sowie 15 Leichtmetall-Karosserien für den Porsche 356, dann aber – Professor Porsche war gestorben – ging der Anschlußauftrag über 2000 Cabriolets an die Firma Reutter. Ende der Geschichte.

Glüer (um 1923)

Die Glüer Karosserie GmbH. mit Hauptwerk in Kiel und Zweigwerken in Herford und Potsdam bot »Stahl-Holz-Karosserien System Glüer DRGM und DRPa« an. Hauptmodell war anscheinend ein kleiner Viersitzer-Aufbau mit abnehmbarem Limousinen-Oberteil.

Hawa (1923–1925)

Die Hannoversche Waggonfabrik AG. baute Straßenbahnwagen und kleine Elektrofahrzeuge, in der Hauptsache aber Automobil-Karosserien auf Aga, Apollo und Mauser.

Hebmüller

Seit dem Jahre 1889 baute der gelernte Stellmacher Joseph Hebmüller in Barmen Kutschwagen. Doch erst 1919, nach dem Tod des Firmengründers, begannen seine 4 Söhne die Herstellung von Automobil-Karosserien. Der Auftragseingang entwickelte sich derart lebhaft, daß man in Wülfrath 1924 das Werk II und 1936 das Werk III eröffnen mußte. Sehr gepflegt wurden bis zum zweiten Weltkrieg die Einzelanfertigungen, doch schon Ende der zwanziger Jahre hatte man auch die Serienproduktion aufgenommen. Begonnen hat sie mit Taxi-Aufbauten auf dem Ford A-Modell. Eine ersprießliche Zusammenarbeit fand schließlich mit Opel, Ford, Hanomag und Hansa statt. Bekannt und geschätzt wurde der Namen Hebmüller damals vor allem durch die hervorragend gelungenen Zweisitzer-Cabriolets auf den Opel-Sechszylinder-Fahrgestellen vom 2 Liter bis zum Admiral. Auffallende Erscheinungen waren ferner die Pullman-Sechssitzer auf Opel Admiral und Ford V 8. Karosserien sportlichen Stils fertigte Hebmüller für Hanomag und für den Hansa. Außerdem entwickelte man zusammen mit Krupp Wehrmachtfahrzeuge. Der Krieg verursachte erhebliche Schäden und danach blieb das Werk jahrelang von der Besatzungsmacht in Anspruch genommen. 1948 konnte der Karosseriebau wieder aufgenommen werden. Serienaufträge kamen mehr als genug, sowohl von Lastwagenfabriken als auch von Ford, DKW, Borgward und vor allem vom Volkswagenwerk. Im März 1949 begann die Produktion des VW Zweisitzer-Cabriolets, doch am 23. 7. 1949 vernichtete ein Großbrand das Wülfrather Werk. Nach raschem Wiederaufbau konnte weitergearbeitet werden. Im April 1950 war die Anlaufserie für das Volkswagenwerk (750 Wagen) abgewickelt, doch irgendetwas, was man als Außenstehender nicht zu er-

Opel Super 6
Roadster 2 Sitze
Karosserie Hebmüller
Sonderanfertigung
1937/38

Ford V8
Pullman-Limousine
Karosserie Hebmüller
1937/38

kennen vermag, muß schiefgelaufen sein. Trotz guter Auftragslage stimmte die Kasse nicht mehr, und die Firma mußte im Mai 1952 den Konkurs anmelden. Zunächst übernahm das Tempo-Werk die Anlagen, überließ sie aber ein Jahr später den Ford-Werken, die seitdem dort mit 800 Arbeitern eine Teilefertigung betreiben. In bescheidenem Umfang führt ein Hebmüller im einstigen Stammwerk Wuppertal noch Karosseriereparaturen aus.

Hornig

Das Karosseriewerk Gustav Hornig & Co. (Meerane/Sachsen) war nie auf einen besonderen Aufbautyp oder auf bestimmte Marken festgelegt. Die Karosserien dieser Firma zeichneten sich durch gute Verarbeitung, gediegene Form und solide Ausstattung aus, entbehrten aber andererseits durch ihre Biederkeit jeglicher Attraktion. In den dreißiger Jahren gelangte die Firma zu kleinen Serien. Man fertigte dort beispielsweise 1936 die Anlaufserie des DKW Cabriolets sowie danach vermutlich alle Aufbauten für den DKW Front Luxus Sport-Zweisitzer und den Wanderer W 25 K. (Wer es anders oder besser weiß, möge sich bitte melden.) Die Firma Hornig geht auf das Jahr 1869 zurück und besteht heute noch als sogenannter volkseigener Betrieb.

Hubertia

Die Firma Hubertia Wagenbau (Küps/Bayern) gehörte zu den wenigen Karosseriefirmen, denen es nicht auf Luxus und Exklusivität ankam, sondern darauf, möglichst preiswert robuste und praktische Gebrauchskarosserien zu bauen. Sie eigneten sich hauptsächlich für die Fahrgestelle von Ford und Chevrolet. An sich spielten bei Hubertia die Aufbauten für Nutzfahrzeuge eine weit größere Rolle. Die Firma wurde 1969 von der Staufen Fahrzeugwerke Eislingen KG. übernommen.

Jhle

Die Firma Gebrüder Jhle Karosseriebau in Bruchsal wurde in den dreißiger Jahren zu einem Begriff, als sie niedliche offene Zweisitzer-Karosserien anfertigte, die auf das Fahrgestell des Dixi und BMW 3/15 PS oder auch für den DKW 600 und 700 Front paßten. Später kam der Aufbau für einen größeren Sport-Zweisitzer hinzu, passend für Opel und BMW 2 Liter oder ähnliche Wagen. Dieser größere Aufbau aber war bei weitem nicht so pfiffig gezeichnet und fand entsprechend wenig Anklang. Seitdem baut die Firma – wohl auch heute noch – winzige Ein- und Zweisitzer mit Elektro- oder Mopedmotoren für die Holz-Rennbahnen auf Volksfesten. Da darf man führerscheinfrei fahren und nach dem Blutalkohol fragt auch keiner.

3/15 PS Dixi oder BMW Sport-Zweisitzer Karosserie Ihle etwa 1932–1937

Kässbohrer

1893 eröffnete der Wagnermeister Karl Kässbohrer (1864–1922) in Ulm ein Wagner-Geschäft zum Anfertigen von Chaisen und Wagen aller Art. Schon 1911 baute Kässbohrer zum ersten Mal ein Automobil, einen Linien-Omnibus auf Saurer-Fahrgestell. Von da an drängte der Karosseriebau die Kutschenherstellung rasch in den Hintergrund. Viel früher als andere

8/32 PS Stoewer Sport-Phaeton 1925, Karosserie Kässbohrer.

Lancia Lambda Viersitzer-Sportwagen 1928. Das war der letzte von Kässbohrer aufgebaute Personenwagen. Das feuerrot lackierte Auto ging an einen Sportsmann und Playboy nach Augsburg, der damit viel Aufsehen erregte.

Karosseriefabriken, nämlich schon vor dem ersten Weltkrieg, wickelte Kässbohrer die Lieferung von Kleinserien ab. So bestellte NSU jeweils 20 bis 30 Stück auf einmal. Nach dem Tode des Firmengründers führten die beiden damals noch sehr jungen Söhne Karl jr. und Otto Kässbohrer das Geschäft erfolgreich weiter. Sie legten bald das Hauptgewicht auf Lastwagen-Aufbauten und -Anhänger sowie auf Omnibusse, bauten aber bis 1928 auch Personenwagen-Karosserien von durchweg guter und teilweise auch interessanter Ausführung. Auf dem Omnibus- und Nutzfahrzeuggebiet ist die Firma Kässbohrer heute noch sehr maßgebend tätig.

Karmann

Keimzelle des heutigen Industrieunternehmens war die im Jahre 1874 gegründete Firma Klages in Osnabrück. Sie stellte handwerklich Kutschwagen her und zählte etwa 15 Beschäftigte, als sie 1901 nach dem Tod des Inhabers von Wilhelm Karmann übernommen wurde. Dieser lieferte bereits 1902 seine erste Automobil-Karosserie an die Dürkopp-Werke in Bielefeld. Weitere Einzelbestellungen wurden ausgeführt und wenige Jahre später stellte Kar-

10/30 PS Protos Limousine Karosserie Karmann etwa 1920

9/40 PS Cyklon oder Dixi
Cabriolet 2 Fenster
Karosserie Karmann
1927/28

Adler Standard 8
Cabriolet 2 Fenster
Karosserie Karmann
Entwurf Professor Gropius
1931

Adler Trumpf
Cabriolet 2 Fenster
Karosserie Karmann
1933

mann überhaupt nur noch Automobil-Karosserien her. 1911 zog der auf 50 Mitarbeiter angewachsene Betrieb in größere Räume um. Bald nach den schweren Kriegs- und Inflationsjahren ging Karmann von der Holz- auf die Halbstahl-Gemischtbauweise sowie von der langwierigen Hand- auf die Nitro-Spritzlackierung über. Die moderne Fertigung erlaubte nun rationelle Serien. Den ersten Großauftrag auf 1000 Karosserien erhielt Karmann von der zum Stinnes-Konzern gehörenden Marke Aga. Andere Großaufträge, so von NAG und von der belgischen Firma FN, folgten. Dieser erfreuliche Aufschwung setzte allerdings ausgangs der zwanziger Jahre aus. Namhafte Kunden wie Hansa, Hansa-Lloyd, Mannesmann, Protos und Selve stellten den Automobilbau ein, wobei Karmann bei einigen Pleiten erhebliche Verluste hinnehmen mußte. Zum Glück hatte sich 1926 eine gute Zusammenarbeit mit den Adler-Werken angebahnt, die sich bis zum Ausbruch des zweiten Weltkriegs ständig verstärkte und entscheidend dazu beitrug, das Spezial-Karosseriewerk zu einem bedeutenden Industrieunternehmen zu machen. Serienaufbauten lieferte Karmann in den dreißiger Jahren außerdem auch an Hanomag und an die Kölner Ford-Werke. Damals erfolgte übrigens die Umstellung auf die mit eigenen Preßwerkzeugen herzustellende Ganzstahlkarosserie. Damit begann auch der Werkzeugbau, der erhebliche Bedeutung gewinnen sollte und heute noch besitzt. Bis zum Kriegsausbruch war die Belegschaft der Firma Karmann auf 800 Betriebsangehörigen angewachsen, die pro Tag 65 Einheiten fertigstellten. Im Krieg wurden die Produktionsstätten nahezu völlig zerstört. Sobald es im Zuge des Neuaufbaus möglich war, lieferte Karmann wieder Karosserieteile und Werkzeuge, dann Fahrerhäuser für Hanomag und Büssing sowie schließlich Karosserien für Ford Taunus Kasten- und Kombiwagen, von denen bis 1949 immerhin 800 Einheiten fertiggestellt wurden. Im Mai 1949 erhielt man den ersten Auftrag über 1000 Volkswagen Viersitzer-Cabriolets, deren Produktion bis heute fortdauert. 1955 wurde der in der Folgezeit überaus erfolgreiche VW Karmann-Ghia herausgebracht. Außerdem blieb Karman als inzwischen wohl größtes unabhängiges Karosseriewerk Europas auch für andere Automobilfirmen tätig. Serienaufbauten wurden für DKW, Ford und Opel, wurden und werden noch für Porsche und BMW gebaut. Derzeit fertigen pro Tag etwa 7000 Beschäftigte an die 300 Karosserien, soweit sie nicht vom Werkzeugbau beansprucht sind. Wilhelm Karmann jr. wirkt als Chef des Unternehmens, seit 1952 der Senior im Alter von 82 Jahren verstorben ist. Dieser hatte noch, schon hochbetagt, für den Wiederaufbau des Werks gesorgt.

Kathe & Sohn

Branchenälteste Firma waren die Karosseriewerke Ludw. Kathe & Sohn in Halle/Saale, gegründet 1833. Dieses Unternehmen war auch das erste, das 1907 ein allseitig völlig geschlossenes Automobil, also eine Limousine, gebaut hat. Überliefert ist ferner, daß Kathe & Sohn 1911 ein neues Werk bezog und damals schon über 300 Mitarbeiter beschäftigte. Aus einer Veröffentlichung von 1926 geht hervor, daß inzwischen ein weiteres Werk in Chemnitz hinzugekommen und daß die Belegschaft auf 600 angewachsen war. Obwohl es sich also um ein bedeutendes und wohl auch entsprechend angesehenes Unternehmen gehandelt hat, ist heute fast nichts mehr darüber bekannt. In den dreißiger Jahren wurden anscheinend hauptsächlich Sonderaufbauten für Omnibusse, für gewerbliche Zwecke und für Behördenfahrzeuge hergestellt. Ihre Glanzzeit erlebte die Firma also wohl vor dem ersten Weltkrieg. Immerhin existierte sie bis 1948 und gehört heute, zusammengefaßt mit der ehemaligen Karosseriefabrik Kühn, zum VEB IFA-Karosseriewerke Halle.

Simson-Supra Cabriolet 4 Türen Karosserie Kathe & Sohn 1928

Kellner (bis 1930)

Alexis Kellner (1880–1953) gründete 1910 die Karosserie Alexis Kellner Aktiengesellschaft, Berlin NW 87, Kaiserin-Augusta-Allee 101. Er und sein Geschäft waren für das Berlin der »goldenen« zwanziger Jahre eine typische Erscheinung. »Alexis Kellner – der Karossier der guten Gesellschaft« rühmten die Inserate des Generalkonsuls. Aber seine Kunden fand er weniger bei der guten, der wirklich feinen Gesellschaft, als vielmehr bei der halbseidenen, der neureichen, der Schickeria, wie man heute so schön sagt. Für bestimmte Konstruktionsmerkmale seiner Cabriolet-Verdecke besaß Kellner Patente, weshalb die meistgebrauchte Schlagzeile seiner Inserate hieß: »Das perfekteste Cabriolet der Welt«. Kellner, der etwa 200 Leute beschäftigte, baute nur Luxuskarosserien. Nicht immer, aber doch recht oft zeichneten sich diese durch eine sehr harmonische Linienführung aus. Kellner war ein talentierter Zeichner und er besaß Formgefühl, aber er gehörte auch zu jenen, welche insbesondere in geschlossenen Wagen mit viel Plüsch und reichen Mahagoni-Vertäfelungen eine schwülstige

16/80 PS Horch 8 Cabriolet 4 Türen, Karosserie Kellner, 1929

Boudoir-Atmosphäre schufen, die der Zeitgeschmack offenbar für den Gipfel der Eleganz hielt. Es paßt in diesen Zusammenhang, daß damals keine andere Automobil- oder Karosseriefabrik, sondern nur Alexis Kellner als einziger seine Inserate mit nackten Frauen garnierte. – 1926 machte Kellner viel Wirbel mit seiner »Ballonkarosserie«, die er per Inserat »eine große Erfindung von weitesttragender Bedeutung« nannte. Er wußte einerseits, mit wie wenig Erfolg sich die Autofabriken damals um verwindungsfestere Fahrgestellrahmen bemühten, und andererseits hoffte er wohl auf einen ähnlichen finanziellen Erfolg, wie ihn der Konstrukteur Weymann mit seinen Karosserien erzielte. Kellner wollte die Sitze direkt auf dem Rahmen befestigen, den Aufbau aber, nur an 3 Punkten gelenkig mit dem Rahmen verbunden, über dem Fahrgestell und den Insassen gewissermaßen wie einen Ballon schweben lassen. Da so der Aufbau von den Verwindungen des Rahmens unbeansprucht bliebe, könne man ihn um 35 bis 50 % leichter bauen! Nun, Kellner war kein Ingenieur, sondern Kaufmann, und seine Erfindung war eine Schimäre. Bald sprach niemand mehr davon. – 1930 wurde die Alexis Kellner AG. liquidiert, Patente und Namen von der Firma Drauz (Heilbronn) übernommen. Aber auch dort schmückte man sich nur noch ein oder zwei Jahre lang mit diesem Appendix.

Königstadt (etwa 1922 bis etwa 1925)

Die Carosserie- und Wagenbau Königstadt GmbH. (Berlin SW 29) baute Luxuskarosserien auf Fahrgestellen der damaligen oberen Mittelkasse, wie beispielsweise Audi oder NAG. Die Firma war sowohl um gute Verarbeitung als auch um originelle Formgebung bemüht.

Kruck (etwa 1921 bis etwa 1927)

Die Kruck-Werke GmbH., ansässig in Frankfurt am Main und in Wiesbaden, traten hauptsächlich mit kleinen Serien von Sondermodellen auf Opel- und auf Adler-Fahrgestellen in Er-

Stoewer Typ D 9
Cabriolet 4 Türen
Karosserie Kruck
1924

4/14 PS Opel
Sport-Zweisitzer
Karosserie Kruck
1925/26

scheinung. Den 4/16 PS Opel lieferten sie beispielsweise als offenen Sport-Zweisitzer und als Dreisitzer-Cabriolet. Den 10/40 PS Opel und den Adler Standard 6 boten sie als (werkseitig nicht lieferbare) Weymann-Limousine an. Aber auch Einzelanfertigungen auf Fahrgestellen beliebiger Marken wurden ausgeführt.

Kühlstein (bis 1926)

1833 wurde in Berlin-Charlottenburg die Firma Kühlstein Wagenbau von Eduard Kühlstein gegründet, der 1900 verstorben ist. Als Betriebsleiter hatte er von 1884 bis 1894 den Stellmachermeister Max Leuschner eingesetzt. In der Zeit seiner Tätigkeit wurde die Firma zu einem der bekanntesten Berliner Wagenbaubetriebe, so daß bei seinem Fortgang etwa 300 Arbeiter beschäftigt waren. Um sich selbständig zu machen, übernahm Max Leuschner 1894 die 1878 gegründete Firma Ludwig Rühe (Berlin), bei welcher damals nur etwa 10 Leute arbeiteten. 1902, als Leuschner mit seiner Firma ein neues Fabrikgebäude bezog, zählte seine Belegschaft schon 150 Mann. Bereits 1900 hatte er den Karosseriebau aufgenommen. Die Firma Kühlstein andererseits stellte ab 1898 komplette Motorwagen her, doch wurde diese Abteilung 1902 an die NAG abgegeben. 1906 übernahm Max Leuschner die Firma Kühlstein Wagenbau und verschmolz mit ihr seine bisherige Firma Ludwig Rühe. Auch nach dem ersten Weltkrieg stand der Kühlstein Wagenbau in gutem Ansehen. Es wurden Karosserien aller Art in Einzelfertigung und in kleinen Serien hergestellt. Nach Max Leuschners Tod im Jahre 1923 führten die beiden Söhne den Betrieb, gerieten aber 1926 in Konkurs.

10/50 PS Horch
Cabriolet 4 Türen
Karosserie Kühlstein
1924

7/34 PS Opel
Luxus-Limousine 4 Türen
Karosserie Kühn
1928

Kühn

Die Karosseriewerke Otto Kühn (Halle an der Saale) lieferten bis 1931 serienweise alle jene Sonderkarosserien an die Adam Opel AG., welche diese nicht selbst herstellte, so z. B. Kombinations-Limousinen, Droschken, aber auch Cabriolets und Zweisitzer. Außerdem bot Kühn 1928/1929 den 8/40 PS Opel mit »Kühn-Kühler«, einigen Fahrgestelländerungen und besonderen Karosserien unter der Marke »Kühn« an. Im Herbst 1931 stellte Otto Kühn die Zahlungen ein, doch wurde die Firma saniert, dann nach 1945 enteignet und als VEB Karosserie-Werke Halle weitergeführt.

Lindner

1903 erfolgt nach Fabrikneubau in Ammendorf bei Halle Umwandlung des 1823 gegründeten Familienunternehmens Gottfried Lindner in eine Aktiengesellschaft unter Generaldirektor Heinrich Lindner. Die Kutschenabteilung der Firma unter Hermann Traus wird auf Karosseriebau umgestellt, wobei man sich von vornherein auf die Serienproduktion von 3 Typen festlegt. Hermann Traus wird 1922 neuer Generaldirektor (bis 1939) und 1923 zum Dr. Ing. h. c. der Technischen Hochschule Karlsruhe ernannt. Die Gottfried Lindner AG. ist jetzt die größte Karosseriefabrik Europas, die insgesamt über 2000 Beschäftigte zählt und im Karosseriebau täglich bis zu 88 Einheiten fertigt. Es sind Großserien von offenen Tourenwagen und Limousinen für zahlreiche Automobilfabriken, wobei je nach deren Wunsch Rohbau- oder fertig lakkiert und ausstaffierte Karosserien geliefert werden. Die wichtigsten Kunden sind Adler, Aga, Horch und Protos. Angewendet wird ausschließlich die Holz-Stahl-Gemischtbauweise. Als Ambi-Budd mit der Ganzstahlkarosserie auf den Markt kommt, gehen die Aufträge bei der Lindner AG. rapid zurück. 1928 wird die Karosserie-Abteilung an Ambi-Budd verkauft und von dieser stillgelegt. Es ging hier also offensichtlich nicht um den Erwerb vorhandener Kapazität, sondern um die Ausschaltung des potentesten Konkurrenten. Auf dem Nutzfahrzeuggebiet blieb die Gottfried Lindner AG. bis 1957 tätig.

6/20 PS Aga
Limousine
Karosserie Lindner
1923

Ludewig

1919 gründeten die Brüder Rudolf und Ing. Josef Ludewig in Essen eine Karosseriewerkstätte, die sich binnen 10 Jahren zu einer 120 Mann-Fabrik entwickelte. Von der Luxus- und Sport-Karosserie bis zum Lieferauto wurde alles gebaut, was die Kundschaft haben wollte. 1929 entstand die erste Omnibus-Karosserie und die Firma spezialisierte sich von nun an immer mehr und nach wenigen Jahren ganz auf diese Fertigung. Von den Aufbauten für Personenwagen, die bis 1931 in Einzelherstellung geliefert wurden, gibt es keine historisch bemerkenswerte Überlieferung. Am Ende dieses Fertigungszweiges stand jedoch der einzige Personenwagen-Aufbau von Ludewig, den man in Serie aufgelegt hatte. Es war das »Aero-Cabriolet« der Jahre 1931 bis 1933, das hauptsächlich für Ford B- und V8-Fahrgestelle, aber auch für Mercedes-Benz Typ 170, Wanderer oder Steyr paßte. Beachtlich war hier nicht nur die moderne und elegante Linienführung, sondern auch der tiefe Schwerpunkt, das praktische Verdeck, die Geräumigkeit und der für damalige Begriffe große Kofferraum. – Der Omnibusbau wurde von der Karosseriefabrik Gebr. Ludewig GmbH. über den zweiten Weltkrieg hinweg noch lange mit Erfolg betrieben, doch 1976 machte sie Pleite.

Ford Modell A Aero-Cabrio, Karosserie Ludewig, 1931/32

Miesen

1870 ließ sich der Wagenschmied Christian Miesen in Bonn nieder. Pferdekutschen aller Art baute er in seiner kleinen Werkstatt. Diese war schon zu einem stattlichen Betrieb geworden, als dort ab 1905 auch Karosserien für Automobile entstanden. Die ersten motorisierten Krankenwagen waren da schon dabei. Der Familienbetrieb – zwei Enkelsöhne des Firmengründers führen ihn heute – wurde immer mehr zu einem Spezialhersteller für Sanitätsfahrzeuge aller Art, und längst ist dies jetzt sein ausschließliches Tätigkeitsfeld. Aber bis Ende der zwanziger Jahre baute das Karosseriewerk Miesen auch normale Personenwagen-Aufbauten, und zwar bemerkenswerterweise schon seit 1911 in Gemischtbauweise. Recht ansprechende Limousinen und Cabriolets lieferte Miesen damals. Die Stückzahl war allerdings gering.

Neuss (bis 1933)

Joseph Neuss sen. (1818–1889) gründete 1857 die Wagenfabrik Jos. Neuss in Berlin-Halensee. Der gebürtige Aachener hatte Rußland, England und Amerika bereist, bevor er über Wien nach Berlin kam. In Wien hatte er den Telegrafenwagen konstruiert, welcher der Feldtelegrafie zum Durchbruch verhalf. In Berlin wurde der elegante Weltmann zum bedeutendsten Kutschenfabrikanten Deutschlands, außerdem widmete er sich dem Pferde- und Wassersport und nebenher betätigte er sich als Sportjournalist. Einige Jahre nach dem 70er-Krieg

NAG V8 Cabriolet 4 Türen, Karosserie Neuss, 1931

übergab der Senior die Berliner Fabrik seinem Sohn Jos. Neuss jun. und zog sich nach Aachen zurück. – Dritter Inhaber der Wagenfabrik Jos. Neuss war Karl Trutz (1873–1950), Sohn des Karosseriefabrikanten N. Trutz in Coburg. Die Firma Neuss hatte schon Jahre vor dem ersten Weltkrieg die Herstellung von Kutschen aufgegeben und sich ganz auf den Karosseriebau verlegt. Schon damals entstanden die ersten Cabriolets, eine Spezialität, welche Neuss schließlich zu hoher Vollkommenheit entwickelte. Karl Trutz machte seine Firma Jos. Neuss zu einer der angesehensten Karosseriemarken im Deutschen Reich. Er lieferte hauptsächlich Luxusaufbauten auf teueren Fahrgestellen, wobei Maybach, die großen Mercedes-Typen, Horch, Audi, der Hansa-Lloyd Achtzylinder und Bugatti bevorzugt waren. (Neuss besaß die Berliner Bugatti-Vertretung.) In den Krisenjahren ab 1930 verwendete man auch bescheidenere Fahrgestelle, so von Steyr und Wanderer. Ein Jahrzehnt lang jedenfalls war die Firma Jos. Neuss genau das, was Alexis Kellner von sich nur behauptete: Der Karossier der guten Gesellschaft. – Als sich Karl Trutz 1933 zurückzog, übernahm Erdmann & Rossi das Unternehmen. Fortan führte diese Firma, längst selbst genügend prominent, den immer noch angesehenen Namen Jos. Neuss als Appendix zum eigenen. Ein paar Jahre später aber verschwand er auch hier.

Mercedes-Benz Typ 770 »Großer Mercedes« Sedanca de Ville, Karosserie Neuss, 1931

Nowack

Die 1863 gegründete Karosseriewerk Aug. Nowack AG. (Bautzen) errichtete 1922 ein neues Fabrikgebäude. Seitdem betrieb sie neben der Einzelfertigung die serienweise Herstellung von Karosserien, wobei etwa 500 Arbeiter eine Tagesproduktion von 30 Einheiten schafften. Wichtigster Kunde waren und blieben die Phänomen-Werke, deren Personen-, Liefer- und Lastwagen fast ausschließlich mit Aufbauten von Nowack ausgeliefert wurden. Weil sich daran bis heute nichts geändert hat, gehört die frühere Firma Nowack seit ihrer Enteignung nach 1945 zum VEB Robur-Werke, dem Nachfolger der früheren Phänomen-Werke.

Papler

Das 1868 gegründete Karosseriewerk Papler & Sohn GmbH., Köln, baute 1908 zum ersten Mal eine Automobil-Karosserie, gewann auf diesem Gebiet aber erst in den zwanziger Jahren eine gewisse Bedeutung. Einzelanfertigungen gab es auf Fahrgestellen zahlreicher deutscher und ausländischer Marken, Serienkarosserien im wesentlichen nur für Adler und

24/100/140 PS Mercedes-Benz Typ 630 Pullman-Limousine, Karosserie Papler, 1928

Mercedes-Benz Typ 290 Cabriolet 6 Sitze, Karosserie Papler, 1936

für Ford. 1936 nahm das nunmehrige Papler Karosseriewerk GmbH. die Herstellung von Aufbauten für Nutz- und Spezialfahrzeuge hinzu. Auch nach dem zweiten Weltkrieg wurden vor allem Serien- und Sonderkarosserien für Ford geliefert, bis die Faun-Werke den Betrieb per 1.1.1955 übernahmen. Heute dient er diesen als Reparaturwerk, es werden aber weiterhin noch Preß- und Stanzteile für Ford und für Magirus-Deutz angefertigt.

Rembrandt (1921 bis etwa 1930)

1921 beteiligte sich Hansa-Lloyd an der Gründung der Rembrandt Karosseriewerke (Bremen-Delmenhorst). Geheimrat Allmers wurde Vorsitzender des Aufsichtsrates. Rembrandt baute aber auch Aufbauten für andere Fahrgestelle, vor allem für NAG und Aga, wie umgekehrt Hansa-Lloyd ebenso Karosserien von dritter Seite bezog. Zeitweise beschäftigte das Werk bis zu 400 Personen.

Reutter

Das Stuttgarter Karosseriewerk Reutter & Co. GmbH. entstand aus einem kleinen Handwerksbetrieb, den der Sattler Wilhelm Reutter (1874–1939) im Jahre 1906 eröffnete, um Automobil-Karosserien herzustellen. Schon in ihren ersten Jahren erlangte die Firma durch die patentierte »Reutters Reform-Karosserie« Bedeutung. Diese Reform-Karosserie nämlich war nicht mehr und nicht weniger als das erste deutsche Cabriolet, die Firma somit der älteste Cabriolet-Hersteller in Deutschland! Gleich nach dem ersten Weltkrieg bot man als weitere Besonderheit lacklose Aluminiumkarosserien an, in die man sogar mattierte Ornamente ätzen konnte. Schön, aber teuer. – Der richtige Schwung kam ins Geschäft, als der Übergang zur Holz-Stahl-Gemischtbauweise größere Serien ermöglichte. Serienkarosserien und Sonderanfertigungen erschienen auf Fahrgestellen zahlreicher Marken. Vor allem aber gab Wanderer seit Mitte der zwanziger Jahre bis zum Ausbruch des zweiten Weltkriegs große Serien in Auftrag. 1937 wurde ein modernes Zweigwerk in Stuttgart-Zuffenhausen eröffnet, das hauptsächlich Karosserien für den Wanderer W 24 lieferte. 900 Mitarbeiter produzierten bei

Austro-Daimler AD 6–17
Tourenwagen 6 Sitze
Karosserie Reutter
1922

22/70 PS Maybach
Pullman-Limousine
Karosserie Reutter
1925

6/30 PS Wanderer
Limousine 4 Türen
Karosserie Reutter
System Weymann
1928/29

Mercedes-Benz Typ Stuttgart 260
Tourenwagen 4 Türen
Karosserie Reutter
1933/34

Reutter nun 33 Karosserien pro Tag. – Auf das Jahr 1932 ging die Zusammenarbeit mit dem Haus Porsche zurück. Der alte Professor ließ die meisten seiner Prototypen bei Reutter anfertigen. Als nach dem Krieg die Serienproduktion des Porsche 356 beginnt, mietet die Porsche KG., die selbst noch keine eigene Fabrikationsstätte besitzt, das Reutter-Karosseriewerk in Zuffenhausen. 1963 schließlich wird es von der Firma Porsche käuflich erworben. Das Familienunternehmen Reutter behielt den Stammbetrieb in Stuttgarts Augustenstraße, wo bis heute Recaro-Sitze und Sitzbeschläge produziert werden.

Rometsch (ab 1924)

Der 1880 im Badischen geborene Stellmacher Friedrich Rometsch machte sich 1924 in Berlin-Halensee selbständig. Er befaßte sich zunächst hauptsächlich mit der Reparatur und dem Neubau von Kraftdroschken, erhielt aber im Laufe der Jahre auch immer mehr Aufträge für Einzelanfertigungen der verschiedensten Art. Im zweiten Weltkrieg baute er Feldküchen und Operationswagen. Bei Rometsch haben wir den seltenen Fall eines deutschen Karossiers, dessen Namen erst nach dem zweiten Weltkrieg über seinen Standort hinaus bekannt wurde. Zu verdanken hatte er dies hauptsächlich seinem VW Zweisitzer-Cabriolet, von dem Fritz Rometsch, der Sohn des Firmengründers 1951 bis 1961 immerhin etwa 500 Stück ausliefer-te. Bekannt wurde auch Rometschs VW-Limousine mit vier Türen. Außerdem fertigte er, wenn auch nur in geringen Stückzahlen, teils sehr gut, teils weniger gelungene Sonderaufbauten auf Borgward-, Goliath- und Fiat-Fahrgestellen. Seit dem Mauerbau im August 1961, durch den er wichtige Facharbeiter verlor, führt Rometsch nur mehr Reparaturen aus. Spezialität: Taxen-Sofort-Reparatur.

Schebera (bis 1930)

Ende 1919 wurde Jacob Schapiro Geschäftsführer der 1911 gegründeten Karosserie Schebera GmbH. in Berlin-Tempelhof. 1921 übernahm diese die Heilbronner Fahrzeugfabrik GmbH., die, aus dem vorigen Jahrhundert gegründeten Diehmschen Hofwagenbau hervorgegangen, zu den ältesten Wagen- und Karosseriefabriken im süddeutschen Raum zählte. Die Heilbronner Fahrzeugfabrik wurde in Süddeutsche Karosseriewerke Schebera Heilbronn

16/50 PS Benz
Tourenwagen 6 Sitze
Karosserie Schebera
1923/24

AG. umgewandelt, während aus Schebera Berlin eine Automobilverkaufs-GmbH. entstand, die Jacob Schapiro in den Inflationsjahren als Berliner Vertreter der Marken Benz und Protos vorübergehend zum größten Autohaus Deutschlands machte. Das Heilbronner Werk lieferte für Benz und Protos sowie für die mittlerweile ebenfalls zum Schapiro-Konzern gehörenden NSU-Werke einen großen Teil der Karosserien. Ferner stellte man in Heilbronn das Schebera-Kleinauto her, dessen Motor und Fahrgestell von den Cyklon-Werken und zuletzt von NSU kam. Die Berliner Schebera AG. wurde 1926 mit NSU vereinigt, die Süddeutsche Karosseriewerke Schebera AG. nach dem Zusammenbruch des Schapiro-Konzerns im Jahre 1930 liquidiert. Einige Zeit später übernahm Drauz (Heilbronn) die Anlagen.

S. L. (1920–1924)

Die Schütte-Lanz AG. (Königswusterhausen-Zeesen), die sich vordem mit ihren Luftschiffen einen Namen gemacht hatte, bot die Serienfabrikation offener und geschlossener S. L.-Karosserien in erstklassiger Ausführung an. Auch komplette Automobile wurden gebaut. Beides wohl mit negativem Erfolg.

Spohn

1920 gründete Hermann Spohn im württembergischen Städtchen Ravensburg eine Karosseriewerkstatt, die zehn Jahre lang auf NAG-, Benz-, Steyr- und anderen Fahrgestellen Einzel-

karosserien aufsetzte, ohne damit sonderliches Aufsehen zu erregen. Bekannt wurde Spohn erst, als er ab etwa 1930 zunehmend zum wichtigsten Karossier für Maybachs wurde. Die Nähe zum Friedrichshafener Werk begünstigte die Zusammenarbeit. So entstanden bei Spohn bis zum zweiten Weltkrieg eine Vielzahl teils sehr, teils weniger gelungener Maybach-Karosserien. Spohns eigenwilliger Stil paßte genau in jene dreißiger Jahre, für Strom- und Pontonformen hingegen besaß er keinerlei Gespür, wie seine monströsen Stromlinien-Maybachs aus der Vorkriegs- und die mißratenen Karosseriegebilde der Nachkriegszeit erkennen lassen. 1956 wurde die Firma Spohn liquidiert. In ihrem einstigen Betrieb sitzt heute eine Spielzeugfabrik.

Linke Seite Bild unten:
Maybach Zeppelin
Tourenwagen 6 Sitze 1935

Bild oben:
Maybach Zeppelin
Stromlinien-Limousine 1932/33

Bild rechts:
Maybach SW 35
Stromlinien-Limousine 1935.

Maybach SW 42
Sport-Cabriolet 1939

Alle: Karosserie Spohn

Szawe (1920–1924)

Die Karosseriefabrik Szabo & Wechselmann (Berlin-Wilmersdorf) spezialisierte sich von vornherein auf ausgesprochen luxuriöse Aufbauten, vornehmlich nach Entwürfen des Kunstmalers und Hobby-Technikers Ernst Neumann-Neander gebaut. Ab 1921 bot die Firma auch komplette Luxusautomobile an. 1924 ging Szabo & Wechselmann in Konkurs. (Siehe auch Seite 458).

Voll & Ruhrbeck

Die Karosseriebaufirma Voll & Ruhrbeck (Berlin-Charlottenburg) wurde 1920 gegründet. Sie setzte Karosserien aller Art, einzeln oder in Kleinstserien gefertigt, auf die verschiedensten Fahrgestelle. Aufbauten von Voll & Ruhrbeck sahen meistens recht bieder, manchmal auch ziemlich ausgefallen aus, zeigten aber keinen eigenen, unverwechselbaren Stil. So blieb der Namen dieser Firma zwar nicht unbekannt, doch zählte er nie zu den prominentesten der Branche. Im Krieg baute Voll & Ruhrbeck Militärfahrzeuge, nach 1945 wurde der Karosseriebau nicht mehr fortgesetzt.

**Brennabor Juwel 8
Sport Cabriolet
Karosserie Voll & Ruhrbeck
1931**

**Mercedes-Benz Typ 540 K
Sport-Cabriolet
Karosserie Voll & Ruhrbeck
1937**

Voss (etwa 1919 bis etwa 1927)

Die Vosswerke GmbH. (Bielefeld) lieferten Karosseriezubehör, Verdecke und Sitze, boten aber auch die Serienfabrikation von offenen und geschlossenen Karosserien (im Rohbau und komplett) sowie von Limousinen-Aufsetzdächern an.

Karl Weinberger

Der Stellmacher Karl Weinberger (sen.) betrieb von etwa 1865 bis zu seinem Tod im Jahre 1908 eine Wagnerei in München. Dann übernahmen seine Söhne Karl (jun.), Hans und Heinrich Weinberger den Betrieb, fertigten von nun an Automobil-Karosserien und erhielten die Vertretung von Protos für Bayern. Deshalb wurden die meisten Karosserien auf Fahrgestelle dieser Marke gebaut, wobei es sich nicht nur um Personen-, sondern auch um Sanitäts- und Lieferwagen handelte. In den frühen zwanziger Jahren liefen in München überwiegend Protos-Taxen mit Aufbauten von Karl Weinberger. Nachdem die Marke Protos 1927 vom Markt verschwand, verlegte sich die Firma Karl Weinberger auf Omnibus- und Nutzfahrzeug-Aufbauten, führte im zweiten Weltkrieg nur mehr Reparaturen aus und nahm nach der Ausbombung 1944 den Betrieb nicht mehr auf.

Ludwig Weinberger

Ludwig Weinberger (sen.) eröffnete 1898 seine Wagnerei in München. Er und Karl Weinberger, der 10 Jahre später anfing, waren Vettern und arbeiteten in der gleichen Straße, aber völlig unabhängig voneinander. Ludwig Weinberger beschäftigte sich zunächst mit der Herstellung von Pferdefuhrwerken, bis er um 1904 seinen ersten Motorwagen karossierte. Anderthalb Jahrzehnte lang versah er von nun an die verschiedensten Fahrgestelle mit einzelgefertigten Aufbauten, ganz nach Wunsch des jeweiligen Kunden. 1931 tritt Ludwig Weinberger (jun.) in das väterliche Geschäft ein, das kurz zuvor die BMW-Vertretung erhalten hatte. 1932 wird der Namen des kleinen 20 Mann-Betriebes in der Autowelt berühmt, als der Nürnberger Modearzt Dr. Fuchs dort seinen Bugatti Royale mit einer imposanten schwarz-gelben Cabriolet-Karosserie versehen läßt. Etwa drei Monate hatte deren Herstellung gedauert, etwa 7000 Reichsmark hatte die Karosserie gekostet, etwa 75000 das Fahrgestell! Im übrigen

BMW 315/1
Sport-Zweisitzer
Karosserie Ludwig Weinberger
1935

BMW 328
Sport-Cabriolet 2 Sitze
Karosserie Ludwig Weinberger
1938

Bugatti Royale
(6 Zylinder, 12763 ccm)
Sport-Cabriolet
Karosserie Ludwig Weinberger
1931

kleidete Ludwig Weinberger von nun an fast nur noch BMW-Fahrgestelle ein, ungefähr 300 mögen es bis zum Krieg gewesen sein. Auffallend häufig befinden sich darunter offene Zweisitzer im Stil englischer Tourer, kaum weniger oft baute er aber auch typisch deutsche Cabriolets, zierlich in den früheren, eher behäbig in den späteren Jahren. 1953 hat Ludwig Weinberger den Karosseriebau aufgegeben. Zeichnen tut er heute noch.

Karosseriewerke Weinsberg

Die Karosseriewerke Weinsberg, 1912 in dem nahe bei Heilbronn gelegenen Städtchen gegründet, brillierten nie mit aufsehenerregenden Sonderanfertigungen, bemühten sich aber stattdessen schon frühzeitig um rationelle Reihenfertigungen. 1925 baute man bereits Serien von 50 bis 100 Aufbauten für NSU. Die Belegschaft zählte zu dieser Zeit 180 Mitarbeiter. Von Fiat kam 1930 der erste Großauftrag über 1500 Karosserien für Kraftdroschken. (Fiat ging es damals darum, die kaum verkäuflichen 7/34 PS NSU-Fahrgestelle zu verwerten). In den folgenden Jahren erhielt die Firma weitere Aufträge von Fiat, Adler und Hanomag. 1938 verkaufte der seitherige Alleininhaber Franz Eisenlohr die Karosseriewerke Weinsberg, die inzwischen 700 Mann beschäftigten, an die zur Fiat-Gruppe gehörende NSU Automobil-AG. Nun wurden in Weinsberg fast alle Karosserien für jene Wagen gebaut, die mit dem Markenzeichen NSU/Fiat zur Auslieferung kamen.

7/34 PS NSU
Cabriolet 2 (2) Sitze
Karosserie Weinsberg
1929

Wendler

Die älteste Karosseriefabrik in der Bundesrepublik Deutschland dürfte wohl die Firma Wendler (Reutlingen) sein. 1840 wurde sie als Wagenfabrik von Erhard Wendler gegründet, und der Familienbetrieb gehört heute noch seinen Nachkommen. Der Übergang vom Kutschen- zum Karosseriebau erfolgte bei Wendler allerdings erst zu Beginn der zwanziger Jahre. Den Anstoß dazu gab Helmut Schwandner, ein ebenso talentierter wie passionierter Hobby-

Adler Standard 6
Cabriolet 4 Türen
Karosserie Wendler
1932

Opel P 4
Jagdwagen
Karosserie Wendler
1937

BMW 315
Sport-Cabriolet 2 Sitze
Karosserie Wendler
etwa 1934

Adler Trumpf Junior
Sport-Cabriolet 2 Sitze
Karosserie Wendler
etwa 1934

Wanderer W 25 K
Sport-Cabriolet 2 Sitze
Karosserie Wendler
etwa 1937

BMW 328
Sport-Coupé 2 Sitze
mit abnehmbarem Dach
Karosserie Wendler
1938

←
Horch 8
Cabriolet-Landaulet
System Weymann
Karosserie Wendler
1931

Zeichner, der hinfort die Entwürfe für alle jemals gebauten Wendler-Karosserien besorgte. Weil diese gefielen und auffielen, fehlte es nicht an Aufträgen, wenn auch der kleine Betrieb nur relativ geringe Stückzahlen erlaubte. Etwa 60 Karossen lieferte man in den zwanziger, ungefähr 250 bis 270 in den dreißiger Jahren, nachdem die Belegschaft auf über 100 Mann angewachsen war. Auch nach 1945 nahmen die Wendlers samt ihrem Schwandner den Karosseriebau wieder auf, außer Einzel- gab es sogar ein paar kleine Serienaufträge, doch die Stromlinien- und Pontonformen gelangen längst nicht so überzeugend wie die eleganten Klassiker der Vorkriegszeit. Ende der fünfziger Jahre hörte der Neubau von Karosserien auf. Aber außer dem üblichen Reparaturgeschäft pflegt Wendler auch heute noch zwei einschlägige Spezialitäten: Die Restaurierung von Oldtimer-Fahrzeugen und die Panzerung von großen Serien-Limousinen. Diese kostet übrigens nochmal so viel wie das ganze neue Auto. Auftraggeber sind hauptsächlich arabische Ölscheichs, südamerikanische Diktatoren und reiche Italiener, die in ständiger Angst vor Überfällen leben.

Weymann (1924–1930)

Die Weymann-Karosserie ist im Rahmen dieser Übersicht insofern ein Sonderfall, als sie sich mit ihrem Namen nicht als Erzeugnis einer bestimmten Karosseriefirma ausweist, sondern als eine Bauart, die in den zwanziger Jahren von zahlreichen Firmen übernommen wurde und zeitweise weite Verbreitung fand. Bei der Weymann-Karosserie handelte es sich um einen Aufbau mit Holzgerippe und Kunstlederbezug. Als Vorzüge dieser Bauart galten im Vergleich zur damals üblichen Holz-Stahl-Gemischtbauweise das geringere Gewicht, die strukturelle Geräuschlosigkeit, die Elastizität (Unempfindlichkeit gegen Verwindungen), die einfachere und raschere Herstellung. Im Preis bestand kein wesentlicher Unterschied, die Stabilität und Lebensdauer waren jedoch ohne Zweifel geringer. Die Bauart stammte von dem Automobil-

NAG-Protos Sechszylinder Cabriolet 2 (2) Sitze System Weymann Karosserie Wendler 1927/28

NAG-Protos Sechszylinder Landaulet 6 Sitze System Weymann Karosserie Papler 1927/28

und Flugzeugkonstrukteur Charley Weymann (1887–1976), der 1924 zwecks Verwertung seiner Patente im Deutschen Reich die Weymann-Karosserie GmbH. (Köln) einrichtete. Deren erste Lizenznehmer waren die Firmen Beißbarth (München), Gläser (Dresden), Kruck (Frankfurt), Kühlstein (Berlin-Charlottenburg), Papler (Köln), Reutter (Stuttgart). Weiter folgten im Laufe der Jahre: Drauz (Heilbronn), Kühn (Halle), NAG (Berlin-Oberschöneweide), Rupflin (München), Sachs & Sohn (Hamburg), Schunk & Schmidt (Nürnberg), Seegers & Sohn (Leipzig), Voll & Ruhrbeck (Berlin-Charlottenburg). Mit der Ganzstahlkarosserie freilich, die 1927 auf den deutschen Markt kam, konnte die Weymann-Karosserie nicht mehr unmittelbar konkurrieren. Trotzdem hatte das Bauprinzip, wenn auch nicht mehr nach Weymann-Patenten, noch lange Bestand, so vor allem bei DKW und selbst nach dem zweiten Weltkrieg noch beim kleinen Lloyd 300 und 400.

Zschau

Die Karosseriewerke August Zschau (Leipzig), gegründet etwa 1875, hatten sich in der Zeit zwischen den beiden Kriegen ganz auf den Bau von Cabriolets verlegt, wobei das Schwergewicht mehr bei der Mittel- als bei der Luxusklasse lag. Beschäftigt waren etwa 350 Arbeiter

8/38 PS Mercedes-Benz Cabriolet 2 Fenster (Karosserie Zschau) 1927/28

und Angestellte. Hergestellt wurden kleinere und größere Serien, aber, soweit bekannt, keine Einzelstücke. Heute ist die ehemalige Firma Zschau als Karosserieteilwerke ein sogenannter volkseigener Betrieb.

Statistik nur Allgemeines

Produktion von Kraftwagen und Zugmaschinen im Deutschen Reich 1901 – 1938

Jahr	Personen-kraftwagen	Lastkraftwagen u. Omnibusse	Sonderfahrzeuge u. Zugmaschinen	Dreirad-Kfz	Fahr-gestelle*)	Ins-gesamt
1901	845	39	–	–	–	884
1903	1 310	140	–	–	–	1 450
1906	4 866	352	–	–	–	5 218
1907	4 647	504	–	–	–	5 151
1908	5 054	493	–	–	–	5 547
1909	6 682	636	–	–	2 126	9 444
1910	8 578	790	–	936	3 745	14 049
1911	10 319	1 373	–	1 079	5 247	18 018
1912	14 296	1 782	–	1 540	6 695	24 313
1913	12 400	1 851	388	1 533	5 749	21 921
1925	39 080	10 304	7 142	–	13 591	70 117
1926	31 958	5 211	5 721	1 465	8 412	52 767
1927	84 668	11 972	10 114	2 558	18 472	127 784
1928	101 701	20 960	11 056	1 430	15 416	150 563
1929	92 025	16 230	6 486	5 361	19 767	139 869
1930	71 960	9 985	3 212	5 778	14 226	105 161
1931	58 774	8 734	2 430	8 338	10 177	88 453
1932	41 727	4 509	1 664	10 939	5 538	64 377
1933	90 041	7 463	3 300	12 173	8 797	121 774
1934	147 418	27 325	5 617	11 697	–	192 057
1935	205 606	41 528	10 452	12 029	–	269 615
1936	244 640	57 312	14 780	14 316	–	331 048
1937	269 396	62 404	18 998	14 116	–	364 914
1938	276 804	64 044	25 765	14 904	–	381 517

*) Ab 1934 Fahrgestelle in den aufgeführten Fahrzeugarten mitenthalten.

Personenwagen-Neuzulassungen im Deutschen Reich 1931 – 1938

Ohne Dreirad-Fahrzeuge

Ab 1. Juli 1938 einschl. Österreich

	1931	1932	1933	1934	1935	1936	1937	1938	1931 – 1938
Opel	16135	12436	28494	52586	77126	86500	75803	81983	431063
DKW	4116	3934	10300	20779	28240	40018	42143	39839	189369
Mercedes-Benz	3653	5325	7844	8873	11529	19816	23679	20889	101608
Adler	4436	4735	7476	10274	17658	15325	17177	15467	92548
Ford	3995	1596	3996	6699	8087	11721	16139	17366	69599
Hanomag	5290	2496	4675	6321	8171	8218	8411	7607	51189
Wanderer	3179	1718	4265	5155	7169	8086	9840	9790	49202
BMW	3668	2525	5322	6598	7226	6981	6828	7311	46459
Fiat, NSU/Fiat	990	945	946	2068	3711	5272	5645	7377	26954
Hansa, Borgward	303	111	43	848	4124	5917	5487	5780	22613
Horch	1043	977	1268	1534	2029	2014	2024	2223	13112
Stoewer	1317	974	1611	1452	1137	1024	913	1111	9539
Steyr	445	325	398	405	480	536	596	4184	7369
Citroen	1056	529	968	1813	958	108	27	72	5531
Audi	327	127	627	1122	716	844	758	332	4853
Brennabor	1655	522	921	222	–	3	–	2	3325
Chevrolet	1179	345	294	690	253	53	20	22	2856
Röhr	128	160	772	1122	51	16	9	8	2266
NSU	548	330	308	31	–	–	–	–	1217
Maybach	66	43	48	53	77	151	179	172	789
Framo	–	–	3	368	337	21	6	2	737
NAG	186	52	216	224	–	3	1	–	682
Standard	–	–	196	185	–	6	33	36	456
Tempo	–	–	26	55	–	36	43	101	261
Tornax	–	–	–	101	–	11	–	–	112
Sonstige Marken	2324	913	1031	1360	1024	437	777	1104	8970
	56039	**41118**	**82048**	**130938**	**180113**	**213117**	**216538**	**222778**	**1142689**

Erläuterungen zur Kraftfahrzeugsteuer und zum Begriff der Steuer-PS

Die Kraftfahrzeugsteuer wurde früher in den meisten großen Industrieländern nach der Zahl der Steuer-PS erhoben. Zu deren Errechnung diente eine Formel, die allerdings von Land zu Land sehr unterschiedlich sein konnte.

Im Deutschen Reich galt zunächst folgende im Automobil-Steuergesetz vom 3. Juni 1906 festgelegte Formel:

Steuer-PS (bei Viertakt-Motoren) $= 0{,}30 \cdot i \cdot d^2 \cdot s$
Steuer-PS (bei Zweitakt-Motoren) $= 0{,}45 \cdot i \cdot d^2 \cdot s$

Hierin bedeutete: i = Zylinderzahl, d = Zylinderbohrung (cm) und s = Kolbenhub (m). Nach dieser bis 1928 gültig gebliebenen Regelung entsprach

1 Steuer-PS (bei Viertakt-Motoren) = 261,8 ccm
1 Steuer-PS (bei Zweitakt-Motoren) = 175,5 ccm

Beim damals in Personenwagen fast ausschließlich verwendeten Viertaktmotor war also 1 Steuer-PS ungefähr 1/4 Liter Hubraum gleichzusetzen. Somit gehörte ein 4 PS-Wagen zur Einliter-Klasse, ein 8 PS-Wagen zur Zweiliter-Klasse und ein Wagen mit 16 Steuer-PS besaß einen Motor von rund 4 Liter Hubraum. Die Angabe der Steuer-PS war in den zwanziger Jahren wichtiger als die der effektiven Nutzleistung (Brems-PS). Meistens wurden beide Werte genannt. So hatte beispielsweise ein 6/30 PS-Wagen 6 Steuer-PS (also etwa 1,5 Liter Hubraum) und 30 PS effektive Motorleistung, wobei es überdies manchmal noch beträchtliche Unterschiede zwischen Höchst- und Dauerleistung gab. Im Gegensatz zu heute, wo sich die Prämien der Kraftfahrzeug-Versicherung nach der Nutzleistung staffeln, hatten damals die Brems-PS keinerlei fiskalische Bedeutung. Deshalb war deren Angabe früher bei vielen Firmen ziemlich ungenau und fast willkürlich, was rückblickend zuweilen den Eindruck hervorruft, daß seinerzeit die Brems-PS des öfteren nicht von den Technikern ermittelt, sondern von den Werbeleuten über den Daumen gepeilt wurden.

Bei Wagen mit am Motor angebauten Kompressor standen übrigens sogar drei Zahlen hintereinander. So besagen zum Beispiel die 20/100/160 PS des Mercedes-Benz Typ 500 K, daß dessen Motor bei 20 Steuer-PS (etwa 5 Liter Hubraum) ohne Kompressor 100 PS und mit Kompressor 160 PS Nutzleistung abgab.

Da die Steuer-PS eine ungefähre Meßzahl für den Hubraum darstellten, hatte auch dessen Bezifferung damals wenig Bedeutung. Im Sprachgebrauch waren die einzelnen Autotypen durch die Zahl der Steuer-PS hinreichend in ihrer Größenordnung gekennzeichnet. In Frankreich ist die Klassifizierung der Personenwagen nach Steuer-PS heute noch gebräuchlich, wobei allerdings eine andere Rechenformel angewendet wird. Wie sehr man sich in Deutschland an die Steuer-PS gewöhnt hatte, wird daran deutlich, daß sie bis Mitte der dreißiger Jahre zur Umgangssprache der automobilinteressierten Leute gehörten, obwohl sie bereits 1928 praktisch gegenstandslos geworden waren.

Nach dem Kraftfahrzeug-Steuergesetz vom 1. April 1928 wurden nämlich Personenwagen und Motorräder nach dem Hubraum versteuert, und zwar unter Anwendung folgender Formel:

Steuer-Hubraum $= 0{,}00078 \cdot i \cdot d^2 \cdot s$

Hierin bedeutet: i = Zylinderzahl, d = Zylinderbohrung (mm) und s = Kolbenhub (mm). Bei der Bohrung und beim Hub werden Bruchteile eines Millimeters von weniger als 0,5 nicht berücksichtigt und Bruchteile von 0,5 und mehr nur mit 0,5 angerechnet. Außerdem ergibt die

Konstante 0,00078 ein geringfügig kleineres Ergebnis als die Konstante 0,000785, die bei exakter technischer Berechnung des effektiven Hubraums anzuwenden ist. So ergibt die von 1928 bis 1933 und wieder seit 1945 bis heute gültige Formel für den Steuer-Hubraum einen geringeren Wert als für den effektiven Hubraum. Das hat den Sinn, daß sich für die Steuerbehörde in zweifelhaften Grenzfällen genaue Nachmessungen erübrigen.

Im Zuge der Maßnahmen, mit welchen die Hitler-Regierung die Arbeitsbeschaffung, die Wiederankurbelung der Wirtschaft und die Förderung der Kraftfahrt betrieb, entfiel die Kraftfahrzeugsteuer für alle neu gekauften Personenwagen ersatzlos ab 10. April 1933. Für ein bereits vorhandenes Fahrzeug konnte mit Wirkung für dessen gesamte Lebensdauer die Steuerpflicht durch die einmalige Zahlung der doppelten Jahressteuer abgelöst werden. Die Steuerablösung war an das Fahrzeug, nicht an den Halter gebunden, blieb folglich auch bei Besitzwechseln wirksam. Es existieren einige Veteranen-Autos, die auf Grund der damaligen Bescheinigung noch heute steuerfrei fahren dürfen. Fahrzeuge, für welche diese Bescheinigung nicht mehr vorhanden ist oder die ab 10. April 1933 ohne besondere Bescheinigung steuerfrei zugelassen wurden, unterliegen seit 1945 wieder der Kraftfahrzeugsteuer.

4 Steuer-PS oder (ab April 1928) 1 Liter Steuer-Hubraum kosteten, von einigen Schwankungen und Ausnahmen abgesehen, bei Personenwagen jährlich 132 RM. Heute beträgt die Steuer pro Liter und Jahr 144 DM. Der Unterschied im Vergleich zu früher erscheint recht gnädig. Indes sei bedacht, daß es in den zwanziger und dreißiger Jahren keine Mineralölsteuer gab und 1 Liter Benzin um die 30 Pfennige kostete. Die Mineralölsteuer wurde generell erst 1951 zusätzlich eingeführt und seitdem zu wiederholten Malen so drastisch erhöht, daß heute 60 % des über dreimal so hohen Abgabepreises für Benzin auf Steuern und Zölle entfallen. Die Kraftfahrzeugsteuer, einstmals der wichtigste Tribut des Autofahrers an den Staat, gehört heute schon fast zu den Nebensächlichkeiten unter den wuchernden und wucherischen Belastungen, denen man inzwischen beim Betrieb eines Kraftfahrzeugs schutzlos preisgegeben ist.

Kennzeichnung der Kraftfahrzeuge im Deutschen Reich bis 1945

	Preußen
I A	Reichshauptstadt Berlin
I B	Provinz Posen
I C	Provinz Ostpreußen
I D	Reg. Bez. Westpreußen
I E	Provinz Brandenburg
I H	Provinz Pommern
I K	Nieder- und Oberschlesien
I L	Reg. Bez. Sigmaringen
I M	Provinz Sachsen
I P	Provinz Schleswig-Holstein
I S	Provinz Hannover
I T	Provinz Hessen-Nassau
I X	Provinz Westfalen
I Y	Reg. Bez. Düsseldorf
I Z	Rheinprovinz (außer Düsseldorf)

	Bayern
II A	München
II B	Oberbayern
II C	Niederbayern
II D	Pfalz
II E	Oberpfalz
II H	Oberfranken
II N	Nürnberg-Fürth
II S	Mittelfranken (ohne Nürnberg-Fürth)
II U	Unter- bzw. Mainfranken
II Z	Schwaben und Neuburg

Sachsen

I	Kreishauptmannschaft Bautzen
II	Kreishauptmannschaft Dresden
III	Kreishauptmannschaft Leipzig
IV	Kreishauptmannschaft Chemnitz
V	Kreishauptmannschaft Zwickau

Württemberg

III A	Stuttgart
III C	Backnang, Böblingen, Esslingen
III D	Leonberg, Ludwigsburg, Stadt Heilbronn
III E	Landkreis Heilbronn, Vaihingen/Enz, Waiblingen
III H	Balingen, Calw, Freudenstadt, Horb
III K	Nürtingen, Reutlingen
III M	Rottweil, Tübingen, Tuttlingen
III P	Aalen, Crailsheim
III S	Schw. Gmünd, Schw. Hall, Heidenheim, Künzelsau
III T	Bad Mergentheim, Öhringen
III X	Biberach, Ehingen, Göppingen, Ulm
III Y	Münsingen, Ravensburg
III Z	Saulgau, Friedrichshafen, Wangen, Stadt Ulm

Hessen

V H	Hessen (ab 1937)
V O	Provinz Oberhessen (bis 1937)
V R	Provinz Rheinhessen (bis 1937)
V S	Provinz Starkenburg (bis 1937)

Mecklenburg

M	Mecklenburg (bis 1937)
M I	Mecklenburg-Schwerin (bis 1937)
M II	Mecklenburg-Strelitz (bis 1937)

Oldenburg

O I	Landesteil Oldenburg
O II	Landesteil Lübeck
O III	Landesteil Birkenfeld

Sonstige

IV B	Baden
Th	Thüringen
HH	Hamburg
B	Braunschweig
A	Anhalt
HB	Bremen
L	Lippe
SL	Schaumburg-Lippe
Saar	Saarland
W	Waldeck
S	Sudetengebiet

Gruppenkennzeichen

RW	Reichswehr (bis 1935)
WH	Wehrmacht / Heer (ab 1935)
WL	Wehrmacht / Luftwaffe (ab 1935)
WM	Wehrmacht / Kriegsmarine (ab 1935)
SS	SS-Verfügungstruppen und Waffen-SS (ab 1937)
Pol	Polizei, Feuerwehr, Technische Nothilfe (ab 1937)
DR	Deutsche Reichsbahn
RP	Reichspost

Register der Automarken

Register der Karosseriemarken

Personen-Register

Lieber Leser,

bei automobilbegeisterten Leuten in aller Welt erfreuen sich die Personenwagen der zwanziger und dreißiger Jahre besonders hoher Wertschätzung. In jener Zeitepoche nämlich vollzog sich die Wandlung vom Motorwagen als einem Produkt schieren Maschinenbaus zum komfortablen, kultivierten, eleganten Automobil. Das setzte vielfältige und sprunghafte Entwicklungen voraus, faszinierend auch und gerade im Rückblick. Hinzu kommt, daß die damaligen Autos, zumal im Zeitraum von etwa 1929 bis 1934, großenteils eine überaus harmonische Linienführung besaßen, die zwar heutigen Erfordernissen kaum entspräche, aber in solch klassischer Vollendung seither nicht mehr erreicht wurde.

Dieses Buch registriert alle deutschen Personenwagen, die es von 1920 bis 1945 gegeben hat, wobei jene, die in irgendeiner Weise von Bedeutung waren, mit Bildern und genauen Daten gezeigt werden. Außer den deutschen Personenwagenmarken findet man auch jene ausländischen, die im Deutschen Reich eigene Montagefabriken unterhielten. Ferner werden die namhaften deutschen Karosseriemarken in die Erinnerung zurückgerufen, weil diese ja damals ebenfalls eine bedeutende Rolle spielten.

Besonders darf der Verfasser darauf aufmerksam machen, daß hier erstmalig, wenn auch bei manchen Marken nur annähernd, die jeweiligen Produktionszahlen zu finden sind, denn diese Angaben aus jener Zeit sind bis heute noch nie vollständig veröffentlicht worden. In den zwanziger Jahren geschah es nicht, weil die vielen kleinen Mitgliedsfirmen des Reichsverbandes der Automobilindustrie dafür sorgten, daß der Öffentlichkeit unbekannt blieb, wie lächerlich gering oft ihre Produktonsergebnisse waren. In den dreißiger Jahren hingegen machte die politische Führung solche Angaben über die einzelnen Automobilfabriken zum Staatsgeheimnis. Niemand sollte sich ein genaues Bild von den vorhandenen oder möglichen Rüstungskapazitäten machen können. Die Geheimhaltung funktionierte sowohl in den zwanziger als auch in den dreißiger Jahren so perfekt, daß nirgends eine authentische Sammlung einschlägiger Unterlagen erhalten blieb. Der Verfasser mußte sich diese Zahlen oder entsprechende Anhaltswerte kleinweise aus ungezählten Quellen zusammenholen.

Bei der Ausarbeitung dieser umfassenden Dokumentation stützte sich der Verfasser natürlich in erster Linie auf sein in fünf Jahrzehnten angesammeltes Archiv. Dennoch wäre die erfreulicherweise erreichte Vollständigkeit nicht ohne die verständnisvolle Mithilfe vieler Freunde möglich gewesen. Ihre Beiträge reichten von Einzelbildern oder -angaben bis zur Überlassung einzigartiger Spezialsammlungen. Leider können hier längst nicht alle, die geholfen haben, namentlich genannt werden. Allen sei an dieser Stelle sehr herzlich gedankt, besonders aber den Herren Wolfgang Weger (Verband der Automobilindustrie), Hans-Hartmut Münch (Deutsche Automobil Treuhand), Bernhard Hülsen (Daimler-Benz), Bodo Fischer (Opel), Dr. Bernd Wiersch (Volkswagenwerk), Toni Mandla (Ford), Hans Fleischmann (BMW), Erik Eckermann (Deutsches Museum), Claus Benter, Wolfgang Schnieber und Dieter Jokisch.

Trotz redlichen Bemühens um Abhilfe blieben freilich in diesem Buch immer noch ein paar Lücken bestehen. Wer ergänzende Bilder oder sonstige Angaben beitragen kann, möge dies bitte im Hinblick auf eine spätere Neubearbeitung tun. Jede Anregung, jeder Hinweis, jedes Foto könnte eine wertvolle Bereicherung dieser Dokumentation sein.

Ing. Werner Oswald
Postfach 126
8024 Deisenhofen bei München

Aus Werner Oswalds Autoarchiv

Deutsche Autos 1945 bis 1975

Eine Typengeschichte

Gutbrod Superior, Victoria Spatz, Lloyd Alexander – wer kennt ihre genauen Daten, weiß Bescheid über Wendekreis, Tankinhalt und Preis? Werner Oswald!

Der bekannte Automobilhistoriker dokumentiert in diesem Bestseller alle Personenwagen, die in den drei Jahrzehnten nach 1945 gebaut wurden. Jedes Modell wird in Wort und Bild vorgestellt, mit Leistungsdaten, Produktionszahlen und Preisen. Ein unübertroffenes Standardwerk, das einen lückenlosen Überblick verschafft, von Audi bis Zündapp, von Borgward bis VW.

464 Seiten, 611 Abbildungen, gebunden, **48,–** Best.-Nr. 10391

Lastwagen, Lieferwagen, Transporter 1945 bis 1988

Die einmalige Dokumentation der deutschen Nutzfahrzeuge nach 1945. Präzise und übersichtlich informiert Werner Oswald über die leichten und schweren Lastwagen und Transporter, Omnibusse und Sonderfahrzeuge, welche von deutschen Firmen seit Kriegsende hergestellt wurden.

864 Seiten, 1148 Abb., geb., **98,–** Best.-Nr. 01197

Kraftfahrzeuge der Feuerwehr und des Sanitätsdienstes

Das umfassende Typenbuch über die Fahrzeuge der Feuerwehr und des Sanitätsdienstes. Eine Aufstellung dieser Spezialfahrzeuge von 1900 bis 1975 anhand exquisiten Bildmaterials. So umfangreich wie die Aufgabenstellung der beiden Organisationen, so vielfältig ist der Fahrzeugpark, der hier in Wort und Bild präsentiert wird.

334 Seiten, 881 Abb., geb., **38,–** Best.-Nr. 10440

Mercedes-Benz Lastwagen und Omnibusse 1886 bis 1986

Die fast unüberschaubare Typenvielfalt der Nutzfahrzeuge von Mercedes-Benz wird in diesem umfassenden Werk zum ersten Mal so übersichtlich und detailliert wiedergegeben. Über 1000 historische Aufnahmen aus bislang meist verschlossenen Werkarchiven illustrieren die Nutzfahrzeug-Entwicklung der Firmen Daimler, Benz und des Gemeinschafts-Unternehmens Mercedes-Benz.

592 Seiten, 1033 Abb., geb., **88,–** Best.-Nr. 01041

Mercedes-Benz Personenwagen 1886 bis 1986

Dieses einzigartige Buch vermittelt den Überblick über alle von Daimler-Benz und deren Ursprungsfirmen hergestellten Personenwagen. Die Zusammenstellung endet bei den neuen Coupé- und SL-Modellen. Ein Meisterwerk aus der Feder von Werner Oswald, der in diesem Buch seinem Ruf als profiliertester deutscher Automobilkenner voll gerecht wird.

640 Seiten, 1200 Abb., geb., **88,–** Best.-Nr. 01133

Änderungen vorbehalten

Der Verlag für Autobücher
Postfach 103743 · 7000 Stuttgart 10

Motor buch Verlag